ユーキャンの

電験三種

おことわり

○本書は、2020年9月時点の情報に基づいて制作しています。

○2020年9月以降の法改正情報などのうち、本試験（理論科目）の対象となるものについては、『生涯学習のユーキャン』ホームページ内「法改正・追録情報」コーナーにてお知らせ致します。
（https://www.u-can.co.jp/book）

ユーキャンは よくわかる! 工夫がいっぱい

1. 独学者向けに開発した「テキスト＆問題集」の決定版！

本書１冊で、理論科目の知識習得と解答力の養成が可能です。
問題集編は、**出題頻度の高い厳選過去問100題**を収録。
各問にテキスト編の参照ページつきなので、復習もスムーズです。

2. 理論科目の出題論点を「1レッスン45日分」に収録！ 初学者や忙しい受験生も、計画的に学習できます

「ちょっとずつ45日で一発合格！」をコンセプトに、
日々の積み重ね学習で、**理論科目の合格レベル**へと導きます。
また、各学習項目には３段階の重要度表示つき。効率的に学習できます。

3. 計算プロセスも、省略せず、しっかり解説！

理論科目の合否を左右する**計算問題**は、特に丁寧に解説しています。
「用語」「解法のヒント」「受験生からよくある質問」など、
理解を助ける補足解説も充実しています。

4. 試験に必須の「数学のきほん」「重要公式集」つき！

理論科目合格には、基礎数学の理解と、重要公式の運用力が
必須の要素です。本書冒頭の「数学のきほん」は基礎数学の復習に、
テキスト編後に収録した「重要公式集」は暗記強化に最適です。

目次

本書の使い方

Step 1 学習のポイント＆1コママンガで論点をイメージ

まずは、その日に学習するポイントと、ユーニャンの1コママンガから、全体像をざっくりつかみましょう。

●ちょっとずつ「45日」で学習完成！

理論科目の出題論点を「45日分」に収録しました。

●学習のポイント

その日に学習するポイントをまとめています。

Step 2 本文の学習

ページをめくって、学習項目と重要度（高い順に「A」「B」「C」）を確認しましょう。
赤太字や黒太字、図表、重要公式はしっかり押さえ、例題を解いて理解を深めましょう。

●重要公式

電験三種試験で必須の公式をピックアップしています。しっかり覚え、計算問題で使えるようにしましょう。

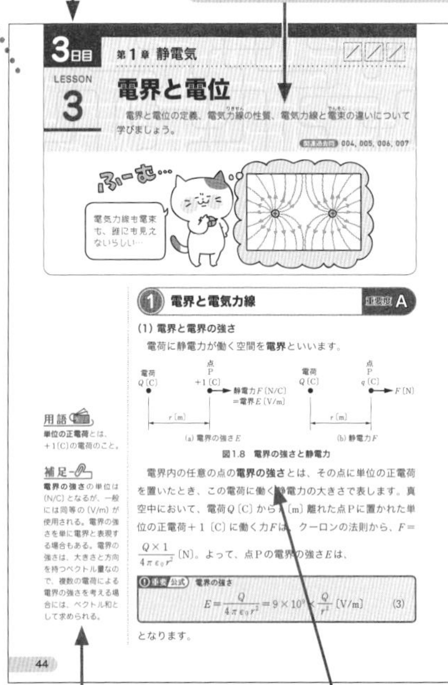
3日目　第1章 静電気

LESSON 3

電界と電位

電界と電位の定義、電気力線の性質、電気力線と電束の違いについて学びましょう。

004, 005, 006, 007

① 電界と電気力線　重要度 A

(1) 電界と電界の強さ

電荷に静電力が働く空間を**電界**といいます。

図1.8　電界の強さと静電力

電界内の任意の点の**電界の強さ**とは、その点に単位の正電荷を置いたとき、この電荷に働く静電力の大きさで表します。真空中において、電荷 Q〔C〕から r〔m〕離れた点Pに置かれた単位の正電荷＋1〔C〕に働く力 F は、クーロンの法則から、$F=\dfrac{Q\times 1}{4\pi\varepsilon_0 r^2}$〔N〕。よって、点Pの電界の強さ E は、

重要公式　電界の強さ

$$E=\frac{Q}{4\pi\varepsilon_0 r^2}=9\times 10^9\times\frac{Q}{r^2}\ \text{〔V/m〕}\qquad(3)$$

となります。

用語：**単位の正電荷**とは、＋1〔C〕の電荷のこと。

補足：**電界の強さ**の単位は（N/C）となるが、一般には同等の（V/m）が使用される。電界の強さを単に電界と表現する場合もある。電界の強さは、大きさと方向を持つベクトル量なので、複数の電荷による電界の強さを考える場合には、ベクトル和として求められる。

44

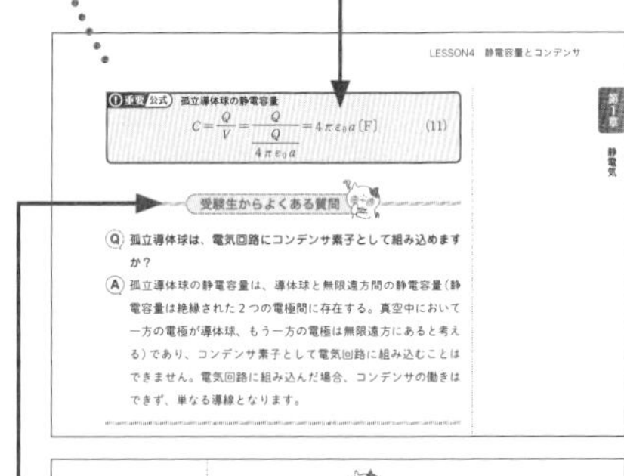
LESSON4　静電容量とコンデンサ

重要公式　孤立導体球の静電容量

$$C=\frac{Q}{V}=\frac{Q}{\dfrac{Q}{4\pi\varepsilon_0 a}}=4\pi\varepsilon_0 a\ \text{〔F〕}\qquad(11)$$

受験生からよくある質問

Q　孤立導体球は、電気回路にコンデンサ素子として組み込めますか？

A　孤立導体球の静電容量は、導体球と無限遠方間の静電容量（静電容量は絶縁された2つの電極間に存在する。真空中において一方の電極が導体球、もう一方の電極は無限遠方にあると考える）であり、コンデンサ素子として電気回路に組み込むことはできません。電気回路に組み込んだ場合、コンデンサの働きはできず、単なる導線となります。

第1章　静電気

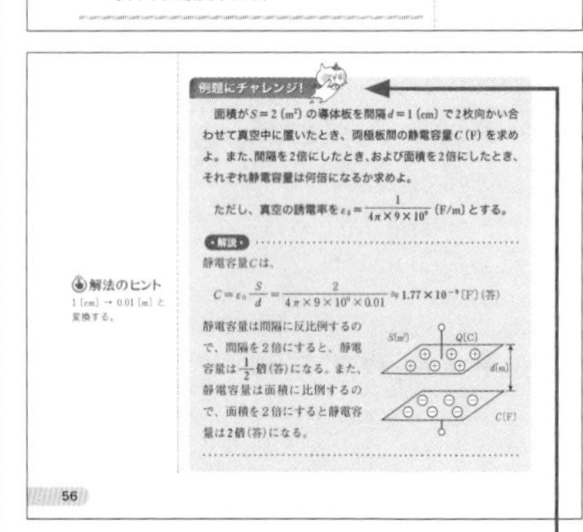
例題にチャレンジ！

面積が $S=2$〔m²〕の導体板を間隔 $d=1$〔cm〕で2枚向かい合わせて真空中に置いたとき、両極板間の静電容量 C〔F〕を求めよ。また、間隔を2倍にしたとき、および面積を2倍にしたとき、それぞれ静電容量は何倍になるか求めよ。

ただし、真空の誘電率を $\varepsilon_0=\dfrac{1}{4\pi\times 9\times 10^9}$〔F/m〕とする。

・解説・

静電容量 C は、

$$C=\varepsilon_0\frac{S}{d}=\frac{2}{4\pi\times 9\times 10^9\times 0.01}\fallingdotseq 1.77\times 10^{-9}\text{〔F〕（答）}$$

静電容量は間隔に反比例するので、間隔を2倍にすると、静電容量は $\frac{1}{2}$ 倍（答）になる。また、静電容量は面積に比例するので、面積を2倍にすると静電容量は2倍（答）になる。

解法のヒント：1〔cm〕→0.01〔m〕と変換する。

56

●充実の欄外解説

補足
テキスト解説の理解を深める補足解説

用語
知っておきたい用語をフォロー

解法のヒント
計算問題の着眼点やポイントをアドバイス

●キーワードは黒太字と赤太字で表記

学習上の重要用語は**黒太字**で、試験の穴埋め問題でよく出る用語は**赤太字**で表記しています。

●受験生からよくある質問

受験生が抱きやすい疑問を、Q&A形式で解説しています。

●例題にチャレンジ

テキスト解説に関連する例題です。重要公式の使い方や解き方の流れをしっかり把握しましょう。

※ここに掲載した誌面は「本書の使い方」を説明するための見本です。

Step 3 レッスン末問題で理解度チェック

1日の学習の終わりに、穴埋め形式の問題に取り組みましょう。知識の定着度をチェックできます。

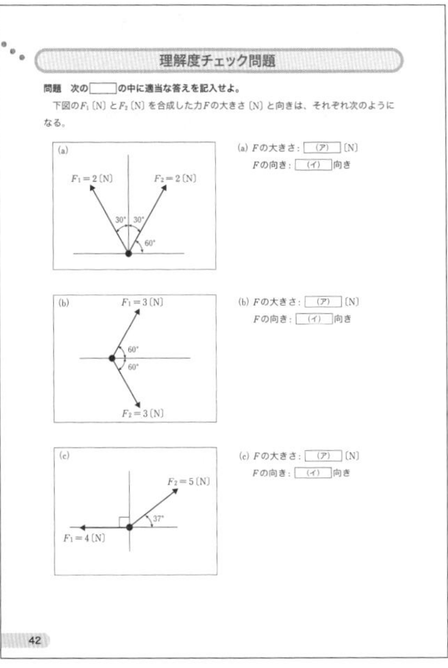

理解度チェック問題

問題　次の□の中に適当な答えを記入せよ。

下図のF_1〔N〕とF_2〔N〕を合成した力Fの大きさ〔N〕と向きは、それぞれ次のようになる。

(a) Fの大きさ：（ア）〔N〕
Fの向き：（イ）向き

(b) Fの大きさ：（ア）〔N〕
Fの向き：（イ）向き

(c) Fの大きさ：（ア）〔N〕
Fの向き：（イ）向き

42

Step 4 頻出過去問題にチャレンジ

特に重要な過去問題100問を厳選収録しました。すべて必ず解いておきたい問題です。正答できるまで、くり返し取り組みましょう。

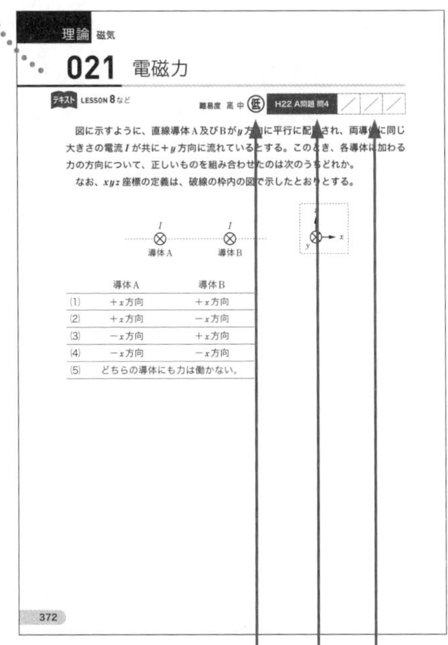

理論 磁気

021 電磁力

テキスト LESSON 8 など　　難易度 高 中 低　H22 A問題 問4

図に示すように、直線導体A及びBがy方向に平行に配置され、両導体に同じ大きさの電流Iが共に$+y$方向に流れているとする。このとき、各導体に加わる力の方向について、正しいものを組み合わせたのは次のうちどれか。

なお、xyz座標の定義は、破線の枠内の図で示したとおりとする。

	導体A	導体B
(1)	$+x$方向	$+x$方向
(2)	$+x$方向	$-x$方向
(3)	$-x$方向	$+x$方向
(4)	$-x$方向	$-x$方向
(5)	どちらの導体にも力は働かない。	

372

難易度を3段階表示（難易度の高い順から、「高」「中」「低」）

過去問の出題年（H＝平成、R＝令和）・A・B問題の別・問題番号

取り組んだ日や正答できたかどうかをチェックしましょう。

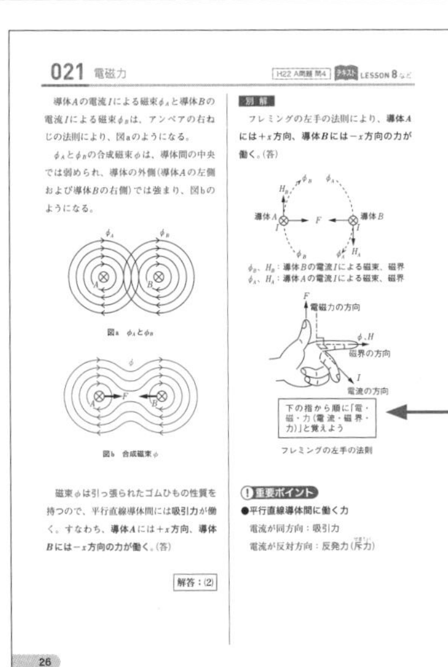

021 電磁力

H22 A問題 問4　テキスト LESSON 8 など

導体Aの電流Iによる磁束ϕ_Aと導体Bの電流Iによる磁束ϕ_Bは、アンペアの右ねじの法則により、図aのようになる。

ϕ_Aとϕ_Bの合成磁束ϕは、導体間の中央では弱められ、導体の外側(導体Aの左側および導体Bの右側)では強まり、図bのようになる。

図a　ϕ_Aとϕ_B

図b　合成磁束ϕ

磁束ϕは引っ張られたゴムひもの性質を持つので、平行直線導体間には吸引力が働く。すなわち、**導体Aには$+x$方向、導体Bには$-x$方向の力が働く。**(答)

解答：(2)

別解

フレミングの左手の法則により、**導体Aには$+x$方向、導体Bには$-x$方向の力が働く。**(答)

ϕ_B、H_B：導体Bの電流Iによる磁束、磁界
ϕ_A、H_A：導体Aの電流Iによる磁束、磁界

フレミングの左手の法則

重要ポイント

●平行直線導体間に働く力

電流が同方向：吸引力

電流が反対方向：反発力(斥力)

26

●解答・解説は使いやすい別冊！

頻出過去問100題の解答・解説は、確認しやすい別冊にまとめました。
図版を豊富に用いて、着眼点や計算プロセスを丁寧に解説しています。

資格・試験について

1．第三種電気主任技術者の資格と仕事

「電験三種試験」とは、国家試験の「電気主任技術者試験（第一種・第二種・第三種）」のうち、「第三種電気主任技術者試験」のことであり、合格すれば第三種の電気主任技術者の免状が得られます。

第三種電気主任技術者は、電圧5万ボルト未満の事業用電気工作物（出力5千キロワット以上の発電所を除く）の工事、維持および運用の保安の監督を行うことができます。

■電気主任技術者（第一種・第二種・第三種）の電気工作物の範囲

<table>
<tr><th colspan="3">事業用電気工作物</th></tr>
<tr><th>第一種電気主任技術者</th><th>第二種電気主任技術者</th><th>第三種電気主任技術者</th></tr>
<tr><td>すべての事業用電気工作物</td><td>電圧が17万ボルト未満の事業用電気工作物</td><td rowspan="2">電圧が5万ボルト未満の事業用電気工作物（出力5千キロワット以上の発電所を除く。）
例：上記電圧の5千キロワット未満の発電所や電気事業者から上記の電圧で受電する工場、ビルなどの需要設備</td></tr>
<tr><td colspan="2">例：上記電圧の発電所、変電所、送配電線路や電気事業者から上記電圧で受電する工場、ビルなどの需要設備</td></tr>
</table>

2．受験資格、試験実施日、受験申込受付期間、合格発表

● **受験資格**：学歴、年齢、経験等の制限はありません。

● **試験実施日**：年1回、例年9月上旬の日曜日に実施されます。

● **受験申込受付期間**：例年5月下旬～6月上旬

● **合格発表**：例年10月下旬頃

※最新情報は、試験実施団体にご確認ください。

3. 試験内容

試験科目は、理論、電力、機械、法規の4科目で、マークシートに記入する五肢択一方式です。

試験科目	理　論	電　力	機　械	法　規
範　囲	電気理論、電子理論、電気計測および電子計測に関するもの	発電所および変電所の設計および運転、送電線路および配電線路（屋内配線を含む。）の設計および運用並びに電気材料に関するもの	電気機器、パワーエレクトロニクス、電動機応用、照明、電熱、電気化学、電気加工、自動制御、メカトロニクス並びに電力システムに関する情報伝送および処理に関するもの	電気法規（保安に関するものに限る。）および電気施設管理に関するもの
解答数	A問題　14題 B問題　3題※	A問題　14題 B問題　3題	A問題　14題 B問題　3題※	A問題　10題 B問題　3題
試験時間	90分	90分	90分	65分

備考：1．解答数欄の※印については、選択問題を含んだ解答数です。
　　　2．法規科目には「電気設備の技術基準の解釈について」（経済産業省の審査基準）に関するものを含みます。

A問題は一つの問に対して一つを解答する方式、B問題は一つの問の中に小問を二つ設けて、それぞれの小問に対して一つを解答する方式です。

4. 合格基準、科目合格制度

合格基準は、各科目60点以上が目安ですが、例年調整が入る場合があります。

試験は科目ごとに合否が決定され、4科目すべてに合格すれば第三種電気主任技術者試験が合格になります。また、4科目中一部の科目だけ合格した場合は、「科目合格」となって、翌年度および翌々年度の試験では申請により、当該科目の試験が免除されます。つまり、3年間で4科目に合格すれば、第三種電気主任技術者試験が合格となります。

5. 試験に関する問い合わせ先

一般財団法人 電気技術者試験センター

〒104-8584　東京都中央区八丁堀2-9-1　RBM東八重洲ビル8階

ホームページ　https://www.shiken.or.jp/

電験三種試験　４科目の論点関連図

電験三種試験４科目の論点どうしの関連性を図にしています。電験三種試験合格には、まず「理論」科目をマスターすることが大事です。
また、「基礎数学」は４科目学習の「土台」です。しっかりマスターしましょう。

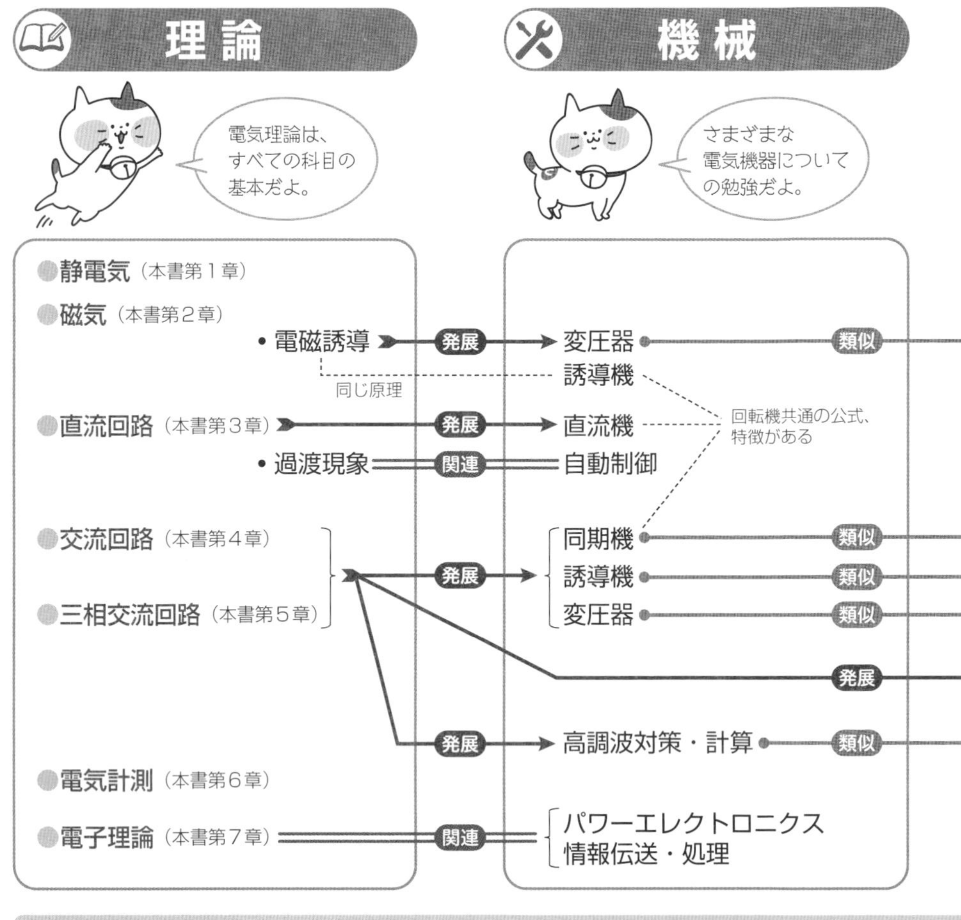

電験三種試験4科目 共通の法則・定理

オームの法則　キルヒホッフの法則

電験三種試験 4科目の「土台」

数学の基礎

- 分数式の約分・通分
- 式の展開
- 比例と反比例・比例配分
- 一次・二次方程式
- 指数・対数
- 弧度法（ラジアン）
- 三角関数
- ベクトルと複素数
- （微分・積分）

：発展………理論科目の内容をさらに発展させた内容になります。

：類似問題…科目を超えて類似の問題が出題されます。

関連：関連性が高い論点です。

電力

発電、変電、送電、
配電について
勉強するよ。

- 変電（変圧器）
- 発電（同期発電機）
- 発電（誘導発電機）
- 変電（変圧器）
- 送配電線路
- 力率改善
- 高調波対策・計算
- 電気材料

法規

電気の保安に関する
法律についての
勉強だよ。

- 負荷率・需要率
- 施設管理
- 力率改善
- 高調波対策・計算
- 電気事業法および関連法規
- 電気設備技術基準・解釈

変電（変圧器） 関連 負荷率・需要率
変電（変圧器） 関連 施設管理
送配電線路 関連 施設管理
力率改善 類似 力率改善
高調波対策・計算 類似 高調波対策・計算

重ね合わせの理　テブナンの定理　ミルマンの定理

電験三種試験突破に、
数学の基礎は不可欠！
※苦手な受験生は、
「数学のきほん」（P15～）
で復習しましょう。

物理・化学の基礎

- 力と運動
- 光と熱
- 原子・分子
- 化学反応

理論科目の出題傾向と対策

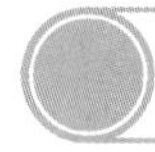

出題傾向

理論の科目は、静電気、磁気、直流回路、交流回路、電気計測、電子理論といった幅広い内容を含みます。試験でも例年、各分野から過去問題の類似問題がバランスよく出題されているので、過去問題を研究し、幅広い知識を身に付ける学習が必要になります。

対策

理論で学習する内容は、電力、機械、法規を学ぶための基礎となりますので、今後の電験三種試験の学習を進める上で、まず理論をしっかり学習する必要があります。

試験問題は、電圧や電流などの値を求める問題や値などの関係を表す式を求める問題、いわゆる計算問題が大半を占めるので、数学の知識が必須となります。

理論全般で必要になる数学は、数式の四則演算、比例・反比例、一次、二次方程式、指数などの計算です。また、交流回路を学ぶために、三角関数、ベクトル、複素数の公式や定理などの基礎知識が必要で、これらを自在に使いこなせるかがポイントになります。

理論に関する公式は、本書の各レッスンでしっかりと学習しながら過去問題を解き、出題された内容・レベルやどの公式を用いればよいかを理解しましょう。

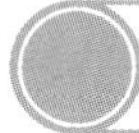

本書各章の学習ポイント

第１章　静電気

例年の出題数：２～４問程度

クーロンの法則、電界の強さ、電位、コンデンサの電圧分担、合成静電容量、電荷保存則、コンデンサに蓄えられるエネルギーなど、基本的な内容が繰り返し出題されています。電界と電位の定義、クーロンの法則や$Q=CV$など、電界に関する公式の理解は必須です。また、力のベクトル合成の5つのパターンは、交流回路のベクトル合成でも活用します。必ず覚えましょう。

第２章　磁気　　　　例年の出題数：２～３問程度

磁力線の性質、円形コイル・直線導体による磁界、平行導線間に働く電磁力、磁気回路、自己インダクタンス、フレミングの法則、ファラデーの法則、レンツの法則などが繰り返し出題されています。クーロンの法則など静電気と類似公式が多いので対比して覚えるとよいでしょう。

第３章　直流回路　　　　例年の出題数：２～５問程度

直流回路の合成抵抗、電圧、電流、電力の計算、過渡現象などが出題されています。キルヒホッフの法則、テブナンの定理、重ね合わせの理、ミルマンの定理の理解が必須です。特に、回路の計算問題を短時間で解くためにテブナンの定理およびミルマンの定理をぜひマスターしましょう。また、過渡現象で、RC直列回路の時定数はRC〔s〕、RL直列回路の時定数は$\frac{L}{R}$〔s〕であることを暗記しておきましょう。

第４章　交流回路　　　　例年の出題数：１～６問程度

単相交流回路のベクトル図、複素数による電圧、電流、電力、力率の計算、各種波形の平均値・実効値、共振回路などが出題されています。キルヒホッフの法則など直流回路と同様の公式を使用しますが、直流回路に比べ位相や力率の問題があるので複雑となります。交流回路の計算は他科目(機械、電力、法規)の基礎となる最も重要な分野でもあるので、学習時間を多く割いてしっかり理解しておきましょう。

第５章　三相交流回路　　　　例年の出題数：１～２問程度

三相交流回路の電圧、電流、電力、力率、インピーダンスなどの計算が主体です。出題数は少なく、時間がかかる計算問題も多いですが、単相交流回路と同様、他科目(機械、電力、法規)の基礎となる最も重要な分野でもあるので、学習時間を多く割いてしっかり理解しておきましょう。三相交流回路から1相分を抜き出し、単相交流回路として計算することがコツです。三相有効電力（消費電力）は、$V_P I_P \cos\theta$を3倍、または$V_l I_l \cos\theta$を$\sqrt{3}$倍することを忘れないように注意しましょう。

第６章　電気計測　　　　例年の出題数：１～３問程度

各種計器の特徴、分流器・倍率器、二電力計法や三電圧計法による三相電力の測定などが出題されています。整流形計器や静電形計器、熱電（対）形計器などの特徴を覚えておきましょう。二電力計法の公式$P = P_1 + P_2 = \sqrt{3}\, V_l I_l \cos\theta$は、必ず覚えておきましょう。

第７章　電子理論　　例年の出題数：３～６問程度

演算増幅器、トランジスタ増幅回路、電子の運動、半導体素子の概要、いろいろな現象と効果など、出題は多岐に渡ります。難易度はまちまちですが、選択のＢ問題については、この分野が得意でない人は手を出さないほうが無難です。本書に記述のある基本的な内容で出題頻度の高いものの概要をしっかり理解し、深追いしないことが大切です。

学習プラン

本書掲載の過去問題は100問あります。過去問題は、内容が各分野をまたいでいる問題も多いため、次のような学習プランをおすすめします。

例１　まずテキスト編の第７章まで学習した後、すべての過去問題に挑戦する

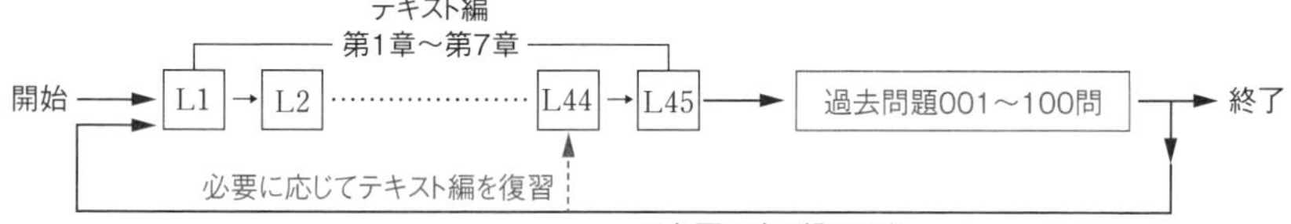

例２　テキスト編の１つの章の学習を終えたら、その章の過去問題に挑戦する、それを繰り返す

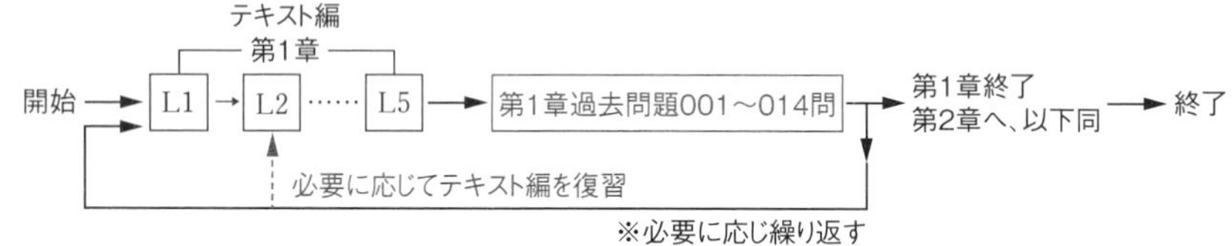

合格アドバイス

また、合格アドバイスとしては、基礎的な知識を充実させ、簡単な問題を取りこぼさないこと、試験ではあわてずに短時間で解けるものから着手し、時間配分を間違えないこと、難しそうな計算問題は、より簡単に解ける別解はないかと考える、選択肢の答えを問題に代入し正しいかを判断する、など日頃の学習から訓練しておきましょう。

1 単位・記号

電験三種試験でよく使われる単位や記号を挙げます。

これらの単位や記号は、これからの学習の中で使いながら覚えましょう。

主な量と単位

量	単位	量	単位
長さ	メートル〔m〕	皮相電力	ボルトアンペア〔V・A〕
質量	キログラム〔kg〕	電力量	ワット時〔W・h〕
時間	秒〔s〕	静電容量	ファラド〔F〕
仕事	ジュール〔J〕	インダクタンス	ヘンリー〔H〕
力	ニュートン〔N〕	磁束	ウェーバ〔Wb〕
角	ラジアン〔rad〕	磁束密度	テスラ〔T〕
回転速度	回転毎分〔min^{-1}〕	電束	クーロン〔C〕
電圧	ボルト〔V〕	磁界の強さ	アンペア毎メートル〔A/m〕
電流	アンペア〔A〕	起磁力	アンペア〔A〕
抵抗	オーム〔Ω〕	周波数	ヘルツ〔Hz〕
コンダクタンス	ジーメンス〔S〕	減衰量、利得	デシベル〔dB〕
電荷	クーロン〔C〕	光束	ルーメン〔lm〕
電界の強さ	ボルト毎メートル〔V/m〕	照度	ルクス〔lx〕
電力	ワット〔W〕	光度	カンデラ〔cd〕
無効電力	バール〔var〕	トルク	ニュートンメートル〔N・m〕

単位の接頭語の呼び方と記号

大きさ	名称	記号	大きさ	名称	記号
10^{12}	テラ	T	10^{-1}	デシ	d
10^{9}	ギガ	G	10^{-2}	センチ	c
10^{6}	メガ	M	10^{-3}	ミリ	m
10^{3}	キロ	k	10^{-6}	マイクロ	μ
10^{2}	ヘクト	h	10^{-9}	ナノ	n
10	デカ	da	10^{-12}	ピコ	p

ギリシャ文字

大文字	小文字	読み方	よく用いられる量	大文字	小文字	読み方	よく用いられる量
Α	α	アルファ	角度・抵抗の温度係数	Ν	ν	ニュー	振動数
Β	β	ベータ	角度	Ξ	ξ	クサイ	変位
Γ	γ	ガンマ	角度	Ο	o	オミクロン	※
Δ	δ	デルタ	損失角、微量	Π	π	パイ	円周率
Ε	ε	イプシロン	誘電率、自然対数の底(てい)	Ρ	ρ	ロー	抵抗率、体積電荷密度
Ζ	ζ	ゼータ	減衰率	Σ	σ	シグマ	導電体
Η	η	イータ	効率	Τ	τ	タウ	時間、トルク
Θ	θ	シータ	角度、温度	Υ	υ	ウプシロン	※
Ι	ι	イオタ	※	Φ	ϕ	ファイ	磁束、位相差
Κ	κ	カッパ	磁化力	Χ	χ	カイ	磁化率
Λ	λ	ラムダ	波長	Ψ	ψ	プサイ	電束
Μ	μ	ミュー	透磁率(とうじりつ)	Ω	ω	オメガ	角速度、立体角

※電験ではあまり用いられない

数学に用いられる記号

記号	意味	記号	意味
+	プラス、正	∽	相似(そうじ)
−	マイナス、負	$\|a\|$	aの絶対値
×	掛ける	$\sqrt{\ }$	平方根(へいほうこん)、ルート
÷	割る	$\sqrt[n]{\ }$	n乗根(じょうこん)
=	等しい	j	虚数単位(きょすう)
≒	ほぼ等しい		$j^2=-1$
≠	等しくない	$\log_a$	aを底とする対数
≡	つねに等しい、図形が合同である	log	常用(じょうよう)対数
$a>b$	aはbより大きい	$\log_{10}$	
$a<b$	aはbより小さい	$\log_e$	自然対数
$a\geqq b$	aはbより大きいかあるいは等しい	In	
$a\leqq b$	aはbより小さいかあるいは等しい	$n!$	nの階乗
$a\gg b$	aはbより非常に大きい	Σ	総和
$a\ll b$	aはbより非常に小さい	lim	極限
∝	比例する	$a\to b$	aをbに近づける
∴	ゆえに	∞	無限大
∵	なぜならば	$\dot{A}$	ベクトルA
⊥	垂直	$\overrightarrow{AB}$	ベクトルAB(始点A、終点B)
//	平行		

計算の基本

(1) 実数の四則計算

加法(足し算)、減法(引き算)、乗法(掛け算)、除法(割り算)の4つの計算を合わせて四則(しそく)といいます。次の3つの法則は、数や式の計算の基本となるものです。

■交換法則　$a+b=b+a$、$ab=ba$

■結合法則　$(a+b)+c=a+(b+c)$、$(ab)c=a(bc)$

■分配法則　$a(b+c)=ab+ac$、$(a+b)c=ac+bc$

(2) 代数和

$(+a)+(-b)+(+c)$のことを、$a-b+c$と書くことがあります。

また、$(+3)+(-4)+(+5)$のことを、$3-4+5$と書くことがあります。

これは加法の＋を略したもので、この書き方を代数和といいます。

(3) 分数式の四則計算

〈1〉分数式の約分

分母と分子に共通の文字式や公約数があるときは、それらで分母、分子を割ることができ、このことを約分といいます。

$$\frac{acd}{abc}=\frac{\cancel{a}\cancel{c}d}{\cancel{a}b\cancel{c}}=\frac{d}{b}\qquad \frac{44}{56}=\frac{\overset{11}{\cancel{44}}}{\underset{14}{\cancel{56}}}=\frac{11}{14}$$

分母、分子を4で割る

〈2〉分数式の通分

2つ以上の分数式で分母が異なるとき、それぞれの分数式の分母が同じ整式になるように変形することを、通分といいます。通分するときは、分母がそれぞれの分数式の分母の最小公倍数になるように、分子と分母に同じ整式を掛けます。

$$\frac{b}{a}+\frac{d}{c}=\frac{bc}{ac}+\frac{ad}{ac}=\frac{bc+ad}{ac}$$

$$\frac{1}{4}+\frac{1}{6}=\frac{3}{12}+\frac{2}{12}=\frac{5}{12}$$

または、4と6の最小公倍数の12がすぐに思い浮かばないときは、

$$\frac{1}{4}+\frac{1}{6}=\frac{6}{24}+\frac{4}{24}=\frac{\overset{5}{\cancel{10}}}{\underset{12}{\cancel{24}}}=\frac{5}{12}$$

分母を4×6とする

式の展開　（かっこをはずすことを「展開する」という）

式の展開は、前項で学習した「分配法則」などを繰り返し利用して行います。

■式の展開の公式

1. $(a+b)(c+d)=ac+ad+bc+bd$

2. $(x+a)(x+b)=x^2+(a+b)x+ab$

3. $(a+b)^2=a^2+2ab+b^2$

4. $(a-b)^2=a^2-2ab+b^2$

比例式

(1) 比と反比

ある数aが、他の数bの何倍であるかを表す関係を、aのbに対する比または、aとbの比といい、これを$a:b$、または$\frac{a}{b}$と書きます。

また、$a:b$の比に対して、その逆の$b:a$のことを反比(または逆比)といいます。

(2) 比例式

aとbの比が、cとdの比に等しい式を「比例式」といい、これを$a:b=c:d$、または、$\frac{a}{b}=\frac{c}{d}$と書きます。

(3) 比例式の性質

比例式で$a:b=c:d$であるとき、$\frac{a}{b}=\frac{c}{d}$が成立し、次の関係があります。

内項

$a : b = c : d$

外項

①内項の積は外項の積に等しい。

$ad=bc$ ($\frac{a}{b}$ ✕ $\frac{c}{d}$ のように、分子、分母を対角線状に掛けた積は等しい)

②両辺をそれぞれ加えても等しい。

$$\frac{a+c}{b+d}$$

(4) 比例と反比例

ともなって変わる2つの変数x、yの関係が、$y=ax$という式で表されるとき、「yはxに比例する」といいます。xが2倍になるとyも2倍に、xが3倍になるとyも3倍になります。

また、ともなって変わる2つの変数x、yの関係が、$y=\frac{a}{x}$という式で表されるとき、「yはxに反比例する」といいます。xが2倍になるとyは$\frac{1}{2}$倍に、xが3倍になるとyは$\frac{1}{3}$倍になります。

比例、反比例のいずれの場合もaは0でない定数で、このaを比例定数といいます。

(5) 比例配分

いま、ある量をMとして、これを2つの量x、yに分けるとき、各々の比が、m：nとなるように分けることを比例配分といいます。

$$\frac{x}{m}=\frac{y}{n}=\frac{x+y}{m+n}=\frac{M}{m+n}$$

となるので

$$x=\frac{m}{m+n}\times M \qquad y=\frac{n}{m+n}\times M$$

となります。

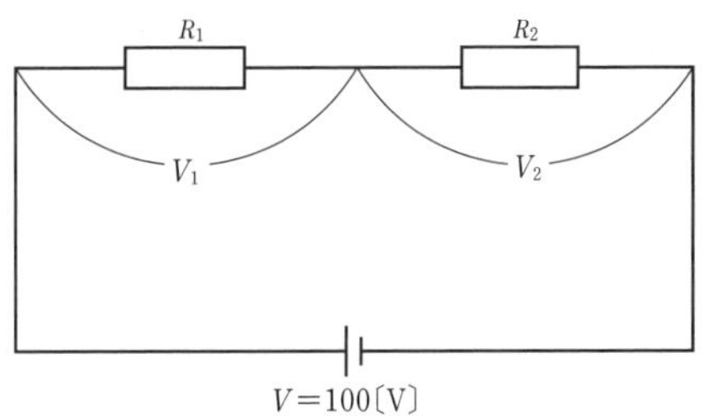

例1　右図の回路で、抵抗$R_1=2$〔Ω〕、$R_2=3$〔Ω〕に加わる電圧V_1〔V〕、V_2〔V〕の値を求める。

解説　電圧は抵抗に比例して配分されるので、

$$V_1=\frac{R_1}{R_1+R_2}\times V=\frac{2}{2+3}\times 100=40〔\mathrm{V}〕$$

$$V_2=\frac{R_2}{R_1+R_2}\times V=\frac{3}{2+3}\times 100=60〔V〕$$

例2　右図の回路で、抵抗$R_1=2$〔Ω〕、$R_2=3$〔Ω〕に流れる電流I_1〔A〕、I_2〔A〕の値を求める。

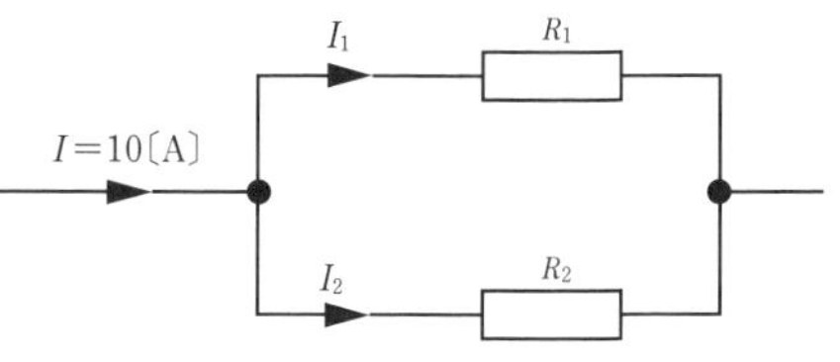

解説　電流は抵抗に反比例して（電流は抵抗の逆数に比例して）配分されるので、

相手側の抵抗

$$I_1=\frac{\frac{1}{R_1}}{\frac{1}{R_1}+\frac{1}{R_2}}\times I=\frac{\frac{1}{R_1}}{\frac{R_1+R_2}{R_1R_2}}\times I=\frac{R_2}{R_1+R_2}\times I=\frac{3}{2+3}\times 10=6〔A〕$$

相手側の抵抗

$$I_2=\frac{\frac{1}{R_2}}{\frac{1}{R_1}+\frac{1}{R_2}}\times I=\frac{\frac{1}{R_2}}{\frac{R_1+R_2}{R_1R_2}}\times I=\frac{R_1}{R_1+R_2}\times I=\frac{2}{2+3}\times 10=4〔A〕$$

5 一次方程式の計算

(1) 連立方程式の解き方

連立方程式の解き方には、加減法（消去法）、代入法などがあります。

例　次の連立方程式を解く。

$$\begin{cases}5x+3y=12\\7x+4y=15\end{cases}$$

解説　「代入法」の解き方の一例を示します。

$$\begin{cases}5x+3y=12\cdots\cdots①\\7x+4y=15\cdots\cdots②\end{cases}$$

式①より$x=\frac{12-3y}{5}\cdots\cdots③$

式③を式②に代入すると、

$$\frac{7(12-3y)}{5}+4y=15\cdots\cdots④$$

式④の両辺に5を掛けて

$7(12-3y)+20y=75$

$84-21y+20y=75$

$-y=-9$

$\therefore y=9$……⑤

式⑤を式③に代入すると

$x=\frac{12-3\times 9}{5}=-3 \qquad \therefore x=-3$

したがって、$x=-3$、$y=9$となります。

❻ 二次方程式の計算

二次方程式$ax^2+bx+c=0$（$a\neq 0$、a、b、cは実数の定数）を満たすxの値を、この方程式の解または根といいます。この方程式の解を求めることを、方程式を解くといいます。

(1) 因数分解の公式

因数分解とは、前述の「❸式の展開」で学習した操作を逆にすることで、単項式の和の形を多項式の積の形に戻す操作をすることをいいます。以下に、基本的な因数分解の公式をまとめましたので、使いこなせるようにしておきましょう。

■因数分解の公式

1. $a^2+2ab+b^2=(a+b)^2$
2. $a^2-2ab+b^2=(a-b)^2$
3. $x^2+(a+b)x+ab=(x+a)(x+b)$

例　次の二次方程式を因数分解して、その解を求める。

$x^2-5x+6=0$

解説　$x^2-5x+6=(x-3)(x-2)=0$

$\therefore x-3=0$、$x-2=0$より、

$x=3$、$x=2$

(2) 解の公式

二次方程式は、簡単に因数分解できるとは限りません。そこで、一般の二次方程式の解を導き出しておきましょう。

■解の公式

二次方程式$ax^2+bx+c=0\ (a \neq 0)$の解の公式

$$x=\frac{-b \pm \sqrt{b^2-4ac}}{2a}$$

指数の計算

a^m（aのm乗）のmを指数といい、累乗（同じ数または記号を掛け合わす）した個数を代数の右肩に小さく書きます。次のような指数法則があります。

$a \neq 0$、$b \neq 0$でm、nを実数とすると、

(1) $a^0=1 \qquad a^1=a$

(2) $a^m=\underbrace{a \times a \times a \times \cdots \times a}_{a\text{が}m\text{個}}$

例　$10^5=10 \times 10 \times 10 \times 10 \times 10=100000$

(3) $a^{-m}=\dfrac{1}{a^m}=\dfrac{1}{\underbrace{a \times a \times a \times \cdots \times a}_{a\text{が}m\text{個}}}$

例　$10^{-3}=\dfrac{1}{10^3}=\dfrac{1}{10 \times 10 \times 10}=0.001$

(4) $a^m \times a^n=a^m \cdot a^n=a^{m+n}$

例　$10^4 \times 10^2=\underbrace{10 \times 10 \times 10 \times 10}_{4\text{個}} \times \underbrace{10 \times 10}_{2\text{個}}=10^6\ (=10^{4+2})$

(5) $a^m \div a^n=\dfrac{a^m}{a^n}=a^{m-n}$

例　$10^5 \div 10^3=\dfrac{10^5}{10^3}=\dfrac{10 \times 10 \times 10 \times 10 \times 10}{10 \times 10 \times 10}=10^2\ (=10^{5-3})$

(6) $(a^m)^n=a^{m \cdot n}$

例　$(10^3)^4=10^3 \times 10^3 \times 10^3 \times 10^3=10^{3+3+3+3}=10^{12}\ (=10^{3 \times 4})$

(7) $a^{\frac{m}{n}}=\sqrt[n]{a^m}$

例　$10^{\frac{1}{2}}=\sqrt[2]{10^1}=\sqrt[2]{10}=\sqrt{10}$

例　$10^{\frac{2}{3}}=\sqrt[3]{10^2}$

一般に$\sqrt[2]{10}$のような場合、2を省略します。これは2の場合だけです

(8) $(a \cdot b)^m = a^m \cdot b^m$

例　$(2 \times 3)^2 = 6^2 = 36 = 4 \times 9 = 2^2 \times 3^2$

8 平方根の計算

(1) 平方根についての規則と計算

平方(2乗)すると0以上の実数aになる数xをaの平方根(2乗根)といいます。

例えば、$2^2 = 4$や$(-2)^2 = 4$のように、2乗すると4になる数は2と-2ですから、この2や-2を4の平方根といい、$\pm\sqrt{a}$と書きます。

〈1〉aの平方根は$\pm\sqrt{a}$である。

例　9の平方根　$+\sqrt{9} = +3$……9の正の平方根
　　　　　　　$-\sqrt{9} = -3$……9の負の平方根

〈2〉$a > 0$、$b > 0$のとき、

(イ) $(\sqrt{a})^2 = \sqrt{a^2} = a$　　例　$(\sqrt{2})^2 = \sqrt{2^2} = 2$

(ロ) $\sqrt{a}\sqrt{b} = \sqrt{ab}$　　例　$\sqrt{2}\sqrt{3} = \sqrt{2 \times 3} = \sqrt{6}$

(ハ) $\dfrac{\sqrt{a}}{\sqrt{b}} = \sqrt{\dfrac{a}{b}}$　　例　$\dfrac{\sqrt{16}}{\sqrt{2}} = \sqrt{\dfrac{16}{2}} = \sqrt{8}$

(2) 根号を含む分数式の分母の有理化

根号(こんごう)を分母に含む式を、次のようにして、分母に根号を含まない形の式に変形することを、分母の有理化(ゆうりか)といいます。分母の有理化は次のように行います。

$$\frac{1}{\sqrt{a}} = \frac{1 \times \sqrt{a}}{\sqrt{a} \times \sqrt{a}} = \frac{\sqrt{a}}{(\sqrt{a})^2} = \frac{\sqrt{a}}{a}$$

例　次の式の分母を有理化する。

$$\frac{1}{4\sqrt{3}}$$

$$\frac{1}{4\sqrt{3}} = \frac{1 \times \sqrt{3}}{4\sqrt{3} \times \sqrt{3}} = \frac{1 \times \sqrt{3}}{4(\sqrt{3})^2} = \frac{\sqrt{3}}{4 \times 3} = \frac{\sqrt{3}}{12}$$

9 対数関数の扱い方

(1) 対数の定義

「⑦指数の計算」では、$a^x = c$ $(a>0, a \neq 1)$ の形の式でa、xを与えたとき、cの

値を求めてきました。ここではa、Cを与えたとき、xはどのように求めればよいかを考えます。

例えば、$2^3=8$ですから、8は2の3乗です。これを「2を底(てい)とする8の対数が3」と表現します。これを一般的に次のように表して扱います。

$3=\log_2 8$

■**対数の定義**

$a>0$、$a\neq 1$、$C>0$のとき、

$a^x=C \leftrightarrows x=\log_a C$(logはlogarithmの略で、対数記号として使う)

※10を底とする対数を常用対数、ネイピア数$e\fallingdotseq 2.71828$を底とする対数を自然対数といいます。

(2) 対数の計算

対数の計算は次のように行います。

$a>0$、$a\neq 1$、$M>0$、$N>0$のとき、

(1) $\log_a 1=0$、$\log_a a=1$　例　$\log_{10} 1=0$、$\log_{10} 10=1$

(2) $\log_a (MN)=\log_a M+\log_a N$　例　$\log_{10}(3\times 2)=\log_{10} 3+\log_{10} 2$

(3) $\log_a \left(\frac{M}{N}\right)=\log_a M-\log_a N$　例　$\log_{10}\left(\frac{3}{2}\right)=\log_{10} 3-\log_{10} 2$

(4) $\log_a M^n=n\log_a M$　例　$\log_{10} 3^2=2\log_{10} 3$

10 三角関数の定義と公式

(1) 三角関数の定義

直角三角形の一つの角θの大きさによって定まる関数を三角関数といい、sin(サイン：正弦(せいげん))、cos(コサイン：余弦(よげん))、tan(タンジェント：正接(せいせつ))があります。

図において、

$\sin\theta=\frac{b}{c}$、$\cos\theta=\frac{a}{c}$、$\tan\theta=\frac{b}{a}$

と定義されます。

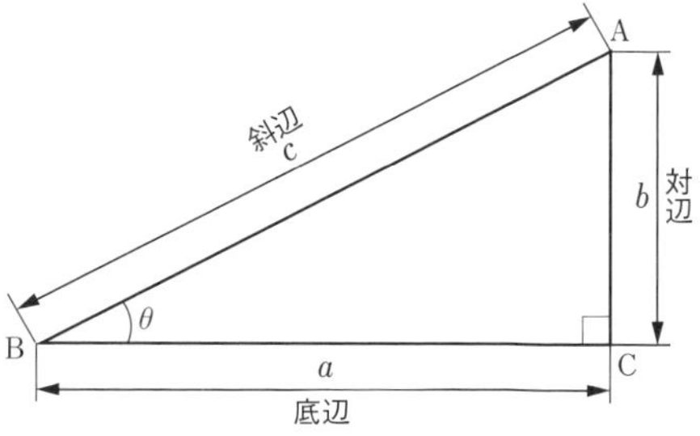

私たちがよく使う三角定規は直角三角形ですが、これらの角度θは30°、45°、60°です。この場合の三角関数は、

次の表のとおりです。

三角関数 ＼ θ	0°	30°	45°	60°	90°
$\sin\theta$	0	$\frac{1}{2}$	$\frac{1}{\sqrt{2}}$	$\frac{\sqrt{3}}{2}$	1
$\cos\theta$	1	$\frac{\sqrt{3}}{2}$	$\frac{1}{\sqrt{2}}$	$\frac{1}{2}$	0
$\tan\theta$	0	$\frac{1}{\sqrt{3}}$	1	$\sqrt{3}$	／

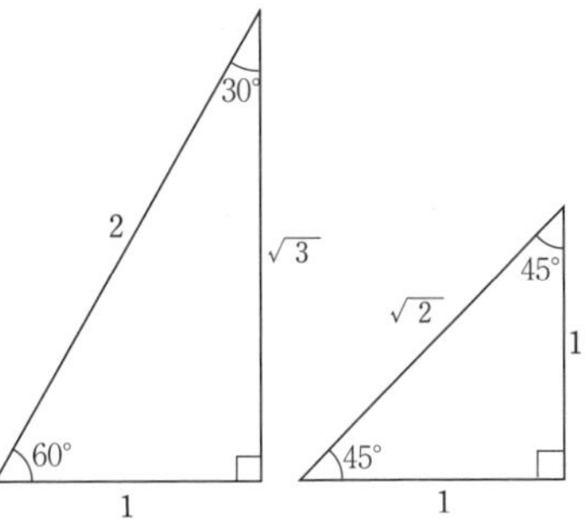

※30°、60°の直角三角形の辺の比$1:2:\sqrt{3}$はイチニールートサン、45°の直角三角形の辺の比$1:1:\sqrt{2}$はイチイチルートニと語呂よく覚えましょう。

また、辺の比が3：4：5の直角三角形は力率の問題などで電験三種試験によく出題されます。ミヨコは直角と覚えましょう。

この直角三角形の$\sin\theta$、$\cos\theta$、$\sin\beta$、$\cos\beta$は、次のようになります。

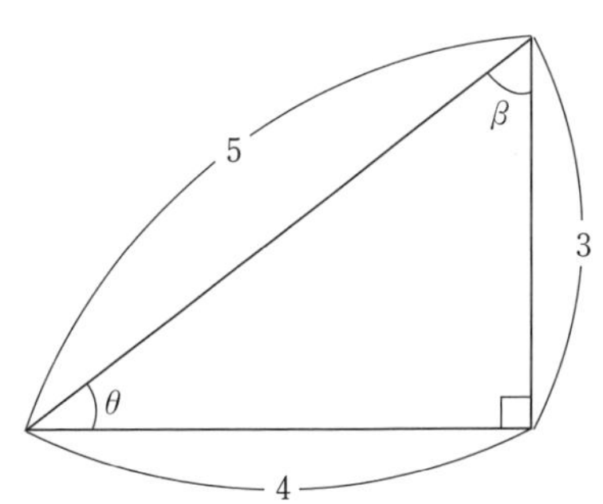

$$\sin\theta = \frac{3}{5} = 0.6$$

$$\cos\theta = \frac{4}{5} = 0.8$$

$$\sin\beta = \frac{4}{5} = 0.8$$

$$\cos\beta = \frac{3}{5} = 0.6$$

$\left(\theta = \tan^{-1}\frac{3}{4} \fallingdotseq 37°\right.$、$\beta = \tan^{-1}\frac{4}{3} \fallingdotseq 53°$となります$\left.\right)$※

※$\sin\theta = \frac{b}{c}$、$\cos\theta = \frac{a}{c}$、$\tan\theta = \frac{b}{a}$のとき、

$\theta = \sin^{-1}\frac{b}{c} = \cos^{-1}\frac{a}{c} = \tan^{-1}\frac{b}{a}$と表すことができます。

それぞれ、アークサイン、アークコサイン、アークタンジェントと読み、直角三角形の各辺の比から角度θを求めるときに使用します。特に$\tan^{-1}$(アークタンジェント)はよく使用されます。

$1:2:\sqrt{3}$ の直角三角形を例にsin、cos、tanの覚え方を示します。*s*、*c*、*t* の文字と赤矢印に注目してください。

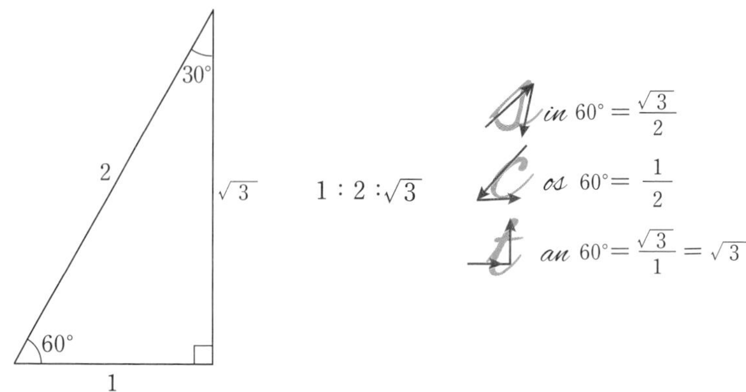

(2) 三角関数のグラフ

三角形の斜辺cを一定とし、角度θを変化させると、aおよびbが変化し、三角関数のグラフは次のようになります。

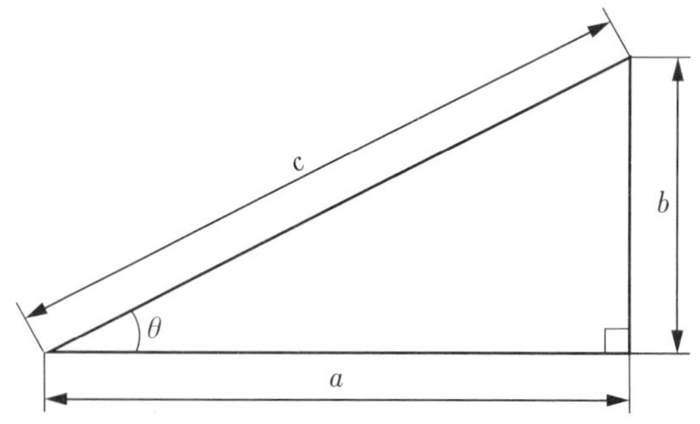

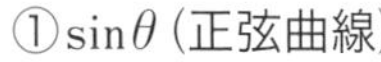

③tanθ(正接曲線)

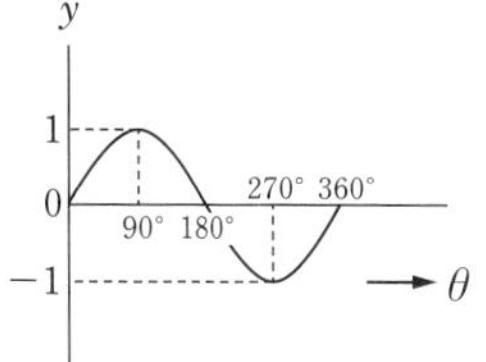

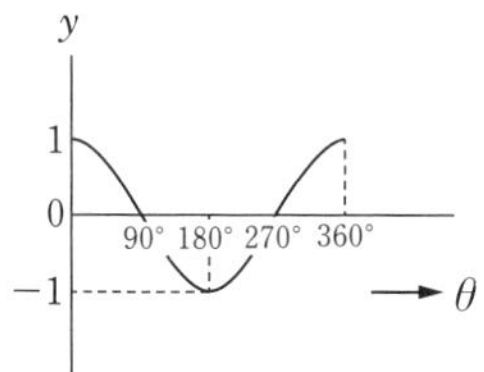

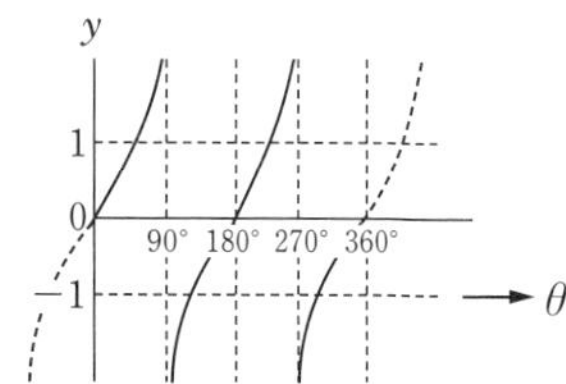

(3) 三角関数の公式

三角関数の主要な公式には、次のようなものがあります。右図の直角三角形や三角関数のグラフから導くことができます。

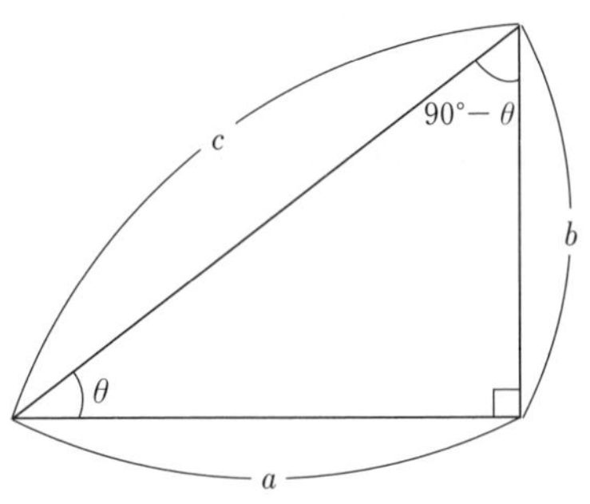

$\sin^2\theta + \cos^2\theta = 1$

$\tan\theta = \dfrac{\sin\theta}{\cos\theta}$

$\sin(90° - \theta) = \cos\theta$

$\cos(90° - \theta) = \sin\theta$

$\sin(-\theta) = -\sin\theta$

$\cos(-\theta) = \cos\theta$

$\tan(-\theta) = -\tan\theta$

$\sin(\theta + 360° \times n) = \sin\theta$

$\cos(\theta + 360° \times n) = \cos\theta$

$\tan(\theta + 360° \times n) = \tan\theta$

(ただしnは任意の整数)

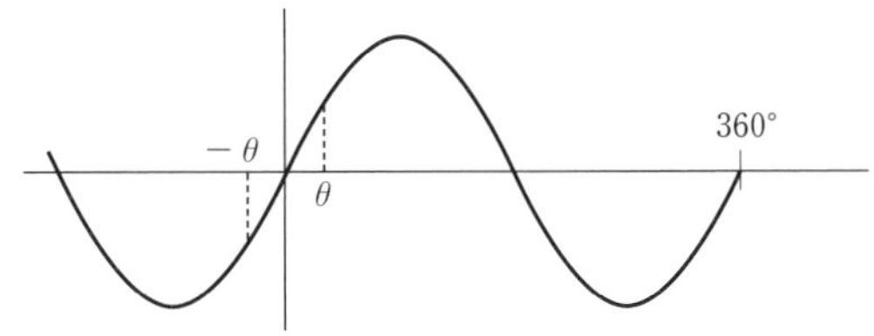

■加法定理

$\sin(\alpha \pm \beta) = \sin\alpha\ \cos\beta \pm \cos\alpha\ \sin\beta$ (さいた・こすもす、こすもす・さいた)

$\cos(\alpha \pm \beta) = \cos\alpha\ \cos\beta \mp \sin\alpha\ \sin\beta$ (こすもす・こすもす、さかない・さかない(符号が逆(∓)となるので、さかないと覚える))

(4) 弧度法

角の大きさを表すには、一般によく知られている1周を360〔°〕として表す度数法の度〔°〕のほかに、円弧の長さの半径に対する比によって表す弧度法(こどほう)のラジアン〔rad〕が用いられます。

■弧度法

①1つの円で、半径に等しい長さの円弧に対する中心角を1ラジアン〔rad〕といいます。

②半径 r の円で、円弧の長さ l に対する中心角 θ〔rad〕は、

$\theta = \dfrac{l}{r}$〔rad〕

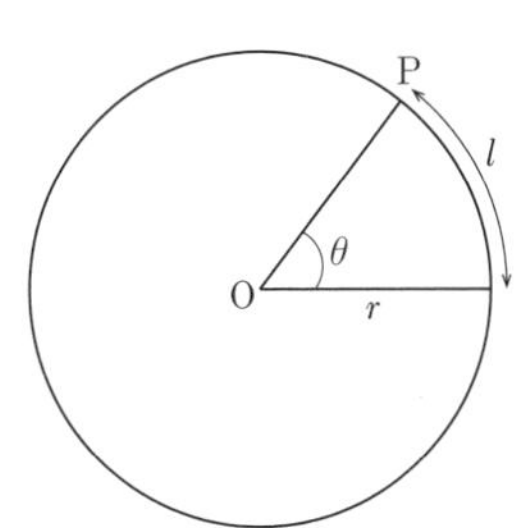

③度数法の角度と弧度法の角との間には、次の関係があります。

$360° = 2\pi$〔rad〕

■度数法と弧度法の比較

度数法	0°	30°	45°	60°	90°	180°	270°	360°
弧度法〔rad〕	0	$\frac{\pi}{6}$	$\frac{\pi}{4}$	$\frac{\pi}{3}$	$\frac{\pi}{2}$	π	$\frac{3\pi}{2}$	2π

11 ベクトルと複素数

ベクトルと複素数については、本書テキスト編第4章交流回路LESSON23記号法を、参照してください。

ユーキャンの電験三種
独学の理論
合格テキスト＆問題集

理論科目の出題論点を「45日分」に収録しました。
1日1レッスンずつ、無理のない学習をおすすめします。
各レッスン末には「理解度チェック問題」があり、
知識の定着度を確認できます。答えられない箇所は、
必ずテキストに戻って復習しましょう。
それでは45日間、頑張って学習しましょう。

1日目　第1章 静電気

LESSON 1

静電気とクーロンの法則

静電気、電荷、電流の実態および静電気に関するクーロンの法則を学びます。クーロンの法則は頻出です。しっかりマスターしましょう。

関連過去問 001, 002

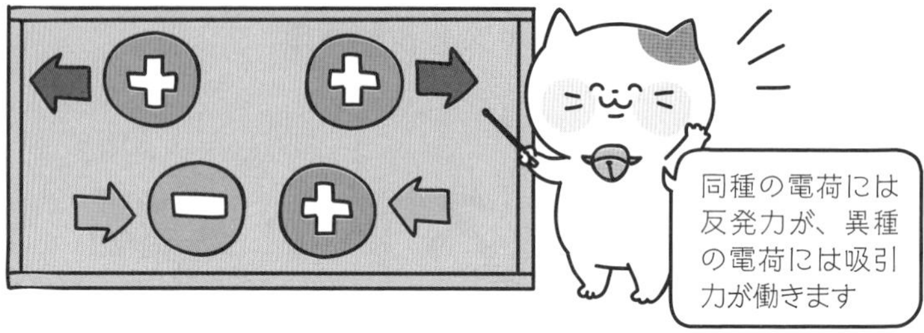

同種の電荷には反発力が、異種の電荷には吸引力が働きます

1 静電気の発生　重要度 B

今日から、第1章静電気の始まり。頑張ってニャ

(1) 原子の構造

物質を作る原子は、**原子核**(げんしかく)とその周りのいくつかの**電子**からできています(図1.1)。**原子核**が持つ**正**(プラス)(+)の電気と、**電子**が持つ**負**(マイナス)(−)の電気は量が等しく、原子全体としては電気的に**中性**です(図1.1)。

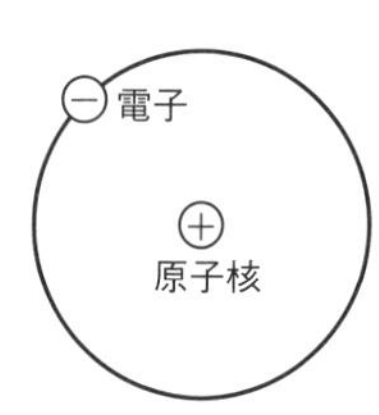

図1.1　原子の構造(水素原子)

導体である金属では、原子の持つ電子の一部が、原子を離れて自由に動き回ることができます。このような電子を「**自由電子**」と呼びます。

(2) 静電気とは

プラスチックなどの**絶縁体**(ぜつえんたい)は、金属とは異なり**自由電子がありません**。しかし、物体どうしを**摩擦**(まさつ)すると、一方の物体の表面の原子が持っている**電子**の一部が他方の物体の表面へ**移動**し、絶縁体の一方は**正**(+)、もう一方は**負**(−)に帯電します(図1.2)。

帯電した物体(**帯電体**)が持つ**電気量**を**電荷**(でんか)といい、それぞれ正電荷、負電荷といいます。また、大きさを無視できるような

用語

導体：電気をよく通す物質のこと。銅、アルミニウムなど。

絶縁体：電気を通しにくい物質。不導体、誘電体ともいう。ゴム、プラスチックなど。

電気量：電荷の大きさ。電気量＝電荷と考えてよい。

小さい帯電体を点電荷と呼びます。

電荷が持つ電気量の単位には、クーロン〔C〕が用いられます。

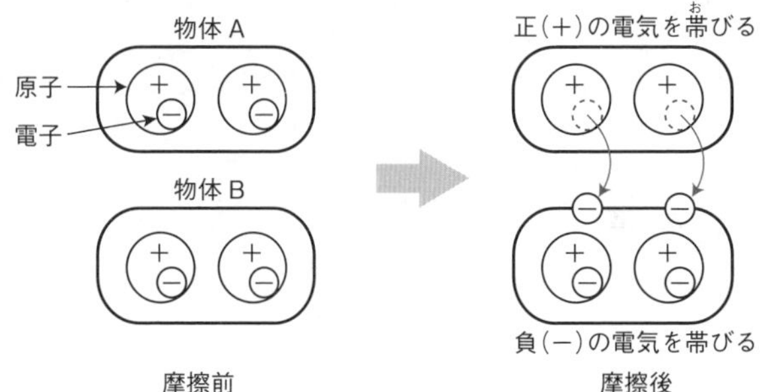

図1.2　静電気の発生の仕方

摩擦によって発生した電荷は、そのままであれば静止しているので、**静電気**と呼ばれます。

(3) 電流の実態

導線などの断面を、1秒間に1〔C〕の電荷が移動すると1〔A〕の電流が流れます。

t秒間にQ〔C〕の電荷が移動すると、電流Iは、

$I=\dfrac{Q}{t}$〔A〕となります。電流Iの単位はアンペア〔A〕です。

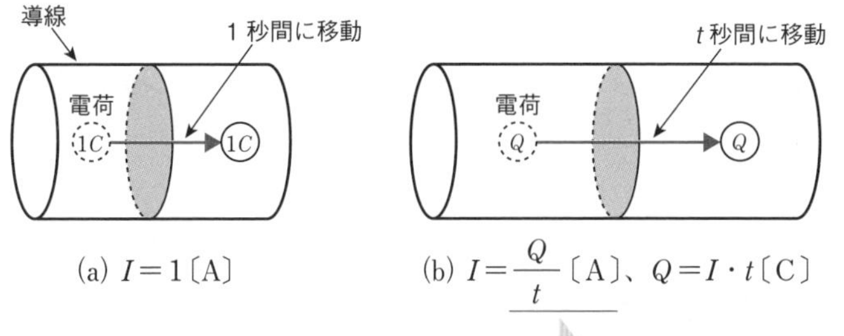

例えば、2秒間に10〔C〕の電荷が移動すれば、1秒間では5〔C〕の移動なので、電流Iは5〔A〕となる。

図1.3　電流Iの大きさ

なお、**電流**の実態は、**自由電子の移動**です。

例えば図1.4のように、電流が左(＋)から右(－)へ向かって流れるとき、電子は負(－)の電荷を持っているので、逆に右(－)から左(＋)へ移動します。

プラスワン
電子1個が持つ電気量eは、負(－)の電荷で、$e=-1.602\times10^{-19}$〔C〕。したがって、約6.242×10^{18}個と膨大な数の電子が集まって-1〔C〕となる。
$-1.602\times10^{-19}\times6.242\times10^{18}\fallingdotseq-1$〔C〕

プラスワン
電荷の総量は、いかなる物理的変化の過程においても一定不変である。この法則を、**電荷保存則**という。

補足
Qは、電荷を表す量記号。

補足
電子が発見される前に約束事として**電流の向き**(**＋から－へ**)を決めてしまったので、電流の向きと**電子の移動方向**(**－から＋へ**)は逆になってしまった。

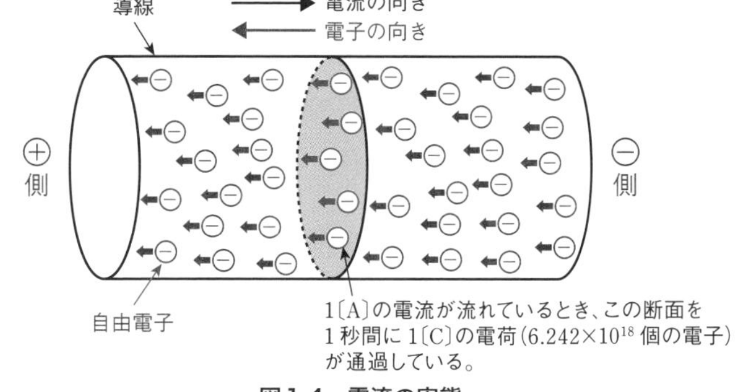

図1.4　電流の実態

2 静電気に関するクーロンの法則　重要度 A

電荷と電荷の間には次のような力が働き、この力を**静電力**または**クーロン力**といいます。

・同種の電荷間には、互いに**反発力**（**斥力**（せきりょく））が働く。
（正電荷どうし、負電荷どうし）
・異種の電荷間には、互いに**吸引力**が働く。
（正電荷と負電荷）

2つの電荷間に働く力（静電力）は、それぞれの**電荷の積に比例**し、**距離の2乗に反比例**します。また、力の方向は、両電荷を結ぶ直線上に沿います。これを**静電気に関するクーロンの法則**といいます。

いま、それぞれの電荷をQ_1〔C〕、Q_2〔C〕、電荷間の距離をr〔m〕とすると、真空中において静電力Fは、次のようになります。

重要公式　静電気に関するクーロンの法則

$$F=\frac{Q_1Q_2}{4\pi\varepsilon_0 r^2}=9\times10^9\times\frac{Q_1Q_2}{r^2}\text{〔N〕}\qquad(1)$$

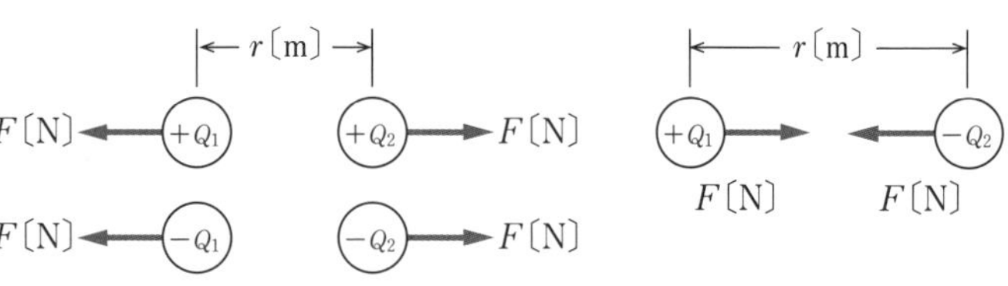

図1.5　静電気に関するクーロンの法則

補足
力の量記号はF、単位は〔N〕（ニュートン）。

プラスワン
式(1)は、
$\frac{1}{4\pi\varepsilon_0}=9\times10^9$
と覚えよう。
Q_1、Q_2が同種電荷の場合、Fはプラスの値になり、反発力を表し、Q_1、Q_2が異種電荷の場合、Fはマイナスの値になり、吸引力を表す。

式(1)と上の式は、この後も繰り返し出てくるよ。しっかり覚えてニャー

なお、ε_0（イプシロンゼロ）は、**真空の誘電率**と呼ばれます。

◎**誘電率と比誘電率**

誘電率とは、誘電分極のしやすさを表す定数で、ある物質の誘電率 ε は次のように表します。

ある物質の誘電率 $\varepsilon=\varepsilon_0\varepsilon_r$〔F/m〕

ここで、ε_rをある物質の**比誘電率**といいます。つまり比誘電率ε_rとは、真空の誘電率ε_0の何倍かを表す定数で、空気の比誘電率は$\varepsilon_r \fallingdotseq 1$です。

空気の誘電率 $\varepsilon=\varepsilon_0\varepsilon_r \fallingdotseq \varepsilon_0$〔F/m〕

となるので、式(1)で示したクーロンの法則は、通常、空気中においても適用します。

補足

真空の誘電率の値は次の通り。

$\varepsilon_0=8.854\times10^{-12}$〔F/m〕

補足

誘電分極については、LESSON3で学ぶ。

プラスワン

真空中や空気中以外の**媒質**（比誘電率ε_r）中では、クーロンの法則は次式となる。

$$F=\frac{Q_1Q_2}{4\pi\varepsilon_0\varepsilon_r r^2}\text{〔N〕}$$

なお、媒質とは、電荷を取り巻く物質で、力など物理的作用を仲介する。

補足

比誘電率の記号はε_rではなく、ε_sが用いられる場合もある。

数学・物理の基礎知識！

1．力F〔N（ニュートン）〕とは

質量1〔kg〕の物体を1〔m/s²〕で加速する力を、1〔N〕（ニュートン）といいます。力F〔N〕は、次式で与えられます。

$F=m\alpha$〔N〕（運動方程式）

ただし、m：質量〔kg〕　α：加速度〔m/s²〕

※単位の換算　F〔kg・m/s²〕→F〔N〕

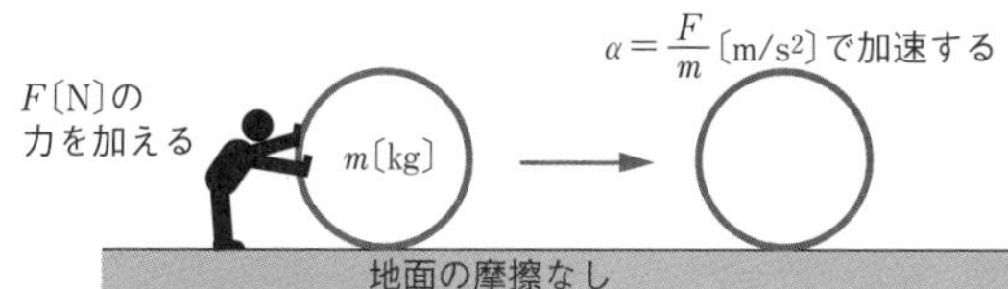

2．加速度α〔m/s²〕とは

物体に一定の力を加えたとき、物体は加速します。

加速度α〔m/s²〕は、次式で与えられます。

$$\alpha=\frac{\Delta v}{\Delta t}\text{〔m/s}^2\text{〕}$$

ただし、Δv（デルタ）：変化した速度〔m/s〕

Δt：変化にかかった時間

$$\text{加速度}\ \alpha=\frac{v_2-v_1}{t_2-t_1}=\frac{\Delta v}{\Delta t}\text{〔m/s}^2\text{〕}$$

Δ：デルタとは、微少変化という意味。

プラスワン

1.慣性の法則

すべての物体は、外部から力を加えられない限り、静止している物体は静止状態を続け、運動している物体は、等速直線運動を続ける。

2.作用・反作用の法則

物体Aから物体Bに力を加えると、物体Bから物体Aに逆向きの力も同時に発生する。

解法のヒント

1.

等量の2つの電荷なので$Q_1 = Q_2 = Q$と置き、クーロンの法則の式を変形する。

2.

1〔cm〕→1×10^{-2}〔m〕と変換する。

3.

$\sqrt{\dfrac{1}{10^8}} = \sqrt{\dfrac{1}{(10^4)^2}} = \dfrac{1}{10^4}$

例題にチャレンジ!

真空中において、等量の2つの正電荷を1〔cm〕離して置いたとき、両電荷間に3〔N〕の力が働いた。電荷の値〔C〕を求めよ。

・解説・

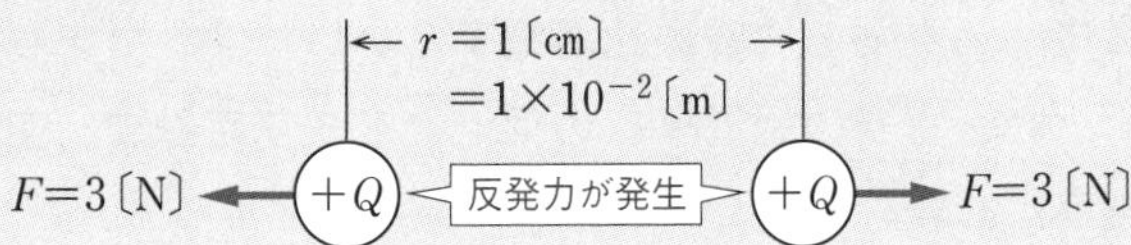

クーロンの法則の式

$$F = 9 \times 10^9 \times \frac{QQ}{r^2} = 9 \times 10^9 \times \frac{Q^2}{r^2}$$

を変形すると、求めるQは、

$$Q^2 = \frac{r^2 F}{9 \times 10^9}$$

（両辺の平方根をとる。ただし、Qは題意より正値）

$$Q = \sqrt{\frac{r^2 F}{9 \times 10^9}}$$

（9×10^9の部分を、$9 \times 10 \times 10^8$とする）

$$= \sqrt{\frac{r^2 F}{9 \times 10 \times 10^8}}$$

（$\sqrt{\dfrac{r^2}{10^8}} = \dfrac{r}{10^4}$として、$\sqrt{\ }$を外す）

$$= \frac{r}{10^4}\sqrt{\frac{F}{9 \times 10}}$$

（rとFに数値を代入する）

$$= \frac{1 \times 10^{-2}}{10^4}\sqrt{\frac{3}{9 \times 10}}$$

$$= 1 \times 10^{-6} \times \sqrt{\frac{1}{30}}$$

$$\fallingdotseq 1 \times 10^{-6} \times 0.183$$

$$\fallingdotseq 1 \times 10^{-6} \times 1.83 \times 10^{-1}$$

$$\fallingdotseq \mathbf{1.83 \times 10^{-7}}\text{〔C〕（答）}$$

理解度チェック問題

問題　次の［　　］の中に適当な答えを記入せよ。

1．２つの電荷間には静電力が働く。その際に、同種の電荷間には［（ア）］力が働き、異種の電荷間には［（イ）］力が働く。

2．２つの電荷 Q_1〔C〕Q_2〔C〕が、真空中で r〔m〕の距離に置かれている。相互に働く力 F は、次式で計算できる。

$$F=\frac{1}{4\pi\varepsilon_0}\times\frac{\boxed{(ウ)}}{\boxed{(エ)}}=\boxed{(オ)}\times\frac{\boxed{(ウ)}}{\boxed{(エ)}}〔\mathrm{N}〕$$

ただし、ε_0 は真空の誘電率で、$\varepsilon_0=8.854\times10^{-12}$〔F/m〕とする。

3．ある物質の誘電率 ε〔［（カ）］〕と、ある物質の比誘電率 ε_r〔［（キ）］〕と真空の誘導率 ε_0〔［（ク）］〕には、次の関係がある。

$\varepsilon=$［（ケ）］〔［（カ）］〕

4．空気の比誘電率は、およそ［（コ）］〔［（キ）］〕である。

※〔［　　］〕には単位を記入せよ。

解答

（ア）反発または斥（せき）　（イ）吸引　（ウ）Q_1Q_2　（エ）r^2　（オ）9×10^9　（カ）F/m
（キ）単位なし　（ク）F/m　（ケ）$\varepsilon_0\varepsilon_r$ または $\varepsilon_r\varepsilon_0$　（コ）1

2日目 第1章 静電気

LESSON 2 静電力の計算

力は、大きさと向きを持つベクトル量です。ここでは、力のベクトル合成の方法について学びます。

関連過去問 003

1 複数の電荷に働く静電力 重要度 A

プラスワン
大きさと向きを持つベクトル量に対して、大きさだけで表現される量をスカラー量という。ベクトル量には力、速度、電界の強さ(LESSON3で学ぶ)などがあり、スカラー量には質量、時間、温度などがある。

用語
代数和とは、正数・負数のまじった数または式を、正数・負数の和と考える式。aを引くことはマイナスaを加えると考える式。

力は**大きさ**と**向き**を持つ**ベクトル量**であるため、３個以上の電荷間に働く力を扱う場合には、力の**ベクトル合成**により求めます。

図1.6のように、電荷Q_1、電荷Q_2、電荷Q_3の３個の電荷が一直線上にある場合、例えば電荷Q_3には、電荷Q_1との力F_{13}と電荷Q_2との力F_{23}が働きます。両電荷によって電荷Q_3に働く力Fは**ベクトル和**となりますが、方向が同じなので、次のように普通の足し算(代数和)として求めることができます。

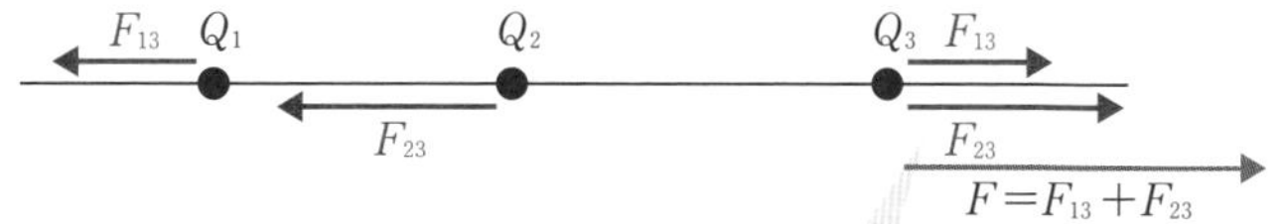

Q_3に働く力の合成は、次のように書いてもよい。
※F_{13}の矢印の先端からF_{23}を書く

Q_3 F_{13} F_{23}

$F = F_{13} + F_{23}$

図1.6 一直線上にある複数電荷による力

また、図1.7のように、Q_1、Q_2、Q_3の３個の電荷が一直線上にない場合、例えば電荷Q_3には、電荷Q_1との力F_{13}と電荷Q_2との力F_{23}が働くので、両電荷によって電荷Q_3に働く力は、ベクトル和として次のように求めることができます。

$$\dot{F}=\dot{F}_{13}+\dot{F}_{23}\,〔\mathrm{N}〕 \qquad (2)$$

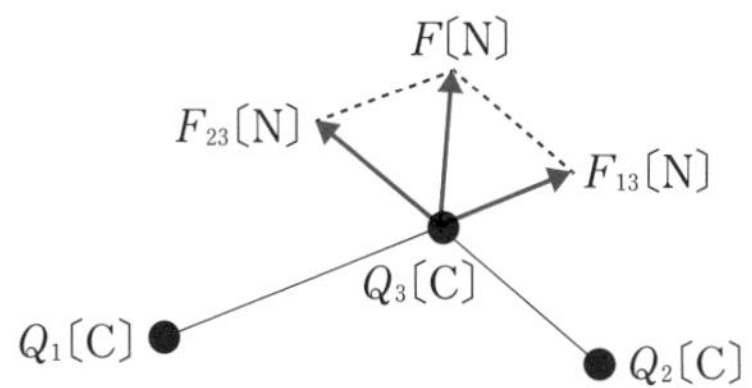

図1.7　複数電荷による力

補足

式(2)はベクトルの加算なので注意すること。ベクトルを記号で表す場合は、ローマ字の上にドットを付け、$\dot{F}$(ドットFまたはFドットと読む)のように表す。力の大きさだけを表す場合は、ドットを付けない。
また、ベクトルを図で表すときは方向が明らかなので、ドットを省略することが多い。

例題にチャレンジ!

真空中において、図のように直線上の3点にそれぞれ2×10^{-7}〔C〕の電荷を置いたとき、電荷Q_2〔C〕に働く力の向きと大きさを求めよ。ただし、真空の誘電率を、

$\varepsilon_0=\dfrac{1}{4\pi\times9\times10^9}$〔F/m〕とする。

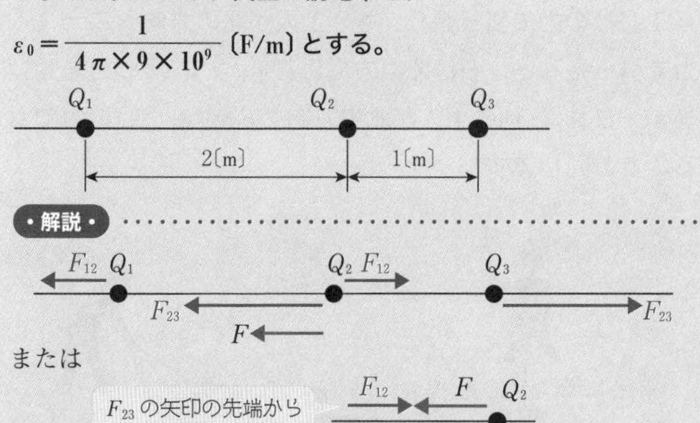

電荷Q_1と電荷Q_2間に働く力は、正電荷どうしであるから、反発力なので、電荷Q_2に対しては右向きの力になる。力の大きさF_{12}は、

$$F_{12}=\frac{Q_1Q_2}{4\pi\varepsilon_0r^2}=9\times10^9\times\frac{(2\times10^{-7})^2}{2^2}$$

$$=9\times10^9\times\frac{\cancel{4}\times10^{-14}}{\cancel{4}}=9\times10^{-5}\,〔\mathrm{N}〕$$

解法のヒント

1.
クーロンの法則を利用する。
与えられた式

$$\varepsilon_0=\frac{1}{4\pi\times9\times10^9}$$

より、
両辺に4πを乗じると、

$$4\pi\varepsilon_0=\frac{1}{9\times10^9}$$

両辺の逆数をとると、

$$\frac{1}{4\pi\varepsilon_0}=9\times10^9$$

となる。

2.
直線上に置かれた電荷間に働く力の合成は、方向が直線上の方向のため、ベクトル和=代数和となる。つまり、通常の加減算で計算できる。

3.
非常に大きい数または小さい数を、10^nまたは10^{-n}という指数を使って、$a\times10^n$、$a\times10^{-n}$のように表す。このとき、$1 \leqq a < 10$とすることが一般的である。したがって、電験三種試験の解答選択肢には、27×10^{-5}ではなく、2.7×10^{-4}と記される。

同様に、電荷Q_2と電荷Q_3間に働く力は、正電荷どうしであるから、反発力なので、電荷Q_2に対しては左向きの力になる。力の大きさF_{23}は、

$$F_{23}=\frac{Q_2Q_3}{4\pi\varepsilon_0 r^2}=9\times10^9\times\frac{(2\times10^{-7})^2}{1^2}$$

$$=9\times10^9\times4\times10^{-14}=36\times10^{-5}\text{〔N〕}$$

左向き（答）の力を正方向として代数和を求めると、

$$F=F_{23}-F_{12}=36\times10^{-5}-9\times10^{-5}=27\times10^{-5}$$

$$=\mathbf{2.7\times10^{-4}}\text{〔N〕（答）}$$

② 力のベクトル合成　重要度A

例えば下図のように、石になわを巻いて、１人が東の方向へ$F_1=1$〔N〕の力で引っ張り、もう１人が北の方向へ$F_2=1$〔N〕の力で引っ張ると、石は北東方向に$F=\sqrt{2}$〔N〕の力を受け動きます。これは､別の１人が北東方向へ$F=\sqrt{2}$〔N〕の力で引っ張ることと同じです。

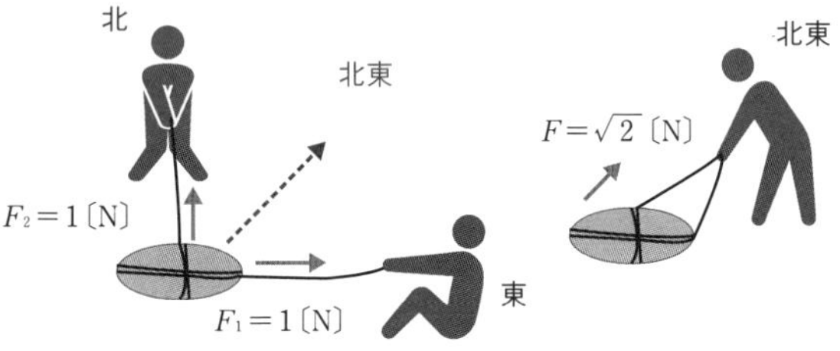

この力のベクトル合成は、次のページのように、力の平行四辺形によって行います。電験三種試験によく出題されるベクトル合成の５つのパターンを挙げます。

◎ベクトル合成の５つのパターン（力の平行四辺形の書き方）

①平行四辺形を書く	②対角線を書く 合成した力の方向を表す	③対角線の長さ ＝合成した力の大きさF を計算する
パターン１ 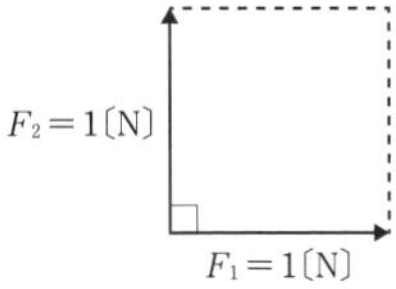 $F_2=1$〔N〕 $F_1=1$〔N〕	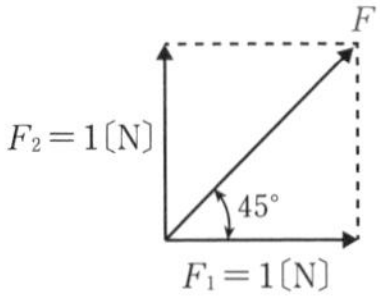 F $F_2=1$〔N〕 45° $F_1=1$〔N〕 または、F_2を平行移動し、F_1の矢印の先端からF_2を書く 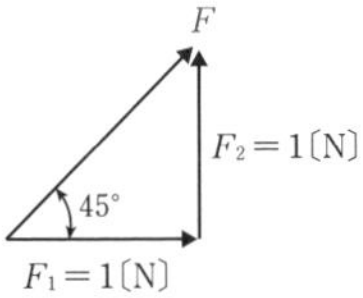 F $F_2=1$〔N〕 45° $F_1=1$〔N〕	三平方の定理（ピタゴラスの定理）により、 $F=\sqrt{F_1^2+F_2^2}$ $=\sqrt{1^2+1^2}=\sqrt{2}$〔N〕 または、**45°の直角三角形の**辺の比は$1:1:\sqrt{2}$なので、 $F_1:F_2:F=1:1:\sqrt{2}$ $F=\sqrt{2}$〔N〕
パターン２ 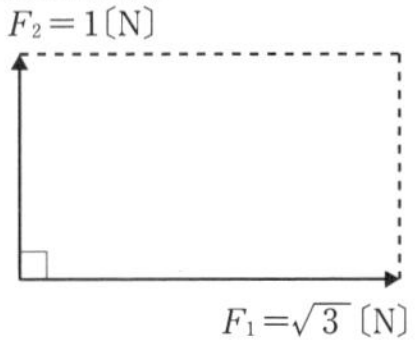 $F_2=1$〔N〕 $F_1=\sqrt{3}$〔N〕	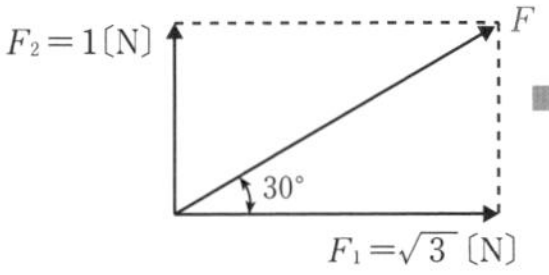 $F_2=1$〔N〕 F 30° $F_1=\sqrt{3}$〔N〕 または 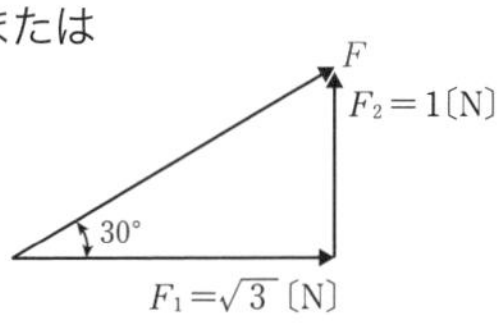 F $F_2=1$〔N〕 30° $F_1=\sqrt{3}$〔N〕	$F=\sqrt{F_1^2+F_2^2}$ $=\sqrt{(\sqrt{3})^2+1^2}$ $=\sqrt{4}=2$〔N〕 または、**30°の直角三角形の**辺の比は$1:2:\sqrt{3}$なので、 $F_2:F:F_1=1:2:\sqrt{3}$ $F=2$〔N〕
パターン３ 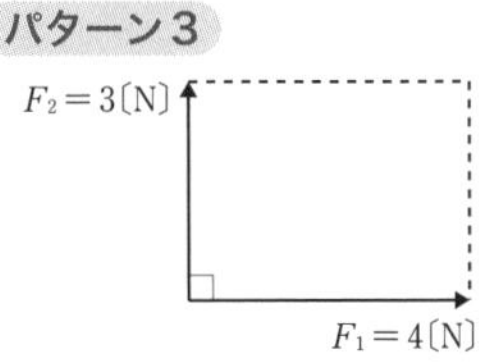 $F_2=3$〔N〕 $F_1=4$〔N〕	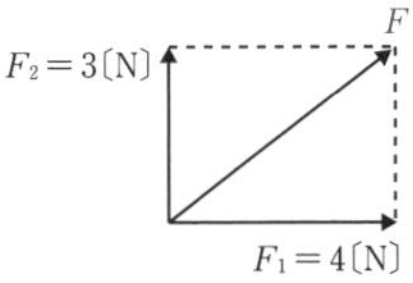 F $F_2=3$〔N〕 $F_1=4$〔N〕 または 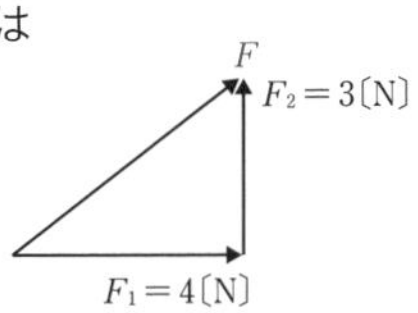 F $F_2=3$〔N〕 $F_1=4$〔N〕	$F=\sqrt{F_1^2+F_2^2}$ $=\sqrt{4^2+3^2}=\sqrt{25}$ $=5$〔N〕 または、**辺の比が3：4：5の直角三角形**だから、 $F_2:F_1:F=3:4:5$ $F=5$〔N〕

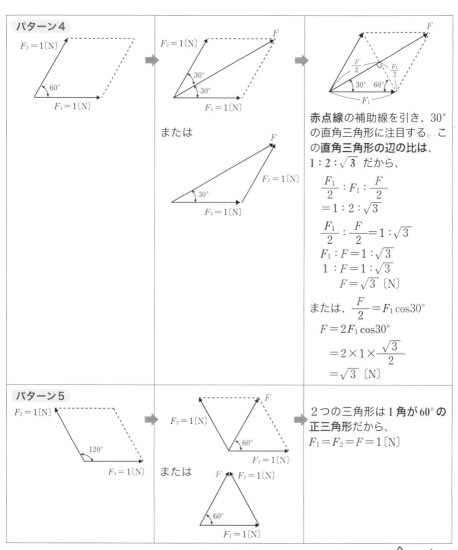

パターン4 $F_2=1$〔N〕 60° $F_1=1$〔N〕	$F_2=1$〔N〕 F 30° 30° $F_1=1$〔N〕 または F $F_2=1$〔N〕 30° $F_1=1$〔N〕	F $\frac{F}{2}$ $\frac{F_1}{2}$ 30° 60° F_1 **赤点線**の補助線を引き、30°の直角三角形に注目する。この**直角三角形の辺の比は、$1:2:\sqrt{3}$** だから、 $\frac{F_1}{2}:F_1:\frac{F}{2}$ $=1:2:\sqrt{3}$ $\frac{F_1}{2}:\frac{F}{2}=1:\sqrt{3}$ $F_1:F=1:\sqrt{3}$ $1:F=1:\sqrt{3}$ $F=\sqrt{3}$〔N〕 または、$\frac{F}{2}=F_1\cos30°$ $F=2F_1\cos30°$ $=2\times1\times\frac{\sqrt{3}}{2}$ $=\sqrt{3}$〔N〕
パターン5 $F_2=1$〔N〕 120° $F_1=1$〔N〕	F $F_2=1$〔N〕 60° $F_1=1$〔N〕 または F $F_2=1$〔N〕 60° $F_1=1$〔N〕	２つの三角形は**1角が60°の正三角形**だから、 $F_1=F_2=F=1$〔N〕

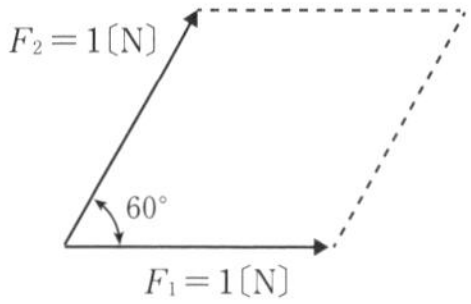

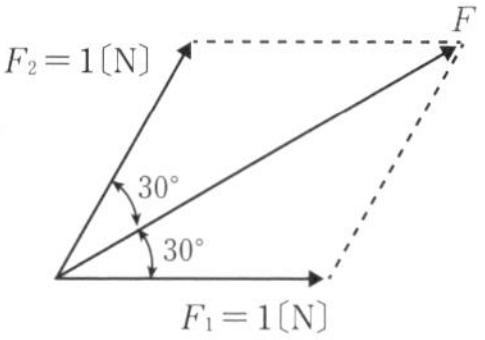

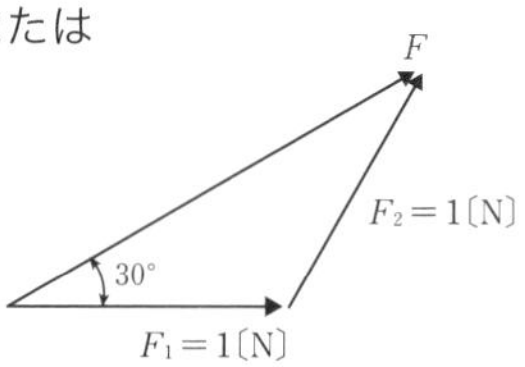

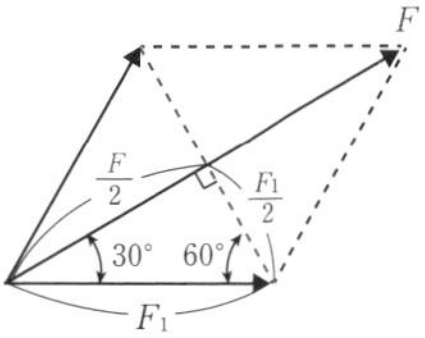

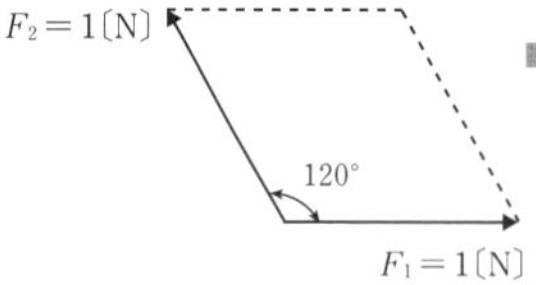

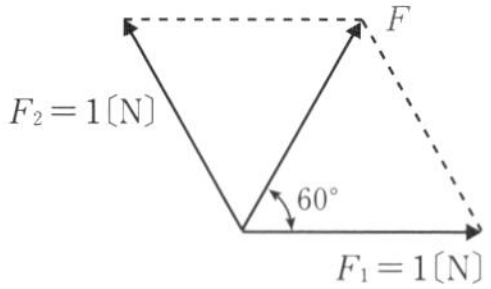

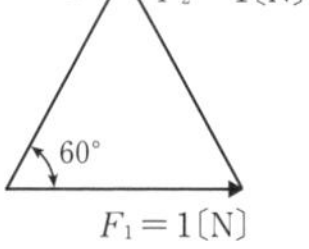

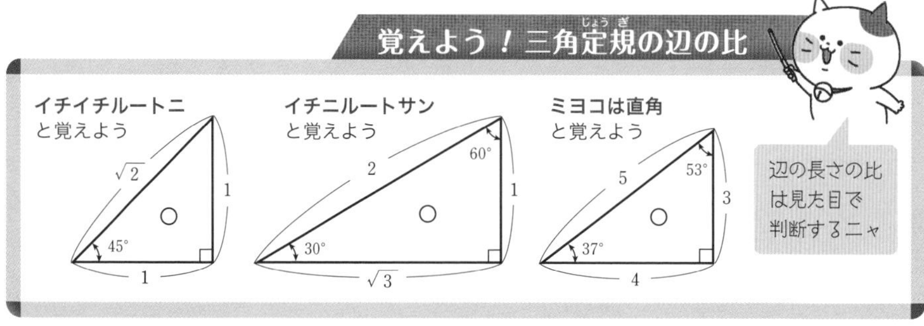

覚えよう！三角定規の辺の比
イチイチルートニ
と覚えよう
√2
1
45°
1
イチニルートサン
と覚えよう
2
60°
1
30°
√3
ミヨコは直角
と覚えよう
5
53°
3
37°
4
辺の長さの比は見た目で判断するニャ

例題にチャレンジ！

真空中において、一辺の長さが30〔cm〕の正三角形の頂点A、B、Cに4×10^{-8}〔C〕の正の点電荷がある。この場合の各点電荷に働く力の大きさF〔N〕の値を求めよ。

ただし、真空の誘電率を

$$\varepsilon_0=\frac{1}{4\pi\times9\times10^9}\text{〔F/m〕}$$

とする。

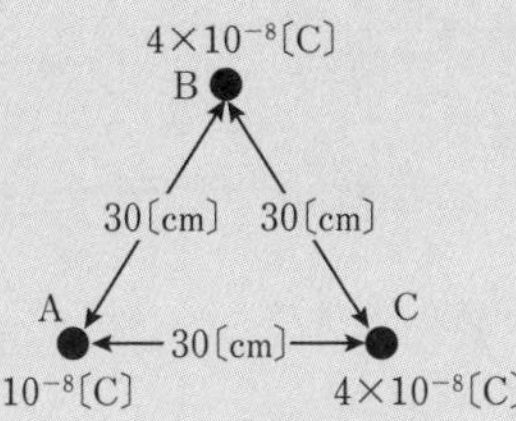

・解説・

各点電荷は正の点電荷であり、かつ電気量が等しいので、各電荷に働く力は反発力となり、力の大きさは等しくなる。そこで、右図のようにBの点電荷に働く力を求める。

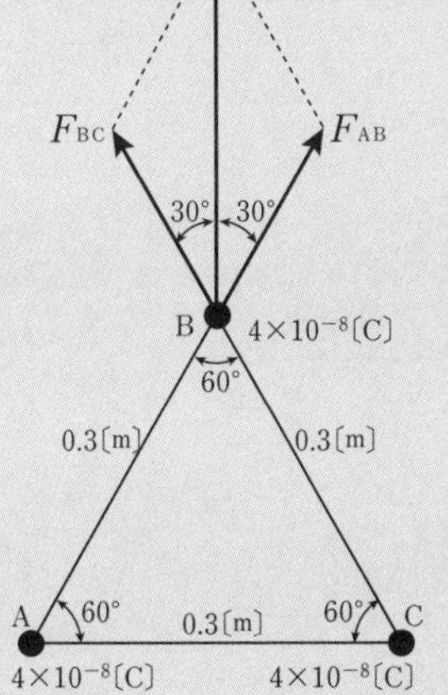

まず、点電荷Q_A〔C〕とQ_B〔C〕の間に働くF_{AB}〔N〕は、

$$F_{AB}=\frac{Q_AQ_B}{4\pi\varepsilon_0r^2}=9\times10^9\times\frac{(4\times10^{-8})^2}{0.3^2}=1.6\times10^{-4}\text{〔N〕}$$

同様に点電荷Q_B〔C〕とQ_C〔C〕の間に働くF_{BC}〔N〕は、

$$F_{BC}=1.6\times10^{-4}\text{〔N〕}$$

したがって、Bの点電荷に働く力Fは、F_{AB}〔N〕とF_{BC}〔N〕のベクトル合成となるので、

$$F=2F_{AB}\cos30^\circ=2\times1.6\times10^{-4}\times\frac{\sqrt{3}}{2}$$

$$\fallingdotseq\mathbf{2.77\times10^{-4}}\text{〔N〕（答）}$$

解法のヒント

1.
30〔cm〕→0.3〔m〕に変換する。

2.
$\cos30^\circ=\dfrac{\sqrt{3}}{2}$

3.
$\dfrac{F}{2}=F_{AB}\cos30^\circ$
だから、
$F=2F_{AB}\cos30^\circ$
となる。

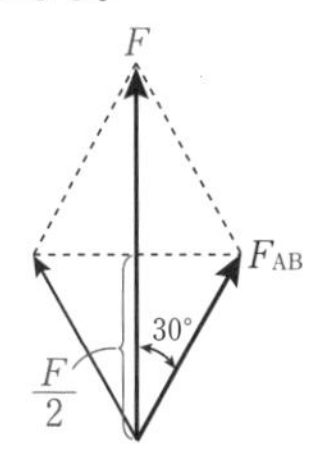

詳細は、前ページのパターン４を参照。

理解度チェック問題

問題　次の［　　］の中に適当な答えを記入せよ。

下図のF_1〔N〕とF_2〔N〕を合成した力Fの大きさ〔N〕と向きは、それぞれ次のようになる。

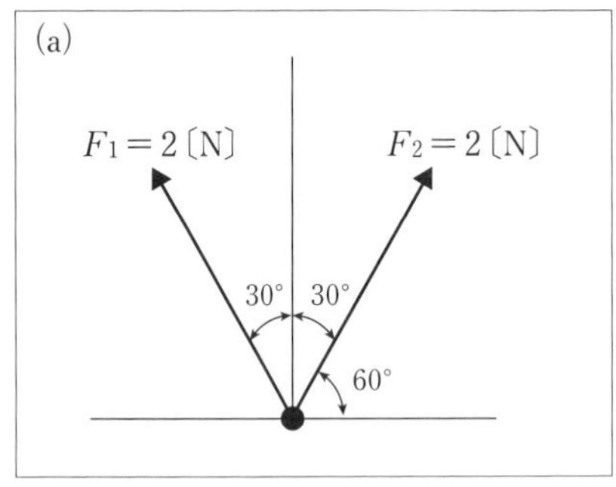

(a) Fの大きさ：［（ア）］〔N〕

Fの向き：［（イ）］向き

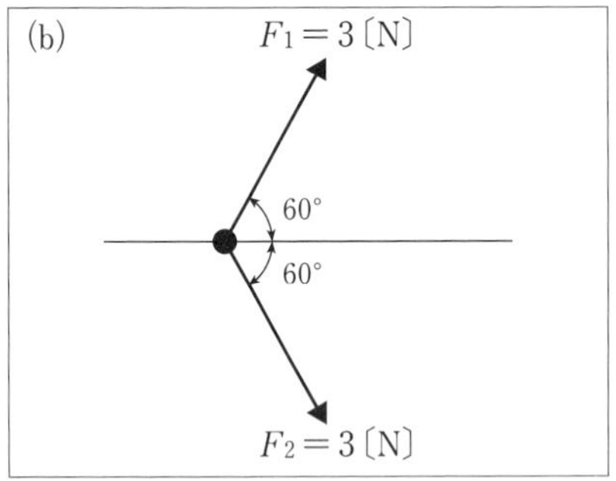

(b) Fの大きさ：［（ア）］〔N〕

Fの向き：［（イ）］向き

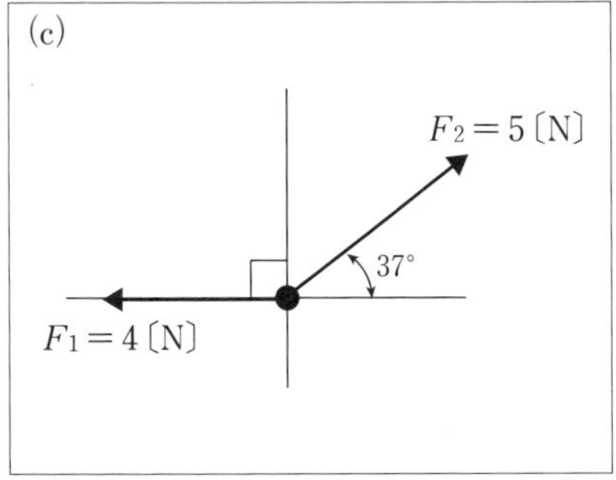

(c) Fの大きさ：［（ア）］〔N〕

Fの向き：［（イ）］向き

解答

(a) (ア) $2\sqrt{3}$　　(イ) 上　　(b) (ア) 3　　(イ) 右
(c) (ア) 3　　(イ) 上

解説

(a) パターン4 参照

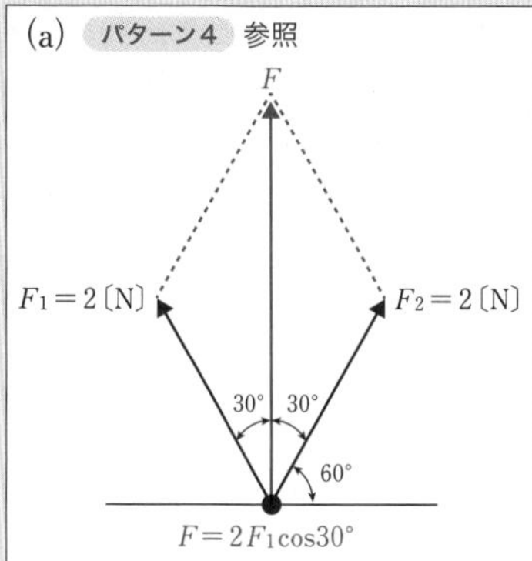

$F = 2F_1\cos 30°$

(b) パターン5 参照

$F_1 = 3$〔N〕
60°
F
60°
$F_2 = 3$〔N〕

F は正三角形の１辺

(c) パターン3 参照

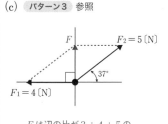

F
$F_2 = 5$〔N〕
37°
$F_1 = 4$〔N〕

F は辺の比が３：４：５の直角三角形の１辺

3日目　第1章 静電気

LESSON 3

電界と電位

電界と電位の定義、電気力線（りきせん）の性質、電気力線と電束（でんそく）の違いについて学びましょう。

関連過去問 004, 005, 006, 007

ふーむ…
電気力線も電束も、誰にも見えないらしい…

1 電界と電気力線　重要度 A

(1) 電界と電界の強さ

電荷に静電力が働く空間を**電界**といいます。

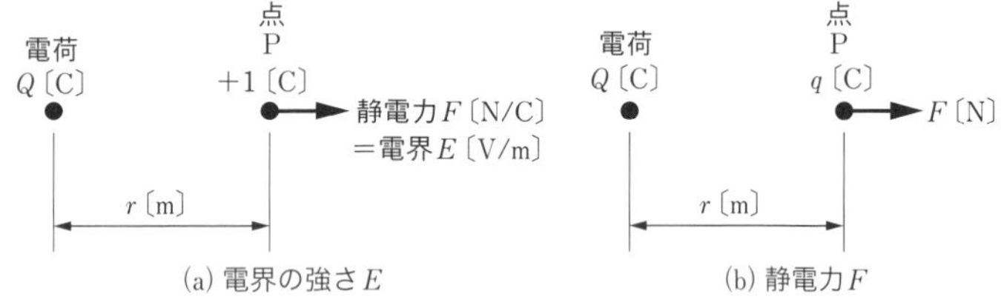

図1.8　電界の強さと静電力

電界内の任意の点の**電界の強さ**とは、その点に単位の正電荷を置いたとき、この電荷に働く静電力の大きさで表します。真空中において、電荷Q〔C〕からr〔m〕離れた点Pに置かれた単位の正電荷＋1〔C〕に働く力Fは、クーロンの法則から、$F=\dfrac{Q\times 1}{4\pi\varepsilon_0 r^2}$〔N〕。よって、点Pの電界の強さ$E$は、

重要公式　電界の強さ

$$E=\frac{Q}{4\pi\varepsilon_0 r^2}=9\times 10^9\times\frac{Q}{r^2}\ \text{〔V/m〕} \qquad (3)$$

となります。

用語
単位の正電荷とは、＋1〔C〕の電荷のこと。

補足
電界の強さの単位は〔N/C〕となるが、一般には同等の〔V/m〕が使用される。電界の強さを単に電界と表現する場合もある。電界の強さは、大きさと方向を持つベクトル量なので、複数の電荷による電界の強さを考える場合には、ベクトル和として求められる。

また、電界E〔V/m〕の中に置かれた電荷q〔C〕には、次式で示す静電力Fが働きます。

重要公式　電界中で電荷が受ける静電力

$$F = qE \text{〔N〕} \quad (4)$$

例題にチャレンジ！

真空中において、電荷5×10^{-5}〔C〕から10〔cm〕離れた点Pの電界の強さ〔V/m〕を求めよ。また、この点に4×10^{-5}〔C〕の電荷を置いたとき、この電荷に働く力〔N〕を求めよ。

・解説・

電界の強さEは、

$$E = \frac{Q}{4\pi\varepsilon_0 r^2} = 9\times10^9\times\frac{5\times10^{-5}}{0.1^2} = \mathbf{4.5\times10^7}\text{〔V/m〕(答)}$$

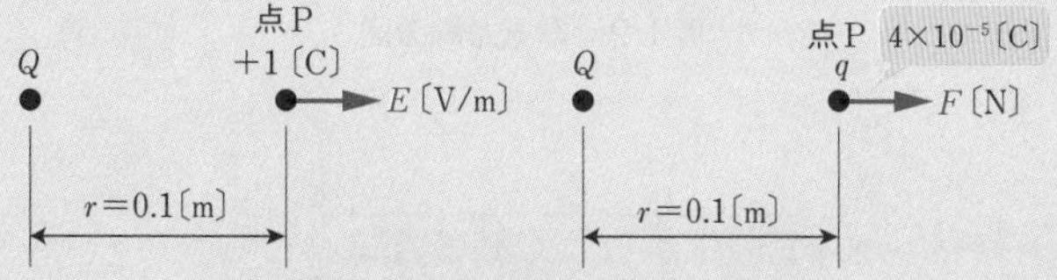

点Pに置いた電荷に働く力(静電力)Fは、

$$F = qE = 4\times10^{-5}\times4.5\times10^7 = \mathbf{1.8\times10^3}\text{〔N〕(答)}$$

解法のヒント
10〔cm〕→0.1〔m〕と変換する。

(2) 電気力線

電荷の周りに存在する電界の空間的な様子を把握するために、**電気力線**を使用します。電気力線は、電界の様子を表す仮想線で、次のような性質があります。

a．電気力線は、正電荷から始まって負電荷で終わる連続線である。電気力線の**接線方向**が、電界の方向を表す。

b．電気力線の密度（単位面積1〔m^2〕当たりの電気力線数）が、**電界の強さ**を表す。

c．真空中において、1〔C〕の電荷から$\dfrac{1}{\varepsilon_0}$〔本〕の電気力線が、Q〔C〕の電荷から$\dfrac{Q}{\varepsilon_0}$〔本〕の電気力線が出る。

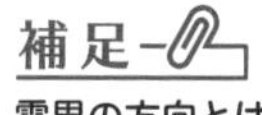

補足
電界の方向とは

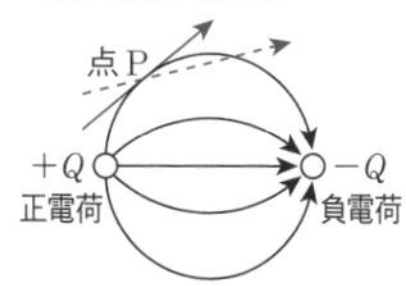

電気力線の任意の点Pの接線↗が、P点の電界の方向。
点Pを通る線は無数にあるが、接線は↗の1**本だけ**である。
↗はP点以外とも交わり、接線ではない。

d．同じ向きの電気力線どうしは**反発**し合う。

e．電気力線は途中で**分岐**したり、他の電気力線と**交差**したりしない。

f．電気力線は、電荷を帯びた導体の表面に垂直に出入りし、導体の内部には存在しない。

電気力線による電界の様子を図1.9に示します。

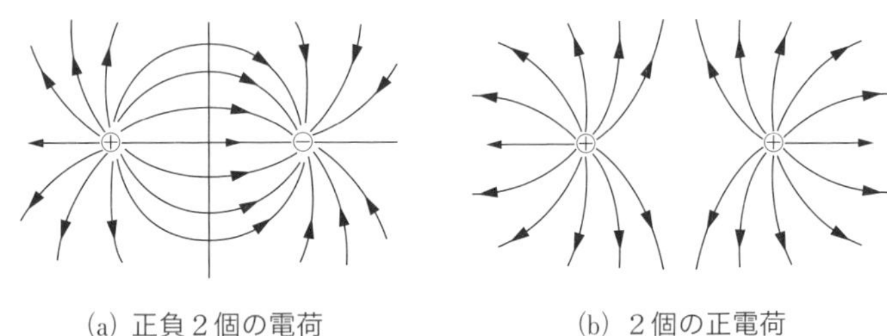

図1.9　電気力線の図

+1 プラスワン

誘電率 $\varepsilon = \varepsilon_0 \varepsilon_r$ の媒質中においては、1〔C〕の電荷から $\frac{1}{\varepsilon_0 \varepsilon_r}$〔本〕の電気力線が、$Q$〔C〕の電荷から $\frac{Q}{\varepsilon_0 \varepsilon_r}$〔本〕の電気力線が出る。

受験生からよくある質問

Q　電気力線の密度が電界の強さを表すのはなぜですか？

A　下図に示すように、真空中において Q〔C〕の電荷からは四方八方に合計で $\frac{Q}{\varepsilon_0}$〔本〕の電気力線が出ます。球の表面積は $4\pi r^2$〔m^2〕ですから、単位面積1〔m^2〕を通過する電気力線の本数、すなわち電気力線の密度は、

$$\frac{Q}{\varepsilon_0} \div 4\pi r^2 = \frac{Q}{4\pi\varepsilon_0 r^2}$$〔本/m^2＝V/m〕となり、

式(3)でクーロンの法則より求めた、電荷 Q〔C〕から r〔m〕離れた点の電界の強さと同じになります。

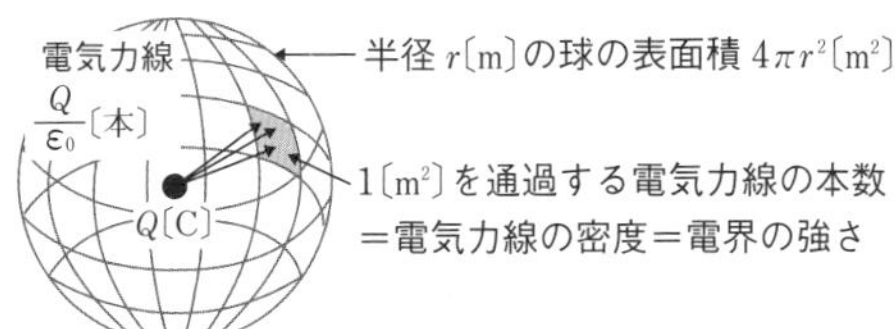

図1.10　電界の強さ

(3) 電束と電束密度

先に述べたように、電気力線の数は誘電率によって変わります。そこで、誘電率によらずQ〔C〕の電荷からQ〔C〕が出ると考えた仮想線を**電束**といい、量記号Ψ（プサイ）で表し、単位には電荷と同じ〔C〕を使用します。

また、電気力線の密度と同じように、1〔m^2〕当たりの電束を**電束密度**といい、量記号Dで表し、単位には〔C/m^2〕を使用します。

したがって、真空中において、電束密度Dと電界の強さE〔V/m〕の間には、次の関係があります。

$D = \varepsilon_0 E$〔C/m^2〕

また、誘電率$\varepsilon = \varepsilon_0 \varepsilon_r$の媒質中では、次のようになります。

重要公式　電束密度と電界の強さの関係

$$D = \varepsilon E = \varepsilon_0 \varepsilon_r E \text{〔}C/m^2\text{〕} \quad (5)$$

+1 プラスワン
電束の単位は電荷と同じ〔C〕。注意しよう。電荷から出ていると考えた仮想線が電束で、電荷そのものが飛び出せばそれは電流にほかならない。

補足
電束および電気力線が通過する面積をSとすると、電束密度は、
$D = Q \div S$
電気力線の密度（電界の強さ）Eは、
$E = \dfrac{Q}{\varepsilon} \div S$
よって、
$D = \varepsilon E$

受験生からよくある質問

Q 電気力線と電束の違いは何ですか？

A 電気力線も電束も、ある電荷から放射されていると考えた仮想線ですから、誰も見ることはできず、その本数を数えることなどできません。

電気力線は、ある電荷Q〔C〕から$\dfrac{Q}{\varepsilon_0 \varepsilon_r}$〔本〕出ると定められました（媒質の誘電率$\varepsilon_0 \varepsilon_r$により、通過する本数が変わります）。

電束は、ある電荷Q〔C〕からQ〔C〕出ると定められました。媒質の誘電率$\varepsilon_0 \varepsilon_r$には無関係です。電束は、電気力線$\dfrac{1}{\varepsilon_0 \varepsilon_r}$〔本〕を1〔C〕に束（たば）ねたものといえます。

この2種類の仮想線を上記のように定義すると、各種物理現象の解明に都合がよいので、このように定めています。

(4) 静電誘導

導体に正の帯電体を近づけると、帯電体の近くに自由電子が集まり、反対側には帯電体と同種の電荷が現れます。この現象を導体の**静電誘導**といいます。導体内部には、静電誘導により外部の電界Eとは逆向きの電界E'が発生します。導体内部の電界はEとE'が打ち消し合い、見かけ上、零となるので導体の内部に電界は存在しません。

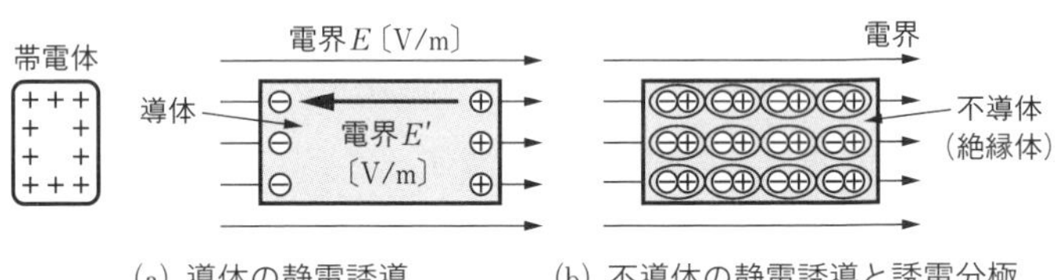

図1.11　静電誘導

補足
不導体（絶縁体）は誘電体とも呼ばれる。不導体に起こる誘電分極を静電誘導と呼ばない文献もあるので注意。

この静電誘導現象は、導体だけでなく不導体（絶縁体）にも起こります。ただし、不導体の電子は原子核に束縛されて動けないので、個々の原子が向きを変えることで対応します。このような現象を**誘電分極**または**分極**といいます。

(5) 静電遮へい

用語
中空球導体とは、バレーボールや卓球の球のように、中が空洞になっている導体のこと。

$+Q$に帯電した導体を、帯電していない中空球導体で包んだときの電気力線の様子を図1.12に示します。

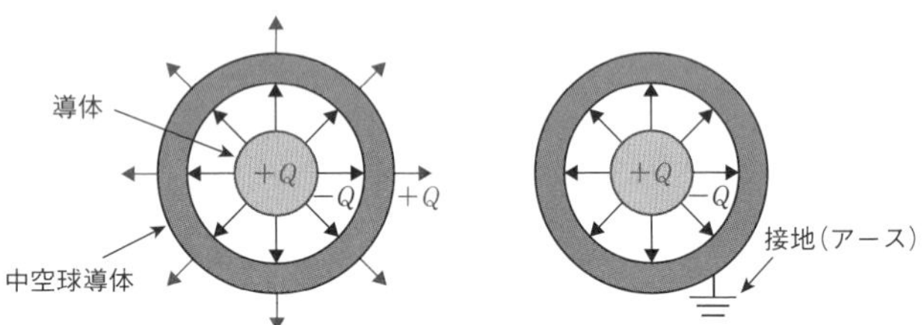

図1.12　中空球導体の電気力線

用語
接地とは、**アース**のことで、地面に電気を逃がすこと。

◎中空球導体が接地されていない場合

中空球導体の外部に電界が生じます。図(a)のように、導体の電荷$+Q$〔C〕によって、中空球導体の内面に電荷$-Q$〔C〕が誘導され、外面には電荷$+Q$〔C〕が発生します。この$+Q$〔C〕の電荷によって、電気力線が発生するからです。

◎**中空球導体が接地されている場合**

中空球導体の外部に電界は生じません。図(b)のように、接地した中空球導体で包み込まれた場合(これを**静電遮へい**という)には、中空球導体の外側に電荷$+Q$〔C〕が発生しないからです。

補足
中空球導体が接地されている場合、中空球導体の外側の電荷$+Q$〔C〕は、接地線を通り無限遠方(地球の裏側)に分布することになる。

② 電界と電位　重要度A

電界中に電荷を置くと静電力が働きます。この静電力に逆らって電荷を移動させるためには、外部からエネルギー(仕事)を与える必要があります。そこで、電界の強さが零と見なせる無限遠方を基準点として、電界中のある点へ電界に逆らって単位正電荷(+1〔C〕)を運ぶ仕事を、その点の**電位**といいます。

電位は仕事であるため、大きさのみで表現される**スカラー量**です。したがって、複数の電荷が存在するときの電位は、それぞれの電荷による電位の**代数和**(普通の足し算)で求められます。

真空中において、電荷Q〔C〕から距離r〔m〕離れた点Aの電界の強さEは、

$$E=\frac{Q}{4\pi\varepsilon_0 r^2}〔\mathrm{V/m}〕\qquad(6)$$

点Aの電位Vは、

重要公式　電荷の周りの電位

$$V=\frac{Q}{4\pi\varepsilon_0 r}〔\mathrm{V}〕\qquad(7)$$

となります。

電界の強さEは、電位Vを距離rで割った(微分した)ため、分母が$r\to r^2$に変わります。

また、単位もV→V/mに変わります。

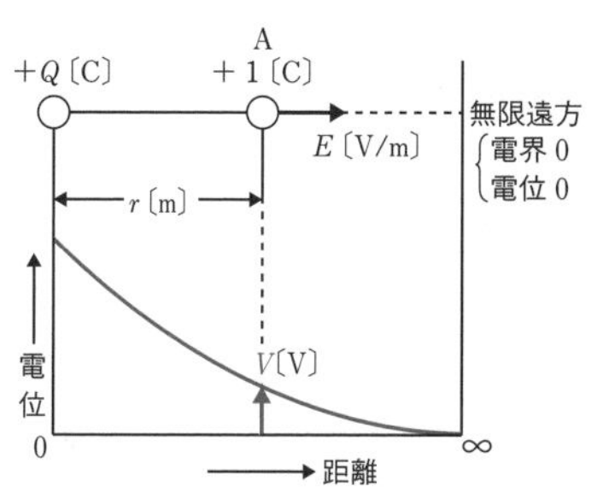

図1.13　電界Eと電位V

補足
電荷を運ぶ仕事が電位なので、電位の単位は、仕事の単位〔J〕(ジュール)を電荷〔C〕で割った〔J/C〕となるが、実用的には〔V〕(ボルト)が使用される。

プラスワン
電界の強さは、電位を距離で微分したもの。逆にいうと、電位は電界を積分することにより求めることができる。

$$E=-\frac{dV}{dr}〔\mathrm{V/m}〕$$

$$V=-\int_{\infty}^{r}E\cdot dr〔\mathrm{V}〕$$

※負号には、電界に逆らってという意味が込められている。

プラスワン
電界の強さはベクトル量であり、その合成はベクトル和になるが、電位はスカラー量であるため、その合成は代数和になる。注意しよう。

3 電位と電位差 重要度A

真空中において、電荷Q〔C〕から一直線上に距離r_A〔m〕離れた点A、r_B〔m〕離れた点Bおよび無限遠方を考えます。前述したように、点Aの電位V_Aは電荷Q〔C〕が作る電界に逆らって＋1〔C〕の電荷を点Aまで運ぶ仕事であり、

$$V_A = \frac{Q}{4\pi\varepsilon_0 r_A} \text{〔V〕}$$

となります。

同様に点Bの電位は、

$$V_B = \frac{Q}{4\pi\varepsilon_0 r_B} \text{〔V〕}$$

となります。

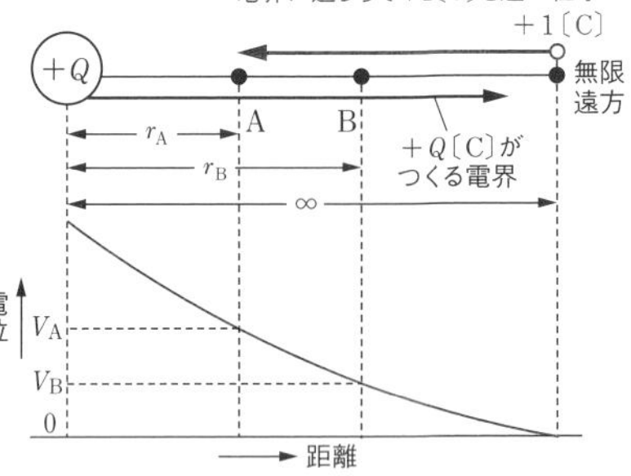

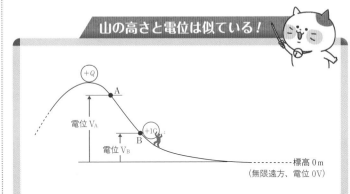

図1.14 電位と電位差

この2点の電位の差$V_A - V_B$を**電位差**または**電圧**といいます。

補足
図1.14において、＋Q〔C〕と＋1〔C〕には反発力が働き、＋1〔C〕は右向きの力を受ける。言い換えれば＋Q〔C〕がつくる電界により、＋1〔C〕は右向きの力を受ける。この電界に逆らって、＋1〔C〕を電界の強さが零と見なせる無限遠方から点A、点Bまで運ぶ仕事を、それぞれの点の電位という。

山の高さと電位は似ている！

+Q
A
電位V_A
+1C
B
電位V_B
標高0m
（無限遠方、電位0V）

標高（**電位**）は山の高さを表し、**高いほど位置エネルギーが大きい**です。点Bの位置エネルギー（**電位**）は、基準である標高0m（**無限遠方、電位0V**）から重力（**電界**）に逆らって点Bまで荷物（**電荷＋1C**）を運ぶのに使ったエネルギーに相当します。

したがって、点Bより点Aのほうが**電位が高い**です。

この2点間の電位の差を**電位差**（**電圧**）といいます。

また、山の勾配（こうばい）（傾き）は**電界の強さ**に相当します。

このため、**電界の強さ**は、**電位の傾き**とも呼ばれます。

例題にチャレンジ!

真空中において、電荷$Q_1=6\times10^{-9}$〔C〕と電荷$Q_2=-6\times10^{-9}$〔C〕が10〔cm〕の距離に置かれている。この2つの電荷を結ぶ直線上の中点から垂直方向に5〔cm〕離れた点Pの電界の強さ〔V/m〕と電位〔V〕を求めよ。

・解説・

電荷Q_1〔C〕によって点Pに生じる電界E_1〔V/m〕と、電荷Q_2〔C〕によって点Pに生じる電界E_2〔V/m〕を図で表すと、右のようになる。

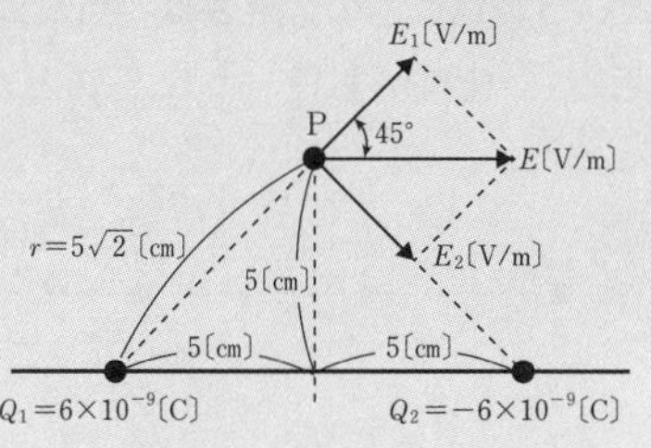

それぞれの電荷から点Pまでの距離は$r=5\sqrt{2}$〔cm〕であるから、求める電界E_1〔V/m〕とE_2〔V/m〕は、

$$E_1=E_2=\frac{Q_1}{4\pi\varepsilon_0 r^2}=\frac{Q_2}{4\pi\varepsilon_0 r^2}=9\times10^9\times\frac{6\times10^{-9}}{(5\sqrt{2}\times10^{-2})^2}$$

$$=1.08\times10^4\text{〔V/m〕}$$

求める電界E〔V/m〕は、E_1〔V/m〕とE_2〔V/m〕のベクトル和なので、

$$E=\sqrt{2}E_1=\sqrt{2}\times1.08\times10^4\fallingdotseq\mathbf{1.53\times10^4}\text{〔V/m〕(答)}$$

また、2つの電荷Q_1〔C〕、Q_2〔C〕によって点Pに生じる電位V_1〔V〕、V_2〔V〕は、

$$V_1=\frac{Q_1}{4\pi\varepsilon_0 r}\text{〔V〕、}V_2=\frac{Q_2}{4\pi\varepsilon_0 r}$$

電位は仕事であり、スカラー量である。したがって、求める電位V〔V〕は、V_1〔V〕とV_2〔V〕の代数和(普通の足し算)となるので、

$$V=V_1+V_2=\frac{6\times10^{-9}}{4\pi\varepsilon_0 r}+\frac{-6\times10^{-9}}{4\pi\varepsilon_0 r}=\mathbf{0}\text{〔V〕(答)}$$

解法のヒント

1.

点Pに+1〔C〕の電荷を置いて考える。+1〔C〕の電荷に働く力の大きさが電界E_1、E_2の大きさを表し、力の方向が電界E_1、E_2の方向を表す。

2.

$r=\sqrt{5^2+5^2}$
$=\sqrt{50}$
$=\sqrt{25\times2}$
$=5\sqrt{2}$〔cm〕

と求める。

または、1:1:$\sqrt{2}$の直角三角形の斜辺なので、$5\sqrt{2}$〔cm〕と暗算で求める。

$5\sqrt{2}$〔cm〕
→$5\sqrt{2}\times10^{-2}$〔m〕
と変換する。

同様に、E_1とE_2のベクトル和を、$\sqrt{2}\times E_1$と暗算で求める。

理解度チェック問題

問題　次の［　　］の中に適当な答えを記入せよ。

1．図のように、電界の強さがE〔V/m〕の一様な電界中の点Bに1〔C〕の正の点電荷を置くと、この点電荷には［（ア）］が働く。いま、この［（ア）］に逆らって、その電界中の他の点Aにこの点電荷を移動するには、外部から仕事をしてやらなければならない。このような場合、点Aは点Bより電位が［（イ）］といい、点Bと点Aの間には電位差があるという。電位差の大きさは、点電荷を移動するときに要した仕事の大きさによって決まり、仕事が1〔［（ウ）］〕のとき、2点間の電位差は1〔V〕である。

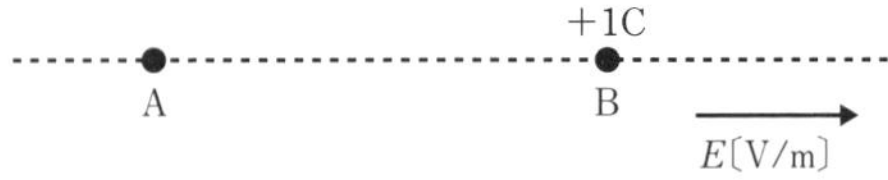

2．電気力線は、電界の様子を表す仮想線で、次のような性質がある。

a. 電気力線は、［（ア）］電荷から始まって［（イ）］電荷で終わる連続線である。

b. 電気力線の［（ウ）］方向が、電界の方向を表す。

c. 電気力線の密度（単位面積1〔m^2〕当たりの電気力線数）が、［（エ）］を表す。

d. 真空中において、1〔C〕の電荷から［（オ）］〔本〕の電気力線が、Q〔C〕の電荷から［（カ）］〔本〕の電気力線が出る。ただし、ε_0〔F/m〕は真空の誘電率である。

e. 同じ向きの電気力線どうしは［（キ）］し合う。

解答

1．（ア）静電力　（イ）高い　（ウ）J

2．（ア）正　（イ）負　（ウ）接線　（エ）電界の強さ　（オ）$\frac{1}{\varepsilon_0}$　（カ）$\frac{Q}{\varepsilon_0}$　（キ）反発

解説

1．点Aの左側に電荷$+Q$〔C〕があり、この電荷が一様な電界E〔V/m〕をつくっていると考える。また、点Bの右側のずっと先に無限遠方の基準点があると考える。電界内の任意の点の**電界の強さ**とは、その点に単位の正電荷（+1〔C〕）を置いたとき、この電荷に働く**静電力**の大きさで表す。

この静電力（電界の強さ）に逆らって電荷を移動させるためには、外部からエネルギー（仕事）を与える必要がある。そこで、電界の強さが零と見なせる無限遠方を基準点として、**電界中のある点Bへ+1〔C〕の電荷を運ぶ仕事を、点Bの電位**という。さらに電界に逆らって+1〔C〕の電荷を点Aまで運ぶと、点Aの電位は点Bの電位よりも高くなる。この2点の電位の差を、電位差または電圧という。

電荷を運ぶ仕事が電位なので、**電位の単位**は、〔J/C〕（**ジュール毎（まい）クーロン**）となる。電位差の単位も〔J/C〕となる。これは、1〔C〕の電荷を運ぶときになす仕事が1〔J〕であることを表し、これを1〔V〕という。

LESSON 4

静電容量とコンデンサ

電荷を蓄（たくわ）える能力を表す静電容量と、電荷を蓄えるための素子（そし）であるコンデンサについて学びましょう。

関連過去問 008, 009, 010, 011

バケツが
コンデンサで、
球がQ（電荷）
ニャン
シュッ

1 静電容量　重要度A

電荷を蓄える能力を**静電容量**（キャパシタンス）といいます。

また、**電荷を蓄えるための素子**を**コンデンサ**といいます。

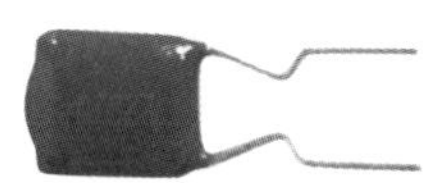

図1.15　コンデンサの外観

コンデンサを理解するうえで必要な導体の性質を先に学びます。

電荷を与えられ帯電した導体は、その形状に無関係で次のような性質があります。

a．帯電した導体の電荷は、**表面のみ**に存在する。
b．導体内部の電界は零である。
c．内部に電界がないため、導体内の**電位はどこでも等しい**（等電位という）。

導体に与えられた同種電荷は互いに反発し合い、最も遠い位置である導体表面に集まります。表面に集まった電荷から内部に向かう電気力線は、反対側の表面から内部へ向かう電気力線と打ち消し合うため、導体内部に電界は存在しません。

用語
素子とは、電気回路を構成する要素のうち、抵抗・コンデンサなど、導体以外のものの総称。

補足
コンデンサは**電荷を蓄える**働きのほかに、**直流は通さない**が交流（第4章 交流回路で学ぶ）は通す、という重要な働きがある。

プラスワン
導体内部に電界が存在しない理由として、導体を帯電させると、導体内部の電界が零になるように電荷が導体表面に分布すると考えてもよい。逆説的に言うなら、もし導体内部に電界があるとすれば電位差が生じ、導体に抵抗があることになり、導体の定義、抵抗＝0に反する。

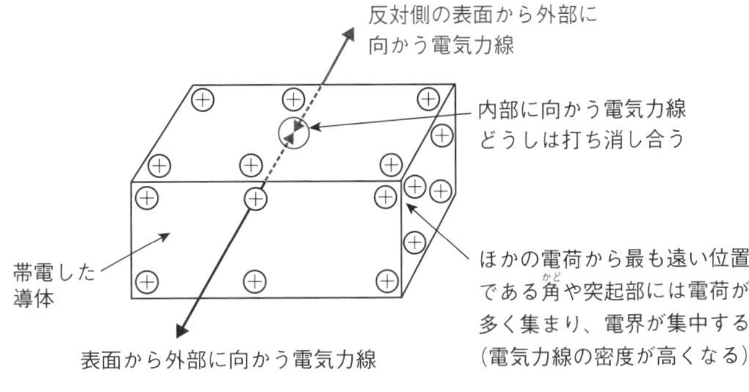

図1.16　導体内部に電界が存在しない理由

② 孤立導体球の静電容量　重要度A

補足
導体球の電界は外部にのみ存在するので、導体球外の電界は、導体球の中心に点電荷Q〔C〕がある場合と同じである。

真空中においてQ〔C〕に帯電した**導体球**の外部で、導体球の中心から距離r〔m〕離れた点Pの電界の強さE_{p}および電位V_{p}は、

$$E_{\mathrm{p}}=\frac{Q}{4\pi\varepsilon_0 r^2}\text{〔V/m〕、}V_{\mathrm{p}}=\frac{Q}{4\pi\varepsilon_0 r}\text{〔V〕}\qquad(8)$$

となります。

また、導体球の半径をa〔m〕とすると、導体球表面の電界の強さ$E\mathrm{a}$および導体球の電位Vは、

$$E\mathrm{a}=\frac{Q}{4\pi\varepsilon_0 a^2}\text{〔V/m〕、}V=\frac{Q}{4\pi\varepsilon_0 a}\text{〔V〕}\qquad(9)$$

となります。

補足
柿はしぶい（$Q=CV$）という有名な覚え方がある。

単独に存在する導体球（**孤立導体球**）に電荷を与えたとき、与えた電荷$+Q$〔C〕と導体球の電位V〔V〕は比例するので、比例定数をCとすると、次のようになります。

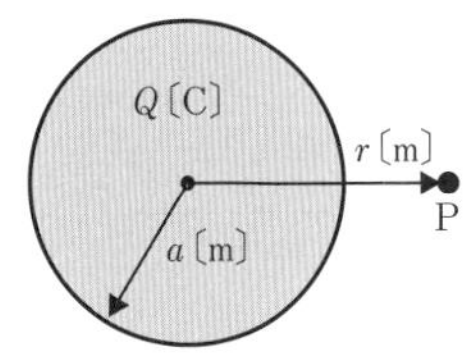

図1.17　孤立導体球

重要公式　孤立導体球の電荷

$$Q=CV\text{〔C〕}\qquad(10)$$

補足
実用上〔F〕は大きすぎるので、〔μF〕（マイクロファラド）や〔pF〕（ピコファラド）が使用される。
1〔μF〕$=10^{-6}$〔F〕
1〔pF〕$=10^{-12}$〔F〕

上式においてCを**静電容量**といい、単位には〔F〕（ファラド）が使用されます。

この導体球の静電容量Cは、式(9)(10)より次式となります。

重要公式　孤立導体球の静電容量

$$C=\frac{Q}{V}=\frac{Q}{\dfrac{Q}{4\pi\varepsilon_0 a}}=4\pi\varepsilon_0 a\,〔\mathrm{F}〕 \qquad (11)$$

受験生からよくある質問

Q 孤立導体球は、電気回路にコンデンサ素子として組み込めますか？

A 孤立導体球の静電容量は、導体球と無限遠方間の静電容量（静電容量は絶縁された2つの電極間に存在する。真空中において一方の電極が導体球、もう一方の電極は無限遠方にあると考える）であり、コンデンサ素子として電気回路に組み込むことはできません。電気回路に組み込んだ場合、コンデンサの働きはできず、単なる導線となります。

3 平行板コンデンサの静電容量　重要度A

平行板コンデンサの静電容量C〔F〕は、

重要公式　平行板コンデンサの静電容量

$$C=\frac{Q}{V}=\varepsilon_0\frac{S}{d}\,〔\mathrm{F}〕 \qquad (12)$$

で表されます。

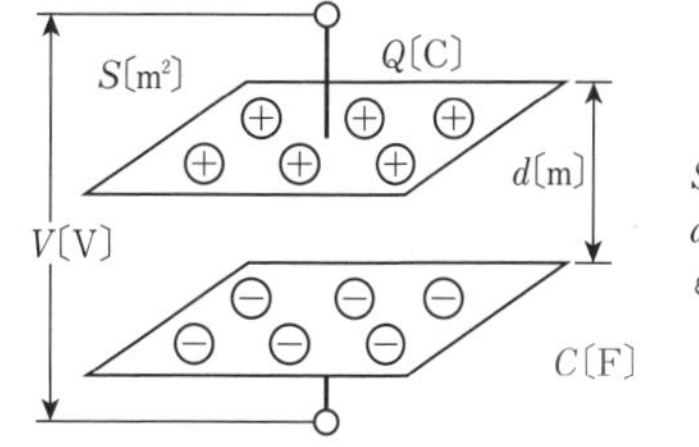

S：極板面積〔m^2〕
d：極板間距離〔m〕
ε_0：真空の誘電率〔F/m〕

図1.18　平行板コンデンサ

平行板コンデンサの電界の強さは、極板間のどの位置でも一定で、このような電界を**平等電界**といいます。

また、極板間の電位Vと電界の強さEの関係は、図1.19のよ

補足
コンデンサは**電荷を蓄える容器**と考えられるが、式(12)からわかるように、一般の容器とは異なり面積Sが大きければ容器（静電容量）は大きく、**高さdは低い方が容器が大きくなる**ことに注意しよう。

うになり、次式が成立します。この図からわかるように、電界の強さEは、**電位の傾き**(かたむ)（**電位傾度**(けいど)）とも呼ばれます。

重要公式　平行板コンデンサの電界の強さ（電位の傾き）

$$E = \frac{V}{d}\ \text{〔V/m〕} \tag{13}$$

プラスワン

図1.19において、電極間の電位の等しい点をつないで、面状、もしくは線上にしたもの（赤線）を**等電位面**あるいは**等電位線**という。等電位面（線）は電気力線と直交する。

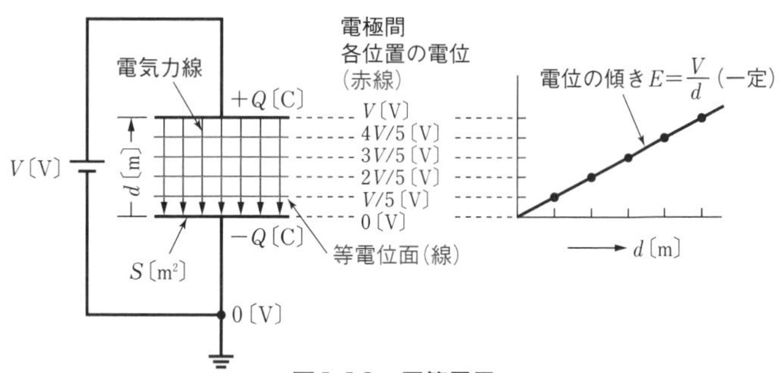

図1.19　平等電界

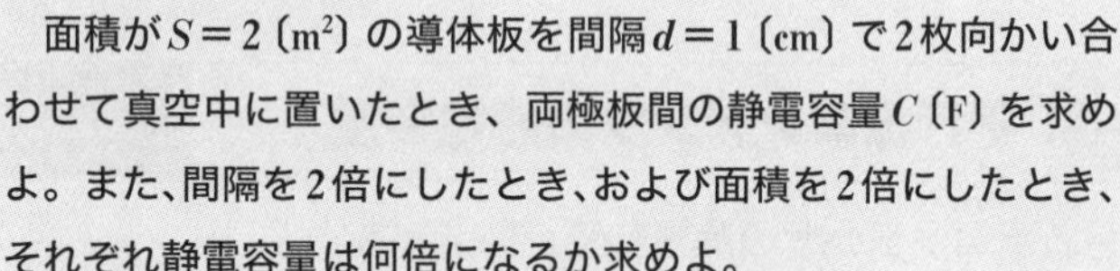

面積が$S = 2$〔m²〕の導体板を間隔$d = 1$〔cm〕で2枚向かい合わせて真空中に置いたとき、両極板間の静電容量C〔F〕を求めよ。また、間隔を2倍にしたとき、および面積を2倍にしたとき、それぞれ静電容量は何倍になるか求めよ。

ただし、真空の誘電率を$\varepsilon_0 = \frac{1}{4\pi \times 9 \times 10^9}$〔F/m〕とする。

・解説・

静電容量Cは、

$$C = \varepsilon_0 \frac{S}{d} = \frac{2}{4\pi \times 9 \times 10^9 \times 0.01} \fallingdotseq \mathbf{1.77 \times 10^{-9}}\ \text{〔F〕（答）}$$

解法のヒント

1〔cm〕→ 0.01〔m〕と変換する。

静電容量は間隔に反比例するので、間隔を2倍にすると、静電容量は$\frac{1}{2}$**倍**（答）になる。また、静電容量は面積に比例するので、面積を2倍にすると静電容量は**2倍**（答）になる。

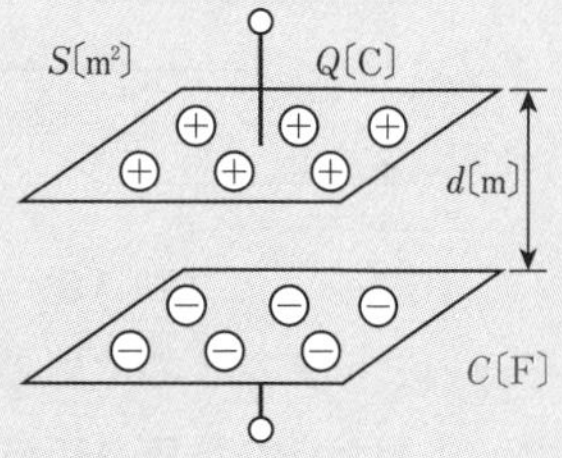

(1) 誘電体を挿入した平行板コンデンサ

極板間に**誘電体**が挿入された場合の静電容量Cは、次のようになります。

重要公式　誘電体を挿入した平行板コンデンサの静電容量

$$C=\varepsilon\frac{S}{d}=\varepsilon_0\varepsilon_r\frac{S}{d}\text{〔F〕} \tag{14}$$

ただし、εは誘電体の誘電率で$\varepsilon=\varepsilon_0\varepsilon_r$〔F/m〕、$\varepsilon_0$は真空の誘電率、$\varepsilon_r$は誘電体の比誘電率（誘電体が空気の場合$\varepsilon_r \fallingdotseq 1$）。

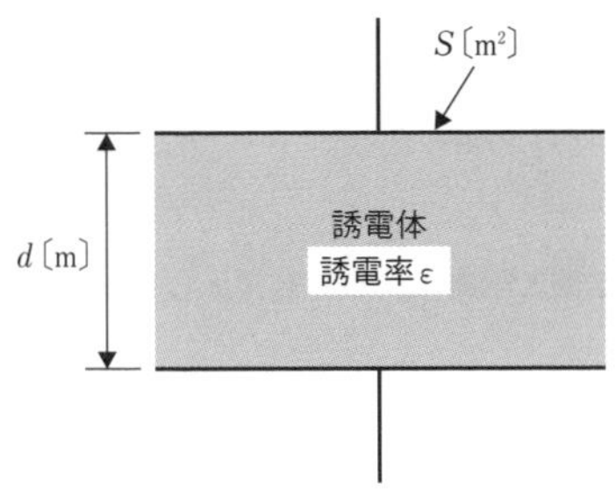

図1.20　誘電体を挿入した平行板コンデンサ

極板間の一部に誘電体が挿入された場合の静電容量は、真空部分と誘電体部分をそれぞれ別のコンデンサと考え、コンデンサの直列接続または並列接続として静電容量を求めることができます。

図1.21のように、極板間隔d〔m〕の平行板コンデンサの一部に、極板と同じ面積で、厚さt〔m〕、比誘電率ε_rの誘電体を挿入した場合、このコンデンサは、厚さ$d-t$〔m〕の真空コンデンサC_1〔F〕と厚さt〔m〕の誘電体コンデンサC_2〔F〕の直列接続と等価になります。

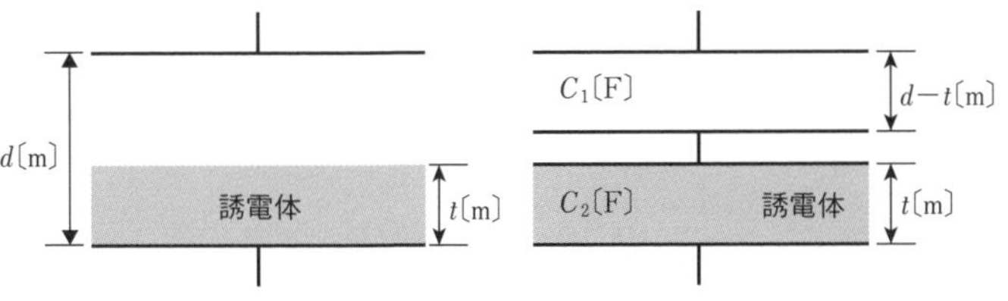

図1.21　極板と平行に誘電体を挿入した平行板コンデンサ

補足
誘電体は不導体（絶縁体）と同義。誘電体は静電容量や誘電分極を扱うときの呼び名、不導体（絶縁体）は電気の伝導性からみたときの呼び名。

補足
誘電体が極板の中間にあった場合でも、片側の極板に寄せて考える。

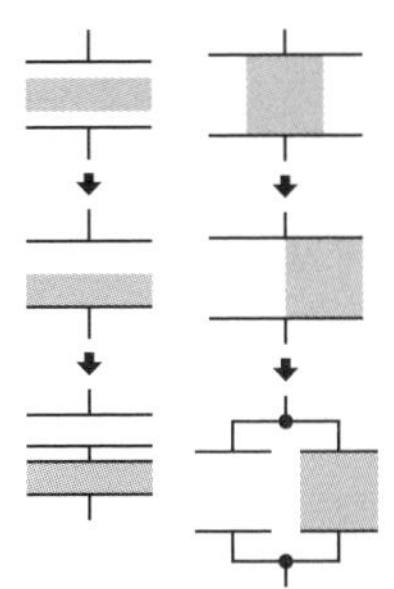

合成静電容量の計算方法は、LESSON5で学ぶ。

また、図1.22のように、極板面積S〔m^2〕の平行板コンデンサの一部に、極板と垂直に面積S'〔m^2〕の誘電体を挿入した場合、このコンデンサは極板面積$S-S'$〔m^2〕の真空コンデンサC_1〔F〕と、極板面積S'〔m^2〕の誘電体コンデンサC_2〔F〕の並列接続と等価になります。

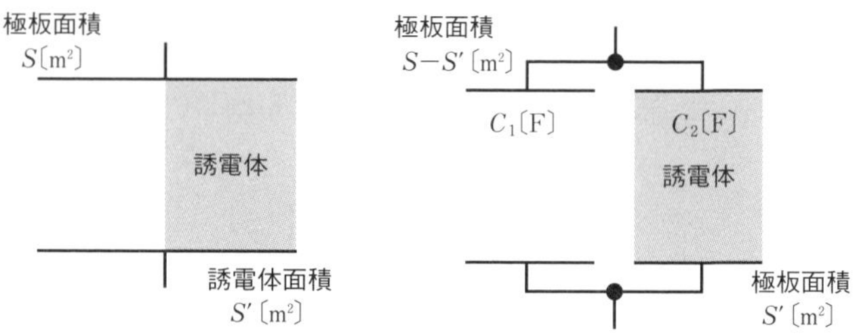

図1.22　極板と垂直に誘電体を挿入した平行板コンデンサ

理解度チェック問題

問題　次の［　　］の中に適当な答えを記入せよ。

(1)　電界中における電気力線は、等電位面(線)と［（ア）］する。

(2)　帯電した導体の電荷は、［（イ）］のみに存在する。また、帯電した導体内部の電界の強さ(大きさ)は、［（ウ）］である。

(3)　真空中において、孤立導体球の静電容量Cは次式で表される。

$C=$［（エ）］〔F〕

ただし、a〔m〕は導体球の半径、ε_0〔F/m〕は真空の誘電率である。

(4)　誘電率ε〔F/m〕の誘電体を挿入した平行板コンデンサの静電容量Cは、次式で表される。

$C=$［（オ）］〔F〕

ただし、S〔m^2〕は極板面積、d〔m〕は極板間距離である。

解答

(ア)直交　(イ)表面　(ウ)零　(エ)$4\pi\varepsilon_0 a$　(オ)$\varepsilon\dfrac{S}{d}$

解説

電界の強さは電界の大きさと向きを表し、電界の大きさは大きさだけを表す。ただし、電界の強さが電界の大きさだけを表す場合もある。強さと大きさを厳密(げんみつ)に区別する必要はない。

5日目　第1章 静電気

LESSON 5

コンデンサの直列接続と並列接続

コンデンサの直列接続と並列接続について学びます。
電気抵抗（LESSON12 参照）の場合と対比して覚えましょう。

関連過去問 012, 013, 014

直列接続
$C=\frac{C_1C_2}{C_1+C_2}$
並列接続
$C=C_1+C_2$

直列の式の方が
ややこしい
ニャー

1 コンデンサの直列接続と並列接続 重要度 A

(1) コンデンサの直列接続

静電容量がC_1とC_2のコンデンサを直列接続した回路に**電圧**Vを加えると、いずれのコンデンサの極板にも**同量の電荷**Qが蓄えられます。$Q=C_1V_1$〔C〕$=C_2V_2$〔C〕となります。

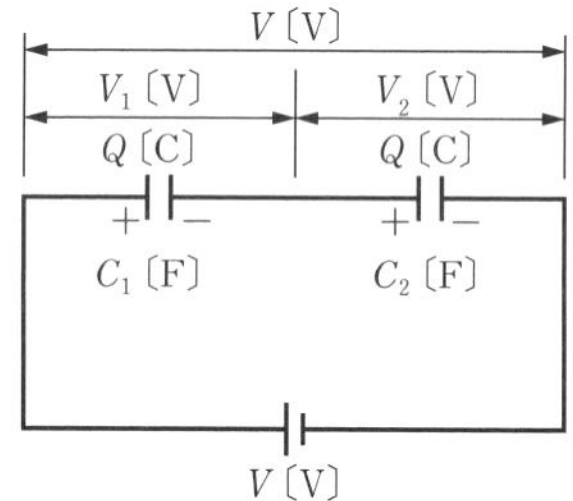

図1.23　コンデンサの直列接続

コンデンサC_1とC_2を直列接続したときの**合成静電容量**Cは、

重要 公式　直列接続されたコンデンサの合成静電容量

$$C=\frac{C_1C_2}{C_1+C_2}\text{〔F〕}\qquad(15)$$

となります。n個のコンデンサを直列接続した回路の合成静電容量Cは、次式で表されるように、それぞれの静電容量の**逆数の総和の逆数**となります。

用語

コンデンサの直列接続とは、図1.23に示すように、コンデンサC_1、C_2を一列に接続する方法。

コンデンサの並列接続とは、図1.24に示すように、コンデンサC_1、C_2を枝分（えだわ）かれするように接続する方法。

補足

電池など直流電源の図記号は、—+|⊢— で表す。左の長い線側が正(プラス)極、右の短い線側が負(マイナス)極。

プラスワン

式(15)は、分母が足し算(和)、分子が掛け算(積)なので、「和分の積」と覚える。
なお、コンデンサが3個以上の場合、「和分の積」とはならないので注意しよう。

$$C=\frac{1}{\frac{1}{C_1}+\frac{1}{C_2}+\cdots+\frac{1}{C_n}}\text{〔F〕} \qquad (16)$$

コンデンサの直列接続では、各コンデンサに加わる電圧は、静電容量に反比例して配分されます。

$$V_1=\frac{C_2}{C_1+C_2}\times V\text{〔V〕} \qquad V_2=\frac{C_1}{C_1+C_2}\times V\text{〔V〕}$$

(2) コンデンサの並列接続

静電容量がC_1とC_2のコンデンサを並列接続した回路に電圧Vを加えると、それぞれのコンデンサの極板に電荷が蓄えられます。

蓄えられる電荷は、$Q=CV$の関係から次式のようになります。

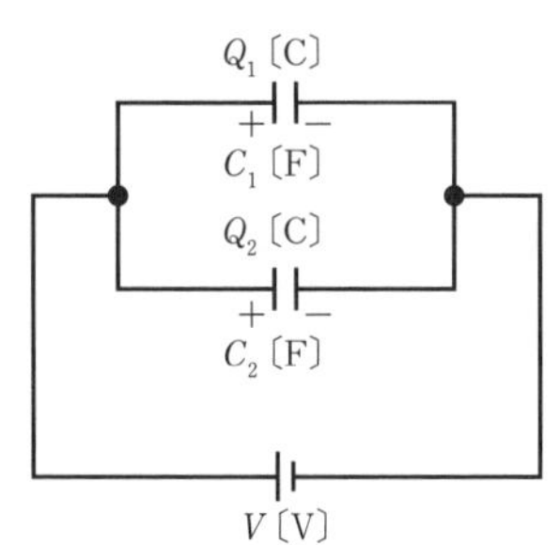

図1.24　コンデンサの並列接続

$Q_1=C_1V$〔C〕、$Q_2=C_2V$〔C〕

並列接続における合成静電容量Cは、

> **重要公式　並列接続されたコンデンサの合成静電容量**
> $$C=C_1+C_2\text{〔F〕} \qquad (17)$$

となります。n個のコンデンサを並列接続した回路の合成静電容量Cは、次式で表されるように、それぞれの静電容量の**総和**となります。

$$C=C_1+C_2+\quad\cdots+C_n\text{〔F〕} \qquad (18)$$

例題にチャレンジ!

図に示す各回路の合成静電容量〔μF〕を求めよ。また、端子ab間に$V=200$〔V〕の電圧を加えたとき、それぞれのコンデンサに加わる電圧〔V〕とコンデンサに蓄えられる電荷〔C〕を求めよ。

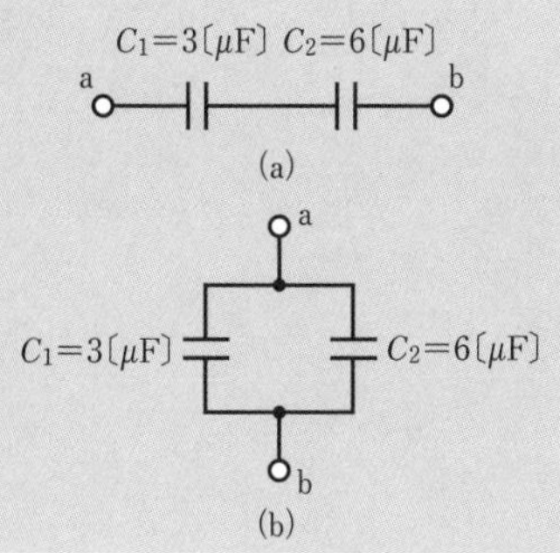

プラスワン

コンデンサの並列接続では、コンデンサに蓄えられる電荷の比は、静電容量に比例する。

プラスワン

コンデンサの直列・並列接続の公式は、第3章の直流回路で学ぶ、抵抗の直列・並列接続の公式と逆になっている。対比して覚えよう。

コンデンサの直列
$C=\frac{C_1C_2}{C_1+C_2}$
抵抗の直列
$R=R_1+R_2$
コンデンサの並列
$C=C_1+C_2$
抵抗の並列
$R=\frac{R_1R_2}{R_1+R_2}$

解法のヒント

静電容量の単位を、必ずしも1〔μF〕（マイクロファラド。LESSON4参照）→10^{-6}〔F〕と変換する必要はない。問題に応じて〔μF〕のまま計算しても構わない。例えば、合成静電容量を求める場合や電圧を配分する場合である。工夫して解答時間を短縮しよう。

・解説・

(a)の回路(コンデンサの直列接続)

合成静電容量Cは、

$$C=\frac{C_1 C_2}{C_1+C_2}=\frac{3\times 6}{3+6}=\mathbf{2}〔\mu\mathrm{F}〕(答)$$

コンデンサC_1、C_2に加わる電圧V_1、V_2は、静電容量に反比例して配分されるので、

$$V_1=\frac{C_2}{C_1+C_2}V=\frac{6}{3+6}\times 200=\frac{400}{3}≒\mathbf{133.3}〔\mathrm{V}〕(答)$$

$$V_2=\frac{C_1}{C_1+C_2}V=\frac{3}{3+6}\times 200=\frac{200}{3}≒\mathbf{66.7}〔\mathrm{V}〕(答)$$

コンデンサC_1、C_2に蓄えられる電荷Q_1、Q_2は、

$$Q_1=C_1 V_1=3\times 10^{-6}\times\frac{400}{3}=\mathbf{4\times 10^{-4}}〔\mathrm{C}〕(答)$$

$$Q_2=C_2 V_2=6\times 10^{-6}\times\frac{200}{3}=\mathbf{4\times 10^{-4}}〔\mathrm{C}〕(答)$$

となり、同量の電荷が蓄えられる。

(b)の回路(コンデンサの並列接続)

合成静電容量Cは、

$$C=C_1+C_2=3+6=\mathbf{9}〔\mu\mathrm{F}〕(答)$$

また、端子ab間に加えた電圧$V=\mathbf{200}$〔V〕(答)はそのまま各コンデンサに加わるので、コンデンサC_1、C_2に蓄えられる電荷Q_1、Q_2は、

$$Q_1=C_1 V=3\times 10^{-6}\times 200=\mathbf{6\times 10^{-4}}〔\mathrm{C}〕(答)$$

$$Q_2=C_2 V=6\times 10^{-6}\times 200=\mathbf{1.2\times 10^{-3}}〔\mathrm{C}〕(答)$$

となる。

解法のヒント

右の電荷Q_1、Q_2を求める場合は、1〔μF〕→10^{-6}〔F〕と変換する。もし、変換しないとQ_1、Q_2の単位が〔μC〕となり、題意の〔C〕に反する。

② コンデンサに蓄えられるエネルギー　重要度A

図1.25(a)に示す回路においてスイッチSを閉じると、電池から電荷が供給され、コンデンサに電荷が蓄えられます。このように、電荷をためることを**充電**といいます。また逆に、ためた電荷を放出することを**放電**といいます。充電に必要なエネルギー(仕事)は、図1.25(b)の色の付いた三角形の面積に相当し、電荷Q〔C〕を蓄えた電位差V〔V〕のコンデンサに蓄えられたエネルギーWは、

重要公式　静電エネルギー

$$W=\frac{1}{2}QV=\frac{1}{2}CV^2\text{〔J〕} \quad (19)$$

となり、このエネルギーを**静電エネルギー**といいます。

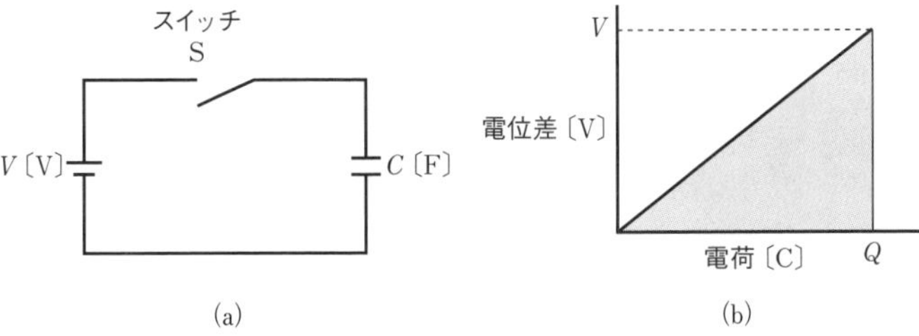

図1.25　コンデンサの充電

例題にチャレンジ!

$C=200$〔μF〕のコンデンサを$V=16$〔V〕で充電したとき、コンデンサに蓄えられる電荷〔C〕とエネルギー〔J〕を求めよ。

・解説・

$Q=CV=200\times10^{-6}\times16=\mathbf{3.2\times10^{-3}}$〔C〕(答)

$W=\frac{1}{2}CV^2=\frac{1}{2}\times200\times10^{-6}\times16^2=\mathbf{2.56\times10^{-2}}$〔J〕(答)

補足

充電後スイッチSを切り、このコンデンサに負荷(電球やモータなど電気エネルギーを利用する機器)を接続すると、コンデンサが電荷を放出し、蓄えられたエネルギーを取り出すことができる。

プラスワン

電極間の単位体積1〔m^3〕当たりに蓄えられる静電エネルギーwは、

$w=\frac{1}{2}ED$〔J/m^3〕

となる。ただし、

E：電界の強さ〔V/m〕

D：電束密度〔C/m^2〕

補足

静電エネルギーは、第2章LESSON11で学習する電磁エネルギーと対比して覚えると理解しやすい。

・**静電エネルギー**

$W=\frac{1}{2}CV^2$〔J〕

・**電磁エネルギー**

$W=\frac{1}{2}LI^2$〔J〕

(L：自己インダクタンス　I：コイルに流れる電流)

解法のヒント

200〔μF〕→

200×10^{-6}〔F〕

と変換する。

理解度チェック問題

問題　次の［　　］の中に適当な答えを記入せよ。

極板間に誘電率 ε〔F/m〕の誘電体をはさんだ平行板コンデンサがある。

このコンデンサに電圧を加えたとき、蓄えられるエネルギーW〔J〕を誘電率 ε〔F/m〕、極板間の誘電体の体積V〔m^3〕、極板間の電界の大きさE〔V/m〕で表現すると、W〔J〕は、誘電率 ε〔F/m〕の［（ア）］に比例し、体積V〔m^3〕に［（イ）］し、電界の大きさE〔V/m〕の［（ウ）］に比例する。

ただし、極板の端効果は無視する。

解答

（ア）1乗　（イ）比例　（ウ）2乗

解説

コンデンサに蓄えられるエネルギーWは、

$$W=\frac{1}{2}CV_0^2〔J〕$$

上式に

$C=\varepsilon\frac{S}{d}$（式(14)）、$V_0=Ed$（式(13)）を代入、

$$W=\frac{1}{2}\times\varepsilon\frac{S}{d}\times(Ed)^2$$

$$=\frac{1}{2}\times\varepsilon\times S\times d\times E^2〔J〕$$

ここで、$S\times d=V$〔m^3〕（体積）であるから、

$$W=\frac{1}{2}\times\varepsilon\times V\times E^2〔J〕$$

εの1乗に比例　Vに比例　Eの2乗に比例

（注）「εに比例」=「εの1乗に比例」
言葉に惑わされないようにしよう。

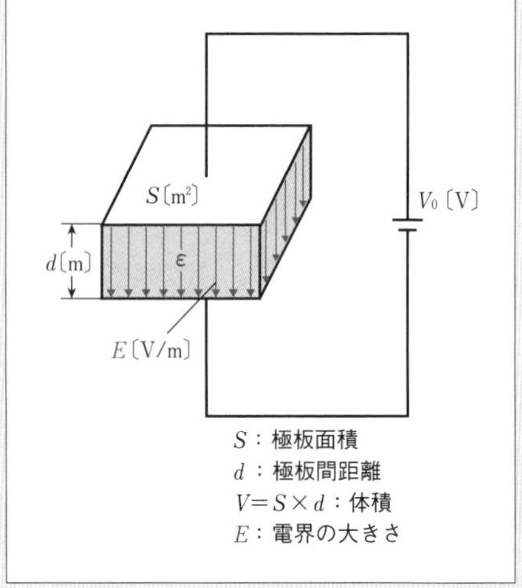

※極板の端（たん）効果とは

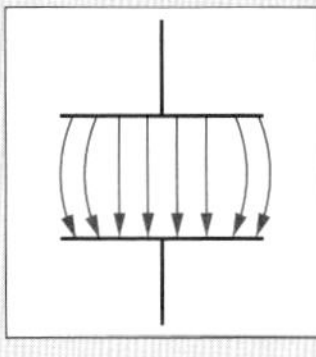

図のように、平行板コンデンサ極板の端（はし）で電気力線が外側に膨（ふく）らむ現象をいう。端効果を考慮すると$C=\varepsilon\frac{S}{d}$が成り立たない。電験三種試験では、通常、端効果を無視する。

LESSON 6

磁石の性質と働き

磁界、磁力線、磁気に関するクーロンの法則などについて学びます。磁気についてもクーロンの法則は頻出です。

関連過去問 015

キリッ
電界
磁界
磁界は、電界のときの話と似ている部分もあるニャー。混乱しないで。

① 磁気現象 重要度 B

例えば、ボタン状の磁石が電気製品や家具に貼りついたりすることは、日常生活でも目にすることがあります。

また、方位磁石の**N極**は北を、**S極**は南を指して静止します。これは、地球が巨大な磁石を構成していて、北極付近にS極、南極付近にN極があるためで、地球の持つ磁界(地磁気)と方位磁石が作る磁界との相互作用によります。

磁石に見られるような、このような性質を**磁性**(じせい)といい、S極やN極を**磁極**といいます。

今日から、第2章磁気の始まりニャ

② 磁気に関するクーロンの法則 重要度 A

2つの棒磁石の磁極どうしを近づけると、同種の磁極(N極どうしまたはS極どうし)の場合には**反発**し、異種の磁極(N極とS極)の場合には**吸引**します。このときに働く力を**磁気力**または**磁力**といい、次の性質があります。

2つの**磁極間に働く力**(磁気力)は、それぞれの**磁極の強さの積**に比例し、磁極間の**距離の2乗**に反比例する。

また、力の方向は、両磁極を結ぶ直線上に沿う。

補足

磁極の強さを**磁荷**（じか）という。

これを、**磁気に関するクーロンの法則**といいます。磁極の強さの単位は、〔Wb〕(ウェーバ)が用いられます。

いま、図2.1のように、それぞれの磁極の強さをm_1、m_2〔Wb〕、磁極間の距離をr〔m〕とすると、真空中において磁気力Fは、

プラスワン

$$\frac{1}{4\pi\mu_0}=6.33\times10^4$$

となる。

m_1、m_2が同種磁極の場合、Fはプラスの値になり、反発力を表し、m_1、m_2が異種磁極の場合、Fはマイナスの値になり、吸引力を表す。

重要公式 磁気に関するクーロンの法則

$$F=\frac{m_1 m_2}{4\pi\mu_0 r^2}=6.33\times10^4\times\frac{m_1 m_2}{r^2}〔N〕\quad(1)$$

となります。

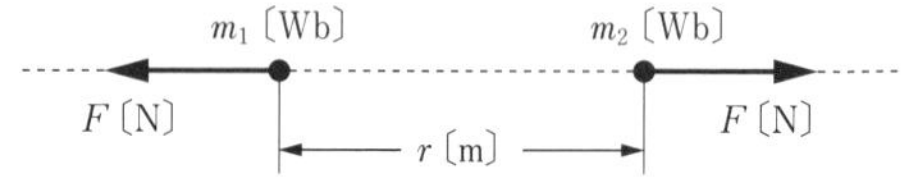

図2.1　磁気に関するクーロンの法則

補足

μはミューと読む。透磁率の単位〔H/m〕は、ヘンリー毎（まい）メートルと読む。

μ_0は、**真空の透磁率**と呼ばれ、その値は次の通りです。

$\mu_0=4\pi\times10^{-7}$〔H/m〕

補足

磁束とは、磁極から出ると考えた仮想的な力線（りきせん）（力が働く空間で、接線がその点における力の方向と一致するように引いた曲線群）である。詳しくは次項の「磁界と磁力線」で学ぶ。

◎透磁率と比透磁率

物質の**磁束**の通りやすさを**透磁率μ**で表します。ある物質の透磁率μは、次のように表します。

ある物質の透磁率$\mu=\mu_0\mu_r$〔H/m〕

ここで、μ_rをある物質の**比透磁率**といいます。つまり比透磁率とは、真空の透磁率μ_0の何倍かを表す定数です。単位はありません。

空気の比透磁率μ_rは≒1です。

空気の透磁率$\mu=\mu_0\mu_r≒\mu_0$〔H/m〕

となるので、式(1)で示したクーロンの法則は、通常、空気中においても適用します。

プラスワン

真空中、空気中以外の媒質（物理的作用を他へ伝える仲介物。比透磁率μ_r）中では、クーロンの法則は次式となる。

$$F=\frac{m_1 m_2}{4\pi\mu_0\mu_r r^2}〔N〕$$

なお、磁極間に働く磁気力も電荷間に働く静電力と同じようにベクトル量なので、3個以上の磁極間に働く磁気力はベクトル合成により求めます。

例題にチャレンジ！

真空中において、1×10^{-6}〔Wb〕のN極と2×10^{-7}〔Wb〕のS極が10〔cm〕離れて置かれている。両磁極間に働く磁気力〔N〕を求めよ。

・解説・

磁気力Fは、

$$F=6.33\times10^4\times\frac{m_1 m_2}{r^2}=6.33\times10^4\times\frac{(1\times10^{-6})\times(2\times10^{-7})}{0.1^2}$$

$\fallingdotseq$ **1.27×10^{-6}**〔N〕(答)

解法のヒント

磁気に関するクーロンの法則を利用する。

10〔cm〕→0.1〔m〕と変換する。

3 磁界と磁力線　重要度 A

(1) 磁界と磁界の強さ

磁気に関するクーロンの法則より、磁極間には磁気力が働き、磁極の周りには、他の磁極に磁気力を働かせる空間ができます。このような空間を**磁界**といいます。

磁界内の任意の点の**磁界の強さ**とは、その点に**単位の正磁極**を置いたとき、この磁極に働く磁気力の大きさで表します。

補足

単位の正磁極とは、＋1〔Wb〕の磁極のこと。

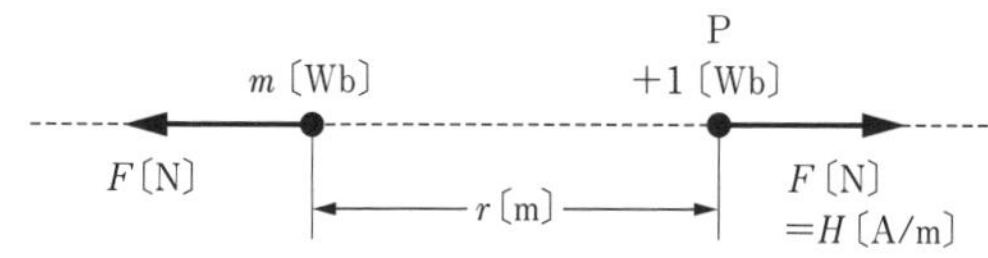

図2.2　磁界の強さ

図2.2のように、真空中に置かれた磁極m〔Wb〕から距離r〔m〕離れた点Pに＋1〔Wb〕の磁極を置いたとき、磁極に生じる磁気力Fはクーロンの法則より、次式となります。

$$F=\frac{m\times1}{4\pi\mu_0 r^2}\text{〔N〕} \qquad (2)$$

上式は、点Pの磁界の強さHを表します。

補足

磁界の強さの量記号はHが用いられる。単位は〔N/Wb〕となるが、一般には同等の〔A/m〕が使用される。

重要公式　磁界の強さ

$$H = \frac{m}{4\pi\mu_0 r^2} \text{〔A/m〕} \quad (3)$$

また、磁界の強さHの中に置かれた磁極m〔Wb〕に働く磁気力Fは、次のようになります。

重要公式　磁界中で磁極が受ける磁気力

$$F = mH \text{〔N〕} \quad (4)$$

例題にチャレンジ！

1．6〔A/m〕の磁界中に5〔mWb〕の磁極を置いたとき、この磁極に働く磁気力〔N〕を求めよ。

2．磁界中のある点Pに、2×10^{-3}〔Wb〕の磁極を置いたところ、この磁極に0.4〔N〕の磁気力が働いた。点Pの磁界の強さ〔A/m〕を求めよ。

・解説・

1．磁気力Fは、

$F = mH = 5\times10^{-3}\times6 =$ **0.03**〔N〕(答)

2．磁界の強さHは、

$$H = \frac{F}{m} = \frac{0.4}{2\times10^{-3}} = \mathbf{200}\text{〔A/m〕(答)}$$

解法のヒント

1．
5〔mWb〕→
5×10^{-3}〔Wb〕
と変換する。

2．
磁気力を求める式
$F=mH$〔N〕
を変形する。

(2) 磁力線と磁束

磁界の様子を表す仮想線を**磁力線**といいます。磁力線には、次のような性質があります。

a．磁力線は、N極から始まってS極で終わる連続線である。

b．磁力線の**接線方向**が、磁界の方向を表す。

c．磁力線の密度（単位面積（1〔m^2〕）当たりの磁力線数）が、**磁界の強さ**を表す。

d．真空中において、1〔Wb〕の磁極から$\frac{1}{\mu_0}$〔本〕の磁力線が、m〔Wb〕の磁極から$\frac{m}{\mu_0}$〔本〕の磁力線が出る。

プラスワン

磁極m〔Wb〕からr〔m〕離れた仮想球面の表面積は$4\pi r^2$〔m^2〕。したがって、真空中において磁力線密度は、

$$\frac{m}{\mu_0} \div 4\pi r^2 = \frac{m}{4\pi\mu_0 r^2}$$

〔本/m^2＝A/m〕

となり、これは磁界の強さを表している。

e．同じ向きの磁力線どうしは**反発**し合う。
f．磁力線は、途中で**分岐**したり、他の磁力線と**交差**したりしない。
g．磁力線は、引っ張られたゴムひものように縮もうとする。

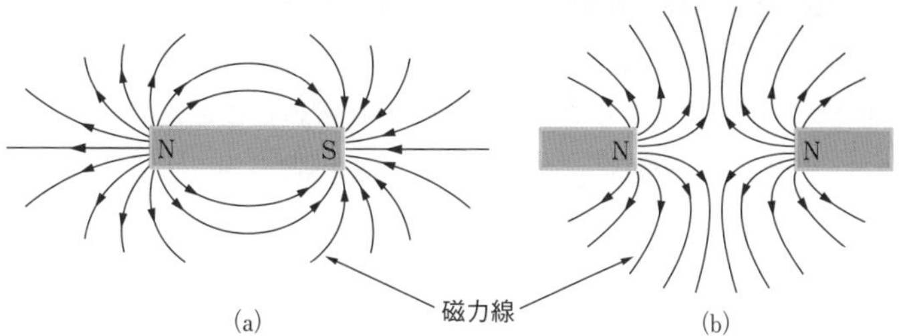

図2.3　磁力線の図

磁極から出る磁力線の本数は、媒質の透磁率によって変わります。そこで、媒質によらずm〔Wb〕の磁極からm〔Wb〕が出ると考えた仮想線を**磁束**といい、量記号ϕ（ファイ）で表し、単位には磁極と同じ〔Wb〕を使用します。また、1〔m^2〕当たりの磁束を**磁束密度**といい、量記号Bで表し、単位には〔T〕を使用します。

したがって、真空中において、磁束密度Bと磁界の強さH〔A/m〕の間には、次式の関係があります。

$B=\mu_0 H$〔T〕

また、透磁率$\mu=\mu_0\mu_r$の媒質中では次のようになります。

重要公式　**磁束密度と磁界の強さの関係**

$$B=\mu H=\mu_0\mu_r H\text{〔T〕} \quad (5)$$

例題にチャレンジ!

真空中のある点の磁界の強さが50×10^3〔A/m〕であった。この点の磁束密度〔T〕を求めよ。

・解説・

真空中において磁束密度Bは、

$B=\mu_0 H=4\pi\times10^{-7}\times50\times10^3\fallingdotseq\mathbf{6.28\times10^{-2}}$〔T〕（答）

プラスワン

透磁率$\mu=\mu_0\mu_r$の媒質中においては、1〔Wb〕の磁極から$\dfrac{1}{\mu_0\mu_r}$〔本〕の磁力線が、m〔Wb〕の磁極から$\dfrac{m}{\mu_0\mu_r}$〔本〕の磁力線が出る。

補足

磁束密度の単位は、〔Wb/m^2〕となるが、一般には同等の〔T〕（テスラと読む）が使用される。

補足

磁束は磁力線$\dfrac{1}{\mu_0\mu_r}$〔本〕を1〔Wb〕に束ねたものといえる。

補足

磁束および磁力線の通過する面積をSとすると、磁束密度Bは、
$B=m\div S$
磁力線密度（磁界の強さ）Hは、
$H=\dfrac{m}{\mu}\div S$
よって、$B=\mu H$

解法のヒント

$\mu_0=4\pi\times10^{-7}$〔H/m〕は覚える必要はない。実際の試験では与えられる。
円周率$\pi\fallingdotseq3.14$を代入する。

理解度チェック問題

問題　次の□の中に適当な答えを記入せよ。

磁界の様子を表す仮想線を磁力線という。磁力線には、次のような性質がある。

(1)　磁力線は、N極から始まってS極で終わる連続線である。

(2)　磁力線の［（ア）］方向が、磁界の方向を表す。

(3)　磁力線の密度（単位面積（1〔m^2〕）当たりの磁力線数）が、磁界の強さを表す。

(4)　真空中において、1〔Wb〕の磁極から［（イ）］〔本〕の磁力線が、m〔Wb〕の磁極から［（ウ）］〔本〕の磁力線が出る。ただし、μ_0〔H/m〕は真空の透磁率である。

(5)　同じ向きの磁力線どうしは［（エ）］し合う。

(6)　磁力線は、途中で分岐したり、他の磁力線と［（オ）］したりしない。

(7)　磁力線は、引っ張られたゴムひものように縮もうとする性質を持つ。

解答

（ア）接線　（イ）$\frac{1}{\mu_0}$　（ウ）$\frac{m}{\mu_0}$　（エ）反発　（オ）交差

7日目

第2章 磁気

LESSON 7

電流による磁気作用

導線を流れる電流の周りには、磁界が生じます。ここでは、電流による磁界の方向や磁界の強さなどについて学びます。

関連過去問 016, 017, 018

右ねじ
磁界の向き
電流の向き
これが、
右ねじの法則。
次回でなく
今回覚えてニャー
※右ねじの法則は、「電流」と「磁界」を入れ替えても成立する。

1 電流による磁界 重要度A

(1) アンペアの右ねじの法則

電流が流れる導体の周りには、磁界ができることが知られています。このとき、電流の方向と磁界の方向は、下記に示す**アンペアの右ねじの法則**で示されます。

電流の方向を右ねじの進む方向にとると、磁界の方向は右ねじの回転方向となる。

また、この法則は「電流」と「磁界」という語を入れ替えても成立します。

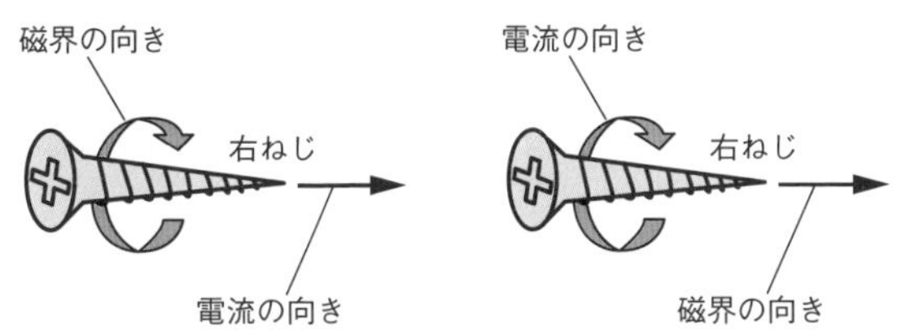

図2.4 アンペアの右ねじの法則

(2) 無限長直線導体による磁界

図2.5 (a) のように、無限長（むげんちょう）の直線導体に電流 I〔A〕を流したとき、この導体から垂直方向に距離 r〔m〕離れた点Pの**磁界の**

用語

無限長とは、無限に長いという意味。

強さHは、電流Iに比例し、距離rに反比例します。磁界の強さHは、次式で表されます。

重要公式 無限長直線導体による磁界

$$H=\frac{I}{2\pi r}\,〔\mathrm{A/m}〕 \quad (6)$$

また、磁界の方向は、図2.5(b)のようにアンペアの右ねじの法則に従います。

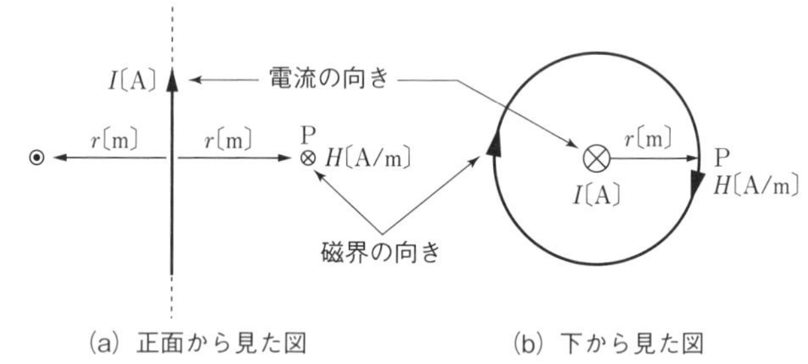

図2.5 無限長直線導体による磁界

例題にチャレンジ！

十分に長い直線状導体に2〔A〕の電流が流れているとき、この導線から垂直方向に5〔cm〕離れた点の磁界の強さ〔A/m〕を求めよ。

・解説・

磁界の強さHは、

$$H=\frac{I}{2\pi r}=\frac{2}{2\times 3.14\times 0.05}\fallingdotseq \mathbf{6.37}\,〔\mathrm{A/m}〕（答）$$

(3) 円形コイルの中心磁界

電流I〔A〕が流れる半径r〔m〕の円形コイルの中心における**磁界の強さHは、電流Iに比例し、半径rに反比例します。**磁界の強さHは、次式で表されます。

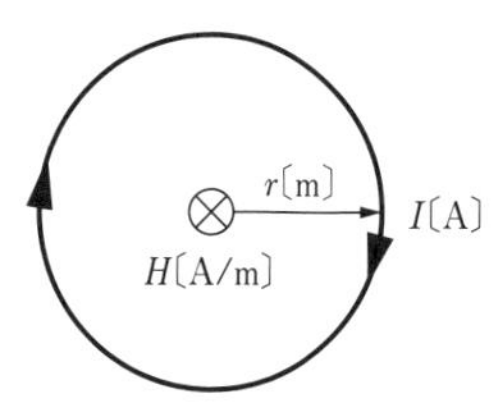

図2.6 円形コイルの中心磁界

補足
電流と磁界の方向は、この紙面の表側から裏側へ向かう方向を⊗、裏側から表側へ向かう方向を⦿で表現する。これは4枚の羽を持つ矢を後ろから見た場合と、先端から見た場合の見え方に由来している。

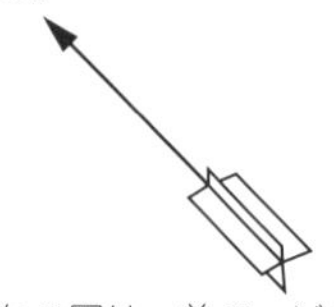

矢の図は、前ページの右ねじの図と置き換えてもよい。

解法のヒント
5〔cm〕→0.05〔m〕と変換する。

プラスワン
円形コイルの巻数がN〔回〕の円形コイルでは、$H=\frac{NI}{2r}$〔A/m〕となる。

重要公式　円形コイルの中心磁界

$$H=\frac{I}{2r}\,〔\mathrm{A/m}〕\qquad(7)$$

(4) 環状ソレノイドの磁界

環状ソレノイド（かんじょう）内部の磁界は、図2.7の赤い矢印の方向に生じ、コイルの半径r〔m〕に比べてソレノイドの半径R〔m〕が十分大きい場合には､内部の磁界はいたるところで均一な磁界(平等磁界)となります。また、ソレノイドの外部には磁界がありません。ソレノイド内部の磁界の強さHは、電流をI〔A〕、巻数をN、ソレノイドの円周の**平均磁路長**（じろちょう）をl〔m〕、半径をR〔m〕とすると、次式で表されます。

重要公式　環状ソレノイドの磁界

$$H=\frac{NI}{l}=\frac{NI}{2\pi R}\,〔\mathrm{A/m}〕\qquad(8)$$

上式を変形すると、

重要公式　起磁力

$$NI=Hl\,〔\mathrm{A}〕\qquad(9)$$

が成り立ち、NI〔A〕を**起磁力**と呼びます。

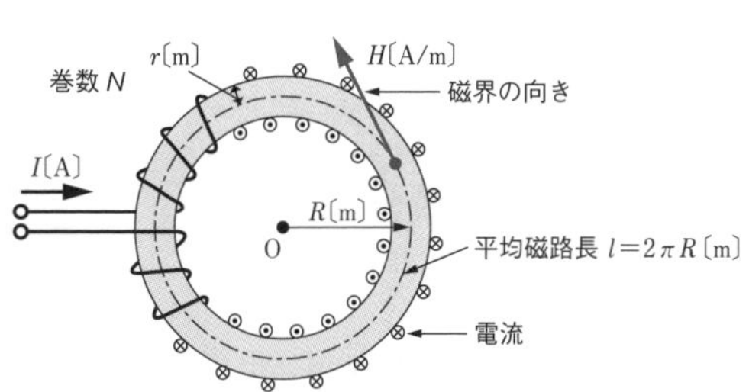

図2.7　環状ソレノイドの磁界

用語

コイルを円筒状に巻き、中心軸を円形にしたものを、**環状ソレノイド**という。

補足

平均磁路長lとは、磁束の通り道の平均の長さをいい、環状ソレノイドの場合、コイル中心部の円周(長さ)が平均磁路長となり、

$l=2\pi R$〔m〕

となる。

プラスワン

環状ソレノイドの単位長(1〔m〕)当たりの巻数をnとすると、

$$n=\frac{N}{2\pi R}$$

となり、

$$H=\frac{NI}{2\pi R}=nI\,〔\mathrm{A/m}〕$$

で表される。

※無限長ソレノイド

コイルを円筒状に巻いた無限に長いソレノイドを**無限長ソレノイド**といいます。電流をI〔A〕、単位長(1〔m〕)当たりの巻数をnとすると、ソレノイド内部の磁界は、

$H=nI$〔A/m〕

と、**環状ソレノイドと同じ式**(欄外「プラスワン」参照)になります。

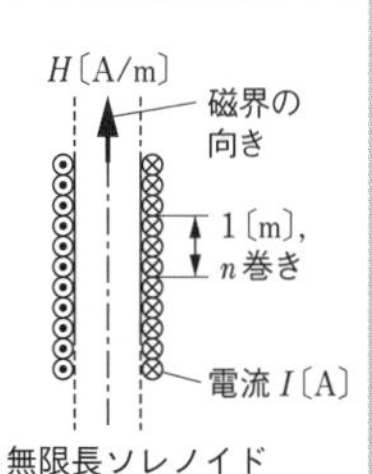

無限長ソレノイド

② ビオ・サバールの法則　重要度 B

補足

ビオ・サバールの法則により、無限長直線導体による磁界

$H = \dfrac{I}{2\pi r}$〔A/m〕

および円形コイルの中心磁界

$H = \dfrac{I}{2r}$〔A/m〕

などの公式を導出できる（導出式省略）。

いま図2.8のように、細長い導体があって、これに電流I〔A〕が流れているとき、導体上の任意の点A付近の微小長さdl〔m〕と、電流との積Idlによって、点Aから角θの方向で距離r〔m〕の点Pに生じる磁界の向きは、アンペアの右ネジの法則によって⊗の方向に生じ、その強さdHは、次式で表されます。

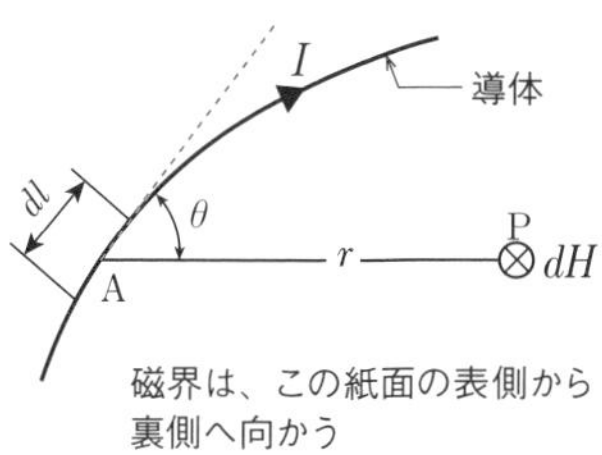

図2.8　ビオ・サバールの法則

補足

Idlと$Idl\sin\theta$

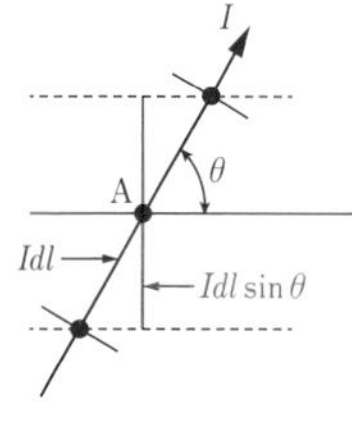

重要公式　ビオ・サバールの法則

$$dH = \frac{Idl\sin\theta}{4\pi r^2}\text{〔A/m〕} \quad (10)$$

つまり、「導体に電流I〔A〕が流れているとき、導体の微小長さdl〔m〕と、電流との積Idlによる点Pの磁界の強さdHは、Idlの垂直成分$Idl\sin\theta$に比例し、距離r〔m〕の2乗に反比例する」。これを**ビオ・サバールの法則**といいます。

③ アンペアの周回積分の法則　重要度 B

N本の導体にそれぞれI_1〔A〕、I_2〔A〕、…I_n〔A〕の電流が流れているとき、導体の周辺に磁界が発生します。導体の周辺を磁界方向に1周するとき、その経路の微小部分の長さdl_1、dl_2、…dl_nと、それらの点の磁界の強さH_1、H_2、…H_nとの積の総和は、経路のいかんを問わず、つねに電流の総和$I_1 + I_2 + \cdots + I_n$に等しくなります。

$$\oint Hdl = H_1 \cdot dl_1 + H_2 \cdot dl_2 + \cdots + H_n \cdot dl_n = I_1 + I_2 + \cdots + I_n \quad (11)$$

これを**アンペアの周回積分の法則**といいます。

補足

$\oint$は、周回積分（円周に沿って1周回積分）を表す。周回積分の式は参考程度でよい。この式から導かれる式が重要。

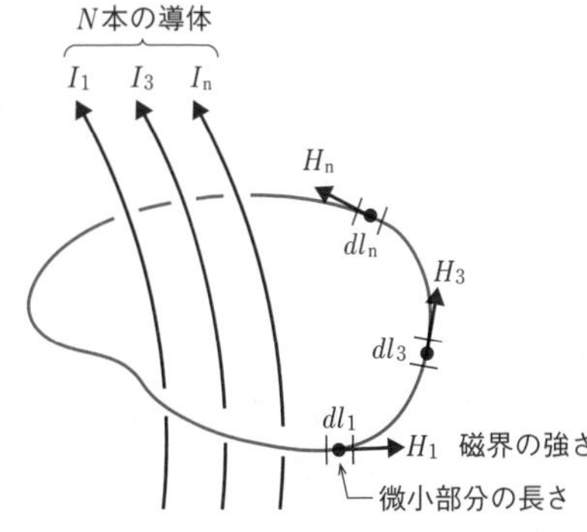

図2.9　アンペアの周回積分の法則

(1) アンペアの周回積分の法則（無限長直線導体）

無限長直線導体に流れる電流I〔A〕により、この導体からr〔m〕離れた点Pの磁界の強さをアンペアの周回積分の法則によって求めると、次のようになります。

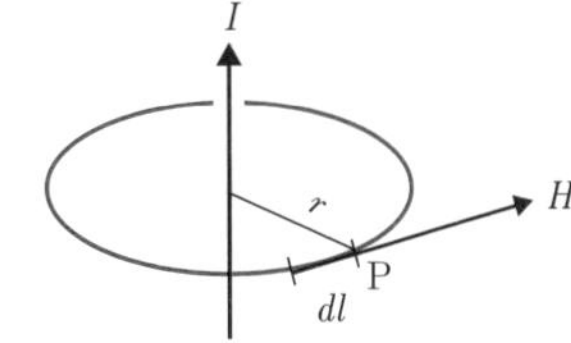

図2.10　アンペアの周回積分の法則（無限長直線導体）

$$\oint Hdl = 2\pi r \times H = I$$

（円周）×（磁界の強さ）＝（円周内の電流）

したがって、磁界の強さHは、次のようになります。

$$H = \frac{I}{2\pi r} \text{〔A/m〕}$$

(2) アンペアの周回積分の法則（環状ソレノイド）

環状ソレノイドの内部における磁界の強さを、アンペアの周回積分の法則により求めると、次のようになります。

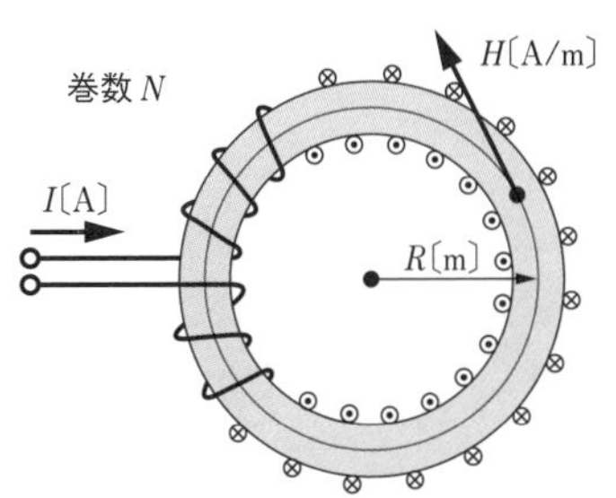

図2.11　アンペアの周回積分の法則（環状ソレノイド）

$$\oint Hdl = 2\pi R \times H = NI$$

（円周）×（磁界の強さ）＝（円周内の電流）

補足

$$\oint Hdl = H\oint dl = H\int_0^{2\pi r} 1dl = H[l]_0^{2\pi r} = H[2\pi r - 0] = 2\pi r \cdot H$$

$\oint dl$は、微小部分の長さdlを円周に沿って1周回積分する、という記号である。

補足

$$\oint Hdl = H\oint dl = H\int_0^{2\pi R} 1dl = H[l]_0^{2\pi R} = H(2\pi R - 0) = 2\pi R \cdot H$$

したがって、磁界の強さHは、次のようになります。

$$H = \frac{NI}{2\pi R}\ 〔\mathrm{A/m}〕$$

例題にチャレンジ!

ソレノイドの半径10〔cm〕、巻数100の環状ソレノイドがある。ソレノイド内部に200〔A/m〕の磁界を作るために必要なコイルに流す電流〔A〕を求めよ。

・解説・

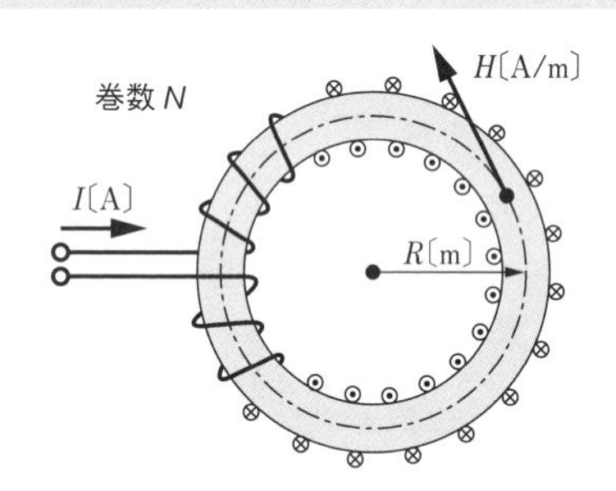

電流Iは、

$$I = \frac{2\pi RH}{N} = \frac{2 \times 3.14 \times 0.1 \times 200}{100} \fallingdotseq \mathbf{1.26}\ 〔\mathrm{A}〕（答）$$

解法のヒント

1.
環状ソレノイドの磁界の強さを求める式
$H = \frac{NI}{2\pi R}$〔A/m〕
を変形する。

2.
10〔cm〕→0.1〔m〕
と変換する。

理解度チェック問題

問題　次の［　　］の中に適当な答えを記入せよ。

1. 無限長の直線導体に電流I〔A〕を流したとき、この導体から垂直方向に距離r〔m〕離れた点Pの磁界の強さHは、電流Iに比例し、距離rに反比例する。磁界の強さHは、次式で表される。

$H=$［（ア）］〔A/m〕

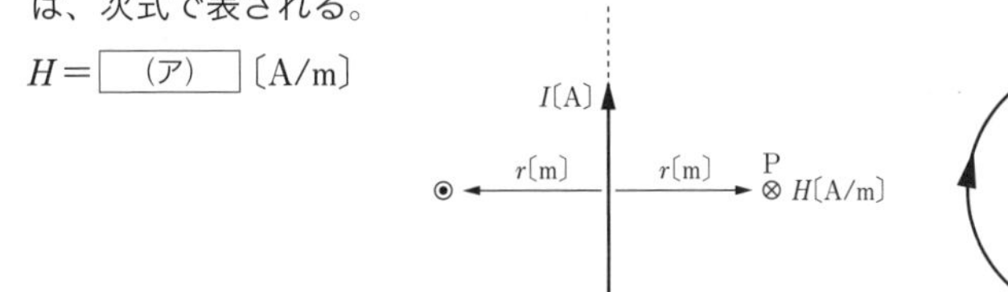

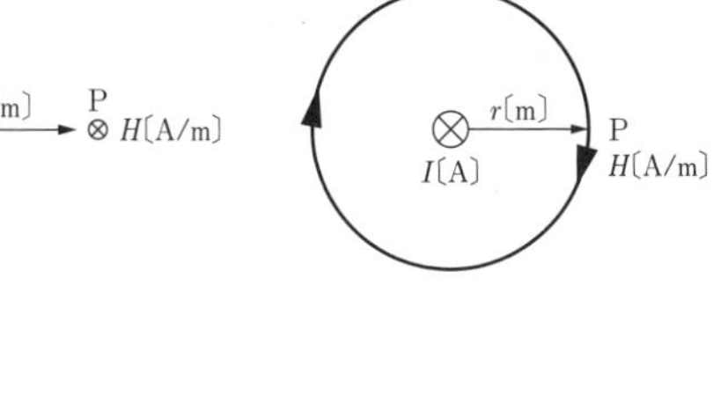

2. 電流I〔A〕が流れる半径r〔m〕の円形コイルの中心における磁界の強さHは、電流Iに比例し、半径rに反比例する。磁界の強さHは、次式で表される。

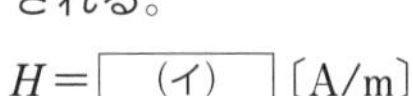

$H=$［（イ）］〔A/m〕

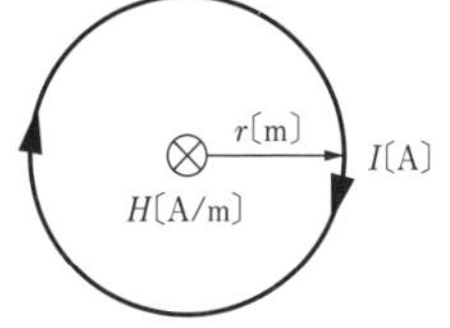

3. 環状ソレノイド内部の磁界Hは、下図の赤い矢印の方向に生じ、コイルの半径r〔m〕に比べてソレノイドの半径R〔m〕が十分大きい場合には、内部の磁界はいたるところで均一な磁界（平等磁界）となる。また、ソレノイドの外部には磁界がない。ソレノイド内部の磁界の強さHは、電流をI〔A〕、巻数をN、ソレノイドの円周の平均磁路長をl〔m〕、半径をR〔m〕とすると、次式で表される。

$H=$［（ウ）］$=$［（エ）］〔A/m〕

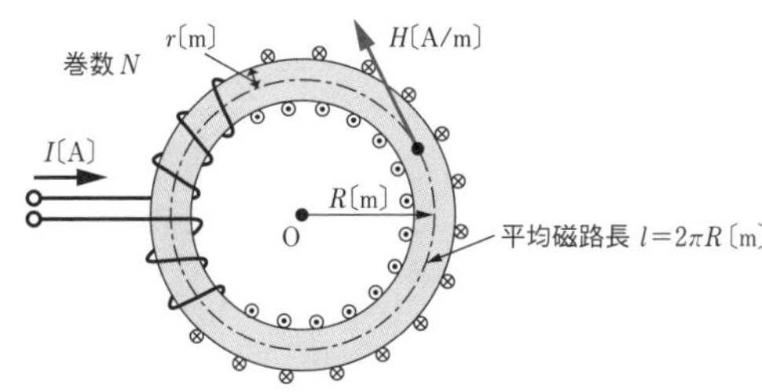

解答

（ア）$\dfrac{I}{2\pi r}$　（イ）$\dfrac{I}{2r}$　（ウ）$\dfrac{NI}{l}$　（エ）$\dfrac{NI}{2\pi R}$

LESSON 8

電磁力

磁界中の電流に働く電磁力について学びます。フレミングの左手の法則と電磁力の大きさをしっかり理解しましょう。

関連過去問 019, 020, 021

1 フレミングの左手の法則 重要度A

磁石がつくる磁界の中に導体を置いてそこに電流を流すと、導体の周囲に**磁石による磁界**と、**電流による磁界**ができます。そして、それぞれの磁界から、導体に**電磁力**が働きます。

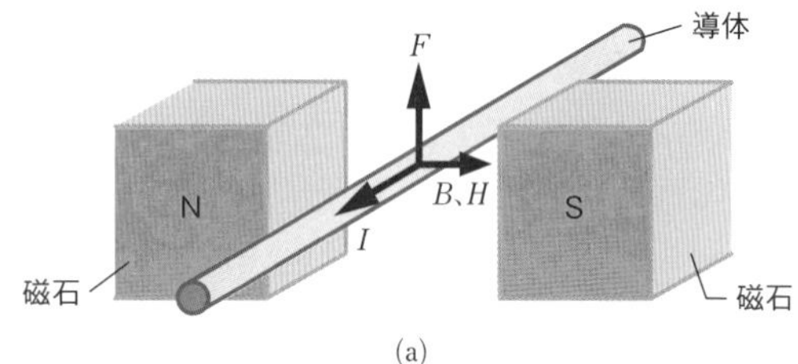

(a)

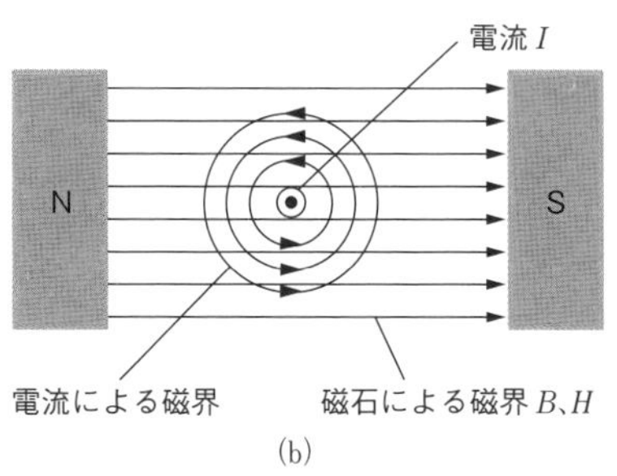

(b)

図2.12 磁界中の電流に働く力

このとき、左手の親指、人差指、中指を直角に開き、人差指を磁石による**磁界の方向**（B、H）、中指を**電流の方向**（I）にとれば、親指が**電磁力の方向**（F）になります。これを**フレミングの左手の法則**といいます。

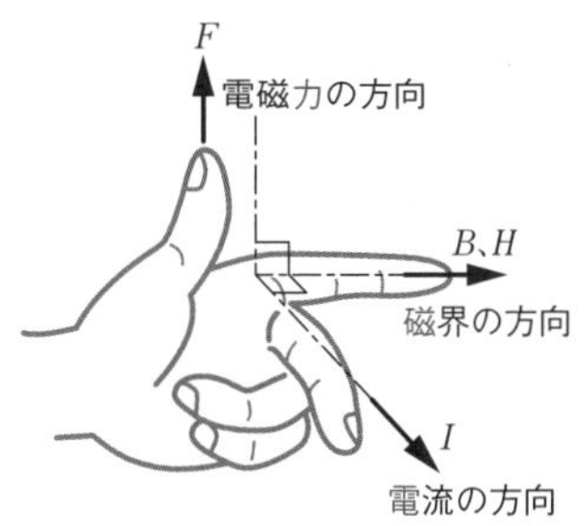

図2.13　フレミングの左手の法則

磁界中の電流が流れる導体に働く力の方向は、フレミングの左手の法則により決まりますが、磁束が引っ張られたゴムひもの性質を持つことを利用して決めることもできます。

磁石による磁界と電流による磁界の**合成磁束**は、図2.12（b）のように、上部では方向が逆なので打ち消し合い、下部では同方向なので強め合うことで、図2.14のようになり、引っ張られたゴムひもが縮む性質により、電流が流れる導体には上向きの力Fが働きます。

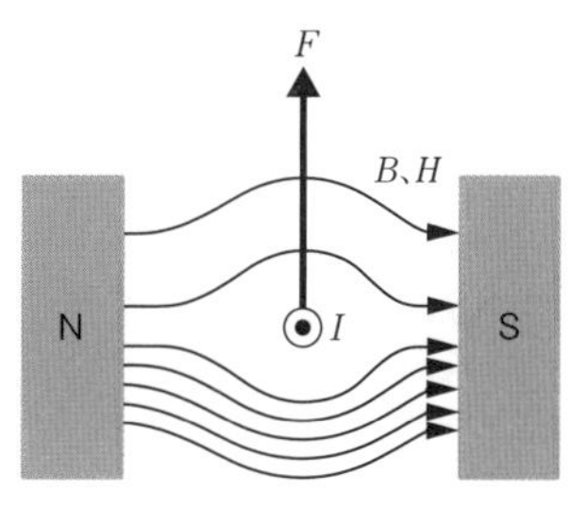

図2.14　合成磁束

フレミングの左手の法則による電磁力Fは、電流I〔A〕が流れる長さl'〔m〕の導体を磁束密度B〔T〕の磁界中に、磁界の方向に対して直角に置いたとき、次式で表されます（図2.15参照）。

$$F = IBl' \text{〔N〕} \tag{12}$$

また、磁界の方向と導体の方向が角θをなす場合は、導体lの磁界に垂直な成分$l' = l \sin\theta$に対して働く力になるので、次式となります。

重要 公式　導体に働く電磁力

$$F = IBl \sin\theta \text{〔N〕} \tag{13}$$

プラスワン

下の指から順に**電・磁・力**（電流・磁界・力）と覚えよう。この後に学ぶ**フレミングの右手の法則**にも当てはまる。

補足

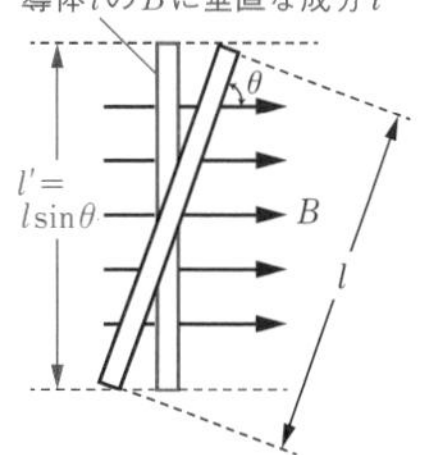

l（Iが流れている導体）とBが垂直でなければ、lに力は働かない。l（I）とBがθの角度だった場合、l（I）の垂直成分$l\sin\theta$（$I\sin\theta$でもよい）に力が働く。

補足

テキストや問題によっては$\sin\theta$ではなく、$\cos\theta$と書かれている場合があるが、これはθの基準位置を変えただけのことで、内容は全く一緒である。

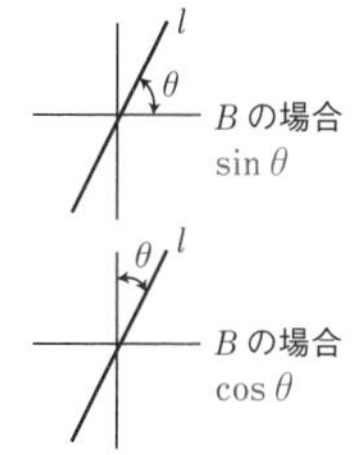

このとき、電磁力の向きは、磁界の方向と電流の方向が作る平面に垂直な方向となります。

補足

図2.15の電磁力の方向は、この紙面の表側から裏側に向かう方向(⊗)である。

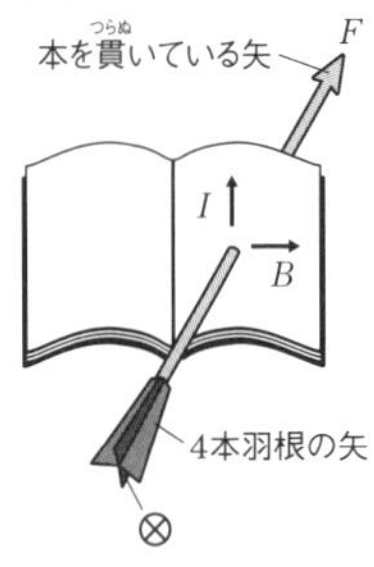

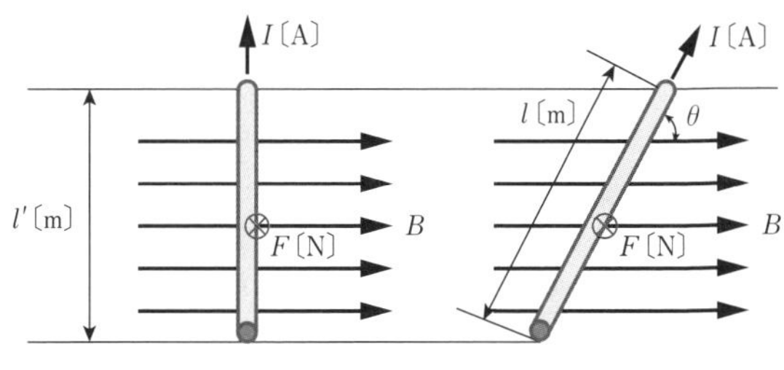

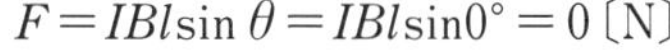

図2.15　電磁力

なお、図2.16のように、磁界の方向と電流の方向が同じ場合($\theta = 0$)、電流が磁界を切らないので電磁力は生じません。

$$F = IBl\sin\theta = IBl\sin 0^\circ = 0〔N〕$$

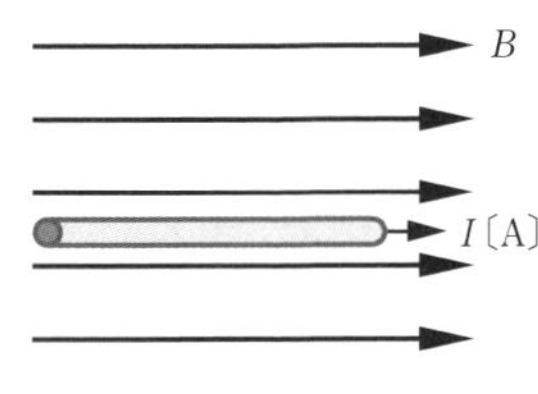

図2.16　電磁力＝0

例題にチャレンジ!

磁束密度2〔mT〕の磁界中に長さ50〔cm〕の導体を磁界と30〔°〕の角度で置き、この導体に4〔A〕の電流を流した。導体に働く電磁力〔N〕を求めよ。

・解説・

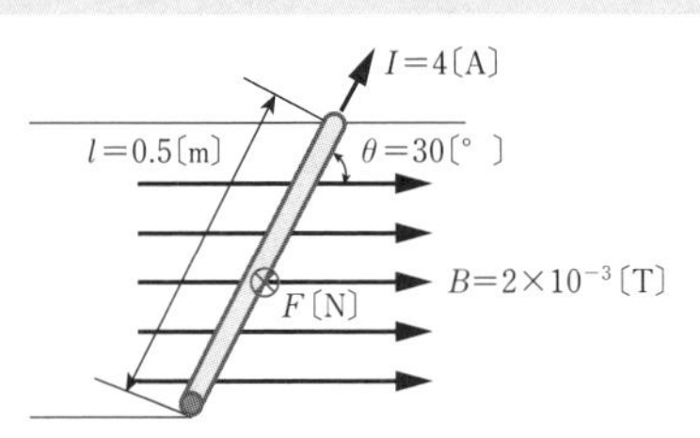

電磁力Fは、

$$F = IBl\sin\theta = 4 \times 2 \times 10^{-3} \times 0.5 \times \sin 30^\circ$$

$$= 4 \times 10^{-3} \times \frac{1}{2} = \mathbf{2 \times 10^{-3}}〔N〕(答)$$

解法のヒント

1.
mTはミリテスラと読む。mm(ミリメートル)のmと同じで1/1000という意味。

2.
$2〔mT〕\rightarrow 2 \times 10^{-3}〔T〕$
$50〔cm〕\rightarrow 0.5〔m〕$
と変換する。

3.
$\sin 30^\circ = \frac{1}{2}$

② 平行導線間に働く電磁力　重要度 A

真空中に、距離r〔m〕離れた無限長の平行導線にそれぞれ電流I_1、I_2が流れているとき、**平行導線間**に単位長さ1〔m〕当たり、次式で示す電磁力Fが働きます。

① 重要 公式　平行導線間に働く電磁力

$$F=\frac{\mu_0 I_1 I_2}{2\pi r}〔\mathrm{N/m}〕 \quad (14)$$

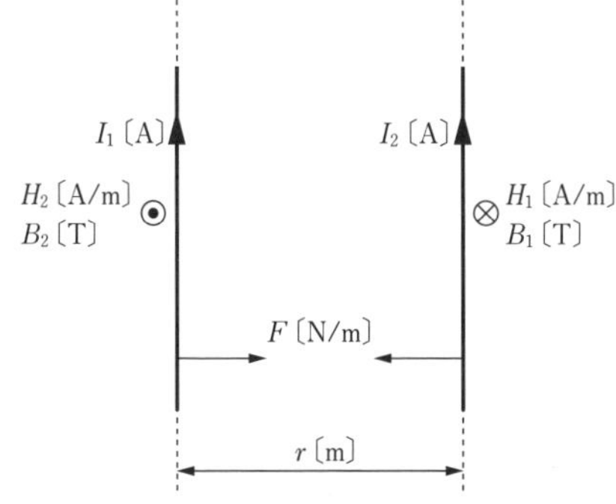

図2.17　平行導線間に働く電磁力

平行導線に流れる電流の方向が同方向の場合は**吸引力**が、異なる方向の場合は**反発力**（斥力（せきりょく））が働きます。

例題にチャレンジ！

真空中に非常に長い2本の導線を5〔mm〕の間隔で置き、同じ方向に4〔A〕の電流を流したとき、単位長さ当たりの導線に働く力の大きさ〔N/m〕と向きを求めよ。

・解説・

電磁力Fは、

$$F=\frac{\mu_0 I_1 I_2}{2\pi r}=\frac{4\times 3.14\times 10^{-7}\times 4\times 4}{2\times 3.14\times 5\times 10^{-3}}$$

$$=\mathbf{6.4\times 10^{-4}}〔\mathrm{N/m}〕(答)$$

電流の向きが同じなので、**導線どうしに吸引力**（答）が働く。

解法のヒント

1.
真空の透磁率μ_0は、
$\mu_0=4\pi\times 10^{-7}$〔H/m〕
実際の試験では、ただし書きなどで示されるので、この値を覚える必要はない。

2.
5〔mm〕→5×10^{-3}〔m〕
と変換する。

第2章　磁気

重要公式(14)の導き方

■電流I_1に生じる電磁力

電流I_2によって、上向き（中指）の電流I_1の周囲には、次に示す磁界H_2および磁束密度B_2が⊙の向き（人差指）に生じます。

$$H_2 = \frac{I_2}{2\pi r} \text{〔A/m〕}$$ （LESSON7式(6)より）

$$B_2 = \mu_0 H_2 \text{〔T〕}$$ （LESSON6式(5)より）

したがって、電流I_1には、単位長さ1〔m〕当たり、次の電磁力Fが右向き（親指）に働きます。

$$F = I_1 B_2 \times l = I_1 B_2 \times 1 = I_1 \mu_0 H_2$$

$$= \frac{\mu_0 I_1 I_2}{2\pi r} \text{〔N/m〕}$$

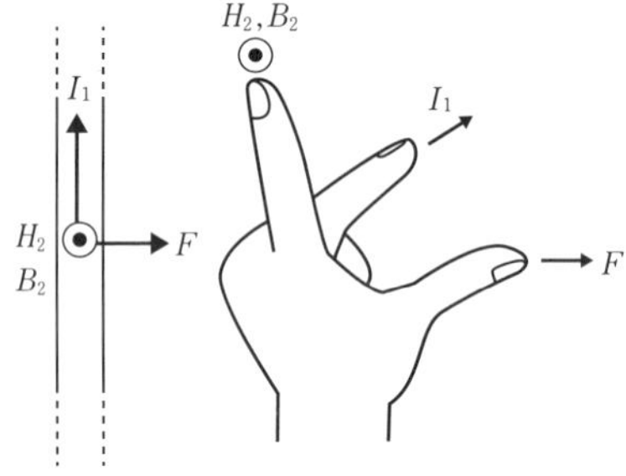

■電流I_2に生じる電磁力

電流I_1によって、上向き（中指）の電流I_2の周囲には、次に示す磁界H_1および磁束密度B_1が⊗の向き（人差指）に生じます。

$$H_1 = \frac{I_1}{2\pi r} \text{〔A/m〕}$$

$$B_1 = \mu_0 H_1 \text{〔T〕}$$

したがって、電流I_2には、単位長さ1〔m〕当たり、次の電磁力Fが左向き（親指）に働きます。

$$F = I_1 B_2 \times l = I_2 B_1 \times 1 = I_2 \mu_0 H_1$$

$$= \frac{\mu_0 I_1 I_2}{2\pi r} \text{〔N/m〕}$$

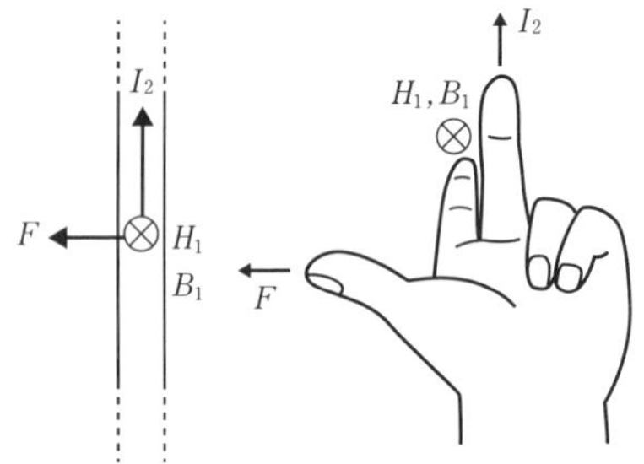

磁界中の電流に働く力の方向は、フレミングの左手の法則により決まりますが、磁束が引っ張られたゴムひもの性質を持つことを利用して決めることもできます。図2.17の合成磁束は右図のようになり、平行導線間には吸引力が働きます。

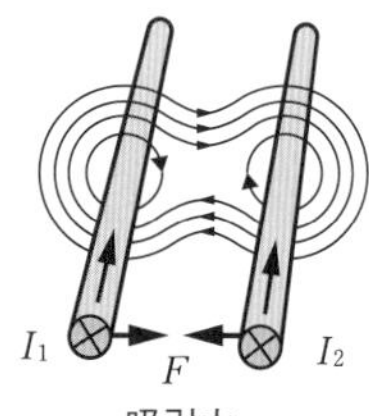

3 コイルに働くトルク　重要度 B

図2.18(a)のように、磁束密度B〔T〕の磁界中に、長さl〔m〕、幅d〔m〕の長方形コイルを置き、このコイルに電流I〔A〕を流すと、コイルの左右の2辺lには、フレミングの左手の法則により、電磁力$F=IBl$〔N〕が働きます。

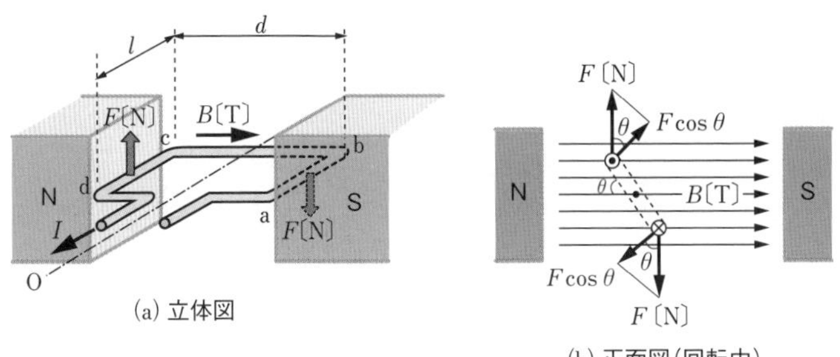

図2.18　コイルに働くトルク

コイルの2辺lは電流の向きが逆なので、力の向きも反対になり、コイルは軸を中心に時計方向に回転します。回転する力の大きさを**トルクT**といい、**作用する力の大きさF〔N〕×中心から力の作用点までの距離$\dfrac{d}{2}$**〔m〕で表します。

トルクはコイルの2辺lに働くので、次式で表されます。

$$T=2\times F\times\frac{d}{2}=IBld\ \text{〔N·m〕}\qquad(15)$$

コイルが回転し、図2.18(b)のように磁界とコイルの角度がθとなったとき、電磁力の回転方向成分は$F\cos\theta$となります。また、トルクはコイルの巻数Nに比例するので、この場合のトルクTは次式となります。

重要公式　コイルに働くトルク

$$T=NIBld\cos\theta\ \text{〔N·m〕}\qquad(16)$$

補足
コイルに働くトルクは、電動機や電流計の原理となっている。
大きさが同じで逆向きの2力を偶力（ぐうりょく）といい、このトルクを、**偶力のモーメント**とも呼ぶ。

補足
トルクの量記号はT、単位は、ニュートン・メートル〔N·m〕。

プラスワン
コイルの面積を$S=ld$〔m^2〕とすれば、式(16)は、次式のように書くこともできる。
$T=NIBS\cos\theta$〔N·m〕

解法のヒント

1.
10〔cm〕
→10×10^{-2}〔m〕
3〔cm〕
→3×10^{-2}〔m〕
と変換する。

2.
コイルと磁界が平行なので$\theta = 0°$、$\cos 0° = 1$である。

例題にチャレンジ!

磁束密度0.1〔T〕の磁界内に、コイルの中心軸が磁界と直角になるように、長さ10〔cm〕、幅3〔cm〕、巻数500の長方形コイルを磁界と平行に置き、このコイルに電流1〔A〕を流した。このときコイルに働くトルク〔N・m〕を求めよ。

・解説・

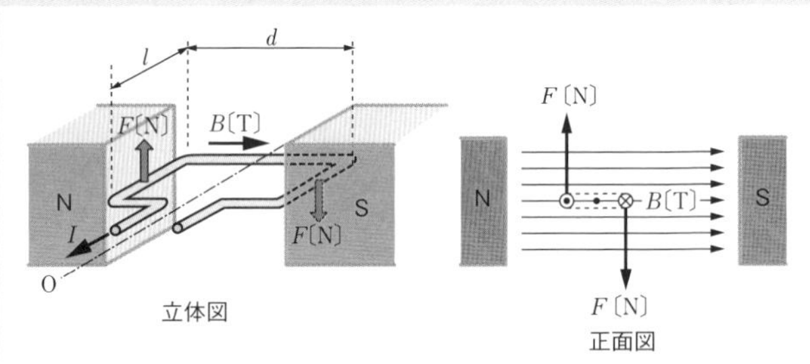

求めるトルクTは、

$$T = NIBld \cos \theta$$
$$= 500 \times 1 \times 0.1 \times 10 \times 10^{-2} \times 3 \times 10^{-2} \times \cos 0°$$
$$= \mathbf{0.15}\text{〔N·m〕}$$ (答)

理解度チェック問題

問題　次の□の中に適当な答えを記入せよ。

1．磁石がつくる磁界中に導体を置き、この導体に電流を流すと、導体の周りには磁石による磁界と電流による磁界が発生し、導体に電磁力が働く。

　このとき、□(ア)□手の親指、人差指、中指を直角に開き、人差指を□(イ)□の方向、中指を□(ウ)□の方向にとれば、親指が□(エ)□の方向になる。これをフレミングの□(ア)□手の法則という。

2．真空中に、距離r〔m〕離れた無限長の平行導線にそれぞれ電流I_1、I_2が流れているとき、平行導線間に単位長さ1〔m〕当たり、次式で示す電磁力Fが働く。

　$F=$□(オ)□〔N/m〕

　ただし、μ_0は真空の透磁率〔H/m〕である。

　平行導線に流れる電流の方向が同方向の場合は□(カ)□力が、異なる方向の場合は□(キ)□力が働く。

解答

(ア)左　(イ)磁界　(ウ)電流　(エ)電磁力　(オ)$\dfrac{\mu_0 I_1 I_2}{2\pi r}$　(カ)吸引
(キ)反発または斥(せき)

LESSON 9

磁性体の磁化現象

磁性体の磁化現象、ヒステリシスループ、磁気回路などについて学びます。磁気回路は、直流回路（第３章）と対応させて覚えましょう。

関連過去問 022, 023, 024

磁石にくっ付くのは、鉄、ニッケル、コバルトなどの強磁性体だニャン。

1 磁性体

重要度 C

図2.19のように磁石に鉄片を近づけると、鉄片の磁石に近い端には磁石の磁極とは異なる磁極が現れ、鉄片の磁石から遠い端には磁石の磁極と同じ磁極が現れます。このようにして、鉄片は一時的に磁石になり、磁石との間に磁気力が働きます。

このように、磁界中に置かれた鉄片などが磁石の特性（磁性）を示すことを**磁気誘導**といい、磁気誘導の特性を示す物質を**磁性体**といいます。

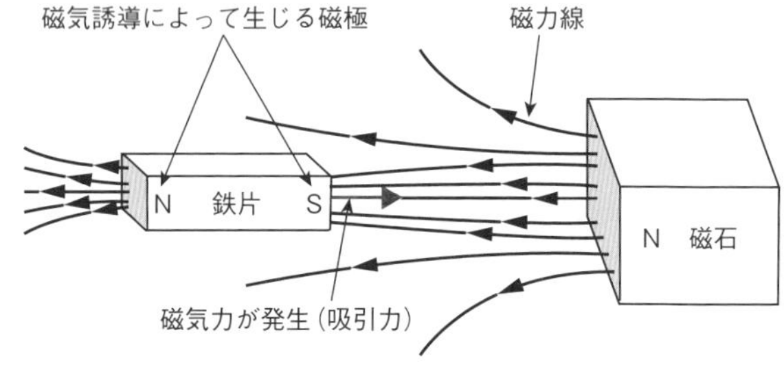

図2.19　磁気誘導

用語

磁化とは、磁気誘導により、磁気的性質を帯びること。

磁性体はその特性により、次のように分類されます。

強磁性体…磁界の向きと同じ方向に強く磁化される物質（鉄、ニッケル、コバルトおよびその合金など）。

常磁性体…強磁性体に比べて、わずかしか磁化されない物質(アルミニウム、白金、空気など)。

反磁性体…強磁性体と反対方向にわずかに磁化される物質(銅、金、亜鉛など)。

補足

磁石に吸い付くのは強磁性体だけ。常磁性体や反磁性体の磁性はきわめて弱いので、一般的には強磁性体のみを磁性体として扱い、常磁性体や反磁性体は非磁性体として扱う。

② 磁化現象　重要度A

(1) 磁化曲線

図2.20(a)のように、環状ソレノイドの中に強磁性体である鉄などを鉄心として入れ、電流をしだいに増加させ磁界を加えると、鉄心は磁化されます。このとき、加える磁界の強さH〔A/m〕と鉄心内部の磁束密度B〔T〕の関係は、図2.20(b)の実線のような曲線になります。

この曲線を、**磁化曲線**またはB-H**曲線**といいます。

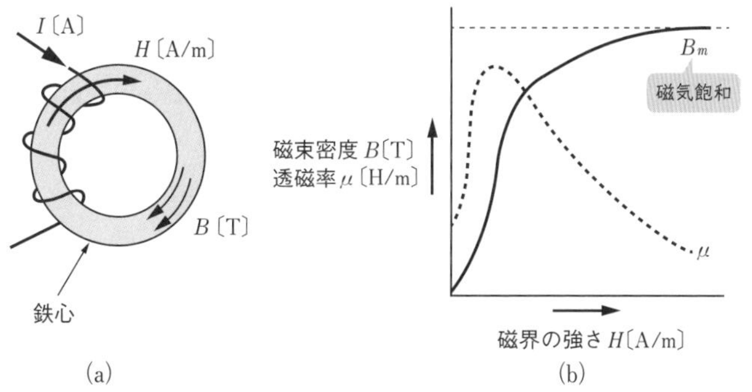

図2.20　強磁性体の磁化曲線

磁化曲線の形は磁性体の材質によって多少異なりますが、強磁性体の場合にはほぼ図2.20(b)の実線のような形となり、最初は磁界の強さHの増加とともに磁束密度Bが増加しますが、やがて、Bの変化が小さくなり、ついには、飽和磁束密度B_mの値で落ち着きます。この状態を**磁気飽和**といいます。

強磁性体の内部には、磁石(**分子磁石**)が無数にあると考えられています。磁化されていない状態では、この分子磁石による磁界の向きが不揃いのため外部に磁性を示しませんが、外部か

用語 

分子磁石とは、強磁性体の現象を理解する際に用いられる概念。

ら磁界を加えることで分子磁石の磁界の向きが揃えられ、磁石の性質を帯びます。そして、すべての分子磁石の磁界の向きが揃うと飽和状態(**磁気飽和**)となります。

外部から
磁界を加える
⇨

N 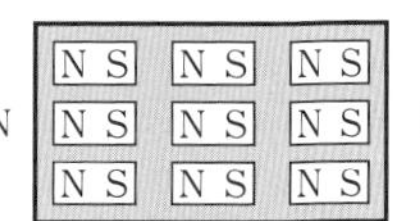 S

強磁性体　　　　　磁石の性質を帯びる

図2.21　磁気飽和

図2.20 (b) において、磁束密度B〔T〕と磁界の強さH〔A/m〕の比を物質の**透磁率**といい、ある磁界の強さH〔A/m〕における透磁率μ(ミュー)は、次式で表されます。

$$\mu = \frac{B}{H}\ \text{〔H/m〕} \tag{17}$$

透磁率μは磁化曲線 (B-H曲線) の傾きに相当するので、図2.20 (b) に示すように磁化曲線の傾きが最も大きいときに最大となります。このように、強磁性体の透磁率は一定ではなく、磁界の強さによって変化します。

補足
電験三種の試験範囲では、透磁率はある一定の値として扱うのが一般的である。

また、物質の透磁率μ〔H/m〕と真空の透磁率μ_0〔H/m〕との比を**比透磁率**μ_rといい、次の式で表されます。

$$\mu_r = \frac{\mu}{\mu_0} \tag{18}$$

$$\mu = \mu_0 \mu_r\ \text{〔H/m〕} \tag{19}$$

つまり、物質の比透磁率μ_r〔H/m〕とは真空の透磁率μ_0〔H/m〕の何倍かを表す定数であり、単位はありません。

式(19)、式(20)は、電界における
$\varepsilon = \varepsilon_0 \varepsilon_r$〔F/m〕
$D = \varepsilon E = \varepsilon_0 \varepsilon_r E$
と似ている(LESSON 3の式(5)参照)。関連付けて覚えよう。

上式を利用して、磁性体中の磁界の強さH〔A/m〕と磁束密度B〔T〕の関係は、次式で表されます。

$$B = \mu H = \mu_0 \mu_r H\ \text{〔T〕} \tag{20}$$

式 (20) は、比透磁率がμ_rの磁性体では、磁性体中の磁束密度が真空中に比べμ_r倍になることを示しています。

物質の比透磁率の例を、表2.1に示します。

表2.1　物質の比透磁率の例

物質	比透磁率	物質	比透磁率
アモルファス合金	150000	銅	約1
方向性ケイ素鋼（こう）	40000	アルミニウム	約1
ケイ素鋼	7000	水	約1
鉄	5000	空気	約1
ニッケル	600	真空中	1（基準）
コバルト	250	超伝導体	0

出典　理科年表ほか

※アモルファス合金とは、鉄などの強磁性体にホウ素などを加え非結晶化した合金で、きわめて高い比透磁率を有し、変圧器鉄心などの磁心材料に用いられている。

例題にチャレンジ！

比透磁率5000の強磁性体を鉄心として環状ソレノイドを作り、その巻線に電流を流して、鉄心中の磁界の強さが400〔A/m〕であるように励磁（れいじ）したときの鉄心中の磁束密度〔T〕を求めよ。

ただし、真空の透磁率μ_0は、$\mu_0 = 4\pi \times 10^{-7}$〔H/m〕とする。

・解説・

磁束密度Bは、

$$B = \mu H = \mu_0 \mu_r H = 4\pi \times 10^{-7} \times 5000 \times 400 \fallingdotseq \mathbf{2.51}\text{〔T〕（答）}$$

解法のヒント

励磁とは、巻線に電流を流し、鉄心を磁化することをいう。流す電流は励磁電流という。

(2) ヒステリシスループ

図2.20 (b) で示した磁化曲線は、最初はまったく磁化されていない強磁性体に、一定方向の磁界を加え、その磁界をしだいに増加することで得られた曲線です。

図2.22で示すO-aの部分が、ちょうどその磁化曲線に相当するものです。

いま、点Oから点aまで磁化させたあと、磁界の強さH〔A/m〕を減少させると、磁束密度B〔T〕はHを増加させた場合の経路を通らず、曲線a-bのように変化し、Hを0にしても磁束密度B_r〔T〕が残ります。このように、外部の磁界を取り去ったあとに残るB_rを**残留磁気**といいます。

磁束密度Bを0にする（点c）ためには、逆向きにH_cを加える必要があり、このH_cを**保磁力**といいます。さらに反対向きにHを増加させると、磁性体は逆向きに飽和します（点d）。

Hをd′-O-f-a′と変化させると、Bはd-e-f-aと変化し、ループを描きます。このように、磁束密度が磁化の経路によって異なる現象を**磁気ヒステリシス**といいます。また、図2.22のように一巡する環線を、**ヒステリシスループ**（**ヒステリシス曲線**）といいます。

補足

O-cの大きさが保磁力H_cであるが、O-fも同じ大きさであり保磁力H_cである。

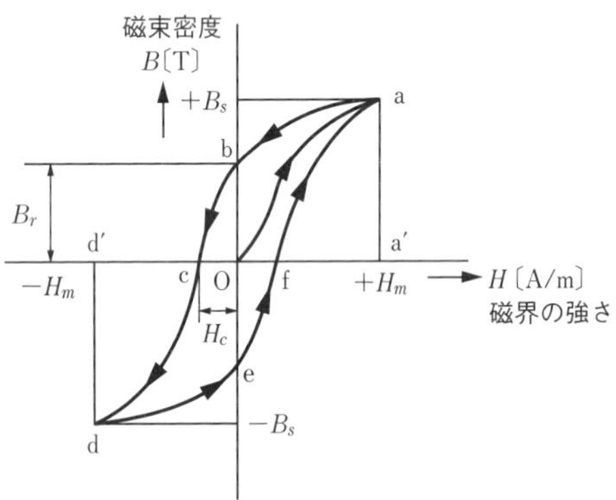

図2.22　ヒステリシスループ

(3) ヒステリシス損

鉄心入りのコイルに流す電流の大きさと向きを周期的に変化させると、鉄心には熱が発生し、鉄心の温度が上昇します。これは、鉄心内部の磁化の方向を変化させるために電気エネルギーが消費され、これが熱に変換されるためです。このときに消費されるエネルギーは、**ヒステリシスループの面積に比例**し、この電力損失を**ヒステリシス損**といいます。

したがって、一般の磁心材料（電磁石）ではヒステリシス損が少なくなるように、残留磁気と保磁力が小さい材料が使用されます。なお、永久磁石には、これとは逆に外部磁界により容易に磁化されないよう、残留磁気と保磁力が大きい材料が使用されます。

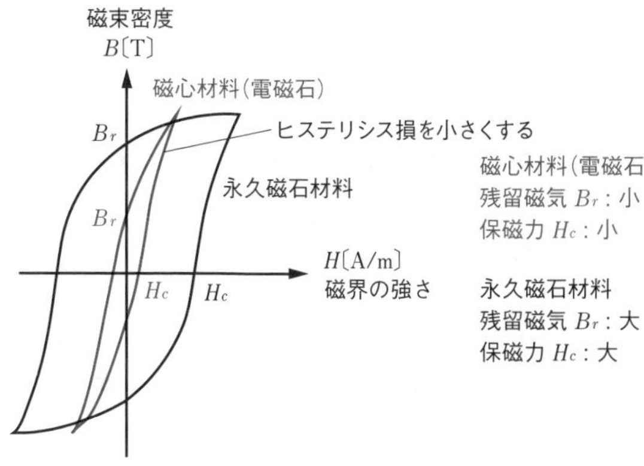

図2.23　磁心材料と永久磁石材料の持つべき性質

3 磁気回路　重要度 A

(1) 磁気回路のオームの法則

磁性体を使った電気機器類を作る際、磁性体の各部の磁束分布を求めるときなどに、電気回路の電流分布との類似性を利用して、電流が流れる通路を電気回路と呼ぶのに対して、磁束の通る通路を**磁気回路**あるいは**磁路**と呼びます。

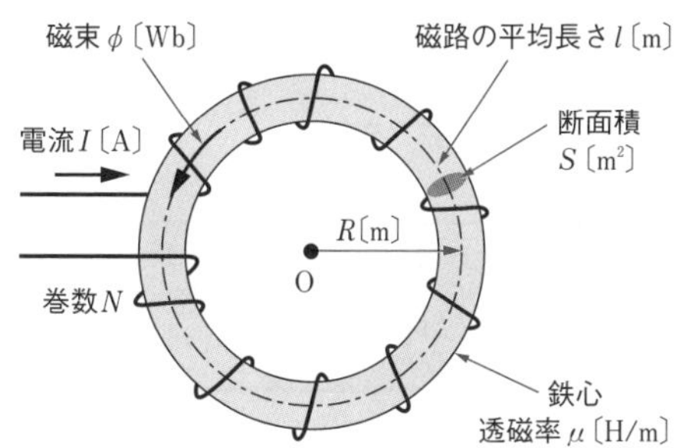

図2.24　磁気回路

磁路を磁性体で作った、図2.24のような環状ソレノイドの巻線に電流I〔A〕を流したとき、巻線内の磁界の強さHや磁性体内の磁束密度Bは、巻数をN、ソレノイドの磁路の平均長さをl〔m〕とすると、

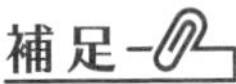

補足

ソレノイド内部の磁界の強さHは、

$H=\dfrac{NI}{l}=\dfrac{NI}{2\pi R}$〔A/m〕

(LESSON7の式(8)を参照)

補足

磁束は量記号ϕ(ファイ)で表し、単位〔Wb〕はウェーバと読む。

$$H=\frac{NI}{2\pi R}=\frac{NI}{l}\text{〔A/m〕} \tag{21}$$

$$B=\mu H\text{〔T〕} \tag{22}$$

したがって、磁性体の断面積をS〔m^2〕とすると、磁束ϕは、

$$\phi=BS=\mu HS=\mu\frac{NI}{l}S=\frac{NI}{\dfrac{l}{\mu S}}\text{〔Wb〕} \tag{23}$$

この式(23)の分子のNIをF_mとし、また、分母の$\dfrac{l}{\mu S}$をR_mと置いて書き直すと、

重要公式　磁気回路のオームの法則

$$\phi=\frac{F_m}{R_m}\text{〔Wb〕} \tag{24}$$

補足

電気回路のオームの法則は、第3章で学ぶ。

となり、電気回路の電流Iを示すオームの法則$I=\dfrac{E}{R}$〔A〕とよく似た式となるので、これを**磁気回路のオームの法則**と呼んでいます。なお、$NI=F_m$の単位は、〔A〕(アンペア)で、

重要公式　起磁力

$$F_m=NI\text{〔A〕} \tag{25}$$

これを、**起磁力**といいます。また、

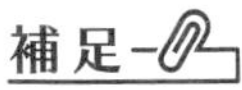

補足

〔H^{-1}〕は毎ヘンリーと読む。

重要公式　磁気抵抗

$$R_m=\frac{l}{\mu S}\text{〔H}^{-1}\text{〕} \tag{26}$$

補足

導電率とは、導体の電流の流れやすさを表す定数。
詳しくはLESSON21で学ぶ。

で、これを**磁気抵抗**(**リラクタンス**)と呼んでいます。この式(26)は、導体の電気抵抗$R=\dfrac{l}{\sigma S}$〔Ω〕とよく似ています。σ(シグマ)は**導電率**、lは導体の長さ、Sは導体の断面積です。

以上の磁気回路と電気回路との対応関係をまとめると、表2.2のようになります。

表2.2　磁気回路と電気回路の対応

磁気回路	電気回路
磁束 ϕ〔Wb〕　磁路の平均長さ l〔m〕　電流 I〔A〕　断面積 S〔m²〕　巻数 N　鉄心 透磁率 μ〔H/m〕	電流 I〔A〕　起電力 V〔V〕　抵抗 R〔Ω〕
起磁力　$F_m = NI$〔A〕	起電力(電圧)　V〔V〕
磁束　ϕ〔Wb〕	電流　I〔A〕
透磁率　μ〔H/m〕	導電率　σ〔S/m〕
磁気抵抗　R_m〔H^{-1}〕 $R_m = \dfrac{l}{\mu S}$〔H^{-1}〕	抵抗　R〔Ω〕 $R = \dfrac{l}{\sigma S}$〔Ω〕
オームの法則 $\phi = \dfrac{F_m}{R_m} = \dfrac{NI}{R_m}$〔Wb〕	オームの法則　$I = \dfrac{V}{R}$〔A〕

例題にチャレンジ！

比透磁率5000、断面積5〔cm^2〕、磁路の平均長さ20〔cm〕の環状鉄心に、300回コイルを巻き、電流100〔A〕を流した。環状鉄心の磁気抵抗〔H^{-1}〕と鉄心内を通過する磁束Φ〔Wb〕を求めよ。

ただし、真空の透磁率 $\mu_0 = 4\pi \times 10^{-7}$〔H/m〕とする。

・解説・

磁気抵抗 R_m は、

$$R_m = \frac{l}{\mu S} = \frac{l}{\mu_0 \mu_r S} = \frac{20 \times 10^{-2}}{4\pi \times 10^{-7} \times 5000 \times 5 \times 10^{-4}}$$

$$\fallingdotseq \mathbf{6.37 \times 10^4}\text{〔}H^{-1}\text{〕(答)}$$

起磁力 F_m は、

$$F_m = NI = 300 \times 100 = 3 \times 10^4\text{〔A〕}$$

磁束Φは、

$$\Phi = \frac{F_m}{R_m} = \frac{3 \times 10^4}{6.37 \times 10^4} \fallingdotseq \mathbf{0.47}\text{〔Wb〕(答)}$$

解法のヒント

1.
5〔cm^2〕→5×10^{-4}〔m^2〕
20〔cm〕→20×10^{-2}〔m〕
と変換する。

2.
鉄心の比透磁率
$\mu_r = 5000$〔無単位〕
なので、鉄心の透磁率
μ は、
$\mu = \mu_0 \mu_r = 4\pi \times 10^{-7} \times 5000$〔H/m〕
となる。

理解度チェック問題

問題　次の［　　］の中に適当な答えを記入せよ。

磁気回路		電気回路	
磁束 ϕ〔Wb〕 磁路の平均長さ l〔m〕 電流 I〔A〕 断面積 S〔m²〕 巻数 N 鉄心 透磁率 μ〔H/m〕		電流 I〔A〕 起電力 V〔V〕 抵抗 R〔Ω〕	
［（ア）］	$F_m = NI$〔A〕	起電力(電圧)	V〔V〕
［（イ）］	ϕ〔Wb〕	電流	I〔A〕
［（ウ）］	μ〔H/m〕	導電率	σ〔S/m〕
［（エ）］	R_m〔H^{-1}〕 $R_m =$［（オ）］〔H^{-1}〕	抵抗	R〔Ω〕 $R = \dfrac{l}{\sigma S}$〔Ω〕
オームの法則 $\phi =$［（カ）］＝［（キ）］〔Wb〕		オームの法則	$I = \dfrac{V}{R}$〔A〕

解答

（ア）起磁力　（イ）磁束　（ウ）透磁率　（エ）磁気抵抗　（オ）$\dfrac{l}{\mu S}$　（カ）$\dfrac{F_m}{R_m}$　（キ）$\dfrac{NI}{R_m}$

10日目

第2章 磁気

LESSON 10

電磁誘導現象

磁束の変化によって起電力が発生する電磁誘導現象について学習します。3つの法則をしっかり理解しましょう。

関連過去問 025, 026

おーい
フレミングの右手手袋を
作ったニャー！

1 電磁誘導現象 重要度A

(1) ファラデーの法則

検流計が接続された**コイル**に、**磁石**を近づけたり遠ざけたりすると、コイルに**起電力**が発生し、**電流**が流れます。この現象を**電磁誘導**といいます。

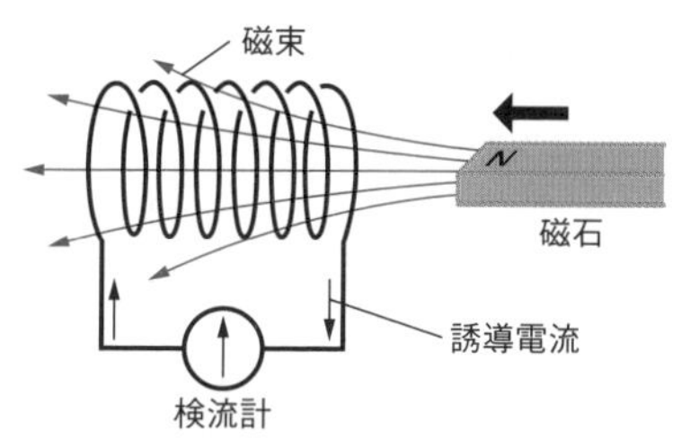
磁束
N
磁石
誘導電流
検流計

図2.25 電磁誘導現象

図2.25のように磁石のN極をコイルに近づけると、コイル内部には左向きの磁束が増加します。レンツの法則(次ページ参照)より、**誘導起電力**はこの磁束の変化を妨げる方向、つまり、コイル内部に右向きの磁束が増加するような向きに発生するので、**誘導電流**の向きは図のようになります。

「**電磁誘導によってコイルに誘導される起電力**eは、**そのコイルと鎖交（さこう）する磁束の時間変化の割合に比例する**」

これを**ファラデーの法則**といい、**コイルの巻数**をNとすると、次式で表されます。

補足

検流計は、電流の有無を検出する計器。

用語

鎖交とは、下図のように、2つの閉曲線が鎖（くさり）のように互いにくぐり抜けていること。例えば、磁束がコイルを貫通していること。

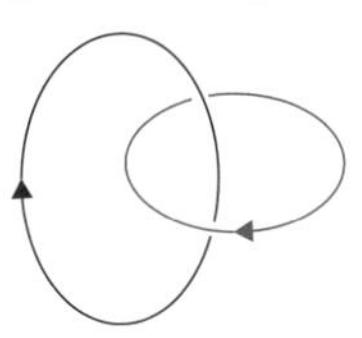

補足

マイナス符号は、誘導起電力の向きが、磁束が増加する方向と逆になることを表している。このため、誘導起電力は**逆起電力**とも呼ばれる。また、$N\phi$を**磁束鎖交数**という。

解法のヒント

1.
〔ms〕はミリセコンド、ミリセカンド、ミリセックなどと読む。また、〔mWb〕はミリウェーバと読む。mはmmのmと同じで、1/1000を表す。

2.
5〔ms〕→5×10^{-3}〔s〕
2〔mWb〕
→2×10^{-3}〔Wb〕
と変換する。

3.
この例題では誘導起電力の大きさだけを求めればよいので、マイナスの符号は必要ない。

重要公式　電磁誘導に関するファラデーの法則

$$e=-N\frac{\Delta\phi}{\Delta t}\text{〔V〕}\qquad(27)$$

$\Delta\phi$：磁束の変化
Δt：時間変化

(2) レンツの法則

磁石をコイルに近づけるときと遠ざけるときとでは、コイルに生じる誘導起電力の向きが、反対方向になります。

磁束の変化と誘導起電力の向きは、次の関係があります。

「電磁誘導によって生じる**誘導起電力の向き**は、**コイルに鎖交する磁束の変化を妨げる向きに発生する**」

これを**レンツの法則**といいます。

例題にチャレンジ！

巻数500のコイルがある。コイルに鎖交する磁束が5〔ms〕の間に2〔mWb〕の割合で変化したとき、コイルに発生する誘導起電力〔V〕を求めよ。

・解説・

誘導起電力eは、

$$e=N\frac{\Delta\phi}{\Delta t}=500\times\frac{2\times10^{-3}}{5\times10^{-3}}=\mathbf{200}\text{〔V〕(答)}$$

◎詳しく解説　レンツの法則

①

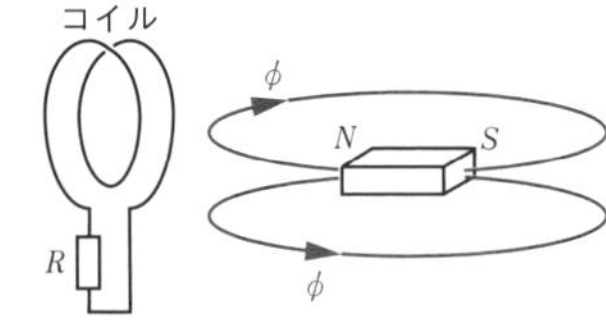

②

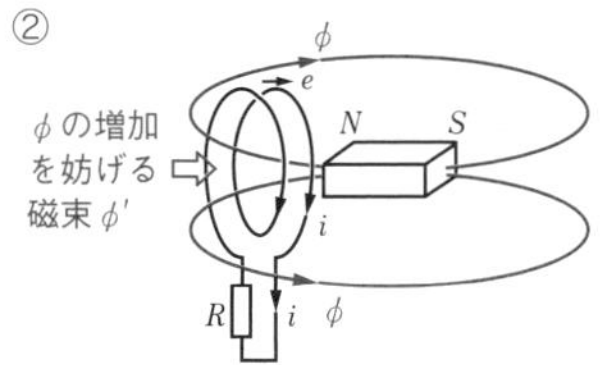

①磁石とコイルが遠く離れているときは、コイルと鎖交する磁束ϕはない（0本）ので、コイルに誘導起電力eは発生せず、抵抗Rに誘導電流iも流れません。

②次に、磁石をコイルに近づけると、コイルと鎖交する磁束ϕが0本から2本に増加します。一方、コイルは、磁束の増加を妨げる方向（左図の⇨の方向）に誘導起電力eを発生させ、同時に抵抗Rに誘導電流iを流します。これは、誘導電流iにより⇨方向の磁束ϕ'を発生させるということなので、誘導電流iと⇨方向の磁束ϕ'の関係は、アンペアの右ねじの法則（LESSON7参照）、または、俗称「右手親ゆびの法則」（欄外の補足参照）に従います。
なお、回路が閉回路となっていない場合（例えばR開放の場合）、誘導電流iは流れず、⇨方向の磁束ϕ'も発生しませんが、誘導起電力eは発生します。

補足

右手親指の法則（俗称）

右手の親指以外の４本の指を、コイルに流れる電流の向きとすると、親指の向きがコイルを貫通する磁束の向きとなる。

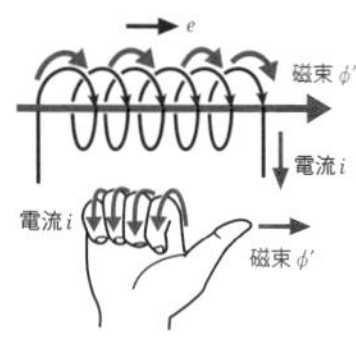

② フレミングの右手の法則　重要度 A

これまで、コイルに鎖交する磁束が変化すると誘導起電力が生じることを学びましたが、磁界中で導体が磁束を切るときにも、導体に**誘導起電力**e〔V〕が生じます。

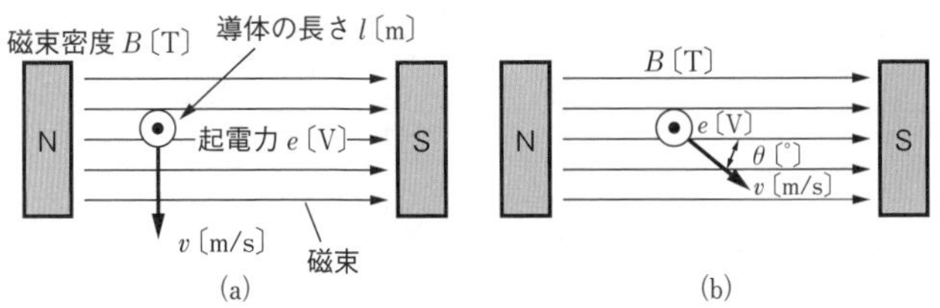

図2.26　導体が磁束を切ることによる誘導起電力

図2.26(a)に示すように、磁束密度B〔T〕の磁界中に長さl〔m〕の導体が垂直に置かれているとき、導体を磁界と垂直に、下向きに速度v〔m/s〕で動かすと、導体に誘導起電力eがこの紙面の裏側から表側へ向かう方向(⦿方向)に発生します。誘導起電力eの大きさは、次式で表されます。

$$e = Blv \text{〔V〕} \qquad (28)$$

また、図2.26(b)のように、導体を磁界の向きに対してθ〔°〕斜めに動かすと、この導体に発生する誘導起電力eの大きさは、速度の磁界に対する垂直成分が$v\sin\theta$〔m/s〕となるので、次式で表されます。

重要公式　導体に発生する誘導起電力

$$e = Blv\sin\theta \text{〔V〕} \qquad (29)$$

誘導起電力の向きは、導体の移動方向と横切る磁界の方向によって決まります。このとき、右手の親指、人差指、中指を直角に開き、親指を**導体の移動方向**、人差指を**磁界の方向**にとれば、中指が**起電力の方向**になります。これを**フレミングの右手の法則**といいます。

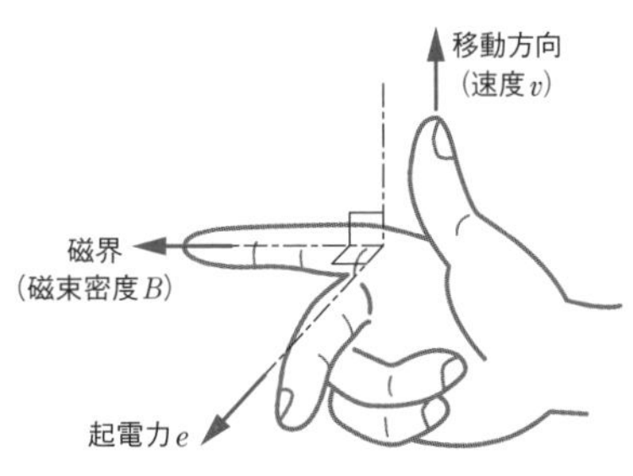

図2.27　フレミングの右手の法則

プラスワン

コイルに鎖交する磁束が変化することによる誘導起電力

$$e = -N\frac{\Delta\phi}{\Delta t} \text{〔V〕}$$

は、**変圧器起電力**と呼ばれ、磁界中で導体が磁束を切るとき生じる。誘導起電力

$$e = Blv\sin\theta \text{〔V〕}$$

は、**速度起電力**と呼ばれる。両者は本質的に同じものである。

補足

テキストや問題によっては$\sin\theta$ではなく、$\cos\theta$と書かれている場合があるが、これはθの基準位置を変えただけのことで、内容は全く一緒である。

プラスワン

下の指から順に**電・磁・力**(電流(起電力)・磁界・力(移動方向))と覚えよう。これは先に学んだ**フレミングの左手の法則**にも当てはまる。

理解度チェック問題

問題　次の［　　　］の中に適当な答えを記入せよ。

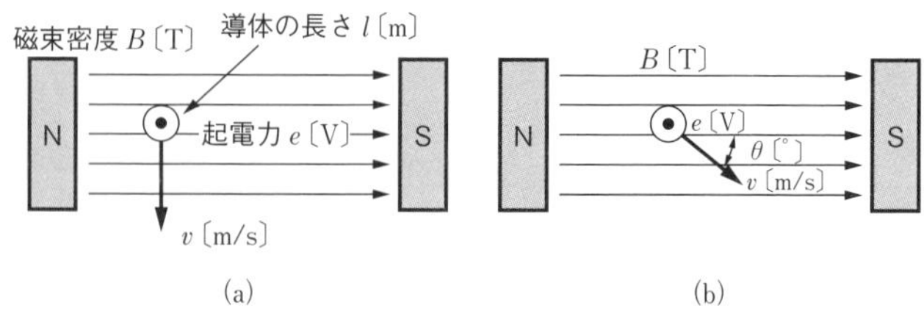

導体が磁束を切ることによる誘導起電力

上図(a)に示すように、磁束密度B〔T〕の磁界中に長さl〔m〕の導体が垂直に置かれているとき、導体を磁界と垂直に、下向きに速度v〔m/s〕で動かすと、導体に誘導起電力eがこの紙面の裏側から表側へ向かう方向（⦿方向）に発生する。誘導起電力eの大きさは、次式で表される。

$e=$［（ア）］〔V〕

また、上図(b)に示すように、導体を磁界の向きに対してθ〔°〕斜めに動かすと、この導体に発生する誘導起電力eの大きさは、速度の磁界に対する垂直成分が［（イ）］〔m/s〕となるので、次式で表される。

$e=$［（ウ）］〔V〕

誘導起電力の向きは、導体の移動方向と横切る磁界の方向によって決まる。このとき、［（エ）］手の親指、人差指、中指を直角に開き、親指を［（オ）］方向、人差指を［（カ）］の方向にとれば、中指が［（キ）］の方向になる。これをフレミングの［（エ）］手の法則という。

解答

（ア）Blv　（イ）$v\sin\theta$　（ウ）$Blv\sin\theta$　（エ）右　（オ）導体の移動
（カ）磁界　（キ）起電力

LESSON 11

インダクタンス

ここでは、コイルの誘導起電力とその大きさを示すインダクタンスについて学びます。

関連過去問 027, 028

1 自己インダクタンス 重要度A

電磁誘導によってコイルに誘導される起電力eは、磁束の時間的変化に基づくもので、

$$e=-N\frac{\Delta\phi}{\Delta t}\,〔\mathrm{V}〕$$

であることをLESSON10で示しましたが、別の見方をすれば、磁束の変化はコイルに流れる電流Iの時間的変化に基づくものであると考えられるので、誘導起電力eは$\frac{\Delta I}{\Delta t}$に比例すると考えられます。比例定数を$L$とすれば、次式が成り立ちます。

重要公式 誘導起電力と自己インダクタンス

$$e=-N\frac{\Delta\phi}{\Delta t}\,〔\mathrm{V}〕=-L\frac{\Delta I}{\Delta t}\,〔\mathrm{V}〕 \qquad (30)$$

この**比例定数L**を**自己インダクタンス**といい、単位には〔H〕(ヘンリー)が使用されます。式(30)から、次式が成立します。

重要公式 磁束と電流の関係

$$N\Delta\phi=L\Delta I \rightarrow N\phi=LI \qquad (31)$$

したがって、自己インダクタンスLは、次式で求めることができます。

補足
自己インダクタンスを単にインダクタンスともいう。

補足
式(30)から、1〔H〕は、1〔s〕間に1〔A〕の電流を変化させたときに、1〔V〕の自己誘導起電力を生じるような自己インダクタンスであることがわかる。

$N\phi=LI$
の公式は、LESSON 7、9で学んだ起磁力の式
$NI=Hl$
$NI=R_m\phi$
の式と組み合わせて、いろいろな計算問題に活用できる公式である。必ず覚えよう。

$$L = \frac{N\phi}{I} 〔\mathrm{H}〕 \quad (32)$$

上式より、**コイルの自己インダクタンスLは、1〔A〕の電流を流したときの磁束鎖交数$N\phi$に等しくなります**。

例題にチャレンジ!

巻数300のコイルに電流500〔mA〕を流したとき、2×10^{-6}〔Wb〕の磁束が生じた。このコイルの自己インダクタンス〔mH〕を求めよ。

・解説・

自己インダクタンスLは、

$$L = \frac{N\phi}{I} = \frac{300 \times 2 \times 10^{-6}}{500 \times 10^{-3}} = 1.2 \times 10^{-3}〔\mathrm{H}〕 \rightarrow \mathbf{1.2}〔\mathrm{mH}〕 (答)$$

◎環状ソレノイドの自己インダクタンス

断面積S〔m^2〕、磁路の平均長さl〔m〕、透磁率$\mu = \mu_0 \mu_r$〔H/m〕の環状鉄心に、N巻きのコイルを巻いた環状ソレノイドの自己インダクタンスLは、次式で表されます。

重要公式 環状ソレノイドの自己インダクタンス

$$L = \frac{\mu N^2 S}{l} = \frac{\mu_0 \mu_r N^2 S}{l} 〔\mathrm{H}〕 \quad (33)$$

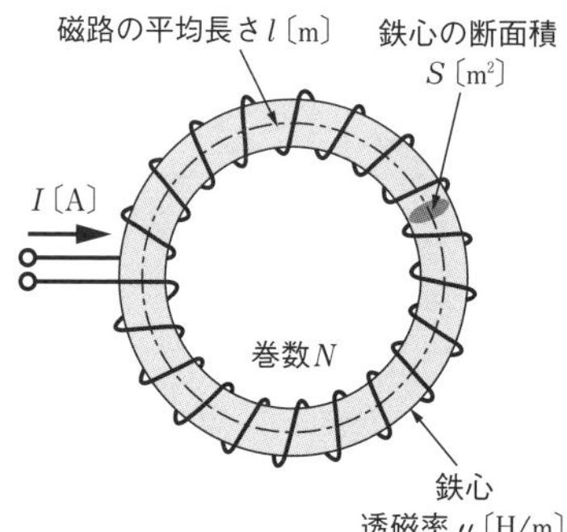

図2.28 環状ソレノイド

補足

$L = \frac{N\phi}{I}$で

$I = 1$〔A〕なら

$L = N\phi$となる。

L(自己インダクタンス)

$= N\phi$(磁束鎖交数)

解法のヒント

1.

500〔mA〕

$\rightarrow 500 \times 10^{-3}$〔A〕

と変換する。

2.

求めるインダクタンスの単位が〔mH〕なので、

1.2×10^{-3}〔H〕

$\rightarrow 1.2$〔mH〕

と変換する。

プラスワン

自己インダクタンスL〔H〕の導き方

図2.28のコイルに電流I〔A〕を流すと、コイル内の磁界の強さHは、

$H = \frac{NI}{l}$〔A/m〕

となり、磁束密度Bは、

$B = \mu H = \frac{\mu NI}{l}$〔T〕

となる。鉄心の断面積はSなので、コイル内の磁束ϕは、

$\phi = BS$

$= \frac{\mu NIS}{l}$〔Wb〕

となるので、自己インダクタンスLは、

$L = \frac{N\phi}{I}$

$= \frac{N}{I} \cdot \frac{\mu NIS}{l}$

$= \frac{\mu N^2 S}{l}$〔H〕

となる。

例題にチャレンジ!

巻数100、磁路の平均長さ20〔cm〕、断面積3〔cm^2〕の環状ソレノイドに、比透磁率$\mu_r = 5000$の鉄心が入っている。環状ソレノイドの自己インダクタンス〔H〕を求めよ。

ただし、真空の透磁率は、$\mu_0 = 4\pi \times 10^{-7}$〔H/m〕とする。

・解説・

自己インダクタンスLは、

$$L = \frac{\mu_0 \mu_r N^2 S}{l} = \frac{4\pi \times 10^{-7} \times 5000 \times 100^2 \times 3 \times 10^{-4}}{20 \times 10^{-2}}$$

$\fallingdotseq 9.42 \times 10^{-2}$〔H〕(答)

解法のヒント

20〔cm〕→
20×10^{-2}〔m〕
3〔cm^2〕→
3×10^{-4}〔m^2〕
と変換する。

2 相互インダクタンス　重要度A

環状鉄心に巻数N_1と巻数N_2の2つのコイルが巻かれているとき、巻数N_1の一次コイルに電流I_1を流し、一次コイルに生じる磁束をϕ_1とすると、一次コイルの自己インダクタンスL_1は次式となります。

$$L_1 = \frac{N_1 \phi_1}{I_1} \text{〔H〕}$$

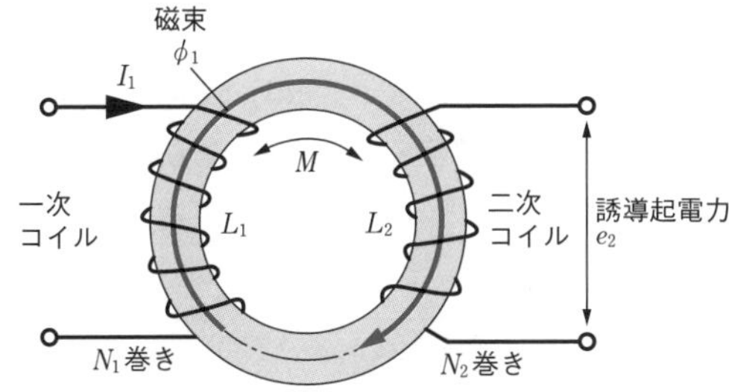

図2.29　相互インダクタンスM

電流I_1〔A〕を変化させたとき、**漏れ磁束**がないとすると、一次コイルで発生した磁束ϕ_1は全て二次コイルと鎖交するので、二次コイルに次式で示される誘導起電力e_2が発生します。

用語 

漏れ磁束とは、一次コイルとだけ鎖交し、二次コイルには鎖交しない磁束である。一次コイルを通過した後、コイルの外部へ漏れてしまう磁束である。

$$e_2 = -N_2 \frac{\Delta \phi_1}{\Delta t} \text{〔V〕}$$

別の見方をすれば、磁束ϕ_1の変化はコイルに流れる電流I_1の時間的変化に基づくものなので、誘導起電力e_2は$\frac{\Delta I_1}{\Delta t}$に比例すると考えられます。比例定数を$M$とすれば、次式が成り立ちます。

重要公式　誘導起電力と相互インダクタンス

$$e_2 = -N_2 \frac{\Delta \phi_1}{\Delta t} \text{〔V〕} = -M \frac{\Delta I_1}{\Delta t} \text{〔V〕} \qquad (34)$$

この比例定数Mを**相互インダクタンス**といい、単位には〔H〕(ヘンリー)が使用されます。

自己インダクタンスと相互インダクタンスの間には、次式の関係があります。

重要公式　相互インダクタンスと結合係数

$$M = k\sqrt{L_1 L_2} \text{〔H〕} \qquad (35)$$

ここで、k $(0 \leqq k \leqq 1)$はコイル間の結合の度合いを表す係数で、**結合係数**といいます。漏れ磁束がない場合、$k=1$となります。

例題にチャレンジ！

2つの隣接したコイルがある。それぞれのコイルの自己インダクタンスが、それぞれ2〔mH〕、8〔mH〕であり、結合係数が0.9のとき、2つのコイルの相互インダクタンス〔mH〕を求めよ。

・解説・

相互インダクタンスMは、

$$M = k\sqrt{L_1 L_2} = 0.9 \times \sqrt{2 \times 10^{-3} \times 8 \times 10^{-3}} = 0.9 \times 4 \times 10^{-3}$$

$= 3.6 \times 10^{-3}$〔H〕→ **3.6**〔mH〕(答)

プラスワン

相互インダクタンスを二次コイルから考えると、次のようになる。巻数N_2の二次コイルに電流I_2を流したとき、二次コイルに生じる磁束をϕ_2とすると、二次コイルの自己インダクタンスL_2は次式となる。

$$L_2 = \frac{N_2 \phi_2}{I_2} \text{〔H〕}$$

漏れ磁束がないとすると、一次コイルに誘導される起電力e_1は次式となる。

$$e_1 = -N_1 \frac{\Delta \phi_2}{\Delta t} = -M \frac{\Delta I_2}{\Delta t} \text{〔V〕}$$

補足

式(35)で、L_1は一次コイルの自己インダクタンス、L_2は二次コイルの自己インダクタンス、Mは一次、二次間の相互インダクタンスである。

解法のヒント

1.

2〔mH〕→ 2×10^{-3}〔H〕
8〔mH〕→ 8×10^{-3}〔H〕
と変換する。
求める相互インダクタンスの単位は〔mH〕なので、
3.6×10^{-3}〔H〕→ 3.6〔mH〕
と変換する。

2.

単位を変換せず、次のように〔mH〕のまま計算すると、求める答えも〔mH〕となる。

$$M = k\sqrt{L_1 L_2} = 0.9 \times \sqrt{2 \times 8} = 0.9 \times 4 = 3.6 \text{〔mH〕}$$

◎インダクタンスの直列接続

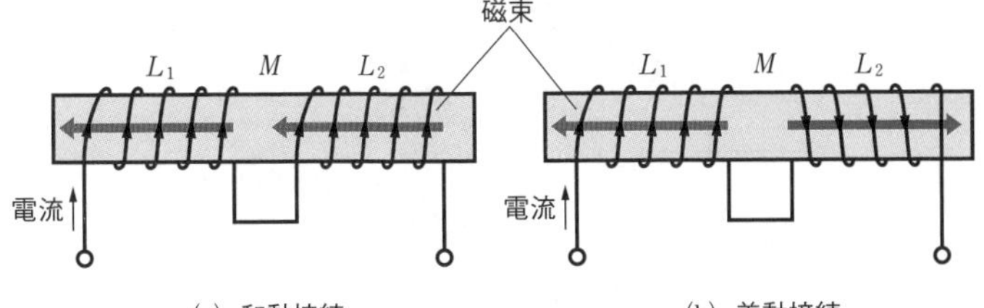

図2.30　インダクタンスの和動接続と差動接続

インダクタンスL_1〔H〕とインダクタンスL_2〔H〕の2つのコイルを直列接続する場合、磁束の向きが同じ接続(**和動接続**)と逆になる接続(**差動接続**)があります。

2つのコイルの相互インダクタンスをM〔H〕とすると、**合成インダクタンスL**は、それぞれ次式のようになります。

重要公式　合成インダクタンス

和動接続　$L = L_1 + L_2 + 2M$〔H〕　(36)

差動接続　$L = L_1 + L_2 - 2M$〔H〕　(37)

コイル内部を貫通する磁束の向きは、アンペアの右ねじの法則(LESSON7参照)により決まりますが、この法則を発展させた右手親指の法則(俗称。LESSON10参照)を使用することにより、簡単に知ることができます。

用語

合成インダクタンスとは、(自己)インダクタンスと相互インダクタンスを合成したもの。

補足

右手親指の法則(俗称)

右手の親指以外の4本の指をコイルに流れる電流の向きにとると、親指の向きがコイル内を貫通する磁束の向きとなる。本質は右ネジの法則である。

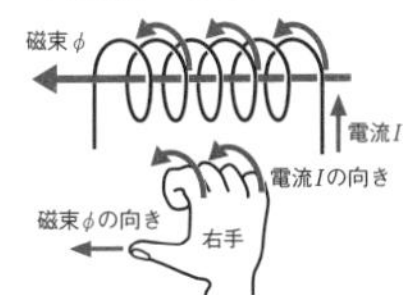

3 コイルに蓄えられるエネルギー　重要度A

コンデンサに**静電エネルギー**が蓄(たくわ)えられることと同様に、コイルに電流を流すとエネルギーが蓄えられます。

自己インダクタンスL〔H〕のコイルにI〔A〕の電流を流すと、コイルに次式で示す**電磁エネルギーW**が蓄えられます。

重要公式　電磁エネルギー

$$W = \frac{1}{2} L I^2 \text{〔J〕} \quad (38)$$

プラスワン

単位体積1〔m^3〕当たりに蓄えられる電磁エネルギーwは、次式で表される。

$$w = \frac{1}{2} BH \text{〔J/m}^3\text{〕}$$

ただし、

B〔T〕:磁束密度

H〔A/m〕:磁界の強さ

プラスワン

通常、コイルには抵抗があるので、蓄えられたエネルギーはジュール熱として消費される。超電導（抵抗のない）コイルを利用した超電導電力貯蔵の研究開発が進められている。

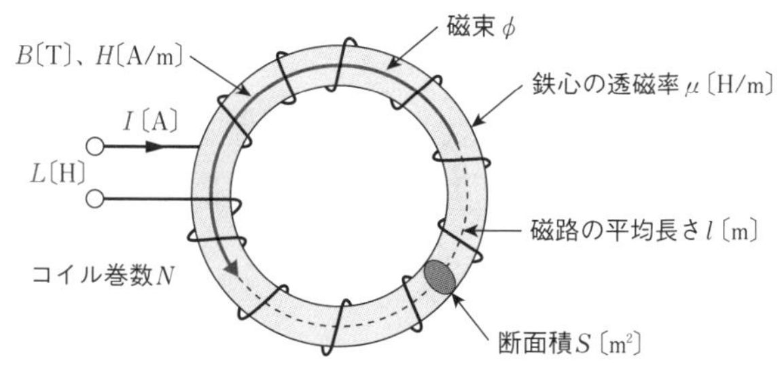

図2.31　コイルに蓄えられるエネルギー

解法のヒント

50〔mH〕→
50×10^{-3}〔H〕
と変換する。

自己インダクタンスが50〔mH〕のコイルに10〔A〕の電流を流したとき、コイルに蓄えられる電磁エネルギー〔J〕を求めよ。

・解説・

コイルに蓄えられる電磁エネルギー W は、

$$W=\frac{1}{2}LI^2=\frac{1}{2}\times50\times10^{-3}\times10^2=\mathbf{2.5}\text{〔J〕（答）}$$

理解度チェック問題

問題　次の［　　］の中に適当な答えを記入せよ。

1. 断面積S〔m^2〕、磁路の平均長さl〔m〕、透磁率$\mu=\mu_0\mu_r$〔H/m〕の環状鉄心に、N巻きのコイルを巻いた環状ソレノイドの自己インダクタンスLは、次式で表される。

$L=$［（ア）］$=$［（イ）］〔H〕

2. インダクタンスL_1〔H〕とインダクタンスL_2〔H〕の2つのコイルを直列接続する場合、磁束の向きが同じ接続（和動接続）と逆になる接続（差動接続）がある。

2つのコイルの相互インダクタンスをM〔H〕とすると、合成インダクタンスLは、それぞれ次式のようになる。

和動接続　$L=$［（ウ）］〔H〕

差動接続　$L=$［（エ）］〔H〕

3. 自己インダクタンスL〔H〕のコイルにI〔A〕の電流を流すと、コイルに次式で示す電磁エネルギーWが蓄えられる。

$W=$［（オ）］〔J〕

解答

（ア）$\dfrac{\mu N^2 S}{l}$　（イ）$\dfrac{\mu_0\mu_r N^2 S}{l}$　（ウ）L_1+L_2+2M　（エ）L_1+L_2-2M　（オ）$\dfrac{1}{2}LI^2$

12日目

第3章 直流回路

LESSON 12

オームの法則と抵抗の接続

「電気回路」を学習する際の第一歩として、直流回路におけるオームの法則、抵抗の接続と合成抵抗の求め方を学びます。

関連過去問 029, 030, 031, 032, 033, 034

10Ω
10Ω
合計20Ωにはならないんだろうニャー…

① オームの法則 重要度 A

オームの法則は、電気回路の**起電力**(**電圧**)、**電流**、**抵抗**の関係を示す基本的な法則で、抵抗R〔Ω〕に電圧V〔V〕の起電力を加え電流I〔A〕が流れたとき、**電流Iは電圧Vに比例し抵抗Rに反比例**します。これをオームの法則といい、次式で表されます。

重要公式 オームの法則

$$I = \frac{V}{R} \text{〔A〕} \quad (1)$$

②分子のVが大きくなると
③Iが大きくなる(Vに比例)
①通常Rは固定値で一定

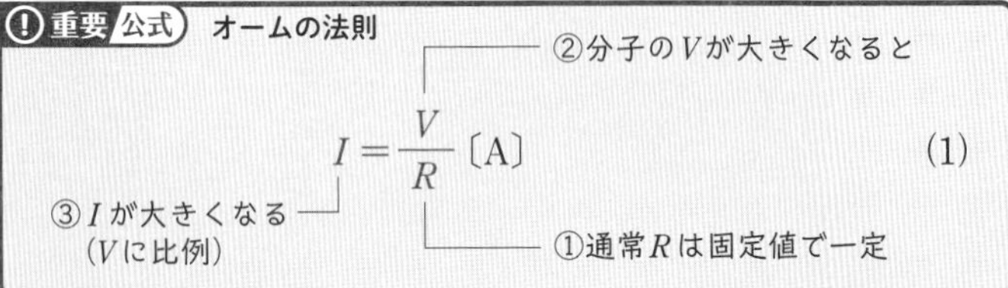

図3.1 回路図　　図3.2 抵抗の外観

抵抗の逆数$G = 1/R$を**コンダクタンス**といい、コンダクタンスを用いると、オームの法則は次式で表されます。

$$I = GV \text{〔A〕} \quad (2)$$

今日から第3章、直流回路ニャ

用語

起電力とは、電池などの直流電源が電流を流そうとする力をいい、その大きさを電圧で表す。

補足

電池など直流電源の図記号は、$\overset{+}{—}|\!|\overset{-}{—}$で表す。
左の長い線側が正(+)極、右の短い線側が負(−)極で、電流は正極から出て負極に戻る。

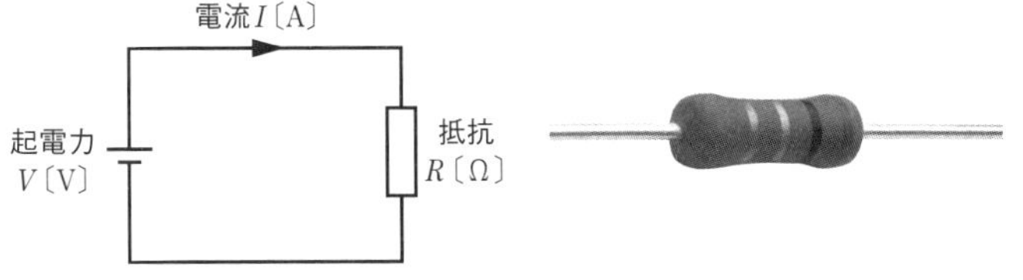

電流の単位にはアンペア〔A〕、起電力(電圧)の単位にはボルト〔V〕、抵抗の単位にはオーム〔Ω〕、抵抗の逆数であるコンダクタンスの単位にはジーメンス〔S〕が用いられます。

電流の実態は、電子の移動です。電流の方向と電子の移動方向は**逆**ですが、これは、電子が発見される前に電流の向きを決めてしまったので逆になってしまいました(LESSON1参照)。

用語

抵抗とは、電流の流れを妨げようとする物質である。電気回路では、通常、導体の抵抗はないものとして扱う。

例題にチャレンジ!

1. 5〔Ω〕の抵抗に21〔A〕の電流が流れているとき、抵抗に加わる電圧〔V〕を求めよ。

2. 12〔V〕の乾電池にある抵抗を接続したところ、3〔mA〕の電流が流れた。この抵抗の値〔kΩ〕を求めよ。

・解説・

1. $V = IR = 21 \times 5 = \mathbf{105}$〔V〕(答)

2. $R = \dfrac{V}{I} = \dfrac{12}{3 \times 10^{-3}} = 4 \times 10^{3}$〔Ω〕→ **4**〔kΩ〕(答)

解法のヒント

オームの法則を変形して利用することがポイント。
求めたいものを指で隠すと式が表れる。

また、設問2の計算では、1〔mA〕→ 1×10^{-3}〔A〕なので、
3〔mA〕→ 3×10^{-3}〔A〕と変換する。
1〔kΩ〕→ 1×10^{3}〔Ω〕なので、
4×10^{3}〔Ω〕→ 4〔kΩ〕と変換する。

2 抵抗の直列接続と並列接続　重要度A

(1) 直列接続

n個の抵抗を直列接続した回路の**合成抵抗**Rは、次式で表され、それぞれの抵抗の**総和**となります。

重要公式　抵抗の直列接続

$$R = R_1 + R_2 + \cdots\cdots + R_n \text{〔Ω〕} \quad (3)$$

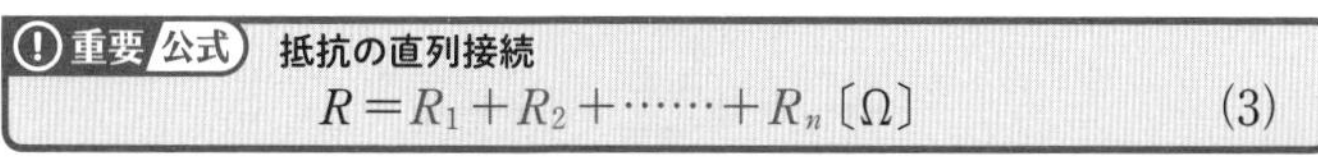

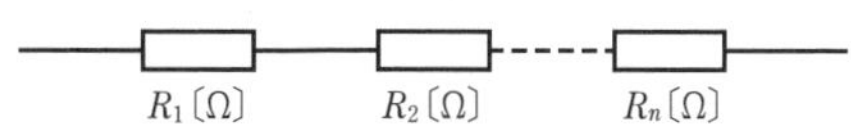

図3.3　抵抗の直列接続

次ページの図3.4に示す抵抗の直列回路において、電源電圧Vは抵抗R_1とR_2に**比例配分**され、各抵抗の**電圧降下**V_1とV_2は次式となります。これを**分圧**といいます。

用語

電圧降下とは、抵抗両端の電圧のことである。抵抗中を電流が流れると、抵抗に妨げられて電圧が降下するのでこのように呼ばれる。

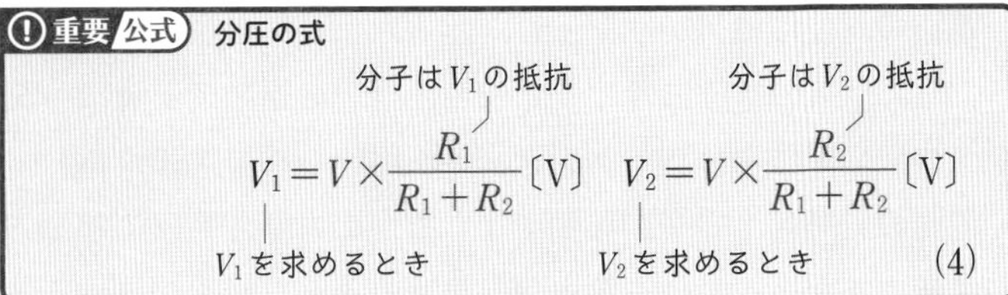

①重要公式　分圧の式

$$\underset{V_1\text{を求めるとき}}{V_1}=V\times\frac{\overset{\text{分子は}V_1\text{の抵抗}}{R_1}}{R_1+R_2}〔\mathrm{V}〕\quad \underset{V_2\text{を求めるとき}}{V_2}=V\times\frac{\overset{\text{分子は}V_2\text{の抵抗}}{R_2}}{R_1+R_2}〔\mathrm{V}〕\qquad(4)$$

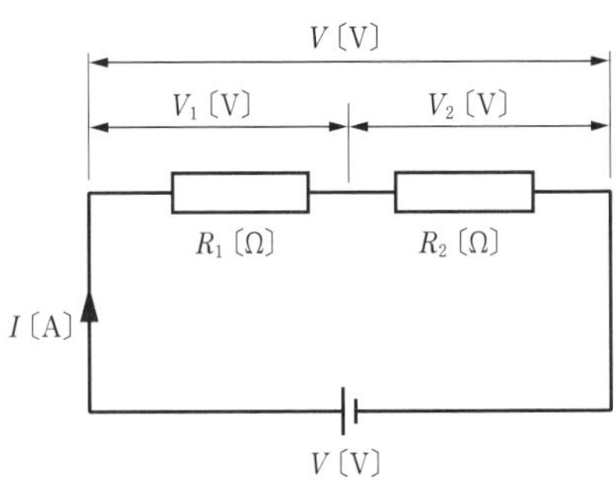

図3.4　直列回路

(2) 並列接続

n 個の抵抗を並列接続した回路の合成抵抗 R は、次式で表され、それぞれの抵抗の**逆数の総和の逆数**となります。

①重要公式　抵抗の並列接続

$$\left.R=\frac{1}{\left.\frac{1}{R_1}+\frac{1}{R_2}+\cdots+\frac{1}{R_n}\right\}\text{逆数の総和}}〔\Omega〕\right\}\text{逆数の総和の逆数}\qquad(5)$$

また、合成コンダクタンス G は、次式で表されます。

①重要公式　並列接続の合成コンダクタンス

$$G=\frac{1}{R}=\frac{1}{R_1}+\frac{1}{R_2}+\cdots+\frac{1}{R_n}〔\mathrm{S}〕\qquad(6)$$

補足

式(6)の単位〔S〕は、抵抗の逆数であるコンダクタンスの単位のジーメンス。

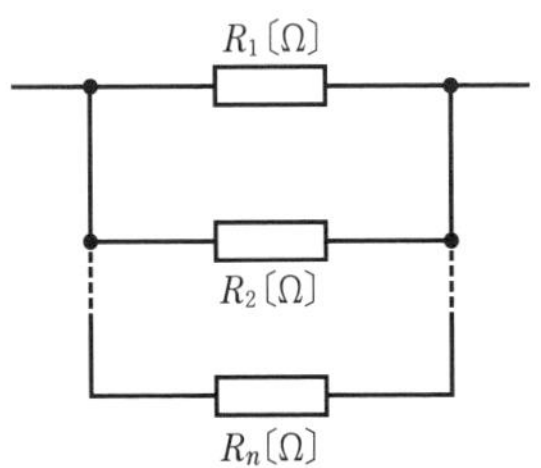

図3.5　抵抗の並列接続

抵抗2個の並列回路の合成抵抗 R は、次式となります。

重要公式 抵抗2個の並列接続

$$R=\frac{1}{\frac{1}{R_1}+\frac{1}{R_2}}=\frac{R_1R_2}{R_1+R_2}=\left(\frac{積}{和}\right)〔\Omega〕\quad (7)$$

プラスワン
式(7)は、分母が足し算(和)、分子が掛け算(積)なので、「和分の積」と覚える。
なお、抵抗が3個以上の場合、「和分の積」とはならないので注意しよう。

「和分の積」の式の展開

抵抗2個の並列回路の合成抵抗Rを求める「和分の積」の式の展開は、次のようになります。

$$R=\frac{1}{\frac{1}{R_1}+\frac{1}{R_2}}=\frac{1}{\frac{R_2}{R_1R_2}+\frac{R_1}{R_1R_2}}=\frac{1}{\frac{R_1+R_2}{R_1R_2}}=\frac{R_1R_2}{R_1+R_2}〔\Omega〕$$

図3.6に示す抵抗の並列回路において、電流Iは抵抗R_1、R_2に**反比例配分**され、各抵抗に流れる電流I_1とI_2は次式となります。これを**分流**といいます。

重要公式 分流の式

分子はI_2の抵抗　　分子はI_1の抵抗

$$I_1=I\times\frac{R_2}{R_1+R_2}〔A〕\qquad I_2=I\times\frac{R_1}{R_1+R_2}〔A〕$$

I_1を求めるとき　　I_2を求めるとき　　(8)

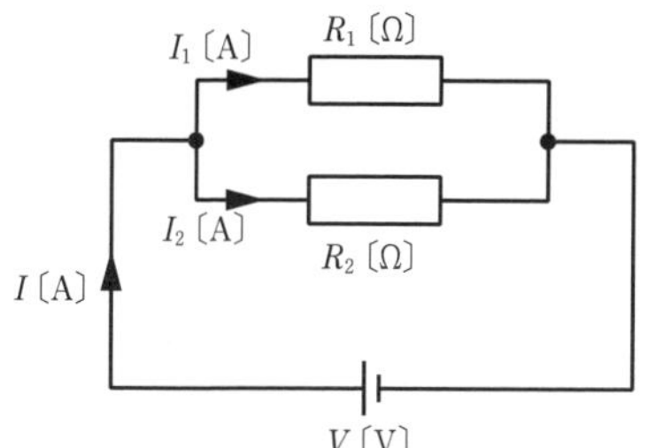

図3.6　並列回路

例題にチャレンジ!

図の回路において、次の問に答えよ。

1. 回路の合成抵抗R〔Ω〕を求めよ。

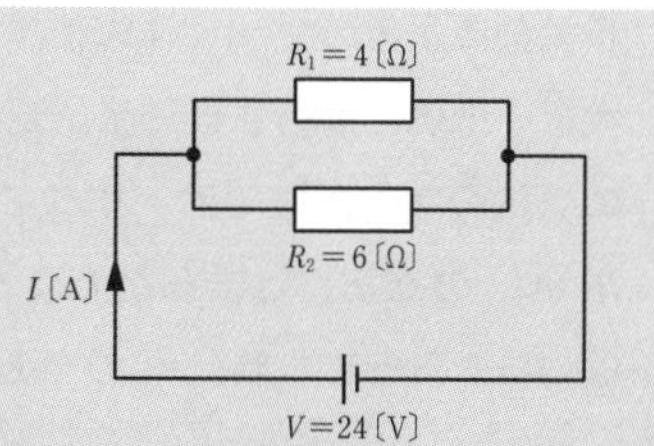

第3章 直流回路

2. 電源から流れ出る電流 I〔A〕を求めよ。

3. 抵抗 R_1 に流れる電流 I_1〔A〕を求めよ。

4. 抵抗 R_2 に流れる電流 I_2〔A〕を求めよ。

・解説・

1.「和分の積」を使う。

$$R=\frac{R_1R_2}{R_1+R_2}=\frac{4\times6}{4+6}=\frac{24}{10}=\mathbf{2.4}〔\Omega〕(答)$$

以下、公式(1)を使う。

$$2.\ I=\frac{V}{R}=\frac{24}{2.4}=\mathbf{10}〔A〕(答)$$

$$3.\ I_1=\frac{V}{R_1}=\frac{24}{4}=\mathbf{6}〔A〕(答)$$

$$4.\ I_2=\frac{V}{R_2}=\frac{24}{6}=\mathbf{4}〔A〕(答)$$

解法のヒント

3.を、式(8)を使って解くと、

$$I_1=I\times\frac{R_2}{R_1+R_2}=10\times\frac{6}{4+6}=\frac{60}{10}=6$$

(3) 並列接続の特殊例

図3.7に示すように、抵抗 R_1〔Ω〕が導線で**短絡**されている場合の合成抵抗は0〔Ω〕となります。導線は抵抗が0〔Ω〕なので、合成抵抗 R は、

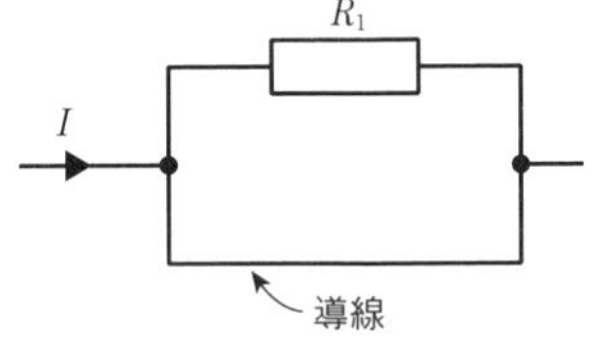

図3.7　導線で短絡

$$R=\frac{R_1\times0}{R_1+0}=\frac{0}{R_1}=0〔\Omega〕\rightarrow 導線$$

となります。

用語

短絡とは、抵抗 R_1 の両端(左端と右端)を抵抗0〔Ω〕の導線で接続することをいう。**ショート**、**ジャンパー**ともいう。

補足

右の式の中の0は、導線の0〔Ω〕のことである。

詳しく解説！

並列回路の抵抗を流れる電流は、抵抗に反比例して分流するので、小さい抵抗には大きな電流が、大きい抵抗には小さな電流が流れます。また、R_1〔Ω〕**と0〔Ω〕の抵抗の並列回路では、すべての電流が0〔Ω〕の導線を流れ、R_1〔Ω〕の抵抗にはまったく流れません。**したがって、抵抗 R_1 は何Ωであっても無視(取り外し開放)してかまいません。

例題にチャレンジ！

図の回路において、次の問に答えよ。

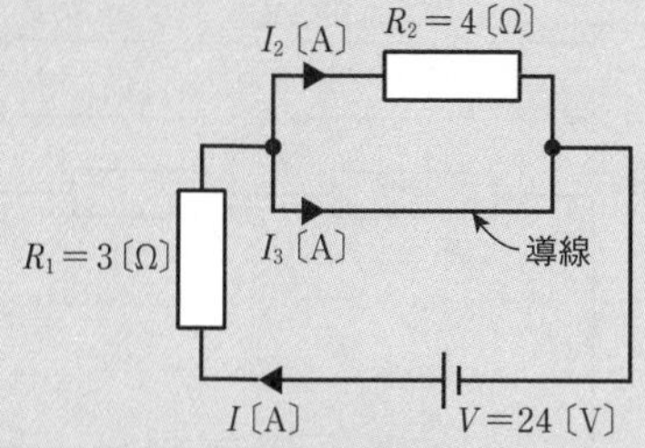

1. 回路の合成抵抗R〔Ω〕を求めよ。
2. 電源から流れ出る電流I〔A〕、抵抗R_2に流れる電流I_2〔A〕、導線に流れる電流I_3〔A〕を求めよ。

・解説・

問題図の回路は、R_1と（R_2と導線0〔Ω〕の並列）の直列接続であるから、

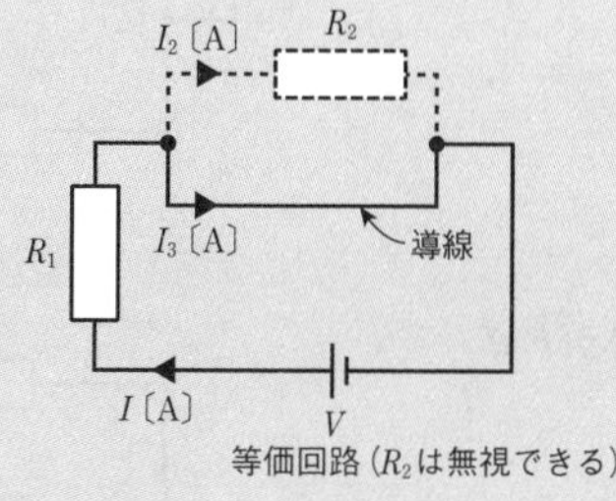

等価回路（R_2は無視できる）

1. $R=R_1+\dfrac{R_2\times 0}{R_2+0}$

$$=3+\frac{4\times 0}{4+0}=\mathbf{3}〔\Omega〕（答）$$

または等価回路で示すように、R_1と導線0〔Ω〕の直列接続であるから、$R=R_1+0=3+0=\mathbf{3}$〔Ω〕（答）

2. $I=\dfrac{V}{R}=\dfrac{24}{3}=\mathbf{8}$〔A〕（答）

$$I_2=I\times\frac{0}{R_2+0}=8\times 0=\mathbf{0}〔A〕（答）$$

または等価回路で示すように、R_2は取り外し開放するので、

$I_2=\mathbf{0}$〔A〕（答）

$$I_3=I\times\frac{R_2}{R_2+0}=8\times\frac{4}{4}=\mathbf{8}〔A〕（答）$$

または等価回路で示すように、$I_3=I=\mathbf{8}$〔A〕（答）

解法のヒント

R_2は導線で短絡されているので、R_2と導線の並列部分の合成抵抗は0〔Ω〕になる。
R_2には電流が流れないので無視（取り外し開放）してよい。

用語

等価回路とは、電源から見た回路の合成抵抗が元の回路（例えば問題図の回路）と等しく、電源から流出する電流が等しい回路のことである。

理解度チェック問題

問題　次の［　　］の中に適当な答えを記入せよ。

1．右図の回路の電圧 V_1、V_2 は、

$$V_1 = V \times \frac{\boxed{(ア)}}{R_1 + R_2} \text{〔V〕}$$

$$V_2 = V \times \frac{\boxed{(イ)}}{R_1 + R_2} \text{〔V〕}$$

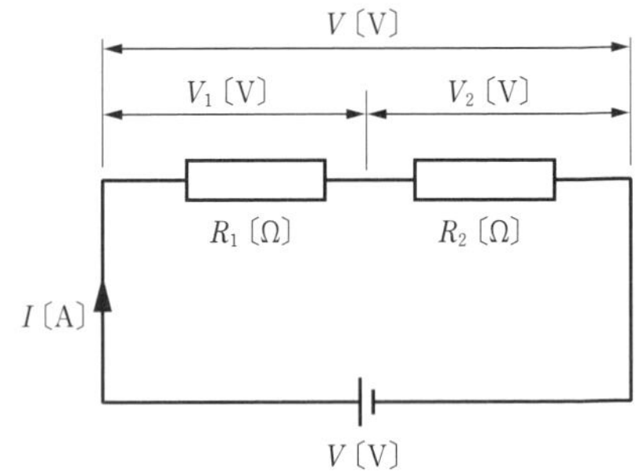

2．右図の回路の合成抵抗 R は、

$R = \boxed{(ウ)}$〔Ω〕

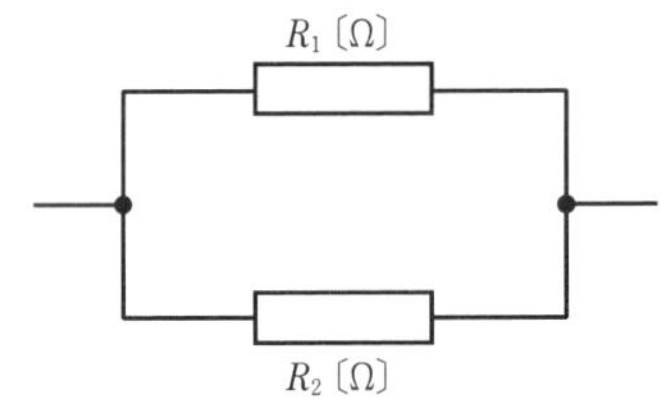

3．右図の回路の合成抵抗 R は、

$R = \boxed{(エ)}$〔Ω〕

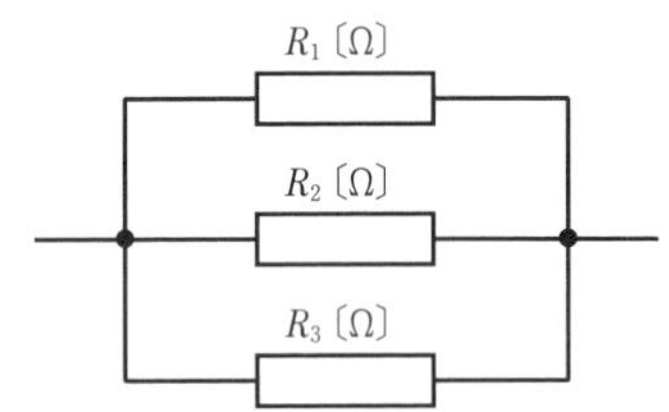

4．右図の回路の電流 I_1、I_2 は、

$$I_1 = I \times \frac{\boxed{(オ)}}{R_1 + R_2} \text{〔A〕}$$

$$I_2 = I \times \frac{\boxed{(カ)}}{R_1 + R_2} \text{〔A〕}$$

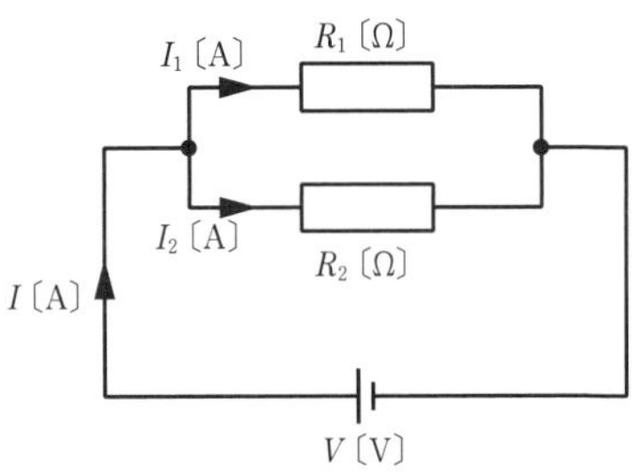

解答

(ア)R_1　(イ)R_2　(ウ)$\dfrac{R_1R_2}{R_1+R_2}$ または $\dfrac{1}{\dfrac{1}{R_1}+\dfrac{1}{R_2}}$　(エ)$\dfrac{1}{\dfrac{1}{R_1}+\dfrac{1}{R_2}+\dfrac{1}{R_3}}$

(オ)R_2　(カ)R_1

第3章 直流回路

LESSON 13

電気回路上の電位と電位差

電位と電位差の計算は、電験三種試験4科目の最も基礎となる計算です。しっかり理解しましょう。

関連過去問 035, 036, 037

電位の計算は山登り。
登って降りて、
帰ってくる

1 電位と電位差 重要度 A

(1) 電荷を運ぶ仕事と位置エネルギー

地上で物体を持ち上げるには、重力に逆らって物体を動かす仕事をしなければなりません。そしてその仕事は、位置エネルギーとして物体に蓄(たくわ)えられます。

これと同じように、電界の中で電界の向きに逆らって単位の正電荷＋1〔C〕を移動させるにも仕事が必要で、その仕事は**電気的な位置エネルギー**として電荷に蓄えられます。

補足
単位の正電荷とは、＋1〔C〕の電荷のこと。

重力による物体の位置エネルギーは、基準点からの高さにより決まります。同じように電荷の位置エネルギーについても、高さにあたるものとして**電位**というものを考えることができます。電界中のある点に置かれた**＋1〔C〕の電荷が持つ位置エネルギー**を、その点の電位と定義します。

電位の単位は、仕事の単位〔J〕（ジュール）を電荷〔C〕で割った〔J/C〕となりますが、実用的には〔V〕が使用されます。

(2) 電位の基準点

重力による位置エネルギーを表すには、その基準点を決めなければなりません。通常は大地を基準点とします。これと同じように、電位を表すにも基準点を決める必要があります。電位

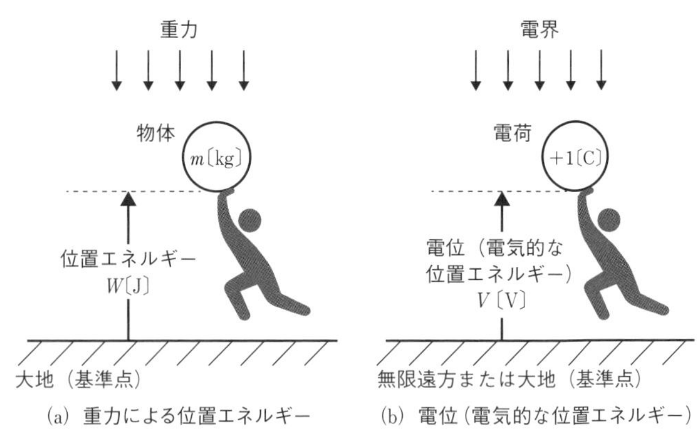

図3.8　位置エネルギーと電位

の基準点はどこにとってもよいのですが、理論的には、電界の強さが零（れい）とみられる**無限遠方（むげんえんぽう）の電位を基準の0〔V〕**とします。電気回路上では、実用的に**大地の電位を基準の0〔V〕**とします。

用語　**筐体**とは、電気機器などを中に収めた箱のこと。

筐体（きょうたい）や電気回路の1点を地面につなぐことを**接地**、**アース**といい、接地された点を**基準電位**の0〔V〕とします。

(3) 電位差(電圧)

電気回路上で電位の基準点はどこにとってもよいので、ある点の電位は、基準点の選び方によって変わります。しかし、2点間の電位の差は、基準点をどこにとっても同じです。この2点間の電位の差を、**電位差**または**電圧**といいます。

図3.9　接地の記号

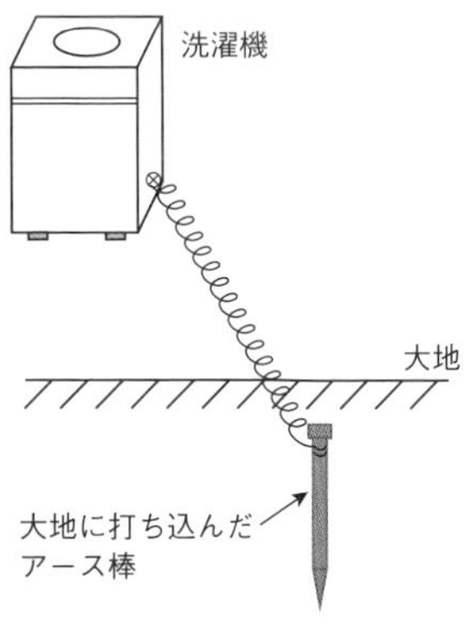

図3.10　接地の具体例

電位差の単位は、電位と同じ〔V〕です。**ある点の電位は、基準電位0〔V〕との電位差**であるということもできます。

電気回路上で**接地されている箇所があれば、その点を基準の**0〔V〕とします。

電気回路上で**接地されている箇所がない場合は、電源の負側（マイナス側）を基準の0〔V〕**とするのが一般的です。

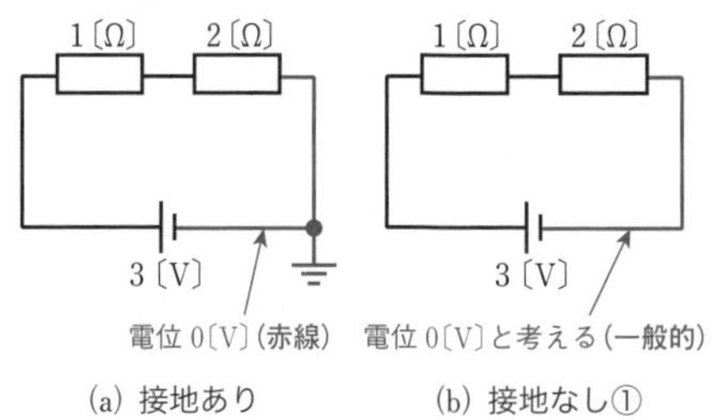

(a) 接地あり　　(b) 接地なし①

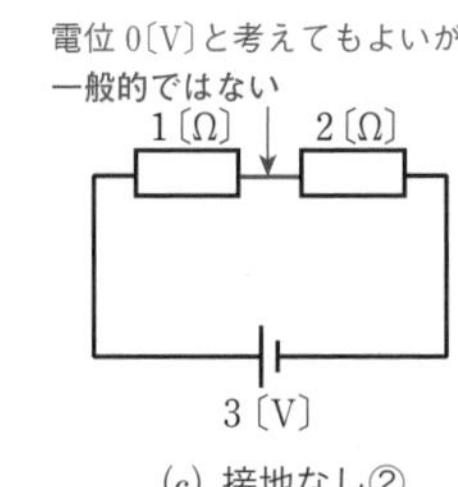

(c) 接地なし②

図3.11　電位の基準点

② 電位と電位差の計算例　重要度A

(1) 図3.12の計算例

電源の負(−)側を基準の0〔V〕とした場合の、各点の電位と各点間の電位差の計算例を、図3.12の回路図とグラフで示します。

a点の電位Va：a点を含め**赤線**部分の

↓ 電位を基準の0〔V〕とする

Va＝0〔V〕

b点の電位V_{b}：起電力E＝3〔V〕に

↓ より、a点より3〔V〕上昇

V_{b}＝3〔V〕

c点の電位Vc：$I \times R_1 = 1 \times 1 = 1$〔V〕

↓ の電圧降下があり、b点よりも1〔V〕

降下　Vc＝3−1＝2〔V〕

再びa点の電位Va：$I \times R_2 = 1 \times 2$

＝2〔V〕の電圧降下があり、

c点より2〔V〕降下

Va＝2−2＝0〔V〕

b−a間の電位差Vba：$E = V$b − Va

＝Vba＝3〔V〕

電位の高い方の添字bを先に書く。回路図上の矢印も電位の高い方を矢印の先端とする

電位差Vbaとは、Vba＝Vb−Vaを意味する

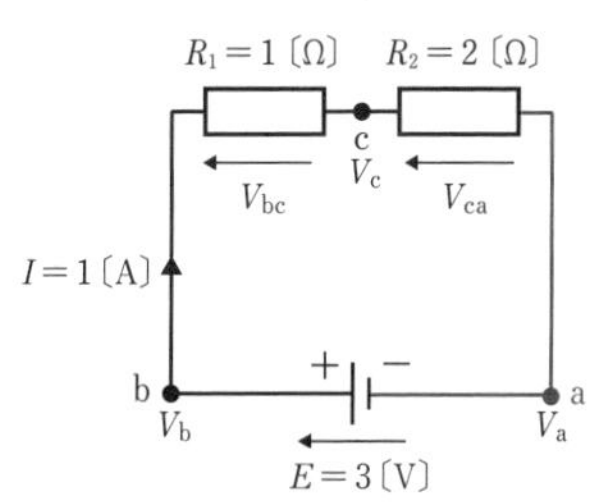

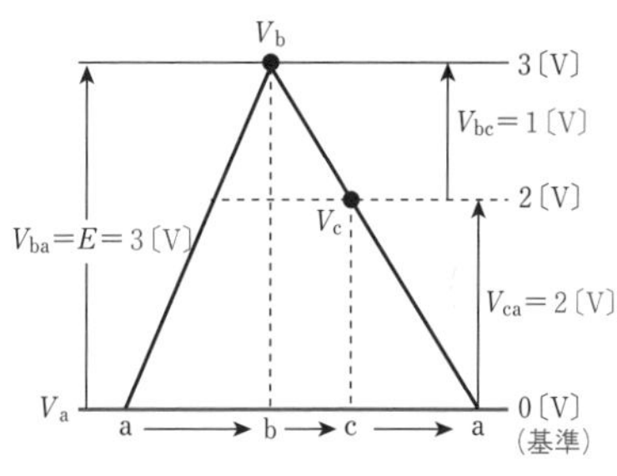

図3.12　各点の電位と電位差

b－c間の電位差Vbc：Vbc＝Vb－Vc＝3－2＝1〔V〕

c－a間の電位差Vca：Vca＝Vc－Va＝2－0＝2〔V〕

※電源の正(＋)側を基準の0〔V〕とした場合は次のようになり、電位は変わりますが、電位差は変わりません。

電位Va＝－3〔V〕	電位差Vba＝Vb－Va＝3〔V〕
電位Vb＝0〔V〕…基準	電位差Vbc＝Vb－Vc＝1〔V〕
電位Vc＝0－1×1＝－1〔V〕	電位差Vca＝Vc－Va＝2〔V〕

(2) 図3.13の計算例

電流は閉回路(閉ループ)となっていなければ流れませんが、電位や電位差は回路が切れていても発生します。例えば、図3.13の(a)のように、1.5〔V〕の乾電池は、正(＋)極と負(－)極間に何も接続しなくても常に1.5〔V〕の電位差(電圧)を発生しています。

また、図(b)のように、抵抗Rが接続されていても、**電流が流れていないのでRによる電圧降下は生ぜず、c点にはb点の電位がそのまま現れます**。図(c)は図(b)を書き換えただけであり、E＝Vba＝Vca＝1.5〔V〕となります。

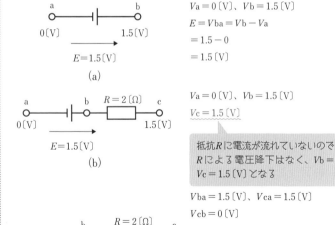

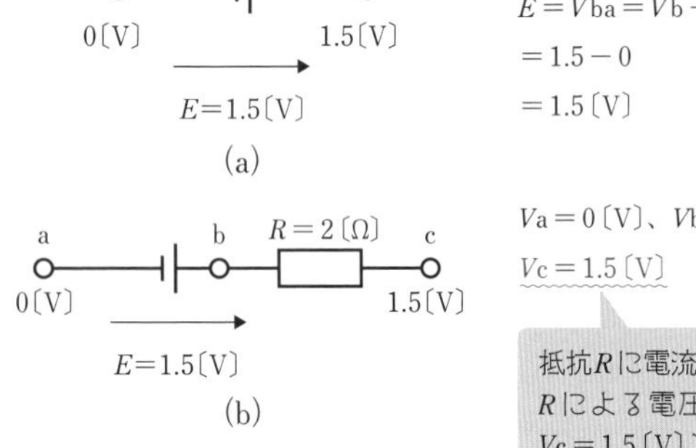

Va＝0〔V〕、Vb＝1.5〔V〕

E＝Vba＝Vb－Va

＝1.5－0

＝1.5〔V〕

Va＝0〔V〕、Vb＝1.5〔V〕

Vc＝1.5〔V〕

抵抗Rに電流が流れていないのでRによる電圧降下はなく、Vb＝Vc＝1.5〔V〕となる

Vba＝1.5〔V〕、Vca＝1.5〔V〕

Vcb＝0〔V〕

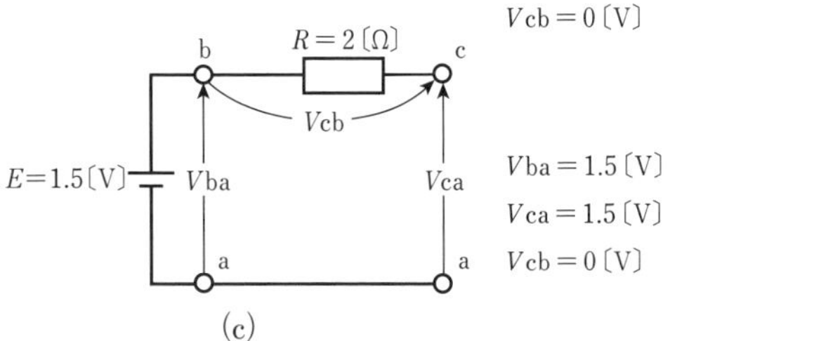

Vba＝1.5〔V〕

Vca＝1.5〔V〕

Vcb＝0〔V〕

図3.13　電流が流れていないときの電位と電位差

例題にチャレンジ！

図の回路において、a、b、c、d、e各点の電位を求めよ。

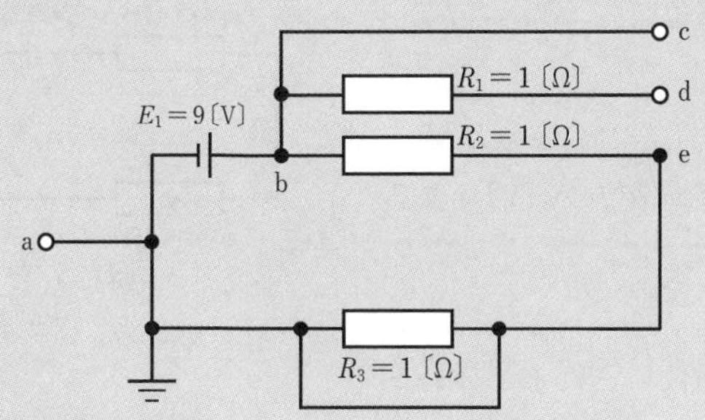

・解説・

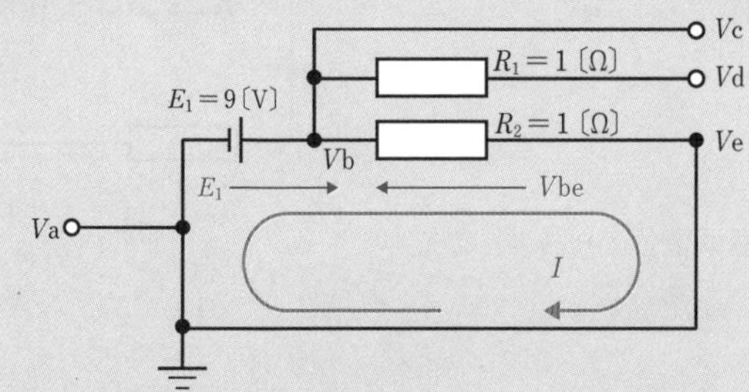

$R_3=1$〔Ω〕は導線で短絡されているため、電流は流れないので等価回路は上図となる。この回路に流れる電流Iは、

$$I=\frac{E_1}{R_2}=\frac{9}{1}=9\text{〔A〕}$$

各点の電位は、

Va：接地されているので、$V\text{a}=\mathbf{0}$〔V〕(答)

Vb：E_1によりa点より9〔V〕上昇、よって$V\text{b}=\mathbf{9}$〔V〕(答)

Vc：Vbと同電位、よって$V\text{c}=\mathbf{9}$〔V〕(答)

Vd：回路が切れているのでR_1に電流は流れないので、電圧降下はなく、Vbと同電位。よって$V\text{d}=\mathbf{9}$〔V〕(答)

Ve：R_2に流れる電流Iにより、$V\text{be}=IR_2=9\times1=9$〔V〕の電圧降下が生じる。よって$V$eは、$V\text{e}=V\text{b}-IR_2=\mathbf{9-9=0}$〔V〕(答) または、e点はa点と同じように接地されているので$V\text{e}=\mathbf{0}$〔V〕

解法のヒント

1.
電位とは、基準電位＝0〔V〕との、電位差のことである。

2.
R_3は導線で短絡されているので開放(両端を切り離すこと)し、取り外す。

3.
R_2により電圧降下が生じるので、e点はb点より電位が低くなる。

理解度チェック問題

問題　次の［　　］の中に適当な答えを記入せよ。

1. 図aの回路の各点a、bの電位は、

a点の電位 Va ＝［（ア）］〔V〕

b点の電位 Vb ＝［（イ）］〔V〕

ただし、電源の負（－）側を基準電位の0〔V〕とする。

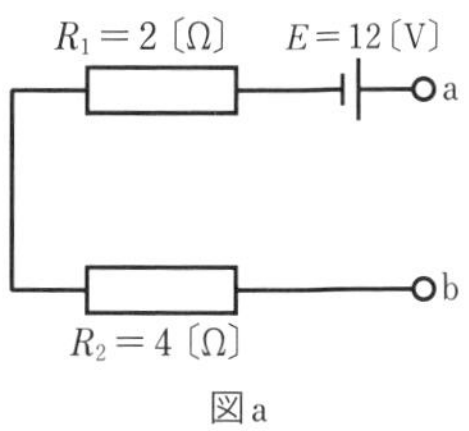

図a

2. 図bの回路の各点a、bの電位 Va、Vb およびab間の電位差 Vab、Vba は、

Va ＝［（ウ）］〔V〕

Vb ＝［（エ）］〔V〕

Vab ＝［（オ）］〔V〕

Vba ＝［（カ）］〔V〕

ただし、電源の負（－）側を基準電位の0〔V〕とする。

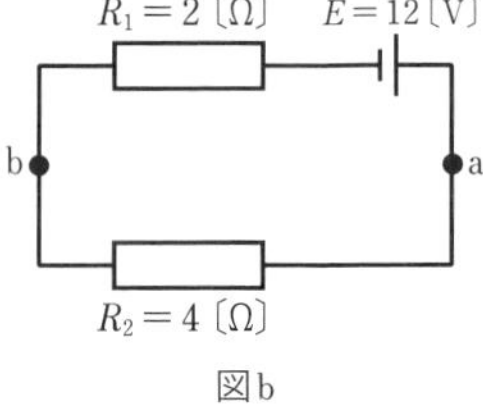

図b

解答

（ア）12　（イ）0　（ウ）12　（エ）4　（オ）8　（カ）－8

解説

1. （ア）起電力 $E = 12$〔V〕により、基準電位0〔V〕より12〔V〕上昇、（イ）閉回路となっていないため、抵抗 R_1、R_2 による電圧降下は生じず、基準電位0〔V〕と同電位。

2. 電源の負（－）側を基準電位とすると、

（ウ）a点の電位 $Va = 12$〔V〕

$$電流 I = \frac{E}{R_1 + R_2} = \frac{12}{2+4} = 2〔A〕$$

（エ）R_2 で $IR_2 = 2 \times 4 = 8$〔V〕の電圧降下が生じるので、b点はa点より8〔V〕低い。よって $Vb = 12 - 8 = 4$〔V〕

（オ）$Vab = Va - Vb = 12 - 4 = 8$〔V〕

（カ）$Vba = Vb - Va = 4 - 12 = -8$〔V〕

b点はa点より－8〔V〕高い
＝b点はa点より8〔V〕低い

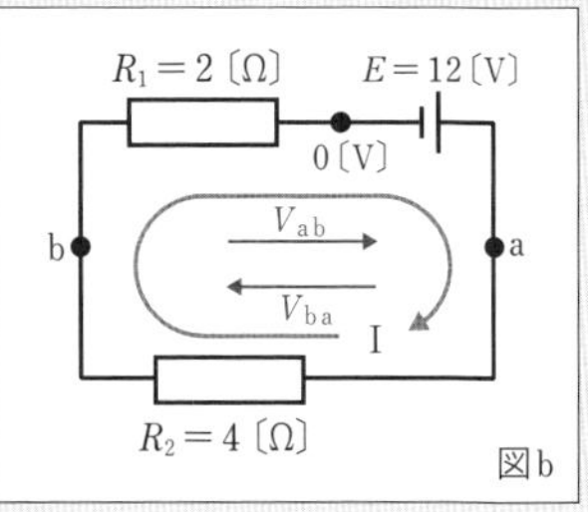

図b

Vab…a点がb点より高いと想定した電位差

Vba…b点がa点より高いと想定した電位差

$Vab = -Vba$ の関係がある。

LESSON 14

キルヒホッフの法則

電験三種試験で出題される直流回路の計算問題の大半は、キルヒホッフの法則で解けます。使い方をしっかりマスターしましょう。

関連過去問 038

①流入和
=
流出和
②起電力の和
=
電圧降下の和
キルヒホッフは
オールマイティ
だけど少し難しいよ
ひそひそ…

1 キルヒホッフの法則　重要度A

(1) キルヒホッフの第1法則

回路網(かいろもう)上の接続点において、電流の**流入和**と**流出和**は等しい。これを**キルヒホッフの第1法則**といいます。

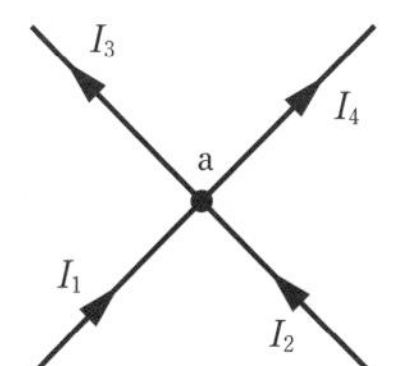

接続点aに流入する電流はI_1とI_2、流出する電流はI_3とI_4である。

図3.14　キルヒホッフの第1法則

重要公式　キルヒホッフの第1法則

$$I_1 + I_2 = I_3 + I_4 \text{〔A〕} \tag{9}$$

用語

回路網とは、複数の起電力や抵抗が接続された網目(あみめ)状の回路のこと。

(2) キルヒホッフの第2法則

回路網上の閉回路各部の**起電力の和**と**電圧降下の和**は等しい。これを**キルヒホッフの第2法則**といいます。ただし、閉回路をたどる方向と同じ向きの起電力および電流を正とし、その逆向きを負とします。

重要公式　キルヒホッフの第2法則

$$E_1 - E_2 = I_1 R_1 + I_2 R_2 + I_3 R_3 + I_4 R_4 \text{〔V〕} \tag{10}$$

用語

閉回路とは、回路図上のある点Aから電源、抵抗などを通り、また元の点Aに戻ってくる回路のこと。電流は、閉回路でなければ（回路が閉じられていなければ）流れることはできない。

補足

閉回路をたどる方向とは、点Aから時計回りに点Aに戻る方向と、点Aから反時計回りに点Aに戻る方向の２種類がある。キルヒホッフの第２法則を使用するに当たり、起点、終点のAは、回路図上のどこに置いてもよい。また、閉回路をたどる方向も自分で決めてよい。どちらでも得られる数値は同じ。ただし、決めた方向と反対向きに電流が流れる場合は、数値が負になる。

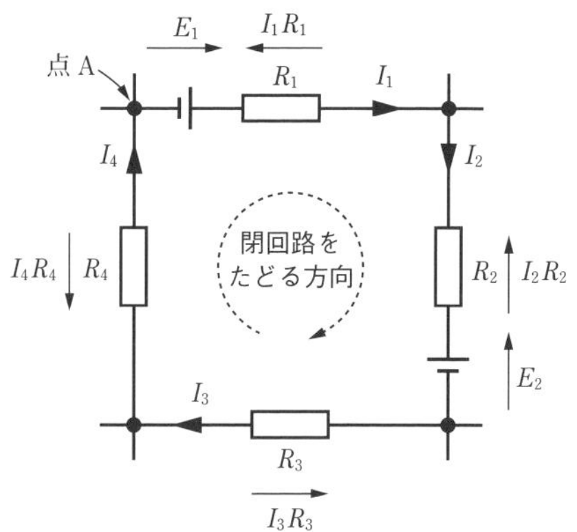

図3.15　キルヒホッフの第２法則

図3.15の閉回路において、起電力E_1は閉回路をたどる方向の矢印と同じ向きであり、E_2は逆向きなので、起電力の和は

E_1-E_2となります。

電流I_1の向きと閉回路をたどる矢印の向きは同じなので、R_1の電圧降下はI_1R_1となります。

R_2、R_3、R_4も同様で、電圧降下の和は、

$I_1R_1+I_2R_2+I_3R_3+I_4R_4$となります。

電圧降下は、起電力と同じように**電位の低い方から高い方へ矢印を引く**ことになっているので、**電流の方向とは逆向き**になることに注意しましょう。

上り坂は電位上昇、下り坂は電位降下！

キルヒホッフの第２法則は、ジェットコースターのイメージです。一度、高いところに上げて、途中でアップダウンがありますが、元のところに戻ってきます。

「**上り坂は電位上昇、下り坂は電位降下**」

とイメージできます。

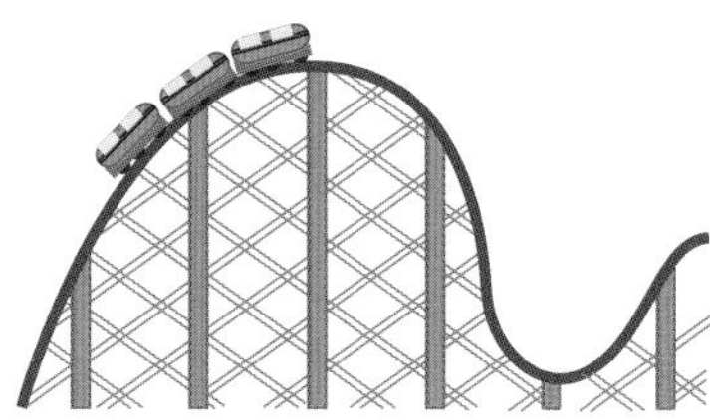

例題にチャレンジ！

図の閉回路を流れる電流を図中の方向とするとき、閉回路を矢印の方向にたどり、キルヒホッフの第2法則を示す式を作成せよ。

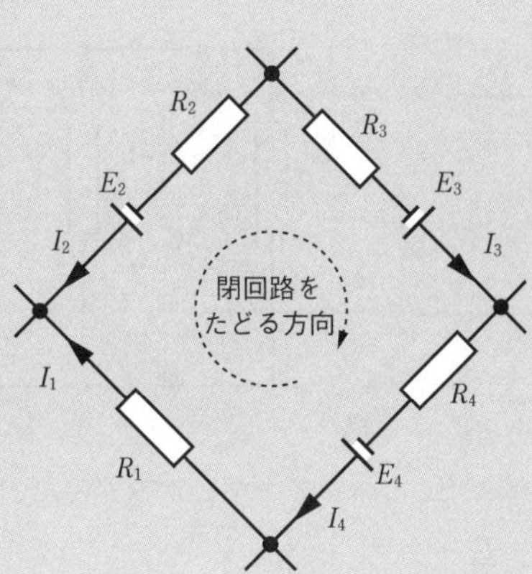

・解説・

閉回路をたどる方向に対して起電力の向きは、E_2が逆方向、E_3とE_4が同じ方向なので、起電力の和は、

$-E_2+E_3+E_4$

となる。また、閉回路をたどる方向と電流の方向から、閉回路の電圧降下の和は、

$I_1R_1-I_2R_2+I_3R_3+I_4R_4$

となり、キルヒホッフの第2法則は、次式のように表せる。

$\boldsymbol{-E_2+E_3+E_4=I_1R_1-I_2R_2+I_3R_3+I_4R_4}$（答）

解法のヒント

閉回路をたどる方向と抵抗R_2を流れる電流I_2の向きが逆なので、I_2を負とすると電圧降下は、

$-I_2R_2$

となる。

例題にチャレンジ！

図の回路において、各抵抗を流れる電流I_1〔A〕、I_2〔A〕、I_3〔A〕を求めよ。

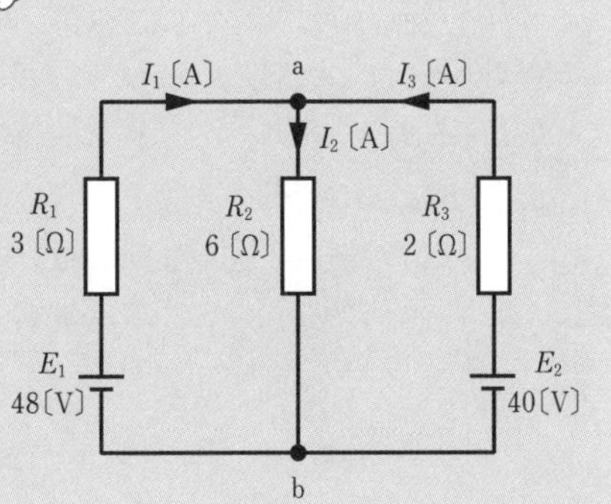

・解説・

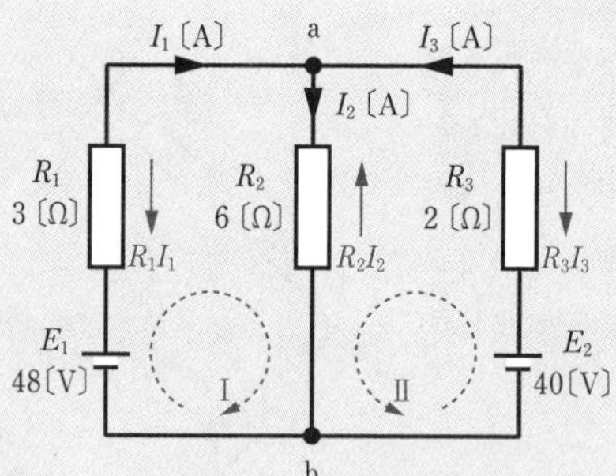

接続点aにおいてキルヒホッフの第1法則を適用し、

$I_1+I_3=I_2$ …………①

次に、回路をたどる方向を、Ⅰ、Ⅱのように定め(反対向きに定めてもよいが、電流の流れる方向に定めるとよい。そうすれば、電流の答えが正値となる)、キルヒホッフの第2法則を適用する。

Ⅰの方向にたどった起電力はE_1、電圧降下は、

$R_1I_1+R_2I_2$

したがって、

$R_1I_1+R_2I_2=E_1$

(この式は、$E_1-R_1I_1-R_2I_2=0$…E_1の起電力による電位上昇は、R_1とR_2ですべて降下すると考えてもよい)

数値を代入して、

$3I_1+6I_2=48$ …………②

同様に、Ⅱの方向にたどった起電力はE_2、電圧降下は、

$R_3I_3+R_2I_2$

したがって、

$R_3I_3+R_2I_2=E_2$

$2I_3+6I_2=40$ …………③

①、②、③の式から、$I_1=$ **4**〔A〕、$I_2=$ **6**〔A〕、$I_3=$ **2**〔A〕(答)

解法のヒント

連立方程式の解き方の例を示す。

式①を式②、③に代入して整理する。

$3I_1+6(I_1+I_3)=48$

$3I_1+2I_3=16$ …④

$2I_3+6(I_1+I_3)=40$

$3I_1+4I_3=20$ …⑤

式⑤から式④を引いてI_3を求める。

$3I_1+4I_3-3I_1-2I_3$
$=20-16$

$I_3=2$

この結果を式③、式①に代入し、$I_2=6$、$I_1=4$を求める。

理解度チェック問題

問題　次の［　　　］の中に適当な答えを記入せよ。

図の回路の各枝路に流れる電流を、キルヒホッフの法則により求める。

ただし、$E_1 = 30$〔V〕、$E_2 = 20$〔V〕、$R_1 =$ 2〔Ω〕、$R_2 = 3$〔Ω〕、$R_3 = 4$〔Ω〕、R_4=2〔Ω〕、$R_5 = 3$〔Ω〕

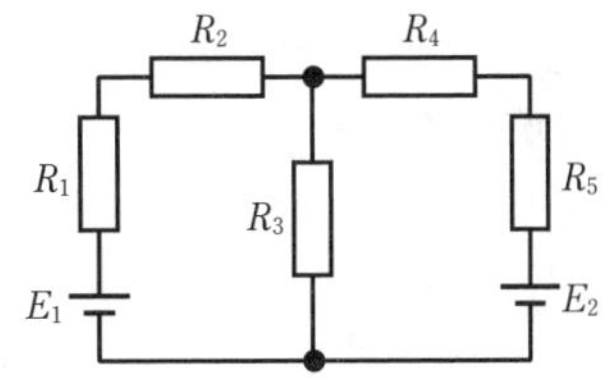

右図のように、求めるべき電流をI_1、I_2およびI_3とする。そして、まず接続点Aにキルヒホッフの第1法則を用いると、

［（ア）］$= I_3$………①

次に、右図に示す閉回路Ⅰについて、キルヒホッフの第2法則を適用すると、

［（イ）］$= E_1$………②

同じく閉回路Ⅱについて、第2法則を用いて、［（ウ）］$= E_2$………③

②、③の両式に数値を代入すると、

［（エ）］$= 30$　　$\therefore 5I_1 + 4I_3 = 30$………④

［（オ）］$= 20$　　$\therefore 5I_2 + 4I_3 = 20$………⑤

①、④、⑤の3つの式から、

$I_1 \fallingdotseq$［（カ）］〔A〕、$I_2 \fallingdotseq$［（キ）］〔A〕、$I_3 \fallingdotseq$［（ク）］〔A〕

解答

(ア) I_1+I_2　(イ) $I_1R_1+I_1R_2+I_3R_3$　(ウ) $I_2R_5+I_2R_4+I_3R_3$　(エ) $2I_1+3I_1+4I_3$
(オ) $3I_2+2I_2+4I_3$　(カ) 2.92　(キ) 0.92　(ク) 3.85

解説

連立方程式の解き方

④−⑤　(I_3消去のため)

$$
\begin{array}{rl}
 & 5I_1+\cancel{4I_3}=30\cdots\cdots\cdots④ \\
-) & 5I_2+\cancel{4I_3}=20\cdots\cdots\cdots⑤ \\
\hline
 & 5I_1-5I_2=30-20
\end{array}
$$

$5(I_1-I_2)=10$

両辺を5で割ると

$I_1-I_2=2\cdots\cdots\cdots⑥$

①+⑥　(I_2消去のため)

$$
\begin{array}{rl}
 & I_1+\cancel{I_2}=I_3\cdots\cdots\cdots① \\
+) & I_1-\cancel{I_2}=2\cdots\cdots\cdots⑥ \\
\hline
 & 2I_1\ \ =I_3+2
\end{array}
$$

I_3を左辺に移項

$2I_1-I_3=2\cdots\cdots\cdots⑦$

⑦×4　(I_3消去準備)

$8I_1-4I_3=8\cdots\cdots\cdots⑧$

④+⑧　(I_3消去)

$$
\begin{array}{rl}
 & 5I_1+\cancel{4I_3}=30 \\
+) & 8I_1-\cancel{4I_3}=8 \\
\hline
 & 13I_1\ \ =38
\end{array}
$$

$I_1=\dfrac{38}{13}$〔A〕≒**2.92**〔A〕（カ）

$I_1=\dfrac{38}{13}$を⑥に代入

$\dfrac{38}{13}-I_2=2$

$\dfrac{38}{13}$を右辺に移項

$-I_2=2-\dfrac{38}{13}$

$-I_2=\dfrac{26}{13}-\dfrac{38}{13}$

$-I_2=-\dfrac{12}{13}$

$I_2=\dfrac{12}{13}$〔A〕≒**0.92**〔A〕（キ）

$I_1=\dfrac{38}{13}$、$I_2=\dfrac{12}{13}$を①に代入

$\dfrac{38}{13}+\dfrac{12}{13}=I_3$

$I_3=\dfrac{50}{13}$〔A〕≒**3.85**〔A〕（ク）

LESSON 15

重ね合わせの理

重ね合わせの理は、「回路の電源は1個」とするため計算ミスは少ないですが、計算量が多くなります。計算の流れをマスターしましょう。

関連過去問 039

計算ミスが少ない
計算量が多い
どちらを優先すべきかニャン

1 重ね合わせの理　重要度 B

重ね合わせの理は、2個以上の起電力を含む回路網の電流を求めるために利用される次のような原理です。

起電力が複数ある回路の電流は、起電力が1個だけの回路の電流の和に等しい。

起電力が複数ある回路から起電力が1個だけの回路を作る場合には、**電圧源**（**定電圧源**）を取り除いた所は**短絡**し、**電流源**（**定電流源**）を取り除いた所は**開放**します。

図3.16(a)の回路は、E_1とE_2の2つの起電力があります。そこで、起電力E_2を除去し短絡した図3.16(b)の回路と、起電力E_1を除去し短絡した図3.16(c)の回路を重ね合わせ、図3.16(a)の回路の各岐路の電流を次のように求めます。

$$I_1 = I_1' - I_1'' \quad (11) \qquad I_2 = I_2' + I_2'' \quad (12)$$

$$I_3 = -I_3' + I_3'' \quad (13)$$

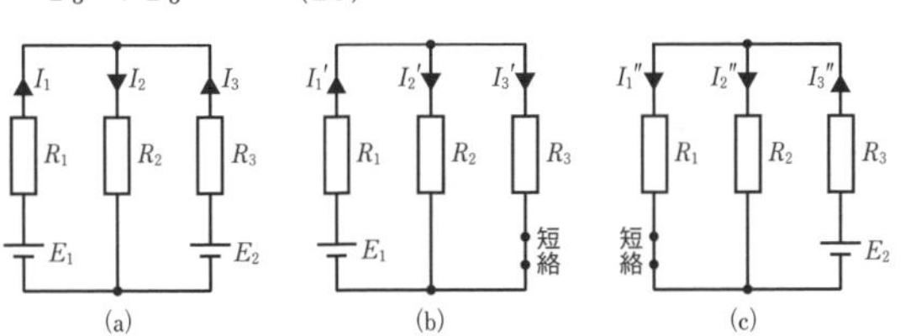

図3.16　重ね合わせの理

補足
電圧源と**電流源**は、この後の「LESSON20 定電圧源と定電流源」で学習する。

用語
短絡とは導線で接続すること、**開放**とは導線を切り離すこと（取り除いた両端を切り離したままにすること）。

補足
図3.16の回路において、電流I_1、I_2、I_3の方向は推測で決めるが、実際に電流を求めた場合に、その値が負になることがある。これは推測で決めた方向とは逆向きに電流が流れることを意味している。

例題にチャレンジ！

図の回路において、各抵抗を流れる電流 I_1〔A〕、I_2〔A〕、I_3〔A〕を求めよ。

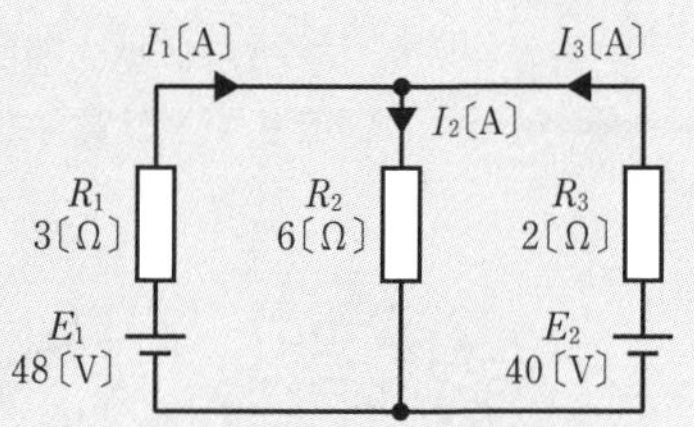

補足

右の回路は、LESSON 14の「例題にチャレンジ！」のキルヒホッフの法則の問題と同じ回路。

・解説・

重ね合わせの理を利用するため、電圧源を取り除いた回路図を下記に示す。

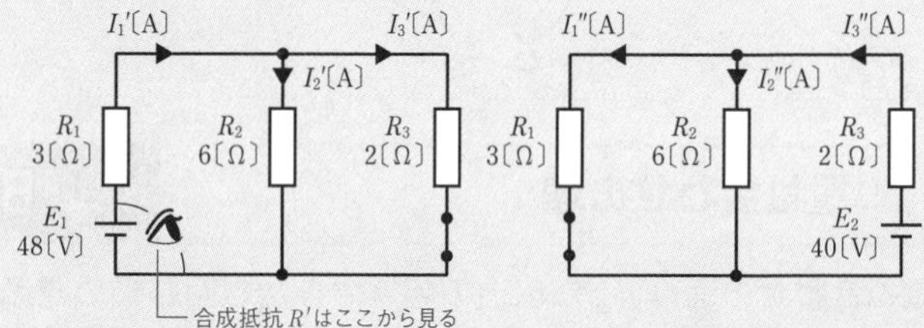

(a) E_2 を取り除いた回路　　(b) E_1 を取り除いた回路

解法のヒント

図(a)の回路の合成抵抗 R' が3つの抵抗の並列接続の計算にならない理由は、電源 E_1 の正(+)極、負(−)極の両端から抵抗側を見る（R_1 と「R_2、R_3 の並列」の直列に見える）からである。

図(a)の回路において、回路の合成抵抗 R'〔Ω〕および各岐路の電流を求めると、次のようになる。

$$R'=\frac{9}{2}〔\Omega〕\quad I_1'=\frac{32}{3}〔A〕\quad I_2'=\frac{8}{3}〔A〕\quad I_3'=8〔A〕$$

【詳しく解説】

図(a)の回路

$$R'=R_1+\frac{R_2R_3}{R_2+R_3}=3+\frac{6\times2}{6+2}=3+\frac{3}{2}=\frac{9}{2}〔\Omega〕$$

解法のヒント

$\frac{R_2R_3}{R_2+R_3}$ は、抵抗2個の並列接続なので、LESSON12の式(7)の「和分の積」を使っている。

I_1' は、

$$I_1'=\frac{E_1}{R'}=\frac{48}{\frac{9}{2}}=\frac{32}{3}〔A〕$$

I_2' と I_3' は、I_1' を分流（抵抗に反比例配分）させ、

$$I_2'=I_1'\times\frac{R_3}{R_2+R_3}=I_1'\times\frac{2}{8}=\frac{32}{3}\times\frac{2}{8}=\frac{8}{3}〔A〕$$

$$I_3'=I_1'\times\frac{R_2}{R_2+R_3}=I_1'\times\frac{6}{8}=\frac{32}{3}\times\frac{6}{8}=8〔A〕$$

図(b)の回路において、回路の合成抵抗R''〔Ω〕および各岐路の電流を求めると、次のようになる。

$$R''=4〔\Omega〕\quad I_3''=10〔A〕\quad I_1''=\frac{20}{3}〔A〕\quad I_2''=\frac{10}{3}〔A〕$$

【詳しく解説】

図(b)の回路

$$R''=2+\frac{3\times6}{3+6}=2+2=4〔\Omega〕$$

I_3''は、

$$I_3''=\frac{E_2}{R''}=\frac{40}{4}=10〔A〕$$

I_1''とI_2''は、I_3''を分流(抵抗に反比例配分)させ、

$$I_1''=I_3''\times\frac{6}{9}=10\times\frac{6}{9}=\frac{20}{3}〔A〕$$

$$I_2''=I_3''\times\frac{3}{9}=10\times\frac{3}{9}=\frac{10}{3}〔A〕$$

問題図の電流の向きを正方向とし、重ね合わせると、

$$I_1=I_1'-I_1''=\frac{32}{3}-\frac{20}{3}=\mathbf{4}〔A〕(答)$$

$$I_2=I_2'+I_2''=\frac{8}{3}+\frac{10}{3}=\mathbf{6}〔A〕(答)$$

$$I_3=-I_3'+I_3''=-8+10=\mathbf{2}〔A〕(答)$$

解法のヒント
重ね合わせるときの電流の正負に注意しよう。図(a)、(b)の電流の向きが問題図の電流の向きと同じなら正、逆向きなら負である。

理解度チェック問題

問題　次の□の中に適当な答えを記入せよ。

1. 図の回路の各抵抗に流れる電流I_1、I_2、I_3を重ね合わせの理により求める。

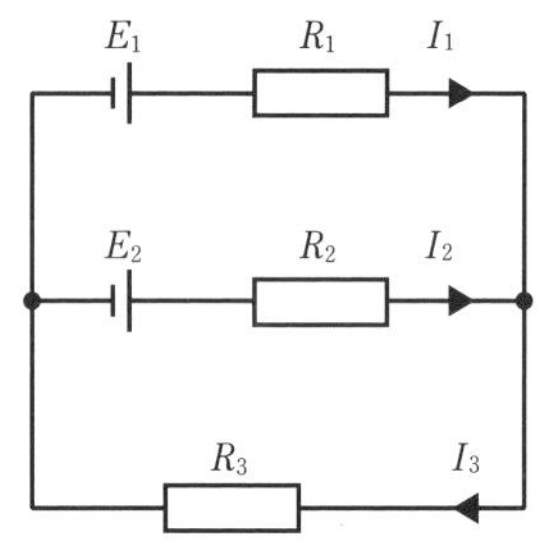

起電力が1個だけの回路を作ると、

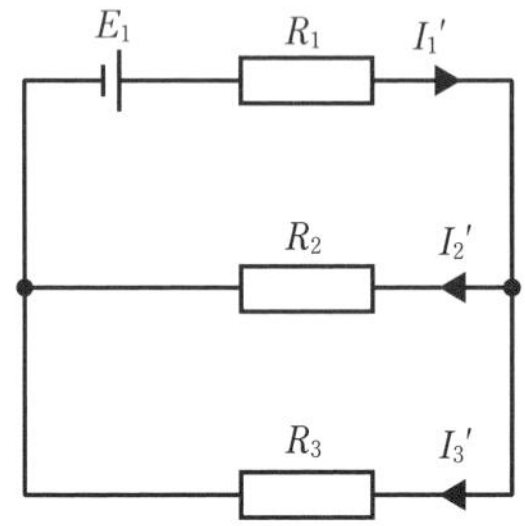

(a) E_2を取り除いた回路

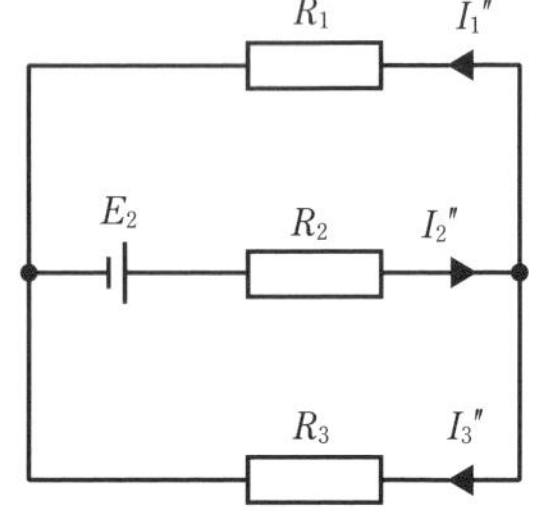

(b) E_1を取り除いた回路

図(a)の回路の合成抵抗R'は、

$R' = $（ア）

したがって、

$I_1' = $（イ）

I_2'はI_1'を分流させればよいので、

$I_2' = I_1' \times $（ウ）

I_3'はI_1'を分流させればよいので、

$I_3' = I_1' \times $（エ）

図(b)の回路の合成抵抗R″は、

$R'' = $（オ）

したがって、

$I_2'' = $（カ）

I_1''はI_2''を分流させればよいので、

$I_1'' = I_2'' \times $（キ）

I_3''はI_2''を分流させればよいので、

$I_3'' = I_2'' \times $（ク）

電流の向きに注意して、図(a)(b)の回路を重ね合わせると、

$I_1 = I_1 + $（ケ）

$I_2 = (-I_2') + $（コ）

$I_3 = I_3' + $（サ）

解答

解説文中に赤字で表記

解説

図(a)の回路を書き換えると、

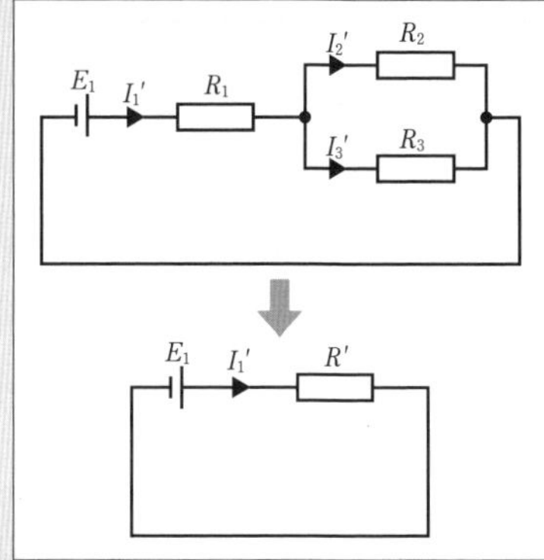

合成抵抗$R'=$(ア)$R_1+\dfrac{R_2R_3}{R_2+R_3}$

$$I_1'=\frac{E_1}{R'}=(イ)\frac{E_1}{R_1+\dfrac{R_2R_3}{R_2+R_3}}$$

$$I_2'=I_1'\times(ウ)\frac{R_3}{R_2+R_3}$$

I_1'を抵抗に反比例配分

$$I_3'=I_1'\times(エ)\frac{R_2}{R_2+R_3}$$

I_1'を抵抗に反比例配分

図(b)の回路を書き換えると、

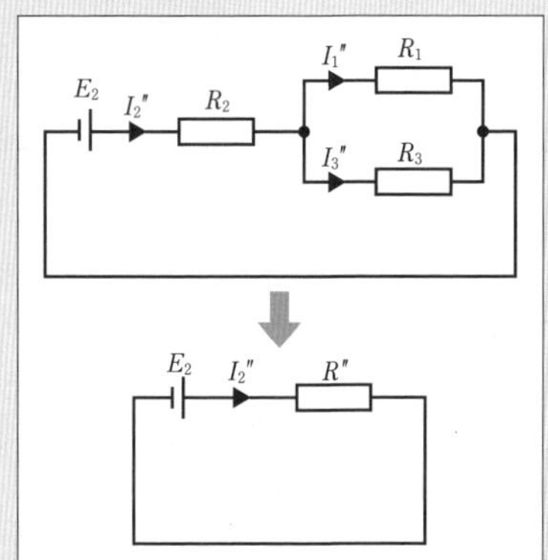

合成抵抗$R''=$(オ)$R_2+\dfrac{R_1R_3}{R_1+R_3}$

したがって、

$$I_2''=\frac{E_2}{R''}=(カ)\frac{E_2}{R_2+\dfrac{R_1R_3}{R_1+R_3}}$$

I_1''はI_2''を分流させればよいので、

$$I_1''=I_2''\times(キ)\frac{R_3}{R_1+R_3}$$

I_2''を抵抗に反比例配分

I_3''はI_2''を分流させればよいので、

$$I_3''=I_2''\times(ク)\frac{R_1}{R_1+R_3}$$

I_2''を抵抗に反比例配分

電流の向きに注意して、図(a)(b)の回路を重ね合わせると、

問題図の電流の方向を正(+)方向とする。問題図に書いていなければ自分で推測し決める。計算の結果、負(−)の電流値となった場合は、推測方向と逆向きの電流が流れていることになる。

I_1'はI_1と同方向、I_1''はI_1と逆方向、よって、
$I_1=I_1'+$(ケ)$(-I_1'')$

I_2'はI_2と逆方向、I_2''はI_2と同方向、よって、
$I_2=(-I_2')+$(コ)I_2''

I_3'はI_3と同方向、I_3''もI_3と同方向、よって、
$I_3=I_3'+$(サ)I_3''

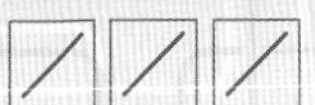

LESSON 16

テブナンの定理

複雑な電気回路を、極めて簡単な等価回路に変換するテブナンの定理。とても重要な定理なので、必ずマスターしましょう。

関連過去問 040, 041

1 テブナンの定理 重要度A

電源を含む回路網の2つの端子ab間に抵抗Rを接続したとき、その接続したRに流れる電流Iは、図3.17 (b) のように、Rを取り除いて端子ab間に現れる開放電圧をE_0、端子abから見た回路網の合成抵抗をR_0とすれば、

重要公式 テブナンの定理

$$I=\frac{E_0}{R_0+R} \tag{14}$$

で表されます。これを**テブナンの定理**といいます。

補足
合成抵抗R_0を求めるとき、**電圧源**は**短絡**し、**電流源**は**開放**する。
電圧源と電流源は、この後の「LESSON20 定電圧源と定電流源」で学ぶ。

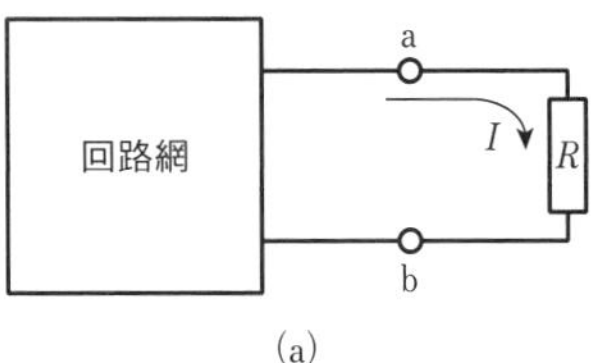

(a)

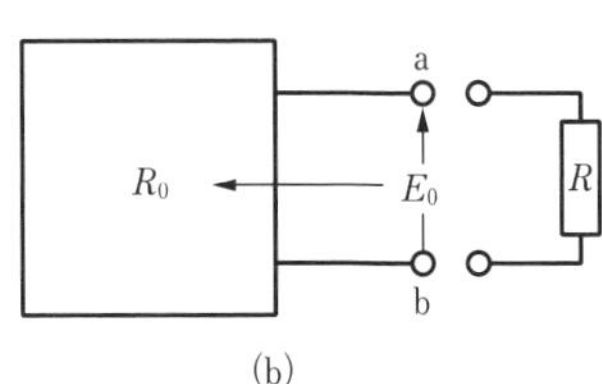

(b)

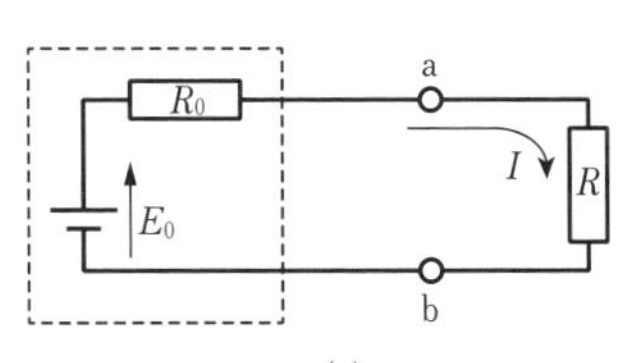

(c)

E_0：開放電圧
R_0：端子abから見た回路網の合成抵抗

左の回路をテブナン等価回路といい、どのような複雑な回路網であっても、電源E_0と抵抗R_0が直列接続された極めて単純な回路となる。

図3.17 テブナンの定理

テブナンの定理の証明

下の図において、(a) の回路の**外部抵抗Rの回路**に、起電力の**大きさが等しく、方向が反対の電源を直列に接続**して (b) のようにしても、外部抵抗に流れる電流は (a) と変わりません。そこで、先に述べた「重ね合わせの理」を使うと、右側の電源を2つに分け、(c) と (d) の2つの回路に分けることができ、電流$I = I' + I''$となります。そして、外部抵抗に接続する電源の大きさを、外部抵抗を開放したときの回路の電圧に等しくすれば、(c) 回路は$I' = 0$となります。その結果、$I = I'' = \dfrac{E_0}{R_0 + R}$となり、テブナンの定理が証明されます。

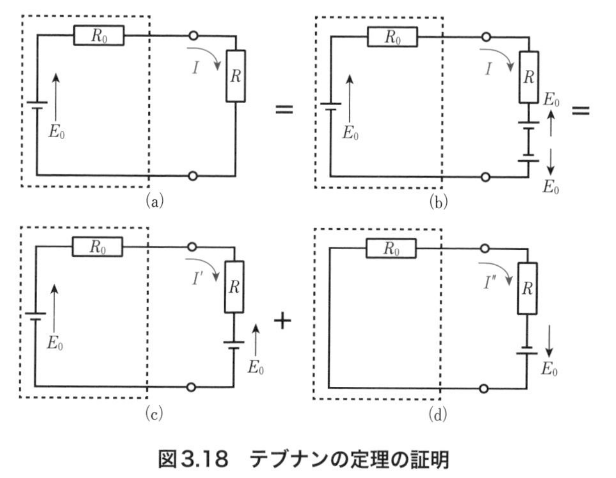

図3.18　テブナンの定理の証明

証明は参考です。覚える必要はありません。

◎注意　開放電圧E_0とは

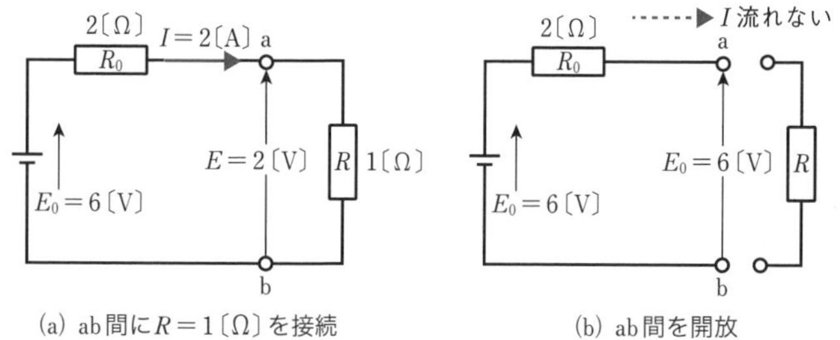

図3.19　開放電圧E_0

第3章　直流回路

図3.19 (a) の回路において、端子ab間に$R=1$〔Ω〕の抵抗が接続されているとき、ab間の電圧EはR_0による電圧降下のため、電源電圧E_0より低く、$E=2$〔V〕です。

$E=E_0-R_0I=6-2\times2=2$〔V〕

この状態から図3.19 (b) のようにab間を開放し、Rを取り除くと、ab間にはR_0による電圧降下がなくなるため、電源電圧$E_0=6$〔V〕がそのまま現れます。

$E=E_0-R_0I=6-2\times0=6$〔V〕

この開放端子ab間に現れる電圧E_0を、**開放電圧**といいます。

ab間に再び$R=1$〔Ω〕を接続すると、電流$I=2$〔A〕が流れ、ab間の電圧Eは、$E=2$〔V〕となります。

このように、ab間を開放したときと、抵抗Rを接続したときのab間の電圧は異なる値になることに注意しましょう。

補足

右の回路は、LESSON 14「キルヒホッフの法則」の「例題にチャレンジ！」と同じ回路である。

例題にチャレンジ！

図の回路において、抵抗R_2〔Ω〕を流れる電流I_2〔A〕をテブナンの定理を用いて求めよ。

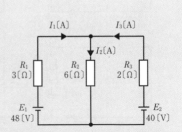

・解説・

1. 抵抗R_2の両端を開放し、開放端をa、bとする。

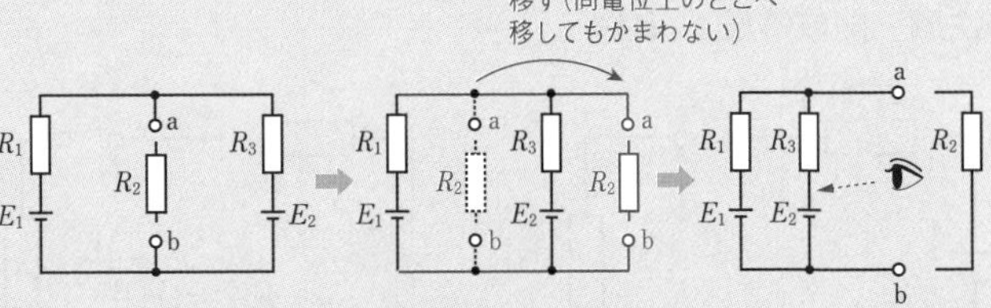

2. 端子abから見た電源側回路網の合成抵抗R_0は、

$$R_0=\frac{R_1R_3}{R_1+R_3}$$

抵抗2個の並列回路の合成抵抗R_0は、和分の積を使う。

解法のヒント

端子abから見た回路網の合成抵抗を計算するとき、電圧源E_1、E_2は取り除き短絡する。

$$=\frac{3\times2}{3+2}$$

$$=\frac{6}{5}〔\Omega〕$$

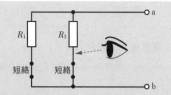

3. 端子ab間に現れる開放電圧E_0を求める。回路網を流れる電流Iは、

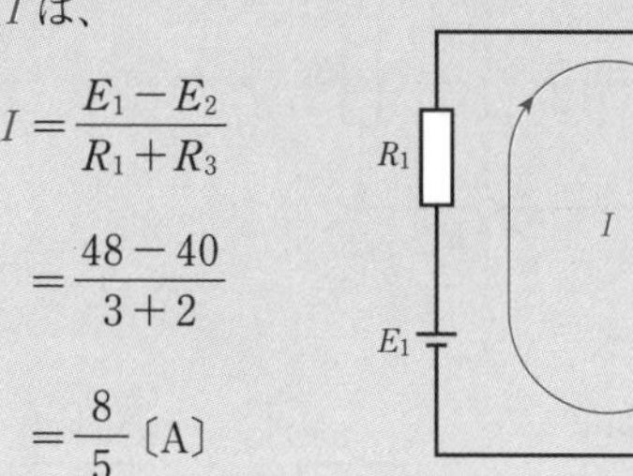

$$I=\frac{E_1-E_2}{R_1+R_3}$$

$$=\frac{48-40}{3+2}$$

$$=\frac{8}{5}〔\mathrm{A}〕$$

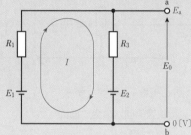

b点の電位を基準の0〔V〕とすれば、a点の電位Eaは、b点0〔V〕よりE_1〔V〕上昇し、$R_1\cdot I$〔V〕降下するので、

$$E\mathrm{a}=E_1-R_1\cdot I$$

$$=48-3\times\frac{8}{5}=48-\frac{24}{5}=\frac{240}{5}-\frac{24}{5}=\frac{216}{5}〔\mathrm{V}〕$$

よって、ab間の開放電圧E_0は、

$$E_0=E\mathrm{a}-0=\frac{216}{5}〔\mathrm{V}〕$$

4. 端子ab間に再び抵抗R_2を接続したテブナン等価回路は、下図のようになる。よって、抵抗R_2を流れる電流I_2は、

$$I_2=\frac{E_0}{R_0+R_2}$$

$$=\frac{\frac{216}{5}}{\frac{6}{5}+6}$$

$$=\frac{\frac{216}{5}}{\frac{36}{5}}$$

$$=6〔\mathrm{A}〕$$ (答)

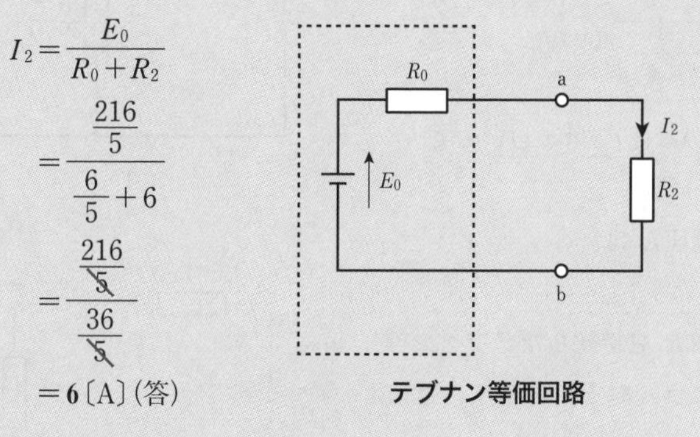

テブナン等価回路

解法のヒント

a点の電位Eaは、次のように求めることもできる。

b点0〔V〕よりE_2〔V〕上昇し、さらに$R_3\cdot I$〔V〕上昇するので、

$$E\mathrm{a}=E_2+R_3\cdot I$$

$$=40+2\times\frac{8}{5}$$

$$=40+\frac{16}{5}$$

$$=\frac{216}{5}〔\mathrm{V}〕$$

※電流Iの方向を、3.の図のようにとったため、R_3で電位が上昇する（R_3の上端から下端に向かい、電流Iが流れるので、上端のほうが下端より電位が高い）。

理解度チェック問題

問題　次の[　　　]の中に適当な答えを記入せよ。

テブナンの定理を使って、図(a)の$R_4 = 1$〔Ω〕に流れる電流Iを求める。

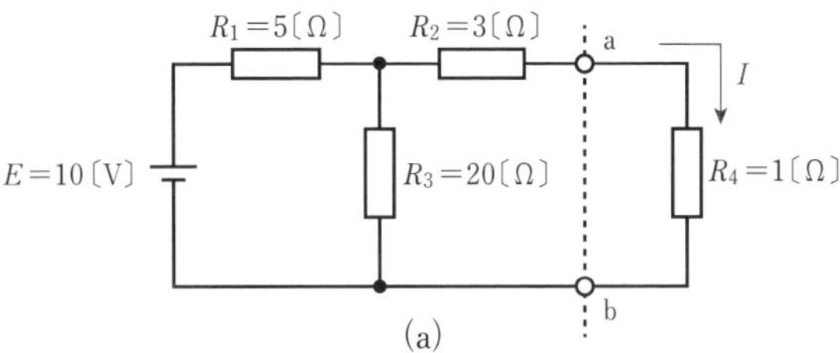

(a)

1. 図(b)のように、抵抗R_4の両端a、bを開放する。

2. 図(b)の端子abから見た電源側回路の合成抵抗R_0は、

$R_0 =$ [　(ア)　]（文字式）$=$ [　(イ)　]（数値）〔Ω〕

なお、このとき電圧源$E = 10$〔V〕は[　(ウ)　]する。

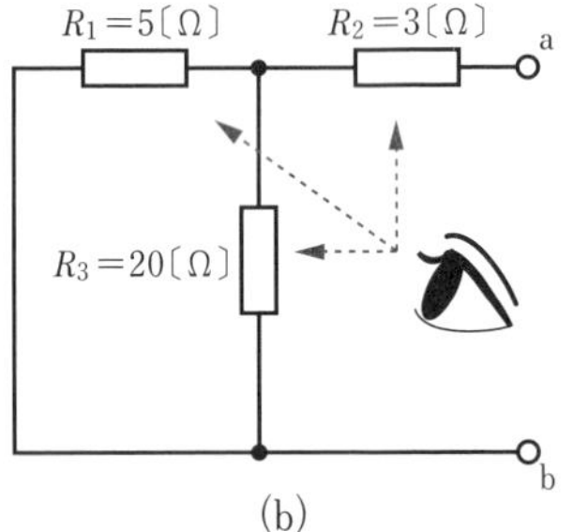

(b)

3. 図(c)において、端子ab間に現れる開放電圧E_0を求める。

回路網を流れる電流I_0は、

$I_0 =$ [　(エ)　]（文字式）$=$ [　(オ)　]（数値）〔A〕

b点の電位を基準の0〔V〕とすれば、a′点の電位Ea'は、

$Ea' =$ [　(カ)　]（文字式）$=$ [　(キ)　]（数値）〔V〕

a′点の電位Ea'とa点の電位Eaは等しいので、

$Ea = Ea' =$ [　(キ)　]〔V〕

よって、ab間の開放電圧E_0は、

$E_0 = Ea =$ [　(キ)　]〔V〕

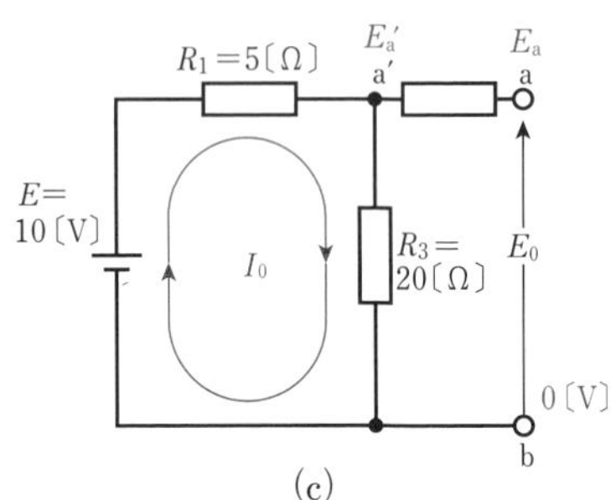

(c)

4. 端子ab間に再び抵抗R_4を接続したテブナン等価回路は、図(d)のようになる。よって、抵抗R_4を流れる電流Iは、

$I =$ [　(ク)　]（文字式）$=$ [　(ケ)　]（数値）〔A〕

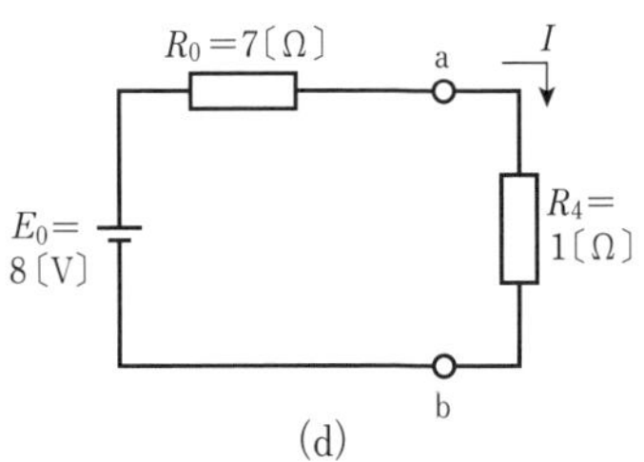

(d)

解答

解説文中に赤字で表記

解説

2. $R_0 =$ (ア) $\dfrac{R_1 R_3}{R_1 + R_3} + R_2 = \dfrac{5 \times 20}{5 + 20} + 3 =$ (イ) 7〔Ω〕

　(ウ)取り除き短絡

3. $I_0 =$ (エ) $\dfrac{E}{R_1 + R_3} = \dfrac{10}{5 + 20} =$ (オ) 0.4〔A〕

　$Ea' =$ (カ) $E - R_1 I_0 = 10 - 5 \times 0.4 =$ (キ) 8〔V〕

　または、

　$Ea' =$ (カ) $R_3 I_0 = 20 \times 0.4 =$ (キ) 8〔V〕

　でもよい。

> R_3には上から下方向に電流I_0が流れるので、a′の電位は基準電位0〔V〕より高い。よってEa'は正値となる

　$Ea = Ea' =$ (キ) 8〔V〕

　$E_0 = Ea =$ (キ) 8〔V〕

4. $I =$ (ク) $\dfrac{E_0}{R_0 + R_4} = \dfrac{8}{7 + 1} =$ (ケ) 1.0〔A〕

オフタイム

テブナンの定理

　テブナンの定理は、多数の直流電源を含む電気回路において抵抗に流れる電流を簡単に求める方法であり、1883年フランスの技術者シャルル・テブナンにより発表されました。日本では、1922年に交流回路（第4章で学びます）の場合に成立することを発表した鳳秀太郎（ほう　ひでたろう）の名を取って、**鳳-テブナンの定理**とも呼ばれます。テブナンの定理はとても便利なので、使いこなせるようになりましょう。少し複雑な回路の場合は、キルヒホッフよりもテブナンが無難（ブナン）です。

17日目

第3章 直流回路

LESSON 17

ミルマンの定理

ミルマンの定理は、式の形が美しく覚えやすいです。問題の中で当てはまりそうな回路が出てきたら、ぜひ活用しましょう。

関連過去問 042

Eab=(E1/R1+E2/R2+E3/R3)/(1/R1+1/R2+1/R3)[V]
確かに、
規則正しく美しい式
だニャー

1 ミルマンの定理 重要度 B

図3.20のように、電源と抵抗の回路がいくつか並列になっている回路のab間の電圧Eabは、

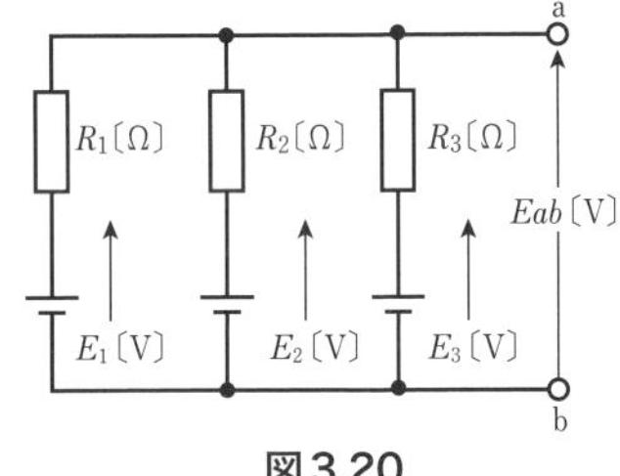

図3.20

重要公式 ミルマンの定理

$$Eab = \frac{\dfrac{E_1}{R_1}+\dfrac{E_2}{R_2}+\dfrac{E_3}{R_3}}{\dfrac{1}{R_1}+\dfrac{1}{R_2}+\dfrac{1}{R_3}} \text{〔V〕} \quad (15)$$

$\frac{\text{ab間を短絡したときの各枝路の電流の和}}{\text{各抵抗の逆数の和}}$

となります。

これを**ミルマンの定理**といいます。

図3.21のように、E_2がない場合は、$E_2=0$と考え、$\dfrac{E_2}{R_2}=0$とします。

$$Eab=\frac{\dfrac{E_1}{R_1}+0+\dfrac{E_3}{R_3}}{\dfrac{1}{R_1}+\dfrac{1}{R_2}+\dfrac{1}{R_3}}〔\mathrm{V}〕$$

となります。

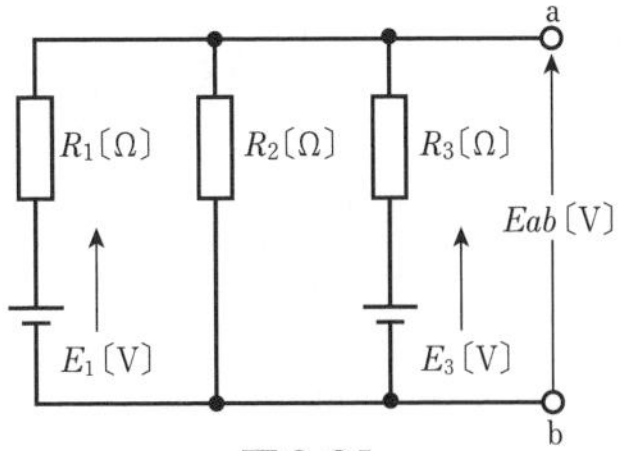

図3.21

また、図3.22のように、E_3が逆向きの場合は、$-E_3$と考え、$-\dfrac{E_3}{R_3}$とします。

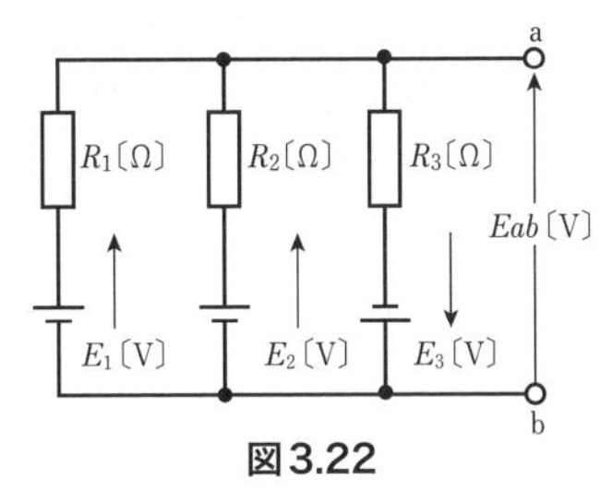

図3.22

$$Eab=\frac{\dfrac{E_1}{R_1}+\dfrac{E_2}{R_2}-\dfrac{E_3}{R_3}}{\dfrac{1}{R_1}+\dfrac{1}{R_2}+\dfrac{1}{R_3}}〔\mathrm{V}〕$$

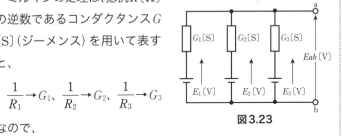

となります。

ミルマンの定理は、抵抗R〔Ω〕の逆数であるコンダクタンスG〔S〕(ジーメンス)を用いて表すと、

$$\frac{1}{R_1}\rightarrow G_1、\frac{1}{R_2}\rightarrow G_2、\frac{1}{R_3}\rightarrow G_3$$

なので、

$$Eab=\frac{G_1E_1+G_2E_2+G_3E_3}{G_1+G_2+G_3}〔\mathrm{V}〕$$

となります。

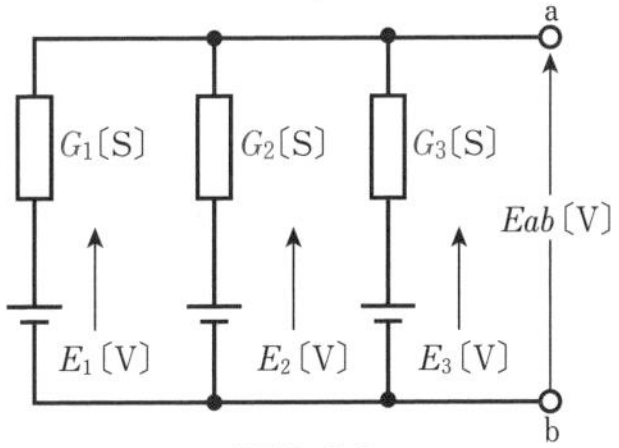

図3.23

また、ミルマンの定理は電源とコンデンサの回路についても成り立ち、その場合は、

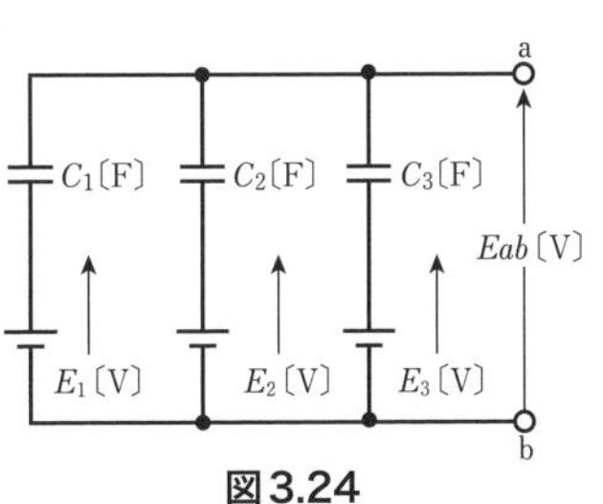

図3.24

第3章　直流回路

$\frac{1}{R_1} \to C_1$、$\frac{1}{R_2} \to C_2$、$\frac{1}{R_3} \to C_3$に置き換え、

$$Eab = \frac{C_1E_1 + C_2E_2 + C_3E_3}{C_1 + C_2 + C_3}〔\mathrm{V}〕$$

となります。

例題にチャレンジ!

図の回路において、抵抗R_2〔Ω〕を流れる電流I_2〔A〕をミルマンの定理を用いて求めよ。

補足

右の回路は、LESSON 14「キルヒホッフの法則」の「例題にチャレンジ！」と同じ回路である。

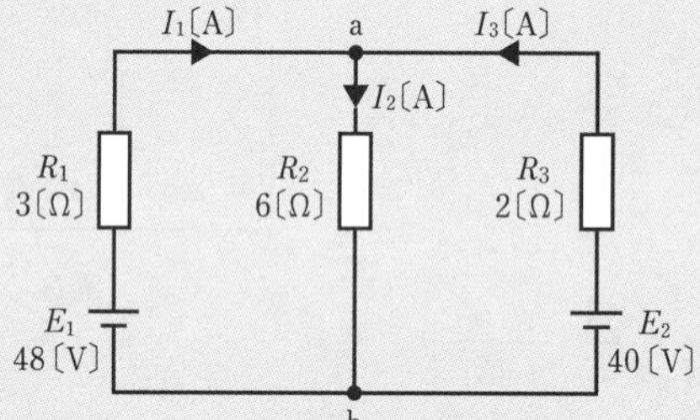

・解説・

ミルマンの定理により、R_2の両端電圧Eabは、

$$Eab = \frac{\frac{E_1}{R_1} + \frac{0}{R_2} + \frac{E_2}{R_3}}{\frac{1}{R_1} + \frac{1}{R_2} + \frac{1}{R_3}} = \frac{\frac{48}{3} + \frac{0}{6} + \frac{40}{2}}{\frac{1}{3} + \frac{1}{6} + \frac{1}{2}} = \frac{36}{1} = 36〔\mathrm{V}〕$$

よって、求める電流I_2は、

$$I_2 = \frac{Eab}{R_2} = \frac{36}{6} = \mathbf{6}〔\mathrm{A}〕（答）$$

なお、I_1、I_3は問題図の方向を正方向として、次のように求めることができる。$E_1 - R_1I_1 = Eab$であるから、

$$I_1 = \frac{E_1 - Eab}{R_1} = \frac{48 - 36}{3} = \frac{12}{3} = 4〔\mathrm{A}〕$$

同様に

$$I_3 = \frac{E_2 - Eab}{R_3} = \frac{40 - 36}{2} = \frac{4}{2} = 2〔\mathrm{A}〕$$

理解度チェック問題

問題　次の［　　］の中に適当な答えを記入せよ。

図(a)のように、電源と抵抗の回路がいくつか並列になっている回路のab間の電圧Eabは、$Eab=$［（ア）］〔V〕となる。

これを［（イ）］の定理という。［（イ）］の定理は、抵抗R〔Ω〕の逆数であるコンダクタンスG〔S〕（ジーメンス）を用いて表すと、$Eab=$［（ウ）］〔V〕となる。

図(b)のように、E_2がない場合は、$Eab=$［（エ）］〔V〕となる。

また、図(c)のように、E_3が逆向きの場合は、$Eab=$［（オ）］〔V〕となる。

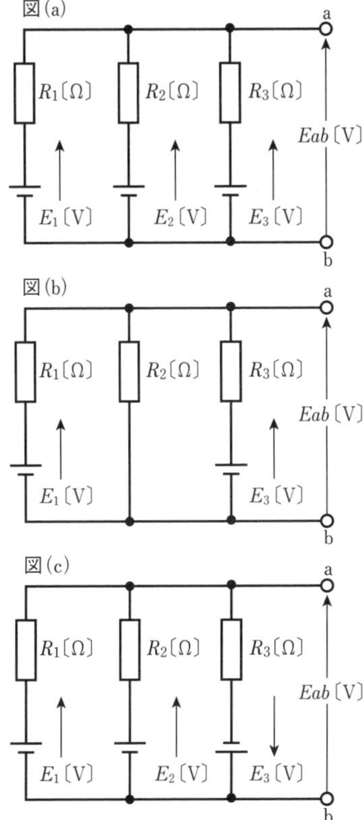

解答

解説文中に赤字で表記

解説

（ア）

$$Eab=\frac{\frac{E_1}{R_1}+\frac{E_2}{R_2}+\frac{E_3}{R_3}}{\frac{1}{R_1}+\frac{1}{R_2}+\frac{1}{R_3}}\text{〔V〕}$$

（イ）ミルマン

（ウ）抵抗をコンダクタンスGを用いて表すと、

$\frac{1}{R_1}\to G_1$、$\frac{1}{R_2}\to G_2$、$\frac{1}{R_3}\to G_3$　であるから、

$$Eab=\frac{G_1E_1+G_2E_2+G_3E_3}{G_1+G_2+G_3}\text{〔V〕}$$　となる。

（エ）E_2がない場合は、$E_2=0$と考え、$\frac{E_2}{R_2}=0$とする。

$$Eab=\frac{\frac{E_1}{R_1}+0+\frac{E_3}{R_3}}{\frac{1}{R_1}+\frac{1}{R_2}+\frac{1}{R_3}}\text{〔V〕}$$　となる。

（オ）E_3が逆向きの場合は、$-E_3$と考え、$-\frac{E_3}{R_3}$とする。

$$Eab=\frac{\frac{E_1}{R_1}+\frac{E_2}{R_2}-\frac{E_3}{R_3}}{\frac{1}{R_1}+\frac{1}{R_2}+\frac{1}{R_3}}\text{〔V〕}$$　となる。

LESSON 18

抵抗のΔ-Y変換

抵抗のΔ-Y等価変換について学びます。3個の抵抗の値が等しいときの等価変換式は必ず覚えておきましょう。

関連過去問 043, 044

1 抵抗のΔ-Y変換 重要度A

図3.25 (a) のように、3個の抵抗R_{ab}、R_{bc}、R_{ca}を三角形になるように接続する方法を、**Δ接続**（**デルタ接続**）または**三角接続**といいます。また、3個の抵抗R_a、R_b、R_cを図3.25 (b) のように接続する方法を、**Y接続**（**ワイ接続**）または**星形接続**（**スター接続**）といいます。

> **補足**
> 図3.25の△-Y等価変換では、ab間、bc間、ca間から見た合成抵抗が等しく、この間に電源を接続すると、△、Yそれぞれの
> - a点を流れる電流が等しい。b点、c点も同様
> - ab間の電圧が等しい。bc間、ca間も同様
> - ab間で消費する電力が等しい。bc間、ca間も同様

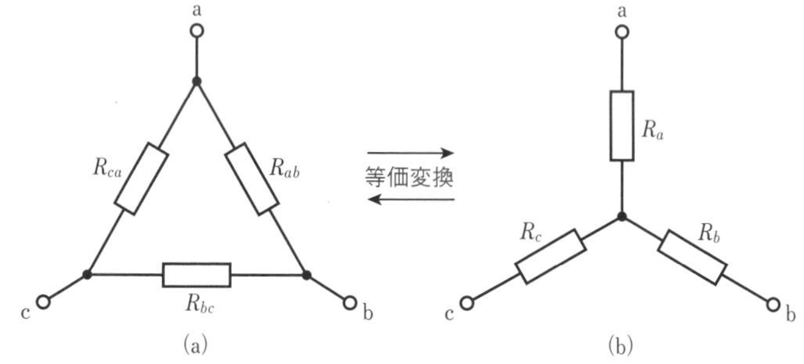

図3.25 Δ-Y等価変換

これら2つの回路は、それぞれの接続を互いに等価的に変換できます。

△接続をY接続の回路に**等価変換**する式は、次のようになります。

分子：はさむ抵抗の積

$$R_a = \frac{R_{ab} R_{ca}}{R_{ab} + R_{bc} + R_{ca}} \,[\Omega] \tag{16}$$

分母：3個の抵抗の和

$$R_b = \frac{R_{ab} R_{bc}}{R_{ab} + R_{bc} + R_{ca}} \,[\Omega] \tag{17}$$

$$R_c = \frac{R_{bc} R_{ca}}{R_{ab} + R_{bc} + R_{ca}} \,[\Omega] \tag{18}$$

また、Y接続の回路を△接続の回路に等価変換する式は、次のようになります。

分子：隣り合う抵抗の積の和

$$R_{ab} = \frac{R_a R_b + R_b R_c + R_c R_a}{R_c} \,[\Omega] \tag{19}$$

分母：R_{ab}に対面する抵抗R_c

$$R_{bc} = \frac{R_a R_b + R_b R_c + R_c R_a}{R_a} \,[\Omega] \tag{20}$$

$$R_{ca} = \frac{R_a R_b + R_b R_c + R_c R_a}{R_b} \,[\Omega] \tag{21}$$

それぞれの接続において各抵抗の値が等しい場合、$R_{ab} = R_{bc} = R_{ca} = R_{\triangle}$、$R_a = R_b = R_c = R_Y$とすると次式となり、これらの式は**三相平衡負荷**（へいこう）の等価変換に頻繁（ひんぱん）に利用されます。

重要公式　抵抗のΔ-Y変換

$$R_Y = \frac{R_{\triangle}}{3} \,[\Omega] \tag{22}$$

$$R_{\triangle} = 3 \cdot R_Y \,[\Omega] \tag{23}$$

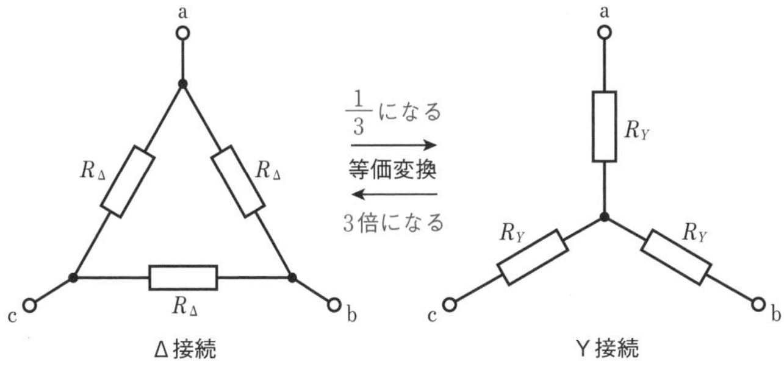

図3.26　3個の抵抗の値が等しい場合

補足
$R_{\triangle}$はRデルタ、R_YはRワイと読む。

補足
三相平衡負荷は、「第5章　三相交流回路」で学ぶ。

補足
抵抗の△-Y変換は、抵抗をインピーダンスに変えても成り立つ。インピーダンスについては、「第4章　交流回路 LESSON28」で学ぶ。

プラスワン
△→Yへの変換は「やせるから1/3」、Y→△への変換は「太るから3倍」と覚えよう。

解法のヒント

このままでは、合成抵抗を求めることが難しいので、次のように書き換える。

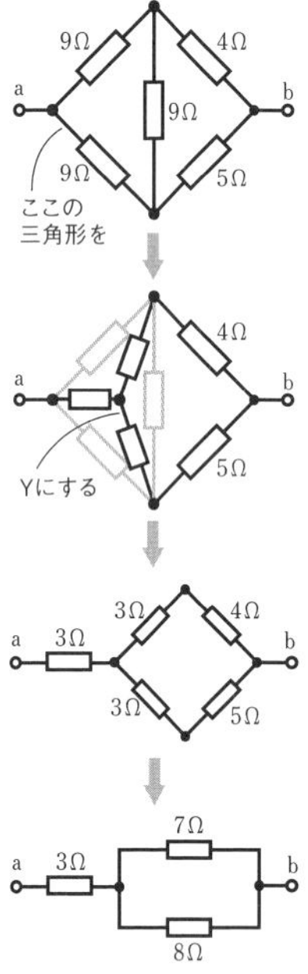

例題にチャレンジ！

図の回路の端子ab間から見た合成抵抗R〔Ω〕を求めよ。

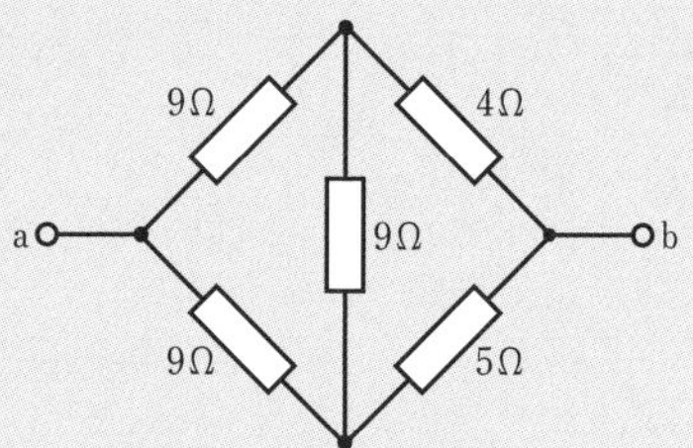

・解説・

3個の抵抗9〔Ω〕は、△に接続されているのでYに変換し、

$\dfrac{9}{3}=3$〔Ω〕として回路を書き換える。

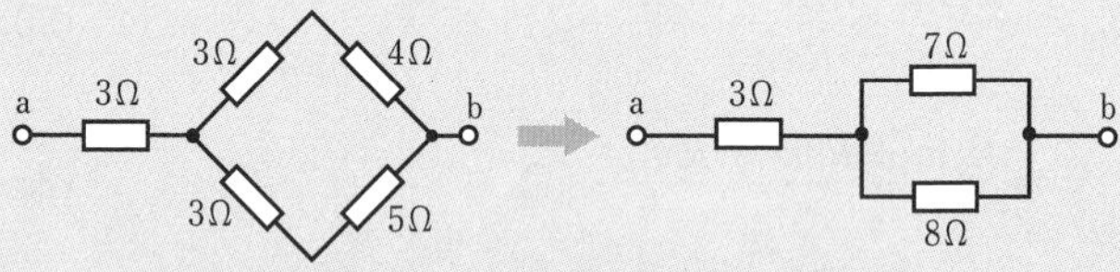

したがって、端子ab間から見た合成抵抗Rは、

$$R=3+\frac{7\times 8}{7+8}\fallingdotseq \mathbf{6.73}〔Ω〕(答)$$

抵抗2個の並列回路の合成抵抗は、「和分の積」を使う。

理解度チェック問題

問題　次の［　　］の中に適当な答えを記入せよ。

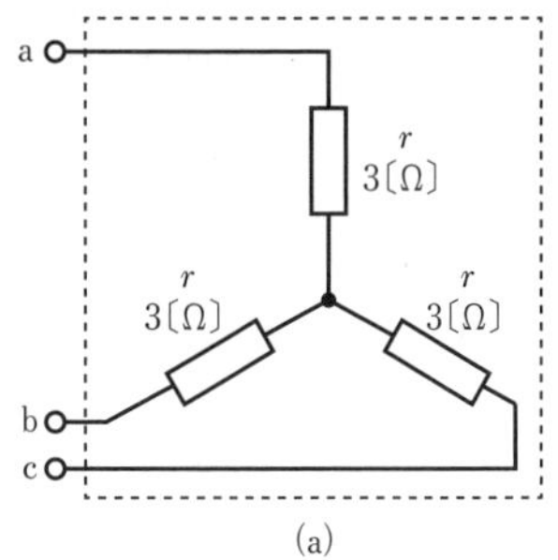

(a)

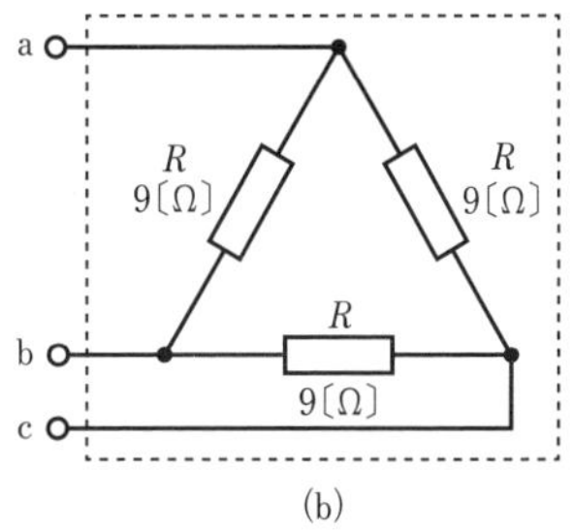

(b)

図(a)の回路において、ab間から見た抵抗R_{ab}は、

R_{ab}＝［（ア）］（文字式）＝［（イ）］（数値）〔Ω〕

同様に、

R_{bc}＝［（ア）］＝［（イ）］〔Ω〕

R_{ca}＝［（ア）］＝［（イ）］〔Ω〕

また、図(b)の回路において、ab間から見た抵抗R_{ab}は、

R_{ab}＝［（ウ）］（文字式）＝［（エ）］（数値）〔Ω〕

同様に

R_{bc}＝［（ウ）］＝［（エ）］〔Ω〕

R_{ca}＝［（ウ）］＝［（エ）］〔Ω〕

上記の計算結果から、図(a)と図(b)の回路は［（オ）］であるといえる。R＝［（カ）］×rの関係が成り立つとき、両回路は［（オ）］となる。

解答

解説文中に赤字で表記

解説

図(a)の回路の各端子間から見た合成抵抗は、rが2つの直列回路となるので、

$R_{ab}=R_{bc}=R_{ca}=$(ア)$\,2r=$(イ)$\,6$〔Ω〕

図(b)の回路の各端子間から見た合成抵抗は、Rと$(R+R)$の並列回路となるので、

$$R_{ab}=R_{bc}=R_{ca}=\frac{R\times(R+R)}{R+(R+R)}=\frac{2R^2}{3R}=\text{(ウ)}\,\frac{2}{3}R=\text{(エ)}\,6\text{〔Ω〕}$$

上記の計算結果から、図(a)と図(b)の各端子間から見た合成抵抗は6〔Ω〕と等しい。したがって、どちらの回路も端子間に同一電圧を加えれば、端子に流れる電流は等しい。このような回路を互いに(オ)等価回路であるという。問題図の回路においては、$R=$(カ)$\,3\times r$の関係が成り立つとき、互いに等価回路となる。

19日目

第3章 直流回路

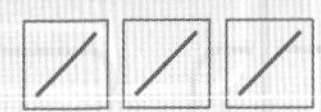

LESSON 19

ブリッジ回路

ブリッジ回路を見たら、平衡しているかどうか確認しよう。平衡していれば、オームの法則で解けます。

関連過去問 045, 046

1 ブリッジ回路 重要度 A

図3.27のように、抵抗R_1からR_4を四辺形のように接続し、さらに、**検流計**Gを端子bc間に橋渡しするように接続した回路を、**ブリッジ回路**といいます。

補足
検流計は、電流の有無を検出する計器。

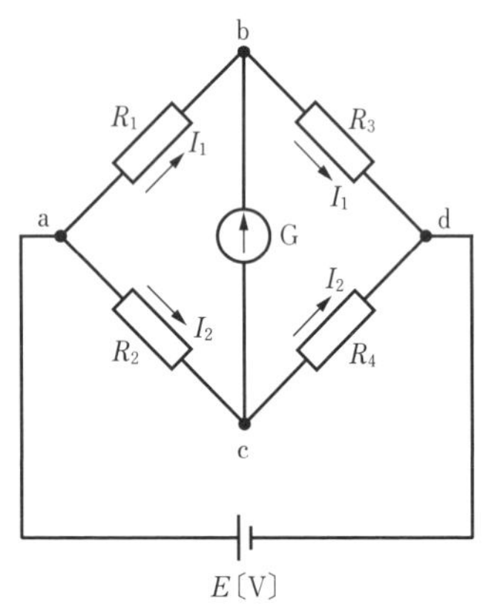

図3.27 ブリッジ回路

ブリッジ回路では、R_1からR_4の値を適当に加減すると、**検流計の振れを零**にすることができ、この状態をブリッジが**平衡**したといいます。平衡した状態では、検流計に**電流が流れない**ので、点bと点cの電位が等しく、次式が成り立ちます。

プラスワン
ブリッジの平衡は、たすきがけ。平衡条件の公式は式でなく、図で覚えよう。

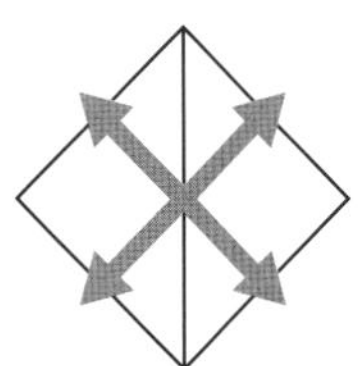

対辺どうしの**抵抗の積**が等しいとき、ブリッジは平衡する。

$I_1R_1 = I_2R_2$、$I_1R_3 = I_2R_4$

上記の２式から、次の**ブリッジの平衡条件**が得られます。

重要公式　ブリッジの平衡条件

$$R_1R_4 = R_2R_3 \tag{24}$$

ブリッジの平衡条件式の導き方

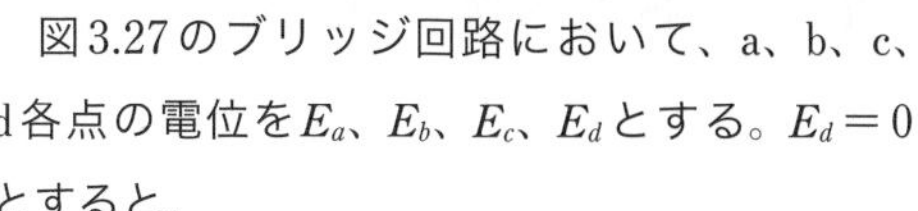

図3.27のブリッジ回路において、a、b、c、d各点の電位をE_a、E_b、E_c、E_dとする。$E_d = 0$とすると、

$E_a = E$

$E_b = E - I_1R_1$

$E_c = E - I_2R_2$

平衡していると$E_b = E_c$となるので、

$E - I_1R_1 = E - I_2R_2$

$I_1R_1 = I_2R_2$……①

$E_d = E_b - I_1R_3$

$= E_c - I_2R_4$

$E_b = E_c$なので、

$E_b - I_1R_3 = E_b - I_2R_4$

$I_1R_3 = I_2R_4$……②

①÷②

$$\frac{\cancel{I_1}R_1}{\cancel{I_1}R_3} = \frac{\cancel{I_2}R_2}{\cancel{I_2}R_4}$$

$R_1R_4 = R_2R_3$

補足

電源Eの負(－)側、点dを基準電位の0としているので、点bの電位E_bは、電源でE上昇、抵抗R_1でI_1R_1電圧降下し、

$E_b = E - I_1R_1$となる。

同様に、点Cの電位E_cは、

$E_c = E - I_2R_2$となる。

補足

①÷②とする理由は、I_1とI_2を消去するためである。②÷①でもよい。

解法のヒント

ブリッジ回路を見たら、まずは対辺どうしの抵抗を掛けてみよう。同じ値ならブリッジは平衡しているので、橋渡しをしている中央の抵抗は取り外し開放、または短絡する。このようにして得られた等価回路は単純な回路となるので、テブナンの定理などを使用しなくても簡単に計算ができる。

図の回路で、$E=24$〔V〕、$R_1=4$〔Ω〕、$R_2=2$〔Ω〕、$R_3=8$〔Ω〕、$R_4=4$〔Ω〕、$R_5=6$〔Ω〕のとき、電流I〔A〕を求めよ。

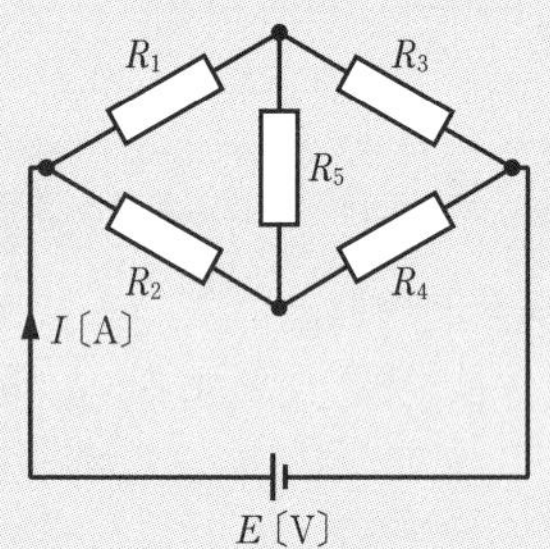

・解説・

ブリッジ回路の対辺どうしの抵抗の積をとると、$R_1R_4=4\times4=16$、$R_2R_3=2\times8=16$と、平衡していることがわかる。

R_5の上下両端の電位は同じであり、R_5に電流は流れない。

電位が等しい2点間は、開放しても短絡してもかまわない。

R_5を取り外し開放した回路を図に示す。

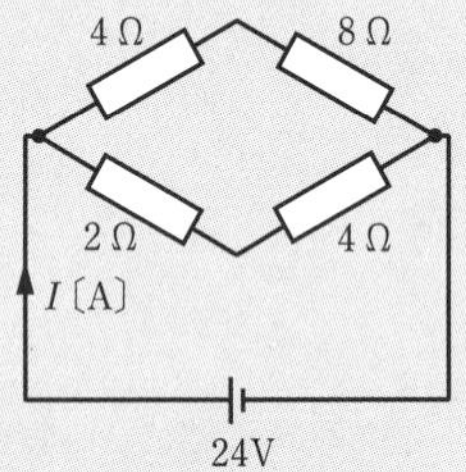

R_5を開放した回路

この回路図において、合成抵抗Rは、

$$R=\frac{(4+8)\times(2+4)}{(4+8)+(2+4)}=\frac{72}{18}=4〔\Omega〕$$

上2つと下2つの抵抗が並列状態にあると考えて、「和分の積」を使う

したがって、電流Iは、

$$I=\frac{E}{R}=\frac{24}{4}=\mathbf{6}〔A〕(答)$$

各点の電位の確認

図(a)のような回路図があります。

上側の抵抗(4 Ω、8 Ω)には$\frac{24}{4+8}=2$〔A〕、下側の抵抗(2 Ω、4 Ω)には$\frac{24}{2+4}=4$〔A〕の電流が流れ、図(a)の各点の電位は、次のようになります(図b参照)。

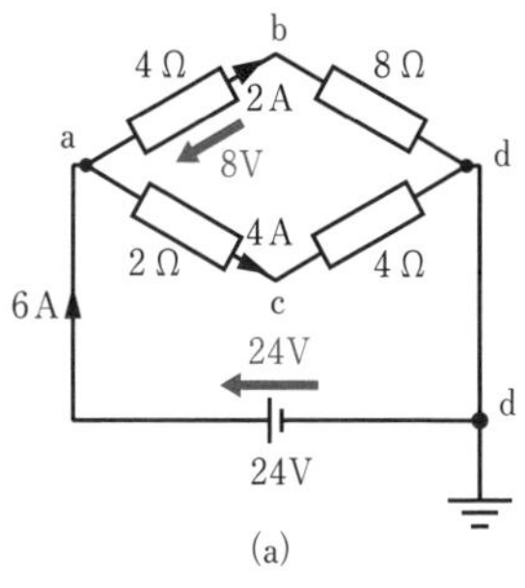

(a)

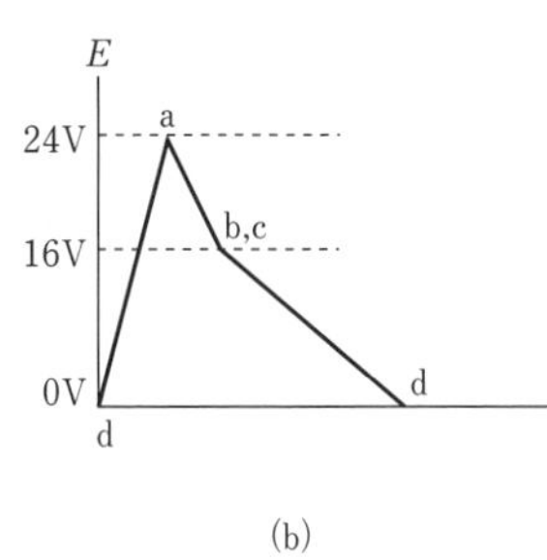

(b)

d点を基準電位の0〔V〕とします(d点を接地して0〔V〕と考えてもよいです)。

a点の電位：24〔V〕

24〔V〕の起電力により、d点より電位が24〔V〕上昇。

b点の電位：16〔V〕

4〔Ω〕の抵抗を2Aの電流が流れるので、4×2＝8〔V〕で、a点より電位が8〔V〕降下。d点と比較すると24－8＝16〔V〕、よって、d点より16〔V〕電位が高い。

c点の電位：16〔V〕

2〔Ω〕の抵抗を4Aの電流が流れるので、2×4＝8〔V〕で、a点より電位が8〔V〕降下。d点と比較すると24－8＝16〔V〕、よって、d点より16V電位が高い。

d点の電位：0〔V〕

8〔Ω〕の抵抗を2Aの電流が流れるので、8×2＝16〔V〕で、b点より電位が16〔V〕降下。d点と比較すると24－8－16＝0〔V〕、閉回路を1周して基準の0〔V〕となります。

補足

基準電位とは、基準点の電位＝0〔V〕のこと。

補足

a点からb点に向かって電流が流れるので、a点のほうがb点よりも電位が高い。4〔Ω〕の抵抗により8〔V〕の電圧降下が起こったということである。この電圧降下を示す矢印は、電位の低いb点から電位の高いa点に向かって引く約束なので、電流の向きとは逆になる。

補足

閉回路とは、回路上のある点dから電源、抵抗などを通って、また元の点に戻ってくる回路のこと。閉回路を1周とは、時計回りにd→a→b→dまたはd→a→c→dと、閉回路をたどること。

解法のヒント

ブリッジ回路が平衡していないので、テブナンの定理（LESSON16参照）を適用して解く。

例題にチャレンジ！

図の回路で、$R_5=5$〔Ω〕の抵抗を流れる電流 I〔A〕を求めよ。

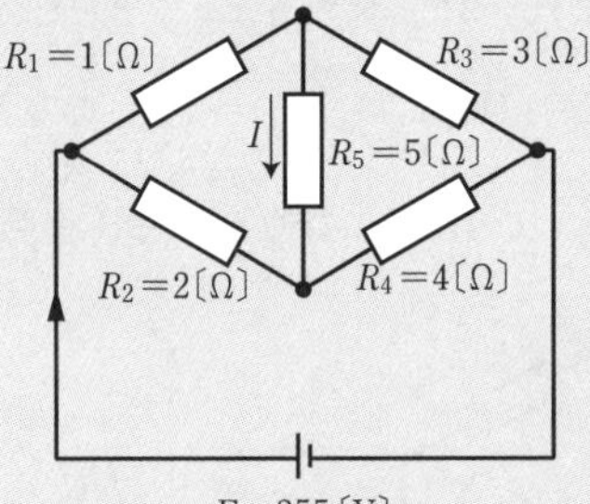

・解説・

ブリッジ回路の対辺どうしの抵抗の積をとると、$R_1R_4=1\times4=4$、$R_2R_3=2\times3=6$と平衡していない。したがって、$R_5=5$〔Ω〕に電流I〔A〕が流れる。テブナンの定理を適用して解く。

1. R_5の両端を開放し、開放端をa、bとする。

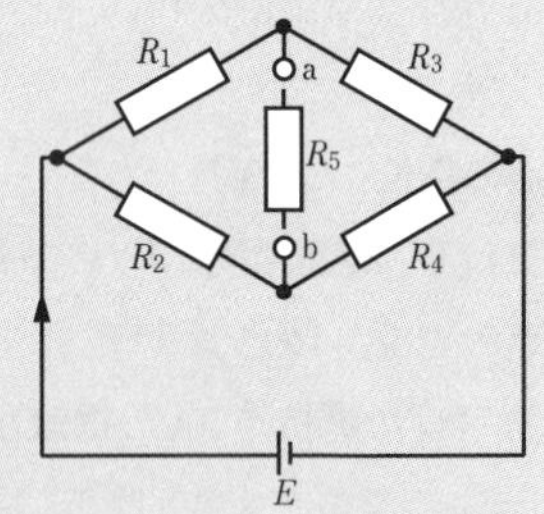

2. 端子abから見た電源側回路網の合成抵抗R_0は、電圧源Eを短絡して、

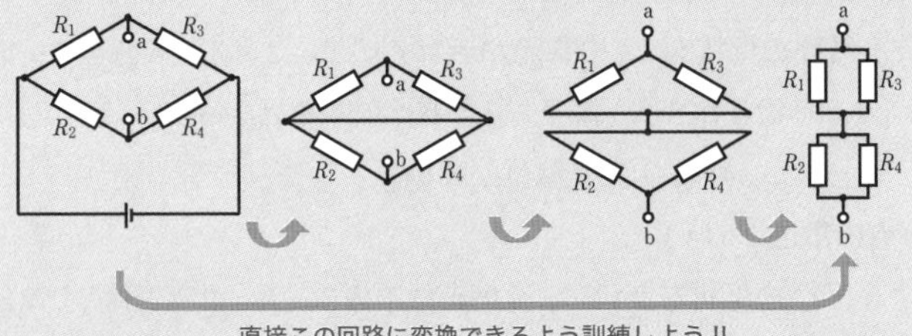

直接この回路に変換できるよう訓練しよう !!

$$R_0=\frac{R_1R_3}{R_1+R_3}+\frac{R_2R_4}{R_2+R_4}=\frac{1\times3}{1+3}+\frac{2\times4}{2+4}$$

$$=\frac{3}{4}+\frac{8}{6}=\frac{25}{12}\text{〔Ω〕}$$

3. 端子ab間に現れる開放電圧E_0を求める。

$$I_1=\frac{E}{R_1+R_3}$$

$$=\frac{255}{1+3}=\frac{255}{4}〔\mathrm{A}〕$$

$$I_2=\frac{E}{R_2+R_4}$$

$$=\frac{255}{2+4}=\frac{255}{6}〔\mathrm{A}〕$$

電圧源Eの負側を基準電位の0〔V〕とすると、a点の電位E_aは、

$$E_a=E-I_1R_1=255-\frac{255}{4}\times 1=\frac{765}{4}〔\mathrm{V}〕$$

R_1を通過した際の電圧降下

b点の電位E_bは、

$$E_b=E-I_2R_2=255-\frac{255}{6}\times 2=\frac{1020}{6}〔\mathrm{V}〕$$

ab間の開放電圧$E_0=E_{ab}$は、

$$E_0=E_{ab}=E_a-E_b=\frac{765}{4}-\frac{1020}{6}=21.25〔\mathrm{V}〕$$

$E_a>E_b$であるから、端子ab間に抵抗R_5を接続したとき、電流Iはa点からb点に向かって流れる。

4. 端子ab間に再びR_5を接続したテブナン等価回路は、図のようになる。よって、R_5を流れる電流Iは、

$$I=\frac{E_0}{R_0+R_5}=\frac{21.25}{\frac{25}{12}+5}=\mathbf{3}〔\mathrm{A}〕（答）$$

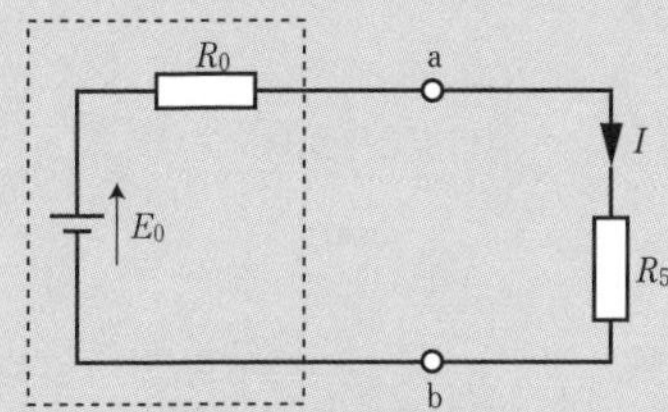

テブナン等価回路

理解度チェック問題

問題　次の［　　］の中に適当な答えを記入せよ。

図のブリッジ回路において、点［（ア）］の電位と点［（イ）］の電位が等しいとき、スイッチＳを閉じてもスイッチＳに電流は流れない。この状態をブリッジが［（ウ）］しているという。ブリッジの［（ウ）］条件は、$R_1R_4=$［（エ）］である。

ブリッジが［（ウ）］しているとき、スイッチＳを開閉すると電源から流れ出る電流Iの大きさは［（オ）］。

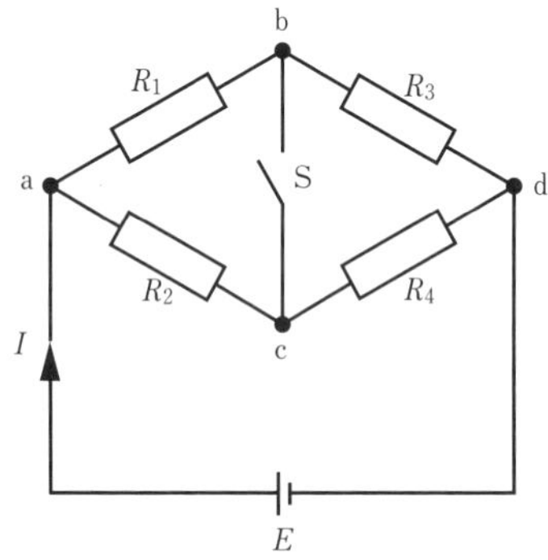

解答

（ア）b　（イ）c　（ウ）平衡　（エ）R_2R_3　（オ）変わらない

解説

図の回路において点（ア）bと点（イ）cの電位が等しいとき、スイッチＳを開閉しても電位差（電圧）がないためにスイッチＳに電流は流れない。ブリッジの（ウ）平衡条件は、$R_1R_4=$（エ）R_2R_3のときである。ブリッジが平衡しているとき、bc間の導線は開放（取り外し）してもかまわない。したがって、電源から見た合成抵抗は変わらず、電源から流れ出る電流Iの大きさは（オ）変わらない。

LESSON 20

定電圧源と定電流源

電圧源と電流源を組み合わせた問題が出題されています。どちらかを等価変換し、電圧源または電流源に合わせるなどの工夫が必要です。

関連過去問 047, 048

1 定電圧源と定電流源　重要度 B

図3.28 (a) のように、起電力がE〔V〕の電池などに負荷抵抗R〔Ω〕を接続して電流I〔A〕を流すと、電池の端子電圧V〔V〕は起電力E〔V〕よりも小さくなります。これは、電流が流れると電池の内部抵抗r〔Ω〕に電圧降下$I \cdot r$〔V〕が生じるためです。

一般的な電源（**電圧源**）は図3.28 (a) のように、常に一定電圧E〔V〕を発生する**定電圧源**と内部抵抗r〔Ω〕の直列回路となります。なお、定電圧源は、図3.28 (b) のように、内部抵抗が0〔Ω〕の理想的な電源と考えることができます。

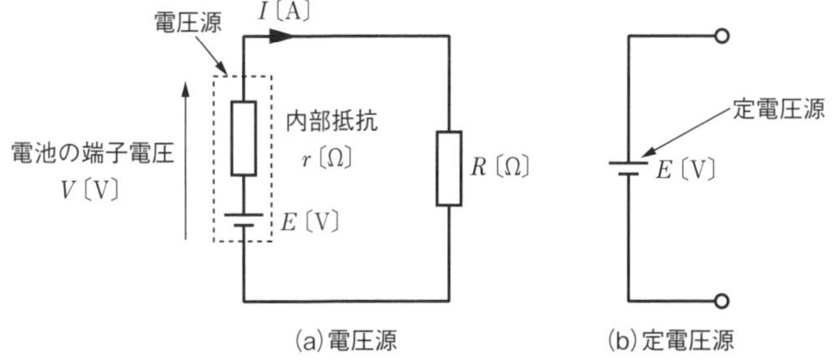

図3.28　電圧源と定電圧源

用語
負荷抵抗とは、電球、電熱器などの負荷の抵抗。負荷とは、電力をほかのエネルギーに変換して活用する装置。

補足
$V = E - I \cdot r$〔V〕
となる。

補足
内部抵抗が比較的**小さい**電源を**電圧源**といい、比較的**大きい**電源を**電流源**という。電圧源を定電圧源、電流源を定電流源と呼ぶこともあるので注意。
一般的に電源（電池、発電機など）の内部抵抗は小さい値であるため、電圧源とみなす。

補足
図3.28 (b) の定電圧源は、(a) の電圧源の内部抵抗rが0のため、除去し短絡したものである。

補足

図3.29(b)の定電流源は、(a)の電流源の内部抵抗rが無限大のため除去し開放したもの。

補足

内部抵抗が無限大の電流源が理想的であるのは、負荷に完全な定電流を供給できるから。内部抵抗rがあると、rに分流してしまう。

補足

下の記号は、定電流源を表す記号である。直流、交流どちらにも使われる。

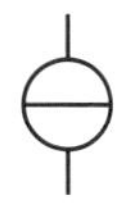

補足

内部抵抗を持つ現実の電源においては、電圧源と電流源は等価であり、それらの区別はあまり意味をなさない。

電圧源が電圧を発生するのに対して、電流を発生する電源を**電流源**といいます。電流源の等価回路は、図3.29(a)のように、内部抵抗r〔Ω〕が並列接続された回路となり、図3.29(b)のように、内部抵抗が無限大の理想的な電流源を**定電流源**といいます。定電流源は常に一定電流を発生します。

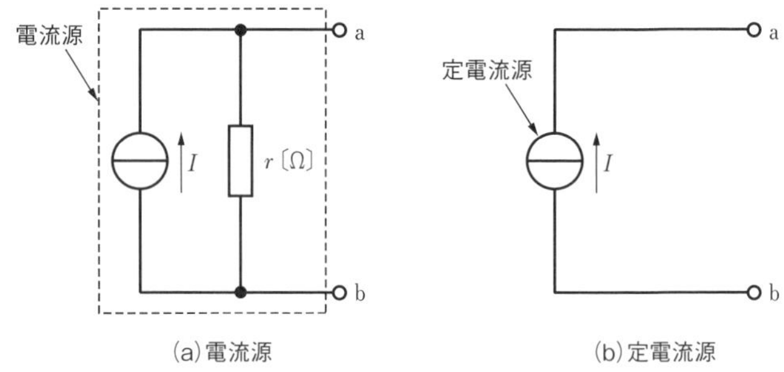

図3.29　電流源と定電流源

電圧源と**電流源**は互いに**等価変換**することができ、図3.30の電圧源と電流源が等価になるには、以下の条件が必要です。

①端子abを開放したとき、端子ab間から見た電圧が等しい。

②端子abを短絡したとき、端子ab間に流れる電流が等しい。

この2つの条件を満たすために、定電圧源Eは、次式で示される定電圧を発生します。

$$E = I \cdot r \text{〔V〕} \tag{25}$$

また、定電流源Iは、次式で示される定電流を発生します。

$$I = \frac{E}{r} \text{〔A〕} \tag{26}$$

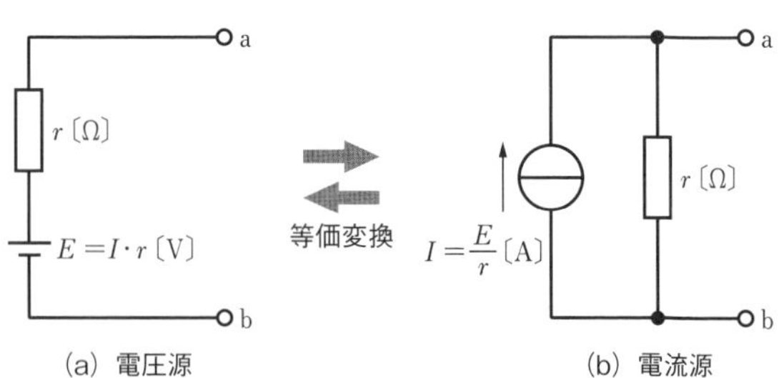

図3.30　電圧源と電流源

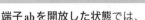

詳しく解説！電圧源と電流源

端子abを開放した状態では、

図3.30(a)の電圧源の電流は流れないので、電圧$E=I\cdot r$〔V〕がそのまま端子ab間に現れます。

図3.30(b)の電流源の電流I〔A〕は、内部抵抗r〔Ω〕を流れるので、端子ab間の電圧Eは、$E=I\cdot r$〔V〕となります。

端子abを短絡した状態では、

図3.30(a)の電圧源の内部抵抗r〔Ω〕を経由して、電流$I=\frac{E}{r}$〔A〕が短絡した端子ab間を流れます。図3.30(b)の電流源の電流$I=\frac{E}{r}$〔A〕は内部抵抗r〔Ω〕には流れず、短絡した端子ab間をすべて流れ、$I=\frac{E}{r}$〔A〕となります。

図3.30(b)で端子ab間を短絡すると、r〔Ω〕と短絡した導線0〔Ω〕の並列回路となり、すべての電流は抵抗が0〔Ω〕の短絡した導線を流れます。

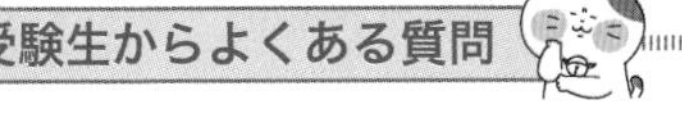

受験生からよくある質問

Q 内部抵抗が大きい電源は、なぜ電流源と見なせるのですか

A 図3.28(a)において、内部抵抗rが負荷抵抗Rに対し$r\gg R$なら、$I=\frac{E}{(r+R)}\fallingdotseq\frac{E}{r}$となり、負荷抵抗$R$の大きさにかかわらず、ほぼ一定の電流$I=\frac{E}{r}$を流すことができるからです。内部抵抗の大きい高調波発生機器は、高調波電流源とみなされる場合があります。

補足
ab間は短絡しているので0〔Ω〕。r〔Ω〕と0〔Ω〕の並列なので、r〔Ω〕に電流は流れない。

補足
$r\gg R$は、rはRよりも非常に大きい、という意味。

例題にチャレンジ！

図のような$E=100$〔V〕で内部抵抗$r=2$〔Ω〕の電源（電圧源）を、等価な電流源に変換せよ。また、端子ab間に8〔Ω〕の負荷抵抗を接続したときに、端子ab間に流れる電流〔A〕と抵抗の電圧降下〔V〕を求め、両回路の値が同じになることを確認せよ。

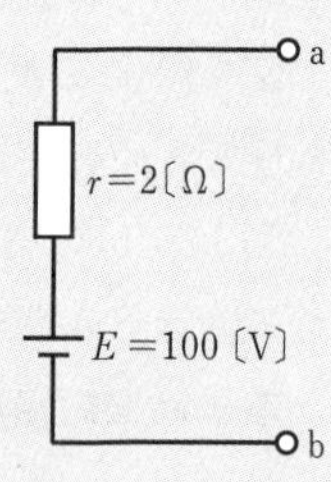

・解説・

定電流源の大きさIは、

$$I=\frac{E}{r}=\frac{100}{2}=50〔A〕$$

電流源の等価回路は、図に示す回路となる。（答）

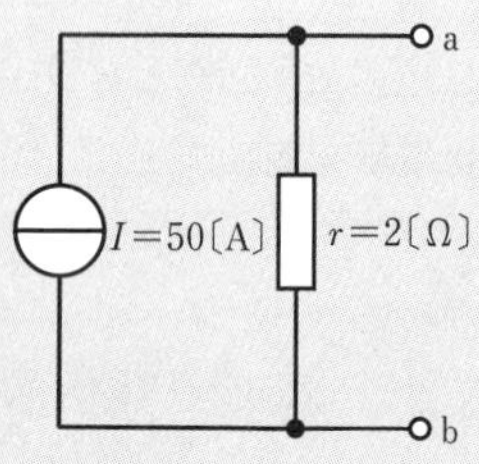

電圧源に$R=8$〔Ω〕の負荷抵抗を接続したときに流れる電流をI_v、電圧降下をV_vとすると、

$$I_v=\frac{E}{r+R}=\frac{100}{2+8}=\frac{100}{10}=\mathbf{10}〔A〕（答）、$$

$$V_v=I_vR=10\times 8=\mathbf{80}〔V〕$$

電流源に$R=8$〔Ω〕の負荷抵抗を接続したときに流れる電流をI_i、電圧降下をV_iとすると、

分子は相手側の抵抗r〔Ω〕になる

$$I_i=I\times\frac{r}{r+R}=50\times\frac{2}{2+8}=\mathbf{10}〔A〕（答）、$$

$$V_i=I_iR=10\times 8=\mathbf{80}〔V〕$$

したがって、両回路の値は同じになる。

補足

定電流I〔A〕がr〔Ω〕とR〔Ω〕の並列回路に分流するとき、抵抗に反比例して配分されるので、R〔Ω〕に流れる電流I_iは、

$$I_i=I\times\frac{r}{r+R}〔A〕$$

となる。分数式の分子が相手側の抵抗r〔Ω〕になることに注意。

理解度チェック問題

問題　次の□の中に適当な答えを記入せよ。

次の図の回路でR_1に流れる電流I_1〔A〕を求める。

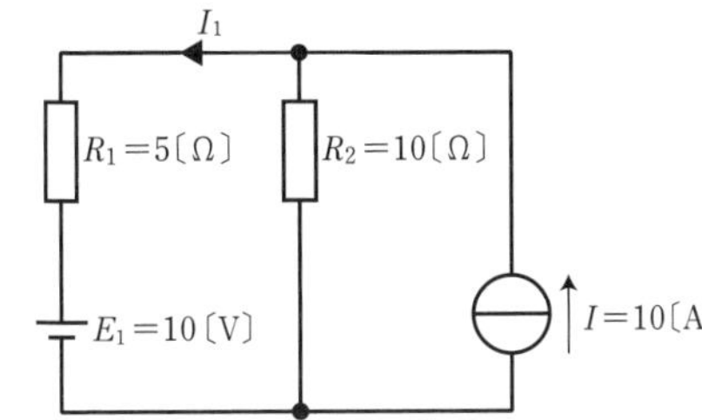

●「電流源→電圧源に等価変換」による解

電流源を電圧源に等価変換した回路は、図(a)のようになる。

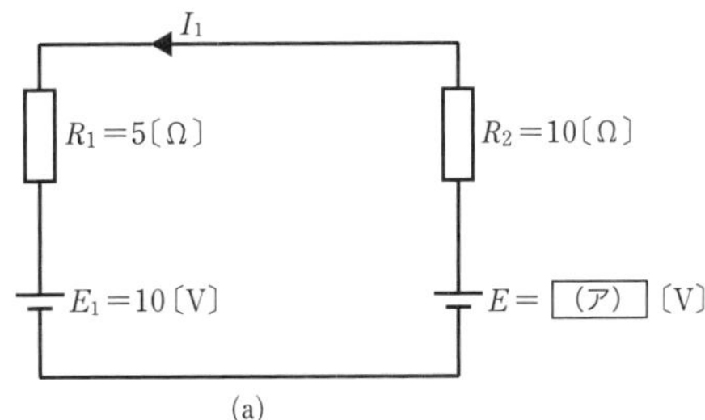

(a)

図(a)より、$I_1=\dfrac{E-E_1}{R_1+R_2}=\dfrac{\boxed{（ア）}-10}{5+10}=\boxed{（イ）}$〔A〕

●別解（重ね合わせの理による解）

問題の回路を、図(b)、図(c)の2つの回路に分ける。

このとき、電流源は取り除き□（ウ）□し、電圧源は取り除き□（エ）□する。

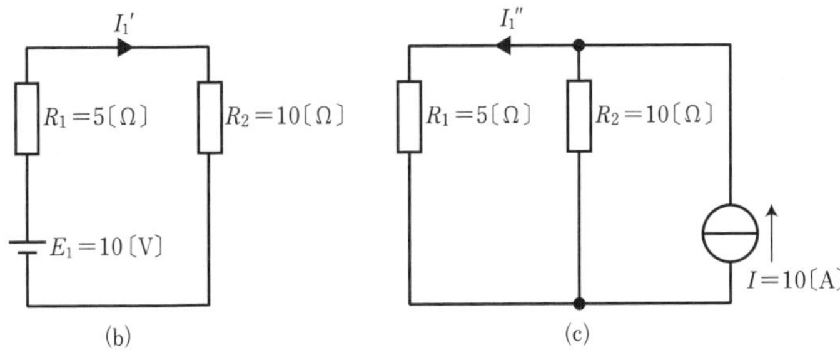

(b)　(c)

図(b)の回路より、

$$I_1{}' = \frac{E_1}{R_1 + R_2} = \boxed{\text{(オ)}}\ \text{(数値)}\ \text{〔A〕}$$

図(c)の回路より、

$$I_1{}'' = I \times \boxed{\text{(カ)}}\ \text{(文字式)} = \boxed{\text{(キ)}}\ \text{(数値)}\ \text{〔A〕}$$

電流の方向に注意して、I_1を計算すると、

$$I_1 = I_1{}'' - I_1{}' = \boxed{\text{(ク)}}\ \text{〔A〕}$$

解答

解説文中に赤字で表記

解説

◎電源流→電圧源の等価変換

問題図の定電流源I(⦶↑I)と並列の抵抗R_2を、図(a)のように定電圧源E(⊣⊢E)と抵抗R_2の直列回路に変換する。

(ア)$E = IR_2 = 10 \times 10 =$(ア)100〔V〕

(イ)$I_1 = \dfrac{100 - 10}{5 + 10} =$(イ)6〔A〕

●重ね合わせの理(LESSON15参照)

(ウ)電流源は取り除き(ウ)開放する、

(エ)電圧源は取り除き(エ)短絡する。

(オ)$I_1{}' = \dfrac{E_1}{R_1 + R_2} = \dfrac{10}{5 + 10} \fallingdotseq$(オ)0.667〔A〕

(カ)、(キ)$I_1{}'' = I \times$(カ)$\dfrac{R_2}{R_1 + R_2} = 10 \times \dfrac{10}{5 + 10} \fallingdotseq$(キ)6.667〔A〕

(ク)$I_1 = I_1{}'' - I_1{}' = 6.667 - 0.667 =$(ク)6〔A〕

21日目

LESSON 21

第3章 直流回路

電気抵抗と電力

導体の電気抵抗の求め方やその温度特性、電流が流れることで生じる熱や電力などについて学習します。

関連過去問 049, 050, 051

1 電気抵抗の性質 重要度 A

(1) 抵抗率と導電率

すべての物質は電流を流れにくくする性質を持っており、これを**電気抵抗**または**抵抗**といいます。物質の抵抗は、その長さに**比例**し、その断面積に**反比例**します。いま、物質の長さをl〔m〕、断面積をS〔m^2〕とすると、この物質の抵抗Rは、

重要公式 物質の抵抗

$$R=\rho\frac{l}{S}〔\Omega〕 \qquad (27)$$

と表されます。

式 (27) において、ρは**抵抗率**または**固有抵抗**と呼ばれる比例定数で、長さ 1〔m〕、断面積 1〔m^2〕の抵抗を表し、単位には〔Ω・m〕(オームメートル)が使われます。

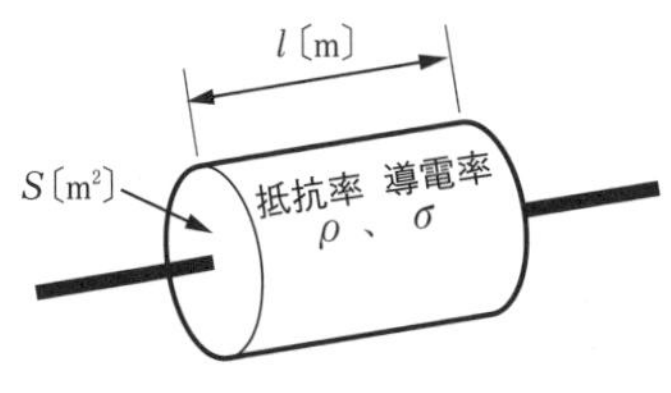

図3.31 電気抵抗

補足 ρ：ローと読む。

補足 抵抗率の小さい金属を順に並べると、
銀<銅<金<アルミニウム
となるが、比較的安価な銅、アルミニウムが電線に用いられる。

抵抗率の単位に注意！

一般に、電線の断面積は〔mm²〕で表されることが多いので、電線の抵抗率は、長さ1〔m〕、断面積1〔mm²〕の抵抗値を表す〔Ω・mm²/m〕が使われる場合があります。

〔Ω・m〕と〔Ω・mm²/m〕との関係は、次のようになります。

$$1〔\Omega\cdot\mathrm{m}〕=〔\Omega\cdot\frac{\mathrm{m}^2}{\mathrm{m}}〕=〔\Omega\cdot\frac{10^6\mathrm{mm}^2}{\mathrm{m}}〕$$

$$=10^6〔\Omega\cdot\mathrm{mm}^2/\mathrm{m}〕$$

$1\mathrm{m}^2=1\mathrm{m}\times1\mathrm{m}$
$=1000\mathrm{mm}\times1000\mathrm{mm}$
$=10^3\mathrm{mm}\times10^3\mathrm{mm}$
$=10^6\mathrm{mm}^2$

導体は、電流を流す目的で利用されるので、電流の流れやすさを表す**導電率**も利用されます。次式のように、導電率 σ は抵抗率 ρ の逆数となり、単位には〔S/m〕が使われます。

補足
σは、シグマと読む。

補足
S/mは、ジーメンス毎（まい）メートルと読む。

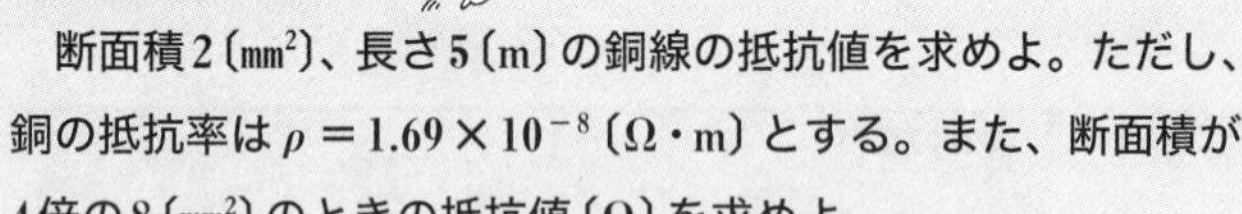

重要公式 導電率と抵抗率の関係

$$\sigma=\frac{1}{\rho}〔\mathrm{S/m}〕\qquad(28)$$

例題にチャレンジ！

断面積2〔mm²〕、長さ5〔m〕の銅線の抵抗値を求めよ。ただし、銅の抵抗率は $\rho=1.69\times10^{-8}$〔Ω・m〕とする。また、断面積が4倍の8〔mm²〕のときの抵抗値〔Ω〕を求めよ。

・解説・

断面積 $S=2\times10^{-6}$〔m²〕、長さ $l=5$〔m〕なので、求める抵抗値を R_2 とすると、

$$R_2=\rho\frac{l}{S}=1.69\times10^{-8}\times\frac{5}{2\times10^{-6}}=4.225\times10^{-2}$$

$$\fallingdotseq \mathbf{4.23\times10^{-2}}〔\Omega〕(答)$$

抵抗値は断面積に反比例するので、断面積が4倍になると抵抗値は $\frac{1}{4}$ 倍になる。したがって、求める抵抗値を R_8 とすると、

$$R_8=\frac{R_2}{4}=\frac{4.225\times10^{-2}}{4}\fallingdotseq\mathbf{1.06\times10^{-2}}〔\Omega〕(答)$$

解法のヒント
断面積 $S=2$〔mm²〕の単位を〔m²〕に変換すると、次のようになる。
$2〔\mathrm{mm}^2〕\rightarrow2\times10^{-6}〔\mathrm{m}^2〕$

(2) 導体の抵抗温度係数

一般に、金属導体は温度が上昇すると抵抗が増加します。温度上昇に伴う抵抗の増加の割合を**抵抗温度係数**といいます。

いま、t〔℃〕のときに抵抗R_t〔Ω〕の導体が、T〔℃〕のときに抵抗R_T〔Ω〕に変化したとすると、抵抗温度係数α_tは、次式で求められます。

$$\alpha_t = \frac{\frac{R_T - R_t}{T - t}}{R_t} \text{〔℃}^{-1}\text{〕} \quad (29)$$

また、上式を変形すると、抵抗R_Tは、

重要公式　抵抗の温度係数

$$R_T = R_t\{1 + \alpha_t(T - t)\}\text{〔Ω〕} \quad (30)$$

となり、t〔℃〕のときの抵抗R_t〔Ω〕とその抵抗温度係数α_t〔$℃^{-1}$〕から、任意の温度の抵抗値R_T〔Ω〕が求められます。

補足
金属導体は温度が上昇すると、金属導体の結晶格子(こうし)を構成している原子の運動エネルギーが増加し、電流として移動する自由電子の運動が妨げられる。抵抗温度係数は正値(＋)である。

補足
抵抗温度係数α_tの単位を計算すると、

$$\frac{\frac{Ω}{℃}}{Ω} = \frac{1}{℃} = ℃^{-1}$$

補足
一般に絶縁物、半導体、電解液の抵抗温度係数は負値(－)であり、温度上昇に伴い抵抗値が減少する。

例題にチャレンジ!

直径2〔mm〕、長さ200〔m〕の銅線の20〔℃〕における抵抗値R_{20}〔Ω〕および50〔℃〕における抵抗値R_{50}〔Ω〕を求めよ。ただし、20〔℃〕における銅の抵抗率ρを1.72×10^{-8}〔Ω･m〕、20〔℃〕における銅の温度係数α_{20}を0.0039〔$℃^{-1}$〕とする。

・解説・

銅線の断面積Sは、

$$S = \pi r^2 = 3.14 \times (1 \times 10^{-3})^2 = 3.14 \times 10^{-6}\text{〔m}^2\text{〕}$$

したがって、20〔℃〕における抵抗値R_{20}は、

$$R_{20} = \rho\frac{l}{S} = 1.72 \times 10^{-8} \times \frac{200}{3.14 \times 10^{-6}} \fallingdotseq \mathbf{1.10}\text{〔Ω〕（答）}$$

また、50〔℃〕における抵抗値R_{50}は、

$$R_{50} = R_{20}\{1 + \alpha_{20}(50 - 20)\}$$
$$= 1.10 \times \{1 + 0.0039 \times (50 - 20)\} \fallingdotseq \mathbf{1.23}\text{〔Ω〕（答）}$$

解法のヒント
断面積Sは、次式で求める。
$S = \pi r^2$
または
$S = \frac{\pi D^2}{4}$
ただし、r：半径〔m〕、D：直径〔m〕、
$r = \frac{D}{2}$〔m〕
直径$D = 2$〔mm〕の半径rは、$r = 1$〔mm〕→1×10^{-3}〔m〕となる。

第3章　直流回路

② 電流の発熱作用と電力　重要度 A

(1) ジュールの法則

抵抗を持った導体に電流が流れると、熱が発生します。

抵抗R〔Ω〕の導体に、電流I〔A〕がt〔s〕の間流れたとき、この抵抗に発生する熱量W〔J〕(ジュール)は、

> **①重要公式** ジュールの法則
> $$W = I^2 Rt \text{〔J〕} \qquad (31)$$

となります。これを**ジュールの法則**といい、発生する熱を**ジュール熱**といいます。

補足
抵抗に電流が流れると熱が発生する。これは、導体中で振動している原子に電流である自由電子が衝突し、電気エネルギーから熱エネルギーに変換されるためである。

(2) 電力と電力量

電圧V〔V〕の電源にR〔Ω〕の抵抗をつなぎ、I〔A〕の電流が流れたとすると、ジュールの法則により、$I^2 Rt$〔J〕の熱エネルギーが発生します。

この式は、$V = IR$なので、$W = I^2 Rt = VIt$〔J〕と書き換えることができます。これは、抵抗R〔Ω〕に電圧V〔V〕が加わって、I〔A〕の電流が流れたとき、t秒間にVIt〔J〕の電気的仕事がなされたことを示します。

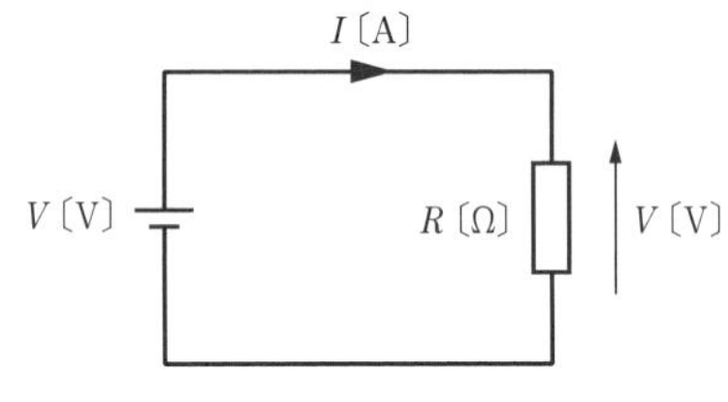

図3.32　電力

補足
単位時間とは1〔s〕(秒)のことである。

ここで、**単位時間当たり**の電気エネルギー(電気的仕事)を**電力**といい、Pで表し、単位には〔W〕(ワット)を用います。つまり、1〔W〕とは、**1秒間に1〔J〕の仕事**をする割合をいいます。

補足
〔J〕(ジュール)は仕事、熱量(熱エネルギー)の単位。
〔W·s〕(ワットセコンド・ワット秒)は電力量(電気エネルギー)の単位。
1〔J〕= 1〔W·s〕
1〔W〕= 1〔J/s〕
の関係がある。

> **①重要公式** 電力
> $$P = I^2 R = VI \text{〔W〕} \qquad (32)$$

単位時間当たりにする電気的仕事を電力というのに対し、**ある時間内**に行われる電気的仕事の総量を**電力量**といい、Wで表し、単位には〔W·s〕(ワットセコンド・ワット秒)が使われます。

なお、電力量は電気エネルギーであり、1〔W･s〕＝1〔J〕の関係があります。

すなわち、電力P〔W〕をt〔s〕使用したときの電力量Wは、式(33)のようになります。

重要 公式　電力量

$$W=Pt=VIt=I^2Rt\text{〔W･s〕} \quad (33)$$

実用的に私たちが扱っている電力量はきわめて大きいので、単位として、〔W･h〕(ワットアワー・ワット時)あるいは〔kW･h〕(キロワットアワー・キロワット時)を使用しています。

また、次の関係があります。

1〔W･h〕＝3600〔W･s〕＝3600〔J〕

1〔kW･h〕＝3600〔kW･s〕＝3600〔kJ〕

例題にチャレンジ!

電圧100〔V〕、電力2〔kW〕の電熱器を4時間使用した。次の問に答えよ。

1. このとき流れる電流I〔A〕を求めよ。

2. 電熱器の抵抗R〔Ω〕を求めよ。

3. 電力量W〔kW･h〕を求めよ。

4. 発生した熱量W〔J〕を求めよ。

・解説・

1. $I=\dfrac{P}{V}=\dfrac{2\times10^3}{100}=\mathbf{20}$〔A〕(答)

2〔kW〕＝2000〔W〕＝2×10^3〔W〕

2. $R=\dfrac{V}{I}=\dfrac{100}{20}=\mathbf{5}$〔Ω〕(答)

3. $W=Pt=2\times4=\mathbf{8}$〔kW･h〕(答)

4. $W=I^2Rt=20^2\times5\times4\times3600=\mathbf{2.88\times10^7}$〔J〕(答)

解法のヒント

電力量も熱量もどちらもエネルギーであり、

1〔W･s〕＝1〔J〕

1〔kW･h〕

＝1〔1000W × 3600s〕

＝3.6×10^6〔W･s〕

＝3.6×10^6〔J〕

と換算できる。

この換算式は必須事項である。ぜひ覚えておこう。設問4.はこの換算式を使い、次のように求めることもできる。

$W=8$〔kW･h〕

＝$8\times3.6\times10^6$〔J〕

＝2.88×10^7〔J〕

③ 最大供給電力の定理 重要度 B

右図のように、内部抵抗rの電圧源Eに、可変負荷抵抗Rが接続されています。

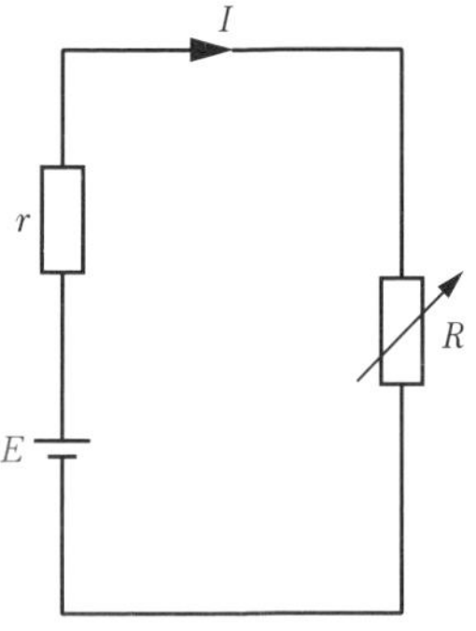

このとき、負荷Rの消費電力Pが最大となるのは、

$R=r$

の場合です。

これを**最大供給電力の定理**といいます。

補足

Rは、可変負荷抵抗Rの図記号を表す。

最大供給電力の定理の証明

負荷Rの消費電力Pは、

$$P=I^2R$$
$$=\left(\frac{E}{r+R}\right)^2R=\frac{E^2}{(r+R)^2}R$$
$$=\frac{E^2}{r^2+2rR+R^2}R=\frac{E^2}{\frac{r^2}{R}+R+2r}$$

上の式の分母が最小となればPは最大。なお、上の式のEとrは一定。

最小の定理（2数A、Bの積が一定なら、A＝Bのとき、A＋Bは最小）により、2数を$\frac{r^2}{R}$、Rとすると、その積は$\frac{r^2}{R}\times R=r^2$（一定）となるので、$\frac{r^2}{R}=R$のとき、上の式の分母が最小となる。

したがって、$\frac{r^2}{R}=R$、$r^2=R^2$、$r=R$のとき、負荷Rの消費電力が最大となる。

補足

最小の定理

2数の積が一定なら、それらの和は2数が等しいとき最小となる。具体的に数字で示すと、

$4\times9=6\times6=36$（一定）

$(6+6)<(4+9)$

理解度チェック問題

問題　次の[　　　]の中に適当な答えを記入せよ。

1. すべての物質は電流を流れにくくする性質を持っており、これを電気抵抗または抵抗という。物質の抵抗は、その長さに[(ア)]し、その断面積に[(イ)]する。いま、物質の長さをl〔m〕、断面積をS〔m^2〕とすると、この物質の抵抗Rは、

$R=$[(ウ)]〔Ω〕

と表される。

上式において、ρは[(エ)]または[(オ)]と呼ばれる比例定数で、長さ1〔m〕、断面積1〔m^2〕の抵抗を表し、単位には〔Ω･m〕が使われる。

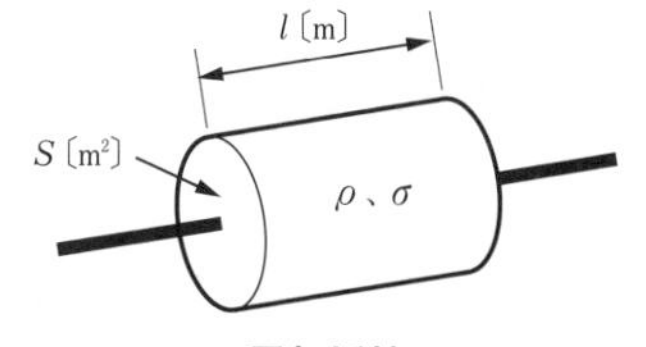

電気抵抗

導体は、電流を流す目的で利用されるので、電流の流れやすさを表す[(カ)]も利用される。次式のように[(カ)]σは、抵抗率ρの逆数となり、単位には〔S/m〕が使われる。

$\sigma=$[(キ)]〔S/m〕

2. 抵抗R〔Ω〕の導体に、電流I〔A〕がt〔s〕の間流れたとき、この抵抗に発生する熱量W〔J〕(ジュール)は、

$W=$[(ク)]〔J〕

となる。これを[(ケ)]といい、発生する熱を[(コ)]という。

3. 一般に、金属導体は温度が上昇すると抵抗が増加する。温度上昇に伴う抵抗の増加の割合を抵抗温度係数という。いま、t〔℃〕のときに抵抗R_t〔Ω〕の導体が、T〔℃〕のときに抵抗R_T〔Ω〕に変化したとすると、抵抗温度係数α_tは、次式で求められる。

$$\alpha_t=\frac{\dfrac{R_T-R_t}{T-t}}{R_t}〔℃^{-1}〕$$

また、上式を変形すると、抵抗R_Tは、

$R_T=$[(サ)]〔Ω〕

となり、t〔℃〕のときの抵抗R_t〔Ω〕とその抵抗温度係数α_t〔$℃^{-1}$〕から、任意の温度の抵抗値R_T〔Ω〕が求められる。

解答

(ア)比例　(イ)反比例　(ウ)$\rho\dfrac{l}{S}$　(エ)抵抗率　(オ)固有抵抗　(カ)導電率

(キ)$\dfrac{1}{\rho}$　(ク)I^2Rt　(ケ)ジュールの法則　(コ)ジュール熱　(サ)$R_t\{1+\alpha_t(T-t)\}$

22日目

第3章 直流回路

LESSON 22

過渡現象

RC 直列回路および *RL* 直列回路の過渡現象について学習します。時定数 *T* とは何かをしっかり理解しましょう。

関連過去問 052, 053, 054, 055, 056

RC直列回路T＝RC〔s〕
RL直列回路T＝L/R〔s〕
RC直列回路とRL直列回路の時定数の違いに注目ニャー！

1 過渡現象　重要度 B

これまで学習した直流回路では、回路に電圧を加えてから十分に時間が経過して安定した状態の電流を扱いましたが、回路に加えられる電圧が変化すると、回路の電流や各部の電圧は過渡的に変動し、ある程度時間が経過したのち安定して一定値になります。**電圧や電流が一定値になるまで**の現象を**過渡現象**、経過の状態を**過渡状態**、一定値になった状態を**定常状態**といいます。

ここでは、直流回路における過渡現象について学びましょう。

(1) *RC*直列回路の過渡現象

図3.33のような*RC*直列回路において、スイッチSを閉じ、回路に電圧E〔V〕を加えると、電流i〔A〕が流れ、コンデンサに電荷が蓄えられます。コンデンサに蓄えられる電荷が増加すると、コンデンサの端子電圧v_C〔V〕が増加し、抵抗の端子電圧v_R〔V〕が減少するので、電流i〔A〕は減少します。最終的にコンデンサの電圧が電源の電圧

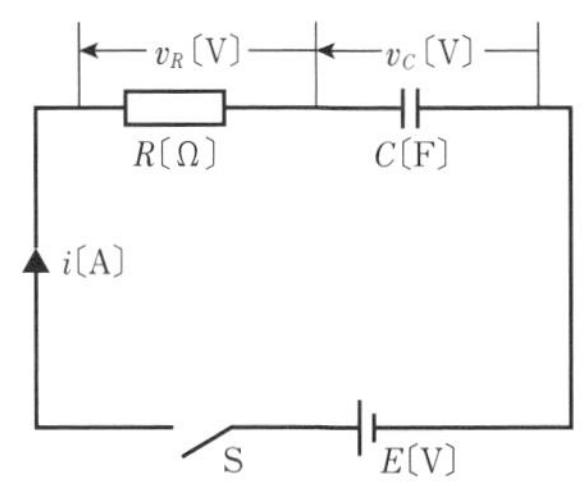

図3.33　*RC*直列回路

補足

*RC*直列回路とは、抵抗R〔Ω〕と静電容量C〔F〕の直列回路。
*RL*直列回路とは、抵抗R〔Ω〕とインダクタンスL〔H〕の直列回路。

補足

時間とともに変化する電圧や電流については、一般に小文字のvやiを使用する。

と等しくなったところで、電流は零となります。この過渡状態のとき、回路の電流 i〔A〕の変化は、次式で表されます。

重要公式　RC 直列回路の過渡現象

$$i=\frac{E}{R}e^{-\frac{1}{RC}t}〔\mathrm{A}〕\qquad(34)$$

上式において t〔s〕は、スイッチを入れてからの時間を表します。また、$e \fallingdotseq 2.71828$ は自然対数の底(てい)です。

上式からわかるように、スイッチを入れた瞬間 $(t=0)$ には、$i=\dfrac{E}{R}$〔A〕の電流が流れます。この電流は、抵抗 R〔Ω〕のみの回路に流れる電流と同じです。その後、電流は時間の経過とともに指数関数的に減少し、零となります。また、抵抗の端子電圧 v_R〔V〕とコンデンサの端子電圧 v_C は次式のようになり、電流の変化と電圧の変化は、図3.34のようになります。

$$v_R=iR=Ee^{-\frac{1}{RC}t}〔\mathrm{V}〕$$

$$v_C=E-v_R=E(1-e^{-\frac{1}{RC}t})〔\mathrm{V}〕$$

> **補足**
> 自然対数の底 $e \fallingdotseq 2.71828$ は、ネイピア数とも呼ばれる。円周率 $\pi \fallingdotseq 3.141519$ と同じように定数で、無理数（分数で表せない数）である。
> 自然対数の底の記号は、ε（イプシロン）が使用される場合もある。

> **補足**
> 指数関数的に減少とは、ある量が減少する速さが減少する量に比例する、ということである。
> 図3.34 (a) の電流 i の変化がこれを表している。最初は急激に減少し、時間の経過とともに限りなく零に近づくが、零にはならない（十分な時間経過後は零と見なす）。

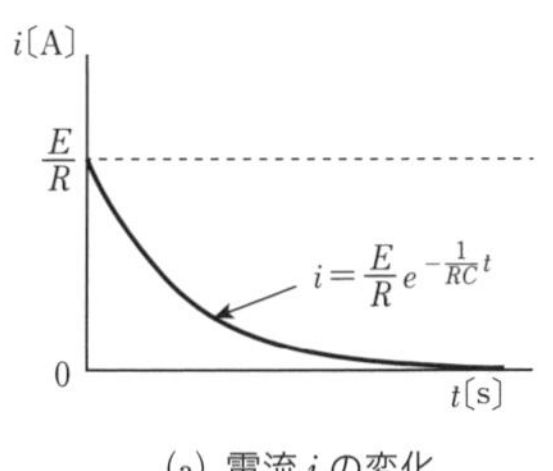

(a) 電流 i の変化

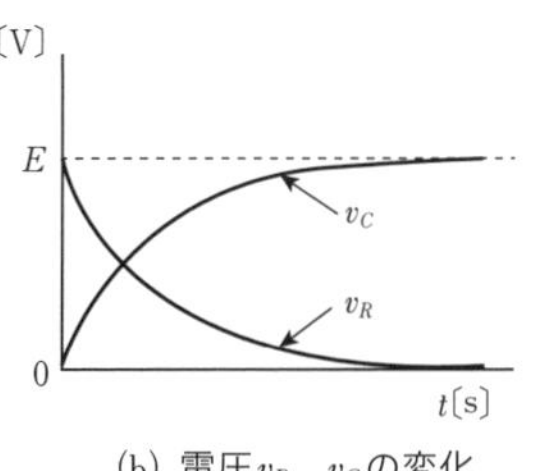

(b) 電圧 v_R、v_C の変化

図3.34　直列回路の過渡現象

(2) RL 直列回路の過渡現象

図3.35のような RL 直列回路において、スイッチSを閉じ、回路に電圧 E〔V〕を加えると、コイルに逆起電力が発生します。このため、スイッチを閉じた瞬間 $(t=0)$ は、電源電圧と同じ大きさの逆起電力が発生するので電流は流れませんが、逆起電力の減少に伴って電流は指数関数的に増加し、最終的に $i=\dfrac{E}{R}$〔A〕となります。

> **補足**
> 逆起電力とは、電源電圧と逆向きの起電力のことをいう。スイッチを閉じた瞬間の逆起電力の大きさは、
> $$v_L=L\frac{di}{dt}〔\mathrm{V}〕$$
> で表される。

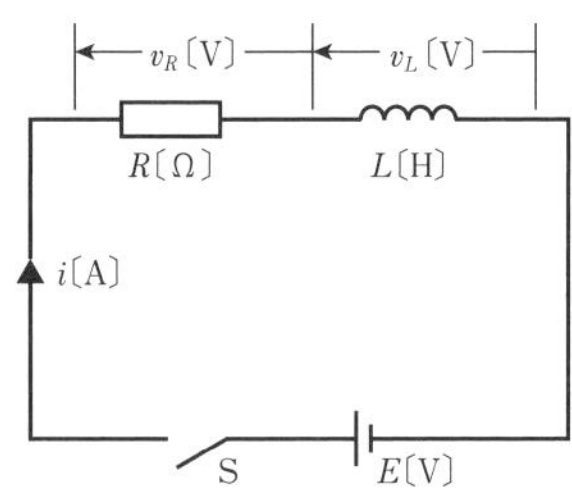

図3.35　RL直列回路

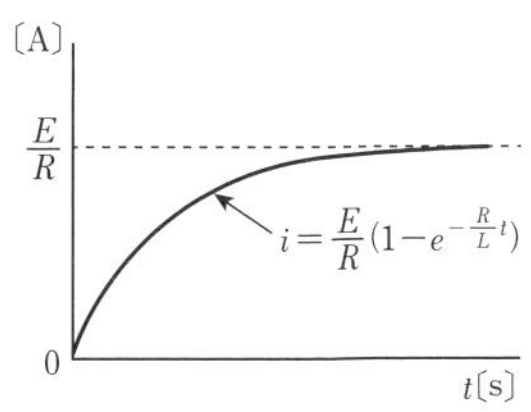

図3.36　RL直列回路の電流変化

この電流は、R〔Ω〕のみの回路に流れる電流と同じです。

この過渡状態のとき、回路の電流i〔A〕の変化は次式で表され、その変化は図3.36のようになります。

重要公式　RL直列回路の過渡現象

$$i=\frac{E}{R}(1-e^{-\frac{R}{L}t})\text{〔A〕} \qquad (35)$$

(3) 回路の時定数

次に、過渡状態が継続する時間、つまり定常状態に達するまでの時間について考えてみましょう。過渡現象の電流が式(34)および式(35)で示されるように、電流の変化はR、LおよびCの値に関係します。例えばRC直列回路において、抵抗R〔Ω〕が小さい場合には電流が大きくなるため、コンデンサの充電時間が短くなり、継続時間も短くなります。

逆に、抵抗が大きい場合には電流が小さくなるため、充電時間が長くなり、継続時間も長くなります。また、コンデンサの静電容量C〔F〕においても同様となり、静電容量が大きい場合には継続時間は長くなり、小さい場合には短くなります。

一般的に、過渡現象は時間t〔s〕の指数関数で表されるので、**eの指数部分が−1になるような時間**T〔s〕を**時定数**といいます。

したがって、RC直列回路およびRL直列回路の時定数T〔s〕は、式(34)および式(35)から、次式となります。

重要公式　時定数

$$RC\text{直列回路}\quad T=RC\text{〔s〕} \qquad (36)$$

$$RL\text{直列回路}\quad T=\frac{L}{R}\text{〔s〕} \qquad (37)$$

補足

例えば$e^{-\frac{1}{RC}t}$において、eの指数部分が−1になるとは、

$$-\frac{1}{RC}t=-1$$

したがって、$t=RC$〔s〕。このときのt〔s〕を時定数T〔s〕という。

$e^{-\frac{R}{L}t}$において、eの指数部分が−1になるとは、

$$-\frac{R}{L}t=-1$$

したがって、$t=\frac{L}{R}$〔s〕。このときのt〔s〕を時定数T〔s〕という。

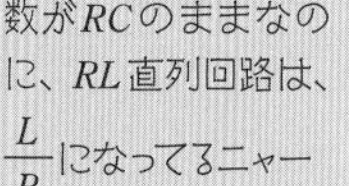
RC直列回路は時定数がRCのままなのに、RL直列回路は、$\frac{L}{R}$になってるニャー

これらの時定数を使用して回路の電流 i〔A〕と時間 $t = T$〔s〕における電流 i_T〔A〕は、式(34)および式(35)から、それぞれ次式のようになります。ただし、$I_0 = \frac{E}{R}$としています。

$$RC\text{直列回路}\quad i = I_0 e^{-\frac{1}{T}t}\text{〔A〕、}i_T = 0.37 I_0\text{〔A〕} \tag{38}$$

$$RL\text{直列回路}\quad i = I_0 (1 - e^{-\frac{1}{T}t})\text{〔A〕、}i_T = 0.63 I_0\text{〔A〕} \tag{39}$$

これらの電流を図示すると図3.37のようになり、いずれの回路においても経過時間が時定数Tになると、I_0の電流値に対して63〔%〕だけ値が変化したことがわかります。したがって、時定数Tは、過渡現象が63〔%〕まで進む時間であると表現できます。また、時定数Tは、初期傾斜の接線($t = 0$からの曲線の接線)が定常値と交わるまでの時間と一致します。さらに、時定数の値により、回路の過渡現象の継続時間の長短を判断することができます。

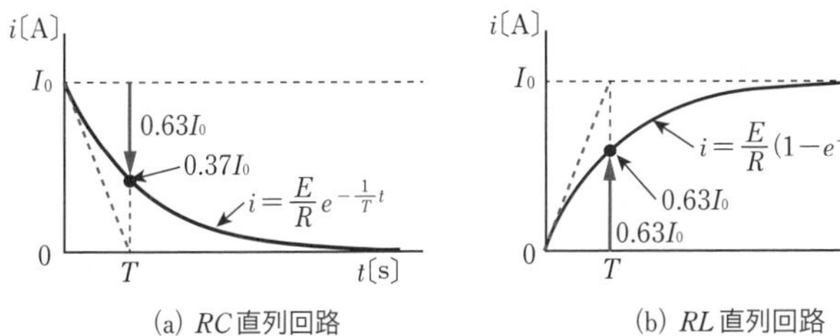

(a) RC直列回路　　(b) RL直列回路

図3.37　過渡現象と時定数

過渡現象で重要なことは、**時定数と電流の変化の仕方**です。式(36)、式(37)と図3.37をしっかり理解しましょう。

補足

***RC*直列回路**

$i_T = I_0 e^{-\frac{1}{T}t} = I_0 e^{-1}$

$= I_0 \times \frac{1}{e}$

$\fallingdotseq I_0 \times \frac{1}{2.718}$

$\fallingdotseq 0.37 I_0$

***RL*直列回路**

$i_T = I_0 (1 - e^{-\frac{t}{T}})$

$= I_0 (1 - e^{-1})$

$= I_0 (1 - \frac{1}{e})$

$\fallingdotseq I_0 (1 - \frac{1}{2.718})$

$\fallingdotseq 0.63 I_0$

例題にチャレンジ！

右図の回路において、$E = 5$〔V〕、$R = 5$〔kΩ〕、$C = 100$〔μF〕とするとき、次の値を求めよ。

ただし、自然対数の底 $e = 2.718$ とする。

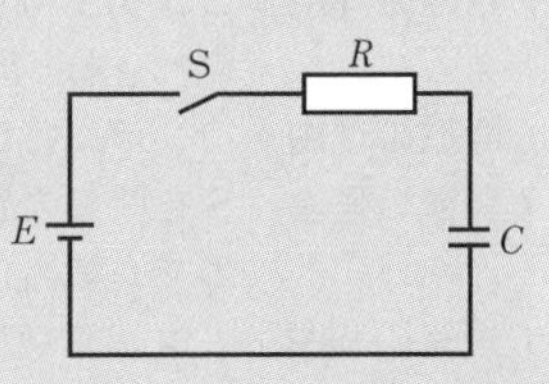

解法のヒント

1.

5〔kΩ〕→ 5×10^3〔Ω〕

100〔μF〕

→ 100×10^{-6}〔F〕

と変換する。

2.

試験では e の値は与えられるので、覚える必要はないが、

e は、自然対数の底で、$e \fallingdotseq 2.71828$ である。

（鮒一鉢二鉢（ふなひとはちふたはち）という覚え方があるが、試験では数値が示される）

$\frac{1}{e} \fallingdotseq \frac{1}{2.71828} \fallingdotseq 0.37$

1. 回路の時定数 T〔s〕

2. スイッチを閉じて、時定数 T〔s〕の時間が経過したときに抵抗 R を流れる電流

・解説・

1. RC 直列回路なので、時定数 T〔s〕は、

$T = RC = 5 \times 10^3 \times 100 \times 10^{-6} = \mathbf{0.5}$〔s〕（答）

2. RC 直列回路の過渡現象の電流を表す式に、数値を代入すると、

$$i = \frac{E}{R} e^{-\frac{1}{T}t} = \frac{5}{5 \times 10^3} e^{-\frac{1}{0.5} \times 0.5} = 10^{-3} \times e^{-1} = 10^{-3} \times \frac{1}{e}$$

$\fallingdotseq 0.37 \times 10^{-3}$〔A〕→ $\mathbf{0.37}$〔mA〕（答）

(4) 初期値と最終値

RC 直列回路および RL 直列回路において、回路を流れる電流 i のスイッチSを閉じた瞬間の値（**初期値**）と、十分時間が経過した定常状態の値（**最終値**）の値は、次表のようになります。

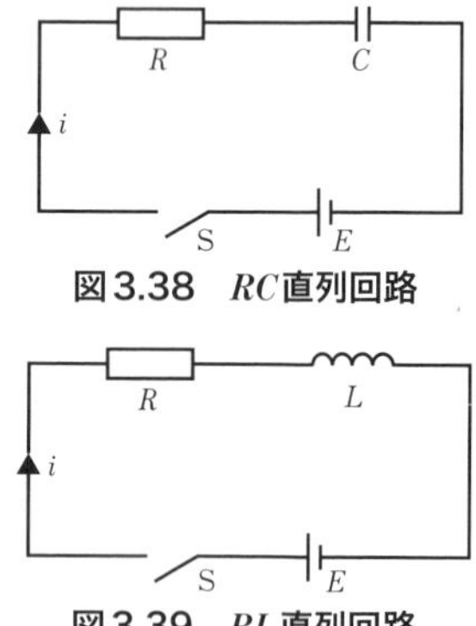

図3.38　RC 直列回路

図3.39　RL 直列回路

表3.1　初期値と定常値

	初期値	定常値
RC 直列回路	$i = \frac{E}{R}$（C 短絡）	$i = 0$（C 開放）
RL 直列回路	$i = 0$（L 開放）	$i = \frac{E}{R}$（L 短絡）

・**C 短絡**の理由：コンデンサの電荷が空（から）なので、いくらでも電荷が流れ込む。

・**C 開放**の理由：コンデンサが満充電なので、もう電流は流れない。

・**L 開放**の理由：Sを閉じた瞬間、L に大きな逆起電力が発生するので、電流は流れない。

・**L 短絡**の理由：L は定常状態の直流に対しては逆起電力を発生せず、単なる導線。

プラスワン

コイルは、スイッチを開閉したときにだけ電流が変化し、インダクタンス L の働きをする。定常状態では、電流の変化がない直流となるので、コイルは単に抵抗0〔Ω〕の1本の電線＝単なる導線になる。

理解度チェック問題

問題　次の［　　］の中に適当な答えを記入せよ。

右図のようなRC直列回路において、スイッチSを閉じたとき、回路に流れる電流iは次式で表される。

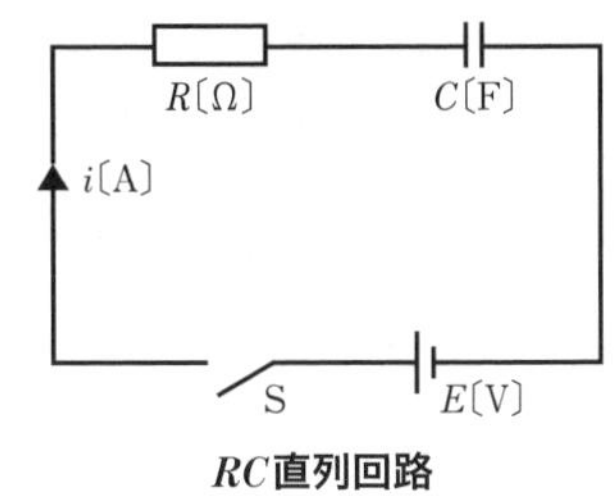

RC直列回路

$i=$［　(ア)　］〔A〕

ただし、上式において、t〔s〕はSを閉じてからの時間を、また、$e\fallingdotseq 2.71828$は自然対数の底である。Sを閉じた瞬間、すなわち$t=0$では、コンデンサCは［　(イ)　］状態となるので、$i(0)=$［　(ウ)　］〔A〕となる。

Sを閉じてから十分時間が経過した定常状態、すなわち$t=\infty$では、コンデンサCは［　(エ)　］状態となるので、$i(\infty)=$［　(オ)　］〔A〕となる。

Sを閉じてから$t=T=RC$〔s〕時間が経過したときの電流は、$i(T)\fallingdotseq$［　(カ)　］〔A〕となる。

この時間Tを［　(キ)　］といい、定常状態に落ち着くまでの目安の時間となる。

解答

解説文中に赤字で表記

解説

問題図に示すRC直列回路に直流電圧E〔V〕を印加(スイッチSを閉じて電圧を加えること)したときの電流は、$i=$(ア)$\dfrac{E}{R}e^{-\frac{1}{RC}t}$〔A〕

ただし、t:スイッチSを閉じてからの経過時間〔s〕
　　　　e:自然対数の底、$e\fallingdotseq 2.71818$

$t=0$では、コンデンサCは(イ)短絡状態となるので、$i(0)=$(ウ)$\dfrac{E}{R}$〔A〕

$t=\infty$では、コンデンサCは(エ)開放状態となるので、$i(\infty)=$(オ)0〔A〕

$t=T=RC$〔s〕時間が経過したときは、$i(T)=\dfrac{E}{R}e^{-\frac{1}{RC}\times RC}=\dfrac{E}{R}e^{-1}=\dfrac{E}{R}\cdot\dfrac{1}{e}\fallingdotseq\dfrac{E}{R}\times\dfrac{1}{2.71828}$

$\fallingdotseq$(カ)$0.37\times\dfrac{E}{R}$となる。

この時間$T=RC$〔s〕を(キ)時定数という。

23日目 第4章 交流回路

LESSON 23

記号法

交流回路計算の基礎となる記号法について学びます。ベクトルを複素数表示に、また、その逆を表せるように訓練しましょう。

関連過去問 057

長さはベクトルの大きさを、
矢印はベクトルの方向を表す
ベクトルドットゼットニャー…
ムニャムニャ

1 記号法 重要度A

(1) ベクトルとスカラー量

力、速度、電界の強さなど、大きさと**空間的な向き**を持つ量を**ベクトル量**といい、質量、時間、温度など大きさだけを持つ量を**スカラー量**といいます。

補足
力や速度のように、**大きさ**と**方向**を同時に考えて数学的に取り扱ったものを**ベクトル**といい、このベクトルで表される量を**ベクトル量**という。

(2) ベクトルの複素数表示(直交座標表示)

2乗すると−1となる、**実際には存在しない数**の単位を**虚数単位**j(ジェイ)といいます。

すなわち、$j^2 = -1$あるいは$j = \sqrt{-1}$となります。

実数とjを使って$2 + j5$などと表す数を**複素数**といい、一般に$a + jb$と表し、aを**実数部**、jbを**虚数部**と呼びます。bの符号を変えた$a - jb$を**共役複素数**といいます。

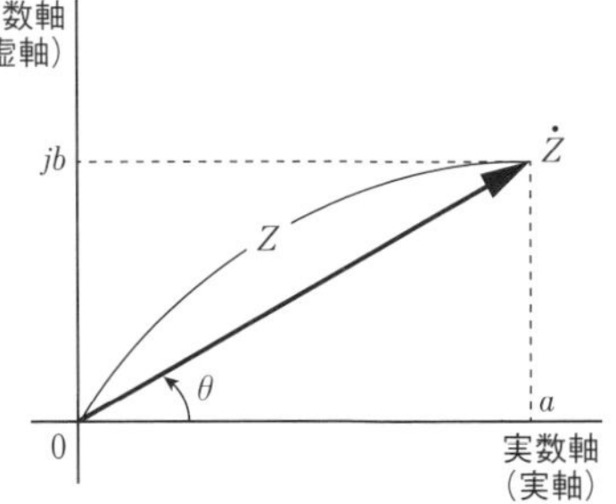

右図のように、横軸に実数、縦軸に虚数をとった平面(直交座標)を**複素平面**といい、複素平面でベクトル$\dot{Z}$(ドットZ、またはZドッ

補足
虚数単位の記号は、数学ではi(アイ)が用いられるが、電気工学では電流の記号との混同を避けるためにj(ジェイ)が用いられる。

補足
実数部を実部、虚数部を虚部と呼ぶ場合もある。また、実数軸を実軸、虚数軸を虚軸と呼ぶ場合がある。

トと読む）は、次のように表します。

$\dot{Z}=a+jb$

この表し方を、ベクトルの**複素数表示（直交座標表示）**といいます。

ベクトルの**長さ**は、ベクトルの**大きさ**$Z=|\dot{Z}|=\sqrt{a^2+b^2}$を表します。

> $|\dot{Z}|$は、$\dot{Z}$の**絶対値**を表します。$\dot{Z}$の向きがどうであれ、その絶対値つまり長さ（大きさ）だけを表す

ベクトルの**矢印**は、ベクトルの**向き**を表します。

実軸とのなす角度θを**偏角**（へんかく）といい、次式で与えられます。

$$\theta=\tan^{-1}\frac{b}{a}$$

$\tan^{-1}$は、アークタンジェントと読みます。

このように、ベクトル表示を実際に使用しやすくするために、**複素平面に表示して複素数で表す**方法がとられます。これを**記号法**と呼んでいます。

(3) ベクトルの極座標表示

ベクトル$\dot{Z}$を次のように表す方法を、**極座標表示**といいます。

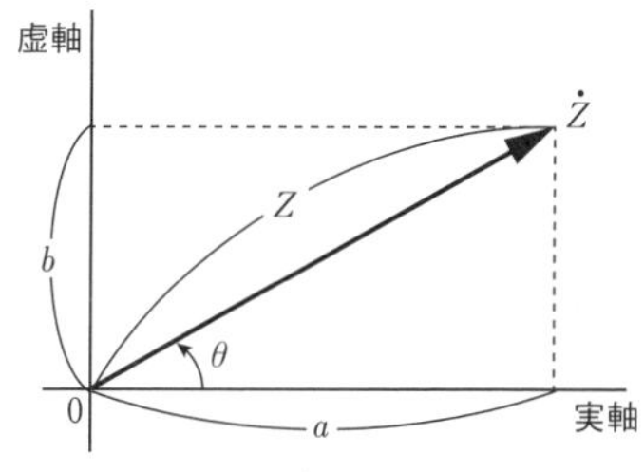

$$\dot{Z}=Z\angle\theta$$
$$=\sqrt{a^2+b^2}\angle\tan^{-1}\frac{b}{a}$$

(4) ベクトルの三角関数表示

複素数$\dot{Z}=a+jb$は、次のように表すこともできます。

右図より、

$$a+jb=\sqrt{a^2+b^2}\left(\frac{a}{\sqrt{a^2+b^2}}+j\frac{b}{\sqrt{a^2+b^2}}\right)$$
$$=Z(\cos\theta+j\sin\theta)$$

補足

数学的にみれば、複素数とベクトルは別々の概念のものである。しかし、電気工学では位相（LESSON24参照）の情報を含め、複素数とベクトルが対応していることを利用し、ベクトルを複素数で表す方法がとられる。

補足

記号法では、位相が$\frac{\pi}{2}$〔rad〕（90〔°〕）進むのは「j」を掛けると約束し、$\frac{\pi}{2}$〔rad〕（90〔°〕）遅れるのは「$-j$」を掛けると約束する。

補足

直交座標と極座標

原点（極）から見たベクトルの矢印の先端の座標Zを、aとjbで表す座標を直交座標、Zと偏角θで表す座標を極座標という。

補足

極座標表示で使われる∠は、角度を表し、「かく」と読む。

ここで、$Z=\sqrt{a^2+b^2}$、

$$\cos\theta=\frac{a}{\sqrt{a^2+b^2}}、\sin\theta=\frac{b}{\sqrt{a^2+b^2}}、\theta=\tan^{-1}\frac{b}{a}$$

なお、$\tan\theta=\dfrac{b}{a}$を変形してθを求めると、$\theta=\tan^{-1}\dfrac{b}{a}$〔rad〕となります。

このように三角関数を使用して、$a+jb=Z(\cos\theta+j\sin\theta)$と表したものを**三角関数表示**といいます。

(5) ベクトルの合成(和)

2つのベクトル、$\dot{A}$、$\dot{B}$の合成は、下図のように平行四辺形の対角線に相当するベクトルを書くことで作図できます。

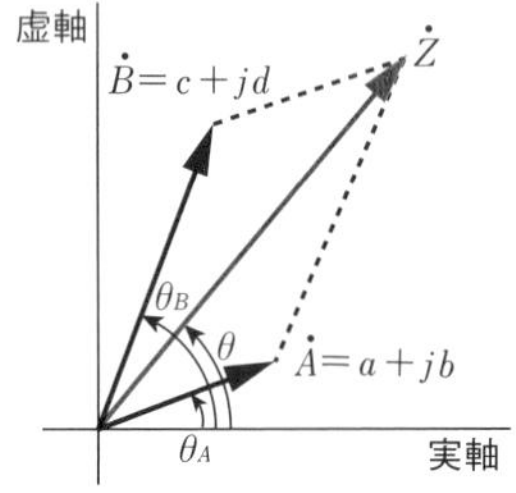

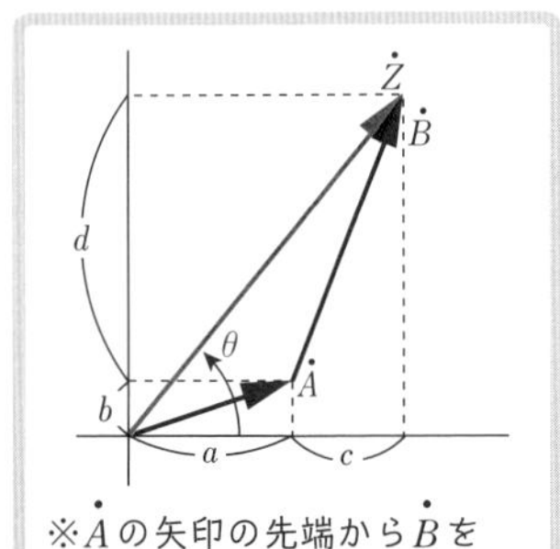

※$\dot{A}$の矢印の先端から$\dot{B}$を書く方法でも合成できます。

$$\dot{Z}=\dot{A}+\dot{B}=(a+jb)+(c+jd)$$
$$=(a+c)+j(b+d)$$

大きさ　$Z=|\dot{Z}|=\sqrt{(a+c)^2+(b+d)^2}$

偏角　$\theta=\tan^{-1}\dfrac{(b+d)}{(a+c)}$

(6) 極座標表示の四則計算

ベクトル$\dot{A}$、$\dot{B}$が、$\dot{A}=A\angle\theta_A$、$\dot{B}=B\angle\theta_B$のとき、和・差・積・商は、次のように求めることができます。

・和：$\dot{A}+\dot{B}=A\angle\theta_A+B\angle\theta_B$

・差：$\dot{A}-\dot{B}=A\angle\theta_A-B\angle\theta_B$

・積：$\dot{A}\cdot\dot{B}=A\cdot B\angle(\theta_A+\theta_B)$

…大きさは、それぞれの大きさの積

偏角は、それぞれの偏角の和

・商：$\frac{\dot{A}}{\dot{B}}=\frac{A}{B}\angle(\theta_A-\theta_B)$

…大きさは、それぞれの大きさの商

偏角は、それぞれの偏角の差

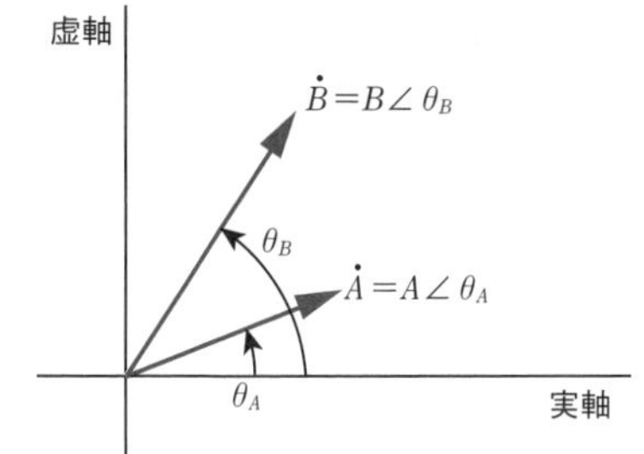

(7) 複素数の掛け算

2つの複素数の掛け算は、かっこを展開して、j^2を－1に置き換えて扱います。

・**複素数の掛け算**（a、b、c、dは実数）

$(a+jb)(c+jd)=ac+jad+jbc+j^2bd$

$=(ac-bd)+j(ad+bc)=\dot{C}$

・**複素数の大きさと偏角θ**

$\dot{C}=(ac-bd)+j(ad+bc)$の大きさは、

$|\dot{C}|=\sqrt{(ac-bd)^2+(ad+bc)^2}$

偏角θは、$\theta=\tan^{-1}\frac{ad+bc}{ac-bd}$〔rad〕

例題にチャレンジ！

次の式を計算せよ。

1. $(3+j2)(-4+j3)$　　**2.** $(-5+j7)(9-j2)$

3. $(4+j3)(4-j3)$　　**4.** $(3-j11)(3+j11)$

解法のヒント
$(j2)\times(j3)$
$=j^2\times 6$
$=-1\times 6$
$=-6$

・解説・

1. $(3+j2)(-4+j3)=3\times(-4)+3\times(j3)+(j2)\times(-4)+(j2)\times(j3)=-12+j9-j8-6=\mathbf{-18+j}$ (答)
2. $(-5+j7)(9-j2)=-45+j10+j63+14=\mathbf{-31+j73}$ (答)
3. $(4+j3)(4-j3)=16-j12+j12+9=\mathbf{25}$ (答)
4. $(3-j11)(3+j11)=9+j33-j33+121=\mathbf{130}$ (答)

上の例題の3と4の解答では、虚数部がなくなりました。複素数の中には、「2つの複素数を掛けたり足したりすると、実数部だけになる」というものがあります。このような2つの複素数を、**互いに「共役」である**といいます。

複素数$\dot{A}=a+jb$ ← 共役 → $\bar{A}=a-jb$

補足
$\bar{A}$(バーAまたはAバーと読む)は、$\dot{A}$(ドットAまたはAドットと読む)の共役複素数であることを表す。

・共役複素数の性質

複素数$\dot{A}=a+jb$ (a、bは実数) とその共役複素数$\bar{A}=a-jb$との和と積は、いずれも実数部のみとなります。

$\dot{A}+\bar{A}=(a+jb)+(a-jb)=2a$

$\dot{A}\cdot\bar{A}=(a+jb)\cdot(a-jb)=a^2+b^2$

(8) 複素数の割り算

複素数の割り算は、分母の複素数を実数化することから始まります。この実数化の方法は、複素数の共役という性質を利用します。分数式は、その分母、分子に同じ数式を掛けても、元の分数式は何ら変わることがないという決まりに基づいて、それに共役という性質を使います。

・複素数の割り算 (a、b、c、dは実数、$c+jd\neq 0$)

$$\frac{a+jb}{c+jd}=\frac{(a+jb)(c-jd)}{(c+jd)(c-jd)}=\frac{(ac+bd)+j(bc-ad)}{c^2+d^2}=\frac{ac+bd}{c^2+d^2}+j\frac{bc-ad}{c^2+d^2}$$

分母を実数化するため、分母の共役複素数を分母と分子に掛ける。

虚数jを取ることを**実数化**といい、無理数である**√(平方根)を外す**ことを**有理化**という

例題にチャレンジ!

次の式の分母を実数化せよ。

1. $\dfrac{1}{1+j3}$ 2. $\dfrac{1+j}{1-j}$ 3. $\dfrac{1+j}{2-j3}$

・解説・

1.分母、分子に共役複素数の$(1-j3)$を掛け、分母を実数化する。

$$\frac{1}{1+j3}=\frac{1\times(1-j3)}{(1+j3)(1-j3)}=\frac{1-j3}{1\times1-1\times j3+1\times j3-(j^2 3^2)}$$

$$=\frac{1-j3}{1-j3+j3+9}=\frac{1-j3}{10}=\frac{1}{10}-j\frac{3}{10}\ (答)$$

2.分母、分子に共役複素数の$(1+j)$を掛け、分母を実数化する。

$$\frac{1+j}{1-j}=\frac{(1+j)(1+j)}{(1-j)(1+j)}=\frac{1+j2+j^2}{1+1}=\frac{j2}{2}=j\ (答)$$

3.分母、分子に共役複素数の$(2+j3)$を掛け、分母を実数化する。

$$\frac{1+j}{2-j3}=\frac{(1+j)(2+j3)}{(2-j3)(2+j3)}=\frac{2+j3+j2-3}{2^2+3^2}=\frac{-1+j5}{13}$$

$$=-\frac{1}{13}+j\frac{5}{13}\ (答)$$

受験生からよくある質問

Q 複素数の割り算で、分母の複素数に共役複素数を乗じて実数化する理由は何ですか？

A 複素数の大きさと向きをわかりやすくするためです。実数化すれば、簡単にベクトル表示することができます。例えば、$\dot{Z}_1 = 3 + j4$というベクトルは、下図のように複素平面に簡単に書くことができ、大きさと方向を見ることができます。ところが、$\dot{Z}_2 = \dfrac{10}{3 + j4}$というベクトルは、このままでは複素平面に書くことができません。そこで、$\dot{Z}_2$の分母を実数化すると、

$$\dot{Z}_2 = \frac{10(3 - j4)}{(3 + j4)(3 - j4)} = \frac{30 - j40}{25} = 1.2 - j1.6$$

となり、簡単にベクトル表示することができます。

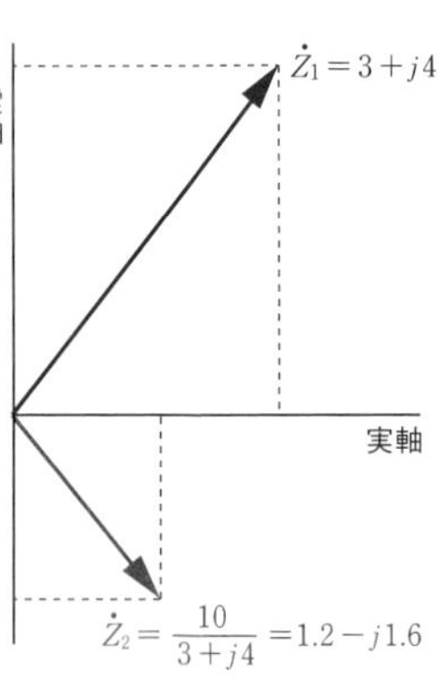

ただし、$\dot{Z}_2$の大きさだけを求める場合は、実数化する必要はなく、次のように計算します。

$$Z_2 = |\dot{Z}_2| = \frac{10}{\sqrt{3^2 + 4^2}} = \frac{10}{5} = 2$$

もちろん、実数化して次のように計算してもかまいません。

$$Z_2 = |\dot{Z}_2| = \sqrt{1.2^2 + 1.6^2} = \sqrt{4} = 2$$

理解度チェック問題

問題　次の[　　]の中に適当な答えを記入せよ。

複素数$\dot{A}=a+jb$と共役複素数$\bar{A}=a-jb$との和、差、積、商を計算する。

和　$\dot{A}+\bar{A}=$ [(ア)]

差　$\dot{A}-\bar{A}=$ [(イ)]

積　$\dot{A}\cdot\bar{A}=$ [(ウ)]

商　$\dfrac{\dot{A}}{\bar{A}}=$ [(エ)]

解答

解説文中に赤字で表記

解説

和　$\dot{A}+\bar{A}=(a+jb)+(a-jb)=$(ア)$2a$

差　$\dot{A}-\bar{A}=(a+jb)-(a-jb)=$(イ)$j2b$

積　$\dot{A}\cdot\bar{A}=(a+jb)\,(a-jb)=a^2-jab+jab-j^2b^2=$(ウ)$a^2+b^2$

商　$\dfrac{\dot{A}}{\bar{A}}=\dfrac{a+jb}{a-jb}=\dfrac{(a+jb)(a+jb)}{(a-jb)(a+jb)}=\dfrac{a^2+j2ab-b^2}{a^2+b^2}=$(エ)$\dfrac{a^2-b^2}{a^2+b^2}+j\dfrac{2ab}{a^2+b^2}$

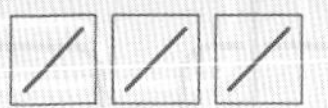

LESSON 24

正弦波交流とは

私たちに最も身近であり、代表的な交流である、正弦波交流について学びます。電験三種試験で出題される交流は、基本的に正弦波交流です。

関連過去問 058, 059

1 正弦波交流とは 重要度 A

補足 周期的とは、一定の時間的間隔で同じことが繰り返されること。

補足 直流はDirect Current (DC)、交流はAlternating Current (AC)と表示されることがある。

第3章で学習した直流は、大きさや流れる向きが常に一定な電圧・電流です。これに対して、時間の変化とともに**大きさと向きが周期的に変化**する電圧や電流を**交流**といいます。

交流には、図4.1に示されるような波形(はけい)がありますが、図4.1(a)のように、三角関数を用いた**正弦曲線**(せいげん)(**サインカーブ**)で表されるものを**正弦波交流**といいます。私たちが家庭で使用している交流は正弦波交流であり、**電験三種試験で出題される**交流は、基本的に正弦波交流として扱います。

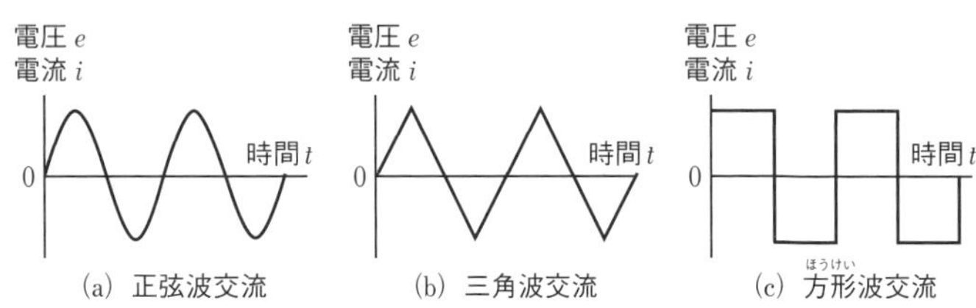

図4.1 各種の交流波形

(1) 正弦波交流の発生

LESSON10のフレミングの右手の法則で学習したように、導体が磁束を横切ると、電磁誘導作用により導体に誘導起電力が発生します。いま、図4.2のように磁束密度B〔T〕の一様な磁界中にコイルを置き、このコイルを**角速度** ω〔rad/s〕で回転させると、コイルの辺ABと辺CDには誘導起電力が生じます。

コイルの辺AB・辺CDは、速さ $v=\dfrac{\omega b}{2}$〔m/s〕で円運動をするので、コイル面の垂線と磁束のなす角が θ〔rad〕のとき、辺AB・辺CDが磁束を直角に切る速さは $v\sin\theta$〔m/s〕となります。したがって、フレミングの右手の法則の式(電磁誘導に関するファラデーの法則)により、辺AB・辺CDに生じる誘導起電力 e'〔V〕は、それぞれ次式となります。

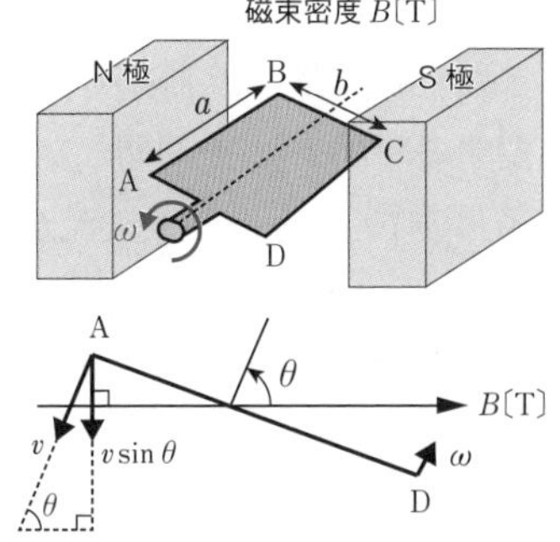

図4.2　正弦波交流の発生

$$e'=vBa\sin\theta=\frac{1}{2}\omega abB\sin\theta\ 〔V〕\qquad(1)$$

辺AB・辺CDには、電圧が加わる向きに同じ大きさの起電力が生じ、辺BCと辺DAには起電力を生じないので、コイル全体に生じる誘導起電力 e〔V〕は、次式となります。

$$e=2e'=\omega abB\sin\theta\ 〔V〕\qquad(2)$$

時間 t〔s〕における角度 θ〔rad〕は、角速度を ω〔rad/s〕とすると、$\theta=\omega t$〔rad〕と表せます。また上式において、ωabB は時間に無関係の値なので、これを E_m とおくと、

重要公式　正弦波交流

$$e=E_m\sin\omega t\ 〔V〕\qquad(3)$$

となります。起電力 e〔V〕は、時間 t〔s〕の関数であり、時間とともに変化するので**瞬時値**といいます。

式(3)の波形は図4.3のように正弦曲線で表され、E_m〔V〕を**最大値**、ωt〔rad〕

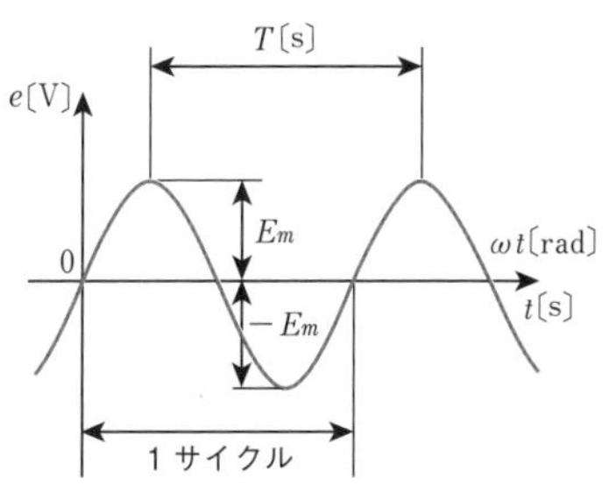

図4.3　正弦波交流の波形

補足
角速度については、「(2) 角速度と角周波数」で詳しく学習する。

補足
コイルの辺AB・辺CDが t 秒間に1回転するとき、その円運動の半径は $\dfrac{b}{2}$〔m〕であるから、円周上の速さ v は、

$$v=2\pi\times\frac{b}{2}\div t$$
$$=\frac{\pi b}{t}\ 〔m/s〕\cdots①$$

ここで、辺AB・辺CDが t 秒間に1回転するときの回転角は 2π〔rad〕であるから、角速度の定義より、

$$\omega=\frac{2\pi}{t}\ 〔rad/s〕\cdots②$$

式②を変形し、

$$\frac{\omega}{2}=\frac{\pi}{t}$$

よって、$v=\dfrac{\omega b}{2}$〔m/s〕となる。

補足
図4.2の補助線(点線)により、辺AB・辺CDが磁束を直角に切る速さは $v\sin\theta$〔m/s〕となることがわかる。

補足
式(1)、(2)の $abB\sin\theta$ は、コイルの中を通る磁束に相当する。

補足
ここでは、$t=0$〔s〕のとき、$\theta=0$〔rad〕としている。

を**位相**といいます。

また、繰り返す波形の1つを**1サイクル**といい、1サイクルに要する時間T〔s〕を**周期**といいます。図4.2のような場合には、コイルの1回転が正弦波交流波形の1サイクルに対応します。

さらに、1秒間に繰り返されるサイクル数f〔Hz〕を**周波数**といい、単位には〔Hz〕（ヘルツ）が使用されます。したがって、周期T〔s〕と周波数f〔Hz〕の間には、次の関係があります。

補足
一般的に瞬時値は、小文字で表す。例えば、起電力の場合は、Eをeで表す。

補足
ヘルツは〔Hz〕=〔1/s〕〔s^{-1}〕となり、回転速度と同一単位になるが、〔Hz〕は周期現象に限られて使用される。

重要公式 周期、周波数

$$\text{周期}：T=\frac{1}{f}〔\text{s}〕、\text{周波数}：f=\frac{1}{T}〔\text{Hz}〕\quad(4)$$

私たちの家庭や工場で使用している電気の周波数は、**商用周波数**と呼ばれ、主に東日本では50〔Hz〕、西日本では60〔Hz〕です。

例題にチャレンジ！

1. 周波数が60〔Hz〕および1〔kHz〕の交流の周期〔ms〕を求めよ。

2. 周期が20〔ms〕および3〔s〕の交流の周波数を求めよ。

・解説・

1. 周期T〔s〕は、$f=60$〔Hz〕のとき、

$$T_{60}=\frac{1}{f}=\frac{1}{60}\fallingdotseq 16.7\times10^{-3}〔\text{s}〕\rightarrow \mathbf{16.7}〔\text{ms}〕（答）$$

$f=1$〔kHz〕のとき、

$$T_{1k}=\frac{1}{f}=\frac{1}{1\times10^{3}}=1\times10^{-3}〔\text{s}〕\rightarrow \mathbf{1}〔\text{ms}〕（答）$$

2. 周波数f〔Hz〕は、$T=20$〔ms〕のとき、

$$f_{20m}=\frac{1}{T}=\frac{1}{20\times10^{-3}}=\mathbf{50}〔\text{Hz}〕（答）$$

$T=3$〔s〕のとき、

$$f_{3}=\frac{1}{T}=\frac{1}{3}\fallingdotseq \mathbf{0.33}〔\text{Hz}〕（答）$$

解法のヒント
1〔kHz〕
→1×10^{-3}〔Hz〕
と変換する。
また、求める周期の単位が〔ms〕なので、
1×10^{-3}〔s〕→1〔ms〕
と変換する。
〔ms〕は、ミリセコンド、ミリセカンド、ミリセックなどと読み、1/1000〔s〕（秒）を表す。長さの単位〔mm〕（ミリメートル）のミリと同じである。

(2) 角速度と角周波数

角速度ω〔rad/s〕は、1秒間当たりの回転角を、**ラジアン**〔rad〕を単位とする**弧度法**(こどほう)で表したものです。

1回転の回転角は2π〔rad〕に相当するので、1秒間に1回転するような場合、角速度は$\omega = 2\pi$〔rad/s〕となり、時間t〔s〕における回転角は$2\pi t$〔rad〕となります。

また、2極の交流発電機が1秒間にf回転するような場合、**電気角速度**は$\omega_e = 2\pi f$〔rad/s〕となるため、時間t〔s〕における周波数f〔Hz〕の交流の回転電気角θ〔rad〕は、次式となります。

$$\theta = \omega_e t = 2\pi f t \text{〔rad〕} \qquad (5)$$

式(5)より、電気角速度ω_e〔rad/s〕と周波数f〔Hz〕の間に、次のような関係があります。

重要 公式　電気角速度と周波数

$$\omega_e = 2\pi f \text{〔rad/s〕} \qquad (6)$$

このため、電気角速度は**角周波数**とも呼ばれます。

数学・物理の基礎知識！

1．度数法(どすう)と弧度法

角度の表し方には、**動径(動く半径)の1回転を360〔°〕とする度数法**のほかに、円弧(えんこ)の長さlを円の半径rで割った値、$\dfrac{l}{r}$で表す方法の**弧度法**があります。

弧度法の角度の単位は〔rad〕(ラジアン)です。

円周上でその円の半径rと同じ長さの孤lを切り取る2本の半径rのなす角を1〔rad〕と定義します。

例えば$r=1$の円の円周の長さlは、$l = 2\pi r = 2\pi$なので、**動径の1回転が**2π〔rad〕となります。$\dfrac{1}{2}$回転ではπ〔rad〕、$\dfrac{1}{4}$回転では$\dfrac{\pi}{2}$〔rad〕です。

正弦波交流を理解する上で重要だよ。

第4章　交流回路

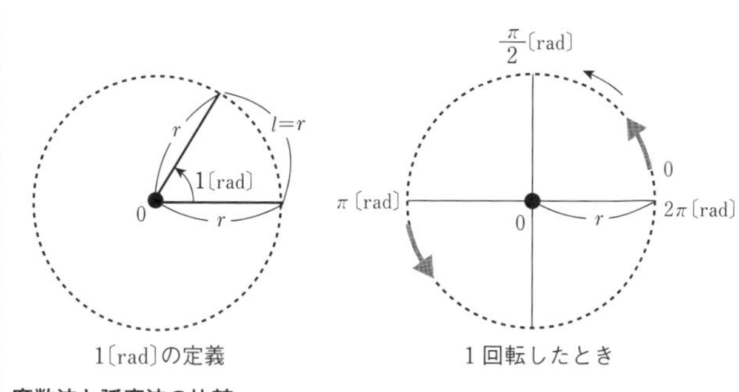

1〔rad〕の定義　　　1回転したとき

度数法と弧度法の比較

度数法〔°〕	30°	45°	60°	90°	180°	360°	θ°
弧度法〔rad〕	$\frac{\pi}{6}$	$\frac{\pi}{4}$	$\frac{\pi}{3}$	$\frac{\pi}{2}$	π	2π	$\theta\times\frac{2\pi}{360}$

補足

機械角とは、普通に使っている角度であり、1回転で2π〔rad〕(360〔°〕)となる。一方、電気角とは、起電力を発生するコイルが、N極から始まり、N→S→N極を通過したとき2π〔rad〕となる。4極機では、コイルが1回転するとN→S→N→S→N極と通過するので、4π〔rad〕となる。

補足

極対数は、NSの**2極で1対**と数える。したがって、2極機の極対数は1、4極機の極対数は2である。

2．機械角と電気角

私たちが普通に使っている角度のことを、電気角と比較して使用するとき、特に機械角と呼びます。

2極機（2極の発電機）のコイルが1回転する角度は、弧度法で2π〔rad〕です。この角度2π〔rad〕は、機械角でもあり電気角でもあります。

4極機のコイルが1回転する角度は、**機械角**で2π〔rad〕ですが**電気角**では4π〔rad〕です。

●2極機（極対数1）

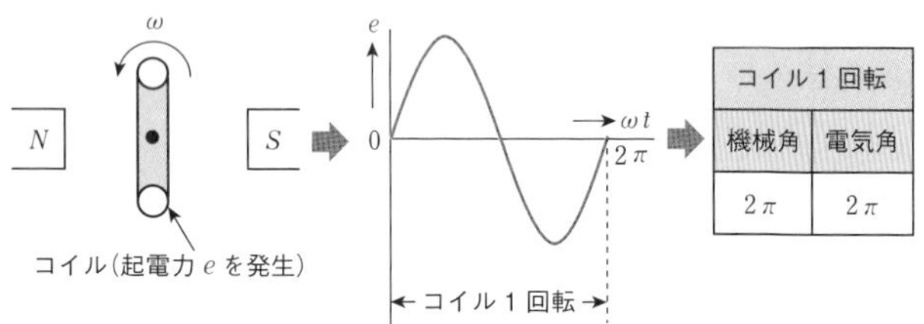

●4極機（極対数2）

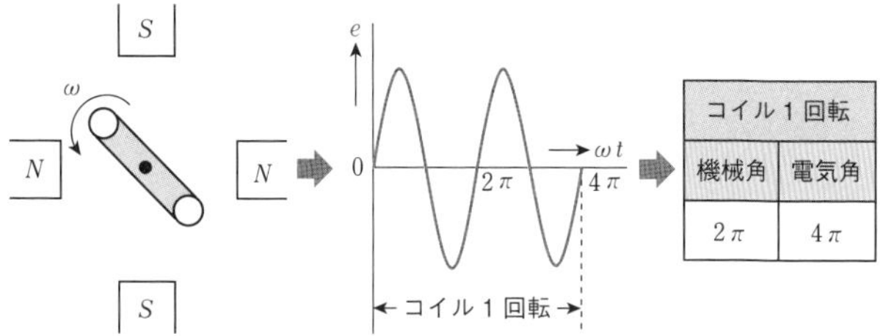

これは、2極機の発電機が1回転すると1サイクルの正弦波交流波形を描きますが、**4極機**では1回転すると**2サイクル**の波形を描くためです。**正弦波交流波形1サイクル**は、**電気角**2π〔rad〕に相当します。**電気角＝機械角×極対数**の関係があります。2極機(極対数1)では、電気角と機械角は一致します。

3．機械角速度と電気角速度(角周波数)

回転する物体が単位時間(1秒間)に回転する機械角を、**機械角速度**といいます。t秒間に機械角でθ〔rad/s〕進んだときの機械角速度ωは、$\omega=\dfrac{\theta}{t}$〔rad/s〕となります。通常、**角速度**とは、この**機械角速度**のことをいいます。

これに対し、回転する物体が単位時間(1秒間)に回転する電気角を、**電気角速度**または**角周波数**といいます。

1秒間にn回転する物体の機械角速度は、1回転が機械角で2π〔rad〕なので、機械角速度ωは、

$\omega=2\pi n$〔rad/s〕

となります。

また、周波数f〔Hz〕とは、1秒間に電気角2π〔rad〕を何回繰り返すかの数ですから、電気角速度ω_eは、

$\omega_e=2\pi f$〔rad/s〕

となります。

2極機(極対数1)では、電気角速度と機械角速度は一致します。

◎電験三種試験対策

電験三種試験対策としては、

角速度という用語に対しては、

$\omega=2\pi n$〔rad/s〕

ただし、n：毎秒の回転速度〔s^{-1}〕

または、

$\omega=2\pi\dfrac{N}{60}$〔rad/s〕

ただし、N：毎分の回転速度〔min^{-1}〕

補足

機械角速度も電気角速度も、また角周波数も、単に角速度と称し、記号ωを使用している場合が多い。このような場合、何を指しているかは前後の文脈から判断する。

具体的には、(3) 位相と位相差で説明する瞬時値の位相を表すωtのωは、電気角速度(角周波数)である。本テキストにおいても、以降は電気角速度(角周波数)、機械角速度とも、ωの記号を使用する。

角周波数という用語に対しては、

$$\omega_e = 2\pi f \text{〔rad/s〕}$$

と計算しましょう。

※2極機ではωとω_eは一致しますが、4極機以上では異なる値となります。

(3) 位相と位相差

交流回路では、交流波形の時間的な位置の変化を扱う必要があります。ここでは、正弦波交流波形の時間的な位置を表す**位相**と**位相差**について学びます。

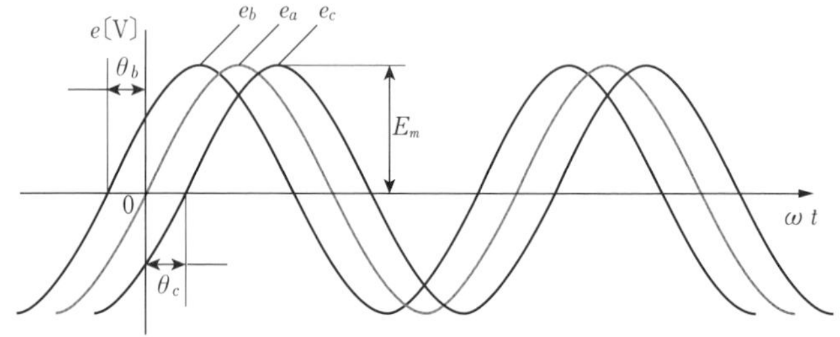

図4.4　正弦波交流波形の位相

図4.4に、時間的位置が異なる正弦波交流波形を示します。e_a〔V〕は、時刻$t=0$において、瞬時値$e=0$〔V〕です。これに対してe_b〔V〕は、e_a〔V〕に比べてθ_b〔rad〕だけ時間的に進んで変化しています。同様にe_c〔V〕は、e_a〔V〕に比べてθ_c〔rad〕だけ時間的に遅れて変化しています。これらの**瞬時値**は、それぞれ次式で表されます。

$$e_a = E_m \sin \omega t \text{〔V〕} \quad (7)$$

$$e_b = E_m \sin (\omega t + \theta_b) \text{〔V〕} \quad (8)$$

$$e_c = E_m \sin (\omega t - \theta_c) \text{〔V〕} \quad (9)$$

上記の式において、ωt、$\omega t + \theta_b$、$\omega t - \theta_c$は時間的な位置を決める要素で、**位相**または**位相角**といいます。また、時刻$t=0$における位相を**初位相**または**初位相角**といいます。

図4.4のように、それぞれの位相が異なるとき、その差を**位**

相差といいます。例えばe_a〔V〕とe_b〔V〕の位相差はθ_b〔rad〕、e_b〔V〕とe_c〔V〕の位相差は$\theta_b-(-\theta_c)=\theta_b+\theta_c$〔rad〕となります。また、位相差が零（れい）のときを、**同相**または**同位相**といいます。

さらに、2つの位相を比較するとき、例えば「e_a〔V〕はe_b〔V〕より位相がθ_b〔rad〕遅れている」、「e_b〔V〕はe_a〔V〕より位相がθ_b〔rad〕進んでいる」といいます。

受験生からよくある質問

Q　位相の遅れ、進みをやさしく説明してください。

A　右図に示すような1周100mの円形トラックを、EさんIさんの2人が反時計方向に同じ速度で走っていると想定します。IさんはEさんより距離にして25m、中心角で$\frac{\pi}{2}$〔rad〕遅れています。

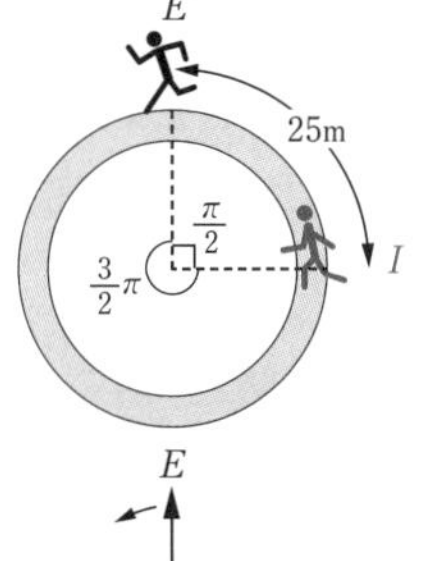

E、Iのベクトル図

これが電気工学でいう「IはEより位相が$\frac{\pi}{2}$〔rad〕遅れている」または、「EはIより位相が$\frac{\pi}{2}$〔rad〕進んでいる」ということに相当します。

見方を変えると、IさんはEさんより距離にして75m、中心角で$\frac{3\pi}{2}\left(=2\pi-\frac{\pi}{2}\right)$〔rad〕進んでいます。これは「$I$は$E$より位相が$\frac{3\pi}{2}$〔rad〕進んでいる」または「$E$は$I$より位相が$\frac{3\pi}{2}$〔rad〕遅れている」ということに相当します。これらは表現は違いますが、すべて同じことをいい表しています。

理解度チェック問題

問題　次の［　　］の中に適当な答えを記入せよ。

1．時間の変化とともに大きさや向きが周期的に変化する電圧や電流を交流という。図のように、正弦曲線（サインカーブ）で表されるものを正弦波交流という。正弦波交流は、次のように表される。

$e=$［（ア）］〔V〕

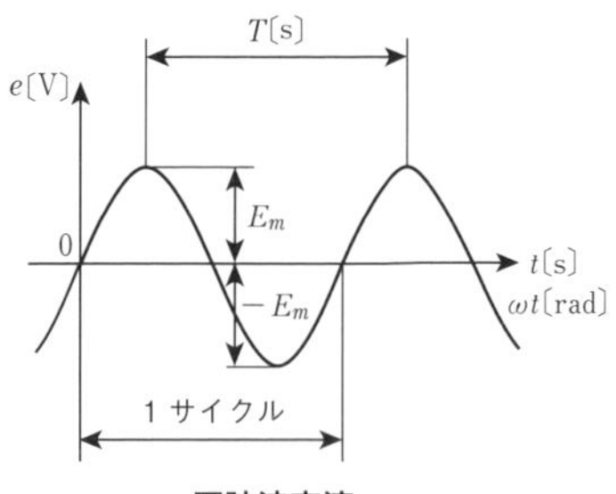

正弦波交流

起電力e〔V〕は、時間t〔s〕の関数であり、時間とともに変化するので［（イ）］という。E_m〔V〕を［（ウ）］、ω〔rad/s〕を角周波数、ωt〔rad〕を［（エ）］または［（オ）］という。

また、繰り返す波形の1つを1サイクルといい、1サイクルに要する時間T〔s〕を［（カ）］という。さらに、1秒間に繰り返されるサイクル数f〔Hz〕を周波数といい、単位には〔Hz〕（ヘルツ）が使用される。［（カ）］T〔s〕と周波数f〔Hz〕の間には、次の関係がある。

$T=$［（キ）］〔s〕、$f=$［（ク）］〔Hz〕

角周波数ω〔rad/s〕は、1秒間当たりの回転電気角を、ラジアン〔rad〕を単位とする弧度法で表したものである。角周波数ωと周波数f〔Hz〕には、次の関係がある。

$\omega=$［（ケ）］〔rad/s〕

2．瞬時値が次式で表される交流電圧がある。

$e_a=E_m\sin\omega t$〔V〕

$e_b=E_m\sin(\omega t-\theta)$〔V〕

それぞれの位相が異なるとき、その差θを［（コ）］という。

例えばe_aとe_bの［（コ）］はθ〔rad〕で、「e_bはe_aより位相がθ〔rad〕［（サ）］」または「e_aはe_bより位相がθ〔rad〕［（シ）］」という。

解答

（ア）$E_m\sin\omega t$　（イ）瞬時値　（ウ）最大値　（エ）位相　（オ）位相角

（カ）周期　（キ）$\dfrac{1}{f}$　（ク）$\dfrac{1}{T}$　（ケ）$2\pi f$　（コ）位相差

（サ）遅れている　（シ）進んでいる

LESSON 25

平均値・実効値

各種波形の平均値、実効値、波高率(はこう)、波形率(はけい)について学びます。正弦波交流の各値は暗記しておきましょう。

関連過去問 060

1 平均値と実効値　重要度A

(1) 平均値

交流は、大きさや向きが時間とともに変化するので、これまでの最大値を使用した表現のほかに、次に示すように平均値や実効値で表現する方法があります。

交流の電圧や電流の瞬時値を表す曲線の**半周期分の平均**を**平均値**といいます。

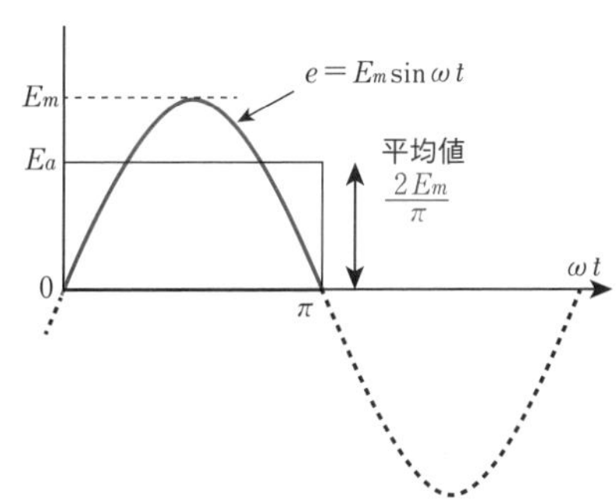

図4.5　正弦波交流の平均値

正弦波交流の最大値 E_m〔V〕と平均値 E_a〔V〕の間には、次のような関係があります。

重要公式　正弦波交流の平均値

$$E_a=\frac{2}{\pi}E_m\text{〔V〕} \quad (10)$$

正弦波交流は対称な波形なので、1周期分の平均値は零になります。そこで、半周期分の平均を平均値といいます。

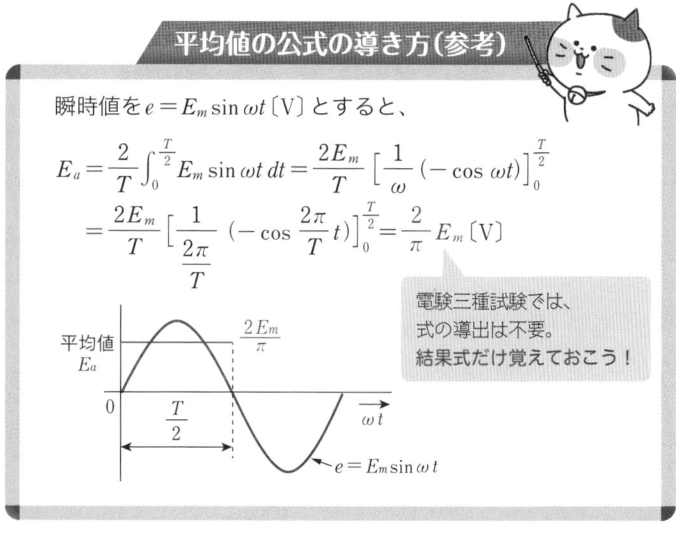

平均値の公式の導き方（参考）

瞬時値を$e=E_m\sin\omega t$〔V〕とすると、

$$E_a=\frac{2}{T}\int_0^{\frac{T}{2}}E_m\sin\omega t\,dt=\frac{2E_m}{T}\left[\frac{1}{\omega}(-\cos\omega t)\right]_0^{\frac{T}{2}}$$

$$=\frac{2E_m}{T}\left[\frac{1}{\frac{2\pi}{T}}\left(-\cos\frac{2\pi}{T}t\right)\right]_0^{\frac{T}{2}}=\frac{2}{\pi}E_m\text{〔V〕}$$

(2) 実効値

交流の実効値は、**交流電流が抵抗を通過するときに発生する熱の平均値**として定義されています。別ないい方をすると、直流と同じ電力を得るような交流を、その直流の大きさで表し、この値を**実効値**といいます。

また、交流の実効値は、**瞬時値の2乗の平均値の平方根**で求められます。正弦波交流の最大値E_m〔V〕と実効値Eの間には、次のような関係があります。

> **補足**
> 瞬時値の2乗の平均値の平方根の値の英略は、RMS(Root Mean Square value)。そのため、実効値の記号をE_{rms}と表す場合がある。

重要公式　正弦波交流の実効値、最大値

$$E=\frac{1}{\sqrt{2}}E_m\text{〔V〕、}E_m=\sqrt{2}E\text{〔V〕}\qquad(11)$$

例えば、ヒーターに直流電流10〔A〕を流して5分で水が沸騰するなら、このヒーターに最大値$\sqrt{2}\times10\fallingdotseq14.1$〔A〕の正弦波交流電流を流せば、やはり5分で水が沸騰します。この正弦波交流電流の実効値は、10〔A〕となります。

一般的に、交流の電圧や電流は実効値で表現されますから、特に断りがなければ実効値として扱います。

実効値の公式の導き方（参考）

瞬時値を $e=E_m \sin \omega t$〔V〕とすると、

$$\frac{1}{T}\int_0^T e^2 dt=\frac{1}{T}\int_0^T E_m{}^2 \sin^2 \omega t\, dt=\frac{1}{T}\int_0^T \frac{E_m{}^2}{2}(1-\cos 2\,\omega t)\,dt$$

$$=\frac{E_m{}^2}{2T}\left[t-\frac{1}{2\omega}\sin 2\,\omega t\right]_0^T=\frac{E_m{}^2}{2T}\left\{\left(T-\frac{1}{2\omega}\sin 2\,\omega T\right)\right\}$$

ここで $\omega=\frac{2\pi}{T}$ を入れる

$$=\frac{E_m{}^2}{2T}\left(T-\frac{T}{4\pi}\sin 4\pi\right)=\frac{E_m{}^2}{2}$$

実効値は、

$$E=\sqrt{\frac{1}{T}\int_0^T e^2 dt}=\sqrt{\frac{1}{T}\int_0^T E_m{}^2 \sin^2 \omega t\, dt}=\sqrt{\frac{E_m{}^2}{2}}=\frac{E_m}{\sqrt{2}}\text{〔V〕}$$

電験三種試験では、式の導出は不要。
結果式だけ覚えておこう！

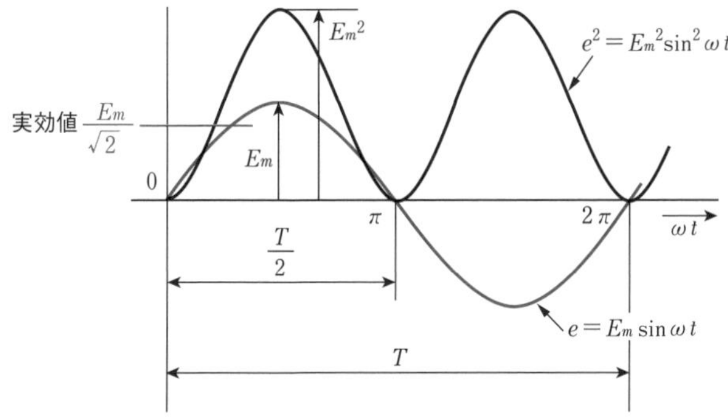

例題にチャレンジ！

抵抗$R=25$〔Ω〕に、周波数$f=50$〔Hz〕、$v=100\sqrt{2}\sin\omega t$〔V〕の電圧を加えたとき、流れる電流の実効値$I$〔A〕を求めよ。また、$t=\dfrac{1}{400}$〔s〕における電流の瞬時値$i$〔A〕を求めよ。

・解説・

電圧の瞬時値vは、最大値をV_mとすると、$v=V_m\sin\omega t=\sqrt{2}V\sin\omega t=100\sqrt{2}\sin\omega t$なので、電圧の実効値は$V=100$〔V〕となる。オームの法則より電流の実効値は、

$$I=\frac{V}{R}=\frac{100}{25}=4\text{〔A〕(答)}$$

次に電流の瞬時値iは、最大値をI_mとすると、$i=I_m\sin\omega t=\sqrt{2}I\sin\omega t$となるので、

$$i=4\sqrt{2}\sin\omega t\text{〔A〕}\cdots\cdots①$$

また、角周波数ωは、$\omega=2\pi f=2\pi\times 50=100\pi$〔rad/s〕。

式①に$t=\dfrac{1}{400}$〔s〕を代入すると、電流の瞬時値iは、

$$\begin{aligned}i&=4\sqrt{2}\sin\omega t=4\sqrt{2}\sin 2\pi ft\\&=4\sqrt{2}\sin(100\pi\times\frac{1}{400})\\&=4\sqrt{2}\sin(\frac{\pi}{4})\\&=4\sqrt{2}\times\frac{1}{\sqrt{2}}=4\text{〔A〕(答)}\end{aligned}$$

解法のヒント

1.

角周波数ω〔rad/s〕と周波数fの間には、
$\omega=2\pi f$〔rad/s〕
の関係がある。
必ず覚えておこう。

2.

$\sin\dfrac{\pi}{4}$
$=\sin 45°$
$=\dfrac{1}{\sqrt{2}}$

45°の直角三角形の定規の辺の比は、1：1：$\sqrt{2}$

イチイチルートニ

2 波高率と波形率　重要度 B

正弦波交流ではない交流波形が、どの程度正弦波に似ているかを表すのに、**波高率**（はこう）および**波形率**（はけい）を用いて示します。

重要公式　波高率・波形率

$$波高率=\frac{最大値}{実効値} \tag{12}$$

$$波形率=\frac{実効値}{平均値} \tag{13}$$

この値は正弦波では、

$$波高率=\frac{E_m}{\frac{E_m}{\sqrt{2}}}=\sqrt{2} \fallingdotseq 1.41$$

$$波形率=\frac{\frac{E_m}{\sqrt{2}}}{\frac{2E_m}{\pi}}=\frac{\pi}{2\sqrt{2}} \fallingdotseq 1.11$$

となります。

波高率は最大値と実効値の比ですから、**絶縁耐力**を決めるような場合に用いられます。交流の絶縁耐力は実効値ではなく最大値で設計しないと、絶縁物の**絶縁破壊**のおそれが出てきます。そこで絶縁耐力は、実効値に波高率を乗じた最大値を考慮して定めることになっています。

波形率は実効値と平均値の比です。波形率は電気計測の分野で使用されています。第6章電気計測で学ぶ整流形計器は平均値を指示しますが、**指示値に正弦波の波形率1.1を掛け、実効値目盛**となっています。

用語
絶縁破壊とは、空気や油など絶縁物に加える電圧を増大していくと、ある限界以上で急激に絶縁性能を失って大電流が流れることをいう。
絶縁物が絶縁破壊を起こさず、どの程度の電圧に耐え得る性能があるかを示す指標を**絶縁耐力**という。

補足
式(12)より、最大値＝波高率×実効値

3 各種波形の平均値、実効値、波高率、波形率　重要度 B

表4.1に各種波形の平均値、実効値、波高率、波形率を示します。

正弦波の各値は、必ず覚えておきましょう。

表4.1　各種波形の平均値、実効値、波高率、波形率

名称	波形	平均値	実効値	波高率	波形率
方形波（矩形波）		E_m	E_m	1.0	1.0
半波方形波		$\frac{1}{2}E_m$	$\frac{1}{\sqrt{2}}E_m$	$\sqrt{2} \fallingdotseq 1.41$	$\sqrt{2} \fallingdotseq 1.41$
正弦波		$\frac{2}{\pi}E_m$	$\frac{1}{\sqrt{2}}E_m$	$\sqrt{2} \fallingdotseq 1.41$	$\frac{\pi}{2\sqrt{2}} \fallingdotseq 1.11$
三角波		$\frac{1}{2}E_m$	$\frac{1}{\sqrt{3}}E_m$	$\sqrt{3} \fallingdotseq 1.73$	$\frac{2}{\sqrt{3}} \fallingdotseq 1.15$
半波整流正弦波		$\frac{1}{\pi}E_m$	$\frac{1}{2}E_m$	2.0	$\frac{\pi}{2} \fallingdotseq 1.57$
全波整流正弦波		$\frac{2}{\pi}E_m$	$\frac{1}{\sqrt{2}}E_m$	$\sqrt{2} \fallingdotseq 1.41$	$\frac{\pi}{2\sqrt{2}} \fallingdotseq 1.11$
直流		E_m	E_m	1.0	1.0

一般家庭で使用されているコンセントの100〔V〕は、正弦波交流電圧の実効値です。最大値は$100 \times \sqrt{2} \fallingdotseq 141$〔V〕となります。

理解度チェック問題

問題　次の□の中に適当な答えを記入せよ。

1． 電圧や電流の瞬時値を表す曲線の半周期分の平均を［（ア）］という。
また、瞬時値の［（イ）］の平均値の［（ウ）］を［（エ）］という。
一般に、交流100〔V〕といえば、この100〔V〕は正弦波交流電圧の［（オ）］を表す。

2． 波高率は$\dfrac{\text{（キ）}}{\text{（カ）}}$、波形率は$\dfrac{\text{（ケ）}}{\text{（ク）}}$で表される。

3． 最大値がE_m〔V〕の正弦波交流電圧の各値は、以下のようになる。
平均値＝［（コ）］〔V〕
実効値＝［（サ）］〔V〕
波高率＝［（シ）］〔V〕
波形率＝［（ス）］〔V〕

4． 図に示す半波方形波の平均値は［（セ）］〔V〕である。

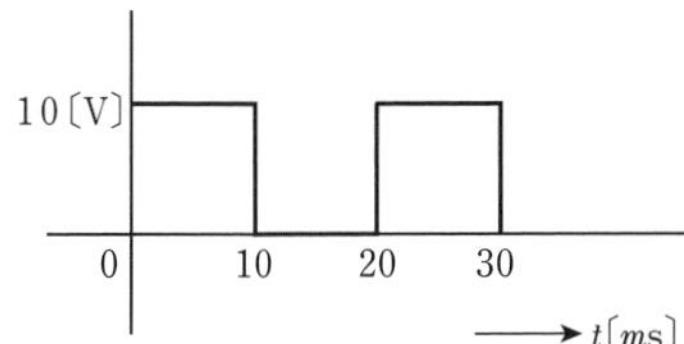

解答

(ア)平均値　(イ)2乗　(ウ)平方根　(エ)実効値　(オ)実効値

(カ)実効値　(キ)最大値　(ク)平均値　(ケ)実効値　(コ)$\dfrac{2}{\pi}E_m$

(サ)$\dfrac{1}{\sqrt{2}}E_m$　(シ)$\sqrt{2}$または1.41　(ス)$\dfrac{\pi}{2\sqrt{2}}$または1.11　(セ)5

解説

4. 交流の平均値は半周期分の平均であるが、この問題のように負の波形がないものについては、1周期分の平均としなければならない。
また、積分を用いなくても、下図のように波形を砂山に例えると、この砂を平均にならした高さが平均値である。
問題図の波形の平均値はこの考えにより、直ちに(セ)5〔V〕であることがわかる。

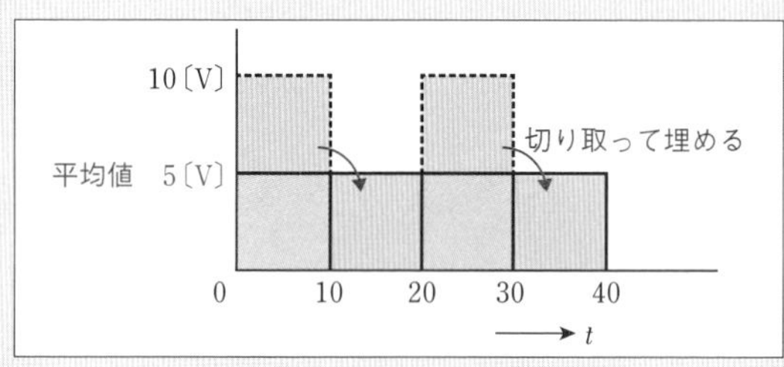

一方、正弦波の場合は、切り取って埋める面積を簡単に計算できないので、積分を使用する。

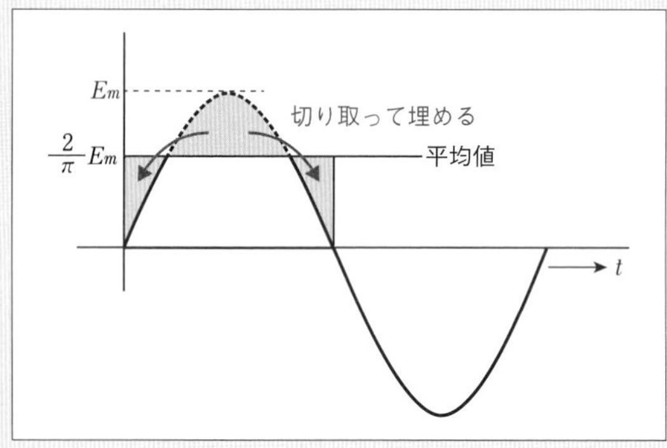

LESSON 26

正弦波交流のベクトル表示

瞬時値の式、正弦波曲線、ベクトル図のうちの１つを示されたとき、ほかの２つも書けるように訓練しましょう。

関連過去問 061

難しいことは抜きで、
まずは出発ニャン
いやっほー!!!
肉魚
食べ放題

1 正弦波交流のベクトル表示 重要度 A

一般に物理量は、質量、時間、温度などのように「大きさ」のみで表される**スカラー量**と、**力**、**速度**、**電界の強さ**などのように「**大きさ**」と「**方向**」で表される**ベクトル量**に分けられます（正弦波交流の電圧、電力などはこれら空間ベクトルとは異質のものですが、便宜上、ベクトル量として取り扱います）。

正弦波交流の瞬時値は、次のようになります。

正弦波交流電圧の瞬時値：$e = E_m \sin \omega t$

$= \sqrt{2}\, E \sin \omega t$〔V〕

正弦波交流電流の瞬時値：$i = I_m \sin(\omega t + \theta)$

$= \sqrt{2}\, I \sin(\omega t + \theta)$〔A〕

ただし、E_m、I_m：最大値　E、I：実効値

θ：電圧と電流の位相差

e、i の周期はともに同じものですから、$\omega t = 0$ の瞬間を考えると、E と I の位相差は θ だけずれたものになります。

そこで図4.6のように、**電圧と電流は、その大きさを実効値で表し、位相差を方向としたベクトルと考える**ことができます。

図4.6のような表示方法を、**正弦波交流のベクトル表示**と呼んでいます。

補足

ベクトルについては、LESSON23 記号法参照。位相については、LESSON24の❶の(3)位相と位相差参照。なお、LESSON24の(3)では、電圧 e_a、e_b、e_c の位相差について説明しているが、ここでは、電圧 e と電流 i の位相差を説明している。

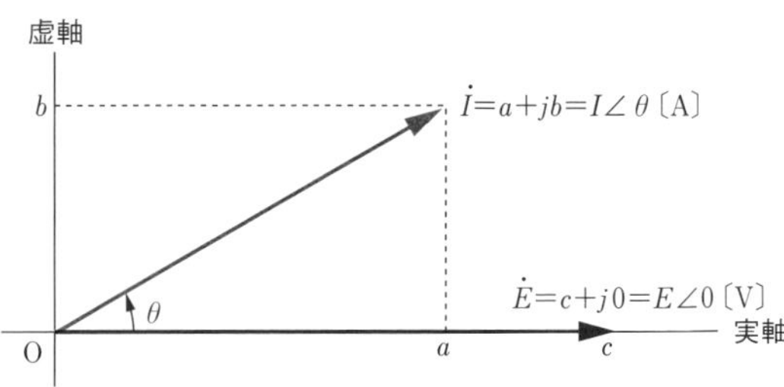

図4.6　正弦波交流のベクトル表示

補足

$\dot{E}$は、ドットEまたはEドットと読む。

ベクトルを記号で表す場合には、ローマ字の大文字の上にドットを付け、$\dot{E}$や$\dot{I}$などと表します。また、ベクトルの大きさをベクトルの**絶対値**といい、ドットを付けないでEやIと表しますが、ベクトルの大きさであることを明示するために、絶対値の記号である｜｜を使用して、$|\dot{E}|$や$|\dot{I}|$と表現する場合もあります。

LESSON23の復習になりますが、ベクトルを表示する方法として、次の2種類が多く利用されます。

(1) 複素数表示(直交座標表示)

ベクトルを、**実軸**(横軸)とそれに直交した**虚軸**(縦軸)に分解して表示する方法を、**複素数表示**(直交座標表示)といいます。

図4.6の電圧、電流のベクトルは複素数表示で、次のように表します。jは、虚数単位を表します。

$$\dot{E}=c+j0\ \text{〔V〕}$$
$$\dot{I}=a+jb\ \text{〔A〕}$$

虚数とは、2乗すると負の数になる現実には存在しない数で、$j^2=-1$と約束します。$j=\sqrt{-1}$となります。また、jは位相が$\dfrac{\pi}{2}$〔rad〕進むことを表します。実軸と虚軸で表した平面を**複素平面**といいます。

また、ベクトルを複素数で表す方法を**記号法**といいます。

(2) 極座標表示

ベクトルを、その大きさと基準線(正の実軸)となす角(偏角)で表現する方法を**極座標表示**といいます。図4.6の電圧、電流のベクトルは、極座標表示で次のように表します。

$\dot{E} = E \angle 0$〔V〕

$\dot{I} = I \angle \theta$〔A〕

上記の例では、複素数表示と極座標表示はいずれも同じベクトルを表しており、それぞれ次のような関係があります。

$E = |\dot{E}| = c$

$I = |\dot{I}| = \sqrt{a^2 + b^2}$

$a = I \cos \theta$

$b = I \sin \theta$

$\theta = \tan^{-1} \dfrac{b}{a}$

2 回転ベクトルと正弦波交流　重要度 B

正弦波交流のベクトルは、原点を中心に反時計方向に角速度 ω（周波数 f）で回転する**回転ベクトル**です。これをある時間で静止させた**静止ベクトル**として取り扱います。

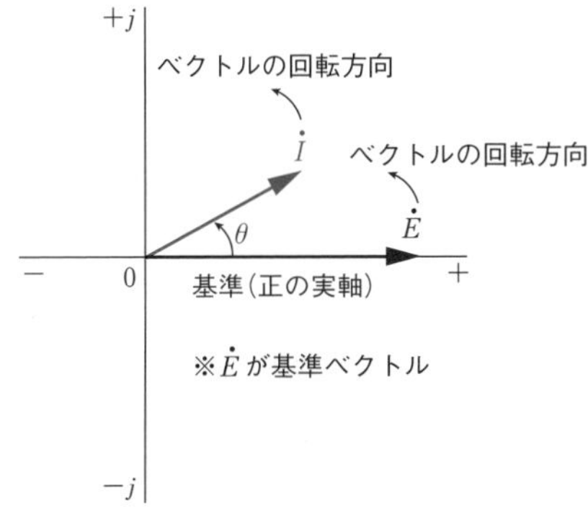

図4.7　回転ベクトル

どの位置で静止させるかは自由ですが、ベクトルどうしの相互関係を表す場合は、一般に、あるベクトルを基準（正の実軸）に書きます。これを**基準ベクトル**といいます。**基準（正の実軸）から反時計方向に測った角を正（＋）**として、この方向にあるベクトルを基準より「**進んでいる**」といい、**その反対の場合の角を負（−）**として、この方向にある角を「**遅れている**」ものとして扱います。

図4.7のベクトルは、反時計方向に回転させているので、$\dot{I}$が$\dot{E}$より θ だけ「**進んでいる**」ことがすぐにわかります。

2つの回転ベクトルと交流の関係

いくつかのベクトルを同じ角速度 ω で同じ方向（反時計方向）に回転しているものとすると、その相対的な位置はくずれることなく常に一定です。図4.8に、$\dot{E}$ と $\dot{I}$ の2つの回転ベクトルと交流の関係を示します。

この図から、交流を表す正弦波は、動径（$\dot{E}$ と $\dot{I}$ の動く半径）の縦軸への正射影と考えられます。このことから、正弦波交流を回転ベクトル、さらには静止ベクトルとして考えることができます。

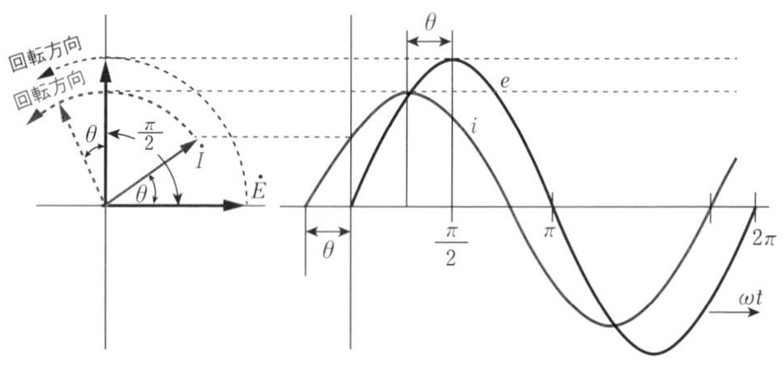

図4.8　2つの回転ベクトルと交流

例題にチャレンジ！

次の瞬時値で示される2つの交流がある。それぞれの実効値を求め、どちらがどれだけ遅れているか示せ。

(1) $e = E_m \sin \omega t$〔V〕　　(2) $i = I_m \sin\left(\omega t - \dfrac{\pi}{6}\right)$〔A〕

・解説・

どちらも正弦波交流なので、

(1) 実効値 $\dfrac{E_m}{\sqrt{2}}$〔V〕(答)、(2) 実効値 $\dfrac{I_m}{\sqrt{2}}$〔A〕(答)

となる。

また、i は e より $\dfrac{\pi}{6}$〔rad〕**遅れている**。(答)

解法のヒント

$\sin\left(\omega t - \dfrac{\pi}{6}\right)$ は $\sin \omega t$ より $\dfrac{\pi}{6}$〔rad〕**遅れている**ことを表している。

例題にチャレンジ！

　極座標表示された次の2つの交流波形$\dot{E}$〔V〕と$\dot{I}$〔A〕をベクトル図で示せ。また、それぞれのベクトルを直交座標表示（複素数表示）で表せ。

(1) $\dot{E} = 20\angle 0$〔V〕　　(2) $\dot{I} = 10\angle\dfrac{\pi}{6}$〔A〕

・解説・

ベクトル図は、下図(a)のようになる。(答)

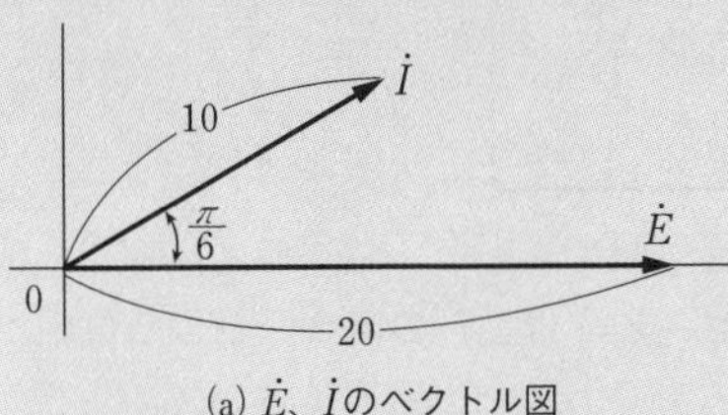

(a) $\dot{E}$、$\dot{I}$のベクトル図

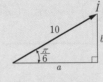

$\dot{I}$　10　b　$\frac{\pi}{6}$　a

(b) $\dot{I}$ベクトルの分解図

$\dot{E}$の複素数表示は、

$\dot{E} = 20 + j0 = 20$〔V〕(答)

$\dot{I}$の実数成分aと虚数成分bは、

$$a = 10\cos\frac{\pi}{6} = 10\times\frac{\sqrt{3}}{2} \fallingdotseq 8.7$$

$$b = 10\sin\frac{\pi}{6} = 10\times\frac{1}{2} = 5.0$$

したがって、$\dot{I}$の複素数表示は、

$\dot{I} \fallingdotseq 8.7 + j5.0$〔A〕(答)

解法のヒント

解説図(b)の直角三角形は、$\dfrac{\pi}{6}$〔rad〕(30°)の三角定規と同じであるから、各辺の比は、

$b : 10 : a = 1 : 2 : \sqrt{3}$

（イチニルートサンの長さの比の判断は視覚による）となる。したがって、

$10 : a = 2 : \sqrt{3}$

$a = \dfrac{10\sqrt{3}}{2} \fallingdotseq 8.7$

また、

$b : 10 = 1 : 2$

$b = \dfrac{10}{2} = 5.0$

と求めてもよい。

ベクトルや複素数は、理屈を理解することよりも、便利なツールとして使いこなせるようになることが大切。
そのためには、問題を解くときに使って慣れることが一番です。

理解度チェック問題

問題　次の□の中に適当な答えを記入せよ。

1. 図のように、2つの正弦波交流電圧源 e_1〔V〕、e_2〔V〕が直列に接続されている回路において、合成電圧 v〔V〕の最大値は e_1 の最大値の （ア） 倍となり、その位相は e_1 を基準として （イ） 〔rad〕の （ウ） となる。

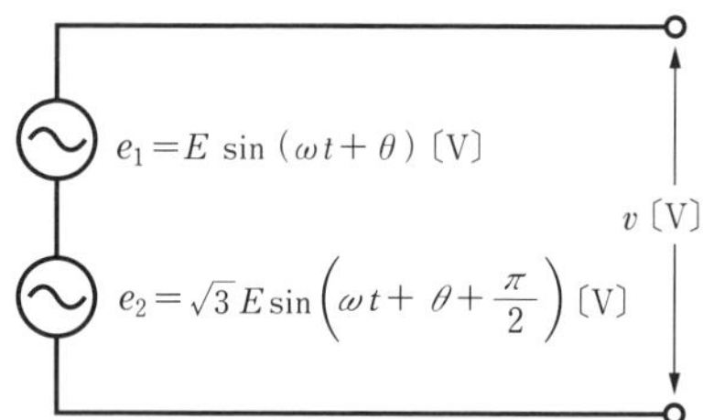

2. 次の瞬時値で表せる正弦波交流電流 i_1〔A〕と i_2〔A〕は、i_1 のほうが i_2 より位相が （エ） 〔rad〕の （オ） となる。

$i_1 = \sqrt{2}\,I_1\sin\omega t$〔A〕

$i_2 = \sqrt{2}\,I_2\cos\omega t$〔A〕

解答

(ア) 2　(イ) $\frac{\pi}{3}$　(ウ) 進み　(エ) $\frac{\pi}{2}$　(オ) 遅れ

解説

1. 2つの波形には、それぞれ位相 θ が含まれているが、位相差を求めるとき相殺されるので無視する。また、ベクトルの大きさは通常、実効値を書くが、この問題においては最大値の比較なので、最大値のベクトルを書く(実効値の比較でも同じ答えが得られる)。電圧 e_1〔V〕の最大値は E〔V〕である。これに対して、電圧 e_2〔V〕の最大値は $\sqrt{3}E$〔V〕で、位相は $\frac{\pi}{2}$〔rad〕進んでいる。2つの電圧のベクトルを、$\dot{E}_1$、$\dot{E}_2$〔V〕とすると、右図のようになる。

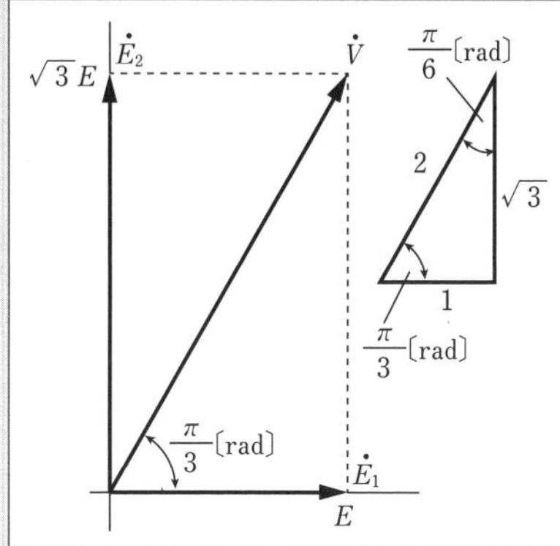

※三平方の定理
$\sqrt{1^2+\sqrt{3}^2}=2$

合成電圧 v〔V〕のベクトル $\dot{V}$〔V〕は、2つの電圧ベクトルの和となるので、三平方の定理により、その大きさは $2E$〔V〕となる。また、直角三角形の辺の長さと角度の関係から、位相角は $\frac{\pi}{3}$〔rad〕となる。したがって、合成電圧の最大値は e_1 の (ア) 2倍、位相は (イ) $\frac{\pi}{3}$〔rad〕の (ウ) 進みとなる。

2. $i_2=\sqrt{2}I_2\cos\omega t$

$=\sqrt{2}I_2\sin(\omega t+\frac{\pi}{2})$〔A〕

であるから、i_1 のほうが i_2 より位相が (エ) $\frac{\pi}{2}$〔rad〕の (オ) 遅れとなる。

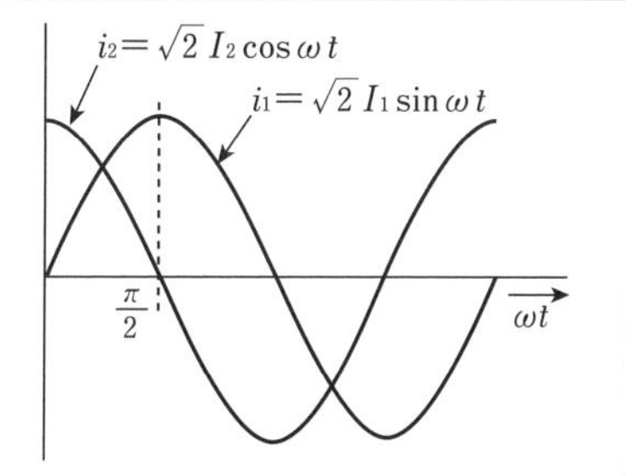

上図のように、最大値を迎える瞬間は、i_1 のほうが i_2 より $\frac{\pi}{2}$〔rad〕遅れている。

※加法定理より、

$$\sin(\omega t+\frac{\pi}{2})=\sin\omega t\cos\frac{\pi}{2}+\cos\omega t\sin\frac{\pi}{2}$$
$$=\sin\omega t\times 0+\cos\omega t\times 1=\cos\omega t$$

sin (正弦) 波と cos (余弦) 波では、cos 波のほうが $\frac{\pi}{2}$〔rad〕位相が進んでいる。

ベクトルで表すと、sin 波を正の実軸にとったとき、cos 波は正の虚軸となる。
しっかり覚えておこう。

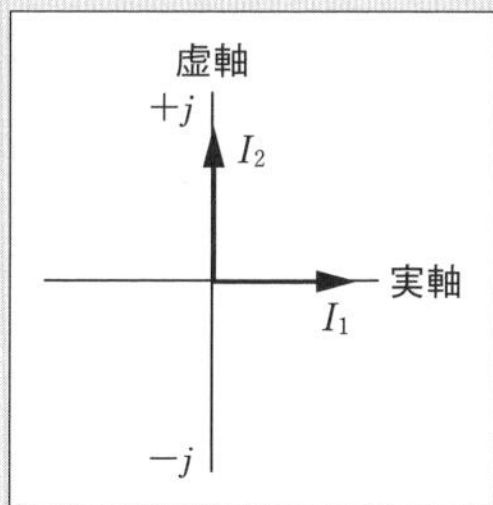

第4章　交流回路

27日目

第4章 交流回路

LESSON 27

交流の基本回路と性質

ここでは、抵抗R、インダクタンスL、静電容量Cに交流電圧を加えたときに流れる電流について学習します。

関連過去問 062

0
ごちゃごちゃに見えるけど、2つのパターンの組合せだニャー

1 抵抗Rだけの回路 重要度 A

抵抗R〔Ω〕だけの回路に交流電圧$\dot{V}$〔V〕を加えたとき、次式で示す電流$\dot{I}$が流れ、正弦波交流回路でもオームの法則が成立します。

$$\dot{I}=\frac{\dot{V}}{R}〔\mathrm{A}〕$$

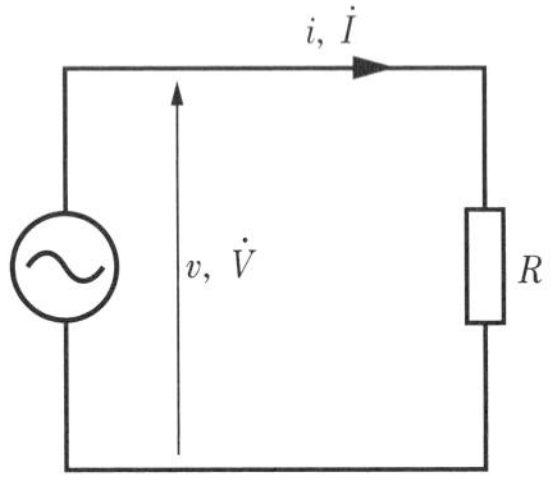

図4.9 抵抗Rだけの回路

電圧と電流には位相差がないので、ベクトル図は図4.10 (b)のようになります。

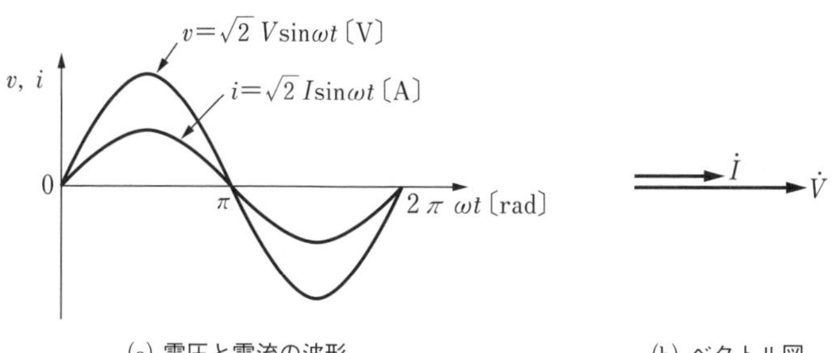

(a) 電圧と電流の波形　　(b) ベクトル図

図4.10　抵抗Rだけの回路の波形とベクトル図

② インダクタンスLだけの回路　重要度 A

インダクタンスL〔H〕のコイルだけの回路に交流電圧$\dot{V}$〔V〕を加えると、周期的に変化する磁束により電圧$\dot{V}$と逆向きの誘導起電力（逆起電力）が生じ、抵抗と同様に**電流を妨げる働き**をします。この働きを**誘導性リアクタンス**といい、X_Lで表します。X_Lは、コイルのインダクタンスLと交流の角周波数ω〔rad/s〕（周波数f〔Hz〕）により決まります。

重要公式　誘導性リアクタンス

$$X_L=\omega L=2\pi fL\text{〔Ω〕} \qquad (14)$$

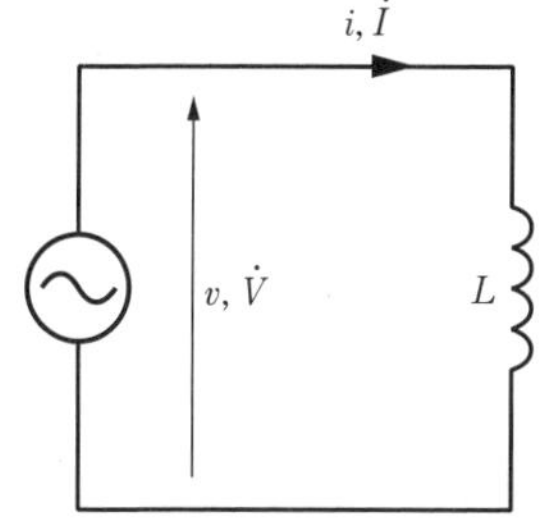

図4.11　インダクタンスLだけの回路

コイルを流れる電流$\dot{I}$は、電圧$\dot{V}$より位相が$\frac{\pi}{2}$〔rad〕（90〔°〕）**遅れ**、次式で表されます。

重要公式　コイルを流れる電流

$$\dot{I}=\frac{\dot{V}}{jX_L}=\frac{\dot{V}}{j\omega L}=-j\frac{\dot{V}}{\omega L}\text{〔A〕} \qquad (15)$$

補足
位相差がないことを、「**同相**」という。
$\dot{V}$と$\dot{I}$のベクトルは、重ねて書いてもよい。

補足
瞬時値vは、
$v=V_m\sin\omega t$
$=\sqrt{2}\,V\sin\omega t$〔V〕
ただし、V_m：最大値〔V〕
V：実効値〔V〕
瞬時値iも同様。
この表し方は必ず覚えよう。

補足
インダクタンスの単位〔H〕の読みはヘンリー。

補足
誘導性リアクタンスωLは、式(14)からわかるように、周波数fが高いほど大きくなる。

補足
式(15)において$\frac{\dot{V}}{j\omega L}$の分母、分子に$-j$を乗ずると、
$\frac{-j\dot{V}}{-j\cdot j\omega L}=\frac{-j\dot{V}}{\omega L}$
$=-j\frac{\dot{V}}{\omega L}$となる。この$-j$が、「$\dot{I}$は$\dot{V}$より位相が$\frac{\pi}{2}$〔rad〕（90〔°〕）遅れている」ことを表す。

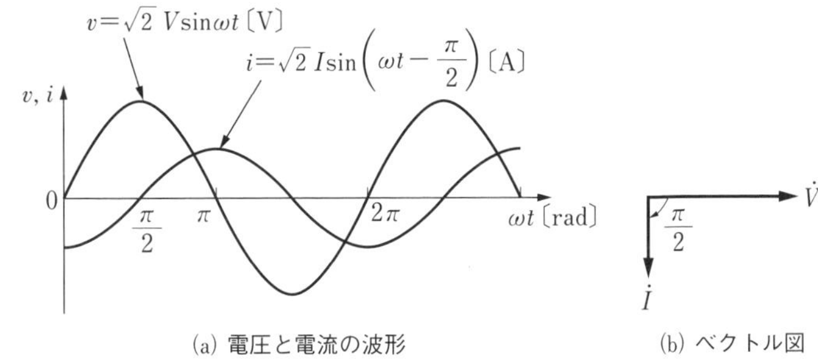

(a) 電圧と電流の波形　　(b) ベクトル図

図4.12　インダクタンスLだけの回路の波形とベクトル図

なお、右の理由は、電験三種試験においては重要ではないので、参考程度の理解でよいです。重要なのは、「コイルに流れる電流は、コイルに加わる電圧よりも90〔°〕遅れる」という結果です。

電流が電圧より90〔°〕遅れる理由

電流が0となるとき（マイナス領域からプラス領域に変わるとき、またはその逆）、電流の変化率は最大です。磁束と電流は比例するので、磁束の変化率も最大です。この磁束の変化を打ち消すように逆起電力が発生するので、電圧が最大となります。電流が最大のとき、または負値で最大のとき（サインカーブの山の頂上または谷の底のとき）、電流の変化率は0です。したがって、逆起電力は発生せず、電圧は0となります。電圧と電流の波形は、図4.12 (a) のようになります。

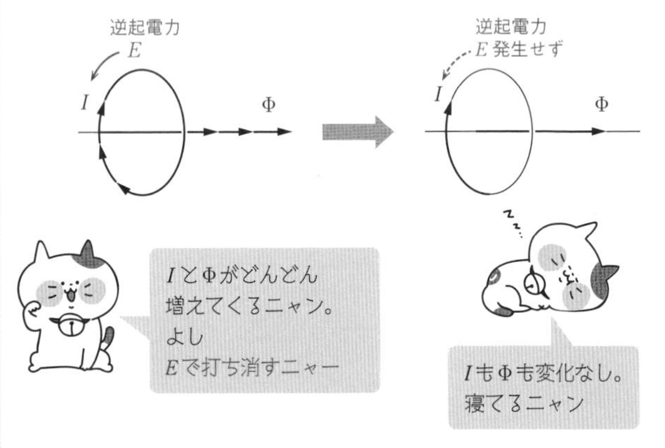

例題にチャレンジ！

自己インダクタンス$L=10$〔mH〕のコイルに、実効値200〔V〕、周波数50〔Hz〕の交流電圧を加えたとき、コイルの誘導性リアクタンスX_L〔Ω〕と流れる電流I〔A〕を求めよ。

・解説・

誘導性リアクタンスX_Lは、

$$X_L=\omega L=2\pi fL=2\pi\times 50\times 10\times 10^{-3}\fallingdotseq \mathbf{3.14}〔\Omega〕（答）$$

電流Iは、

$$I=\frac{V}{X_L}=\frac{200}{3.14}\fallingdotseq \mathbf{63.7}〔A〕（答）$$

解法のヒント

1.
10〔mH〕
→10×10^{-3}〔H〕
と変換する。

2.
電流の大きさI〔A〕だけを求めるので、jを使用する必要はない。位相を含めた複素数で、次のように計算してもかまわない。

$$\dot{I}=\frac{\dot{V}}{jX_L}=\frac{200}{j3.14}\fallingdotseq -j63.7〔A〕$$

$$I=|\dot{I}|\fallingdotseq 63.7〔A〕$$

※$-j63.7$〔A〕とは、電圧より電流が90〔°〕遅れていることを表す。

③ 静電容量Cだけの回路　重要度A

静電容量C〔F〕のコンデンサだけの回路に交流電圧$\dot{V}$〔V〕を加えると、コンデンサは抵抗と同様に**電流を妨げる働き**をします。この働きを**容量性リアクタンス**といい、X_Cで表します。X_Cは、コンデンサの静電容量Cと交流の角周波数ω〔rad/s〕（周波数f〔Hz〕）により決まります。

補足
容量性リアクタンス$\frac{1}{\omega C}$は、式(16)からわかるように、周波数fが高いほど小さくなる。前項で学んだ誘導性リアクタンスとは逆の性質がある。

重要公式　容量性リアクタンス

$$X_C=\frac{1}{\omega C}=\frac{1}{2\pi fC}〔\Omega〕\tag{16}$$

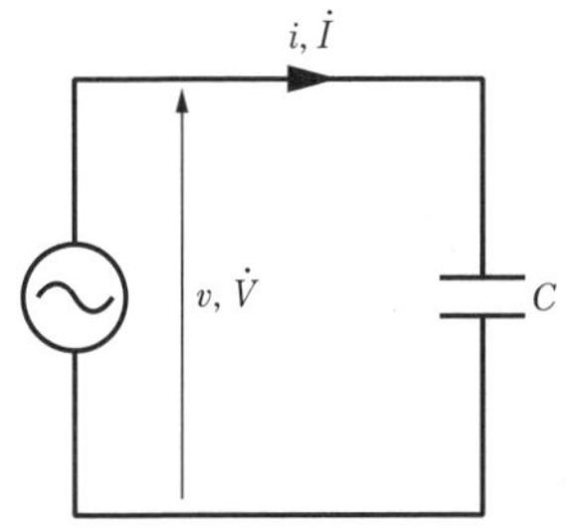

図4.13　静電容量Cだけの回路

コンデンサに流れる電流$\dot{I}$は、電圧$\dot{V}$より位相が$\frac{\pi}{2}$〔rad〕(90〔°〕)**進み**、次式で表されます。

重要 公式　コンデンサに流れる電流

$$\dot{I}=\frac{\dot{V}}{-jX_C}=\frac{\dot{V}}{-j\left(\frac{1}{\omega C}\right)}=j\omega C\dot{V}〔A〕 \qquad (17)$$

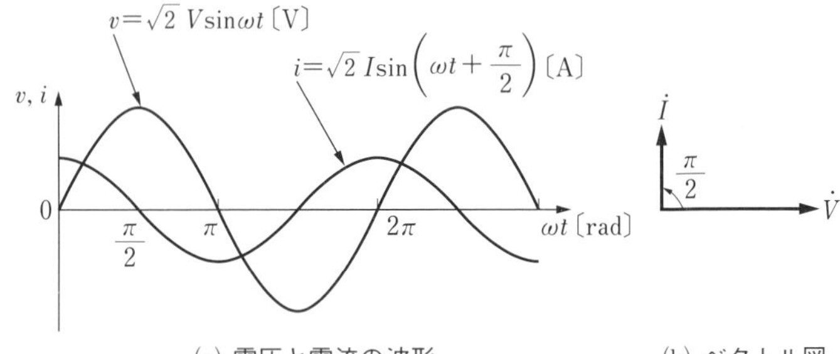

(a) 電圧と電流の波形　　(b) ベクトル図

図4.14　静電容量Cだけの回路の波形とベクトル図

電流が電圧より90〔°〕進む理由

コンデンサに流れる電流は交流なので、交互にプラス、マイナスの電圧が加わり、充電・放電を繰り返します。電荷の移動は電流です。極板間の電圧が最大になったとき(電荷が一杯に蓄(たくわ)えられたとき)、電荷の移動は止み、電流が0となります。極板間の電圧が0になったとき(電荷が空となったとき)、電荷の移動は最大となり電流が最大となります。電圧と電流の波形は、図4.14(a)のようになります。

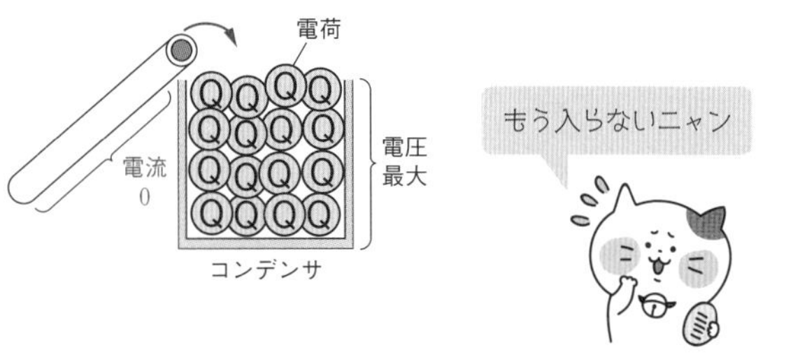

なお、右の理由は、電験三種試験においては重要ではないので、参考程度の理解でよいです。重要なのは、「コンデンサに流れる電流は、コンデンサに加わる電圧よりも90〔°〕進む」という結果です。

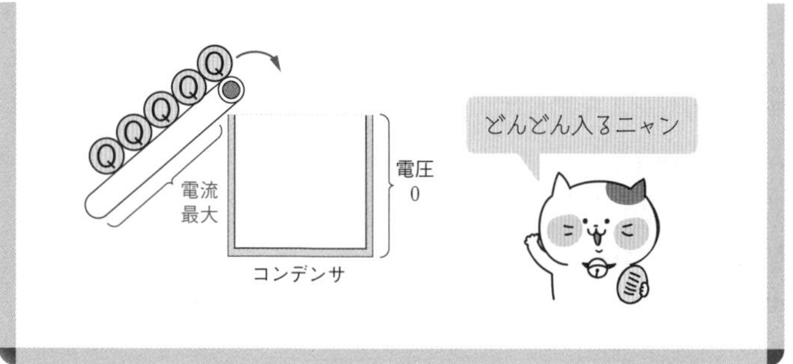

例題にチャレンジ！

静電容量20〔μF〕のコンデンサに、実効値200〔V〕、周波数50〔Hz〕の交流電圧を加えたとき、コンデンサの容量性リアクタンス〔Ω〕とコンデンサに流れる電流〔A〕を求めよ。

・解説・

容量性リアクタンスX_Cは、

$$X_C=\frac{1}{\omega C}=\frac{1}{2\pi fC}=\frac{1}{2\pi\times 50\times 20\times 10^{-6}}\fallingdotseq \mathbf{159}〔\Omega〕(答)$$

電流Iは、

$$I=\frac{V}{X_C}=\frac{200}{159}\fallingdotseq \mathbf{1.26}〔\mathrm{A}〕(答)$$

解法のヒント

1.

20〔μF〕
→20×10^{-6}〔F〕
と変換する。

2.

電流の大きさI〔A〕だけを求めるので、jを使用する必要はない。位相を含めた複素数で、次のように計算してもかまわない。

$\dot{I}=\frac{\dot{V}}{-jX_C}=\frac{200}{-j159}$
$\fallingdotseq j1.26$〔A〕
$I=|\dot{I}|\fallingdotseq 1.26$〔A〕

※$j1.26$〔A〕とは、電圧より電流が90〔°〕進んでいることを表している。jはベクトルを90〔°〕進める記号と覚えよう。

理解度チェック問題

問題　次の［　　］の中に適当な答えを記入せよ。

1．インダクタンスL〔H〕の誘導性リアクタンスX_Lは、電源の角周波数をω〔rad/s〕とすると、$X_L=$［（ア）］〔Ω〕で表される。電源の周波数をf〔Hz〕とすると、$\omega=$［（イ）］〔rad/s〕であるから、$X_L=$［（ウ）］〔Ω〕となる。

X_Lに流れる電流は、X_Lに印加する電圧に対して位相が90°（$\frac{\pi}{2}$〔rad〕）［（エ）］。

2．静電容量C〔F〕の容量性リアクタンスX_Cは、電源の角周波数をω〔rad/s〕とすると、$X_C=$［（オ）］〔Ω〕で表される。

電源の周波数をf〔Hz〕とすると、$X_C=$［（カ）］〔Ω〕となる。X_Cに流れる電流は、X_Cに印加する電圧に対して位相が90°（$\frac{\pi}{2}$〔rad〕）［（キ）］。

解答

（ア）ωL　（イ）$2\pi f$　（ウ）$2\pi fL$　（エ）遅れる

（オ）$\frac{1}{\omega C}$　（カ）$\frac{1}{2\pi fC}$　（キ）進む

解説

問題1、2の回路図とベクトル図は次のようになる。位相の90°遅れ、進みは、暗記が重要。

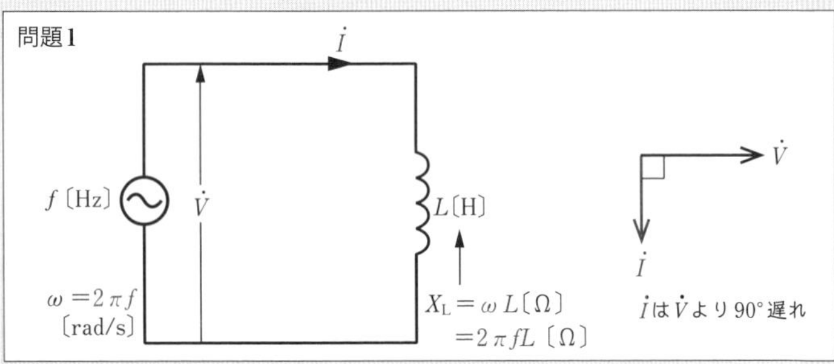

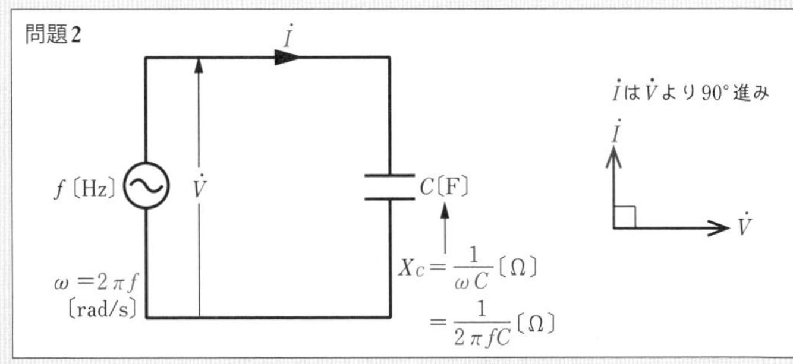

LESSON 28

*RL*直列回路・*RC*直列回路

ここでは、交流回路の中で最も基本的な組み合わせである *RL* 直列回路と *RC* 直列回路について学びます。

関連過去問 063, 064, 065

$-j$は$\frac{\pi}{2}$〔rad〕遅れ
jは$\frac{\pi}{2}$〔rad〕進み
$-j$は遅れ。これは必ず覚えておくニャン

1 交流回路におけるオームの法則 重要度A

交流回路において**抵抗を流れる電流**の位相は電圧と**同相**ですが、**コイルを流れる電流**は、電圧に対して位相が$\frac{\pi}{2}$〔rad〕**遅れ**ます。また、**コンデンサを流れる電流**は、電圧に対して位相が$\frac{\pi}{2}$〔rad〕**進み**ます。これらの関係を表4.2に示します。

表4.2 *R*、*L*、*C*のみの回路の電流

素子	記号法による解法
抵抗	$\dot{I}_R=\frac{\dot{V}}{R}$ **電圧と電流は同相**
コイル	$\dot{I}_L=-j\frac{\dot{V}}{\omega L}=-j\frac{\dot{V}}{X_L}$ **電流は電圧より$\frac{\pi}{2}$遅れる**
コンデンサ	$\dot{I}_C=j\frac{\dot{V}}{\frac{1}{\omega C}}=j\frac{\dot{V}}{X_C}$ **電流は電圧より$\frac{\pi}{2}$進む**

複素数の性質として、jを乗ずることは$\frac{\pi}{2}$〔rad〕の位相の進みを意味し、$-j$を乗ずることは$\frac{\pi}{2}$〔rad〕の位相の遅れを意味します。

補足
複素数には、
$-j=\frac{1}{j}$の関係があるので、$-j$を掛けることは、jで割ることと等しくなる。
例えば、コイルに流れる電流$\dot{I}$は、電圧$\dot{V}$を誘導性リアクタンス$j\omega_L$で割るので、
$\dot{I}=\frac{\dot{V}}{j\omega_L}$
$=-j\frac{\dot{V}}{\omega_L}$
となり、電流が電圧より$\frac{\pi}{2}$遅れることがわかる。

補足
$-j$は$\frac{\pi}{2}$〔rad〕遅れ
jは$\frac{\pi}{2}$〔rad〕進み
と覚えよう。

インピーダンスとは、交流の電流を妨げるもので、**抵抗**R、**誘導性リアクタンス**jX_L、**容量性リアクタンス**$-jX_C$の3種類がある。また、この3種類を組み合わせたものも、インピーダンスまたは合成インピーダンスと呼ぶ。

誘導性リアクタンスjX_Lと容量性リアクタンス$-jX_C$を組み合わせたものを**リアクタンス**といい、記号jXで表す。例えば、$jX=jX_L-jX_C=j(X_L-X_C)$となる。

実数部(実部)とは、複素数表示の実数部分のこと。虚数部(虚部)とは、複素数表示の虚数部分のこと。

交流回路においても、オームの法則が成立します。交流回路では、加えられた**電圧**$\dot{V}$〔V〕と回路に流れる**電流**$\dot{I}$〔A〕**の比**を**インピーダンス**といい、記号$\dot{Z}$で表し、単位には抵抗と同じ〔Ω〕を使用し、次式で表します。

重要公式　交流回路のオームの法則

$$\dot{Z}=\frac{\dot{V}}{\dot{I}}\text{〔Ω〕} \tag{18}$$

インピーダンス$\dot{Z}$は**複素数**で表します。その実数部を記号Rで表し、**抵抗**または**レジスタンス**といい、その虚数部を記号Xで表し、**リアクタンス**といい、次式で表します。

$$\dot{Z}=R+jX\text{〔Ω〕} \tag{19}$$

表4.3　R、L、Cのみの回路のインピーダンス

素子	インピーダンス〔Ω〕
抵抗	$\dot{Z}=R$
コイル(誘導性リアクタンス)	$\dot{Z}=j\omega L=jX_L$
コンデンサ(容量性リアクタンス)	$\dot{Z}=-j\dfrac{1}{\omega C}=-jX_C$

2 直列回路　重要度A

抵抗R〔Ω〕、インダクタンスL〔H〕、静電容量C〔F〕のうち、RL直列回路およびRC直列回路の電圧と電流、位相の関係について考えます。直列回路では、回路素子に流れる電流が共通であるため、電流を基準にとったベクトル図を考えると、電圧と電流の関係がわかりやすくなります。

(1) RL直列回路

図4.15 (a) のように、抵抗R〔Ω〕と**インダクタンス**L〔H〕の直列回路に、角周波数ω〔rad/s〕(周波数f〔Hz〕) の交流電圧$\dot{V}$〔V〕を加えたとき、電流$\dot{I}$〔A〕が流れたとすると、各部の電圧$\dot{V}_R$および$\dot{V}_L$は、$\dot{V}_R=R\dot{I}$〔V〕

$\dot{V}_L=j\omega L\dot{I}=jX_L\dot{I}$〔V〕となります。

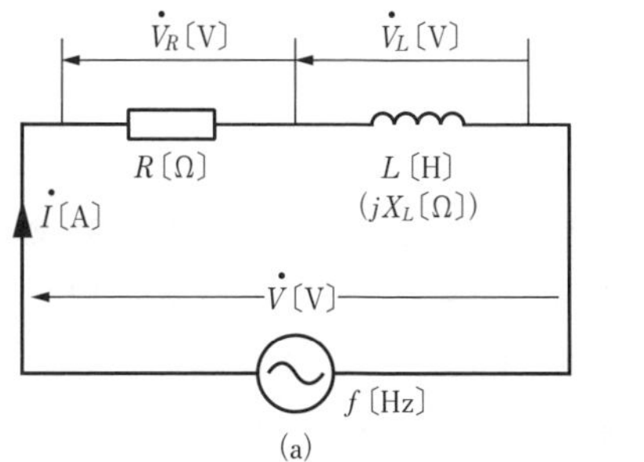

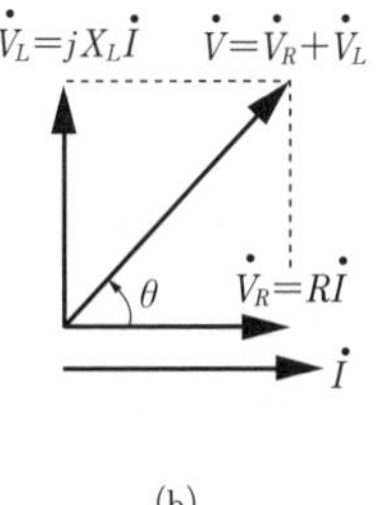

図4.15　RL直列回路

$\dot{I}$〔A〕を基準としてこの関係をベクトル図で示すと、上の図4.15(b)のようになります。さらに、

$$\dot{V}=\dot{V}_R+\dot{V}_L=R\dot{I}+jX_L\dot{I}=(R+jX_L)\dot{I} \tag{20}$$

となるので、インピーダンス$\dot{Z}$は、

重要公式　RL直列回路のインピーダンス

$$\dot{Z}=\frac{\dot{V}}{\dot{I}}=R+jX_L〔\Omega〕 \tag{21}$$

となります。また、インピーダンスの大きさZは、

重要公式　RL直列回路のインピーダンスの大きさ

$$Z=\sqrt{R^2+{X_L}^2}〔\Omega〕 \tag{22}$$

となります。さらに、ベクトル図から、$\dot{I}$と$\dot{V}$の位相差θは、

$$\theta=\tan^{-1}\frac{V_L}{V_R}=\tan^{-1}\frac{X_L}{R}〔\mathrm{rad}〕 \tag{23}$$

となります。

したがって、RL直列回路では、電圧$\dot{V}$〔V〕に対して、電流$\dot{I}$〔A〕は位相がθ〔rad〕**遅れます**。

図4.15(b)に示したベクトル図の各電圧を電流$\dot{I}$〔A〕で割り、直角三角形を作ると、右の図4.16のようになります。この図は、インピーダンスを表す式(22)をベクトル図にしたものと等しくなるので、この三角形を**インピーダンス三角形**といいます。

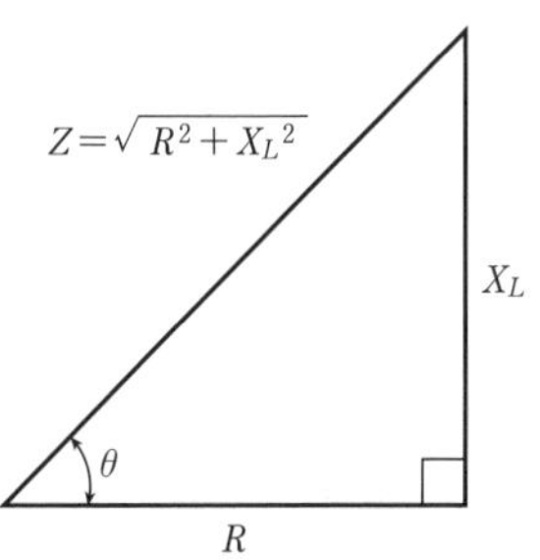

図4.16　RL直列回路のインピーダンス三角形

補足
$\dot{V}_R$〔V〕は、$\dot{I}$〔A〕と同相であり、$\dot{V}_L$〔V〕は、$\dot{I}$〔A〕に比べて$\frac{\pi}{2}$〔rad〕だけ位相が進む。
言い換えれば、$\dot{I}$〔A〕は、$\dot{V}_L$〔V〕に比べて、$\frac{\pi}{2}$〔rad〕だけ位相が遅れる。

補足
Rだけの回路では、$\dot{I}$と$\dot{V}$は同相。
Lだけの回路では、$\dot{I}$は$\dot{V}$より$\frac{\pi}{2}$遅れる。
RL直列回路では、$\dot{I}$は$\dot{V}$よりθだけ遅れる。
ただし、$\theta=\tan^{-1}\frac{X_L}{R}$であり、$\theta$の範囲は、$R$と$X_L$の大きさに依存し、$0\leqq\theta\leqq\frac{\pi}{2}$となる。

補足
直流回路の合成抵抗と同様に、交流回路においても直列回路のインピーダンスは、回路素子のインピーダンスの和となる。ただし、ベクトル和である。

補足
インピーダンス三角形を利用して、電圧と電流の位相差を求めることができる。

例題にチャレンジ!

抵抗$R=3$〔Ω〕とインダクタンス$L=6.37$〔mH〕のコイルが直列接続された回路に、周波数$f=50$〔Hz〕、$V=100$〔V〕の電圧を加えたとき、回路のインピーダンスZ〔Ω〕、電流I〔A〕、各部の電圧V_R〔V〕、V_L〔V〕を求めよ。

また、電圧$\dot{V}$〔V〕と電流$\dot{I}$〔A〕のベクトル図を描き、位相差θを求めよ。

ただし、$\tan^{-1}\frac{2}{3}=0.59$〔rad〕$=33.7$〔°〕とする。

解法のヒント
6.37〔mH〕
→6.37×10^{-3}〔H〕
と変換する。

・解説・

コイルの誘導性リアクタンスX_Lは、

$$X_L=\omega L=2\pi fL=2\pi\times50\times6.37\times10^{-3}\fallingdotseq2\text{〔Ω〕}$$

インピーダンスZは、

$$Z=\sqrt{R^2+X_L{}^2}=\sqrt{3^2+2^2}\fallingdotseq\mathbf{3.61}\text{〔Ω〕（答）}$$

したがって、電流Iは、

$$I=\frac{V}{Z}=\frac{100}{3.61}\fallingdotseq\mathbf{27.7}\text{〔A〕（答）}$$

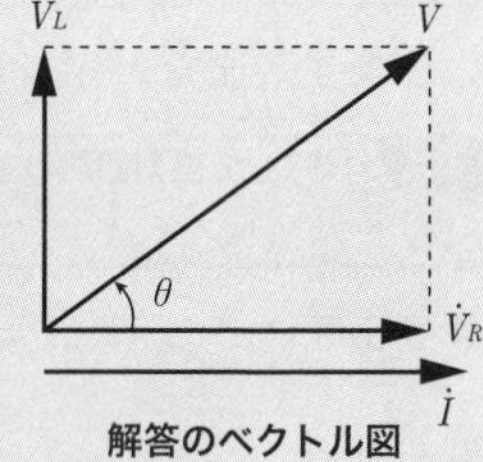

解答のベクトル図

となる。各部の電圧は、

$$V_R=RI=3\times27.7=\mathbf{83.1}\text{〔V〕（答）}$$

$$V_L=X_LI=2\times27.7=\mathbf{55.4}\text{〔V〕（答）}$$

電流$\dot{I}$〔A〕を基準とすれば、$\dot{V}_R$〔V〕は同相であり、$\dot{V}_L$〔V〕は位相が$\frac{\pi}{2}$〔rad〕進むので、ベクトル図は**右上図**（答）のようになり、求める位相差θは、

$$\theta=\tan^{-1}\frac{V_L}{V_R}=\tan^{-1}\frac{55.4}{83.1}=\tan^{-1}\frac{2}{3}=0.59\text{〔rad〕}$$
$$=\mathbf{33.7}\text{〔°〕（答）}$$

解法のヒント
1.
直列回路であるため、素子を流れる電流が等しい。

2.
$$\theta=\tan^{-1}\frac{X_L}{R}=\tan^{-1}\frac{2}{3}=33.7\text{〔°〕}$$
と求めてもよい。

(2) *RC*直列回路

図4.17 (a) のように、抵抗R〔Ω〕と**静電容量**C〔F〕の直列回路に、角周波数ω〔rad/s〕（周波数f〔Hz〕）の交流電圧$\dot{V}$〔V〕を加えたとき、電流$\dot{I}$〔A〕が流れたとすると、各部の電圧$\dot{V}_R$および$\dot{V}_C$は、

$$\dot{V}_R = R\dot{I} \text{〔V〕}$$

$$\dot{V}_C = -j\frac{1}{\omega C}\dot{I} = -jX_C\dot{I} \text{〔V〕}$$

となります。$\dot{I}$を基準として、この関係をベクトル図で示すと、下の図4.17(b)のようになります。

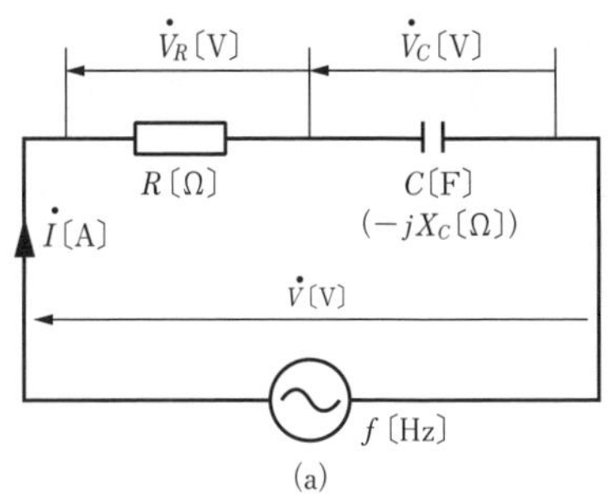

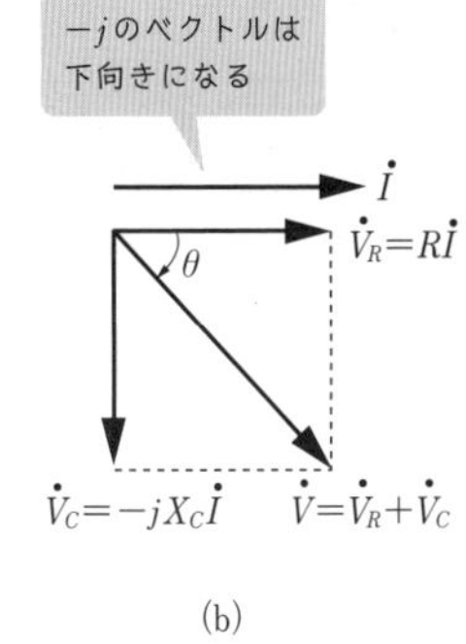

図4.17 *RC* 直列回路

さらに、

$$\dot{V} = \dot{V}_R + \dot{V}_C = R\dot{I} - jX_C\dot{I} = (R - jX_C)\dot{I} \text{〔V〕} \quad (24)$$

となるので、インピーダンス$\dot{Z}$は、

重要 公式 *RC* 直列回路のインピーダンス

$$\dot{Z} = \frac{\dot{V}}{\dot{I}} = R - jX_C \text{〔Ω〕} \quad (25)$$

となります。また、インピーダンスの大きさZは、

重要 公式 *RC* 直列回路のインピーダンスの大きさ

$$Z = \sqrt{R^2 + X_C{}^2} \text{〔Ω〕} \quad (26)$$

となります。さらに、ベクトル図から、$\dot{I}$と$\dot{V}$の位相差θは、

$$\theta = \tan^{-1}\frac{V_C}{V_R} = \tan^{-1}\frac{X_C}{R} \text{〔rad〕} \quad (27)$$

となります。

したがって、*RC* 直列回路では、電圧$\dot{V}$〔V〕に対して、電流$\dot{I}$〔A〕は位相がθ〔rad〕**進みます**。

また、*RC* 直列回路のインピーダンス三角形は、右の図4.18のようになります。

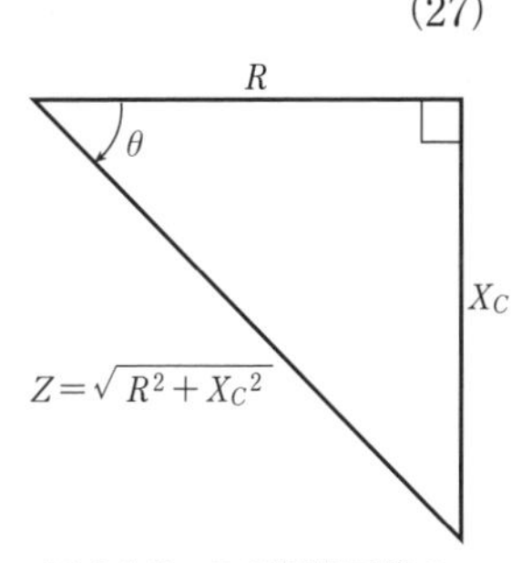

図4.18 *RC* 直列回路のインピーダンス三角形

補足
$\dot{V}_R$〔V〕は、$\dot{I}$〔A〕と同相であり、$\dot{V}_C$〔V〕は、$\dot{I}$〔A〕に比べて$\frac{\pi}{2}$〔rad〕だけ位相が遅れる。言い換えれば、$\dot{I}$〔A〕は、$\dot{V}_C$〔V〕に比べて、$\frac{\pi}{2}$〔rad〕だけ位相が進む。

補足
Rだけの回路では、$\dot{I}$と$\dot{V}$は同相。
Cだけの回路では、$\dot{I}$は$\dot{V}$より$\frac{\pi}{2}$進む。
RC 直列回路では、$\dot{I}$は$\dot{V}$よりθだけ進む。
ただし、$\theta = \tan^{-1}\frac{X_C}{R}$であり、$\theta$の範囲は、$R$と$X_C$の大きさに依存し、$0 \leqq \theta \leqq \frac{\pi}{2}$となる。

例題にチャレンジ！

抵抗$R=30$〔Ω〕と静電容量$C=0.796$〔μF〕のコンデンサが直列接続された回路に、周波数$f=5$〔kHz〕、$V=100$〔V〕の電圧を加えたとき、インピーダンスZ〔Ω〕、電流I〔A〕、各部の電圧V_R〔V〕、V_C〔V〕を求めよ。

また、電圧$\dot{V}$〔V〕と電流$\dot{I}$〔A〕のベクトル図を描き、位相差θを求めよ。

ただし、$\tan^{-1}\frac{4}{3}=0.93$〔rad〕$=53.1$〔°〕とする。

・解説・

コンデンサの容量性リアクタンスX_Cは、

$$X_C=\frac{1}{\omega C}=\frac{1}{2\pi fC}=\frac{1}{2\pi\times5\times10^3\times0.796\times10^{-6}}$$

$$\fallingdotseq 40〔\Omega〕$$

インピーダンスZは、

$$Z=\sqrt{R^2+X_C{}^2}=\sqrt{30^2+40^2}=\mathbf{50}〔\Omega〕(答)$$

したがって、電流Iは、

$$I=\frac{V}{Z}=\frac{100}{50}=\mathbf{2}〔\mathrm{A}〕(答)$$

となる。各部の電圧は、

$$V_R=RI=30\times2=\mathbf{60}〔\mathrm{V}〕(答)$$

$$V_C=X_CI=40\times2=\mathbf{80}〔\mathrm{V}〕(答)$$

電流$\dot{I}$〔A〕を基準とすると、$\dot{V}_R$〔V〕は同相であり、$\dot{V}_C$〔V〕は位相が$\frac{\pi}{2}$〔rad〕遅れるので、ベクトル図は**右図**(答)のようになり、求める位相差θは、

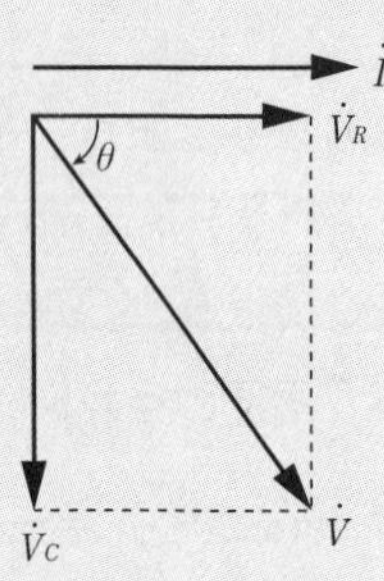

解答のベクトル図

$$\theta=\tan^{-1}\frac{V_C}{V_R}=\tan^{-1}\frac{80}{60}=\tan^{-1}\frac{4}{3}=0.93〔\mathrm{rad}〕$$

$$=\mathbf{53.1}〔°〕(答)$$

解法のヒント

1.
0.796〔μF（マイクロファラド）〕→0.796×10^{-6}〔F〕と変換する。

2.
5〔kHz〕→5×10^3〔Hz〕と変換する。

解法のヒント

1.
直列回路であるため、素子を流れる電流は等しい。

2.
$$\theta=\tan^{-1}\frac{X_C}{R}=\tan^{-1}\frac{40}{30}=\tan^{-1}\frac{4}{3}=53.1〔°〕$$
と求めてもよい。

理解度チェック問題

問題　次の［　　］の中に適当な答えを記入せよ。

1. 抵抗R〔Ω〕、インダクタンスL〔H〕の直列回路のインピーダンス$\dot{Z}$は、電源の角周波数をω〔rad/s〕とすると、

$\dot{Z}=$［（ア）］〔Ω〕と表すことができる。

この式中の誘導性リアクタンス［（イ）］〔Ω〕$=X_L$〔Ω〕と置くと、

$\dot{Z}=$［（ウ）］〔Ω〕となる。

インピーダンス$\dot{Z}$の大きさZは、

$Z=|\dot{Z}|=$［（エ）］〔Ω〕である。

このRL直列回路に電圧$\dot{V}$〔V〕を加えたとき、流れる電流$\dot{I}$〔A〕は、$\dot{V}$〔V〕より位相がθだけ［（オ）］。

$\theta=\tan^{-1}$［（カ）］〔rad〕である。

2. 抵抗R〔Ω〕、静電容量C〔F〕の直列回路のインピーダンス$\dot{Z}$は、電源の角周波数をω〔rad/s〕とすると、

$\dot{Z}=$［（キ）］〔Ω〕と表すことができる。

この式中の容量性リアクタンス［（ク）］〔Ω〕$=X_C$〔Ω〕と置くと、

$\dot{Z}=$［（ケ）］〔Ω〕となる。

インピーダンス$\dot{Z}$の大きさZは、

$Z=|\dot{Z}|=$［（コ）］〔Ω〕である。

このRC直列回路に電圧$\dot{V}$〔V〕を加えたとき、流れる電流$\dot{I}$〔A〕は、$\dot{V}$〔V〕より位相がθだけ［（サ）］。

$\theta=\tan^{-1}$［（シ）］〔rad〕である。

解答

（ア）$R+j\omega L$　（イ）ωL　（ウ）$R+jX_L$　（エ）$\sqrt{R^2+X_L^2}$　（オ）遅れる

（カ）$\dfrac{X_L}{R}$　（キ）$R-j\dfrac{1}{\omega C}$　（ク）$\dfrac{1}{\omega C}$　（ケ）$R-jX_C$　（コ）$\sqrt{R^2+X_C^2}$

（サ）進む　（シ）$\dfrac{X_C}{R}$

29日目

第4章 交流回路

LESSON 29

RLC直列回路・RLC並列回路

引き続き、RLC 直列回路、RLC 並列回路について、前レッスンを復習しながら学びましょう。

関連過去問 066, 067, 068

インピーダンス
抵抗
誘導性リアクタンス
容量性リアクタンス
似たような名前が
多いので、ノートに
書きとめるニャー

1 交流回路のインピーダンス 重要度A

LESSON28で学んだように、交流回路で電流の流れを妨げるものを**インピーダンス**といい、**抵抗**、**誘導性リアクタンス**、**容量性リアクタンス**の3種類があります。インピーダンスは、量記号$\dot{Z}$、単位〔Ω〕で表します。それぞれのインピーダンスを合成したものを、**合成インピーダンス**といいます。

交流回路においても、先に直流回路で学んだオームの法則、キルヒホッフの法則、重ね合わせの理、テブナンの定理など基本的な法則、定理が成り立ちます。これらの法則、定理を**交流回路**に適用するとき、**抵抗Rの代わりにインピーダンス$\dot{Z}$**を用います。

補足

インピーダンスの合成は、**代数和**ではなく**ベクトル和**となる。

・**代数和の例**（通常の足し算）
$3+4=7$

・**ベクトル和の例**（方向を加味した足し算で、大きさを求める計算例）
$3+j4$
$\rightarrow\sqrt{3^2+4^2}=5$

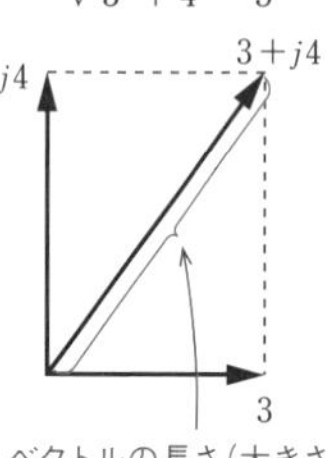

ベクトルの長さ（大きさ）
$=\sqrt{3^2+4^2}=5$

2 RLC直列回路の電圧・電流 重要度A

抵抗R〔Ω〕、インダクタンスL〔H〕および静電容量C〔F〕の直列回路に、角周波数ω〔rad/s〕（周波数f〔Hz〕）の交流電圧$\dot{V}$〔V〕を加えたとき、電流$\dot{I}$〔A〕が流れたとすると、各部の電圧$\dot{V}_R$、$\dot{V}_L$および$\dot{V}_C$は、それぞれ次のようになります。

$$\dot{V}_R=R\dot{I}\text{〔V〕} \quad (28)$$

$$\dot{V}_L = j\omega L\dot{I} = jX_L\dot{I}\ 〔\mathrm{V}〕 \tag{29}$$

$$\dot{V}_C = -j\frac{1}{\omega C}\dot{I} = -jX_C\dot{I}\ 〔\mathrm{V}〕 \tag{30}$$

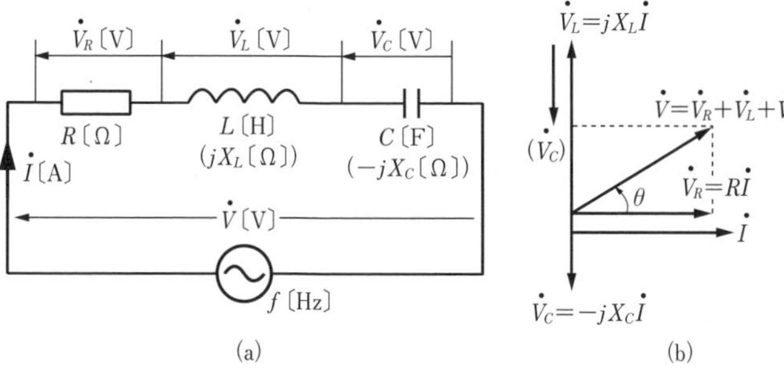

図4.19　*RLC*直列回路

> **補足**
> 図4.19(b)のベクトル図および図4.20のインピーダンス三角形は、X_LのほうがX_Cより大きい場合を表している。V_LもV_Cより大きく、その方向は互いに逆向きである。

回路の全電圧$\dot{V}$は、次式となります。

$$\dot{V} = \dot{V}_R + \dot{V}_L + \dot{V}_C\ 〔\mathrm{V}〕 \tag{31}$$

また、回路全体の合成インピーダンス$\dot{Z}$は、

重要公式　*RLC*直列回路の合成インピーダンス

$$\dot{Z} = R + j(X_L - X_C)\ 〔\Omega〕 \tag{32}$$

となり、インピーダンスの大きさZは、

重要公式　*RLC*直列回路の合成インピーダンスの大きさ

$$Z = \sqrt{R^2 + (X_L - X_C)^2}\ 〔\Omega〕 \tag{33}$$

となります。

> **補足**
> **式(32)の導き方**
> $\dot{V} = \dot{V}_R + \dot{V}_L + \dot{V}_C$
> $= R\dot{I} + jX_L\dot{I} - jX_C\dot{I}$
> $= (R + jX_L - jX_C)\dot{I}$
> $\dot{Z} = \dfrac{\dot{V}}{\dot{I}}$であるから、
> $\dot{Z} = R + jX_L - jX_C$
> $= R + j(X_L - X_C)$

さらに、ベクトル図から、$\dot{I}$と$\dot{V}$の位相差θは、

$$\theta = \tan^{-1}\frac{V_L - V_C}{V_R} = \tan^{-1}\frac{X_L - X_C}{R}\ 〔\mathrm{rad}〕 \tag{34}$$

となります。

誘導性リアクタンスjX_Lと容量性リアクタンス$-jX_C$を合成したリアクタンス$jX = j(X_L - X_C)$は、**X_Lのほうが大**きければ**誘導性**となり、**X_Cのほうが大**きければ**容量性**となります。

また、*RLC*直列回路の**インピーダンス三角形**は、右の図4.20のようになります。

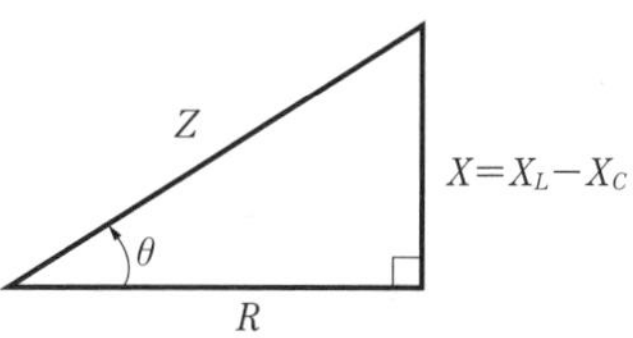

図4.20　*RLC*直列回路のインピーダンス三角形

インピーダンスの大きさZは、三平方の定理（ピタゴラスの定理）により、

$$Z = \sqrt{R^2 + (X_L - X_C)^2}\ 〔\Omega〕$$となります。

解法のヒント

次のように式を展開する。

$$\dot{I} = \frac{\dot{V}}{\dot{Z}} = \frac{20}{2 - j1}$$

分母と分子に**共役複素数**を乗じ、分母を**実数化**（LESSON23の記号法を参照）すると、次のようになる。

$$\dot{I} = \frac{20(2 + j1)}{(2 - j1)(2 + j1)} = \frac{20(2 + j1)}{4 + 1} = \mathbf{8 + j4}〔\mathrm{A}〕$$

なお、電流の大きさIは、インピーダンスの大きさZと電圧の大きさVから、次のように求めることもできる。

$$I = \frac{V}{Z} = \frac{20}{\sqrt{5}} \fallingdotseq \mathbf{8.94}〔\mathrm{A}〕$$

例題にチャレンジ！

抵抗$R = 2$〔Ω〕、誘導性リアクタンス$X_L = 3$〔Ω〕、容量性リアクタンス$X_C = 4$〔Ω〕が直列接続された回路のインピーダンスの大きさZ〔Ω〕を求めよ。また、この回路に20〔V〕の交流電圧を加えたときに流れる電流の大きさI〔A〕を求めよ。

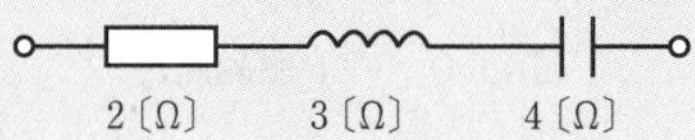

・解説・

合成インピーダンス$\dot{Z}$は、

$$\dot{Z} = R + jX_L - jX_C = 2 + j3 - j4 = 2 - j1〔\Omega〕$$

その大きさZは、

$$Z = |\dot{Z}| = \sqrt{2^2 + (-1)^2} = \sqrt{5} \fallingdotseq \mathbf{2.24}〔\Omega〕$$（答）

電流$\dot{I}$は、

$$\dot{I} = \frac{\dot{V}}{\dot{Z}} = \frac{20}{2 - j1} = 8 + j4〔\mathrm{A}〕$$

その大きさIは、

$$I = |\dot{I}| = \sqrt{8^2 + 4^2} = \sqrt{80} \fallingdotseq \mathbf{8.94}〔\mathrm{A}〕$$（答）

3 *RLC*並列回路の電圧・電流　重要度A

抵抗R〔Ω〕、インダクタンスL〔H〕および静電容量C〔F〕の並列回路に、角周波数ω〔rad/s〕（周波数f〔Hz〕）の交流電圧$\dot{V}$〔V〕を加えると、各素子に電圧$\dot{V}$が加わるので、それぞれの素子を流れる電流は、次のようになります。

$$\dot{I}_R = \frac{\dot{V}}{R}〔\mathrm{A}〕 \quad (35)$$

左辺の分母、分子に$-j$を掛ける

$$\dot{I}_L=\frac{\dot{V}}{j\omega L}=\frac{\dot{V}}{jX_L}=-j\frac{\dot{V}}{X_L}\ \text{〔A〕} \tag{36}$$

$$\dot{I}_C=\frac{\dot{V}}{-j\dfrac{1}{\omega C}}=\frac{\dot{V}}{-jX_C}=j\frac{\dot{V}}{X_C}\ \text{〔A〕} \tag{37}$$

左辺の分母、分子にjを掛ける

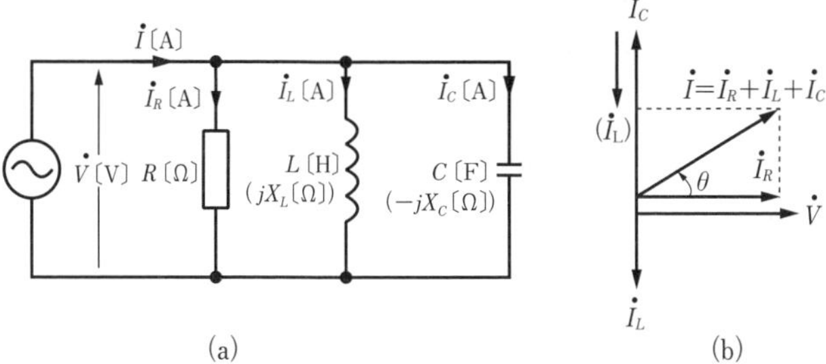

図4.21　*RLC*並列回路

$\dot{I}_R$は$\dot{V}$と同相となり、$\dot{I}_L$は$\dot{V}$に対して$\frac{\pi}{2}$〔rad〕だけ位相が遅れ、$\dot{I}_C$は$\dot{V}$に対して$\frac{\pi}{2}$〔rad〕だけ位相が進みます。

回路の全電流$\dot{I}$は、各素子を流れる電流のベクトル和となります。

$$\dot{I}=\dot{I}_R+\dot{I}_L+\dot{I}_C=\dot{V}\left(\frac{1}{R}-j\frac{1}{X_L}+j\frac{1}{X_C}\right)\text{〔A〕} \tag{38}$$

また、合成インピーダンス$\dot{Z}$は、次のようになります。

重要公式　*RLC*並列回路の合成インピーダンス

$$\dot{Z}=\frac{1}{\dfrac{1}{R}+j\left(\dfrac{1}{X_C}-\dfrac{1}{X_L}\right)}=\frac{\dfrac{1}{R}-j\left(\dfrac{1}{X_C}-\dfrac{1}{X_L}\right)}{\left(\dfrac{1}{R}\right)^2+\left(\dfrac{1}{X_C}-\dfrac{1}{X_L}\right)^2}\ \text{〔Ω〕} \tag{39}$$

分母を実数化した式

補足

図4.21(b)のベクトル図は、$\frac{1}{X_C}$のほうが$\frac{1}{X_L}$より大きい(X_LのほうがX_Cより大きい)場合を表している。I_CはI_Lより大きく、その方向は互いに逆向きである。

補足

$$\frac{1}{\dfrac{1}{R}+j\left(\dfrac{1}{X_C}-\dfrac{1}{X_L}\right)}=\frac{\dfrac{1}{R}-j\left(\dfrac{1}{X_C}-\dfrac{1}{X_L}\right)}{\left\{\dfrac{1}{R}+j\left(\dfrac{1}{X_C}-\dfrac{1}{X_L}\right)\right\}\left\{\dfrac{1}{R}-j\left(\dfrac{1}{X_C}-\dfrac{1}{X_L}\right)\right\}}$$

共役

分子と分母に共役複素数(赤字部分)を乗じると式(39)になる。

$\dot{Z}$の逆数を$\dot{Y}$と置くと、

重要公式 *RLC*並列回路のアドミタンス

$$\dot{Y}=\frac{1}{\dot{Z}}=\frac{1}{R}+j\left(\frac{1}{X_C}-\frac{1}{X_L}\right)〔\mathrm{S}〕 \tag{40}$$

となります。$\dot{Y}$を**アドミタンス**といい、単位はジーメンス〔S〕が使用されます。インピーダンス$\dot{Z}$〔Ω〕が電流の流れにくさを表すので、この逆数であるアドミタンス$\dot{Y}$〔S〕は、電流の流れやすさを表します。

アドミタンス$\dot{Y}$の実部を量記号Gで表し、**コンダクタンス**といい、その虚部を量記号Bで表し、**サセプタンス**といいます。

$$\dot{Y}=G+jB〔\mathrm{S}〕 \tag{41}$$

となります。

コンダクタンスGは、$G=\frac{1}{R}$〔S〕、

サセプタンスBは、$B=\frac{1}{X_C}-\frac{1}{X_L}$〔S〕

となります。

*RLC*並列回路のアドミタンス$\dot{Y}$〔S〕は各素子のアドミタンスの和となっており、このアドミタンスから、次のように電流を求めることができます。

$$\dot{I}=\dot{Y}\dot{V}=\left\{\frac{1}{R}+j\left(\frac{1}{X_C}-\frac{1}{X_L}\right)\right\}\dot{V}〔\mathrm{A}〕 \tag{42}$$

上式は、式(38)にほかなりません。

並列回路ではインピーダンスよりも逆数になっているアドミタンスの方が計算しやすいので、電流、電力、力率などを求める場合には、アドミタンスがよく使われる

例題にチャレンジ!

抵抗$R=10$〔Ω〕、誘導性リアクタンス$X_L=6$〔Ω〕および容量性リアクタンス$X_C=2$〔Ω〕が並列接続された回路の合成アドミタンス$\dot{Y}$〔S〕を求めよ。また、交流電圧100〔V〕を加えたときに流れる電流$\dot{I}$〔A〕とその大きさI〔A〕を求めよ。

・解説・

抵抗のアドミタンス$\dot{Y}_1$〔S〕、誘導性リアクタンスのアドミタンス$\dot{Y}_2$〔S〕、容量性リアクタンスのアドミタンス$\dot{Y}_3$〔S〕は、それぞれ次のようになる。

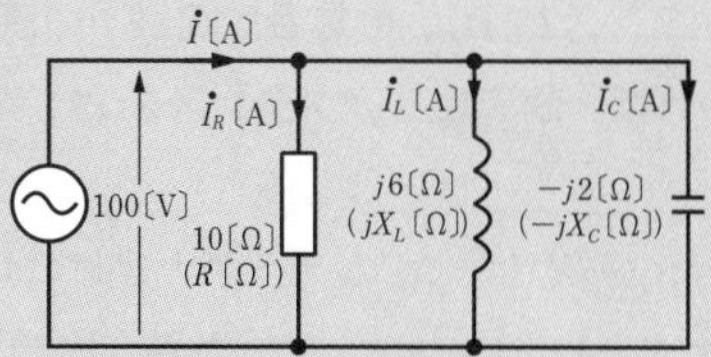

$$\dot{Y}_1=\frac{1}{R}=\frac{1}{10}\text{〔S〕}$$

$$\dot{Y}_2=\frac{1}{jX_L}=\frac{1}{j6}=-j\frac{1}{6}\text{〔S〕}$$

$$\dot{Y}_3=\frac{1}{-jX_C}=\frac{1}{-j2}=j\frac{1}{2}\text{〔S〕}$$

したがって、回路の合成アドミタンス$\dot{Y}$〔S〕は、

$$\dot{Y}=\dot{Y}_1+\dot{Y}_2+\dot{Y}_3=\frac{1}{10}-j\frac{1}{6}+j\frac{1}{2}=\frac{1}{10}+j\frac{1}{3}$$

$$\fallingdotseq \mathbf{0.1+j0.33}\text{〔S〕(答)}$$

この回路に、$\dot{V}=100$〔V〕の電圧を加えたときに流れる電流$\dot{I}$〔A〕は、

$$\dot{I}=\dot{Y}\dot{V}=(0.1+j0.33)\times 100=\mathbf{10+j33}\text{〔A〕(答)}$$

また、電流の大きさI〔A〕は、

$$I=\sqrt{10^2+33^2}\fallingdotseq \mathbf{34.5}\text{〔A〕(答)}$$

オフタイム

「電気屋さんに嫁に行くならタンスは要らない」といわれるほど、電気屋さんにはたくさんのタンスがあります。インピーダンス、リアクタンス、インダクタンス、アドミタンス、コンダクタンスなど、数え上げたらきりがありません。和ダンス、整理ダンスなどのタンスは家具ですが、電気屋さんのタンスはtやdで終わる言葉にanceがついて、タンスやダンスになり、量・程度を表す名詞になっています。

- インピード　impede：妨げる
- リアクト　react：反応する
- インダクト　induct：誘導する
- アドミット　admit：許容する
- コンダクト　conduct：伝導する

お嫁さんには要らないタンスかも？

理解度チェック問題

問題　次の［　　］の中に適当な答えを記入せよ。

抵抗R〔Ω〕、インダクタンスL〔H〕、静電容量C〔F〕の直列回路において、電源の角周波数をω〔rad/s〕とすれば、誘導性リアクタンスX_Lは、$X_L=$［(ア)］〔Ω〕、容量性リアクタンスX_Cは、$X_C=$［(イ)］〔Ω〕となる。

合成リアクタンス$X=X_L-X_C$は、X_Lのほうが大きければ回路全体として［(ウ)］性となり、X_Cのほうが大きければ［(エ)］性となる。

回路全体の合成インピーダンス$\dot{Z}$は、$\dot{Z}=$［(オ)］〔Ω〕となり、インピーダンスの大きさZは、$Z=|\dot{Z}|=$［(カ)］〔Ω〕となる。

また、R、L、C並列回路においては、合成インピーダンス$\dot{Z}$は次のようになる。

$$\dot{Z}=\frac{1}{\dfrac{1}{R}+j\left(\dfrac{1}{X_C}-\dfrac{1}{X_L}\right)}$$

$$=\frac{\dfrac{1}{R}-j\left(\dfrac{1}{X_C}-\dfrac{1}{X_L}\right)}{\left(\dfrac{1}{R}\right)^2+\left(\dfrac{1}{X_C}-\dfrac{1}{X_L}\right)^2}\ 〔\Omega〕$$

$\dot{Z}$の逆数を$\dot{Y}$と置くと、

$$\dot{Y}=\frac{1}{\dot{Z}}=\text{［(キ)］}〔S〕$$

となる。量記号$\dot{Y}$を［(ク)］といい、単位はジーメンス〔S〕が使用される。インピーダンス$\dot{Z}$〔Ω〕が電流の流れにくさを表すので、この逆数であるアドミタンス$\dot{Y}$〔S〕は、電流の流れやすさを表す。また、次のように、アドミタンス$\dot{Y}$を実部と虚部で表すと、$\dot{Y}$の実部を量記号Gで表し、［(ケ)］といい、その虚部を量記号Bで表し、［(コ)］という。

$\dot{Y}=$［(サ)］〔S〕

$G=$［(シ)］〔S〕

$B=$［(ス)］〔S〕

解答

(ア) ωL　(イ) $\dfrac{1}{\omega C}$　(ウ) 誘導　(エ) 容量　(オ) $R+j(X_L-X_C)$

(カ) $\sqrt{R^2+(X_L-X_C)^2}$　(キ) $\dfrac{1}{R}+j\left(\dfrac{1}{X_C}-\dfrac{1}{X_L}\right)$　(ク) アドミタンス

(ケ) コンダクタンス　(コ) サセプタンス　(サ) $G+jB$　(シ) $\dfrac{1}{R}$　(ス) $\dfrac{1}{X_C}-\dfrac{1}{X_L}$

LESSON 30

共振回路

周波数によって回路のインピーダンスや電流が変化する、共振と呼ばれる現象を学習します。

関連過去問 069, 070

直列共振
インピーダンス最小
並列共振
インピーダンス最大
直列と並列では、逆になるんだニャー

1 共振回路 重要度A

(1) 直列共振

図4.22のような*RLC*直列回路のインピーダンス$\dot{Z}$〔Ω〕は、

$$\dot{Z}=R+j(X_L-X_C)〔\Omega〕 \quad (43)$$

となります。

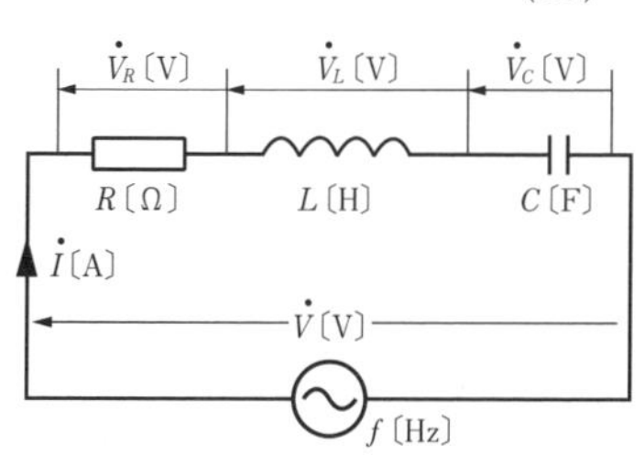

図4.22 *RLC*直列共振回路

抵抗R〔Ω〕は角周波数ω〔rad/s〕に無関係で一定ですが、**誘導性リアクタンス**X_L〔Ω〕は角周波数ω〔rad/s〕に**比例**し、**容量性リアクタンス**X_C〔Ω〕は角周波数ω〔rad/s〕に**反比例**します(式(44)参照)。

$$X_L=\omega L=2\pi fL〔\Omega〕、$$

$$X_C=\frac{1}{\omega C}=\frac{1}{2\pi fC}〔\Omega〕 \quad (44)$$

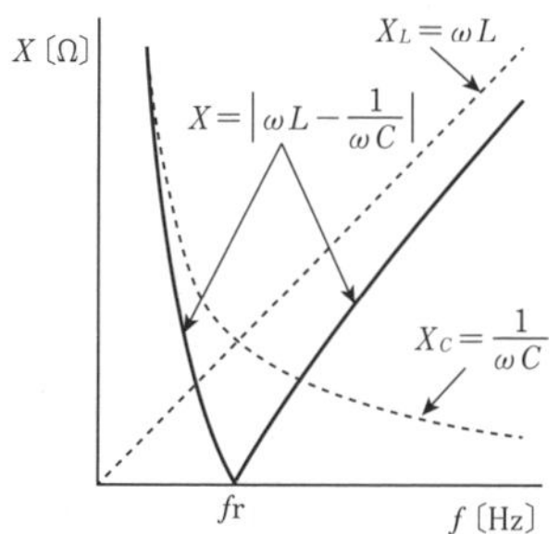

図4.23 周波数に対する直列共振回路のリアクタンス

周波数f〔Hz〕に対するX_L〔Ω〕およびX_C〔Ω〕の値は、右の図4.23の点線の

ようになり、合成リアクタンス$X=|X_L-X_C|$は実線で示されます。図からわかるように、ある周波数fr〔Hz〕のとき、**合成リアクタンスが零**になります。この状態を**直列共振**といい、共振が生じる周波数を**共振周波数**といいます。共振では、誘導性リアクタンスと容量性リアクタンスが等しいので、次式が成立します。

用語 

共振周波数(fr：resonating frequency)
X_LとX_Cの大きさが同じになるときの周波数。

$$\omega L=\frac{1}{\omega C}、\ \omega^2=\frac{1}{LC}、\ \omega=\frac{1}{\sqrt{LC}}、\ 2\pi fr=\frac{1}{\sqrt{LC}} \quad (45)$$

したがって、共振周波数fr〔Hz〕は、次式で表されます。

重要公式　直列共振周波数

$$fr=\frac{1}{2\pi\sqrt{LC}}〔\mathrm{Hz}〕 \quad (46)$$

また、回路が**直列共振**している状態では、**回路のインピーダンスは最も小さく**なり、**抵抗成分のみ**となるため、電圧と電流の位相は**同相**となり、**電流が最も多く**流れる状態になります。

補足

直列共振時の回路のインピーダンス$\dot{Z}$は、$X_L=X_C$であるため、

$\dot{Z}=R+j(X_L-X_C)$
$=R+j0$
$=R$

となり、抵抗成分のみとなる。

直列共振回路は、LやCの値を調整することで、特定の周波数で共振させられるので、この原理がラジオの同調回路などに利用されています。

例題にチャレンジ!

自己インダクタンスLが30〔mH〕のコイルと直列にコンデンサを接続した回路がある。この回路が、周波数20〔kHz〕で共振するとき、コンデンサの静電容量C〔μF〕を求めよ。

・解説・

共振周波数fr〔Hz〕とすると、

$$fr=\frac{1}{2\pi\sqrt{LC}}\text{より、}fr^2=\frac{1}{4\pi^2LC}、\ C=\frac{1}{4\pi^2fr^2L}$$

上式に与えられた数値を代入すると、求める静電容量C〔μF〕は、

$$C=\frac{1}{4\pi^2\times(20\times10^3)^2\times30\times10^{-3}}=\frac{1}{4\pi^2\times12\times10^6}$$

$$\fallingdotseq 0.0021\times10^{-6}〔\mathrm{F}〕\rightarrow \mathbf{0.0021}〔\mu\mathrm{F}〕(答)$$

解法のヒント

30〔mH〕
→30×10^{-3}〔H〕、
20〔kHz〕
→20×10^3〔Hz〕
と変換する。

補足

1〔μF〕(マイクロファラド)は、10^{-6}〔F〕となる。

(2) 並列共振

図4.24のようなRLC並列回路のアドミタンス$\dot{Y}$〔S〕は、

$$\dot{Y}=\frac{1}{R}+j\left(\frac{1}{X_C}-\frac{1}{X_L}\right)=G+jB〔S〕 \tag{47}$$

となります。

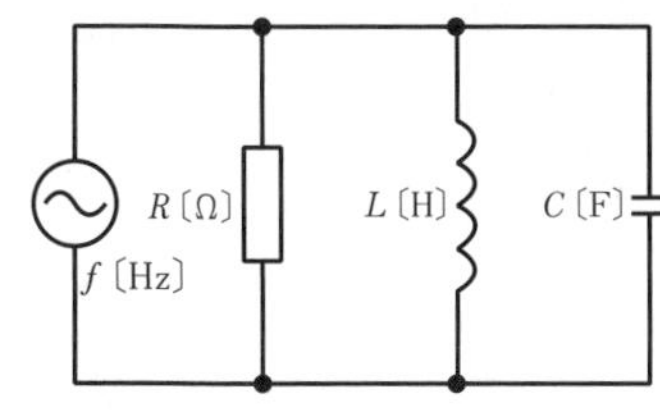

図4.24　RLC並列共振回路

並列回路においては、アドミタンスの虚部つまりサセプタンスBが零になる状態を、**並列共振**といいます。

回路が**並列共振**している状態では、**アドミタンスは最小**で、**コンダクタンスのみ**となるため、回路の**インピーダンスは最大**となります。したがって、このとき回路を流れる**電流は最小**となるとともに、電圧と電流は**同相**となります。

RLC並列回路で学習したように、並列回路なのでコンデンサCやコイルLにも電流が流れますが、それぞれの電流が逆位相（位相差がπ〔rad〕）で大きさが等しいため、コンデンサとコイルを流れる電流の和は見掛け上、零となり、回路の全電流は抵抗を流れる電流のみとなります。

また、並列共振の共振周波数fr〔Hz〕は、サセプタンスBを零と置くことで、直列共振周波数の算出式と同様に、次式となります。

重要公式　並列共振周波数

$$fr=\frac{1}{2\pi\sqrt{LC}}〔Hz〕 \tag{48}$$

補足

並列共振時のアドミタンス$\dot{Y}$は$\frac{1}{X_C}=\frac{1}{X_L}$であるため、

$$\dot{Y}=\frac{1}{R}+j\left(\frac{1}{X_C}-\frac{1}{X_L}\right)=\frac{1}{R}+j0=\frac{1}{R}=G$$

となる。インピーダンス$\dot{Z}$で表すと、サセプタンスBが0であるため、

$$\dot{Z}=\frac{1}{\dot{Y}}=\frac{1}{G+jB}=\frac{1}{G+j0}=\frac{1}{G}$$

となり、$\dot{Z}$は最大となる（$\dot{Z}$の分母が最小となるため）。

第4章　交流回路

解法のヒント

1.

4〔mH〕
→4×10^{-3}〔H〕
と変換する。

2.

0.1〔μF〕
→0.1×10^{-6}〔F〕
と変換する。

例題にチャレンジ！

右図に示す回路に一定の電圧を加え、周波数を変化させると回路に流れる電流が変化する。この電流が最も小さくなるときの電源の周波数 fr〔kHz〕を求めよ。

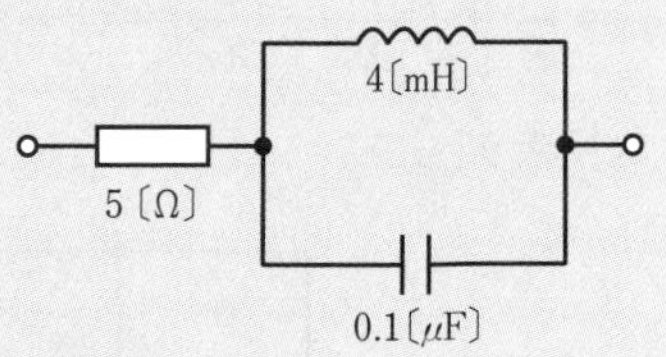

・解説・

問題図の回路は、インダクタンスと静電容量の並列回路（LC並列回路）である。LC並列回路では、並列共振時に流れる電流が最も小さくなる。このときの周波数fr〔kHz〕は、

$$fr=\frac{1}{2\pi\sqrt{LC}}=\frac{1}{2\pi\times\sqrt{4\times10^{-3}\times0.1\times10^{-6}}}$$

$$=\frac{1}{2\pi\sqrt{4\times10^{-10}}}=\frac{1}{4\pi\times10^{-5}}$$

$$\fallingdotseq 7.96\times10^{3}\text{〔Hz〕}\rightarrow \mathbf{7.96}\text{〔kHz〕（答）}$$

理解度チェック問題

問題　次の[　　]の中に適当な答えを記入せよ。

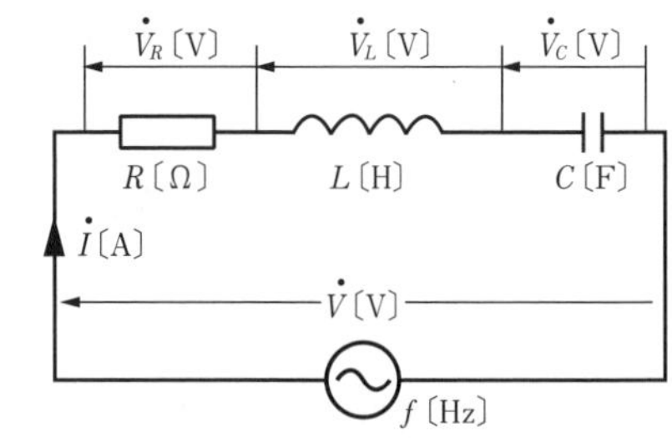

***RLC*直列共振回路**

図のようなRLC直列回路のインピーダンス$\dot{Z}$〔Ω〕は、

$\dot{Z}=R+j(X_L-X_C)$〔Ω〕

となる。

抵抗R〔Ω〕は角周波数ω〔rad/s〕に無関係で一定であるが、誘導性リアクタンスX_L〔Ω〕は角周波数ω〔rad/s〕に[　(ア)　]し、容量性リアクタンスX_C〔Ω〕は、角周波数ω〔rad/s〕に[　(イ)　]する。

したがって、ある周波数fr〔Hz〕のときに合成リアクタンスが[　(ウ)　]になる。この状態を[　(エ)　]といい、共振が生じる周波数を[　(オ)　]という。共振では、誘導性リアクタンスと容量性リアクタンスが等しいので、次式が成立する。

$$\omega L=\frac{1}{\omega C}、\ \omega^2=\frac{1}{LC}、\ \omega=\frac{1}{\sqrt{LC}}、\ 2\pi fr=\frac{1}{\sqrt{LC}}$$

したがって、共振周波数fr〔Hz〕は、次式で表される。

$fr=$[　(カ)　]〔Hz〕

回路が直列共振している状態では、回路のインピーダンスは最も[　(キ)　]なり、抵抗成分のみとなるため、電圧と電流の位相は同相となり、電流が最も[　(ク)　]流れる状態になる。

解答

(ア)比例　(イ)反比例　(ウ)零　(エ)直列共振　(オ)共振周波数

(カ)$\frac{1}{2\pi\sqrt{LC}}$　(キ)小さく　(ク)多く

解説

誘導性リアクタンス$X_L=\omega L=2\pi fL$であるから、X_Lは角周波数ωおよび周波数fに比例する。

また、容量性リアクタンス$X_C=\frac{1}{\omega C}=\frac{1}{2\pi fC}$であるから、$X_C$は角周波数$\omega$および周波数$f$に反比例する。

fを変え、$X_L=X_C$の状態になったときを直列共振という。

第4章　交流回路

31日目　第4章 交流回路

LESSON 31

交流回路の計算①

交流回路の皮相電力、有効電力、無効電力について学習します。それぞれの定義をしっかり理解しましょう。

関連過去問 071, 072, 073

有効電力
P=VI cosθ(W)
忘れニャいで
交流回路では、
力率(cos θ)を
掛けなければいけない
ニャン

1 交流回路の電力と力率　重要度 A

交流回路において、電源電圧V〔V〕と電源から流れ出る電流I〔A〕の位相差θ〔rad〕の余弦$\cos\theta$を**力率**（りきりつ）といい、θ〔rad〕の正弦$\sin\theta$を**無効率**といいます。皮相電力S、有効電力P、無効電力Qは、次のように定義されます。

重要公式 交流回路の電力

皮相電力　$S = VI$〔V·A〕　(49)

有効電力　$P = VI\cos\theta$〔W〕　(50)

無効電力　$Q = VI\sin\theta$〔var〕　(51)

上式より、次の関係が成立します。

重要公式 電力と力率の関係

$\dot{S} = P + jQ$〔V·A〕　(52)

$\dot{S}$の大きさ　$S = \sqrt{P^2 + Q^2}$〔V·A〕　(53)

力率$\cos\theta = \dfrac{有効電力}{皮相電力} = \dfrac{P}{S}$　(54)

力率は、有効電力と皮相電力の比で表すことができる

直列回路を流れる電流$\dot{I}$をベクトル分解した$I\cos\theta$はVと同相成分で、**有効電流**と呼びます。$I\sin\theta$はVと位相が$\dfrac{\pi}{2}$〔rad〕(90〔°〕)異なる成分で、**無効電流**と呼びます。

補足
無効電力の単位varはバールと読む。

補足
直流回路では、電圧と電流の積がすべて**有効電力**となるが、交流回路では、電圧と電流の積は見かけ上の電力で**皮相電力**と呼び、有効電力は皮相電力に**力率**$\cos\theta$を乗じなければならない。**力率**とは、**力**を発揮する**率**（仕事をする率）である。
力率をp.f (power factor)と書く場合がある。

 直列回路の電力と力率　重要度 A

RL*直列回路**やRC*直列回路**ではインピーダンス三角形（LESSON28参照）から、力率$\cos\theta$、無効率$\sin\theta$を次のように表すことができます。

$$力率\ \cos\theta=\frac{R}{Z} \tag{55}$$

$$無効率\ \sin\theta=\frac{X}{Z} \tag{56}$$

ただし、Zは直列インピーダンスで、

$Z=\sqrt{R^2+X^2}$〔Ω〕

（Xは誘導性リアクタンスX_Lまたは容量性リアクタンスX_C）

また、θを**力率角**といい、次のように表すことができます。

$$\theta=\cos^{-1}\frac{R}{Z}〔\mathrm{rad}〕\quad または\quad \theta=\tan^{-1}\frac{X}{R}〔\mathrm{rad}〕$$

補足
$\cos^{-1}$、$\tan^{-1}$はそれぞれアークコサイン、アークタンジェントと読む。

抵抗*R*〔Ω〕、**誘導性リアクタンス$X_L=\omega L$**〔Ω〕の直列回路において、電流は電源電圧より位相がθ〔rad〕遅れます。このときの力率を**遅れ力率**、無効電力を**遅れ無効電力**といいます。

有効電力は抵抗R〔Ω〕で消費され、また、遅れ無効電力は誘導性リアクタンスX_L〔Ω〕で消費されます。

補足
有効電力は、電源から供給され、抵抗で消費し、熱エネルギーに変換される。モータなど動力機器では、運動エネルギーに変換される。同様に、**無効電力**は電源から供給され、リアクタンスで消費すると考える。
一般に、遅れ無効電力を$+jQ$のように正で表す。

皮相電力　$\dot{S}=P+jQ$〔V·A〕　(57)

$S=VI=I^2Z$〔V·A〕　(58)

有効電力　$P=VI\cos\theta=I^2R$〔W〕　(59)

遅れ無効電力　$Q=VI\sin\theta=I^2X_L$〔var〕　(60)

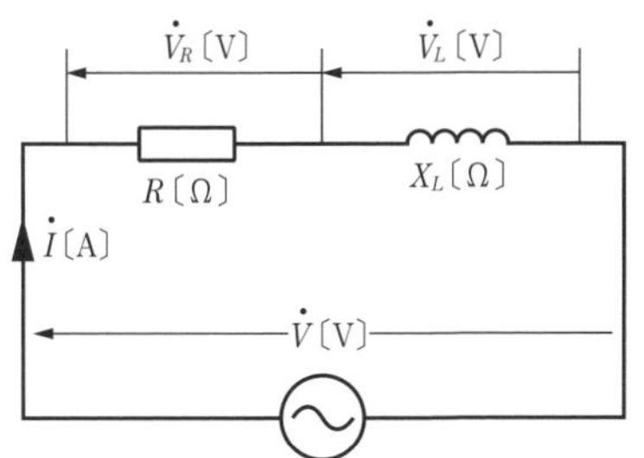

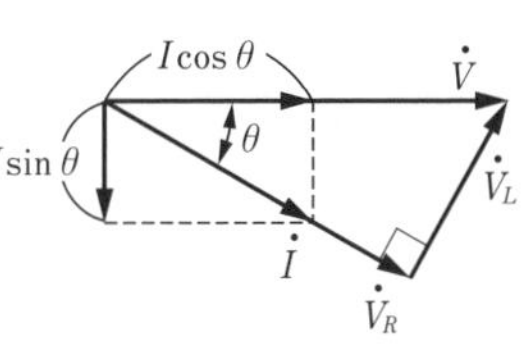

図4.25　*RL*直列回路と電圧・電流ベクトル

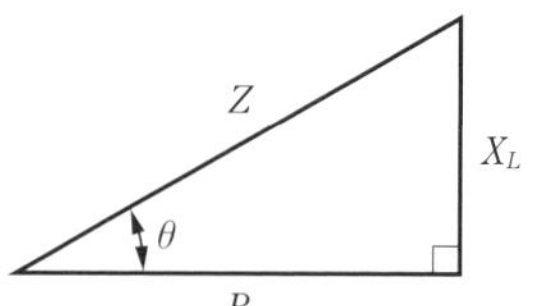

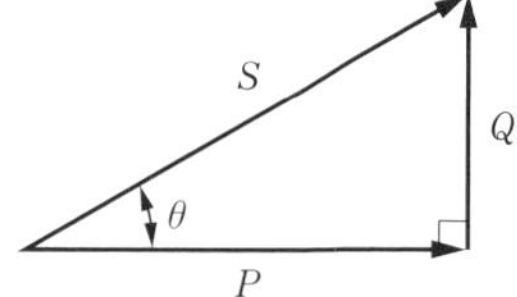

図4.26　*RL* 直列回路のインピーダンス三角形と電力ベクトル

抵抗 R〔Ω〕、**容量性リアクタンス $X_C = \dfrac{1}{\omega C}$**〔Ω〕の直列回路において、電流は電源電圧より位相が θ〔rad〕進みます。力率は**進み力率**、無効電力は**進み無効電力**となります。

皮相電力　$\dot{S} = P - jQ$〔V·A〕　(61)

$S = VI = I^2 Z$〔V·A〕　(62)

有効電力　$P = VI\cos\theta = I^2 R$〔W〕　(63)

進み無効電力　$Q = VI\sin\theta = I^2 X_C$〔var〕　(64)

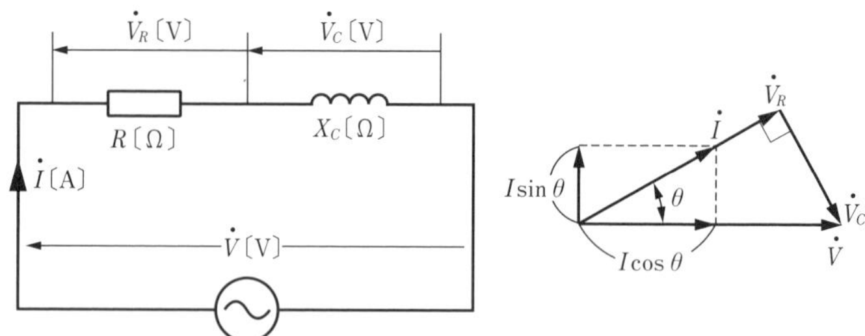

図4.27　*RC* 直列回路と電圧・電流ベクトル

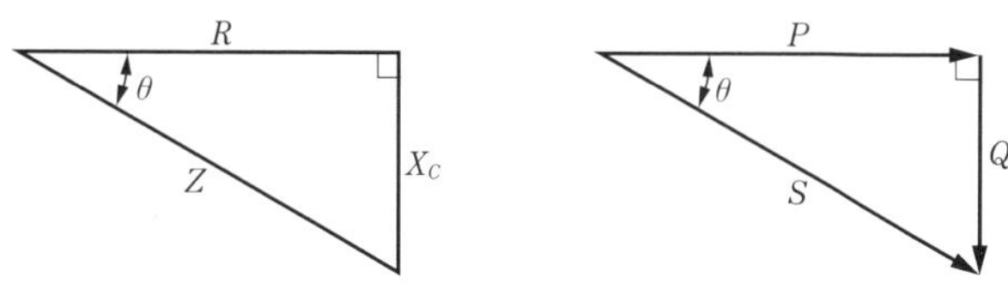

図4.28　*RC* 直列回路のインピーダンス三角形と電力ベクトル

無効電力とは

交流回路で抵抗に電流が流れると、電気エネルギーが熱エネルギーに変換され、ジュール熱が発生します。これに対し、インダクタンスやキャパシタンス（静電容量）に電流が流れると、電磁エネルギーや静電エネルギーが電源とインダクタンスやキャパシタンス間を往復するだけで、外部にエネルギーを発生しません。このような電力を**無効電力**と呼びます。

無効電力という名称から無駄な電力と思われがちですが、有効電力を送電するにあたり、**潤滑油**（じゅんかつゆ）のような役目を果（は）たしており、決して**無駄な電力ではありません**。英語ではReactive Power（反応的な電力、弾力的な電力）と呼ばれ、実態を反映した名称となっています。

受験生からよくある質問

Q ***RL*直列回路において、*V*と*I*の位相差がθのとき、**

$$P = VI\cos\theta = I^2R\cos\theta \text{〔W〕}$$

$$Q = VI\sin\theta = I^2X_L\sin\theta \text{〔var〕}$$

とならないのはなぜですか？

A Rの両端電圧をV_R、Rを流れる電流をIとすると、V_RとIの位相差θ'は0〔°〕で同相です。$\cos\theta' = \cos 0$〔°〕$=1$なので、

$P = V_RI\cos\theta' = V_RI = (IR)I = I^2R$〔W〕となります。

X_Lの両端電圧をV_L、X_Lを流れる電流をIとすると、V_LとIの位相差θ''は90〔°〕となります。$\sin\theta'' = \sin 90$〔°〕$=1$なので、

$Q = V_LI\sin\theta'' = V_LI = (IX_L)I = I^2X_L$〔var〕となります。

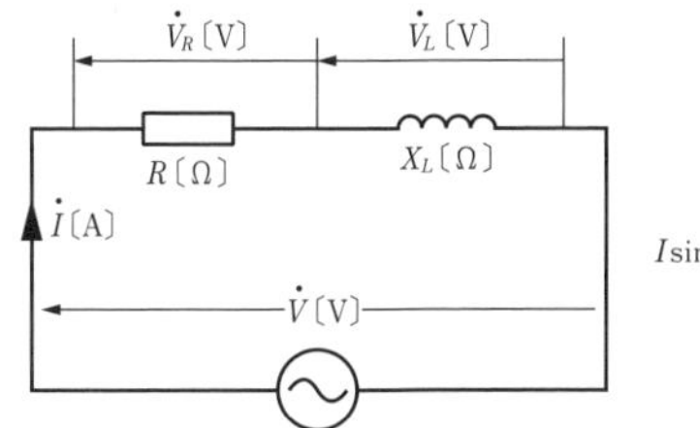

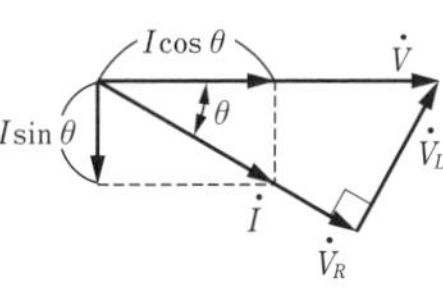

***RL*直列回路と電圧・電流ベクトル**

例題にチャレンジ!

抵抗$R=4$〔Ω〕、誘導性リアクタンス$X_L=3$〔Ω〕の直列回路に交流電圧200〔V〕を加えたとき、この回路の皮相電力〔kV・A〕、有効電力〔kW〕、無効電力〔kvar〕および力率を求めよ。

・解説・

インピーダンスZは、

$$\dot{Z}=4+j3〔\Omega〕、Z=\sqrt{4^2+3^2}=5〔\Omega〕$$

電流Iは、

$$I=\frac{V}{Z}=\frac{200}{5}=40〔A〕$$

電流Iが電圧Vより遅れるので、力率は遅れ力率となる

力率 $\cos\theta$は、

$$\cos\theta=\frac{R}{Z}=\frac{4}{5}=\mathbf{0.8}\text{(遅れ)}\ \text{(答)}$$

無効率 $\sin\theta$は、

$$\sin\theta=\frac{X_L}{Z}=\frac{3}{5}=0.6$$

皮相電力Sは、

$$S=VI=200\times40=8000〔V\cdot A〕\rightarrow \mathbf{8}〔kV\cdot A〕\ \text{(答)}$$

有効電力Pは、

$$P=VI\cos\theta=200\times40\times0.8=6400〔W〕\rightarrow \mathbf{6.4}〔kW〕\ \text{(答)}$$

無効電力Qは、

$$Q=VI\sin\theta=200\times40\times0.6=4800〔var〕\rightarrow \mathbf{4.8}〔kvar〕\ \text{(答)}$$

※***RL*直列回路**の**インピーダンス**、**電圧**、**電流**、**電力**、**力率**の計算は、交流回路の最も基礎となる事項である。
また、**電圧・電流ベクトル**、**電力ベクトル**は、必ず描けるようにしておこう。

解法のヒント

1.
$\sin\theta=\sqrt{1-\cos^2\theta}$
を利用して、
$\sin\theta=\sqrt{1-0.8^2}=0.6$
と求めてもよい。
しかし、**$\cos\theta$が0.8なら$\sin\theta$は0.6**、また逆に、**$\cos\theta$が0.6なら$\sin\theta$は0.8**になることは覚えておこう。電験三種試験の計算問題に頻出される。

2.
有効電力P、無効電力Qは、次のようにも求めることもできる。
$P=I^2R=40^2\times4=6400〔W〕\rightarrow6.4〔kW〕$
$Q=I^2X_L=40^2\times3=4800〔var〕\rightarrow4.8〔kvar〕$

理解度チェック問題

問題　次の［　　］の中に適当な答えを記入せよ。

交流回路において、電源電圧V〔V〕と電流I〔A〕の位相差θ〔rad〕の余弦$\cos\theta$を［（ア）］といい、θ〔rad〕の正弦$\sin\theta$を［（イ）］という。

皮相電力S、有効電力P、無効電力Qは、次のように定義されている。

皮相電力　$S=$［（ウ）］〔V・A〕

有効電力　$P=$［（エ）］〔W〕

無効電力　$Q=$［（オ）］〔var〕

上式より、次の関係が成立する。

$\dot{S}=$［（カ）］〔V・A〕

皮相電力$\dot{S}$の大きさSは、

$S=|\dot{S}|=$［（キ）］〔V・A〕

$$\text{力率}\cos\theta=\frac{\text{（ク）}}{\text{皮相電力}}=\frac{\text{（ケ）}}{S}$$

抵抗R〔Ω〕とリアクタンスX〔Ω〕の直列回路のインピーダンスの大きさZは、

$Z=$［（コ）］〔Ω〕となる。

この直列回路の力率$\cos\theta$をZ、R、Xで表すと

$\cos\theta=$［（サ）］

となる。ただし、$\theta=\tan^{-1}$［（シ）］である。

この直列回路に流れる電流をI〔A〕とすると、有効電力Pは抵抗Rで消費され、無効電力QはリアクタンスXで消費され、

$P=$［（ス）］〔W〕

$Q=$［（セ）］〔var〕

となる。

解答

（ア）力率　（イ）無効率　（ウ）VI　（エ）$VI\cos\theta$　（オ）$VI\sin\theta$　（カ）$P+jQ$

（キ）$\sqrt{P^2+Q^2}$　（ク）有効電力　（ケ）P　（コ）$\sqrt{R^2+X^2}$　（サ）$\dfrac{R}{Z}$　（シ）$\dfrac{X}{R}$

（ス）I^2R または $VI\cos\theta$　（セ）I^2X または $VI\sin\theta$

32日目 第4章 交流回路

LESSON 32

交流回路の計算②

交流回路の並列回路について学習します。並列回路の力率を求める式が直列回路の場合と異なるので注意しましょう。

関連過去問 074, 075

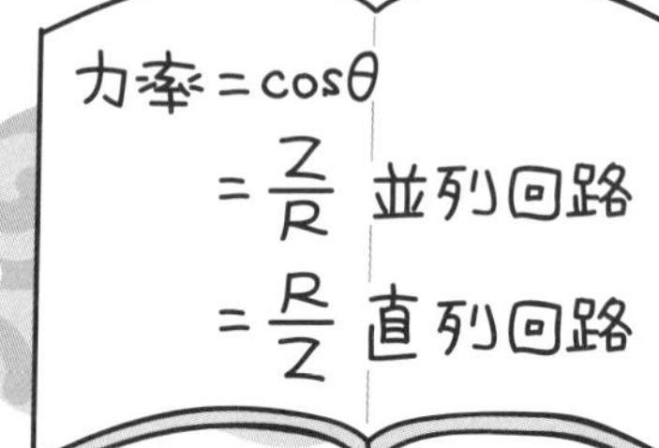

1 交流回路の等価変換 重要度A

補足
RL並列回路の合成インピーダンス$\dot{Z}$は、抵抗２個の並列回路の合成抵抗と同様に、$\frac{積}{和}\left(\frac{RとjX_Lの積}{RとjX_Lの和}\right)$の公式を使用する。

図4.29(a)に示すRL並列回路の合成インピーダンス$\dot{Z}$は、

$$\dot{Z}=\frac{jX_L\cdot R}{R+jX_L}=\frac{jX_L\cdot R(R-jX_L)}{(R+jX_L)(R-jX_L)}$$

分母を実数化

$$=\frac{X_L{}^2\cdot R}{R^2+X_L{}^2}+j\frac{X_L\cdot R^2}{R^2+X_L{}^2}〔\Omega〕\quad(65)$$

ここで上式の実数部をR'、虚数部をX'と置くと、

$$\dot{Z}=R'+jX'〔\Omega〕\quad(66)$$

$$Z=|\dot{Z}|=\sqrt{R'^2+X'^2}〔\Omega〕\quad(67)$$

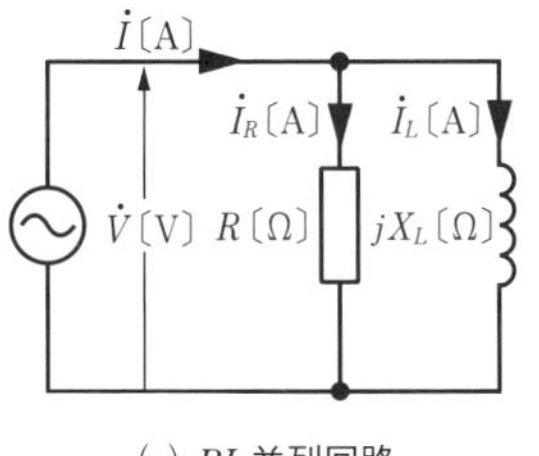

(a) RL並列回路

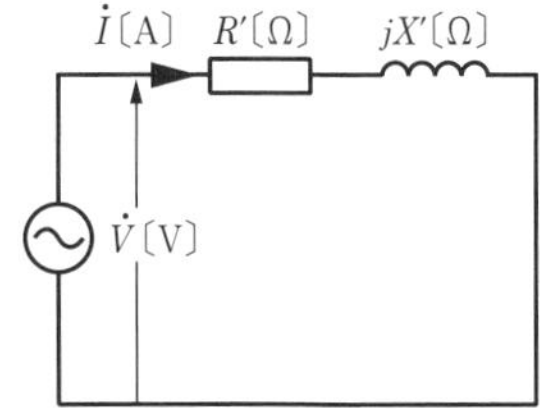

(b) 等価直列回路

図4.29　RL並列回路と等価直列回路

交流回路の等価変換は、図4.29 (a) の回路に限らず、一般のインピーダンスの直並列回路は最終的には図4.29 (b) の**等価直列回路**で表現できることを表しています。

LESSON31で学んだ直列回路の電力と力率は、この等価直列回路にすべて適用できます。

補足
複雑な直並列回路も、ある並列回路部分を、直列回路に等価変換できる。これを繰り返すことにより、最終的に抵抗1個とリアクタンス1個の極めて単純な等価直列回路に変換できる。

2 並列回路の電力　重要度 A

(1) *RL* 並列回路

図4.30に示す**抵抗*R*〔Ω〕**、**誘導性リアクタンスX_L〔Ω〕**の並列回路において、電源から流れ出る電流は、電源電圧より位相がθ〔rad〕遅れます。このときの力率を**遅れ力率**、無効電力を**遅れ無効電力**といいます。

有効電力は抵抗R〔Ω〕で消費され、また、遅れ無効電力は誘導性リアクタンスX_L〔Ω〕で消費されます。

皮相電力　$\dot{S}=P+jQ$〔V·A〕　(68)

$$S=VI=I^2Z=\frac{V^2}{Z}\text{〔V·A〕} \quad (69)$$

有効電力　$P=VI\cos\theta=I_R{}^2R=\dfrac{V^2}{R}$〔W〕　(70)

無効電力　$Q=VI\sin\theta=I_L{}^2X_L=\dfrac{V^2}{X_L}$〔var〕　(71)

補足
有効電力は、電源から供給され、抵抗で消費する。
無効電力は、電源から供給され、リアクタンスで消費すると考える。
一般に、遅れ無効電力を$+jQ$のように正で表す。

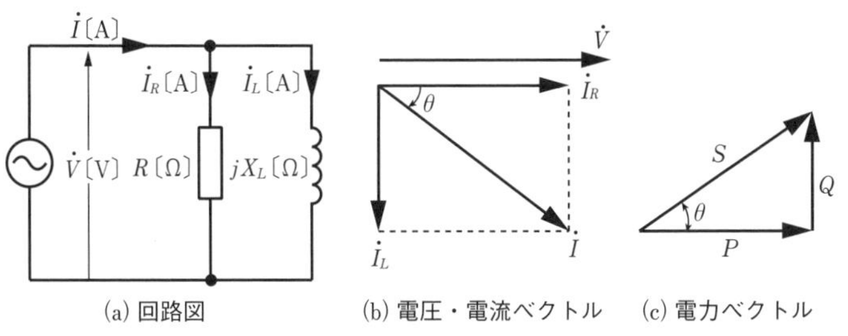

(a) 回路図　(b) 電圧・電流ベクトル　(c) 電力ベクトル

図4.30　*RL*並列回路

(2) *RC* 並列回路

図4.31に示す**抵抗*R*〔Ω〕**、**容量性リアクタンスX_C**〔Ω〕の並列回路において、電源から流れ出る電流は、電源電圧より位相が θ〔rad〕進みます。このときの力率を**進み力率**、無効電力を**進み無効電力**といいます。

有効電力は抵抗R〔Ω〕で消費され、また、進み無効電力は容量性リアクタンスX_C〔Ω〕で消費されます。

皮相電力 $\dot{S}=P-jQ$〔V·A〕 (72)

$$S=VI=I^2Z=\frac{V^2}{Z}\text{〔V·A〕} \tag{73}$$

有効電力 $P=VI\cos\theta=I_R{}^2R=\dfrac{V^2}{R}$〔W〕 (74)

無効電力 $Q=VI\sin\theta=I_C{}^2X_C=\dfrac{V^2}{X_C}$〔var〕 (75)

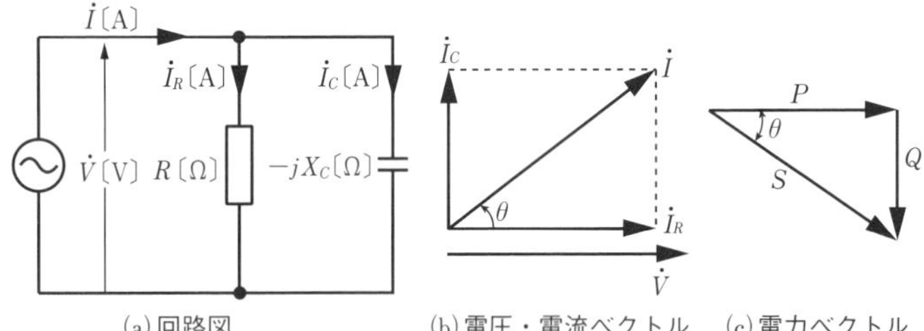

図4.31　*RC* 並列回路

③ 並列回路の力率　重要度 A

RL* 並列回路**やRC* 並列回路**では、力率$\cos\theta$を次のように表すことができます。直列回路とは異なるので注意しましょう。

力率 $\cos\theta=\dfrac{P}{S}=\dfrac{Z}{R}$ (76)

または、力率 $\cos\theta=\dfrac{X}{\sqrt{R^2+X^2}}$ (77)

ただし、Zは並列回路の合成インピーダンス、Xは誘導性リアクタンスX_Lまたは容量性リアクタンスX_Cです。

補足
無効率$\sin\theta$は、
$\sin\theta=\dfrac{Q}{S}=\dfrac{Z}{X}$
または、
$\sin\theta=\dfrac{R}{\sqrt{R^2+X^2}}$
で表すことができる。

並列回路の力率cos θの導き方

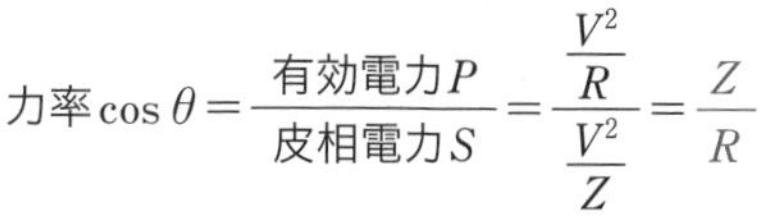

$$力率\cos\theta=\frac{有効電力P}{皮相電力S}=\frac{\frac{V^2}{R}}{\frac{V^2}{Z}}=\frac{Z}{R}$$

また、図4.29 RL並列回路と等価直列回路において、$X_L \to X$とすると、

$$Z=\sqrt{R'^2+X'^2}$$

$$=\sqrt{\left(\frac{X^2\cdot R}{R^2+X^2}\right)^2+\left(\frac{X\cdot R^2}{R^2+X^2}\right)^2}$$

$$R'=\frac{X^2\cdot R}{R^2+X^2}$$

$$力率\cos\theta=\frac{R'}{Z}=\frac{\frac{X^2\cdot R}{R^2+X^2}}{\sqrt{\left(\frac{X^2\cdot R}{R^2+X^2}\right)^2+\left(\frac{X\cdot R^2}{R^2+X^2}\right)^2}}$$

分子、分母を$\frac{X\cdot R}{R^2+X^2}$で割ると、

$$\cos\theta=\frac{X}{\sqrt{R^2+X^2}}$$

補足

図4.30および図4.31より、並列回路の力率$\cos\theta$は、

$$\cos\theta=\frac{P}{S}=\frac{I_R}{I}$$

と表すこともできる。Iを皮相電流、I_Rを有効電流と呼ぶ。同様に無効率$\sin\theta$は、RL並列回路では、

$$\sin\theta=\frac{Q}{S}=\frac{I_L}{I}$$

RC並列回路では、

$$\sin\theta=\frac{Q}{S}=\frac{I_C}{I}$$

と表すこともできる。I_Lを遅れ無効電流、I_Cを進み無効電流と呼ぶ。

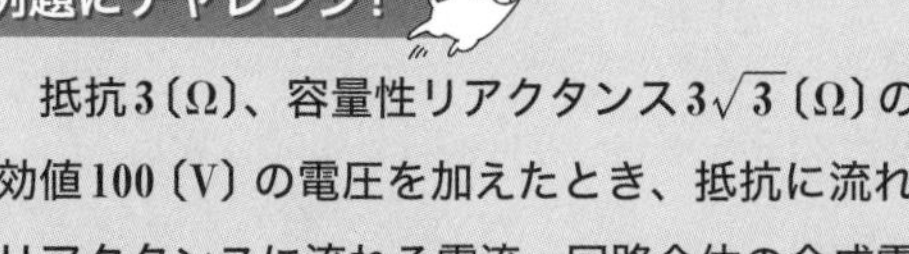

例題にチャレンジ！

抵抗3〔Ω〕、容量性リアクタンス$3\sqrt{3}$〔Ω〕の並列回路に、実効値100〔V〕の電圧を加えたとき、抵抗に流れる電流、容量性リアクタンスに流れる電流、回路全体の合成電流を求め、さらに、力率、無効率、有効電力、無効電力、皮相電力を求めよ。

・解説・

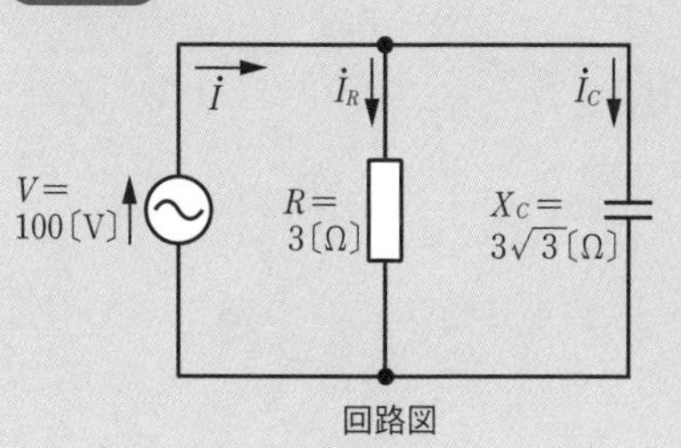

回路図

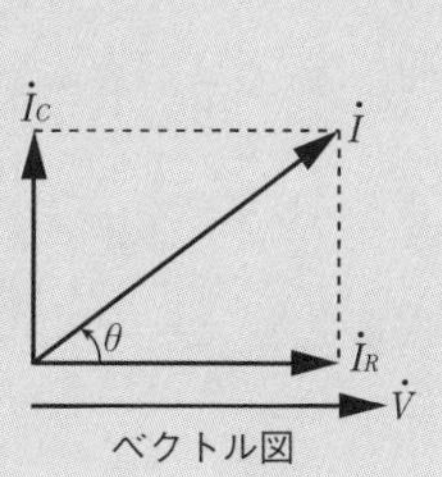

ベクトル図

第4章 交流回路

抵抗に流れる電流I_Rは、

$$I_R=\frac{V}{R}=\frac{100}{3}\fallingdotseq 33.33\rightarrow \mathbf{33.3}〔\mathrm{A}〕(答)$$

容量性リアクタンスに流れる電流I_Cは、

$$I_C=\frac{V}{X_C}=\frac{100}{3\sqrt{3}}\fallingdotseq 19.245\rightarrow \mathbf{19.2}〔\mathrm{A}〕(答)$$

合成電流Iは、

$$I=\sqrt{I_R{}^2+I_C{}^2}$$

$$=\sqrt{\left(\frac{100}{3}\right)^2+\left(\frac{100}{3\sqrt{3}}\right)^2}\fallingdotseq 38.49\rightarrow \mathbf{38.5}〔\mathrm{A}〕(答)$$

補足

より正確に計算するために、33.3ではなく、33.33、38.5ではなく、38.49を使う。

力率　$\cos\theta=\frac{I_R}{I}=\frac{33.33}{38.49}\fallingdotseq \mathbf{0.866}$**(進み)** (答)

または、$Z=\frac{V}{I}=\frac{100}{38.49}\fallingdotseq \mathbf{2.598}$　であるから、

$$\cos\theta=\frac{Z}{R}=\frac{2.598}{3}=\mathbf{0.866}\textbf{(進み)}\ (答)$$

無効率　$\sin\theta=\frac{I_C}{I}=\frac{19.245}{38.49}=\mathbf{0.5}$ (答)

または、$\sin\theta=\frac{Z}{X_C}=\frac{2.598}{3\sqrt{3}}\fallingdotseq \mathbf{0.5}$

有効電力　$P=VI\cos\theta=100\times 38.49\times 0.866\fallingdotseq 3333〔\mathrm{W}〕$

$\rightarrow \mathbf{3.33}〔\mathrm{kW}〕$(答)

または、$P=I_R{}^2R=33.33^2\times 3\fallingdotseq 3333〔\mathrm{W}〕\rightarrow \mathbf{3.33}〔\mathrm{kW}〕$

または、$P=\frac{V^2}{R}=\frac{100^2}{3}\fallingdotseq 3333〔\mathrm{W}〕\rightarrow \mathbf{3.33}〔\mathrm{kW}〕$

無効電力　$Q=VI\sin\theta=100\times 38.49\times 0.5=1924.5〔\mathrm{var}〕$

$\rightarrow \mathbf{1.92}〔\mathrm{kvar}〕$(答)

または、$Q=I_C{}^2X_C=19.245^2\times 3\sqrt{3}\fallingdotseq 1924.5〔\mathrm{var}〕\rightarrow \mathbf{1.92}〔\mathrm{kvar}〕$

または、$Q=\frac{V^2}{X_C}=\frac{100^2}{3\sqrt{3}}\fallingdotseq 1924.5〔\mathrm{var}〕\rightarrow \mathbf{1.92}〔\mathrm{kvar}〕$

皮相電力　$S=VI=100\times 38.49=3849〔\mathrm{V\cdot A}〕\rightarrow \mathbf{3.85}〔\mathrm{kV\cdot A}〕$(答)

理解度チェック問題

問題　次の[　　　]の中に適当な答えを記入せよ。

抵抗R〔Ω〕、リアクタンスX〔Ω〕の並列回路において、この回路に加わる電源電圧をV〔V〕、電源から流れ出る電流をI〔A〕、抵抗Rを流れる電流をI_R〔A〕、Xを流れる電流をI_X〔A〕とすれば、合成インピーダンスZは、

Z＝[　(ア)　]〔Ω〕となる。

力率$\cos\theta$は、

$\cos\theta$＝[　(イ)　]、または$\cos\theta$＝[　(ウ)　]または$\cos\theta$＝[　(エ)　]となる。

抵抗Rで消費される有効電力PをVとIと$\cos\theta$で表すと、

P＝[　(オ)　]〔W〕となる

PをI_RとRで表すと、

P＝[　(カ)　]〔W〕となる。

PをVとRで表すと、

P＝[　(キ)　]〔W〕となる。

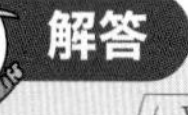

解答

(ア) $\sqrt{\left(\frac{X^2 \cdot R}{R^2+X^2}\right)^2+\left(\frac{X \cdot R^2}{R^2+X^2}\right)^2}$　(イ) $\frac{I_R}{I}$　(ウ) $\frac{Z}{R}$　(エ) $\frac{X}{\sqrt{R^2+X^2}}$

(オ) $VI\cos\theta$　(カ) I_R^2R　(キ) $\frac{V^2}{R}$　※(イ)と(ウ)と(エ)は順番が入れ替わってもよい。

33日目

第4章　交流回路

LESSON 33

ひずみ波交流

正弦波交流以外の、規則正しく繰り返す波形を持った交流を、ひずみ波交流といいます。

関連過去問 077

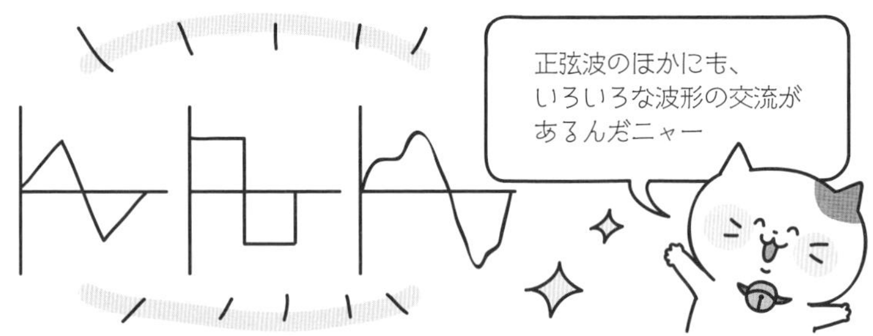

正弦波のほかにも、
いろいろな波形の交流が
あるんだニャー

1 ひずみ波交流　重要度 B

(1) ひずみ波と高調波

ひずみ波交流は、正弦波とは異なった波形の交流で、一般にひずみ波交流をyとすると、次式で表されます。

$$y = A_1 \sin(\omega t + \phi_1) + A_2 \sin(2\omega t + \phi_2) + A_3 \sin(3\omega t + \phi_3) + \cdots$$
$$\cdots + A_n \sin({}_n\omega t + \phi_n) \quad (78)$$

ここで、A_1、A_2…は**振幅**、ϕ_1、ϕ_2…は**位相角**を示します。

上式の第1項を**基本波**といい、**第2項**は**基本波の2倍の周波数を持つ**波で、**第2高調波**といいます。同様に、第3項を**第3高調波**、その他**第*n*高調波**といいます。一般に、第2高調波以上を**高調波**といいます。

補足
第2高調波は、
$A_2 \sin(2\omega t + \phi_2)$
となる。$2\omega t$なので第2となる。
第2高調波、第3高調波を、第2調波、第3調波などという場合もある。

図4.32に、ひずみ波交流の例を示します。

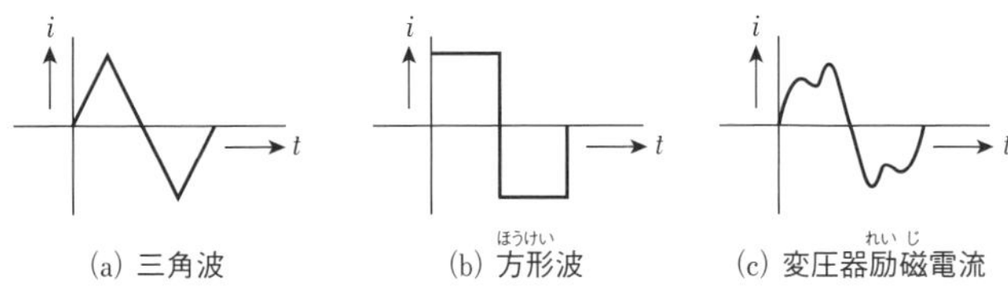

図4.32　ひずみ波交流の例

これらのひずみ波交流波形は、正弦波交流である基本波とその高調波の合成でできています。逆にいうと、三角波であれ方形波であれ、すべてのひずみ波交流は、基本波と多くの高調波に分解できます。

(2) ひずみ波交流の実効値

$$v = v_1 + v_2 + \cdots + v_n$$
$$= \sqrt{2}V_1\sin(\omega t + \phi_1) + \sqrt{2}V_2\sin(2\omega t + \phi_2) + \cdots + \sqrt{2}V_n\sin(n\omega t + \phi_n)$$

のひずみ波電圧 v に対して、

$$i = i_1 + i_2 + \cdots + i_n = \sqrt{2}I_1\sin(\omega t + \phi_1 - \theta_1) + \sqrt{2}I_2\sin(2\omega t + \phi_2 - \theta_2) + \cdots + \sqrt{2}I_n\sin(n\omega t + \phi_n - \theta_n)$$

のひずみ波電流が流れたとすると、

v、i の実効値 V、I はそれぞれ、

重要公式　ひずみ波交流の実効値

$$\left.\begin{aligned} V &= \sqrt{V_1^2 + V_2^2 + \cdots + V_n^2} \\ I &= \sqrt{I_1^2 + I_2^2 + \cdots + I_n^2} \end{aligned}\right\} \quad (79)$$

直流成分 V_0、I_0 が含まれているときは、

重要公式　ひずみ波交流の実効値(直流成分を含む)

$$\left.\begin{aligned} V &= \sqrt{V_0^2 + V_1^2 + V_2^2 + \cdots + V_n^2} \\ I &= \sqrt{I_0^2 + I_1^2 + I_2^2 + \cdots + I_n^2} \end{aligned}\right\} \quad (80)$$

となります。

ひずみ波交流電圧の瞬時値波形は図4.33のように表すことができます。

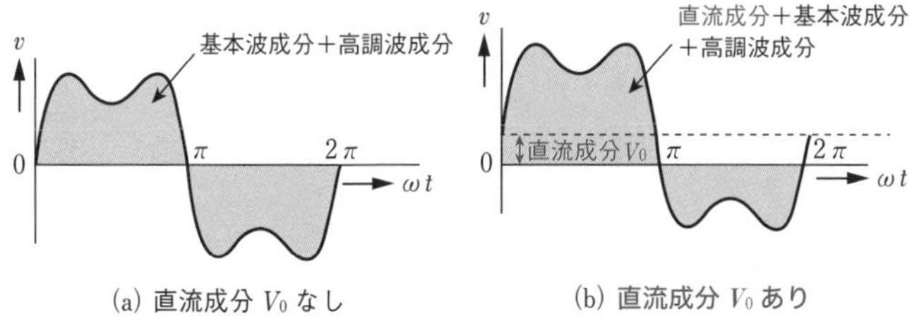

(a) 直流成分 V_0 なし　(b) 直流成分 V_0 あり

図4.33　ひずみ波交流電圧波形

図4.33(a)の波形は、基本波といくつかの高調波を合成した波形です。

補足

$-\theta_1$ とは、電流基本波の位相が電圧基本波の位相に対し、θ_1 遅れている場合を表している。

$-\theta_2$ とは、電流第2高調波の位相が電圧第2高調波の位相に対し、θ_2 遅れている場合を表している。

図4.33(b)の波形は、さらに直流成分を合成した波形で、直流成分の上に(a)の波形が乗っている波形となります。

- **直流成分なし**のときの実効値は、
  基本波の実効値の2乗と**各高調波**の実効値の2乗の合計値の平方根となります(式(79))。
- **直流成分あり**のときの実効値は、
  直流成分の実効値の2乗と**基本波**の実効値の2乗と、**各高調波**の実効値の2乗の合計値の平方根となります(式(80))。

(3) ひずみ波交流の平均電力(有効電力)

ひずみ波交流の平均電力(有効電力)Pは、次式で表されます。直流成分がないときは、$V_0 I_0$を除きます。

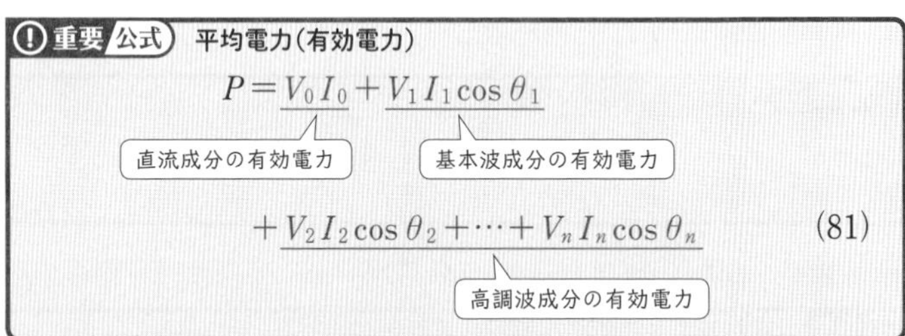

重要 公式 平均電力(有効電力)
直流成分の有効電力
基本波成分の有効電力
高調波成分の有効電力

$$P = V_0 I_0 + V_1 I_1 \cos\theta_1 + V_2 I_2 \cos\theta_2 + \cdots + V_n I_n \cos\theta_n \tag{81}$$

上式からわかるように、ひずみ波交流の平均電力(有効電力)は、**同一周波数ごとの有効電力の総和**となります。

また、有効電力は抵抗Rで消費されるので、Rに流れる電流の実効値をI_0、I_1、$I_2 \cdots I_n$とすれば、

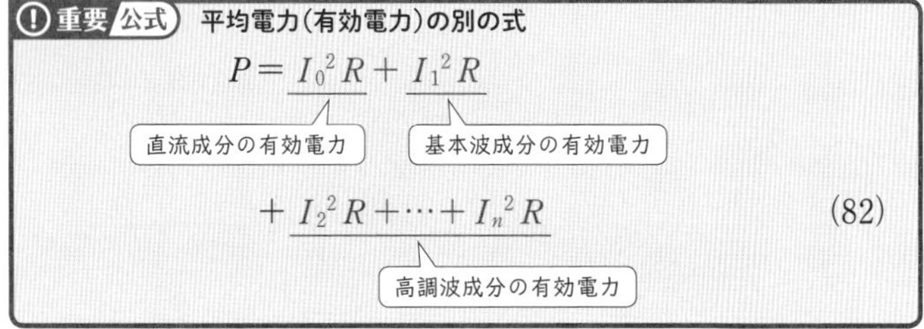

$$P = I_0^2 R + I_1^2 R + I_2^2 R + \cdots + I_n^2 R \tag{82}$$

となります。

異なる周波数の電圧と電流の積$v_1 i_2$、$v_1 i_3$、$v_2 i_1$などの平均値は、0となる(計算省略)。
したがって、ひずみ波交流の平均電力(有効電力)は、同一周波数の電圧と電流の積$v_1 i_1$、$v_2 i_2$、$v_3 i_3$、などの平均値の総和となる。

(4) ひずみ波交流のひずみ率

ひずみ率とは、ひずみ波交流波形が正弦波である基本波に対し、どれだけひずんでいるかを示す値であり、次式で定義されています。

なお、直流成分は波形をひずませることはないので、考慮する必要はありません。

重要公式 ひずみ率

電圧のひずみ率

$$=\frac{\sqrt{V_2^2+V_3^2+\cdots+V_n^2}}{V_1}=\left(\frac{\text{高調波実効値}}{\text{基本波実効値}}\right)$$

電流のひずみ率

$$=\frac{\sqrt{I_2^2+I_3^2+\cdots+I_n^2}}{I_1}=(\text{同上}) \qquad (83)$$

例として、次の基本波と第3高調波の合成波形である電圧 v_{13} と、基本波と第3、第5、第7高調波の合成波形である電圧 v_{17} のひずみ率を計算します。

$$v_{13}=\sqrt{2}\,V_1\sin\omega t+\sqrt{2}\,V_3\sin 3\omega t$$

$$=100\sqrt{2}\sin\omega t+\frac{100\sqrt{2}}{3}\sin 3\omega t\,〔\mathrm{V}〕 \qquad (84)$$

$$v_{17}=\sqrt{2}\,V_1\sin\omega t+\sqrt{2}\,V_3\sin 3\omega t+\sqrt{2}\,V_5\sin 5\omega t$$

$$+\sqrt{2}\,V_7\sin 7\omega t$$

$$=100\sqrt{2}\sin\omega t+\frac{100\sqrt{2}}{3}\sin 3\omega t+\frac{100\sqrt{2}}{5}\sin 5\omega t$$

$$+\frac{100\sqrt{2}}{7}\sin 7\omega t\,〔\mathrm{V}〕 \qquad (85)$$

$$v_{13}\text{のひずみ率}=\frac{\sqrt{V_3^2}}{V_1}=\frac{\sqrt{\left(\frac{100}{3}\right)^2}}{100}=\frac{\frac{100}{3}}{100}\fallingdotseq 0.333$$

$$v_{17}\text{のひずみ率}=\frac{\sqrt{V_3^2+V_5^2+V_7^2}}{V_1}=\frac{\sqrt{\left(\frac{100}{3}\right)^2+\left(\frac{100}{5}\right)^2+\left(\frac{100}{7}\right)^2}}{100}$$

$$\fallingdotseq 0.414$$

補足

ひずみ率の計算例で用いた基本波および第3、第5、第7高調波の実効値、

$V_1=100$〔V〕、

$V_3=\frac{100}{3}$〔V〕、

$V_5=\frac{100}{5}$〔V〕、

$V_7=\frac{100}{7}$〔V〕

は例であり、必ずこの大きさになるわけではない。

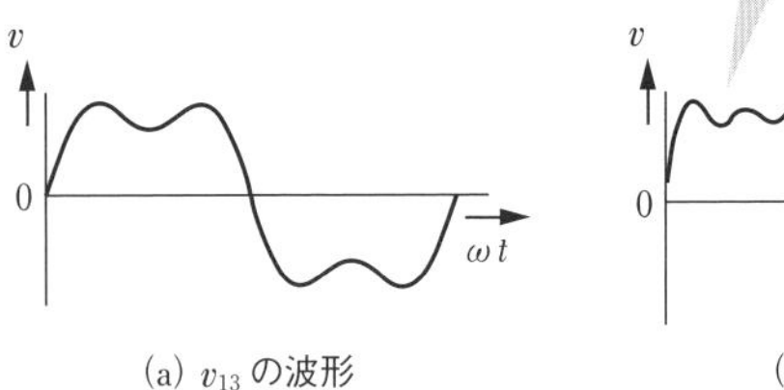

奇数次高調波の数を増やしていくと、ひずみ率は大きくなり、方形波に近づいてくる。
v
0
ωt

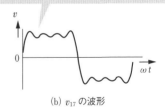

(a) v_{13} の波形　　(b) v_{17} の波形

図4.34　ひずみ波交流電圧 v_{13} と v_{17} の波形

例題にチャレンジ！

ある負荷の電圧および電流の瞬時値が次式で表されるとき、電圧の実効値、電流の実効値、有効電力を求めよ。

$$\boldsymbol{e = E_{m1}\sin\omega t + E_{m3}\sin 3\omega t + E_{m5}\sin 5\omega t}$$

$$\boldsymbol{i = I_{m1}\sin(\omega t - \theta_1) + I_{m3}\sin(3\omega t - \theta_3)}$$

・解説・

1. 電圧の実効値 E は、

$$E = \sqrt{\left(\frac{E_{m1}}{\sqrt{2}}\right)^2 + \left(\frac{E_{m3}}{\sqrt{2}}\right)^2 + \left(\frac{E_{m5}}{\sqrt{2}}\right)^2}$$

$$= \frac{1}{\sqrt{2}}\sqrt{\boldsymbol{E_{m1}}^2 + \boldsymbol{E_{m3}}^2 + \boldsymbol{E_{m5}}^2} \text{（答）}$$

2. 電流の実効値 I は、

$$I = \sqrt{\left(\frac{I_{m1}}{\sqrt{2}}\right)^2 + \left(\frac{I_{m3}}{\sqrt{2}}\right)^2}$$

$$= \frac{1}{\sqrt{2}}\sqrt{\boldsymbol{I_{m1}}^2 + \boldsymbol{I_{m3}}^2} \text{（答）}$$

3. 有効電力 P は、

$$P = \frac{E_{m1}}{\sqrt{2}} \times \frac{I_{m1}}{\sqrt{2}}\cos\theta_1 + \frac{E_{m3}}{\sqrt{2}} \times \frac{I_{m3}}{\sqrt{2}}\cos\theta_3$$

$$= \frac{1}{2}(\boldsymbol{E_{m1}I_{m1}\cos\theta_1 + E_{m3}I_{m3}\cos\theta_3}) \text{（答）}$$

解法のヒント

1.
電圧の記号は一般に V または E が用いられる。この例題では E を使用している。添字の m は最大値を表している。

2.
$E_{m1} = \sqrt{2}E_1$
$E_{m3} = \sqrt{2}E_3$
$E_{m5} = \sqrt{2}E_5$
$I_{m1} = \sqrt{2}I_1$
$I_{m3} = \sqrt{2}I_3$
で表すと、

- 電圧の実効値 E は、$E = \sqrt{E_1^2 + E_3^2 + E_5^2}$
- 電流の実効値 I は、$I = \sqrt{I_1^2 + I_3^2}$
- 有効電力 P は、$P = E_1 I_1 \cos\theta_1 + E_3 I_3 \cos\theta_3$

となる。
ただし、E_1、E_3、E_5、I_1、I_3 は、基本波および第3、第5高調波の実効値。

3.
第5高調波電流がないので、第5高調波成分の有効電力はない。

理解度チェック問題

問題　次の［　　］の中に適当な答えを記入せよ。

図の回路において、抵抗$R=2\,\Omega$、誘導性リアクタンスX〔Ω〕は基本波に対する値が$\frac{2}{\sqrt{3}}\,\Omega$である。$e$は直流分を含むひずみ波電圧で、その瞬時値を

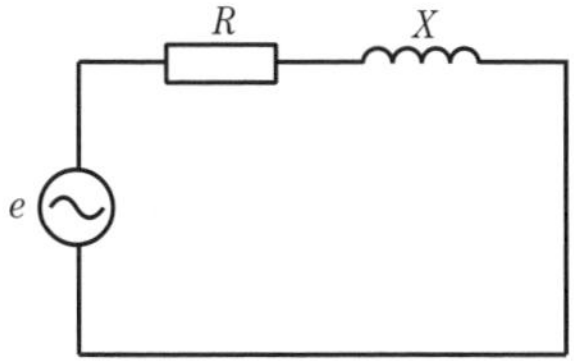

$$e=E_0+\sqrt{2}E_1\sin\omega t+\sqrt{2}E_3\sin\left(3\omega t+\frac{\pi}{2}\right)$$

$$=4+\sqrt{2}\times 20\sin\omega t+\sqrt{2}\times 10\sin\left(3\omega t+\frac{\pi}{2}\right)\text{〔V〕}$$

とするとき、

(a) ひずみ波電圧eの実効値は［（ア）］〔V〕である。

(b) 回路に流れる電流iの瞬時値は、次式のとおりである。

$$i=I_0+\sqrt{2}I_1\sin(\omega t-\theta_1)+\sqrt{2}I_3\sin\left(3\omega t+\frac{\pi}{2}-\theta_3\right)$$

$$=2+\sqrt{2}\times 5\sqrt{3}\sin\left(\omega t-\frac{\pi}{6}\right)+\sqrt{2}\times\frac{5}{2}\sin\left(3\omega t+\frac{\pi}{2}-\frac{\pi}{3}\right)\text{〔A〕}$$

(c) この回路の全消費電力は［（イ）］〔W〕である。

(d) 電流iのひずみ率は［（ウ）］である。

第4章　交流回路

解答

(ア)22.7　(イ)170.5　(ウ)0.29

解説

(a) ひずみ波電圧eの実効値Eは、

$$E=\sqrt{E_0{}^2+E_1{}^2+E_3{}^2}=\sqrt{4^2+20^2+10^2}\fallingdotseq(ア)\,\mathbf{22.7}\,〔\mathrm{V}〕(答)$$

(c) 基本波電流i_1の基本波電圧e_1に対する遅れ位相角θ_1は、$\dfrac{\pi}{6}$〔rad〕

第3高調波電流i_3の第3高調波電圧e_3に対する遅れ位相角θ_3は、$\dfrac{\pi}{3}$〔rad〕

よって、回路の全消費電力Pは、有効電力であるから、

$$P=E_0I_0+E_1I_1\cos\theta_1+E_3I_3\cos\theta_3=4\times2+20\times5\sqrt{3}\times\cos\frac{\pi}{6}+10\times\frac{5}{2}\times\cos\frac{\pi}{3}$$

$$=8+100\sqrt{3}\times\frac{\sqrt{3}}{2}+25\times\frac{1}{2}=(イ)\,\mathbf{170.5}\,〔\mathrm{W}〕(答)$$

または、Pは、

$$P=I_0{}^2R+I_1{}^2R+I_3{}^2R=R(I_0{}^2+I_1{}^2+I_3{}^2)=2\times\left\{2^2+(5\sqrt{3})^2+\left(\frac{5}{2}\right)^2\right\}=\mathbf{170.5}\,〔\mathrm{W}〕(答)$$

(d) 電流iのひずみ率$=\dfrac{\sqrt{I_3{}^2}}{I_1}=\dfrac{I_3}{I_1}=\dfrac{\frac{5}{2}}{5\sqrt{3}}\fallingdotseq0.289\fallingdotseq(ウ)\,\mathbf{0.29}$(答)

※参考

θ_1、θ_2は題意により$\dfrac{\pi}{6}$〔rad〕、$\dfrac{\pi}{3}$〔rad〕と与えられているが、確認のために計算をすると、次のようになる。

$$\tan\theta_1=\frac{\omega L}{R}\rightarrow\theta_1=\tan^{-1}\frac{\omega L}{R}=\tan^{-1}\frac{\frac{2}{\sqrt{3}}}{2}=\tan^{-1}\frac{1}{\sqrt{3}}=30^\circ\rightarrow\boldsymbol{\frac{\pi}{6}}\,〔\mathrm{rad}〕$$

誘導性リアクタンスは、周波数が基本波の3倍になるから、$3\omega L$となることに注意。

$$\tan\theta_3=\frac{3\omega L}{R}\rightarrow\theta_3=\tan^{-1}\frac{3\omega L}{R}=\tan^{-1}\frac{\frac{3\times2}{\sqrt{3}}}{2}=\tan^{-1}\sqrt{3}=60^\circ\rightarrow\boldsymbol{\frac{\pi}{3}}\,〔\mathrm{rad}〕$$

34日目 第5章 三相交流回路

LESSON 34

三相交流とは

三相交流の結線方式の電圧や電流の関係とその表現方法などについて学習します。

関連過去問 078, 079

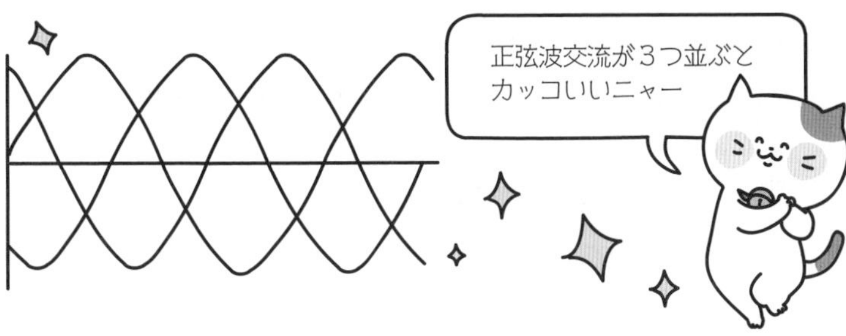

1 三相交流とは 重要度 A

大きさが同じで、**位相を$\frac{2}{3}\pi$〔rad〕(120〔°〕)ずらした3つの正弦波交流**を組み合わせた回路を、**三相交流**といいます。三相交流の電源および負荷の結線は、主に**Y結線**と**Δ結線**の2種類があります。

三相交流電圧の瞬時値e_a、e_b、e_cは、次のように表されます。

$$e_a = \sqrt{2}E\sin\omega t\,〔\mathrm{V}〕 \quad (1)$$

$$e_b = \sqrt{2}E\sin\left(\omega t - \frac{2}{3}\pi\right)〔\mathrm{V}〕 \quad (2)$$

$$e_c = \sqrt{2}E\sin\left(\omega t - \frac{4}{3}\pi\right)〔\mathrm{V}〕 \quad (3)$$

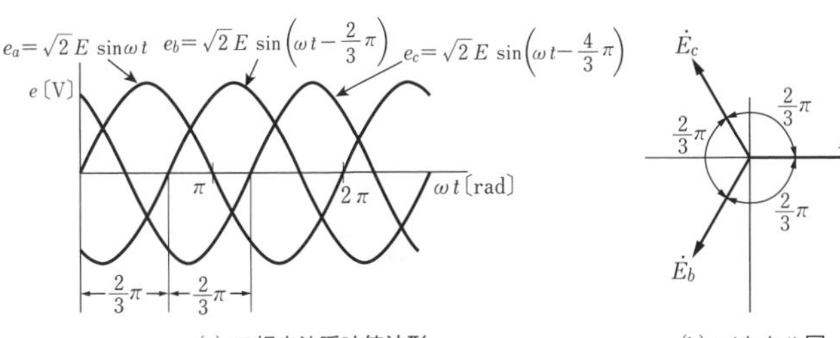

(a) 三相交流瞬時値波形　(b) ベクトル図

図5.1 三相交流の瞬時値とベクトル

補足
特に断らない限り、**三相交流**とは**対称三相交流**をいう。また、大きさや位相が異なる三相交流を**非対称三相交流**という。

補足
第4章で学んだ交流回路は、正式には単相交流回路という。三相交流回路とは、その単相交流回路を3つ組み合わせた回路のことで、それぞれa相回路、b相回路、c相回路と呼ぶ。また、a相回路の電圧を、a相の相電圧といい、その実効値$\dot{E}a$を基準ベクトル(正の実軸のベクトル)とすることが多い(図5.1(b)参照)。

電圧のベクトル$\dot{E}_a$、$\dot{E}_b$、$\dot{E}_c$は、極座標表示を使用すると、

$$\dot{E}_a = E\,〔\mathrm{V}〕 \tag{4}$$

$$\dot{E}_b = E \angle -\frac{2}{3}\pi\,〔\mathrm{V}〕 \tag{5}$$

$$\dot{E}_c = E \angle -\frac{4}{3}\pi\,〔\mathrm{V}〕 \tag{6}$$

となります。ここでE〔V〕**は、電圧の実効値**です。

例題にチャレンジ!

実効値が200〔V〕の対称三相交流電圧$\dot{E}_a$〔V〕、$\dot{E}_b$〔V〕、$\dot{E}_c$〔V〕を、$\dot{E}_a$〔V〕を基準にして、それぞれのベクトルを複素数で表現せよ。

・解答と解説・

$\dot{E}_a = 200 \angle 0 = \mathbf{200}$〔V〕(答)

$$\dot{E}_b = 200 \angle -\frac{2}{3}\pi = 200\left\{\cos\left(-\frac{2}{3}\pi\right) + j\sin\left(-\frac{2}{3}\pi\right)\right\}$$

$$= 200\left(-\frac{1}{2} - j\frac{\sqrt{3}}{2}\right) \fallingdotseq \mathbf{-100 - j173.2}〔\mathrm{V}〕(答)$$

$$\dot{E}_c = 200 \angle -\frac{4}{3}\pi = 200\left\{\cos\left(-\frac{4}{3}\pi\right) + j\sin\left(-\frac{4}{3}\pi\right)\right\}$$

$$= 200\left(-\frac{1}{2} + j\frac{\sqrt{3}}{2}\right) \fallingdotseq \mathbf{-100 + j173.2}〔\mathrm{V}〕(答)$$

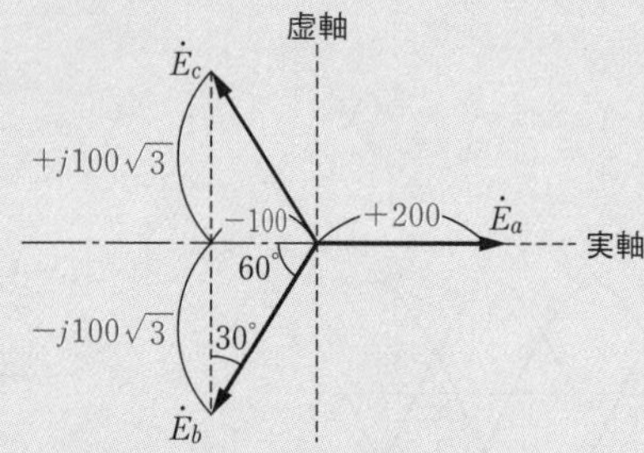

解法のヒント 3.のベクトル図

プラスワン

図5.1において、電圧の位相は$e_a \to e_b \to e_c$の順に、$\frac{2}{3}\pi$〔rad〕ずつ遅れている。
この順番を三相交流の**相順**(**相回転**)といい、相順に従って各相を、a相、b相、c相と呼ぶ。
三相回路の端子記号は、相順に従い、電源側ではR、S、T、機器側ではU、V、Wが使用される。

解法のヒント

1.
解説式の展開は、LESSON23の記号法を参照。

2.
図5.1の各相電圧ベクトルの基準線(正の実軸)に対する位相をθとすれば、ベクトルを複素数で表現すると、$\dot{E}$の実軸投影が$E\cos\theta$、虚軸投影が$E\sin\theta$となる。
ベクトルを極座標表示、複素数表示と自在に表現できるようになろう。

3.
解説のような計算をしなくとも、ベクトル図を書いて30(°)、60(°)の直角三角形の比から、実軸成分および虚軸成分を簡単に求めることができる。

三相回路の等価変換　重要度 A

(1) 電源のΔ-Y変換

相電圧E_{Δ}〔V〕のΔ結線された電源をY結線に等価変換するとき、Y結線の相電圧E_{Y}は、次式で表されます。

重要 公式　電源のΔ-Y変換

$$E_{Y}=\frac{1}{\sqrt{3}}E_{\Delta}\text{〔V〕} \quad (7)$$

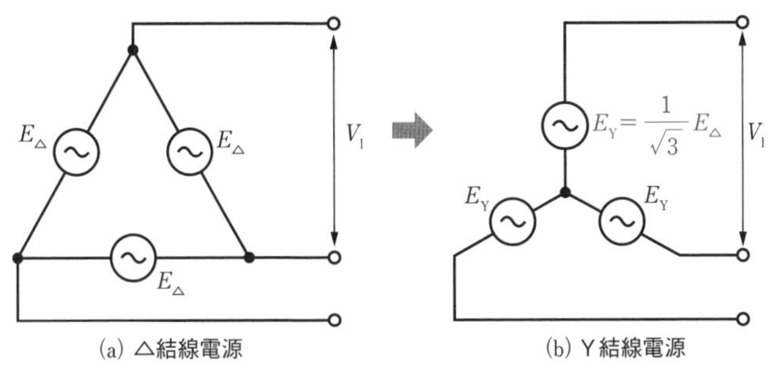

図5.2　電源のΔ-Y変換

補足　相電圧については、LESSON35を参照。

(2) 負荷のΔ-Y変換

Δ結線されたインピーダンス$\dot{Z}_{\Delta}$〔Ω〕の**三相平衡負荷**（へいこう）をY結線に等価変換したとき、Y結線におけるインピーダンス$\dot{Z}_{Y}$は、次式で表されます。

重要 公式　負荷のΔ-Y変換

$$\dot{Z}_{Y}=\frac{1}{3}\dot{Z}_{\Delta}\text{〔Ω〕} \quad (8)$$

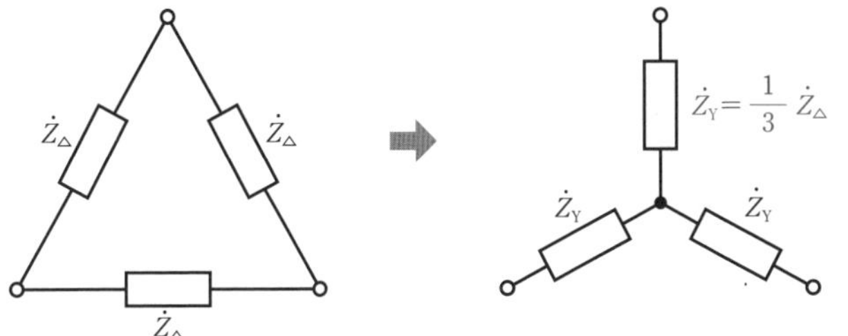

図5.3　負荷のΔ-Y変換

補足　各相のインピーダンスが等しい負荷を、**三相平衡負荷**という。

補足　Δ結線の各相のインピーダンスは、Y結線に変換すると**1/3**になる。「やせるから**1/3**になる」と覚えよう。

理解度チェック問題

問題　次の［　　　］の中に適当な答えを記入せよ。

下記の極座標表示で表現した対称三相交流電圧$\dot{E}_a$、$\dot{E}_b$、$\dot{E}_c$の瞬時値e_a、e_b、e_cは、次のようになる。

$\dot{E}_a = E$〔V〕

$\dot{E}_b = E\angle -\dfrac{2}{3}\pi$〔V〕

$\dot{E}_c = E\angle -\dfrac{4}{3}\pi$〔V〕

ここでE〔V〕は、電圧の実効値である。

$e_a =$［　(ア)　］〔V〕

$e_b =$［　(イ)　］〔V〕

$e_c =$［　(ウ)　］〔V〕

解答

(ア)$\sqrt{2}\,E\sin\omega t$　(イ)$\sqrt{2}\,E\sin\left(\omega t-\dfrac{2}{3}\pi\right)$　(ウ)$\sqrt{2}\,E\sin\left(\omega t-\dfrac{4}{3}\pi\right)$

解説

瞬時値式中の$\sqrt{2}\,E$は、正弦曲線（サインカーブ）の最大値E_m〔V〕を表す。

実効値は、$\dfrac{E_m}{\sqrt{2}}=\dfrac{\sqrt{2}\,E}{\sqrt{2}}=E$〔V〕となる。$\dfrac{E_m}{\sqrt{2}}$の式は、LESSON25の重要公式(11)参照。

35日目

第5章 三相交流回路

LESSON 35

三相交流電源と負荷

三相回路のY結線の1相を抜き出して、単相交流回路として扱う方法をぜひ身につけましょう。

関連過去問 080, 081

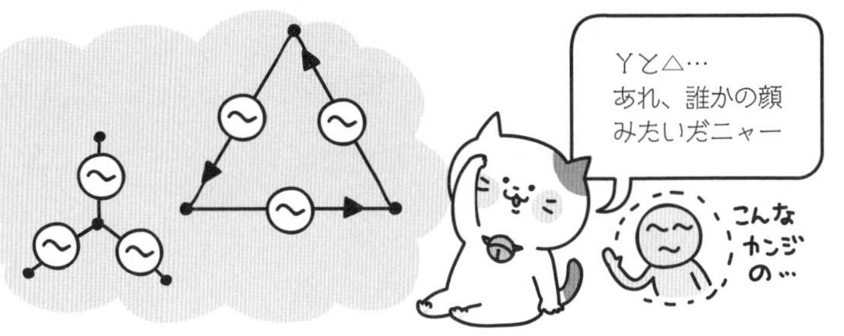

1 三相交流電源

重要度 A

(1) Y結線とΔ結線の電圧、電流

三相交流電源のY結線、Δ結線の各相および線間の電圧、電流は、それぞれ**相電圧**、**線間電圧**、**相電流**、**線電流**と呼ばれます。

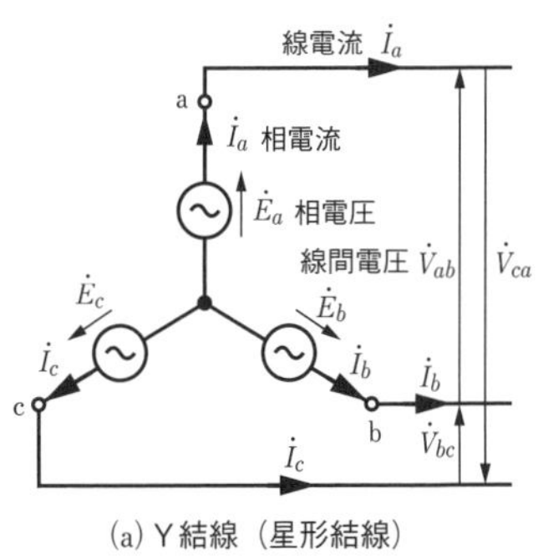

(a) Y結線（星形結線）

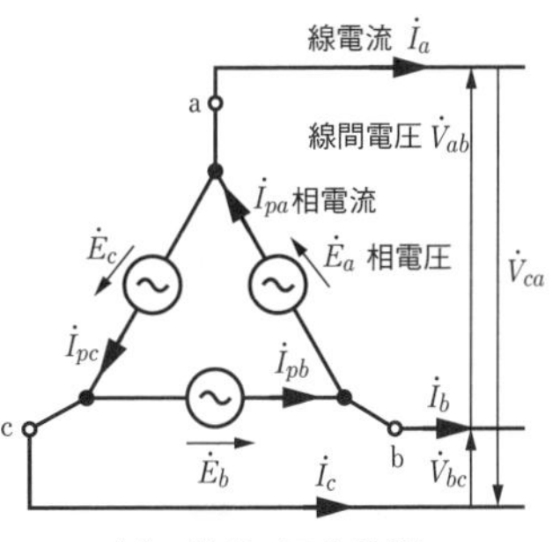

(b) △結線（三角結線）

図5.4 Y結線とΔ結線

Y結線では、**線間電圧**は**相電圧の** $\sqrt{3}$ **倍**となり、**位相が** $\dfrac{\pi}{6}$ **進み**ます。また、**相電流は線電流**となります。

相電圧 $\dot{E}_a$ の大きさを E_p、線

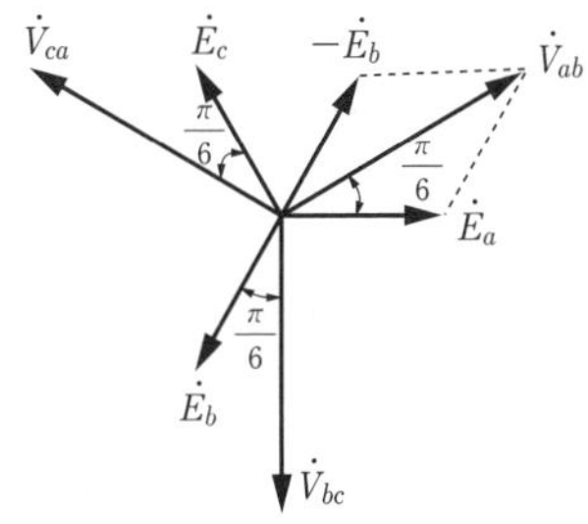

図5.5 Y結線の電圧ベクトル

補足

三相回路では線間電圧と相電圧を区別するため、線間電圧の記号にV、相電圧の記号にEがよく使用される。

プラスワン

線間電圧と相電圧の関係は、次式となる。

$\dot{V}_{ab}=\dot{E}_a-\dot{E}_b$〔V〕

$\dot{V}_{bc}=\dot{E}_b-\dot{E}_c$〔V〕

$\dot{V}_{ca}=\dot{E}_c-\dot{E}_a$〔V〕

補足

線間電圧、線電流の添字のlは、*line*（ライン、線）の略。相電圧、相電流の添字のpは、*phase*（フェイズ、相）の略。

間電圧$\dot{V}_{ab}$の大きさをV_lとすれば、図5.5のベクトル図から、

重要公式 Y結線の線間電圧と相電圧の関係

$$V_l=\sqrt{3}\,E_p〔V〕 \quad (9)$$

となることがわかります。

プラスワン

線電流と相電流の関係は、次式となる。

$\dot{I}_a=\dot{I}_{pa}-\dot{I}_{pc}$〔A〕

$\dot{I}_b=\dot{I}_{pb}-\dot{I}_{pa}$〔A〕

$\dot{I}_c=\dot{I}_{pc}-\dot{I}_{pb}$〔A〕

Δ結線では、**線電流**は**相電流の$\sqrt{3}$倍**となり、**位相が$\dfrac{\pi}{6}$遅れ**ます。また、**相電圧は線間電圧**となります。

補足

ベクトル図においてθは、負荷の**力率角**を表している。

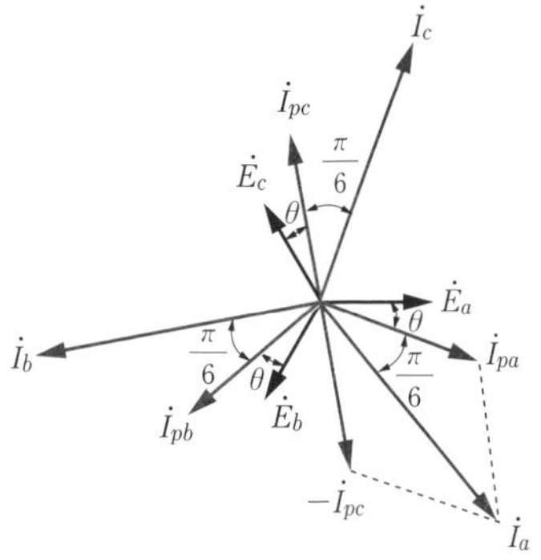

相電流$\dot{I}_{pa}$の大きさをI_p、線電流$\dot{I}_a$の大きさをI_lとすれば、図5.6のベクトル図から、

図5.6 Δ結線の電流ベクトル

重要公式 Δ結線の線電流と相電流の関係

$$I_l=\sqrt{3}\,I_p〔A〕 \quad (10)$$

となることがわかります。

(2) 三相回路の電力

補足

「電源から供給される電力」＝「負荷で消費する電力」となり、需給は必ず一致する。

電源および負荷の結線方式にかかわらず、電源から負荷へ供給する電力は、次式で表されます。

重要公式 三相回路の電力

皮相電力 $S=\sqrt{3}\,V_l I_l$〔V·A〕 (11)

有効電力 $P=\sqrt{3}\,V_l I_l \cos\theta$〔W〕 (12)

無効電力 $Q=\sqrt{3}\,V_l I_l \sin\theta$〔var〕 (13)

ただし、V_l：線間電圧、I_l：線電流、$\cos\theta$：負荷の力率（りきりつ）、

$\sin\theta$：負荷の無効率

補足

$P=S\cos\theta$〔W〕

$Q=S\sin\theta$〔var〕

と表すこともできる。

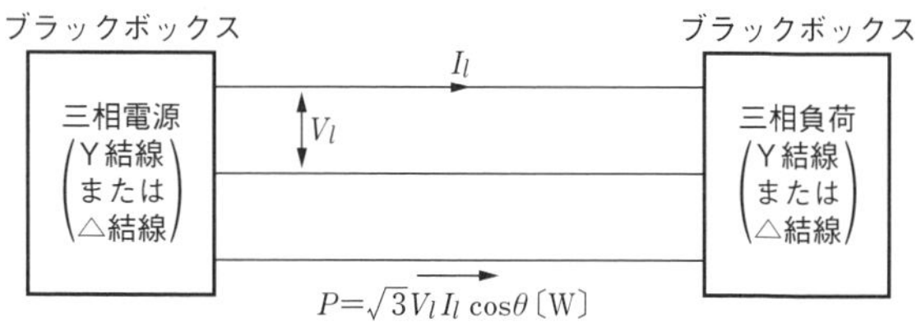

図5.7 三相回路の供給電力

例題にチャレンジ！

線間電圧V_l＝200〔V〕、線電流I_l＝15〔A〕、力率$\cos\theta$＝0.8の平衡三相回路で消費される三相電力〔kW〕を求めよ。

・解答と解説・

三相電力Pは、

$P=\sqrt{3}\,V_lI_l\cos\theta=\sqrt{3}\times200\times15\times0.8\fallingdotseq4.2\times10^3$〔W〕

→**4.2**〔kW〕(答)

解法のヒント

求める三相電力の単位が〔kW〕であることから、三相有効電力と判断する。

必ずしも三相有効電力という表現を使用するとは限らず、三相電力、三相消費電力という表現で出題されることもある。単位に注意しよう。

2 三相交流負荷回路　重要度 A

(1) Y結線負荷回路

三相交流の負荷回路がY結線の場合、Y結線の1相だけの**単相交流回路**を考えます。

この単相交流回路には電源の結線方式にかかわらず、電源の線間電圧V_lの$\dfrac{1}{\sqrt{3}}$の電圧が加わります。ほかの相は、この単相交流回路で求めた電圧、電流の位相を$\dfrac{2\pi}{3}$、$\dfrac{4\pi}{3}$ずらしたものとして得られます。また、三相交流回路の**電力は、この単相交流回路の3倍**となります。

補足

図5.8に示すように、中性点(Y結線の中心の点)nから1本の線(中性線)を引き、a-n間の回路を単相交流回路として取り扱う。

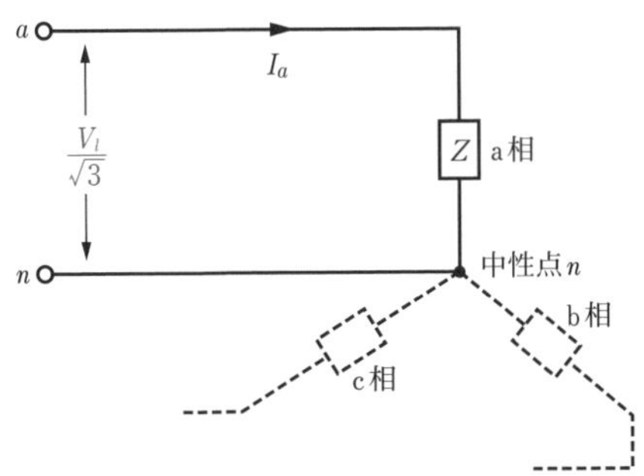

図5.8　Y結線、a相だけの単相交流回路

解法のヒント

負荷がY結線なので、線間電圧$V_l=\sqrt{3}\,E_p=200\sqrt{3}$〔V〕、線電流$I_l$＝相電流$I_p=12$〔A〕となることから、

$S=\sqrt{3}\,V_l I_l$
$=\sqrt{3}\times 200\sqrt{3}\times 12$
$=7.2\times 10^3$〔V·A〕
→**7.2**〔kV·A〕

と求めることもできる。

または、

$S=3\times I_p{}^2\times Z$
$=3\times 12^2\times 16.6$
$\fallingdotseq 7.2\times 10^3$〔V·A〕
→**7.2**〔kV·A〕

と求めることもできる。

次ページの「受験生からよくある質問」も参照。

例題にチャレンジ！

インピーダンス$\dot{Z}=13.3+j10$〔Ω〕がY結線された平衡負荷において、負荷の相電圧と相電流を測定したところ、相電圧$E_p=200$〔V〕、相電流$I_p=12$〔A〕であった。この負荷の三相皮相電力S〔kV·A〕、三相有効電力P〔kW〕、三相無効電力Q〔kvar〕を求めよ。

・解答と解説・

負荷の力率$\cos\theta$と無効率$\sin\theta$は、

$$\cos\theta=\frac{R}{Z}=\frac{13.3}{\sqrt{13.3^2+10^2}}\fallingdotseq\frac{13.3}{16.6}\fallingdotseq 0.8$$

$$\sin\theta=\frac{X}{Z}=\frac{10}{16.6}\fallingdotseq 0.6$$

S、P、Qは、

$S=3E_pI_p=3\times 200\times 12=7.2\times 10^3$〔V·A〕→**7.2**〔kV·A〕(答)

$P=3E_pI_p\cos\theta=S\cos\theta=7.2\times 0.8\fallingdotseq$ **5.8**〔kW〕(答)

$Q=3E_pI_p\sin\theta=S\sin\theta=7.2\times 0.6\fallingdotseq$ **4.3**〔kvar〕(答)

補足

Δ結線の各相のインピーダンスは、Y結線に変換すると**1/3**になる。「やせるから**1/3**になる」と覚えよう。

プラスワン

負荷のΔ結線をY結線に変換する方法は、電源と負荷間に線路インピーダンスがある場合、線路インピーダンスと負荷インピーダンスが直列接続になるので、計算が簡単になる利点がある（LESSON 37参照）。

(2) Δ結線負荷回路

三相交流の負荷回路がΔ結線の場合、一般にΔ結線をY結線に変換し、Y結線負荷回路の場合と同様に、Y結線の1相だけの**単相交流回路**として計算を進めます。

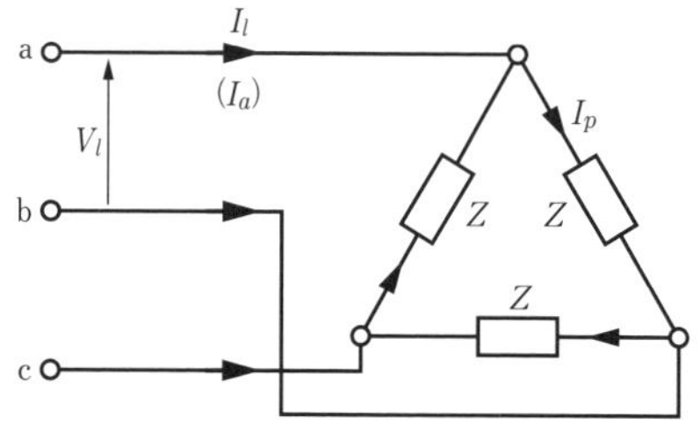

図5.9　Δ結線の負荷回路

Y結線に変換しないでΔ結線のまま計算する場合は、電源の結線方式にかかわらず、電源の線間電圧V_lがΔ負荷の1相のインピーダンスZに加わるので、Δ負荷の相電流I_pは、

$$I_p = \frac{V_l}{Z} \text{〔A〕}$$

となります。Δ負荷に入り込む線電流I_lは、

$$I_l = \sqrt{3}\, I_p \text{〔A〕}$$

となります。

また、**電力はこのΔ負荷1相の電力の3倍**となります。

Q 電源および負荷の結線方式にかかわらず、電源から負荷へ供給する有効電力P〔W〕は、$P = \sqrt{3}\, V_l I_l \cos\theta$〔W〕となるのはなぜですか。ただし、$V_l$は線間電圧、$I_l$は線電流、$\cos\theta$は負荷力率とします。

A Y結線、Δ結線とも、1相の有効電力$E_p I_p \cos\theta$の3倍が3相の有効電力P〔W〕となります。ただし、E_pは相電圧、I_pは相電流とします。

Y結線では、

$$E_p = \left(\frac{1}{\sqrt{3}}\right) \times V_l$$

$I_p = I_l$なので、

$$P = 3\,E_p I_p \cos\theta = 3 \times \left(\frac{1}{\sqrt{3}}\right) \times V_l \times I_l \cos\theta = \sqrt{3}\, V_l I_l \cos\theta \text{〔W〕}$$

Δ結線では、

$$I_p = \left(\frac{1}{\sqrt{3}}\right) \times I_l$$

$E_p = V_l$なので、

$$P = 3\,E_p I_p \cos\theta = 3 \times V_l \times \left(\frac{1}{\sqrt{3}}\right) \times I_l \cos\theta = \sqrt{3}\, V_l I_l \cos\theta \text{〔W〕}$$

となります。

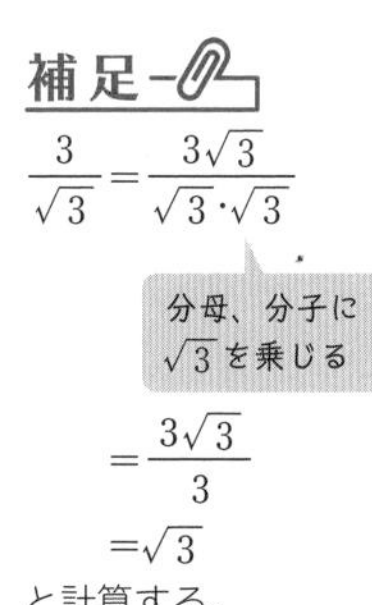

補足
$\frac{3}{\sqrt{3}} = \frac{3\sqrt{3}}{\sqrt{3}\cdot\sqrt{3}}$
分母、分子に$\sqrt{3}$を乗じる
$= \frac{3\sqrt{3}}{3}$
$= \sqrt{3}$
と計算する。

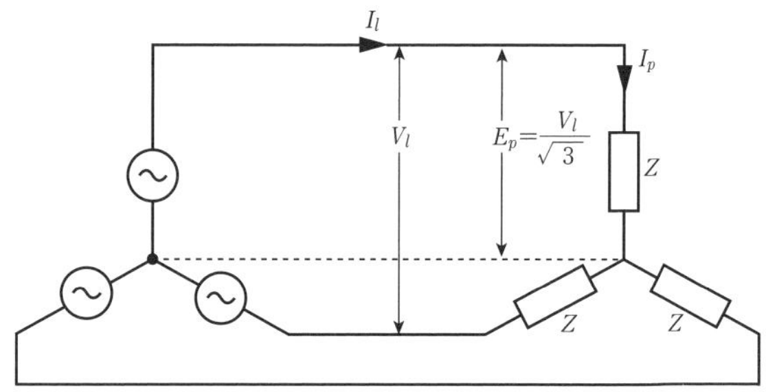

Y結線

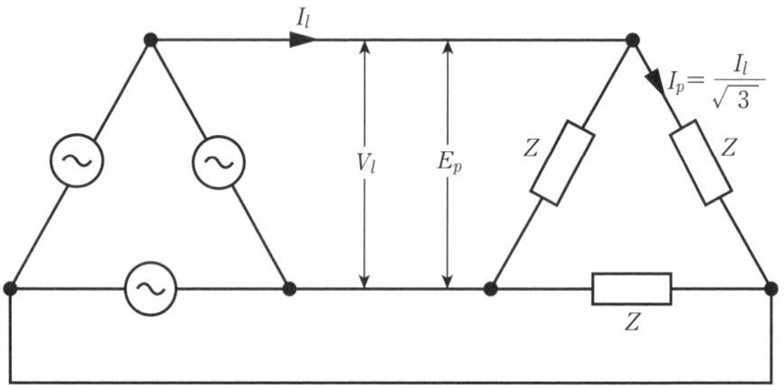

Δ結線

理解度チェック問題

問題　次の[　　　]の中に適当な答えを記入せよ。

電源および負荷の結線方式にかかわらず、電源から負荷へ供給する電力は、次式で表される。

皮相電力　$S=$ [　(ア)　]〔V・A〕

有効電力　$P=$ [　(イ)　]〔W〕

無効電力　$Q=$ [　(ウ)　]〔var〕

ただし、V_l：線間電圧、I_l：線電流、$\cos\theta$：負荷の力率、$\sin\theta$：負荷の無効率

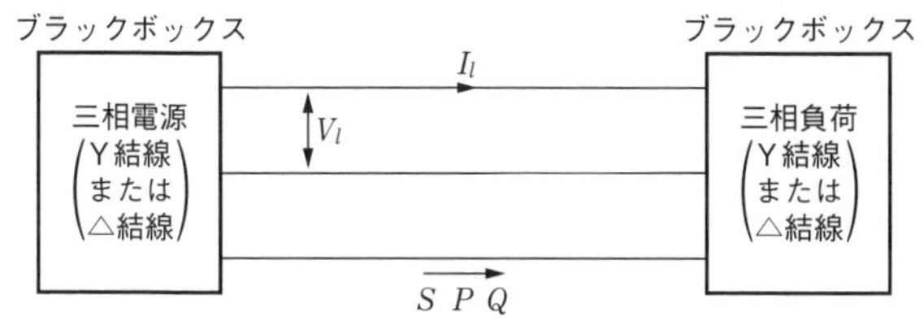

三相回路の供給電力

解答

(ア) $\sqrt{3}\,V_l I_l$　(イ) $\sqrt{3}\,V_l I_l \cos\theta$　(ウ) $\sqrt{3}\,V_l I_l \sin\theta$

LESSON 36

三相交流回路の計算①

よく出題される三相交流回路の電力やインピーダンスの計算について、解法を詳しく学びます。

関連過去問 082, 083

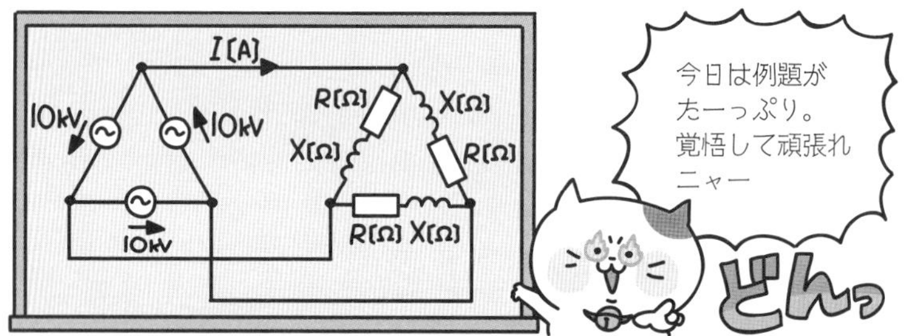

1 三相交流回路Y結線とΔ結線の比較 重要度A

三相交流回路の計算にあたり、最も基礎となるY結線とΔ結線の比較について復習します。

Y結線とΔ結線の電圧、電流、電力の関係は、次のようになっています。

Y結線

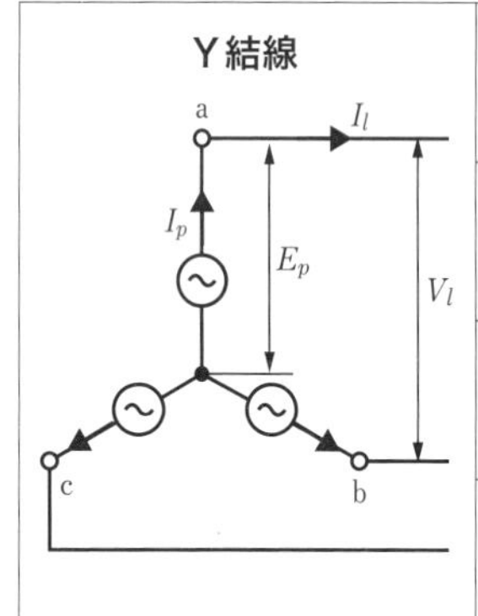

Y結線		Δ結線
$E_p=\dfrac{V_l}{\sqrt{3}}$	相電圧	$E_p=V_l$
$V_l=\sqrt{3}\,E_p$	線間電圧	$V_l=E_p$
$I_p=I_l$	相電流	$I_p=\dfrac{I_l}{\sqrt{3}}$
$I_l=I_p$	線電流	$I_l=\sqrt{3}\,I_p$

Δ結線

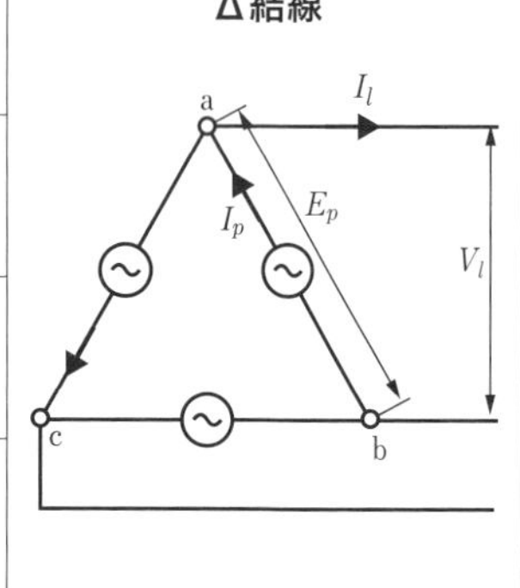

有効電力Pは、

$$P=\sqrt{3}\,V_l I_l\cos\theta=\sqrt{3}\times(\text{線間電圧})\times(\text{線電流})\times(\text{力率})\,〔\mathrm{W}〕$$

または、

$$P=3E_p I_p\cos\theta=3\times(\text{相電圧})\times(\text{相電流})\times(\text{力率})\,〔\mathrm{W}〕$$

補足

右の式は、必ず覚えておこう。

三相交流回路の最も基礎となるY結線とΔ結線の計算例をいくつか示します。

例題にチャレンジ！

図のような平衡三相回路において、負荷の全消費電力〔kW〕の値を求めよ。

ただし、図中の$\angle\frac{\pi}{6}$は、$\left[\cos\frac{\pi}{6}+j\sin\frac{\pi}{6}\right]$を表す。

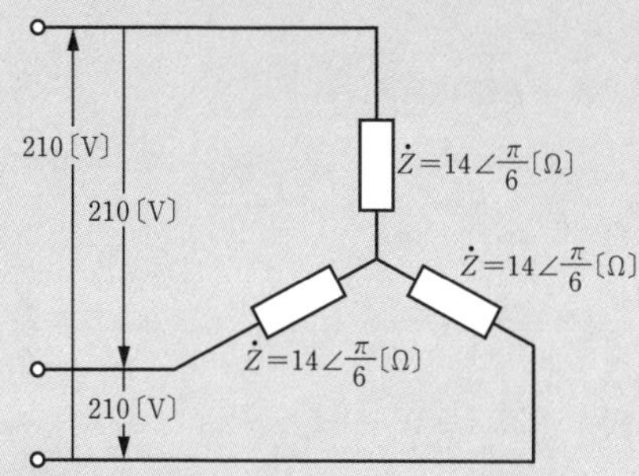

・解答と解説・

極座標表示の

$\dot{Z}=14\angle\frac{\pi}{6}$〔Ω〕を複素数表示 $\dot{Z}=R+jX$〔Ω〕に変換すると、

$$
\begin{aligned}
\dot{Z}&=R+jX\\
&=14\left(\cos\frac{\pi}{6}+j\sin\frac{\pi}{6}\right)\\
&=14\left(\frac{\sqrt{3}}{2}+j\frac{1}{2}\right)\\
&=7\sqrt{3}+j7\text{〔Ω〕}
\end{aligned}
$$

$R=7\sqrt{3}$〔Ω〕、$X=7$〔Ω〕であるから、Y結線1相当たりの回路図およびインピーダンス三角形は、次のようになる。

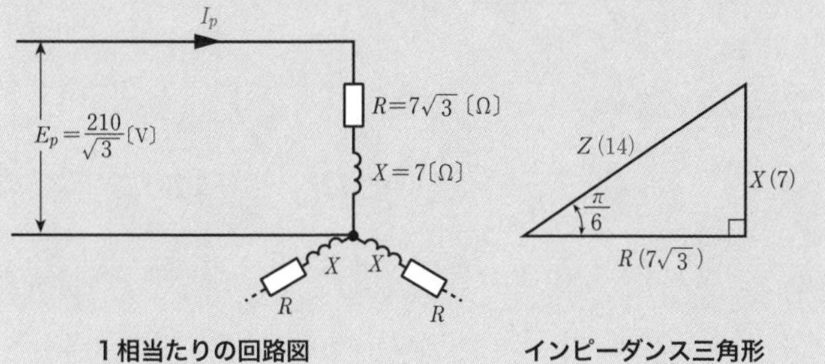

1相当たりの回路図　　インピーダンス三角形

解法のヒント

1.

$\dot{Z}=14\angle\frac{\pi}{6}$のインピーダンスの大きさ$Z$は、$Z=|\dot{Z}|=14$〔Ω〕となる。

2.

ベクトルの複素数表示、三角関数表示、極座標表示の各表示方法への変換は必ず覚えておこう。LESSON23の記号法を参照。

3.

Y結線の相電圧E_pは、

$E_p=\frac{V_l}{\sqrt{3}}=\frac{210}{\sqrt{3}}$〔V〕

相電流I_pは、

$$I_p=\frac{E_p}{Z}=\frac{\frac{210}{\sqrt{3}}}{14}=\frac{15}{\sqrt{3}}〔\mathrm{A}〕$$

よって、求める負荷の全消費電力Pは、

$$P=3\,I_p^2R$$

有効電力は、Y結線負荷回路の3つの抵抗Rで消費される

$$=3\times\left(\frac{15}{\sqrt{3}}\right)^2\times 7\sqrt{3}$$

$$≒2728〔\mathrm{W}〕\rightarrow \mathbf{2.73}〔\mathrm{kW}〕(答)$$

または、

$$P=3\,E_pI_p\cos\theta$$

$$=3\times\frac{210}{\sqrt{3}}\times\frac{15}{\sqrt{3}}\times\frac{7\sqrt{3}}{14}$$、ただし、$\cos\theta=\frac{R}{Z}=\frac{7\sqrt{3}}{14}$

$$≒2728〔\mathrm{W}〕\rightarrow \mathbf{2.73}〔\mathrm{kW}〕(答)$$

・別解・

Y結線負荷の全消費電力Pは、

$P=\sqrt{3}\times$線間電圧 $V_l\times$線電流 $I_l\times\cos\theta$

V_lは問題の回路図より、

$V_l=210〔\mathrm{V}〕$

線電流I_lは本解で求めた$I_p=\frac{15}{\sqrt{3}}〔\mathrm{A}〕$に等しいので、

$$I_l=\frac{15}{\sqrt{3}}〔\mathrm{A}〕$$

$\cos\theta$は本解で求めたように、

$$\cos\theta=\frac{7\sqrt{3}}{14}$$

よって、

$$P=\sqrt{3}\,V_lI_l\cos\theta$$

$$=\sqrt{3}\times 210\times\frac{15}{\sqrt{3}}\times\frac{7\sqrt{3}}{14}≒2728〔\mathrm{W}〕\rightarrow \mathbf{2.73}〔\mathrm{kW}〕(答)$$

例題にチャレンジ！

図のように、相電圧10〔kV〕の対称三相交流電源に、抵抗R〔Ω〕と誘導性リアクタンスX〔Ω〕からなる平衡三相負荷を接続した交流回路がある。平衡三相負荷の全消費電力が375〔kW〕、線電流$\dot{I}$〔A〕の大きさが43.3〔A〕のとき、相電流$\dot{I}_p$〔A〕の大きさおよびR〔Ω〕とX〔Ω〕の値を求めよ。

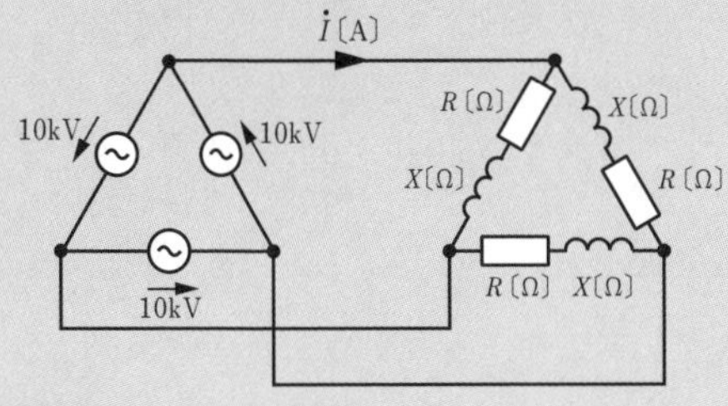

・解答と解説・

Δ結線負荷回路の相電流I_pは、

線電流Iの$\dfrac{1}{\sqrt{3}}$倍なので、

$$I_p = \frac{I}{\sqrt{3}} = \frac{43.3}{\sqrt{3}}〔A〕$$

$$\fallingdotseq \mathbf{25}〔A〕(答)$$

三相負荷全体の消費電力が375〔kW〕であることから、

$$3I_p^2R = 375\times10^3$$

上式より抵抗Rは、

$$R = \frac{375\times10^3}{3I_p^2} = \frac{375\times10^3}{3\times25^2} = \frac{375\times10^3}{1875} = \mathbf{200}〔Ω〕(答)$$

また、相電流I_pは、

$$I_p = \frac{E_p}{\sqrt{R^2+X^2}}〔A〕$$

上式を変形し、誘導性リアクタンスXを求めると、

解法のヒント

1.

10〔kV〕
→10×10^3〔V〕
200〔kW〕
→200×10^3〔W〕
と変換する。

2.

負荷1相のインピーダンスZは、

$$Z = \frac{E_p}{I_p} = \frac{10\times10^3}{\dfrac{43.3}{\sqrt{3}}} \fallingdotseq 400〔Ω〕$$

$Z=\sqrt{R^2+X^2}$
であるから、
$Z^2 = R^2+X^2$
$X=\sqrt{Z^2-R^2}$
$=\sqrt{400^2-200^2}$
$\fallingdotseq 346$〔Ω〕
と求めてもよい。

$$\sqrt{R^2+X^2}=\frac{E_p}{I_p}\text{〔A〕}$$

$$R^2+X^2=\left(\frac{E_p}{I_p}\right)^2$$

$$X^2=\left(\frac{E_p}{I_p}\right)^2-R^2$$

$$X=\sqrt{\left(\frac{E_p}{I_p}\right)^2-R^2}\text{〔Ω〕}$$

$$=\sqrt{\left(\frac{10\times10^3}{25}\right)^2-200^2}=\sqrt{400^2-200^2}$$

$$=\sqrt{120000}$$

$\fallingdotseq$ **346**〔Ω〕(答)

例題にチャレンジ!

抵抗$\boldsymbol{R}$〔Ω〕、誘導性リアクタンス$\boldsymbol{X}$〔Ω〕からなる平衡三相負荷(力率0.8)に対称三相交流電源を接続した交流回路がある。次の(a)および(b)に答えよ。

(a) 図1のように、Y結線した平衡三相負荷に線間電圧210〔V〕の三相電圧を加えたとき、回路を流れる線電流$\boldsymbol{I}$は$\dfrac{7}{\sqrt{3}}$〔A〕であった。負荷のインピーダンス$\boldsymbol{Z}$〔Ω〕、抵抗$\boldsymbol{R}$〔Ω〕、誘導性リアクタンス$\boldsymbol{X}$〔Ω〕の値を求めよ。

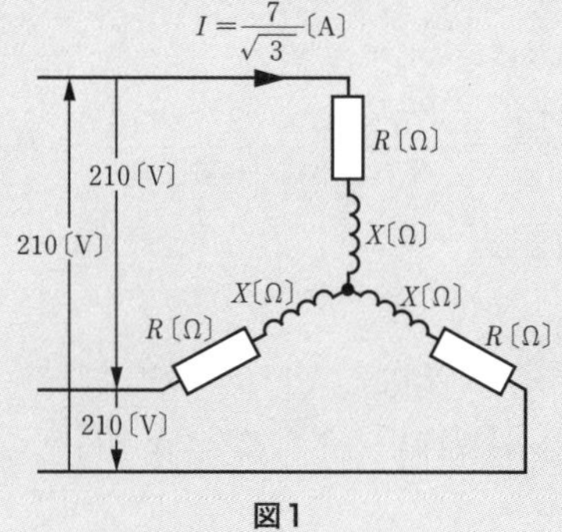

図1

(b) 図1の各相の負荷を使ってΔ結線し、図2のように相電圧210〔V〕の対称三相電源に接続した。この平衡三相負荷の皮相電力S〔kV·A〕、有効電力P〔kW〕、無効電力Q〔kvar〕の値を求めよ。

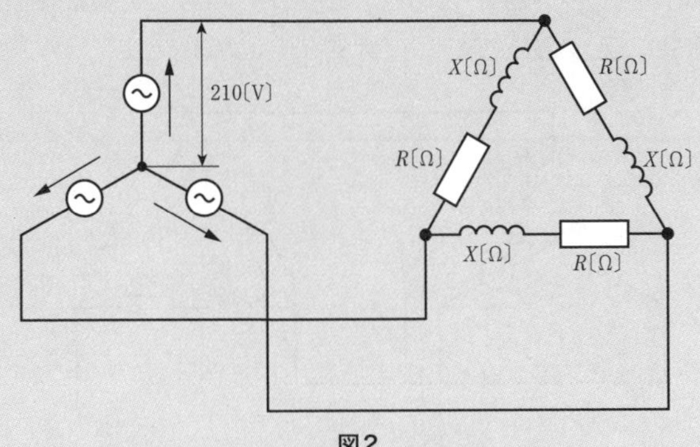

図2

解法のヒント

図2のΔ結線のRとXは、図1のY結線のRとXをそのまま使用している。Y→Δに等価変換したわけではないので注意。

Δ→Y等価変換した解法を別解に示す。

・解答と解説・

(a) 図1はY結線であるから、相電圧V_pは線間電圧V_lの$\dfrac{1}{\sqrt{3}}$倍となる。平衡三相負荷一相のインピーダンスZは、

$$Z=\frac{\frac{V_l}{\sqrt{3}}}{I}=\frac{\frac{210}{\sqrt{3}}}{\frac{7}{\sqrt{3}}}=\frac{210}{7}=\mathbf{30}〔\Omega〕(答)$$

求める負荷の抵抗Rは、

負荷の力率が0.8だから、

$\cos\theta=\dfrac{R}{Z}$より、

$$R=Z\cos\theta$$
$$=30\times0.8=\mathbf{24}〔\Omega〕(答)$$

$I=\frac{7}{\sqrt{3}}$〔A〕
$V_l=210$〔V〕
210〔V〕
R〔Ω〕
X〔Ω〕
210〔V〕

図a

また、負荷の無効率$\sin\theta=\sqrt{1-\cos\theta^2}$

$$=\sqrt{1-0.8^2}$$
$$=0.6$$

$\cos\theta=0.8$なら$\sin\theta=0.6$である。暗記しておこう

であるから、

求める負荷の誘導性リアクタンスXは、$\sin\theta=\dfrac{X}{Z}$より、

$$X=Z\sin\theta$$
$$=30\times0.6=\mathbf{18}〔\Omega〕(答)$$

(b) 図2は、負荷がΔ結線となる。Y結線電源の相電圧が210〔V〕であるから、図bに示すように、この場合の負荷の線間電圧 V_l＝負荷の相電圧 E_p は、$210\sqrt{3}$〔V〕となる。負荷の相電流 I_p は、

$$I_p=\frac{E_p}{Z}=\frac{210\sqrt{3}}{30}=7\sqrt{3}〔\mathrm{A}〕$$

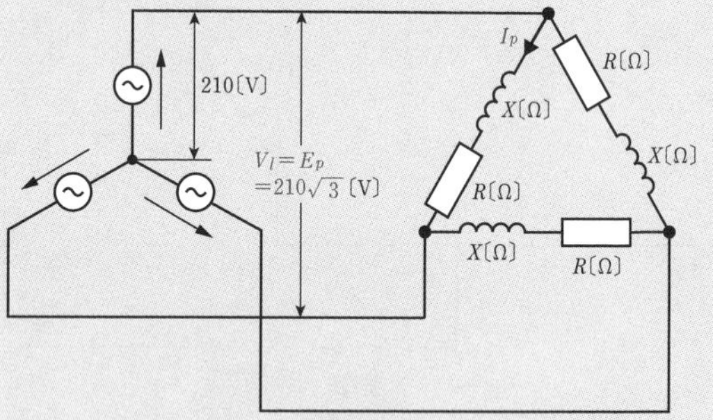

図b

求める平衡三相負荷の皮相電力 S は、

$$S=3I_p^2Z=3\times(7\sqrt{3})^2\times30$$

$$=13230〔\mathrm{V\cdot A}〕\rightarrow\mathbf{13.2}〔\mathrm{kV\cdot A}〕（答）$$

または、

$$=3E_pI_p=3\times210\sqrt{3}\times7\sqrt{3}$$

$$=13230〔\mathrm{V\cdot A}〕\rightarrow\mathbf{13.2}〔\mathrm{kV\cdot A}〕（答）$$

有効電力 P は、

$$P=3I_p^2R=3\times(7\sqrt{3})^2\times24$$

$$=10584〔\mathrm{W}〕\rightarrow\mathbf{10.6}〔\mathrm{kW}〕（答）$$

または、

$$P=S\cos\theta=13230\times0.8$$

$$=10584〔\mathrm{W}〕\rightarrow\mathbf{10.6}〔\mathrm{kW}〕（答）$$

無効電力 Q は、

$$Q=3I_p^2X=3\times(7\sqrt{3})^2\times18$$

$$=7938〔\mathrm{var}〕\rightarrow\mathbf{7.9}〔\mathrm{kvar}〕（答）$$

または、

$$Q=S\sin\theta=13230\times0.6$$

$$=7938〔\mathrm{var}〕\rightarrow\mathbf{7.9}〔\mathrm{kvar}〕（答）$$

・別解・

(b) 図2のΔ負荷をY結線に等価変換すると、Y結線1相当たりの等価回路は次図のようになる。

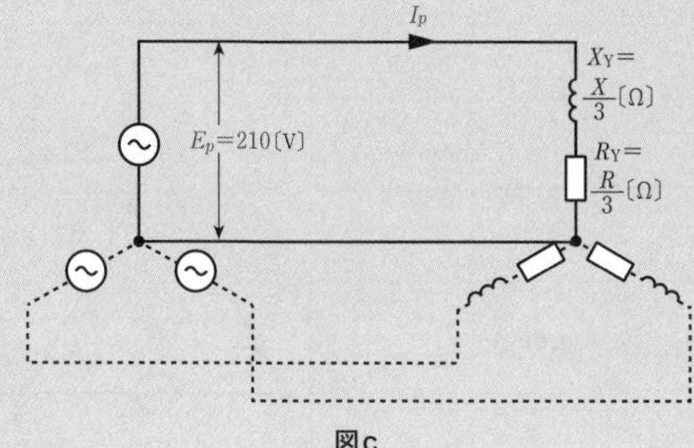

図C

1相当たりのインピーダンスZ_Yは、先に本解で求めたように、$R=24$〔Ω〕、$X=18$〔Ω〕であるから、Δ→Y変換を行うと、

$$\dot{Z}_Y=\frac{\dot{Z}}{3}=\frac{R}{3}+j\frac{X}{3}=\frac{24}{3}+j\frac{18}{3}=8+j6=R_Y+jX_Y$$

$$Z_Y=|\dot{Z}_Y|=\sqrt{8^2+6^2}=10〔\Omega〕$$

相電圧(Y結線1相の電圧)E_pは、

$$E_p=210〔V〕$$

相電流I_pは、

$$I_p=\frac{E_p}{Z_Y}=\frac{210}{10}=21〔A〕$$

求める皮相電力Sは、

$S=3I_p^2\times Z_Y=3\times21^2\times10=13230$〔V·A〕→**13.2**〔kV·A〕(答)

または、

$S=3E_pI_p=3\times210\times21=13230$〔V·A〕→**13.2**〔kV·A〕(答)

有効電力Pは、

$P=3I_p^2\times R_Y=3\times21^2\times8=10584$〔W〕→**10.6**〔kW〕(答)

無効電力Qは、

$Q=3I_p^2\times X_Y=3\times21^2\times6=7938$〔var〕→**7.9**〔kvar〕(答)

補足

Δ→Y変換を行うと、Z、R、Xともに$\frac{1}{3}$になる。

理解度チェック問題

問題　次の［　　　］の中に適当な答えを記入せよ。

Y結線とΔ結線の電圧、電流、電力の関係は、次のようになっている。

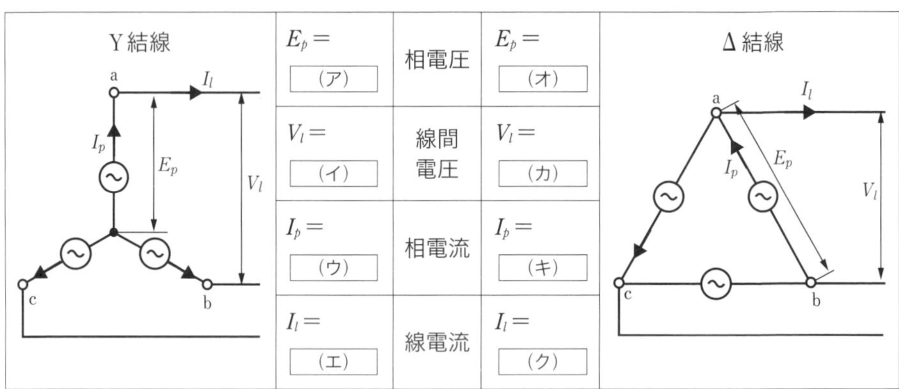

Y結線		Δ結線
$E_p=$ （ア）	相電圧	$E_p=$ （オ）
$V_l=$ （イ）	線間電圧	$V_l=$ （カ）
$I_p=$ （ウ）	相電流	$I_p=$ （キ）
$I_l=$ （エ）	線電流	$I_l=$ （ク）

力率を$\cos\theta$とすると、有効電力Pは、

$P=3\times$［（ケ）］

または

$P=\sqrt{3}\times$［（コ）］

となる。

解答

（ア）$\dfrac{V_l}{\sqrt{3}}$　（イ）$\sqrt{3}E_p$　（ウ）I_l　（エ）I_p　（オ）V_l

（カ）E_p　（キ）$\dfrac{I_l}{\sqrt{3}}$　（ク）$\sqrt{3}I_p$　（ケ）$E_pI_p\cos\theta$　（コ）$V_lI_l\cos\theta$

LESSON 37

三相交流回路の計算②

「三相負荷が並列の回路」「負荷力率を1とする条件付き回路」など、より高度な問題にも対応できるようにしましょう。

関連過去問 084, 085, 086

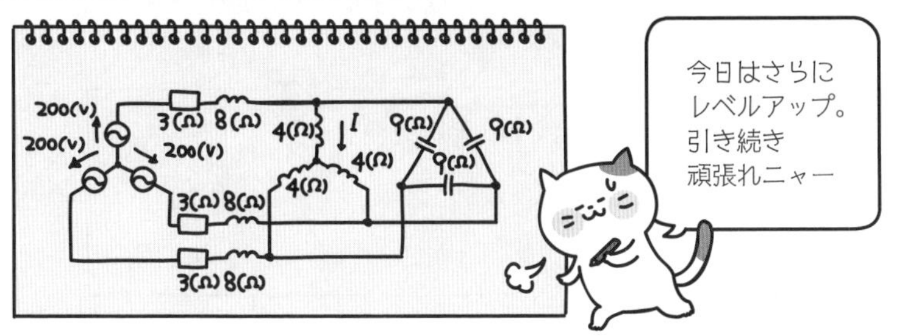

1 三相負荷が並列の回路 重要度A

三相負荷が並列に接続されている回路の計算は、負荷の結線方式をY結線またはΔ結線に等価変換し、統一して計算することが基本です。また、電源と負荷間線路にインピーダンスのある回路では、負荷の結線をY結線に変換すると、線路インピーダンスと負荷インピーダンスが直列接続となり、計算しやすくなります。

例題にチャレンジ!

図のような平衡三相回路において、Y結線されたインダクタンスを流れる電流I〔A〕を求めよ。

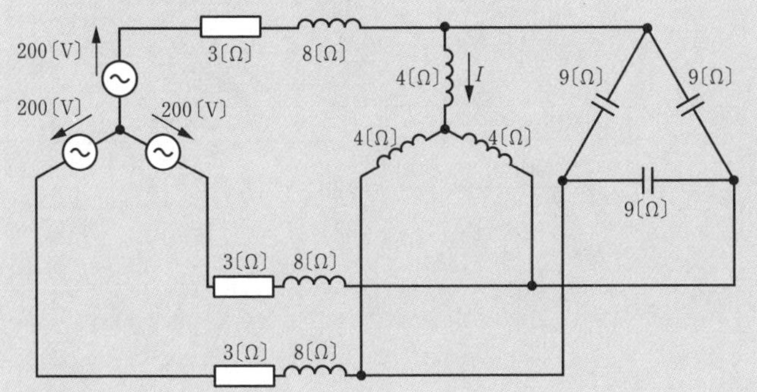

解法のヒント

Δ回路の容量性リアクタンス9〔Ω〕を、Y回路に変換すると$\frac{1}{3}$の3〔Ω〕になる。
「Δ→Yはやせるから、$\frac{1}{3}$になる」と覚えよう。

・解答と解説・

Δ接続されたコンデンサをY接続に換算すると、1相当たりのリアクタンスは$\dfrac{1}{3}$となるので、3〔Ω〕になる。平衡三相回路の1相分について等価回路を書くと下図のようになる。

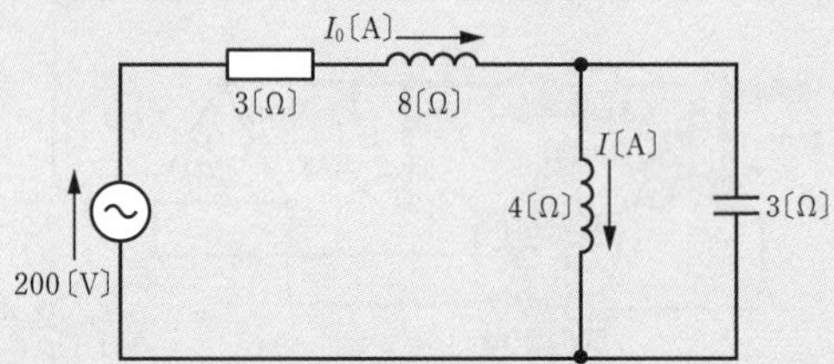

電源から見た負荷インピーダンス$\dot{Z}$〔Ω〕は、線路インピーダンスを含めて、

$$\dot{Z}=3+j8+\frac{(j4)\times(-j3)}{j4-j3}=3+j8+\frac{12}{j1}$$

$$=3+j8-j12=3-j4\,〔\Omega〕$$

線電流$\dot{I}_0$〔A〕は、

$$\dot{I}_0=\frac{V}{\dot{Z}}=\frac{200}{3-j4}\,〔\mathrm{A}〕$$

これが負荷の$+j4$〔Ω〕と$-j3$〔Ω〕に分流するので、$+j4$〔Ω〕に流れる電流$\dot{I}$〔A〕は、

分子は、相手側のリアクタンス$-j3$〔Ω〕となる

$$\dot{I}=\dot{I}_0\times\left(\frac{-j3}{j4-j3}\right)=\dot{I}_0\times\left(\frac{-j3}{j1}\right)=-3\times\dot{I}_0$$

$$=-3\times\frac{200}{3-j4}\,〔\mathrm{A}〕$$

分母の大きさを求めればよいので、分母を実数化する必要はない

$$I=|\dot{I}|=\frac{600}{\sqrt{3^2+4^2}}=\frac{600}{5}=\mathbf{120}\,〔\mathrm{A}〕(答)$$

解法のヒント

1.
線路インピーダンスとは、電源と負荷間を結ぶ線路のインピーダンスで、ここでは$3+j8$〔Ω〕のインピーダンスのことである。

2.
誘導性リアクタンス$j4$〔Ω〕と容量性リアクタンス$-j3$〔Ω〕の並列回路の合成リアクタンスは、$j4$〔Ω〕と$-j3$〔Ω〕の$\dfrac{積}{和}=\dfrac{12}{j1}$と計算する。

3.

$$\frac{12}{j1}=\frac{12}{j}=\frac{12\times(-j)}{j\times(-j)}=\frac{-j12}{1}=-j12$$

となる。

負荷力率を１とする条件付き回路　重要度 A

負荷力率を1とする条件は、次のとおりです。

a．複素数表示した負荷インピーダンス$\dot{Z}=R+jX$〔Ω〕の虚数部分$jX=0$〔Ω〕となること。

b．複素数表示した負荷アドミタンス$\dot{Y}=G+jB$〔S〕の虚数部分$jB=0$〔S〕となること（主に並列回路で使用）。

c．複素数表示した負荷電流$\dot{I}=I_r-j(I_L-I_C)$〔A〕の無効電流成分$j(I_L-I_C)$が打ち消されて0〔A〕となること。

d．負荷の遅れ無効電力$+jQ_L$〔var〕と進み無効電力$-jQ_C$が打ち消されて0〔var〕となること。

補足

負荷力率を１にすると、電源から負荷へ送る無効電力および無効電流がなくなるため、送電線路や配電線路の抵抗によるジュール熱損失が低減される。そこで、電力会社は需要家の負荷力率を１に近づけるよう推奨している（電気料金割引）。

例題にチャレンジ！

図1のように、相電圧200〔V〕、周波数50〔Hz〕の対称三相交流電源に、抵抗とインダクタンスからなる三相平衡負荷を接続した交流回路がある。次の(a)、(b)に答えよ。

(a) 図1の回路において、負荷電流I〔A〕の値を求めよ。

(b) 図2のように、静電容量C〔F〕のコンデンサをΔ結線して、その端子a′、b′、c′をそれぞれ図1の端子a、b、cに接続した。その結果、三相交流電源から見た負荷の力率は1になったという。静電容量C〔F〕の値を求めよ。

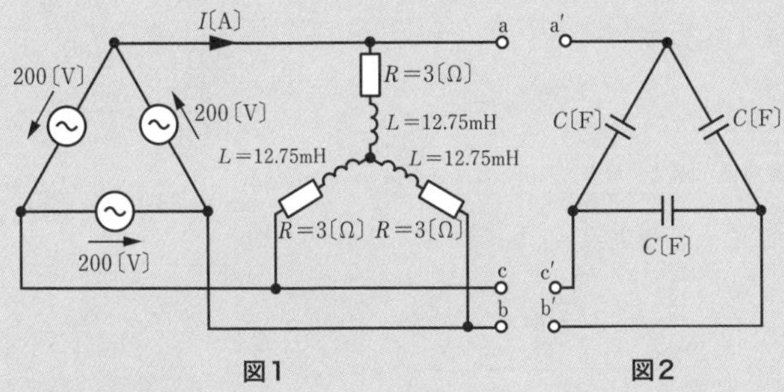

図1　　図2

・解答と解説・

(a) インダクタンスLの誘導性リアクタンスX_Lは、

$$X_L=\omega L=2\pi fL=2\pi\times 50\times 12.75\times 10^{-3}\fallingdotseq 4\,〔\Omega〕$$

解法のヒント

12.75〔mH〕→
12.75×10^{-3}〔H〕
と変換する。

第5章　三相交流回路

解法のヒント

電源をY結線に変換しなくても(電源がΔ結線のままでも)、Y結線負荷の1相には$\dfrac{200}{\sqrt{3}}$〔V〕の電圧が加わることを覚えておくこと。

したがって、RL直列部分のインピーダンス$\dot{Z}$は、

$\dot{Z}=3+j4$〔Ω〕

Δ結線の電源をY結線に変換したY結線1相分の等価回路は、図aのようになる。

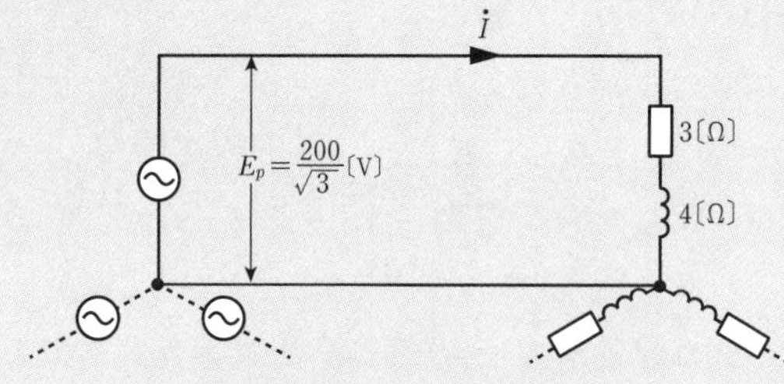

図a　Y結線1相分等価回路

図a等価回路より、負荷電流$\dot{I}$は、

$$\dot{I}=\frac{E_p}{\dot{Z}}=\frac{E_p}{R+jX_L}=\frac{\frac{200}{\sqrt{3}}}{3+j4}$$

(分母を実数化する)

$$=\frac{\frac{200}{\sqrt{3}}(3-j4)}{(3+j4)(3-j4)}$$

$$=\frac{\frac{200}{\sqrt{3}}(3-j4)}{9+16}$$

$$=\frac{\frac{\cancel{200}\,8}{\sqrt{3}}(3-j4)}{\cancel{25}\,1}$$

$$=\frac{8}{\sqrt{3}}(3-j4)$$

$$\fallingdotseq 13.9-j18.5\cdots\cdots①$$

(設問(b)に備えて複素数表示としておく)

$\dot{I}$の大きさ$I=|\dot{I}|$は、

$$I=\frac{8}{\sqrt{3}}\sqrt{3^2+4^2}$$

($3-j4\rightarrow\sqrt{3^2+4^2}$)

$$=\frac{8}{\sqrt{3}}\times 5$$

$\fallingdotseq$ **23.1**〔A〕(答)

※**分母の実数化**を行わなくても、次式から$\dot{I}$の大きさ$I=|\dot{I}|$を求めることができる。

$$\dot{I}=\frac{E_p}{R+jX_L}=\frac{\frac{200}{\sqrt{3}}}{3+j4}$$

$$I=\frac{\frac{200}{\sqrt{3}}}{\sqrt{3^2+4^2}}=\frac{\frac{\cancel{200}\,40}{\sqrt{3}}}{\cancel{5}\,1}$$

$=\dfrac{40}{\sqrt{3}}\fallingdotseq$ **23.1**〔A〕(答)

(b) Δ接続されたコンデンサを等価なY接続に変換すると、そのリアクタンスX_Cは、

$$X_C = \frac{1}{3} \times \frac{1}{\omega C} = \frac{1}{3\omega C} \text{〔Ω〕}$$

1相分の等価回路は、図bのようになる。この回路の力率が1になるためには、設問(a)の式①で求めた電流のうち、遅れ無効電流成分$-j18.5$〔A〕と逆位相の進み無効電流$j18.5$〔A〕がコンデンサに流れる必要がある。したがって、次式が成立する。

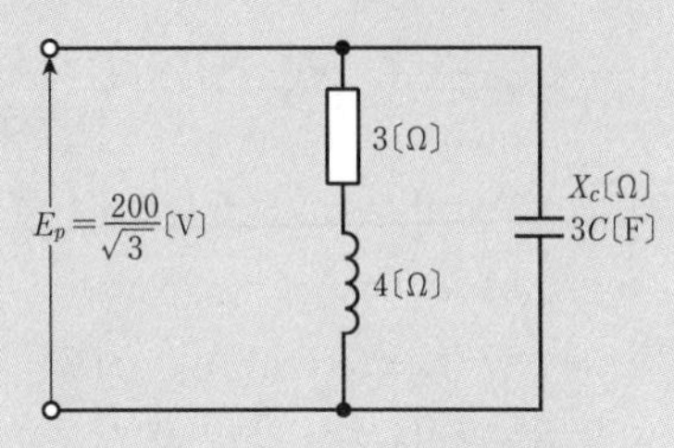

図b　コンデンサ並列時の等価回路

$$I_C = \frac{E_p}{X_C} = \frac{\frac{200}{\sqrt{3}}}{\frac{1}{3\omega C}} = 18.5 \text{〔A〕}$$

外側の積
内側の積

$$\frac{200 \times 3\omega C}{\sqrt{3}} = 18.5$$

両辺を$\sqrt{3}$倍すると、

$$200 \times 3\omega C = 18.5\sqrt{3}$$

よって、求める静電容量Cは、

$$C = \frac{18.5\sqrt{3}}{200 \times 3\omega} = \frac{18.5\sqrt{3}}{200 \times 3 \times 2\pi \times f} = \frac{18.5\sqrt{3}}{200 \times 3 \times 2\pi \times 50}$$

$$\fallingdotseq \mathbf{1.7 \times 10^{-4}} \text{〔F〕(答)}$$

・別解 その1・

(b) 合成インピーダンス$\dot{Z}$〔Ω〕の虚数部を0とすれば、負荷力率は1となる。C〔F〕のΔ結線をY結線に換算した1相分の等価回路図bより、合成インピーダンス$\dot{Z}$は、

$$\dot{Z} = \frac{(3 + j4)(-jX_C)}{3 + j4 - jX_C}$$

解法のヒント

1.

Δ結線をY結線に等価交換すると、インピーダンス(リアクタンス)は$\frac{1}{3}$倍になるが、静電容量は3倍になる。

$$X_C = \frac{1}{\omega 3C} = \frac{1}{3\omega C} \text{〔Ω〕}$$

2.

前々ページの「2 負荷力率を1とする条件付き回路」のcを適用し、立式する(遅れ無効電流成分と進み無効電流成分が打ち消しあって0になる)。

第5章　三相交流回路

補足

合成インピーダンス$\dot{Z}$の逆数$\frac{1}{\dot{Z}}$を合成アドミタンス$\dot{Y}$という。負荷が並列回路のとき使用すると便利。図bにおいては、

$$\dot{Z}=\frac{1}{\frac{1}{3+j4}+\frac{1}{-jX_C}}$$

$$\dot{Y}=\frac{1}{\dot{Z}}=\frac{1}{3+j4}+\frac{1}{-jX_C}=\frac{3}{25}+j\left(\frac{1}{X_C}-\frac{4}{25}\right)$$

この式で実数部の$\frac{3}{25}$は、力率1の条件には無関係。

$$=\frac{4X_C-j3X_C}{3+j(4-X_C)}$$

$$=\frac{(4X_C-j3X_C)\{3-j(4-X_C)\}}{\{3+j(4-X_C)\}\{3-j(4-X_C)\}}$$

$$=\frac{12X_C-3X_C(4-X_C)-j4X_C(4-X_C)-j9X_C}{3^2+(4-X_C)^2}\,〔\Omega〕$$

上式の分子の虚数部を0とすればよいので、

$$-j4X_C(4-X_C)-j9X_C$$
$$=-j16X_C+j4X_C{}^2-j9X_C$$
$$=jX_C(4X_C-25)=0$$

$$4X_C=25、X_C=\frac{25}{4}\,〔\Omega〕$$

$$X_C=\frac{25}{4}=\frac{1}{3\omega C}=\frac{1}{3\times 2\pi fC}=\frac{1}{3\times 2\pi\times 50\times C}=\frac{1}{300\pi C}\,〔\Omega〕$$

$$\therefore C=\frac{4}{300\pi\times 25}\fallingdotseq \mathbf{1.7\times 10^{-4}}\,〔F〕（答）$$

※合成アドミタンス$\dot{Y}$〔S〕の虚数部を0とすれば、負荷力率は1となる。よって、この方法でも次のように求めることができる。

$$\dot{Y}=\frac{1}{3+j4}+\frac{1}{-jX_C}$$

$$=\frac{3-j4}{(3+j4)(3-j4)}+j\frac{1}{X_C}$$

$$=\frac{3}{25}-j\frac{4}{25}+j\frac{1}{X_C}=\frac{3}{25}+j\left(\frac{1}{X_C}-\frac{4}{25}\right)$$

上式の虚数部を0とすればよいので、

$$j\left(\frac{1}{X_C}-\frac{4}{25}\right)=0$$

$$\frac{1}{X_C}=\frac{4}{25}\,〔S〕$$

$$X_C=\frac{25}{4}\,〔S〕$$

以下、上記と同じ。

・別解 その2・

(b) 誘導性リアクタンスX_Lで消費する遅れ無効電力Q_Lと、容量性リアクタンス$X_{C\Delta}$で消費する進み無効電力Q_Cが等しければ、負荷力率は1となる。

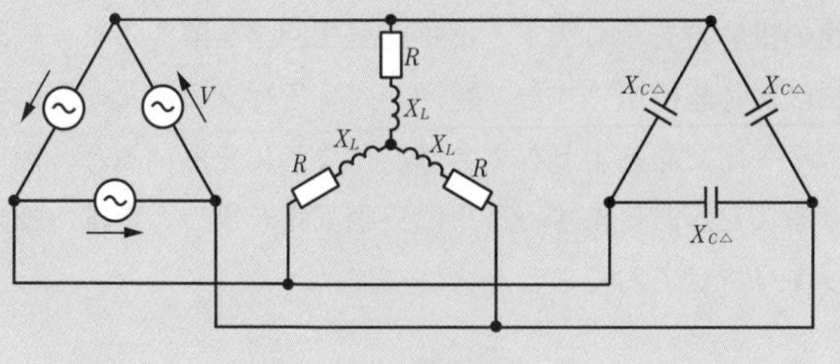

図C　回路図

X_Lの消費する3相分の遅れ無効電力Q_Lは、

$$Q_L = 3 \times I^2 \times X_L$$
$$= 3 \times 23.1^2 \times 4$$
$$\fallingdotseq 6403\,〔\mathrm{var}〕$$

$X_{C\Delta}$の消費する3相分の進み無効電力Q_Cは、
（Δ回路のまま解く）

$$Q_C = 3 \times \frac{V^2}{X_{C\Delta}} = 3 \times \frac{V^2}{\dfrac{1}{\omega C}} = 3\omega CV^2 = 3 \times 2\pi fCV^2$$
$$= 3 \times 2\pi \times 50 \times C \times 200^2$$
$$\fallingdotseq 37.7 \times 10^6 \times C\,〔\mathrm{var}〕$$

$Q_L = Q_C$となれば負荷力率は1となるので、

$$6403 = 37.7 \times 10^6 \times C$$
$$C = \frac{6403}{37.7 \times 10^6}$$
$$\fallingdotseq \mathbf{1.7 \times 10^{-4}}\,〔\mathrm{F}〕（答）$$

補足

誘導性リアクタンスX_Lに流れる電流Iは、X_Lの両端に加わる電圧V_{XL}より位相が90〔°〕遅れている。X_Lで消費する電力を、遅れ無効電力Q_Lという。
また、容量性リアクタンス$X_{C\Delta}$に流れる電流$I_{C\Delta}$は、$X_{C\Delta}$の両端に加わる電圧Vより位相が90〔°〕進んでいる。X_Cで消費する電力を、進み無効電力Q_Cという。Q_LとQ_Cの大きさが等しいとき、負荷全体の力率は1となり、電源電圧Vと電源から流れ出る電流は同相となる。

③ 簡単な不平衡三相回路の計算　重要度 B

平衡三相回路の計算は、電源も負荷も**Δ-Y換算**でY結線に変換し、1相分を取り出せば単相回路の計算と同じになります。一方、ここでは**負荷が最も簡単な抵抗である場合の不平衡三相回路の扱い方**を示します。不平衡三相回路を解く最も一般的な方法は**対称座標法**ですが、電源が対称三相交流で負荷が抵抗だけで不平衡であるような場合は、ベクトルを用いると、簡単に解けることがあります。不平衡三相回路を扱うときは、**相順をハッキリさせておく**ことが大切です。

補足

対称座標法は、電験三種試験では出題されない。

補足

三相交流回路の各相の電圧をe_a、e_b、e_cとすると、$e_a \to e_b \to e_c$の順に$\frac{2}{3}\pi$〔rad〕ずつ位相がずれる。この順番を相順（相回転）という。$e_a \to e_b \to e_c$の順番に位相が遅れることを正相回転といい、$e_c \to e_b \to e_a$の順番に位相が遅れることを逆相回転という。

例題にチャレンジ！

図1の回路において、×印の箇所で断線を生じたとき、切断点の両端間の電位差はいくらか。また、全消費電力は断線前の何〔%〕になるか。ただし、電源は平衡三相電圧、相順はa、b、cとする。

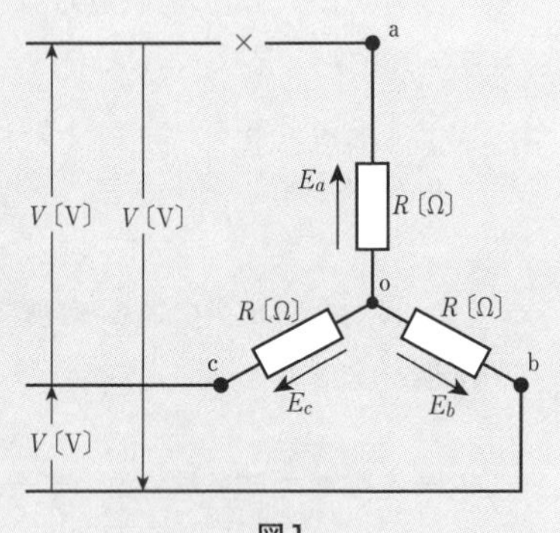

図1

・解答と解説・

断線前の1相分の消費電力は、Rの両端に$E_p = \frac{V}{\sqrt{3}}$〔V〕の電圧が加わるので、$\frac{E_p^2}{R} = \frac{\left(\frac{V}{\sqrt{3}}\right)^2}{R} = \frac{\frac{V^2}{3}}{R} = \frac{V^2}{3R}$

となるから、三相の全消費電力Pはこれの3倍で、

$$P = 3 \times \frac{V^2}{3R} = \frac{V^2}{R}〔W〕$$

となる。

次に、断線するとbc間に2個の抵抗Rが直列になっているから、消費電力P'は、

$$P'=\frac{V^2}{2R}〔\mathrm{W}〕$$

したがって、求めるパーセンテージは、

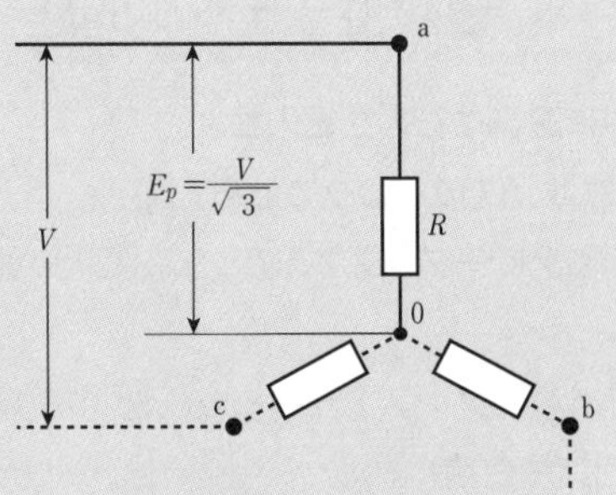

図a　断線前1相分の回路

$$\frac{P'}{P}\times100=P'\div P\times100=\frac{V^2}{2R}\div\frac{V^2}{R}\times100=\frac{V^2}{2R}\times\frac{R}{V^2}\times100$$

$$=\frac{1}{2}\times100=\mathbf{50}〔\%〕(答)$$

よって、断線前の50%になる。

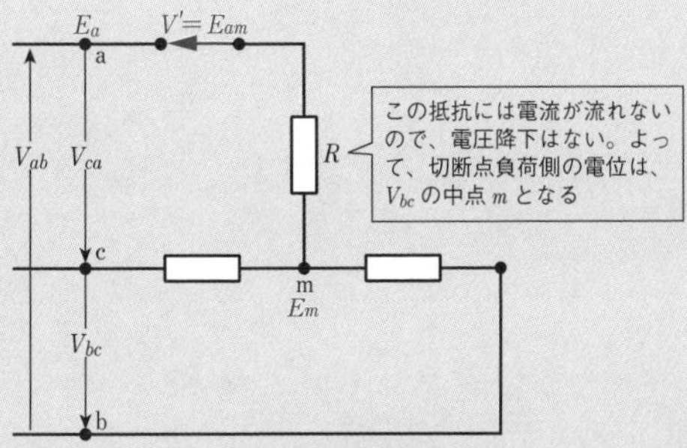

図b　断線後の回路

次に、切断点の負荷側の電位は、端子bc間の負荷を2等分した点の電位であるから、V_{bc}の中点mとなる。求める切断点の両端間の電位差V'は、図cのベクトル図から、

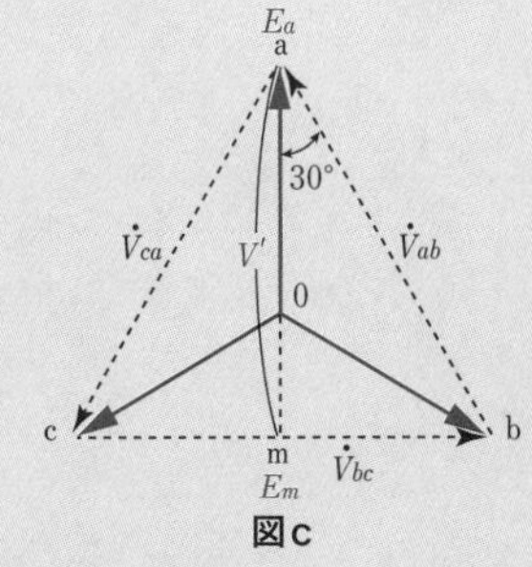

図c

$$V'=E_{am}=|\dot{V}_{ab}|\cos30°=V\cos30°=\frac{\sqrt{3}}{2}V〔\mathrm{V}〕(答)$$

解法のヒント

断線後の消費電力P'の計算回路

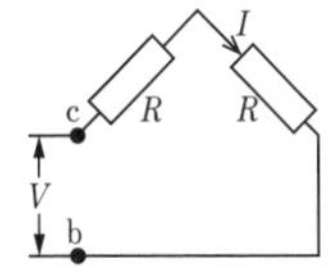

$$P'=I^2\times2R$$
$$=\left(\frac{V}{2R}\right)^2\times2R$$
$$=\frac{V^2}{2R}$$

解法のヒント

求める切断点の両端の電位差V'は、a点の電位E_aとm点の電位E_mの電位差$E_a-E_m=E_{am}$である。

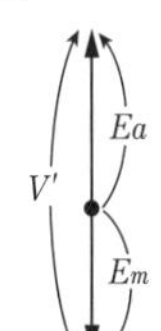

理解度チェック問題

問題　次の□の中に適当な答えを記入せよ。

負荷力率を1とする条件は、次のとおりである。

a. 複素数表示した負荷インピーダンス$\dot{Z}=R+jX$〔Ω〕の虚数部分$jX=$ (ア) 〔Ω〕となること。

b. 複素数表示した負荷アドミタンス$\dot{Y}=G+jB$〔S〕の虚数部分$jB=$ (イ) 〔S〕となること(主に並列回路で使用)。

c. 複素数表示した負荷電流$\dot{I}=I_r-j(I_L-I_C)$〔A〕の (ウ) $j(I_L-I_C)$が打ち消されて0〔A〕となること。

d. 負荷の (エ) 無効電力$+jQ_L$〔var〕と (オ) 無効電力$-jQ_C$が打ち消されて0〔var〕となること。ただし、遅れ無効電力を正とする。

解答

(ア)0　(イ)0　(ウ)無効電流成分　(エ)遅れ　(オ)進み

38日目

第6章 電気計測

LESSON 38

誤差と補正・測定範囲の拡大

測定値の誤差と補正の定義、さらに測定範囲の拡大として倍率器、分流器、計器用変成器について学習します。

関連過去問 087, 088

22+22
=
2222
多少の誤差は
許してニャン

1 誤差と補正 重要度 B

測定値をM、真値（しんち）をTとすると、誤差ε（イプシロン）は、

$$\varepsilon = M - T \tag{1}$$

誤差率ε_0は、次式で表されます。

重要公式 誤差率

$$\varepsilon_0 = \frac{M-T}{T} \times 100\,[\%] \tag{2}$$

補正αは、

$$\alpha = T - M \tag{3}$$

補正率α_0は、次式で表されます。

重要公式 補正率

$$\alpha_0 = \frac{T-M}{M} \times 100\,[\%] \tag{4}$$

今日から、第6章電気計測の始まり。頑張ってニャ

補足

指示計器の誤差の原因には、計器固有の誤差、目盛りの読み取り誤差、自己加熱による誤差、気温、湿度、電界、磁界など外部環境の影響による誤差などがある。

補足

真値とは、真（しん）（本当）に正しい値のこと。

例題にチャレンジ！

真値が20〔V〕の電圧をある電圧計で測定したところ、20.5〔V〕の測定値が得られた。この測定の誤差率と補正率を求めよ。

解法のヒント
誤差率と補正率では、基準になる分母が異なるので注意しよう。

・解答と解説・

誤差率ε_0は、

$$\varepsilon_0=\frac{M-T}{T}\times 100〔\%〕$$

$$=\frac{20.5-20}{20}\times 100=\frac{0.5}{20}\times 100=\mathbf{2.50}〔\%〕$$（答）

補正率α_0は、

$$\alpha_0=\frac{T-M}{M}\times 100〔\%〕$$

$$=\frac{20-20.5}{20.5}\times 100=\frac{-0.5}{20.5}\times 100\fallingdotseq\mathbf{-2.44}〔\%〕$$（答）

2 測定範囲の拡大 重要度 B

(1) 計器の図記号

電圧、電流など電気諸量の測定に用いられる計器の図記号を、表6.1に示します。

表6.1　計器の図記号

分類	名称	図記号
電圧・電流の種類	直流用	⎓
	直流記号の使用例（直流電圧計）	Ⓥ（V の下に ⎓）
	交流用	～
	交流記号の使用例（交流電流計）	Ⓐ（A の下に ～）
	交直両用	～（上に —）
計器	電圧計	Ⓥ
	電流計	Ⓐ
	電力計	Ⓦ
	力率計（りきりつ）	(cos φ)
	周波数計	(Hz)

(2) 倍率器

倍率器の抵抗をR_m〔Ω〕、計器の内部抵抗をr_v〔Ω〕、測定しようとする電圧をV〔V〕、計器の読み(指示値)をV_v〔V〕とすると、

$$V=\frac{R_m+r_v}{r_v}V_v=m_v V_v〔V〕 \quad (5)$$

と表され、計器の指示値V_vのm_v倍の測定をすることができます。ここでm_vは、

重要公式　倍率器の倍率

$$m_v=\frac{R_m+r_v}{r_v}=\frac{V}{V_v} \quad (6)$$

となり、このm_vを**倍率器の倍率**といいます。

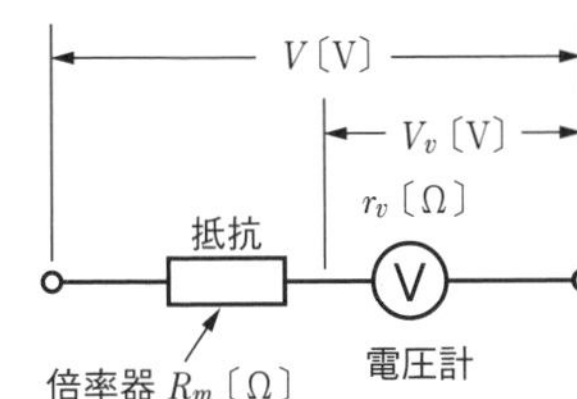

図6.1　倍率器

用語

倍率器とは図6.1のように、電圧計と直列に接続して、電圧の測定範囲を拡大するために用いられる抵抗器。

補足

倍率器は、分担電圧が抵抗に比例することを利用している。
r_v〔Ω〕の分担電圧V_vは、

$$V_v=\frac{r_v}{R_m+r_v}V$$

$$\therefore V=\frac{R_m+r_v}{r_v}V_v$$

$$=m_vV_v〔V〕$$

となる。

例題にチャレンジ!

内部抵抗が10〔kΩ〕、最大目盛が100〔V〕の電圧計がある。この電圧計で500〔V〕まで測定できるようにするための倍率器の抵抗R_m〔Ω〕を求めよ。

・解答と解説・

$m_v=\dfrac{R_m+r_v}{r_v}$より、

両辺にr_vを乗ずると、$m_v r_v=R_m+r_v$

$$R_m=m_v r_v-r_v$$

$$R_m=r_v(m_v-1)=10\times10^3\left\{\left(\frac{500}{100}\right)-1\right\}$$

$$=4\times10^4〔Ω〕(答)$$

解法のヒント

1.
10〔kΩ〕→10×10^3〔Ω〕と変換する。

2.
倍率器の倍率m_vは、

$m_v=\dfrac{500}{100}=5$となる。

用語

分流器とは図6.2のように、電流計と並列に接続して、電流の測定範囲を拡大するために用いられる抵抗器。

(3) 分流器

分流器の抵抗をR_s〔Ω〕、計器の内部抵抗をr_a〔Ω〕、測定しようとする電流をI〔A〕、計器に流れる電流をI_a〔A〕とすると、

$$I = \frac{r_a + R_s}{R_s} I_a = m_a I_a \text{〔A〕} \tag{7}$$

と表され、計器の指示値I_aのm_a倍の電流を測定することができます。ここでm_aは、

重要公式　分流器の倍率

$$m_a = \frac{r_a + R_s}{R_s} = \frac{I}{I_a} \tag{8}$$

となり、このm_aを**分流器の倍率**といいます。

補足

分流器は、電流が並列回路の抵抗に反比例して分流することを利用している。

電流計に流れる電流I_aは、

$$I_a = \frac{R_s}{r_a + R_s} I$$

$$\therefore I = \frac{r_a + R_s}{R_s} I_a = m_a I_a \text{〔A〕}$$

となる。

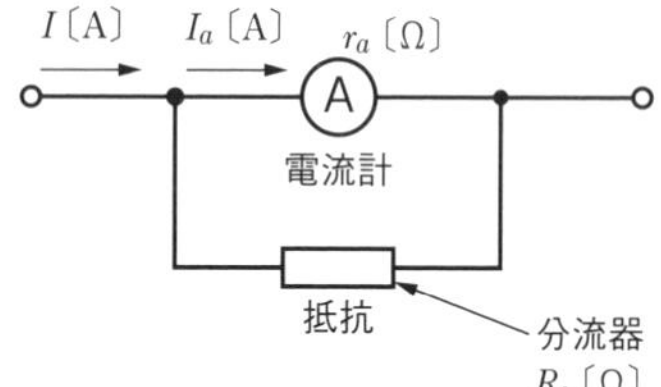

図6.2　分流器

例題にチャレンジ！

内部抵抗が15〔Ω〕、最大目盛が5〔A〕の電流計がある。この電流計で30〔A〕まで測定できるようにするための分流器の抵抗R_s〔Ω〕を求めよ。

・解答と解説・

$$m_a = \frac{r_a + R_s}{R_s} = 1 + \frac{r_a}{R_s} \text{より、} \frac{r_a}{R_s} = m_a - 1$$

両辺の逆数をとると、$\dfrac{R_s}{r_a} = \dfrac{1}{m_a - 1}$

両辺にr_aを乗ずると、$R_s = \dfrac{r_a}{m_a - 1} = \dfrac{15}{\dfrac{30}{5} - 1} = \mathbf{3}$〔Ω〕(答)

解法のヒント

分流器の倍率m_aは、

$m_a = \dfrac{30}{5} = 6$となる。

(4) 計器用変成器

計器用変成器は、交流主回路の電圧や電流を、変圧器の原理を使って普通の計器が使えるような電圧や電流に変成する目的で用いられる変圧器です。電圧の大きさを変える目的のものを**計器用変圧器**(VT：Voltage Transformer)、電流の大きさを変える目的のものを**変流器**(CT：Current Transformer)といいます。

変流器は、**二次側の回路を開いた状態**にすると、一次側の電流がすべて励磁(れいじ)電流として働き、**巻線の絶縁が破壊**されたり、**鉄損の増加**のために**鉄心が過熱**して**非常に危険**です。したがって、変流器の使用中に二次側の回路の接続を変更するようなときは、**二次側の回路を必ず短絡**しておく必要があります。

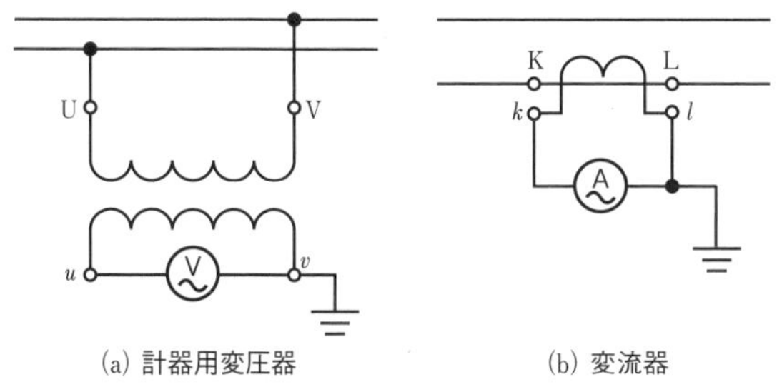

図6.3　計器用変成器

※図6.3(b)で、電流計が接続されている回路が変流器の二次回路です。例えば、電流計を交換するときは、一旦、二次端子k、lを短絡します。

補足

変圧器の原理、励磁電流、鉄損などについては、機械科目で詳しく学習する。ここでは、変圧器の一種である計器用変成器の目的を押さえておけば十分。

補足

Ⓥは交流電圧計、

Ⓐは交流電流計の図記号である。

は、変流器の図記号である。K、Lは一次端子、k、lは二次端子を表す。

理解度チェック問題

問題　次の［　　　］の中に適当な答えを記入せよ。

内部抵抗$r=10$〔mΩ〕、最大目盛0.5〔A〕の直流電流計Mがある。この電流計と抵抗R_1〔mΩ〕およびR_2〔mΩ〕を図のように結線し、最大目盛が1〔A〕と3〔A〕からなる多重範囲電流計を作った。この多重範囲電流計において、端子3Aと端子＋を使用する場合、抵抗［　(ア)　］〔mΩ〕が分流器となる。端子1Aと端子＋を使用する場合には、抵抗［　(イ)　］〔mΩ〕が倍率［　(ウ)　］倍の分流器となる。

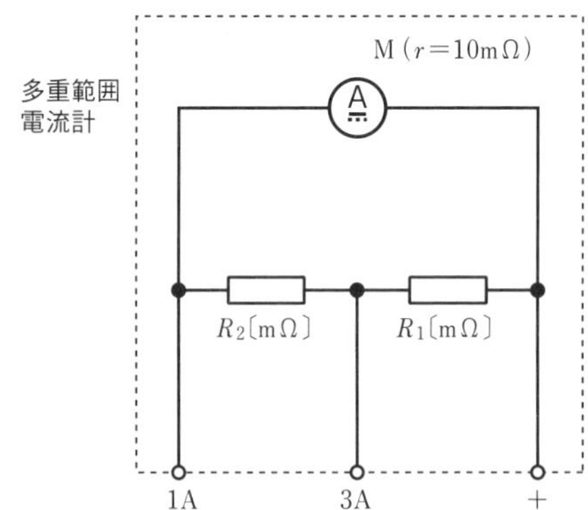

解答

(ア) R_1　　(イ) R_1+R_2　　(ウ) $\dfrac{10}{R_1+R_2}+1$

解説

多重範囲電流計とは、電流計に加えて、分流器R_1とR_2を接続し、分流比によって電流計の読み取り範囲を超える電流値を測定できるようにしたものである。

(ア) 端子3Aと端子＋を使用した場合の等価回路を図aに示す。このとき分流器となる抵抗は、図からわかるように、(ア)R_1〔mΩ〕である。
なお、このとき、直流電流計Mに最大電流の0.5〔A〕が流れると、分流器R_1には2.5〔A〕の電流が流れ、3A端子に3〔A〕の電流が流れる。

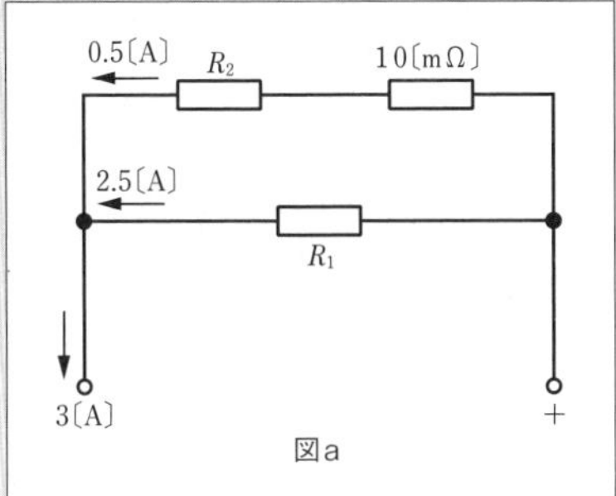

図a

(イ) 端子1Aと端子＋を使用した場合の等価回路を図bに示す。このとき分流器となる抵抗は、図からわかるように、(イ)R_1+R_2〔mΩ〕である。

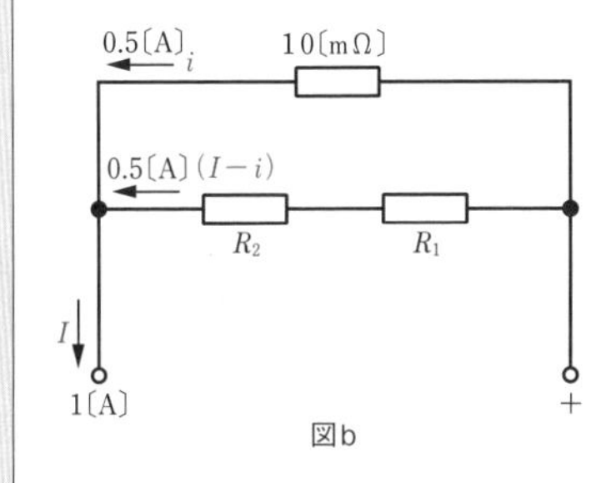

図b

(ウ) 図bにおいて、端子1Aに流れる電流を$\boldsymbol{I}$〔A〕、電流計に流れる電流を$\boldsymbol{i}$〔A〕とすると、分流器となる抵抗R_1+R_2〔mΩ〕に流れる電流は$\boldsymbol{I-i}$〔A〕となる。この並列回路の電圧降下は等しいので、次式が成り立つ。

$$10i=(I-i)(R_1+R_2)$$
$$10i=I(R_1+R_2)-i(R_1+R_2)$$
$$I(R_1+R_2)=i(R_1+R_2+10)$$

したがって、分流器の倍率mは、

$$m=\frac{I}{i}=\frac{R_1+R_2+10}{R_1+R_2}=(\text{ウ})\frac{10}{R_1+R_2}+1$$

注意：抵抗の単位に〔mΩ〕、電流の単位に〔A〕を使用しているので、電圧降下の単位は〔mΩ〕×〔A〕=〔mV〕となる。抵抗の単位を〔Ω〕に変換してもよいが、計算が面倒になるので変換しないほうがよい。

39日目

第6章 電気計測

LESSON 39

各種電気計器

電気量を測定する電気計器について、計器ごとの特徴をよく理解しておきましょう。

関連過去問 089, 090

1 電気計器の動作原理と使用回路 重要度A

電流、電圧、電力などの電気諸量の測定に用いられる**電気計器**は、**指示電気計器（アナログ計器）**と**ディジタル計器**に分類されます。

指示電気計器（アナログ計器）には**指針**と**目盛板**があり、**駆動装置**、**制御装置**、**制動装置**が必要となります。

指示電気計器の動作原理、使用回路などを表6.2に示します。

(1) 可動コイル形計器

直流で使用される可動コイル形計器の原理は、可動コイルの電磁力による駆動トルクです。永久磁石の磁極間に置かれた可動コイルに被測定電流を流すと、コイルに電磁力が働き、指針が振れます。このとき、渦巻きばねが指針の振動を抑える働きをします（制動ばね）。この形の計器には、次のような特徴があります。

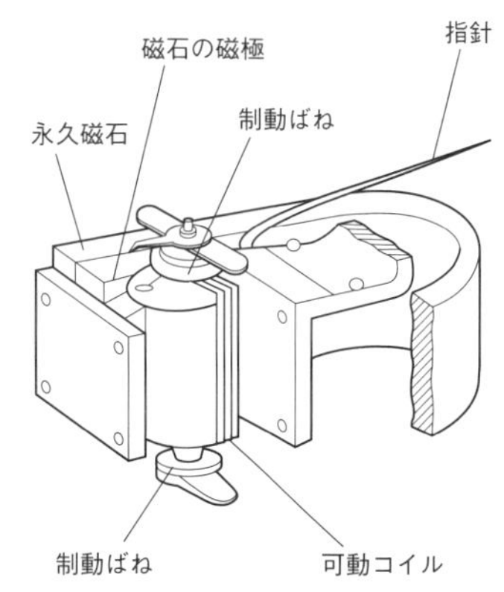

図6.4 可動コイル形計器の原理図

用語

指示電気計器（アナログ計器）には、測定しようとする量に比例する駆動トルクを与える**駆動装置**、駆動トルクと釣り合う制御トルクを与える**制御装置**、指針の振動をすみやかに静止させる**制動装置**が必要となる。

補足

可動コイル形電流計に周波数の高い交流を流すと、可動コイルは電流の変化に追従しようとするが、可動部の慣性モーメントが大きいため、追従できず、指針は振れない。周波数の低い交流では、力の向きが交替するので、指針は左右の振れを繰り返し測定できない。慣性モーメントとは、「回転しにくさ」の程度を示す量。慣性モーメントが大きいほど、その物体は回転しにくい。

a．目盛は等分目盛である。
b．指針の振れは、入力信号の**平均値**を示す。
c．交流を流しても測定できない。**直流用**の計器である。

表6.2　指示電気計器の動作原理と使用回路

計器の種類	記号	動作原理	使用回路	指示	主な計器
①可動コイル形		永久磁石による磁束と可動コイルに流れる電流との間の電磁力	直流	平均値	電圧計、電流計
②可動鉄片形		固定コイルに流れる電流による磁界中の鉄片に働く吸引・反発力	交流（直流）	実効値	電圧計、電流計
③誘導形		回転磁界または移動磁界中の回転円板の渦電流の電磁力	交流	実効値	電圧計、電流計、電力計、電力量計
④電流力計形（空心）		固定コイルと可動コイルに流れる電流相互間の電磁力	交直両用	実効値	電圧計、電流計、電力計
⑤整流形		整流器と可動コイル形計器の組み合わせ	交流	平均値×波形率	電圧計、電流計
⑥熱電（対）形		熱電対と可動コイル形計器の組み合わせ	交直両用・高周波	実効値	電圧計、電流計
⑦静電形		2つの金属電極板間に働く静電力	交直両用・高電圧	実効値	電圧計
⑧振動片形		振動または共振作用	交流	－	周波数計

(2) 可動鉄片形計器

図6.5に可動鉄片形計器の原理図を示します。固定コイルに電流を流すと、コイル内に磁界が発生し、固定鉄片と可動鉄片は**同一方向**に磁化されます。このため、両鉄片間に**反発力**が働き、指針が振れます。さらに、指針の振れ

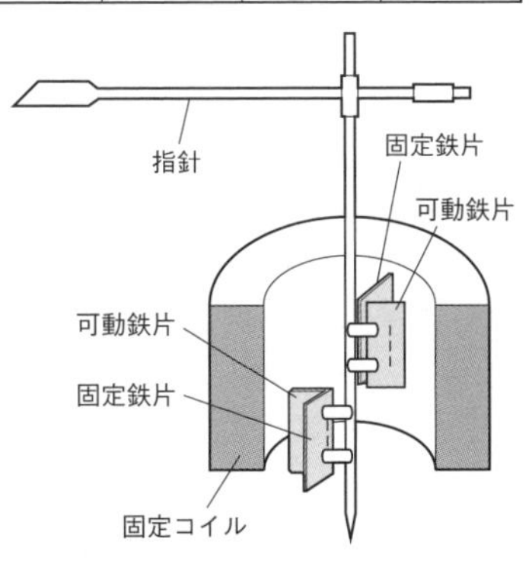

図6.5　可動鉄片形計器（反発吸引形）の原理図

プラスワン
整流形計器は平均値を指示するが、指示値に正弦波の波形率1.11を掛け、実効値目盛となっている。このため波形が正弦波より歪むと誤差が大きくなる。
熱電（対）形計器は、直流から交流の高周波まで広い範囲で使用することができる。
静電形計器は、低い電圧では誤差が大きくなるため、高電圧測定用の電圧計として用いられる。

各種計器の動作原理と使用回路はしっかり覚えよう。

補足
熱電対については、LESSON45を参照。

補足
可動鉄片形計器には、反発力のみを利用した**反発形**や、吸引力のみを利用した**吸引形**もある。

が大きくなった場合には、可動鉄片が他方の固定鉄片と**引き合う**ので、このような可動鉄片形計器は**反発吸引形**とも呼ばれます。固定コイルに流れる電流の向きが変わったときには、固定鉄片と可動鉄片の両方の磁化の方向が変わるため、駆動トルクの方向は同じとなります。このため**交流でも使用**できます。この形の計器には、次のような特徴があります。

a．**交流・直流両用**だが、主に**商用周波数の交流用**として使用される。
b．可動部に電流が流れないため、**構造が簡単**である。
c．指針の振れは、入力信号の**実効値**を示す。

補足

可動鉄片が反発すれば、指針は時計方向の回転力(＝駆動トルク＝指針の先に働く力×指針の長さ)を受ける。

補足

可動鉄片形計器は、直流で用いると、鉄片の磁気ヒステリシス現象により誤差を生じやすい。

(3) 誘導形計器

誘導形計器は、電磁誘導作用による誘導電流を流して、誘導電流と固定コイルで作る磁界との間に生じる電磁力によってトルクを生じさせるもので、**交流専用**の計器です。

誘導形計器を大別すると、回転磁界形と移動磁界形があります。計器の読みは**実効値**を示します。

誘導形計器は、電源電圧の上昇などで無負荷でも円板が回転することがあります。これを**クリーピング**(**潜動**(せんどう))といいますが、これを防止するために、円板に小穴をあけるなどの対策がとられます。

補足

家庭用としてもよく見かける、円板が回転している電力量計が誘導形計器である。

補足

図6.6(誘導形計器の原理図)に示すように、積層鉄心の磁束ϕは、磁極端でϕ_1とϕ_2に分かれる。くま取りコイルには誘導電流が流れるため、ϕ_2はϕ_1よりもその変化が時間的に遅れるので、磁極端の磁束はϕ_1からϕ_2へ移動する移動磁界が生じ、アルミニウムの円板には回転力(駆動トルク)が発生する。また、アルミニウムの円板の一部を永久磁石で挟んで制動トルク(円板の回転トルクと逆向き)を与えると、円板の回転数が電力量に比例するので、移動磁界形は**電力量計**として利用される。

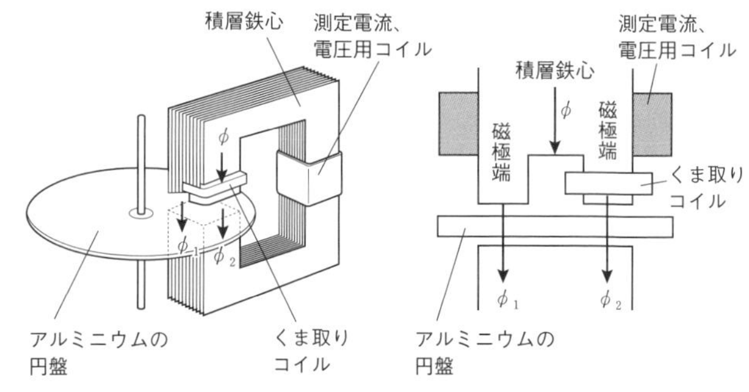

図6.6　誘導形計器(移動磁界形)の原理図

(4) 電流力計形計器

電流力計形計器の原理は、固定コイルと可動コイルの2つのコイルに電流を流し、コイル間に働く電磁力を利用するものです。

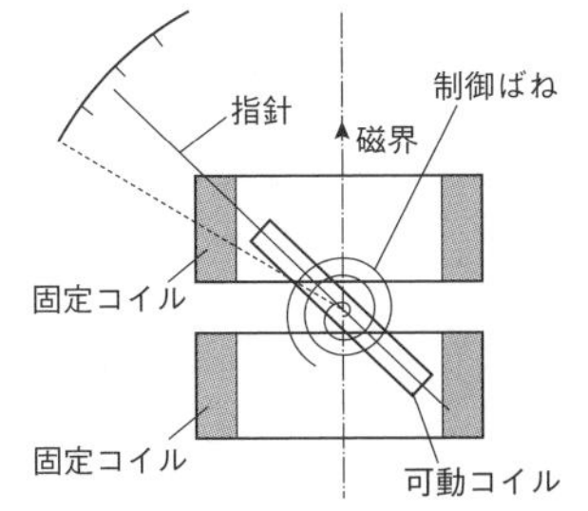

図6.7　電流力計形計器の原理図

電力計として実験や実習に多く使われています。また、**交直両用**の計器で、**単相電力計**として一般に多く用いられています。

なお、電流力計形計器は**実効値**を示します。

(5) ディジタル計器

ディジタル計器は、アナログデータをA－D変換回路でディジタル量に変換し、測定量を数字で表示する計器です。電圧、電流、抵抗、周波数などの測定に広く利用されています。

補足
ディジタル計器の代表例である**ディジタルマルチメータ**は、スイッチを切り換えることで、電圧、電流、抵抗などを測ることができる多機能測定器である。

補足
A–D変換回路（アナログ-ディジタル変換回路）とは、アナログ電気信号をディジタル電気信号に変換する電子回路。A/Dコンバータともいう。

例題にチャレンジ！

次の［　　］の中に適当な答えを記入せよ。

1. 指示電気計器の要素として、［（ア）］装置、［（イ）］装置、［（ウ）］装置の3つがある。

2. 静電形計器は、金属電極板間に働く［（エ）］力を利用して指針を動かす。交流用、直流用の別から見ると［（オ）］用であり、［（カ）］電圧の測定に適している。

・解答と解説・

1. 指示電気計器の要素には、測定しようとする量に比例する駆動トルクを与える**(ア)駆動**(答)装置、駆動トルクと釣り合う制御トルクを与える**(イ)制御**(答)装置、指針の振動をすみやかに静止させる**(ウ)制動**(答)装置の3つがある。

2. 静電形計器は、金属電極板間に働く**(エ)静電**(答)力を利用して指針を動かす。**(オ)交直両**(答)用で、**(カ)高**(答)電圧測定に適している。

理解度チェック問題

問題　下表は、指示電気計器の動作原理などをまとめたものである。次の[　　]の中に適当な答えを記入せよ。

計器の種類	記号	動作原理	使用回路
(1) [(ア)]		永久磁石による磁束と可動コイルに流れる電流との間の電磁力	直流
(2) [(イ)]		固定コイルに流れる電流による磁界中の鉄片に働く吸引・反発力	交流(直流)
(3) [(ウ)]		回転磁界または移動磁界中の回転円板の渦電流の電磁力	交流
(4) [(エ)]		固定コイルと可動コイルに流れる電流相互間の電磁力	交直両用
(5) [(オ)]		[(ク)] と [(ケ)] の組み合わせ	交流
(6) [(カ)]		[(コ)] と [(ケ)] の組み合わせ	交直両用・[(サ)]
(7) [(キ)]		2つの金属電極板間に働く静電力	交直両用・[(シ)]

解答

(ア)可動コイル形　(イ)可動鉄片形　(ウ)誘導形　(エ)電流力計形　(オ)整流形
(カ)熱電(対)形　(キ)静電形　(ク)整流器　(ケ)可動コイル形計器　(コ)熱電対
(サ)高周波　(シ)高電圧

40日目　第6章　電気計測

LESSON 40

各種の測定・その他

三相電力の測定では、二電力計法を中心に、三電流計法、三電圧計法の計算問題が出題されます。

関連過去問 091, 092

1 抵抗の測定　重要度 C

(1) ホイートストンブリッジ法

図6.8に示すブリッジ回路の**平衡条件**は、次式で表されます。

$\dfrac{R_1}{R_2}=\dfrac{X}{R}$ あるいは $R_1R=R_2X$

より、

$$X=\frac{R_1}{R_2}R\,〔\Omega〕 \quad (9)$$

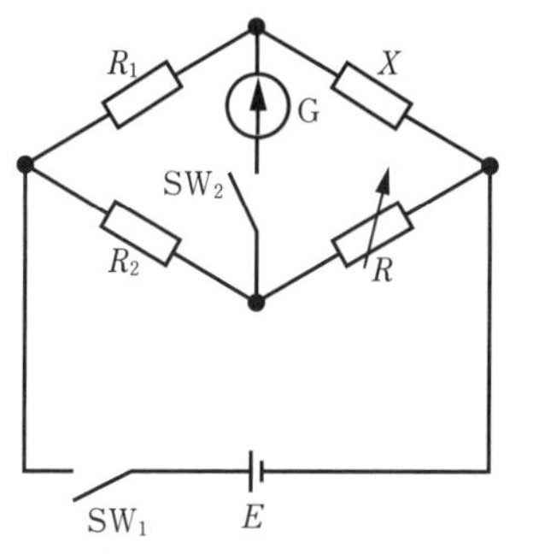

図6.8　ブリッジ回路

このブリッジの平衡を求めるためには、R_1〔Ω〕とR_2〔Ω〕を一定にしておいて、R〔Ω〕だけを変化させて行います。

未知抵抗X〔Ω〕は、ブリッジが平衡したときのR〔Ω〕の値に、R_1〔Ω〕、R_2〔Ω〕の比を掛けて読み出します。ブリッジで平衡を求める順序は、次のとおりです。

①$\dfrac{R_1}{R_2}$を選定する。

②SW_1を閉じ、R〔Ω〕の値を調整しながらSW_2を閉じても検流計Gが振れないようにする。

補足

平衡条件とは、スイッチSW_1、およびSW_2を閉じても、検流計Gの振れを零にする（検流計Gに電流が流れない）ことである。

補足

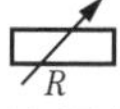

は、可変抵抗器の記号。

③検流計が振れなくなったときのR〔Ω〕と$\frac{R_1}{R_2}$を乗じたものが、未知抵抗X〔Ω〕の値となる。

(2) 回路計による抵抗の測定

回路計(**テスター**)は、直流電圧、直流電流、交流電圧および抵抗が測定できる小形、軽量の携帯用計器です。回路計は、可動コイル形直流電流計と整流器、分流器、倍率器、可変抵抗、切換えスイッチなどが適当に組み合わされており、抵抗測定用の電源(電池)も内蔵した構造になっています。

回路計で抵抗を測定する場合には、測定する前に、テスト棒を短絡して、0Ω(ゼロオーム)調整を行う必要があります。

(3) 絶縁抵抗計による測定

絶縁抵抗とは、絶縁油など絶縁体が持つ電気抵抗のこと。高いほど優れた絶縁物である。

絶縁抵抗計(**メガー**)は、電気機器や電線路などの絶縁抵抗を測定する携帯用計器です。可動コイル形計器の原理で、電源には電池が内蔵されており直流電圧が得られます。この発生電圧には、100〔V〕、250〔V〕、500〔V〕、1000〔V〕、2000〔V〕があり、被測定機器に応じて、測定に適した電圧を選択します。

(4) 接地抵抗の測定

電気工作物の電気的保安の目的で接地が施されます。**接地抵抗**とは、接地された導体と大地間の電気抵抗をいいます。電気工作物に施した接地抵抗が高いと、対地電位が高くなり、保安の目的をなさなくなります。このため接地抵抗は、電気工作物の種類によって最大値が規定されています。

接地抵抗の測定法には、直読式の電圧降下法のほか、コールラウシュブリッジ法などがあります。

電力の測定　重要度 B

(1) 二電力計法

二電力計法は、**2個の単相電力計**を用い、三相電力を測定する方法です。単相電力計 W_1、W_2 の指示値をそれぞれ P_1〔W〕、P_2〔W〕とすると、**三相有効電力 P、三相無効電力 Q** は、

> **重要公式　二電力計法**
>
> $$P = P_1 + P_2 \text{〔W〕} \tag{10}$$
>
> $$Q = \sqrt{3}\,(P_2 - P_1) \text{〔var〕} \tag{11}$$

として求めることができます。

二電力計法は、負荷の平衡・不平衡に関係なく、三相電力の測定が可能です。

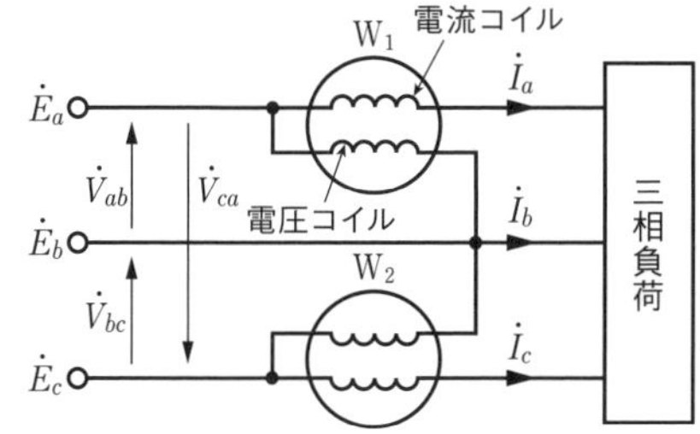

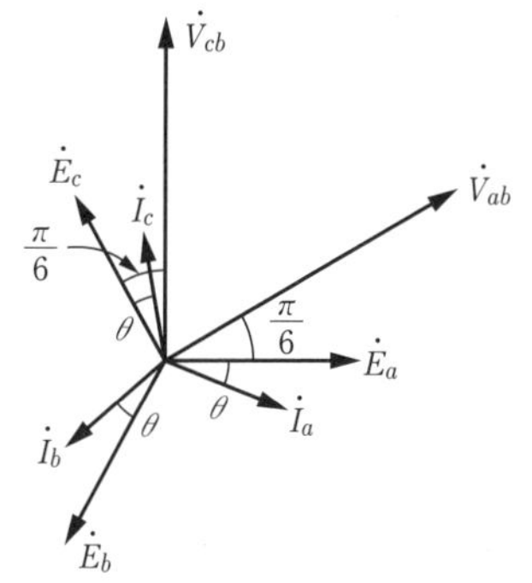

図6.9　二電力計法

$$W_1 \text{の読み} P_1 = V_{ab} I_a \cos\left(\frac{\pi}{6} + \theta\right)$$

$$W_2 \text{の読み} P_2 = V_{cb} I_c \cos\left(\frac{\pi}{6} - \theta\right)$$

$$P = P_1 + P_2 = \sqrt{3}\, V_l I_l \cos\theta$$

補足

平衡三相回路では、1相分の測定電力の指示の3倍が三相電力となる。したがって、単相電力計1個で三相電力が測定できる。

プラスワン

負荷の平衡・不平衡に関係なく、n 相の電力は $(n-1)$ 個の電力計で計ることができる。これを**ブロンデルの定理**という。

プラスワン

負荷の力率角が $\frac{\pi}{3}$〔rad〕を超える場合、すなわち力率が0.5未満の場合、一方の電力計は負の値となり指針が逆振れする。このような場合にはその電力計の電圧コイルを逆につなぎ換え、負の値として、両指示値の和を求める。

プラスワン

V_{ab}、V_{cb} は線間電圧なので V_l、一方 I_a、I_c は線電流なので I_l とすると、$P_1 + P_2 = \sqrt{3}\, V_l I_l \cos\theta$ となる。

例題にチャレンジ!

図の結線で、いくつかの三相負荷の電力を測定したところ、電力計が次の値を示した。各問の三相負荷の有効電力P〔W〕および無効電力Q〔var〕を求めよ。

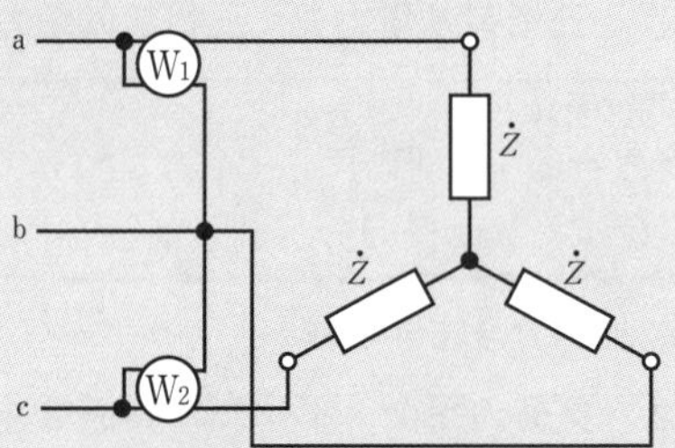

問1. W_1の指示, $P_1=0$〔W〕

W_2の指示, $P_2=1500$〔W〕

問2. W_1の指示, $P_1=4000$〔W〕

W_2の指示, $P_2=2000$〔W〕(ただしW_2は逆振れしたので、電圧コイルをつなぎ換えて読んだ値である)

・解答と解説・

問1. $P=P_1+P_2=0+1500=\mathbf{1500}$〔W〕(答)

$Q=\sqrt{3}(P_2-P_1)=\sqrt{3}(1500-0)\fallingdotseq\mathbf{2598}$〔var〕(答)

問2. $P=P_1+P_2=4000+(-2000)=\mathbf{2000}$〔W〕(答)

$Q=\sqrt{3}(P_2-P_1)=\sqrt{3}(-2000-4000)\fallingdotseq-10392$

$\rightarrow\mathbf{10392}$〔var〕(答)

解法のヒント

問2のW_2は、逆振れしたのでP_2は負値として計算する。指針が逆振れすると目盛りがないので読めない。このため、電圧コイルをつなぎ換え、極性を逆にして、指針を正方向に振れさせて目盛りを読む。

(2) 三電流計法

三電流計法は、**3つの電流計**と既知の**抵抗R**〔Ω〕を接続し、電流計のそれぞれの指示値から**負荷の消費電力P**を算出する方法です。

つまり、電流計A_1、

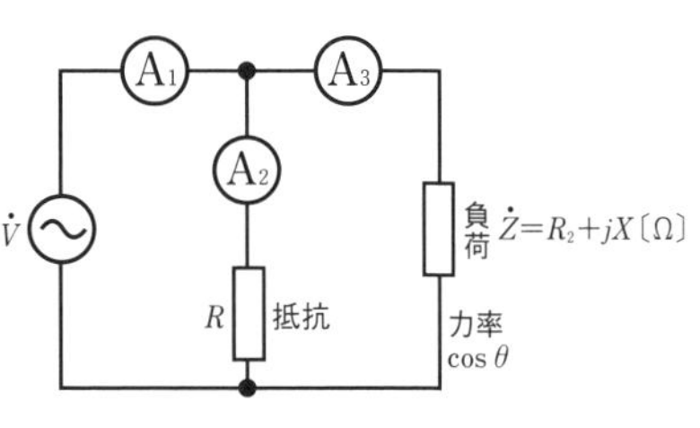

図6.10 三電流計法

補足

負荷のインピーダンス$\dot{Z}$を、$\dot{Z}=R_2+jX$〔Ω〕、力率を$\cos\theta$とすると、負荷の消費電力(有効電力)Pは、

$P=I_3V\cos\theta=I_3^2\cdot R_2$〔W〕となる。

なお、既知抵抗R〔Ω〕の消費電力をP'とすると、$P'=I_2^2\cdot R$〔Ω〕となる。

A_2、A_3による電流計の指示値をI_1、I_2、I_3〔A〕とすると、

重要公式　三電流計法

$$P=\frac{R}{2}(I_1^2-I_2^2-I_3^2)\,〔\mathrm{W}〕\qquad(12)$$

となります。

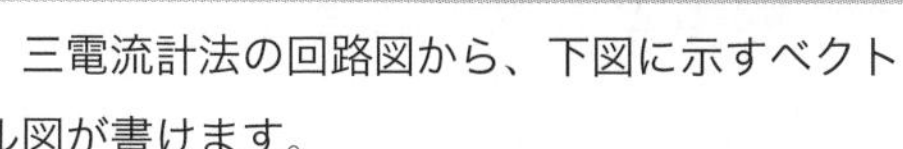

重要公式(12)の導き方

三電流計法の回路図から、下図に示すベクトル図が書けます。

ここでθは、負荷の力率角です。このベクトル図から、次式が得られます。

$$I_1^2=(I_2+I_3\cos\theta)^2+(I_3\sin\theta)^2$$

$$=I_2^2+I_3^2+2I_2I_3\cos\theta$$

ここで、$I_2=\frac{V}{R}$より

$$I_1^2=I_2^2+I_3^2+2\frac{V}{R}I_3\cos\theta$$

よって、

$$P=I_3V\cos\theta=\frac{R}{2}(I_1^2-I_2^2-I_3^2)\,〔\mathrm{W}〕$$

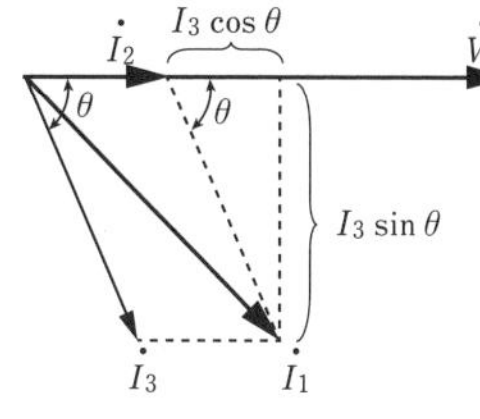

三電流計法のベクトル図

重要公式(12)の導き方は、電験三種試験にはほぼ出題されないので、覚える必要はありません。結果の重要公式(12)は重要です。

例題にチャレンジ！

図のように、抵抗R_1およびR_2ならびにリアクタンスXが接続された回路に100〔V〕の交流電圧を印加したところ、各枝路の電流計A_1、A_2およびA_3は、それぞれ19〔A〕、10〔A〕および10〔A〕を指示した。この場合の回路の全消費電力〔W〕を求めよ。

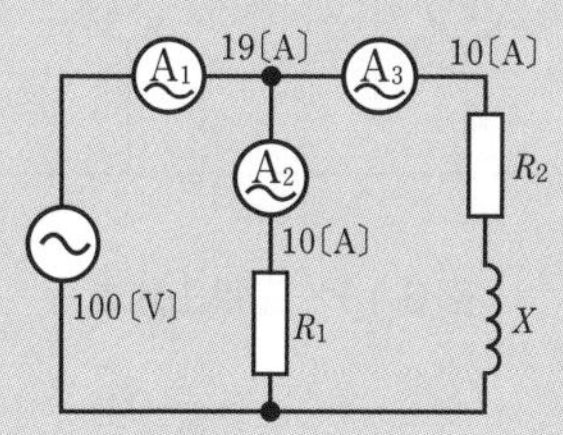

第6章　電気計測

解法のヒント
求めるものは、回路の全消費電力Pである。負荷R_2の消費電力P_2は、三電流計法の公式により求める。求めるのは全消費電力なので、これに、抵抗R_1の消費電力P_1を加えるのを忘れないようにすること。

・解答と解説・

電源電圧を$V=100$〔V〕、電流計A_1、A_2およびA_3の読みをI_1〔A〕、I_2〔A〕およびI_3〔A〕とすると、

$$R_1=\frac{V}{I_2}=\frac{100}{10}=10〔\Omega〕$$

負荷R_2の消費電力P_2は、

$$P_2=\frac{R_1}{2}(I_1{}^2-I_2{}^2-I_3{}^2)=\frac{10}{2}(19^2-10^2-10^2)=805〔W〕$$

R_1の消費電力P_1は、

$$P_1=I_2{}^2R_1=10^2\times10=1000〔W〕$$

全消費電力Pは、

$$P=P_1+P_2=\mathbf{1805}〔W〕(答)$$

(3) 三電圧計法

三電圧計法は、**3つの電圧計**と既知の**抵抗R**を接続し、電圧計のそれぞれの指示値V_1、V_2、V_3〔V〕から**負荷の消費電力P**を算出する方法です。

重要公式 三電圧計法

$$P=\frac{1}{2R}(V_1{}^2-V_2{}^2-V_3{}^2)〔W〕\tag{13}$$

となります。

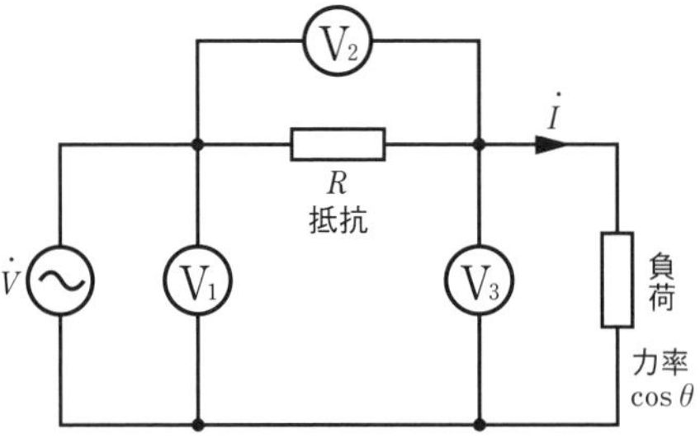

図6.11　三電圧計法

重要公式(13)の導き方

三電圧計法の回路図から負荷に流れる電流を$\dot{I}$とすると、下図に示すベクトル図が書けます。ここでθは、負荷の力率角です。

ベクトル図から、次式が得られます。

$$V_1^2 = (V_2 + V_3\cos\theta)^2 + (V_3\sin\theta)^2$$

$$= V_2^2 + V_3^2 + 2V_2V_3\cos\theta$$

$$\therefore \cos\theta = \frac{V_1^2 - V_2^2 - V_3^2}{2V_2V_3}$$

ここで、$V_2 = IR$より、

$$V_1^2 = V_2^2 + V_3^2 + 2IRV_3\cos\theta$$

よって、

$$P = IV_3\cos\theta = \frac{1}{2R}(V_1^2 - V_2^2 - V_3^2)\ [\mathrm{W}]$$

$\dot{V}_3$　$\dot{V}_1$　$V_3\sin\theta$　θ　θ　$\dot{V}_2$　$V_3\cos\theta$　$\dot{I}$

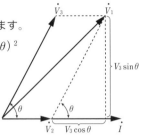

三電圧計法のベクトル図

重要公式(13)の導き方は、参考程度にとどめ、覚える必要はありません。結果の重要公式(13)は重要です。

3 リサージュ図形　重要度C

ブラウン管オシロスコープ(図6.13)は、静電偏向形のブラウン管を利用した波形観測装置です。

電子銃(じゅう)から発射された**電子ビーム**が、水平および垂直偏向電極に加わる電界の加減により曲げられ、ブラウン管の蛍光面に衝突し、その軌跡(きせき)が波形として表示されます。

位相差 / 周波数比 水平：垂直	0	$\frac{\pi}{4}$	$\frac{\pi}{2}$
1：1			
2：1			
3：1			

図6.12　リサージュ図形

水平偏向電極および垂直偏向電極に、それぞれ標準可変周波数および被測定周波数の電圧を加えると、両周波数の比と位相差によって、静止した図形がブラウン管面上に描かれます。

用語
電子ビームとは、連続的に発射される電子の流れのことをいう。

この図形を**リサージュ図形**といい、この図形から、被測定周波数を求めることができます。

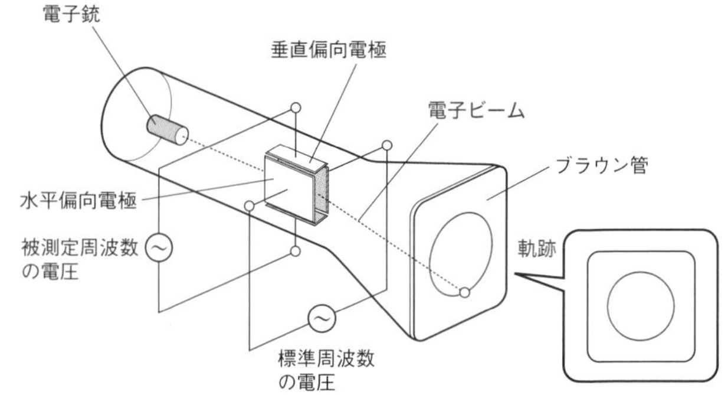

図6.13　ブラウン管オシロスコープ

補足
垂直偏向電極に**電圧が印加されない**と、ブラウン管中央に**横棒1本**の軌跡が表示される。また、**水平偏向電極**に**電圧が印加されない**と、**縦棒1本**の軌跡が表示される。リサージュ図形は重要ではないが、上の内容は必ず覚えておこう。

4 単位の変換　重要度B

電気工学に関係する量の単位記号と他の単位による表し方を、表6.3に示します。

表6.3　単位記号と他の単位による表し方

量	単位の名称	記号	他の単位による表し方
周波数	ヘルツ	Hz	s^{-1}
力	ニュートン	N	$kg \cdot m \cdot s^{-2}$
圧力	パスカル	Pa	N/m^2
エネルギー(仕事、熱量、電力量)	ジュール	J	N·m、W·s
仕事率(動力、電力)	ワット	W	J/s
電気量(電荷)	クーロン	C	A·s
静電容量	ファラド	F	C/V
コンダクタンス	ジーメンス	S	Ω^{-1}、A/V
磁束	ウェーバ	Wb	V·s
磁束密度	テスラ	T	Wb/m^2
インダクタンス	ヘンリー	H	Wb/A
照度	ルクス	lx	lm/m^2

理解度チェック問題

問題　次の［　　］の中に適当な答えを記入せよ。

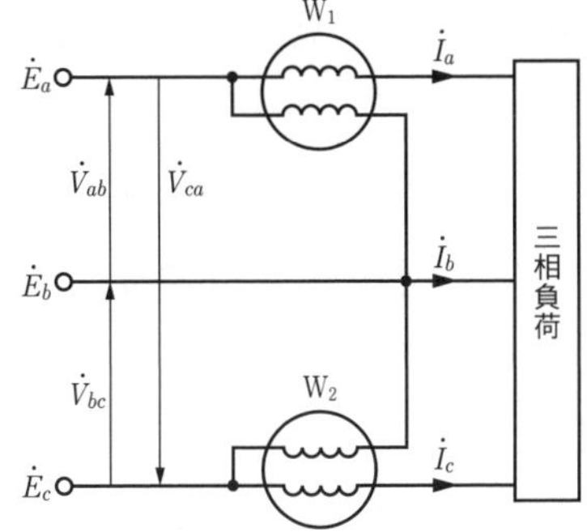

1. 二電力計法は、2個の単相電力計を用い、三相電力を測定する方法である。単相電力計W_1、W_2の指示値をそれぞれP_1、P_2〔W〕とすると、三相有効電力P、三相無効電力Qは、

$P=$［（ア）］〔W〕

$Q=$［（イ）］〔var〕

として求めることができる。

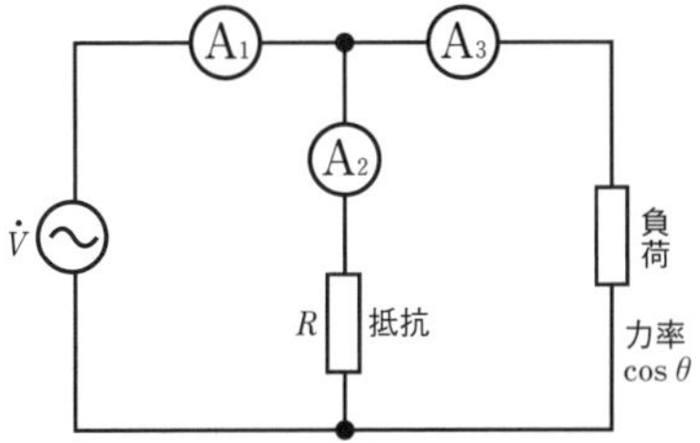

2. 三電流計法は、3つの電流計と既知の抵抗Rを接続し、電流計のそれぞれの指示値から負荷の消費電力Pを算出する方法である。つまり、電流計A_1、A_2、A_3による電流計の指示値をI_1、I_2、I_3〔A〕とすると、

$P=$［（ウ）］〔W〕

として求めることができる。

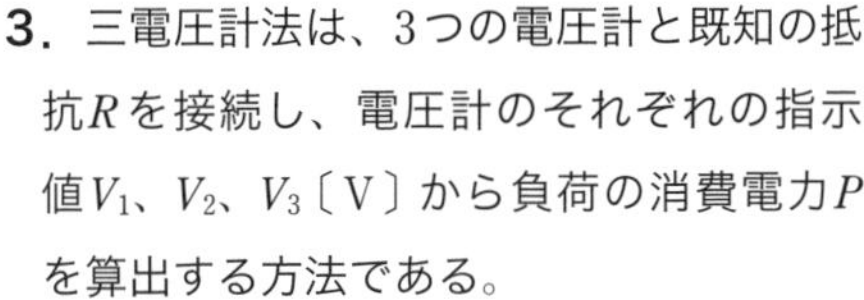

3. 三電圧計法は、3つの電圧計と既知の抵抗Rを接続し、電圧計のそれぞれの指示値V_1、V_2、V_3〔V〕から負荷の消費電力Pを算出する方法である。

$P=$［（エ）］〔W〕

として求めることができる。

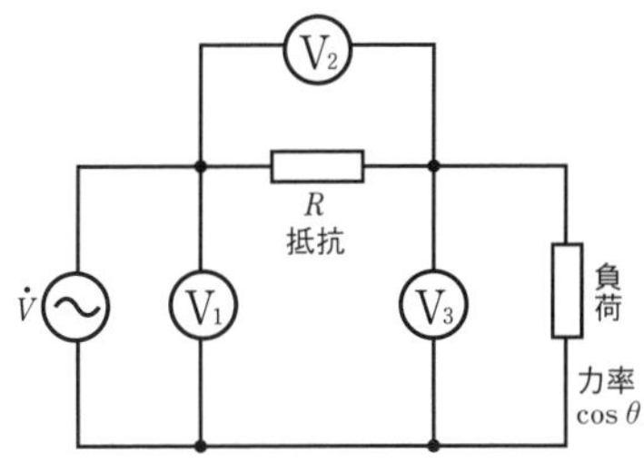

解答

（ア）P_1+P_2　（イ）$\sqrt{3}(P_2-P_1)$　（ウ）$\frac{R}{2}(I_1^2-I_2^2-I_3^2)$　（エ）$\frac{1}{2R}(V_1^2-V_2^2-V_3^2)$

LESSON 41

電子の運動

電界中の電子の運動と、磁界中の電子の運動について学習します。各運動についての公式はしっかり覚えましょう。

関連過去問 093, 094

①電界の作用による電子の運動

②磁界の作用による電子の運動

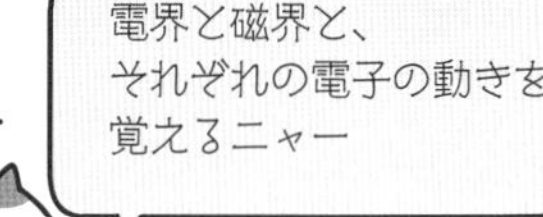

電界と磁界と、
それぞれの電子の動きを
覚えるニャー

1 電子の性質　重要度 C

今日から、第7章電子理論の始まり。頑張ってニャ

補足

電子の質量m、電荷eの値は出題文で与えられるので、覚える必要はない。

物質は**原子**の集まりであり、図7.1に示すように原子の中心には**原子核**があり、その周りを**電子**が回っています。電子は単独でも存在しますし、エネルギーを得て自由に運動もします。

電子の**質量**m〔kg〕と**電荷**e〔C〕は、

電子の**質量**$m = 9.109 \times 10^{-31}$〔kg〕　(1)

電子の**電荷**$e = -1.602 \times 10^{-19}$〔C〕　(2)

となります。原子核は、**陽子**と**中性子**の集まりです。陽子は正の**電荷**を持っていますが、中性子は電荷を持っていません。陽子の電荷は、**電子の電荷と正負反対**で、1個当たりの電荷の大きさは同じ値です。原子は、**陽子の数と同じ数の電子**がその周りを取りまき、原子全体においては**電気的に中性**になっていま

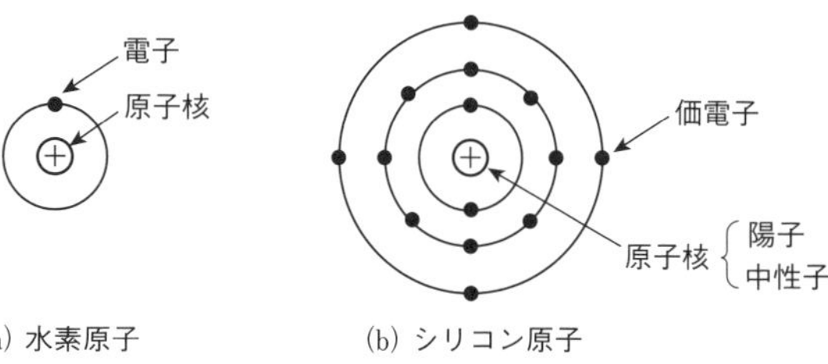

図7.1　原子の模型

す。また、最も外側の軌道にある電子を**価電子**と呼び、ほかの原子と反応する電子数を**原子価**といいます。この価電子は、物質の性質や結合に深く関わります。

2 電子の運動　重要度 B

(1) 電界の作用による運動

　真空中において、**電界の強さ**$E=\dfrac{V}{d}$〔V/m〕の平等電界中の陰極表面に、**質量**m〔kg〕、**電荷**e〔C〕の電子を置くと、電子には電界と反対方向に$F=eE$〔N〕の力が働きます。

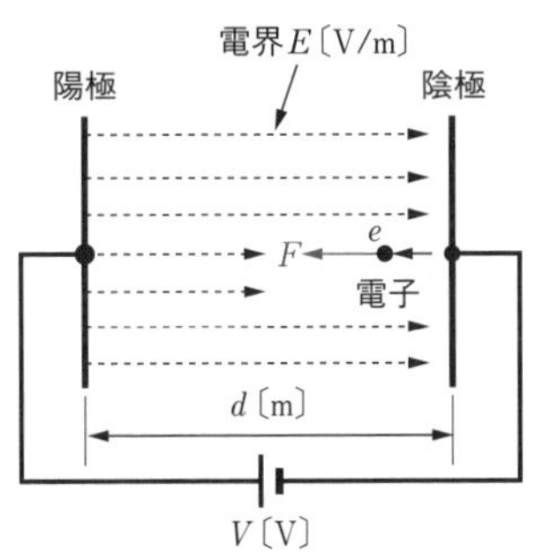

図7.2　電界中の電子の運動

　電子が陽極に達したとき、電界によって与えられたエネルギーと電子の持つ運動エネルギーが等しいので、次式が成立します。

重要公式　電界中の電子の運動

$$eV=\frac{1}{2}mv^2\text{〔J〕} \qquad (3)$$

プラスワン
式(3)より、電子の速度vは次式で表される。

$$v=\sqrt{\frac{2eV}{m}}\text{〔m/s〕}$$

上式は、初速度0〔m/s〕の電子が電位差V〔V〕で加速され、陽極に到達したときの速度を表している。

例題にチャレンジ!

　右図で、真空中において、電子が陽極に達したときの速度を求めよ。

　ただし、電子の質量をm＝9.109×10^{-31}〔kg〕、電子の電荷の大きさをe＝1.602×10^{-19}〔C〕とする。

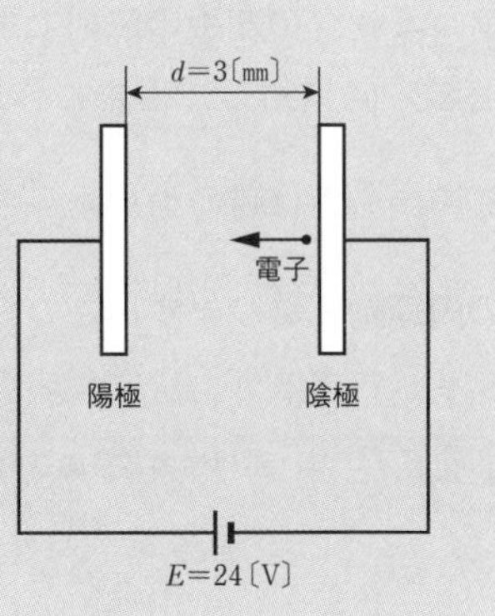

解法のヒント
電子が陽極に達したときの速度は電位差で決まり、電極間距離には無関係である。

・解答と解説・

$$eV=\frac{1}{2}mv^2 〔J〕$$

上式を、速度 v を求める式に変形し、

$$v=\sqrt{\frac{2eV}{m}}=\sqrt{\frac{2\times1.602\times10^{-19}\times24}{9.109\times10^{-31}}}$$

$$\fallingdotseq\sqrt{8.442\times10^{12}}\fallingdotseq\mathbf{2.91\times10^6}〔m/s〕$$ (答)

(2) 磁界の作用による運動

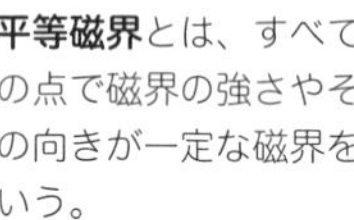

用語
平等磁界とは、すべての点で磁界の強さやその向きが一定な磁界をいう。

真空中において、**質量**m〔kg〕、**電荷**e〔C〕の電子が**磁束密度**B〔T〕の平等磁界に一定速度v〔m/s〕で飛び込んで来ると、電子は磁界から電磁力Fを受けます。

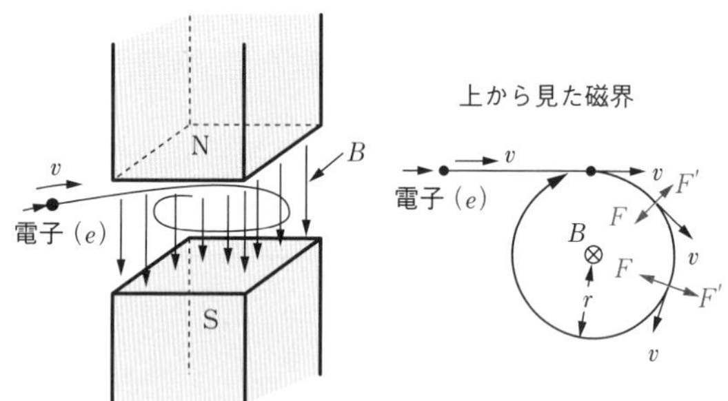

図7.3　磁界中の電子の運動

プラスワン
磁界中を移動する電子に働く力を**ローレンツ力**という。ローレンツ力は常に中心に向かう向心力Fとなって、電子は等速円運動をする。

この力Fの方向は、電子の移動を逆向きの電流と考えれば、フレミングの左手の法則で説明されます。この力は常に電子の進む方向に対して直角に作用し、向心力$F=Bev$〔N〕となる。この向心力は遠心力$F'=\dfrac{mv^2}{r}$〔N〕と釣り合い、電子は半径r〔m〕の**円運動**となります。この円運動を**サイクロトロン運動**と呼びます。このとき、次式が成り立ちます。

プラスワン
質量m〔kg〕の物体が半径r〔m〕、速度v〔m/s〕で円運動しているとき、中心から遠ざかろうとする力、すなわち遠心力$F'=\dfrac{mv^2}{r}$〔N〕が働く。

重要 公式　磁界中の電子の運動(1)

$$Bev=\frac{mv^2}{r}〔N〕 \quad (4)$$

円運動の半径 r は式(4)を変形し、

重要公式　磁界中の電子の運動(2)

$$r = \frac{mv}{Be} \ \text{〔m〕} \qquad (5)$$

となります。

また、電子が平等磁界の中で一周する時間 T（周期 T）は、次式で表されます。

$$T = \frac{2\pi r}{v} = \frac{2\pi}{v} \cdot \frac{mv}{Be} = \frac{2\pi m}{Be} \ \text{〔s〕}$$

または、円運動をする電子の角速度 ω は、

$\omega = \dfrac{v}{r}$ なので、

$$\omega = \frac{v}{\dfrac{mv}{Be}} = \frac{Be}{m} \ \text{〔rad/s〕}$$

よって、一周する時間 T は、

$$T = \frac{2\pi}{\omega} = \frac{2\pi}{\dfrac{Be}{m}} = \frac{2\pi m}{Be} \ \text{〔s〕}$$

となります。

この式から、電子が磁界内で一周する時間は、磁束密度 B〔T〕によって決まることがわかります。

また、図7.4のように、電子は磁界に対してある角度 θ で進入すると、円運動しながら進行し、電子の軌跡は**らせん**を描きます。

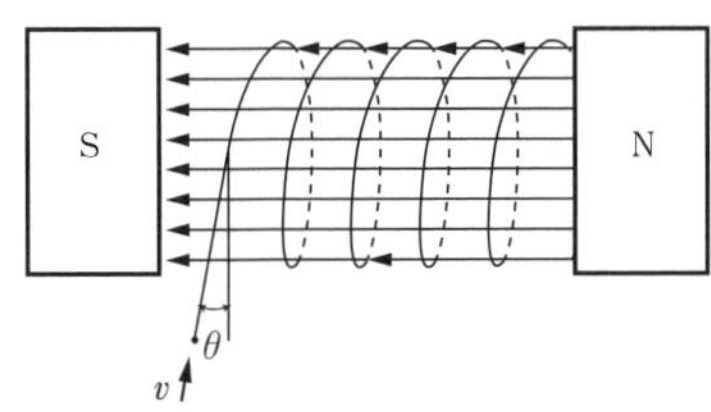

図7.4　磁界に対してある角度 θ で進入

第7章　電子理論

例題にチャレンジ!

真空中において、磁束密度$B = 0.4 \times 10^{-6}$〔T〕の平等磁界の中に、その磁束の方向に直角に、電子が速さ$v = 15 \times 10^{2}$〔m/s〕で飛び込んで来て、円運動になった。この円運動の半径r〔m〕と一周する時間T〔S〕を求めよ。ただし、電子の質量$m = 9.109 \times 10^{-31}$〔kg〕、電子の電荷$e = 1.602 \times 10^{-19}$〔C〕とする。

・解答と解説・

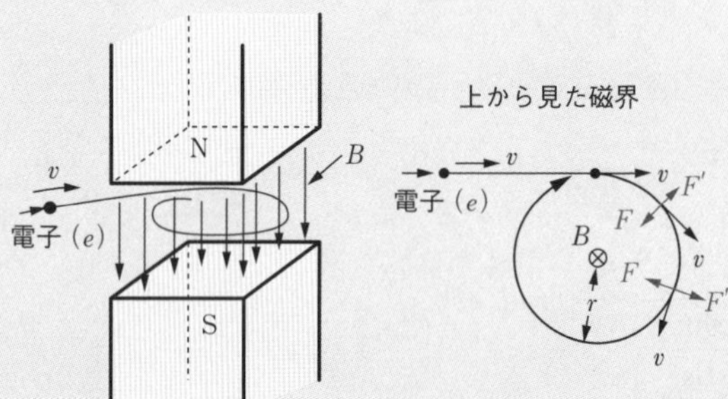

電子が磁界から受ける向心力(ローレンツ力)Fは、

$$F = Bev \text{〔N〕} \cdots\cdots ①$$

また、円運動する電子に働く遠心力F'は、

$$F' = \frac{mv^2}{r} \text{〔N〕} \cdots\cdots ②$$

FとF'は釣り合うので、

$$Bev = \frac{mv^2}{r} \text{〔N〕} \cdots\cdots ③$$

式③より、円運動の半径rは、

$$r = \frac{mv}{Be} = \frac{9.109 \times 10^{-31} \times 15 \times 10^{2}}{0.4 \times 10^{-6} \times 1.602 \times 10^{-19}} \fallingdotseq \frac{136.6 \times 10^{-29}}{0.641 \times 10^{-25}}$$

$$\fallingdotseq \mathbf{2.13 \times 10^{-2}} \text{〔m〕(答)}$$

また、一周する時間Tは、

$$T = \frac{2\pi m}{Be} = \frac{2\pi \times 9.109 \times 10^{-31}}{0.4 \times 10^{-6} \times 1.602 \times 10^{-19}} \fallingdotseq \frac{57.23 \times 10^{-31}}{0.641 \times 10^{-25}}$$

$$\fallingdotseq \mathbf{8.93 \times 10^{-5}} \text{〔s〕(答)}$$

理解度チェック問題

問題　次の［　　　］の中に適当な答えを記入せよ。

真空中において、磁束密度B〔T〕の平等磁界中に磁界の方向と直角に初速v〔m/s〕で入射した電子は、電磁力$F=$［　(ア)　］〔N〕によって円運動をする。

その円運動の半径をr〔m〕とすれば、遠心力と電磁力とが釣り合うので、円運動の半径は、$r=$［　(イ)　］〔m〕となる。また、円運動の角速度は$\omega=\dfrac{v}{r}$〔rad/s〕であるから、円運動の周期は$T=$［　(ウ)　］〔s〕となる。

ただし、電子の質量をm〔kg〕、電荷の大きさをe〔C〕とし、重力の影響は無視できるものとする。

解答

(ア)Bev　(イ)$\dfrac{mv}{Be}$　(ウ)$\dfrac{2\pi m}{Be}$

LESSON 42

半導体とは

ここでは半導体の基礎知識を学びます。キャリヤ、ドナー、アクセプタなどの意味はよく問われます。しっかり覚えておきましょう。

関連過去問 095

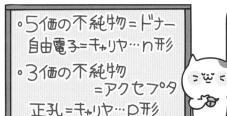

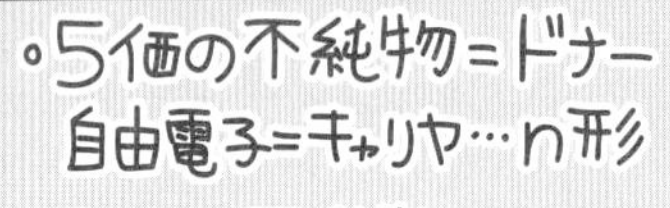

① 半導体とは　重要度A

(1) 導体・絶縁体・半導体

銀(Ag)、銅(Cu)、アルミニウム(Al)などの金属や黒鉛(こくえん)(グラファイト)など、抵抗率が小さく電気をよく通す物質を**導体**といいます。導体中には、原子核を離れて移動できる**自由電子**がたくさんあり、この移動によって**電流**が流れます。

自由電子の移動が少ない物質は**絶縁体**(**不導体**)として分類され、**抵抗率が大きく**、高い電圧を印加しなければ電子が動きません。ビニル、ゴム、ナイロンは代表的な絶縁体ですが、空気、純水、油なども絶縁体です。**シリコン**(けい素)(Si)や**ゲルマニウム**(Ge)などは**抵抗率**が**導体と絶縁体の中間**の値 (10^{-4}

補足
純水は絶縁体だが、不純物が含有されると絶縁性が失われ、導体となる。

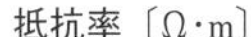

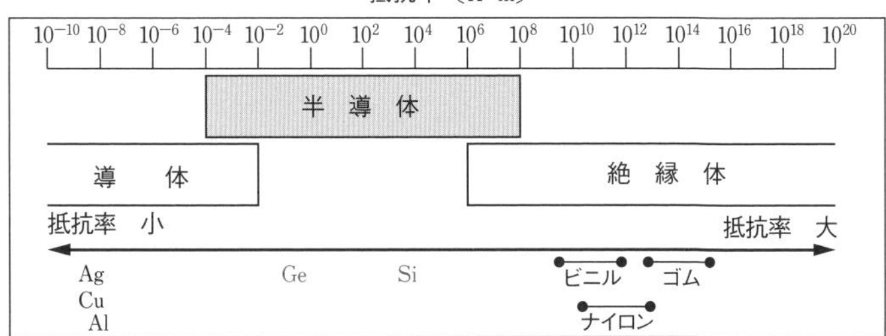

図7.5　物質の抵抗率

〔Ω·m〕から10^8〔Ω·m〕)程度)を示し、これらを**半導体**(semiconductor)といいます。

さらに、半導体は金属導体に比べて、

a．**抵抗温度係数が負**である。

b．純度の高い半導体は、**微量の不純物**により**導電率が大きく変わる**。

c．**光電効果**、**ホール効果**、**整流作用**などの特殊な現象を示す。

などが特徴です。

導体・半導体の抵抗温度係数

金属の温度が上昇すると、金属の陽イオンや自由電子の熱運動が激しくなり、自由電子と陽イオンの衝突回数が増加します。そのため、抵抗が温度とともに上昇します。すなわち、**金属導体は抵抗温度係数が正**となります。

半導体では、**温度が高くなる**につれて、結合を作っていた電子の一部がエネルギーを得て**自由電子**となります。それにともなって、電子が抜け出た孔(あな)(**正孔**(せいこう))も増えます。電気を伝える自由電子や正孔の数が増えるので、**電流が流れやすく**なります。

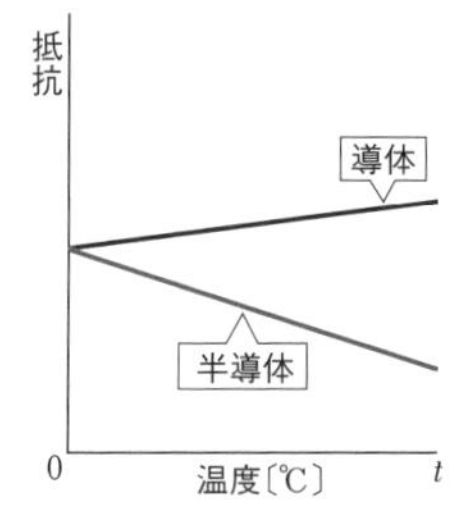

すなわち、**半導体は抵抗温度係数が負**となります。

なお、絶縁体も半導体とほぼ同じ理由（電子の活性化）により、抵抗温度係数が負となります。

(2) 真性半導体

シリコン（けい素）(Si)やゲルマニウム(Ge)は周期表の14族に属し、炭素(C)と同様に**4個の価電子**(最も外側の電子)を持っています。1個の原子は周りの4個の原子と結合して結晶を作ります。原子どうしの結合では、互いに電子を1個ずつ出し合い、1組の電子のペアを作って、2個の電子を共有します。こ

用語

抵抗温度係数とは、物体の温度上昇に伴う抵抗の増加割合をいう。金属導体は温度が上昇すると抵抗が増加するので、抵抗温度係数は正値(＋)である。これに対し、一般に**絶縁体**、**半導体**、**電解液**の**抵抗温度係数は負値**(−)であり、**温度上昇に伴い抵抗が減少**する。

補足

光電効果、ホール効果はLESSON45で、整流作用はLESSON43で学ぶ。

補足

一般に原子は陽子と電子の数が等しく電気的に中性であるが、電子を放出して正の電荷を帯びた原子を陽イオンという。電子を受け取って負の電荷を帯びた原子を陰イオンという。

れを**共有結合**といいます。

原子1個は4個の原子と結合しているので、8個の電子を共有します。このため高純度のSiやGeには自由電子が存在せず、絶対零度では電流を流すことはできません。しかし、温度を上げたり、光を与えると、原子に共有されていた電子のごく一部が、原子の束縛（そくばく）から離れて動き回れるようになり、電流がごくわずか流れます。このような半導体を**真性半導体**といいます。

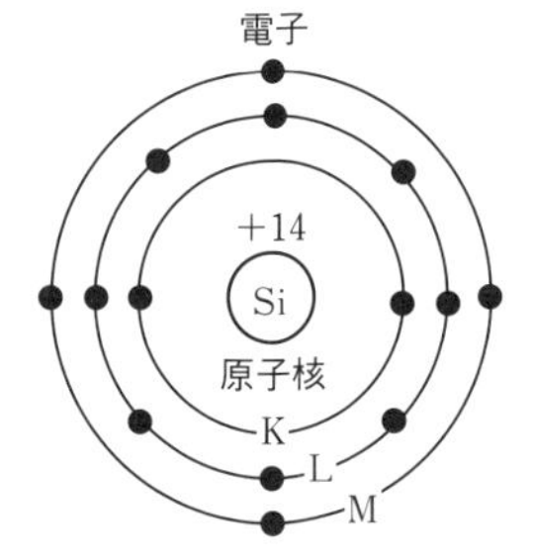

図7.6　シリコンの原子モデル

4個の価電子（最も外側の電子）は、他の原子と反応（結合）する電子なので、**シリコン**の**原子価は**4となります。

この場合、図7.7のように、ほかの原子と結合する4本の手を持っていると考えると共有結合を理解しやすくなります。

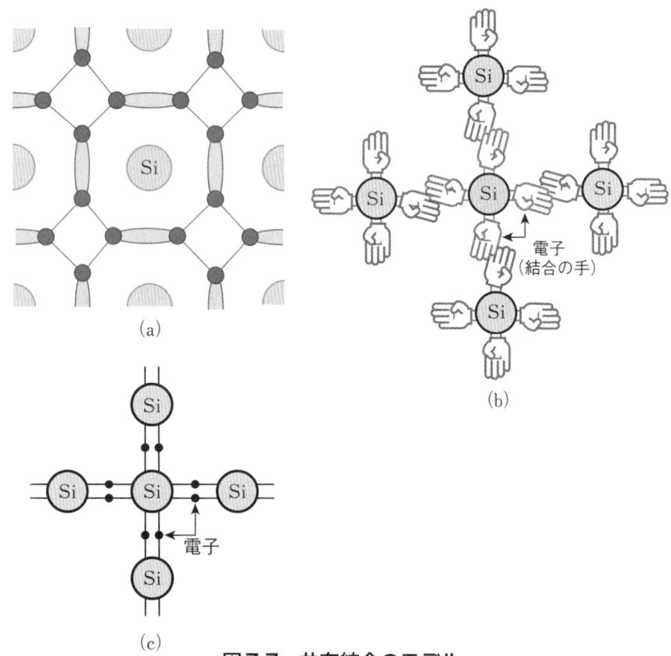

図7.7　共有結合のモデル

用語

絶対零度とは、熱力学的に考えられる最低温度のことである。摂氏温度で−273〔℃〕に当たる。熱力学温度（絶対温度）で0〔K〕である。温度が絶対零度以下に下がることはない。

補足

原子価についてはLESSON41を参照。

補足

原子核の周りの電子の軌道には、それぞれ名称があり、内側から順に、K殻、L殻、M殻、N殻…と呼ぶ。

いちばん外側の軌道を最外殻（さいがいかく）と呼び、最外殻の軌道にあり、結合に関係する電子を価電子と呼ぶ。

一般に電子は内側の軌道から順に埋まっていき、それぞれの軌道に入る電子の最大数が決まっている（K殻2個、L殻8個、M殻18個というように）。

そして、最外殻に8個の電子がある原子は、化学的に非常に安定している。シリコン原子の最外殻の電子は4個であるが、隣り合うシリコン原子との共有結合により、最外殻の電子が8個あるかのように振る舞い、安定した原子となる。

(3) n形半導体とp形半導体

4価のシリコン(Si)の中に、ひ素(As)、りん(P)あるいはアンチモン(Sb)のような**5価**の原子価を持った微量の元素を**不純物として添加**すると、**自由電子**が生じます。このような半導体を**n形半導体**といいます。

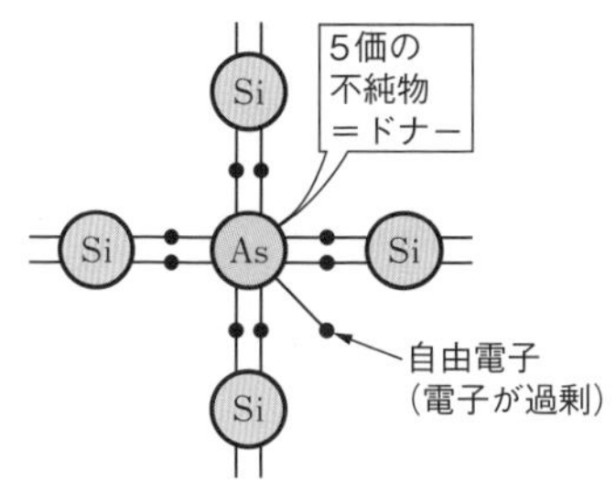

図7.8　n形半導体

n形半導体では、主として**自由電子**が**電流要素**となり、これを**キャリヤ**といいます。また、AsやPのように**自由電子を生じる不純物**を**ドナー**といいます。**ドナー**とは、**電子を供給するもの**という意味です。

これに対し、**4価のシリコン**(Si)の中に、インジウム(In)、ほう素(B)あるいはガリウム(Ga)のような**3価**の原子価を持った微量の元素を**不純物として添加**すると、周囲のSiと結合するとき、**電子が1個不足**します。

この**電子が不足した孔**は、**正の電荷**を持つようにふるまうので**正孔**(**ホール**)といい、このような半導体を**p形半導体**といいます。

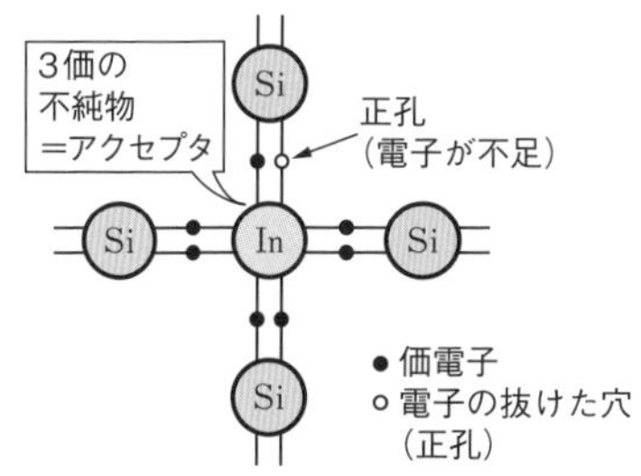

図7.9　p形半導体

補足
n形半導体では自由電子が**多数キャリヤ**で電流要素となり、正孔は**少数キャリヤ**になる。
また、**p形半導体**では正孔が**多数キャリヤ**で電流要素となり、電子は**少数キャリヤ**になる。
真性半導体では、キャリヤの電子と正孔の数は同じである。

p形半導体では、主として**正孔**が**キャリヤ**となり、**電流要素**となります。また、In、Bのように**正孔を生じる不純物**を**アクセプタ**といいます。**アクセプタ**とは、**電子を受け取るもの**という意味です。

n形半導体とp形半導体のように、**真性半導体**に**微量の不純物**を加えた半導体を**不純物半導体**といいます。

解法のヒント

1.
3価の原子価を持った元素をⅢ族の元素、5価の原子価を持った元素をⅤ族の元素という。

2.
電気伝導度とは導電率(抵抗率の逆数)のことである。
半導体の抵抗温度係数は負である。温度が下がると抵抗は大きくなる(電気伝導度は小さくなる)。

3.
n形半導体の多数キャリヤは電子である。少数キャリヤは正孔である。

例題にチャレンジ!

半導体に関する記述として、誤っているのは次のうちどれか。

(1) シリコン(Si)やゲルマニウム(Ge)の真性半導体においては、キャリヤの電子と正孔の数は同じである。

(2) 真性半導体に微量のⅢ族またはⅤ族の元素を不純物として加えた半導体を不純物半導体といい、電気伝導度が真性半導体に比べて大きくなる。

(3) シリコン(Si)やゲルマニウム(Ge)の真性半導体にⅤ族の元素を不純物として微量だけ加えたものをp形半導体という。

(4) n形半導体の少数キャリヤは正孔である。

(5) 半導体の電気伝導度は温度が下がると小さくなる。

・解答と解説・

(1)、(2)、(4)、(5)の記述は正しい。

(3) **誤り**(答)。シリコン(Si)やゲルマニウム(Ge)の真性半導体にⅤ族の元素を不純物として微量だけ加えたものを、n形半導体という。したがって、p形半導体という記述は誤り。

理解度チェック問題

問題　次の［　　］の中に適当な答えを記入せよ。

4価のシリコン（Si）の中に、ひ素（As）、りん（P）あるいはアンチモン（Sb）のような［（ア）］の原子価を持った微量の元素を不純物として添加すると、［（イ）］が生じる。このような半導体を［（ウ）］という。

［（ウ）］では、主として自由電子が電流要素となり、これを［（エ）］という。また、AsやPのように自由電子を生じる不純物を［（オ）］という。

これに対し、4価のシリコン（Si）の中に、インジウム（In）、ほう素（B）あるいはガリウム（Ga）のような［（カ）］の原子価を持った微量の元素を不純物として添加すると、周囲のSiと結合するとき、電子が1個不足する。

この電子が不足した孔は、正の電荷を持つようにふるまうので［（キ）］といい、このような半導体を［（ク）］という。

［（ク）］では、主として正孔が［（ケ）］となり、電流要素となる。また、In、Bのように正孔を生じる不純物を［（コ）］という。

解答

（ア）5価　（イ）自由電子　（ウ）n形半導体　（エ）キャリヤ　（オ）ドナー
（カ）3価　（キ）正孔（ホール）　（ク）p形半導体　（ケ）キャリヤ　（コ）アクセプタ

LESSON 43

半導体素子

重要度は高くはありませんが、A問題として出題される場合があります。基本事項の習得に努めましょう。

関連過去問 096, 097

- ダイオード
- トランジスタ
- 電界効果トランジスタ（FET）
- サイリスタ

用語

半導体の電気的特性を利用して作られる電気回路の構成要素を、**半導体素子**という。

補足

ダイオードは通常、一方向にしか電流を流すことができない。したがって、交流電流を直流電流に変換できる。これを**整流作用**という。

1 半導体素子 重要度C

(1) ダイオード

p形半導体とn形半導体の接合を**pn接合**といいます。pn接合の基本的な作用は、**整流作用**です。図7.10のように、pn接合のp形側に正の電圧を加え、n形側に負の電圧を加えると、p形内の正孔（ホール）およびn形内の自由電子はともに接合面に向かって移動し、接合面で電荷を運ぶ電子や正孔の密度が高くなり、接合面を通して電流が流れやすくなります。この場合の電圧の極性を**順方向電圧**、流れる電流を**順方向電流**といいます。

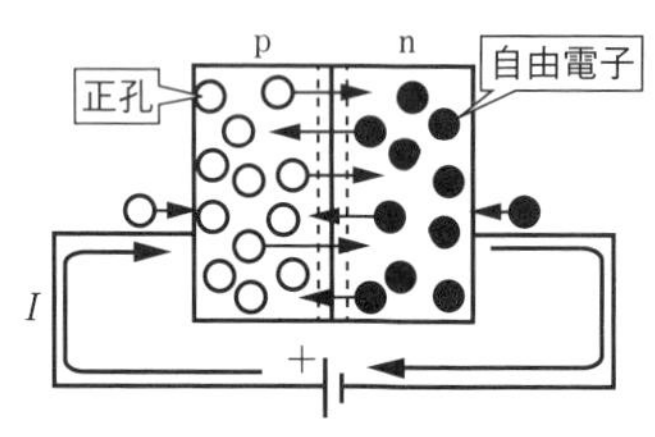

図7.10　順方向電圧

これとは逆に、図7.11のように、p形側に負の電圧を加え、n形側に正の電圧を加えると、p形内の正孔およびn形内の自由電子はともに接合面から遠ざかる方向に動き、

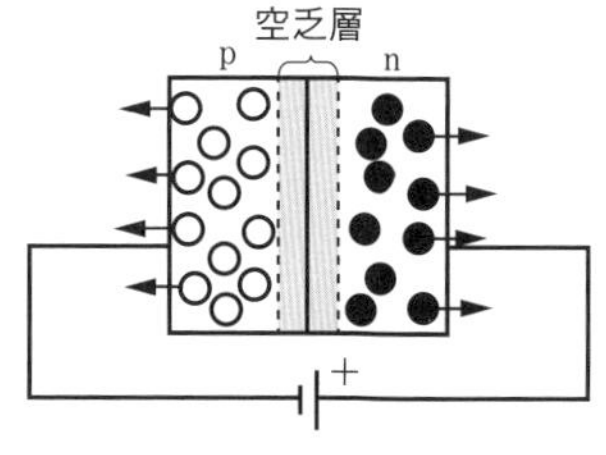

図7.11　逆方向電圧

このため接合面では電荷を運ぶ電子や正孔が不足し、電流は流れません。このような電圧の極性を**逆方向電圧**といいます。また、このとき電子や正孔が存在しない領域を**空乏層**（くうぼうそう）といいます。

このように、**電流を一方向のみに流す**整流作用を持ったpn**接合素子**を**ダイオード**といい、p形側を**アノード**（A：陽極）、n形側を**カソード**（K：陰極）といいます。ダイオードの外観と記号を図7.12に示します。

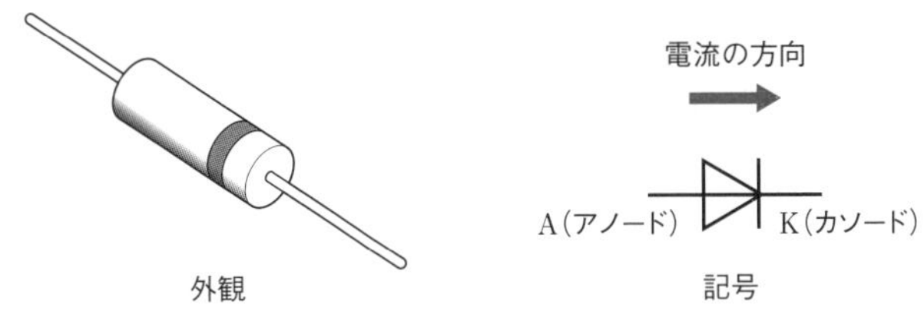

図7.12　ダイオードの外観と記号

ダイオードの逆方向電圧の大きさによって、空乏層の幅が変化し、空乏層の静電容量が変化する性質は、**可変容量ダイオード**に用いられています。空乏層のn形領域には、自由電子が移動したことによりイオン化したドナーが取り残され、p形領域に正孔が移動したことによりイオン化したアクセプタが取り残されます。それぞれ正負に帯電して**電気二重層**が発生し、等価的に**コンデンサ**（接合容量といいます）を形成します（図7.13参照）。

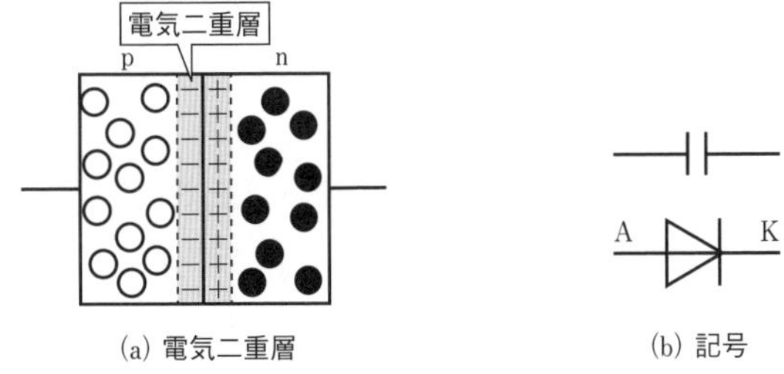

図7.13　可変容量ダイオード

逆方向電圧をさらに上昇させると、逆方向に大きな電流が急激に流れます。この現象を**降伏現象**（**ツェナー効果、なだれ現象**）

補足
降伏現象について
順方向…小さい電圧でも電流が流れる
逆方向…電圧を大きくしていくと、やがて電流が流れる

といい、降伏現象が始まる電圧を**降伏電圧**といいます。降伏電圧がほとんど変化しないという性質を利用して、比較的低い電圧で降伏現象を発生するように製造したものを**定電圧ダイオード**(**ツェナーダイオード**)といい、**定電圧源**としてよく利用されています。

補足

定電圧ダイオードの記号

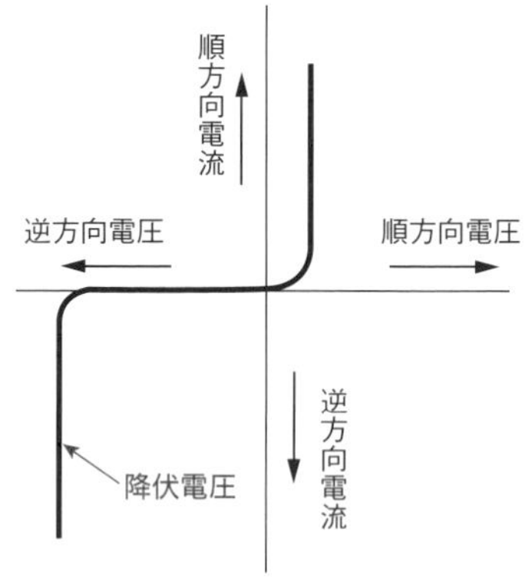

図7.14　降伏現象

■その他のダイオード

①発光ダイオード(LED)

適当な材料の化合物半導体に順方向電流を流すと、自由電子はpn接合部を超えてp形半導体内に入り正孔(ホール)と再結合します。このとき再結合によって、そのエネルギーに相当するいろいろな波長の光が接合部付近から放出されます。このような半導体を**発光ダイオード**(LED)といい、白熱電球、蛍光灯に代わる**照明**や**表示灯**に利用されています。

補足

ガリウムヒ素(GaAs)、窒化ガリウム(GaN)などを化合物半導体という。いろいろな元素の組み合わせによってできている化合物半導体が、いろいろな色の光を放出する。

補足

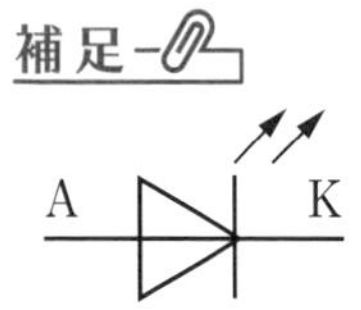

発光ダイオードの記号

②ホトダイオード(受光素子)

光を受けて起電力を発生するダイオードを**ホトダイオード**といいます。pn接合部に光が当たると、光のエネルギーによって新たに電子と正孔が生成され、電子はn側に、正孔はp側に移動し、p側を正とする起電力が発生します。光エネルギーを電気エネルギーに変換して取り出す**太陽電池**も同じ原理ですが、エネルギーではなく、**信号**を扱うことを目的とするものを**ホトダイオード**と呼んでいます。

補足

ホトダイオードの記号

(2) トランジスタ

トランジスタは、小さな信号を大きくする**増幅作用**や信号をON／OFFする**スイッチ作用**などの働きをする半導体素子です。**ベース**(B)、**エミッタ**(E)、**コレクタ**(C)の3つの電極を持ち、ベース電流によりコレクタ電流を制御します。

トランジスタは**pn接合部を2つ組み合わせたもの**で、**pnp形**トランジスタと**npn形**トランジスタがあります。電子(●)と正孔(○)の2種類のキャリヤの両方が関与することから、**バイポーラ(2極性)トランジスタ**とも呼ばれます。

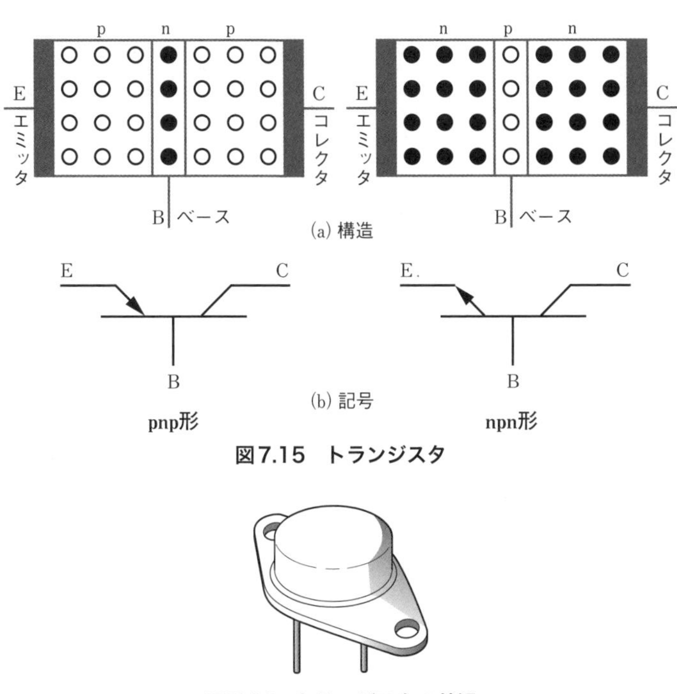

図7.15　トランジスタ

図7.16　トランジスタの外観

(3) 電界効果トランジスタ(FET)

電界効果トランジスタ(FET)は、トランジスタと同様に、微小電圧を増幅する回路やスイッチング素子として利用される半導体素子です。FETは、入力側の電圧(電界)で出力を制御できる高入力インピーダンスの電圧制御形の素子です。**ドレーン**(D)、**ゲート**(G)、**ソース**(S)の3つの電極を持ち、ゲート電圧

プラスワン

増幅作用において増幅度Aは、出力と入力の比で表すが、この増幅度を常用対数で表したものを利得G(gain：ゲイン)といい、単位は〔dB〕(デシベル)を用いる。

利得$G = 20\log_{10} A$〔dB〕となる。

用語

ベース(B)は制御の土台になるという意味、**エミッタ**(E)はキャリヤを発射するという意味、**コレクタ**(C)はキャリヤを集めるという意味。

用語

ドレーン(D)はキャリヤの排出という意味、**ゲート**(G)はキャリヤを制御する門の意味、**ソース**(S)はキャリヤの源という意味である。

用語

電界効果トランジスタ(FET)はキャリヤを1種類しか使わないので、**ユニポーラ**(**単極性**)**トランジスタ**とも呼ばれる。

を変化させることで、ソースとドレーン間の電流の通路であるチャネルの電流を制御します。FETは**接合形**FETと**MOS**(**モス**)**形**FETに分類され、さらにキャリヤに応じて**pチャネル**と**nチャネル**に分けられます。また、MOS形FETには、ゲート電圧を加えなくてもチャネルが形成されて出力電流(ドレーン電流)が流れる**デプレッション形**と、ゲート電圧を加えるとチャネルが形成されてドレーン電流が流れる**エンハンスメント形**があります。

いずれも、ゲート電圧によりドレーン電流を制御します。

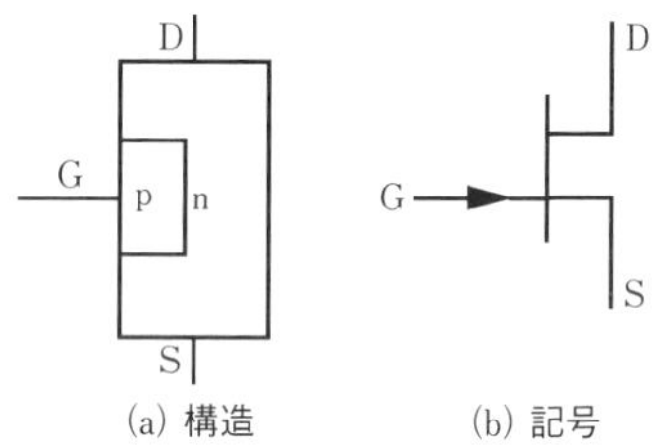

(a) 構造　(b) 記号

図7.17　nチャネル接合形FET

図7.18に示すように、nチャネル接合形FETのG-S間のゲート電圧V_Gが0のときや低いときは、空乏層はチャネルをふさがず、チャネルにはドレーン電流I_Dが流れます。一方、V_Gを高くするとチャネルを完全にふさぎ、ドレーン電流I_Dは流れなくなります。

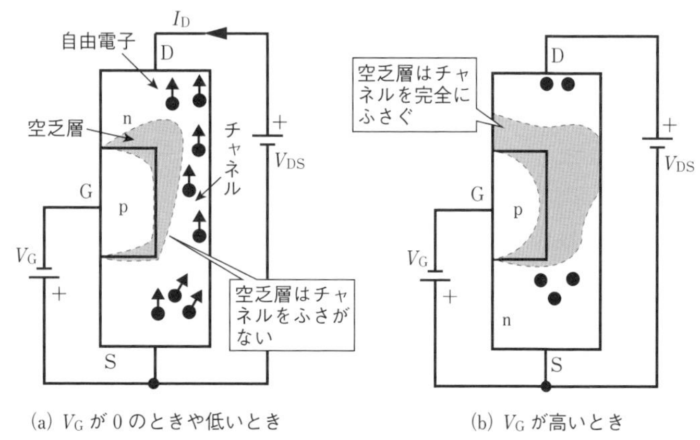

(a) V_Gが0のときや低いとき　(b) V_Gが高いとき

図7.18　接合形FETの動作

(4) サイリスタ

サイリスタは、p形半導体とn形半導体の4層構造で、**アノード**(A：**陽極**)、**カソード**(K：**陰極**)、**ゲート**(G)からなり、ゲートに信号を送ると動作し、小電流で大電流を制御するスイッチ機能を持っています。

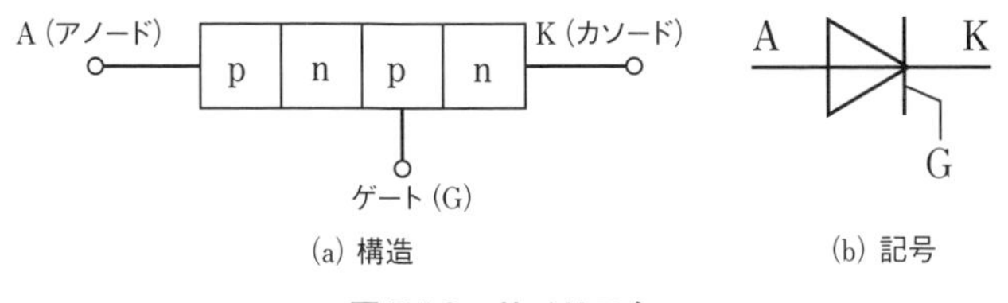

図7.19　サイリスタ

サイリスタは単体で**逆阻止能力**、すなわち**逆方向からの電圧に耐える能力**を持っているため、**逆阻止3端子サイリスタ**とも呼ばれます。サイリスタの制御はゲート端子の信号により行い、非導通から導通へのプロセスは「**点弧**(てんこ)」もしくは「**ターンオン**」といい、反対に導通から非導通へのプロセスは「**消弧**(しょうこ)」もしくは「**ターンオフ**」といいます。**自己消弧能力**は**なく**、消弧には**転流回路**が必要です。

用語
自己消弧能力とは、半導体素子においてオン状態、およびオフ状態を外部から与える信号によって任意に切り替えることができる機能のこと。

用語
転流回路とは、サイリスタに逆電圧をかけてA(アノード)、K(カソード)間に流れる電流を切る回路。

■その他のサイリスタ

①GTOサイリスタ(ゲートターンオフサイリスタ)

GTOサイリスタまたは単にGTOとも呼ばれ、文字通り、ゲートの信号で消弧もできる**自己消弧形**の半導体素子です。

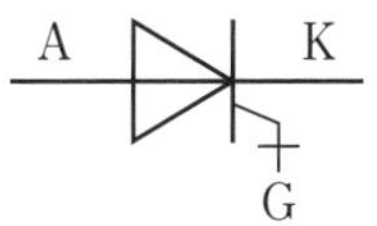

図7.20　GTOの記号

②IGBT(絶縁ゲートバイポーラトランジスタ)

IGBTは、MOS形FETをゲート部に組み込んだバイポーラ(2極性)トランジスタです。

自己消弧形であり、**大電力のスイッチング**が可能な半導体素子です。

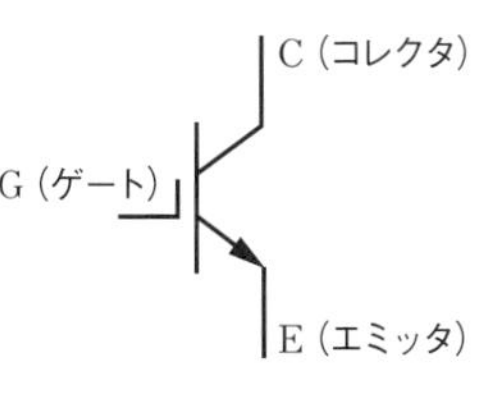

図7.21　IGBTの記号

第7章　電子理論

解法のヒント

ソースはキャリヤの源、ドレーンはキャリヤの排出という意味。**pチャネル素子**では、多数キャリヤの正孔がドレーンから排出されるので、**電流はソースからドレーンに流れる**。**nチャネル素子**では、多数キャリヤの電子がドレーンから排出されるので、**電流はドレーンからソースに流れる**。

例題にチャレンジ！

半導体素子に関する記述として、誤っているものはどれか。

(1) サイリスタは、p形半導体とn形半導体の4層構造を基本とした素子である。

(2) 可変容量ダイオードは、加えている逆方向電圧を変化させると静電容量が変化する。

(3) 2種類のキャリヤを使用するトランジスタをバイポーラトランジスタという。

(4) nチャネル接合形FETの電流は、ソースからドレーンに流れる。

(5) ホトダイオードは、光が照射されると、p側に正電圧、n側に負電圧が生じる素子である。

・解答と解説・

(1)、(2)、(3)、(5)の記述は正しい。

(4) **誤り**（答）。FETではドレーンとソース間が電流の通り道（チャネル）である。チャネルがn形半導体であるnチャネル素子では、多数キャリヤである電子がソースからドレーンに流れる。すなわち、**電流はドレーンからソースに流れる**。したがって、(4)の記述は誤りである。

理解度チェック問題

問題　次の[　　　]の中に適当な答えを記入せよ。

1．ダイオードは、[(ア)]方向の電圧の大きさによって[(イ)]の幅が変化し、[(イ)]の[(ウ)]が変化する。この性質は[(エ)]に用いられている。

2．トランジスタは、小さな信号を大きくする[(オ)]作用や、信号をON／OFFする[(カ)]作用などの働きをする半導体素子である。

3．FETは、ドレーン、ゲート、ソースの3つの電極を持ち、ゲート電圧を変化させることで、[(キ)]と[(ク)]間の電流の通路である[(ケ)]の電流を制御する。

4．サイリスタは、p形半導体とn形半導体の4層構造で、逆阻止[(コ)]端子サイリスタとも呼ばれ、ターンオフする自己消弧能力が[(サ)]。

5．GTOは、ゲートの信号で消弧できる[(シ)]形の半導体素子である。

解答

(ア)逆　(イ)空乏層　(ウ)静電容量　(エ)可変容量ダイオード　(オ)増幅
(カ)スイッチ　(キ)ソース　(ク)ドレーン　(ケ)チャネル　(コ)3
(サ)ない　(シ)自己消弧　※(キ)と(ク)は逆でもよい。

44日目

第7章 電子理論

LESSON 44

電子回路

半導体素子を利用した増幅回路について学びます。難しい分野ですが、演算増幅器の４つの特徴は必ず覚えましょう。

関連過去問 098

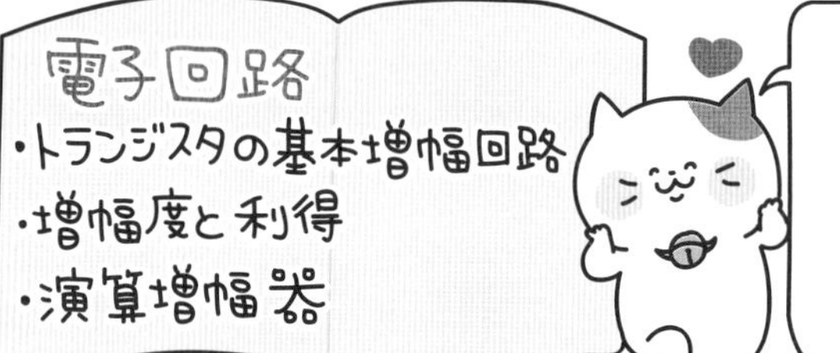

1 トランジスタの基本増幅回路 重要度 C

補足

入出力共通端子は、通常筐体（シャーシ）に接続され、回路動作の基準電位となる。これをグランド（GND）と呼び、ほぼ接地と同じ意味を持つ。例えば、エミッタを入出力共通端子とする増幅回路は、エミッタ接地増幅回路と呼ばれる。ただし、必ずしもグランド（GND）が大地に接続されているとは限らない。

トランジスタには、**入力電圧**や**電流**、**電力**を増幅して出力する**増幅作用**があります。

トランジスタの基本的な増幅回路は、図7.22の３種類です。

(a)**エミッタ接地増幅回路**は、入力端子がベース(B)、出力端子がコレクタ(C)、入出力共通端子がエミッタ(E)となります。

(b)**コレクタ接地増幅回路**は、入力端子がベース(B)、出力端子がエミッタ(E)、入出力共通端子がコレクタ(C)となります。

(c) **ベース接地増幅回路**

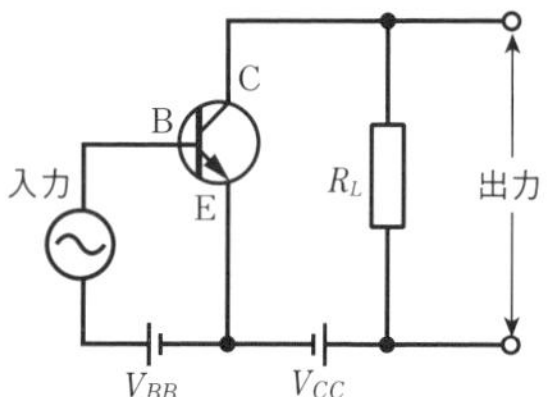

(a) エミッタ接地増幅回路

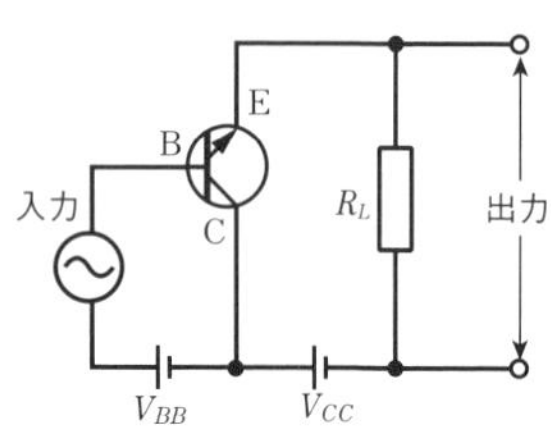

(b) コレクタ接地増幅回路

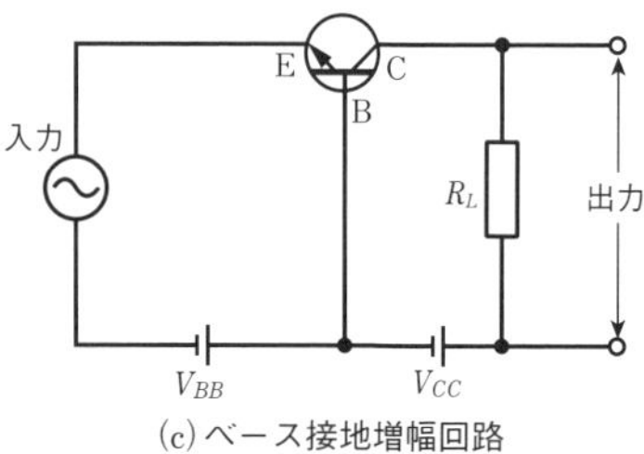

(c) ベース接地増幅回路

図7.22 基本増幅回路（npn形トランジスタ）

は、入力端子がエミッタ(E)、出力端子がコレクタ(C)、入出力共通端子がベース(B)となります。

トランジスタの基本増幅回路の動作は、直流分と交流分に分けて考えることができます。電圧増幅度や電流増幅度などは、交流分に対して定義されています。

◎エミッタ接地増幅回路

基本増幅回路の中で、エミッタを入出力の共通端子とする、**エミッタ接地増幅回路**が広く使用されています。

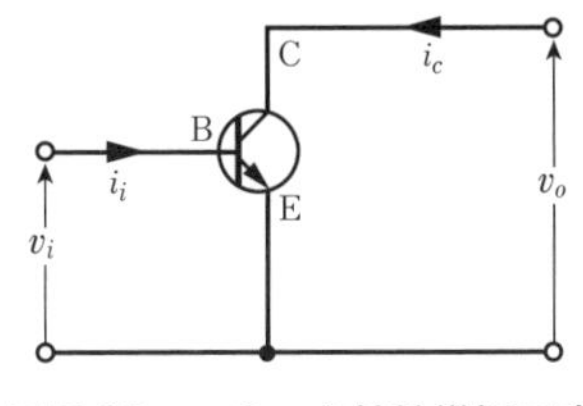

図7.23　エミッタ接地増幅回路

図7.23のようなエミッタ接地増幅回路の等価回路は、理想電圧源、理想電流源、インピーダンス、アドミタンスを使用し、図7.24のようになります。

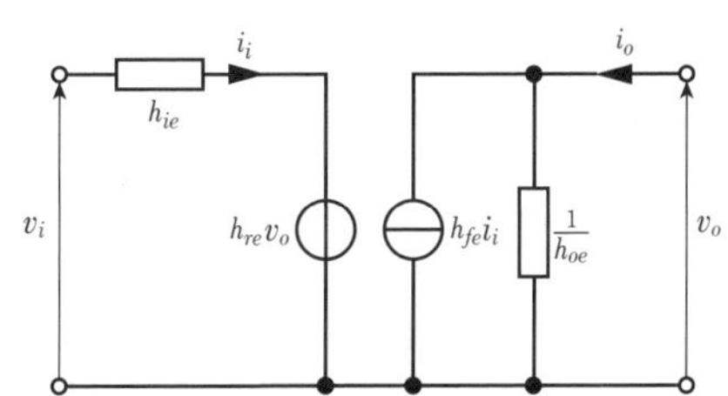

図7.24　エミッタ接地増幅回路の等価回路

この等価回路の入出力関係には、次の式が成立します。

$$
\begin{cases}
v_i = h_{ie}i_i + h_{re}v_o \\
i_o = h_{fe}i_i + h_{oe}v_o
\end{cases}
$$

h_{ie}：入力インピーダンス〔Ω〕　h_{fe}：小信号電流増幅率

h_{re}：電圧帰還率　　　　　　　h_{oe}：出力アドミタンス〔S〕

上記のそれぞれの定数をhパラメータといい、この定数は接地方式により値が異なり、定数の末尾の「e」はエミッタ接地のパラメータであることを表します。

一般に、h_{re}、h_{oe}の値は非常に小さいので、これらを省略した等価回路を**簡易等価回路**といい、図7.25のようになります。

第7章　電子理論

補足

⦶は、理想電圧源の図記号。

⊖は、理想電流源の図記号。

増幅回路の等価回路の理論は大変難しく、電験三種試験での出題頻度は低いです。ですから、読み流す程度にしておきましょう。

したがって、簡易等価回路では次式が成立します。

$v_i = h_{ie} i_i$

$i_o = h_{fe} i_i$

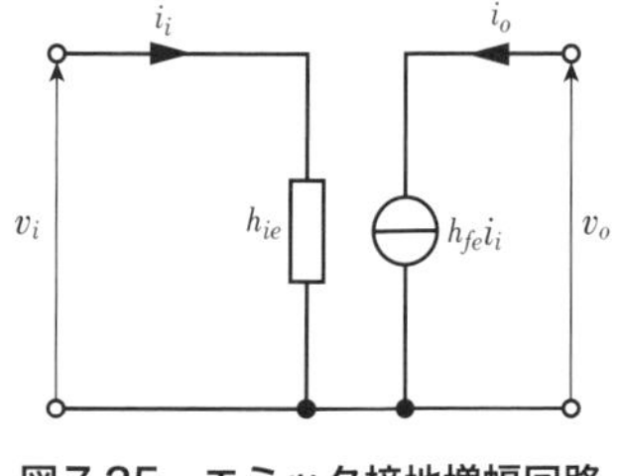

図7.25　エミッタ接地増幅回路の簡易等価回路

2 増幅度と利得 重要度C

一般に増幅回路は、図7.26のように、入力端子が2つと出力端子が2つある**四端子回路**(したんし)として表すことができます。このとき、出力電圧v_oと入力電圧v_iの比の絶対値を**電圧増幅度**A_vといい、出力電流i_oと入力電流i_iの比の絶対値を**電流増幅度**A_iといいます。また、出力電力P_oと入力電力P_iの比$\frac{P_o}{P_i}$を**電力増幅度**A_pといいます。

図7.26　増幅回路の四端子表示

電圧、電流、電力の増幅度は、次のように表します。

重要公式　増幅回路の増幅度

電圧増幅度　$A_v = \left|\frac{v_o}{v_i}\right|$

電流増幅度　$A_i = \left|\frac{i_o}{i_i}\right|$　　(6)

電力増幅度　$A_p = \left|\frac{P_o}{P_i}\right|$

増幅度を常用対数で表したものを**利得**(gain：ゲイン)といい、単位は〔dB〕(デシベル)を用います。電圧、電流、電力の利得は、次のように表します。

重要 公式　増幅回路の利得

電圧利得　$G_v = 20\log_{10} A_v$〔dB〕
電流利得　$G_i = 20\log_{10} A_i$〔dB〕　(7)
電力利得　$G_p = 10\log_{10} A_p$〔dB〕

補足
$a^x = C$のとき、これを、aを底(てい)とするCの対数がxと表現し、$x = \log_a C$と表す。$a = 10$を底とする対数を常用対数、$a = e \fallingdotseq 2.71828$（ネイピア数）を底とする対数を自然対数という。logは「ログ」と読み、logarithmの略である。

受験生からよくある質問

Q　電力利得G_pは常用対数に掛ける倍数が10倍で、電圧利得G_v、電流利得G_iが20倍となるのはなぜですか？

A　デシベル〔dB〕とは、電圧、電流、電力、音の強さなどのレベルの大きさを対数的に表す単位です。デシ：deciとは$\frac{1}{10}$の意味で、1〔B〕＝10〔dB〕となります（1リットル＝10デシリットルと同じ意味です）。単位の〔B〕（ベル）は、電話の発明者のBellの名をとって定められました。

実用上、電力利得を〔B〕の単位にすると数値が小さくなり使いにくいので、その10倍となるよう単位にデシ：deciのdを付け、〔dB〕としました。よって、

電力利得$G_p = 10\log_{10}\left(\frac{P_o}{P_i}\right)$〔dB〕となります。

また、電力$P = \frac{V^2}{R}$なので、電力利得G_pの式から電圧利得G_vを求めると、

$$10\log_{10}\left(\frac{P_o}{P_i}\right) = 10\log_{10}\left\{\frac{\left(\frac{V_o^2}{R}\right)}{\left(\frac{V_i^2}{R}\right)}\right\}$$
$$= 10\log_{10}\left(\frac{V_o}{V_i}\right)^2$$
$$= 20\log_{10}\left(\frac{V_o}{V_i}\right)$$
$$= G_v$$

このように、電圧利得$G_v = 20\log_{10}\left(\frac{V_o}{V_i}\right)$〔dB〕となります。

同様に、電力$P = I^2 \cdot R$なので、電力利得G_pの式から電流利得G_iを求めると、

補足
対数には、次の性質がある。
$\log_a M^n = n\log_a M$
したがって、
$10\log_a M^n = 10n\log_a M$
となる。

$$10\ \log_{10}\left(\frac{P_o}{P_i}\right)=10\ \log_{10}\ \frac{(I_o{}^2R)}{(I_i{}^2R)}$$

$$=10\ \log_{10}\ \left(\frac{I_o}{I_i}\right)^2$$

$$=20\ \log_{10}\ \left(\frac{I_o}{I_i}\right)\text{〔dB〕}$$

$$=G_i$$

このように、電流利得$G_i=\mathbf{20}\ \log_{10}\left(\frac{I_o}{I_i}\right)$〔dB〕となります。

3 演算増幅器 重要度 B

演算増幅器は、入力電圧の**加減算**、**積分**、**微分**により**出力電圧を得る増幅器**です。

その用途は、**増幅回路**、**発振回路**、**積分回路**、**コンパレータ**(**電圧比較器**)など、いろいろな電子機器に組み込まれています。

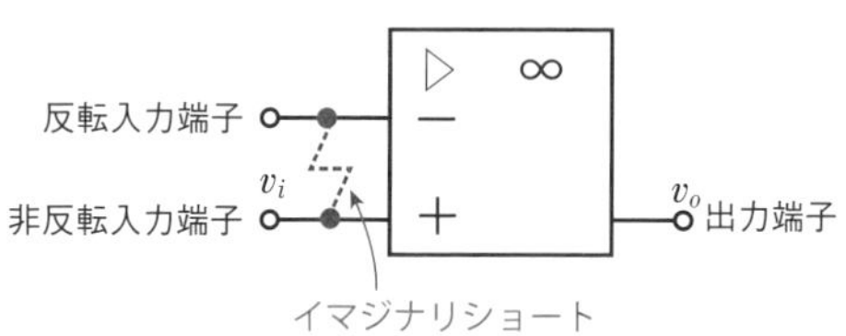

図7.27　演算増幅器

演算増幅器は、オペアンプともいう。

演算増幅器の4つの特徴を押さえておくだけで、得点源になるニャン

演算増幅器は図7.27に示すように、**反転入力端子**(−)と**非反転入力端子**(+)の2つの入力端子と1つの**出力端子**から構成される**増幅素子**で、次のような特徴を持ちます。

a．**電圧増幅度**A_v**は非常に大きい**ので、$A_v=\infty$として扱える。

b．**入力インピーダンス**Z_iは**非常に大きい**ので、$Z_i=\infty$として扱える。

c．**出力インピーダンス**Z_oは**非常に小さい**ので、$Z_o=0$として扱える。

d．**直流から高周波の信号まで増幅できる。**

演算増幅器は、2つの入力端子間の電位差を無限大に増幅するので、そのままでは使用できません。そこで、出力信号を入力信号に戻す(帰還する)ことで、電圧増幅度を一定の値にすることができます。このようにして使用すると、演算増幅器の入力端子間の電位差が0になるように動作します。この状態を**イマジナリショート(仮想短絡)**といい、入力端子間を短絡しているように考えることができます。また、演算増幅器は、**入力端子間の電圧のみを増幅**して出力する一種の**差動増幅器**として働きます。

イマジナリショート(仮想短絡)

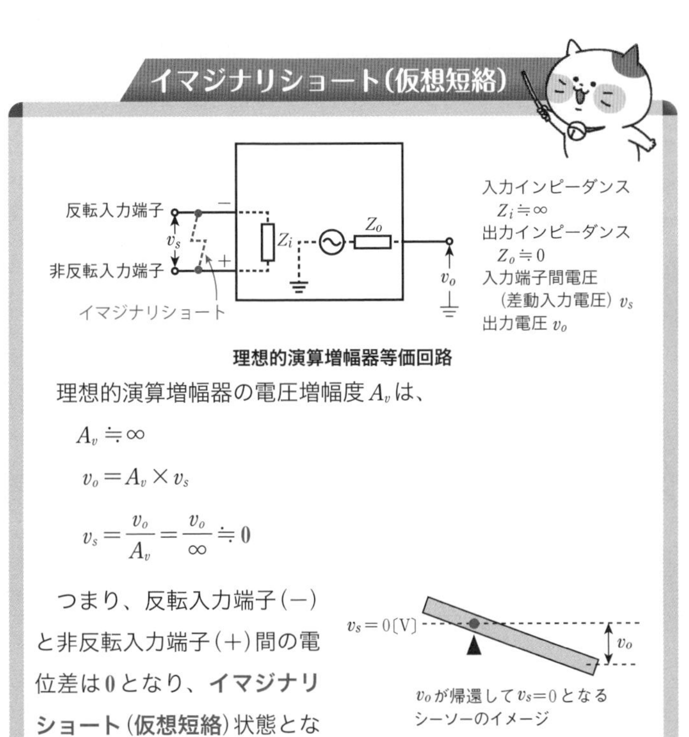

理想的演算増幅器等価回路

理想的演算増幅器の電圧増幅度 A_v は、

$$A_v \fallingdotseq \infty$$

$$v_o = A_v \times v_s$$

$$v_s = \frac{v_o}{A_v} = \frac{v_o}{\infty} \fallingdotseq 0$$

つまり、反転入力端子(−)と非反転入力端子(+)間の電位差は0となり、**イマジナリショート(仮想短絡)**状態となります。

v_o が帰還して $v_s = 0$ となるシーソーのイメージ

補足

v_0 が帰還して
⇒シーソーを v_0 だけ持ち上げるイメージ
$v_s = 0$ となる
⇒シーソーが水平となるイメージ

(1) 非反転増幅(同相増幅)回路

補 足

図7.28および図7.29の回路図において、R_2を帰還抵抗といい、出力信号はR_2を通して入力信号に戻される。なお、R_1を入力抵抗という。

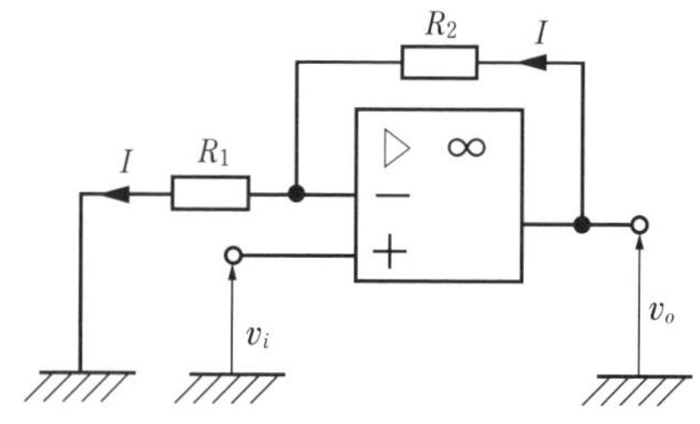

図7.28　非反転増幅(同相増幅)回路

補 足

非反転増幅回路は、入力電圧v_iと出力電圧v_oの位相が同相となるため、**同相増幅回路**ともいう。

図7.28のように、非反転入力端子(＋)に入力電圧v_iを入力する回路を、**非反転増幅回路**といいます。入力インピーダンスが無限大であることから、反転入力端子に電流が流れないので、抵抗R_1、R_2に流れる電流をI〔A〕とすると、出力電圧v_o〔V〕は、

$$v_o = (R_1 + R_2) I \text{〔V〕}$$

となり、イマジナリショートを利用して電圧増幅度A_vは、次式のようになります。

重要公式　非反転増幅回路の電圧増幅度

$$A_v = \frac{v_o}{v_i} = \frac{(R_1+R_2)I}{R_1 I} = \frac{R_1+R_2}{R_1} = 1 + \frac{R_2}{R_1} \quad (8)$$

(2) 反転増幅(逆相増幅)回路

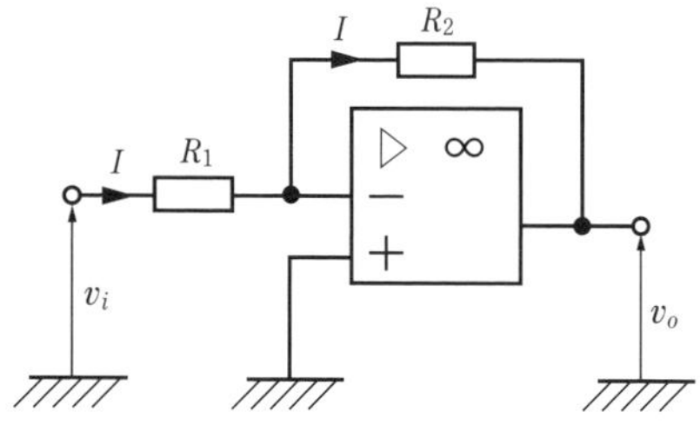

図7.29　反転増幅(逆相増幅)回路

補 足

反転増幅回路は、入力電圧v_iと出力電圧v_oの位相が逆相となるため、**逆相増幅回路**ともいう。
簡単にいえば、入力電圧v_iが正値(＋)のとき、出力電圧v_0は負値(−)となる。

図7.29のように、反転入力端子(−)に入力電圧v_iを入力する回路を**反転増幅回路**といいます。抵抗R_1、R_2に流れる電流をI〔A〕とすると、イマジナリショートを利用して入力電圧v_i〔V〕と出力電圧v_o〔V〕は、

$v_i = R_1 I$

$v_o = -R_2 I$

となり、電圧増幅度A_vは、次式のようになります。

重要公式　反転増幅回路の電圧増幅度

$$A_v = \frac{v_o}{v_i} = \frac{-R_2 I}{R_1 I} = -\frac{R_2}{R_1} \tag{9}$$

なお、－の符号は出力電圧が反転した増幅を表しています。

例題にチャレンジ！

演算増幅器(オペアンプ)について、次の(a)および(b)に答えよ。

(a) 演算増幅器の特徴に関する記述として、誤っているのは次のうちどれか。

(1) 反転増幅と非反転増幅の2つの入力端子と1つの出力端子がある。

(2) 直流を増幅できる。

(3) 入出力インピーダンスが大きい。

(4) 入力端子間の電圧のみを増幅して出力する一種の差動増幅器である。

(5) 増幅度が非常に大きい。

(b) 図1および図2のような直流増幅回路がある。それぞれの出力電圧V_{o1}〔V〕、V_{o2}〔V〕の値を答えよ。

ただし、演算増幅器は理想的なものとし、$V_{i1}=0.6$〔V〕および$V_{i2}=0.45$〔V〕は入力電圧である。

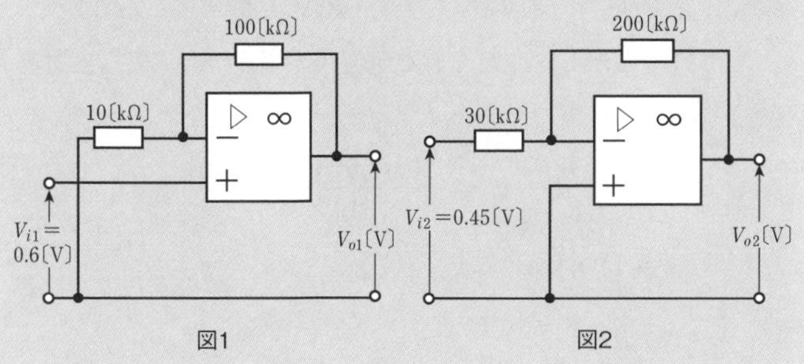

図1　　図2

・解答と解説・

(a) (1)、(2)、(4)、(5)の記述は正しい。

(3) **誤り**(答)。演算増幅器は、入力インピーダンスは非常に大きく、出力インピーダンスは非常に小さいという特徴がある。したがって、「入出力インピーダンスが大きい」という記述は誤りである。

(b) 問題図1は、非反転入力端子(+)に入力電圧V_{i1}を入力する回路なので、**非反転増幅回路**である。演算増幅器の入力インピーダンスは非常に大きいため、入力端子に電流は流れないので、電流Iは図aのように流れ、オームの法則から次式が成り立つ。

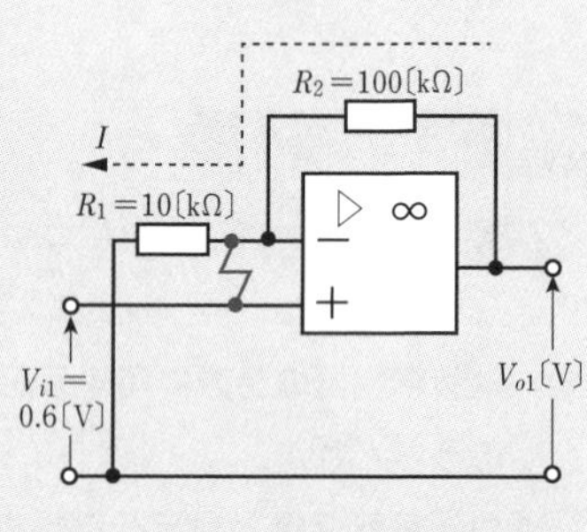

図a　非反転増幅回路

$(R_1 + R_2) I = V_{o1}$………①

演算増幅器の入力端子は**イマジナリショート**により、反転入力端子の電圧が非反転入力端子の電圧と等しくなるので、オームの法則から次式が成り立つ。

$R_1 I = V_{i1}$………②

式①と式②の比から、次の式③が得られる。この式は、一般的な非反転増幅回路の増幅度A_1を表す式となる。

$$A_1 = \frac{V_{o1}}{V_{i1}} = \frac{(R_1 + R_2) I}{R_1 I} = \frac{R_1 + R_2}{R_1} \cdots\cdots ③$$

式③を変形し、与えられた値を代入すると、求める出力電圧V_{o1}は、

$$V_{o1} = \frac{R_1 + R_2}{R_1} V_{i1} = \frac{10 \times 10^3 + 100 \times 10^3}{10 \times 10^3} \times 0.6$$

$$= 11 \times 0.6 = \mathbf{6.6}〔\mathrm{V}〕(答)$$

解法のヒント

イマジナリショートを、図a、図bの回路図に赤線(ϟ)で示す。

補足

演算増幅器の計算問題は、マイナス(−)端子とプラス(+)端子をショート(短絡)して考えることで、増幅度の公式を忘れても正解を導くことができる。

問題図2は、反転入力端子(−)に入力電圧V_{i2}を入力する回路なので、**反転増幅回路**である。非反転増幅回路の場合と同様に、入力端子に電流は流れないことから、電流Iは図bのように流れる。また、**イマジナリショート**により、反転入力端子の電圧は、非反転入力端子の電圧と等しくなるので、次式が成り立つ。

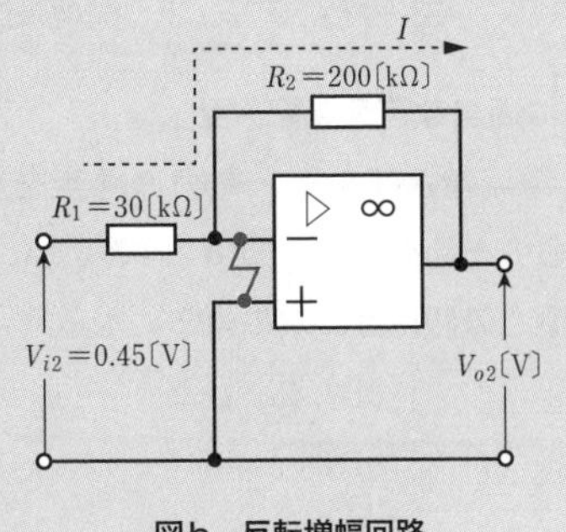

図b　反転増幅回路

$V_{i2}=R_1 I$〔V〕………④

$V_{o2}=-R_2 I$〔V〕………⑤

式④と式⑤の比から、式⑥が得られる。この式は、一般的な反転増幅回路の増幅度A_2を表す式となる。

$$A_2=\frac{V_{o2}}{V_{i2}}=\frac{-R_2 I}{R_1 I}=-\frac{R_2}{R_1}\cdots\cdots\cdots⑥$$

式⑥を変形し、与えられた値を代入すると、求める出力電圧V_{o2}は、

$$V_{o2}=-\frac{R_2}{R_1}V_{i2}=-\frac{200\times10^3}{30\times10^3}\times0.45=-\frac{20}{3}\times0.45$$

$$=-\mathbf{3.0}〔V〕（答）$$

第7章　電子理論

理解度チェック問題

問題　次の□の中に適当な答えを記入せよ。

1. 電圧増幅度をA_v、電流増幅度をA_i、電力増幅度をA_pとすると、これらの増幅度を常用対数で表したものを利得(gain：ゲイン)といい、単位は〔dB〕(デシベル)を用いる。電圧、電流、電力の利得は、次のようになる。

　電圧利得　$G_v=$ (ア) 〔dB〕

　電流利得　$G_i=$ (イ) 〔dB〕

　電力利得　$G_p=$ (ウ) 〔dB〕

2. 演算増幅器は、出力信号を入力信号に戻すことで電圧増幅度を一定の値にすることができる。このようにして使用すると、演算増幅器の入力端子間の電位差が (エ) になるように動作する。この状態を (オ) といい、入力端子間を短絡しているように考えることができる。また、演算増幅器は、入力端子間の電圧のみを増幅して出力する一種の (カ) として働く。

解答

(ア)$20\log_{10}A_v$　(イ)$20\log_{10}A_i$　(ウ)$10\log_{10}A_p$
(エ)0　(オ)イマジナリショート(仮想短絡)　(カ)差動増幅器

LESSON 45

各種効果と応用例

物質には、熱電（ねつでん）効果、光電（こうでん）効果などいろいろな効果があります。これらの効果をしっかり理解しましょう。

関連過去問 099, 100

熱電効果
ゼーベック効果
ペルチェ効果
トムソン効果
ゼーベック、ペルチェ、
トムソン、ホール…
最後はピンチ！

1 熱電効果 重要度A

熱電効果とは、電気エネルギーと熱エネルギーの可逆変換作用をいい、**ゼーベック効果、ペルチェ効果、トムソン効果**の3種類に大別できます。

半導体は、金属に比べて**これらの効果がきわめて高く**なっています。

(1) ゼーベック効果

2種類の金属（半導体を含む）A、Bの**接合部に温度差**を与えると、**熱起電力**を生じる現象を**ゼーベック効果**といいます。

温度測定などに利用される熱電対は、この効果を応用したものです。

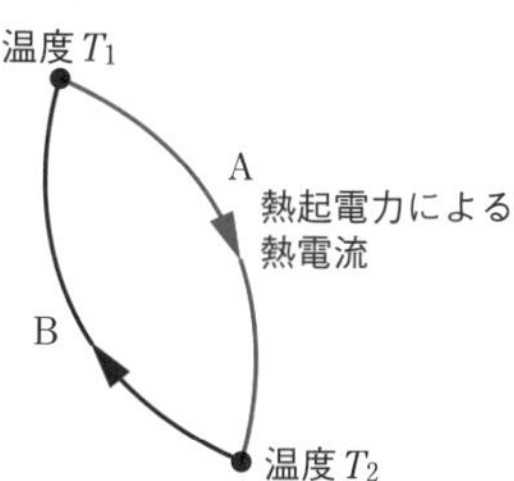

$T_1 > T_2$または$T_2 > T_1$
温度差を逆にすると、熱起電力の向きが逆になる。

図7.30　ゼーベック効果

(2) ペルチェ効果

2種類の金属（半導体を含む）A、Bの**接合部に電流**を流すと、接合部でジュール熱のほかに**発熱**、または

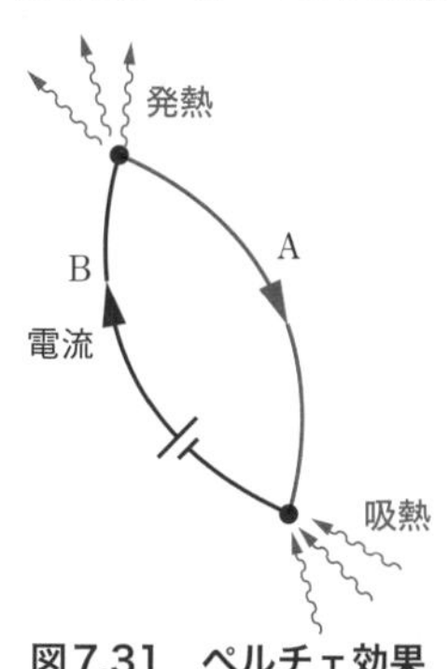

図7.31　ペルチェ効果

補足
電気エネルギーは、熱エネルギーに変換できる。また逆に、熱エネルギーは、電気エネルギーに変換できる。これを**可逆変換作用**という。

用語
起電力とは、回路に電流を生じさせる原動力のこと。熱によって生じた起電力が**熱起電力**。

用語
熱電対とは、ゼーベック効果を利用するために、2種類の金属線を両端で接合して閉回路としたもののこと。

用語
ジュール熱とは、導体内に電流を流したとき、電気抵抗によって導体内に発生する熱のこと。

吸熱する現象を**ペルチェ効果**といいます。電流の向きを逆にすると、発熱、吸熱の関係も逆になります。

電子冷凍などに利用されています。

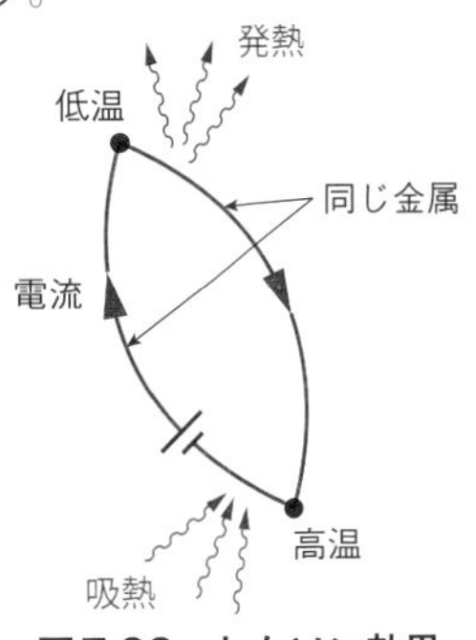

図7.32　トムソン効果

(3) トムソン効果

均質な金属(半導体を含む)の**2点間に温度差**があるとき、**電流**を流すと、ジュール熱のほかに**発熱**または**吸熱**が起こります。この現象を**トムソン効果**といいます。

補足
トムソン効果の発熱、吸熱は、接合部で起こるのではなく、図の両側の線で起こる。電流を逆に流せば、発熱、吸熱も逆になる。

2 光電効果　重要度 B

光電効果には、**光起電力効果**(ひかり)、**光導電効果**(こうどうでん)、**光電子放出効果**(こうでんし)の3種類があります。

(1) 光起電力効果

物質に光を当てると**起電力**を生じる現象を**光起電力効果**といい、太陽電池、照度計などに利用されています。

太陽電池のしくみ

一般的に使われている太陽電池は、n形半導体とp形半導体を図のように接合させたもので、ダイオードの一種です。

n形半導体とp形半導体の接合部分付近に光を当てると、結合を作っている電子の一部が光のエネルギーによって結合から離れ、負(マイナス)の電荷を持った

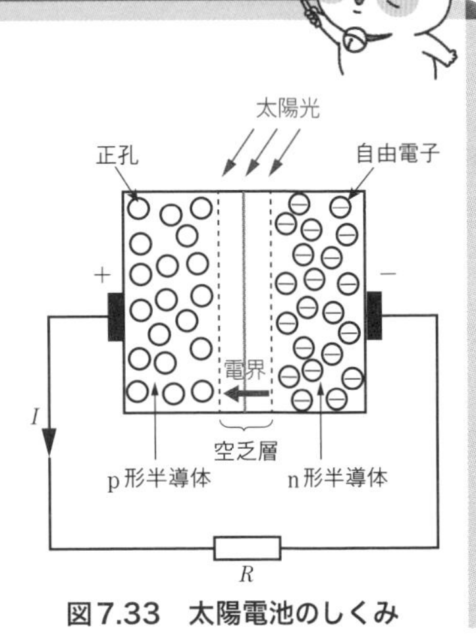

図7.33　太陽電池のしくみ

プラスワン
太陽電池から取り出された電力が、負荷抵抗Rで消費されているとき、太陽光から得たエネルギーの一部を放出するため、負荷抵抗Rを接続する前に比べて**太陽電池の温度は低くなる。**

自由電子となります。

また、電子を失った部分は、電子の孔（正孔）となり、正（プラス）の電荷を持った粒子としてふるまうようになります。

このとき、空乏層にできる内部電界により、負の電荷を持つ自由電子はn形半導体に、正の電荷を持つ正孔（ホール）はp形半導体に引き寄せられます。そのため、n形側は負、p形側は正にそれぞれ帯電して起電力が生じます。

n形半導体に負の電極、p形半導体に正の電極を設け、この起電力を外部回路へ取り出して利用します。

(2) 光導電効果

物質に光を当てると**導電率が変化**する現象を、**光導電効果**といいます。例えば、半導体や絶縁体に短波長の光を照射すると、物質内部の伝導電子が増加し、導電率が増加します。

光の信号を電気信号に変換する素子、固体撮像素子（カメラのCCD）などに利用されています。

補足　光導電効果は、内部光電効果ともいう。

用語　**伝導電子**とは、光のエネルギーを吸収した電子で、導電率の増加に寄与する電子。

(3) 光電子放出効果

物質に光を当てると物質の**表面から電子を放出**する現象を、**光電子放出効果**といいます。光電管、光電子増倍管などに利用されています。

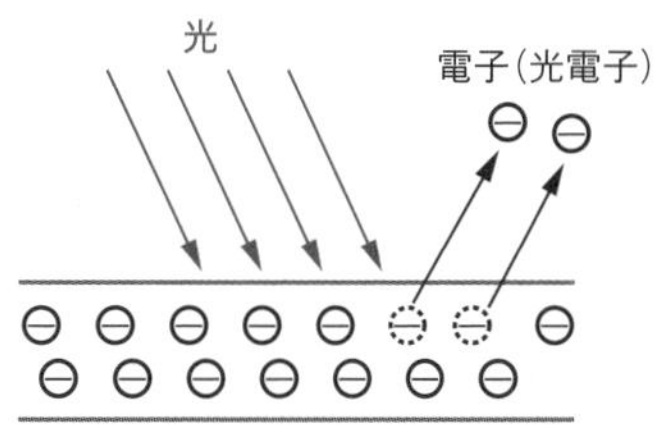

補足　光電子放出効果は、外部光電効果ともいう。

③ その他の効果　重要度 B

そのほかの効果として、**ホール効果**、**圧電効果**（**ピエゾ効果**）、**表皮効果**、**ピンチ効果**などがあります。

(1) ホール効果

金属や半導体において、**流れる電流** I **に対して直角に磁界** H を与えると、I および H と互いに直角方向に**起電力** V_H を生じる

第7章　電子理論

補足

ホール効果は、米国の物理学者ホールが発見したのでこの名前がある。正孔（ホール）とは関係がない。

現象を**ホール効果**といいます。

ホール起電力V_Hは、電流をI〔A〕、磁束密度をB〔T〕、半導体の厚さをd〔m〕、比例定数をR_H〔m^3/C〕とすると、

$$V_H = R_H \times \frac{BI}{d} \text{〔V〕}$$

で表されます。

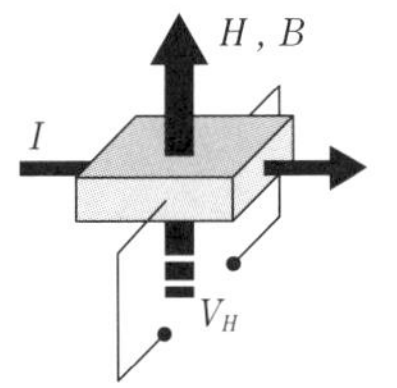

H：磁界の方向
B：磁束密度
I：電流の方向
V_H：起電力

図7.34　ホール効果

電流、磁界、電力の測定などに利用されています。

(2) 圧電効果（ピエゾ効果）

圧電素子とは、圧電効果と逆圧電効果への反応力を備えた物質のこと。

水晶や**ロッシェル塩**などの圧電素子の**結晶に圧力**を加えると、圧力変化に応じて**電圧が生じる**現象を、**圧電効果**（**ピエゾ効果**）といいます。

ライターやガスコンロの着火装置などに利用されています。

また、圧電効果とは逆に、水晶やロッシェル塩などの圧電素子の結晶に**電圧を加える**と**結晶が歪（ひず）む**現象を**逆圧電効果**といい、魚群探知機（ソナー）やスピーカーなどに利用されています。

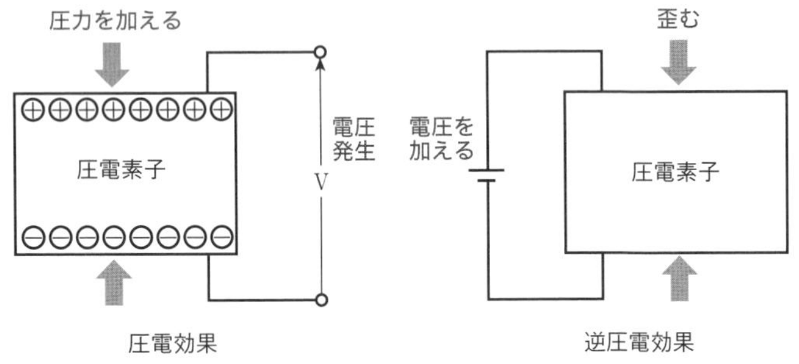

図7.35　圧電効果と逆圧電効果

(3) 表皮効果

導体を流れる**交流電流**は、**周波数が高く**なるほど**導体表面に集中**するようになります。この現象を**表皮効果**といいます。

高周波表面焼入れなどに利用されています。

表皮効果とは

1. 導体に流れる交流電流Iにより、アンペアの右ねじの法則にしたがう方向に磁束ϕが発生。
2. レンツの法則により、ϕの変化を妨げる方向に渦(うず)電流iが発生。ϕの変化率は、交流の周波数が高いほど大きい。したがって、周波数が高いほど渦電流iも大きい。
3. 渦電流iの方向は、導体中央部では交流電流Iと逆方向でIを打ち消し、導体表面ではIと同方向でIを増加する。

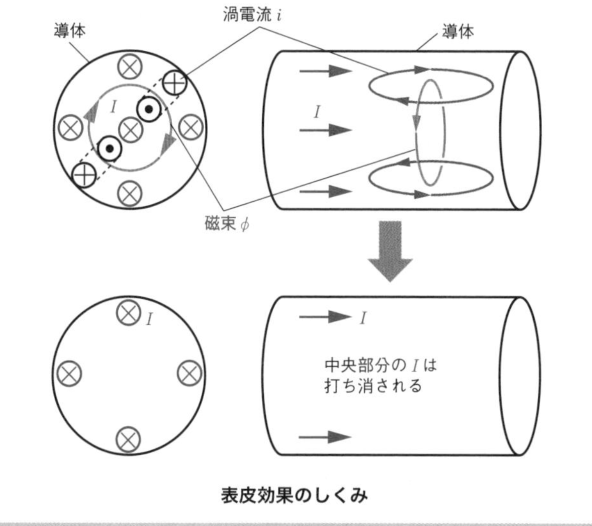

表皮効果のしくみ

(4) ピンチ効果

互いに**平行に流れる同方向の電流**には**吸引力**が生じます。アークやプラズマなど、流体に電流が流れている場合、流体は吸引力のため中心部に締め付けられ、細いひも状に収縮します。この現象を**ピンチ効果**といいます。

用語 

アークとは、2つの電極間の気体放電の一種で、高温で強い光を発しながら電流が流れている状態。

用語

プラズマとは、高温になった気体中の分子が陽イオンと電子に分かれている状態。
電気を通しやすくなっている。

例題にチャレンジ！

各種効果に関する記述として、誤っているものを次の(1)〜(5)のうちから1つ選べ。

(1) 金属や半導体において、流れる電流と直角に磁界を与えると、互いに直角方向に起電力を生じる現象をホール効果という。

(2) 水晶、ロッシェル塩などに圧力を加えると、圧力変化に応じて電圧が生じる現象を圧電効果（ピエゾ効果）という。

(3) 2種類の金属の接合部に温度差を与えると、熱起電力を生じる現象をペルチェ効果という。

(4) 導体を流れる交流電流は、周波数が高くなるほど導体表面に集中するようになる。この現象を表皮効果という。

(5) 均質な金属の2点間に温度差があるとき、電流を流すと、熱の発生または熱の吸収が起こる。この現象をトムソン効果という。

・解答と解説・

(1)、(2)、(4)、(5)の記述は正しい。

(3) **誤り**（答）。2種類の金属の接合部に温度差を与えると、熱起電力を生じる現象を**ゼーベック効果**という。**ペルチェ効果**は、これと可逆的な現象で、2種類の金属を接合して電流を流すと、一方の接合部で発熱、もう一方の接合部で吸熱が起こる。詳しくは本文の解説を参照。

理解度チェック問題

問題　次の［　　］の中に適当な答えを記入せよ。

物質に光を当てると起電力を生じる現象を［（ア）］といい、太陽電池などに利用されている。

一般的に使われている太陽電池は、n形半導体とp形半導体を接合させたもので、［（イ）］の一種である。

n形半導体とp形半導体の接合部付近に光を当てると、結合を作っている電子の一部が光のエネルギーによって結合から離れ、負の電荷を持った［（ウ）］となる。

また、電子を失った部分は、［（エ）］となり、正の電荷を持った粒子としてふるまうようになる。

このとき、［（オ）］にできる内部電界により、負の電荷を持つ［（ウ）］は［（カ）］半導体に、正の電荷を持つ［（エ）］は、［（キ）］半導体に引き寄せられて帯電する。

この状態で、n形半導体に［（ク）］の電極、p形半導体に［（ケ）］の電極を設け、この帯電した起電力を外部回路に取り出して利用する。

解答

(ア)光起電力効果　(イ)ダイオード　(ウ)自由電子　(エ)正孔　(オ)空乏層
(カ)n形　(キ)p形　(ク)負　(ケ)正

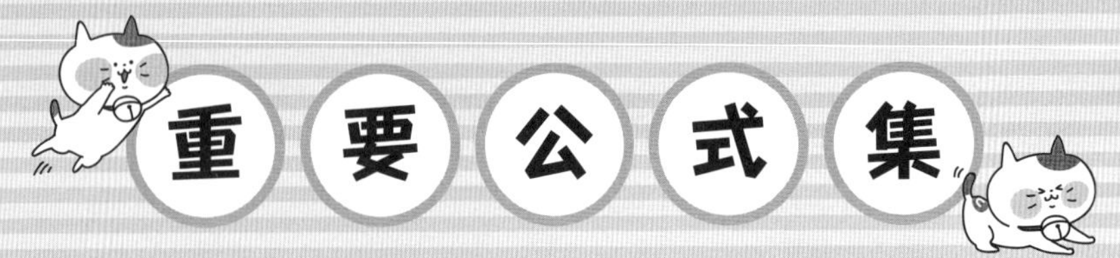

テキスト編の重要公式をまとめて収録しました。
いずれも計算問題で頻出の公式です。
計算問題で実際に使えるように、しっかりマスターしましょう。

第1章 静電気

LESSON 1
静電気とクーロンの法則

重要公式 静電気に関するクーロンの法則

$$F=\frac{Q_1Q_2}{4\pi\varepsilon_0 r^2}=9\times10^9\times\frac{Q_1Q_2}{r^2}\text{〔N〕} \quad (1)$$

LESSON 3
電界と電位

重要公式 電界の強さ

$$E=\frac{Q}{4\pi\varepsilon_0 r^2}=9\times10^9\times\frac{Q}{r^2}\text{〔V/m〕} \quad (3)$$

重要公式 電界中で電荷が受ける静電力

$$F=qE\text{〔N〕} \quad (4)$$

重要公式 電束密度と電界の強さの関係

$$D=\varepsilon E=\varepsilon_0\varepsilon_r E\text{〔C/m}^2\text{〕} \quad (5)$$

重要公式 電荷の周りの電位

$$V=\frac{Q}{4\pi\varepsilon_0 r}\text{〔V〕} \quad (7)$$

LESSON 4
静電容量とコンデンサ

重要公式 孤立導体球の電荷

$$Q=CV\text{〔C〕} \quad (10)$$

重要公式 孤立導体球の静電容量

$$C = \frac{Q}{V} = \frac{Q}{\dfrac{Q}{4\pi\varepsilon_0 a}} = 4\pi\varepsilon_0 a \text{〔F〕} \tag{11}$$

重要公式 平行板コンデンサの静電容量

$$C = \frac{Q}{V} = \varepsilon_0 \frac{S}{d} \text{〔F〕} \tag{12}$$

重要公式 平行板コンデンサの電界の強さ（電位の傾き）

$$E = \frac{V}{d} \text{〔V/m〕} \tag{13}$$

重要公式 誘電体を挿入した平行板コンデンサの静電容量

$$C = \varepsilon \frac{S}{d} = \varepsilon_0 \varepsilon_r \frac{S}{d} \text{〔F〕} \tag{14}$$

重要公式 直列接続されたコンデンサの合成静電容量

$$C = \frac{C_1 C_2}{C_1 + C_2} \text{〔F〕} \tag{15}$$

重要公式 並列接続されたコンデンサの合成静電容量

$$C = C_1 + C_2 \text{〔F〕} \tag{17}$$

重要公式 静電エネルギー

$$W = \frac{1}{2} QV = \frac{1}{2} CV^2 \text{〔J〕} \tag{19}$$

LESSON 5

コンデンサの直列接続と並列接続

第2章 磁気

LESSON 6

磁石の性質と働き

重要公式 磁気に関するクーロンの法則

$$F=\frac{m_1 m_2}{4\pi\mu_0 r^2}=6.33\times10^4\times\frac{m_1 m_2}{r^2}\,〔\mathrm{N}〕\quad(1)$$

重要公式 磁界の強さ

$$H=\frac{m}{4\pi\mu_0 r^2}\,〔\mathrm{A/m}〕\quad(3)$$

重要公式 磁界中で磁極が受ける磁気力

$$F=mH\,〔\mathrm{N}〕\quad(4)$$

重要公式 磁束密度と磁界の強さの関係

$$B=\mu H=\mu_0\mu_r H\,〔\mathrm{T}〕\quad(5)$$

LESSON 7

電流による磁気作用

重要公式 無限長直線導体による磁界

$$H=\frac{I}{2\pi r}\,〔\mathrm{A/m}〕\quad(6)$$

重要公式 円形コイルの中心磁界

$$H=\frac{I}{2r}\,〔\mathrm{A/m}〕\quad(7)$$

重要公式 環状ソレノイドの磁界

$$H=\frac{NI}{l}=\frac{NI}{2\pi R}\,〔\mathrm{A/m}〕\quad(8)$$

重要公式 起磁力

$$NI=Hl\,〔\mathrm{A}〕\quad(9)$$

重要公式 ビオ・サバールの法則

$$dH=\frac{Idl\sin\theta}{4\pi r^2}\,〔\mathrm{A/m}〕\quad(10)$$

重要公式 導体に働く電磁力

$$F = IBl \sin\theta \text{〔N〕} \tag{13}$$

重要公式 平行導線間に働く電磁力

$$F = \frac{\mu_0 I_1 I_2}{2\pi r} \text{〔N/m〕} \tag{14}$$

重要公式 コイルに働くトルク

$$T = NIBld \cos\theta \text{〔N·m〕} \tag{16}$$

重要公式 磁気回路のオームの法則

$$\phi = \frac{F_m}{R_m} \text{〔Wb〕} \tag{24}$$

重要公式 起磁力

$$F_m = NI \text{〔A〕} \tag{25}$$

重要公式 磁気抵抗

$$R_m = \frac{l}{\mu S} \text{〔H}^{-1}\text{〕} \tag{26}$$

重要公式 電磁誘導に関するファラデーの法則

$$e = -N\frac{\Delta\phi}{\Delta t} \text{〔V〕} \tag{27}$$

$\Delta\phi$：磁束の変化
Δt：時間変化

重要公式 導体に発生する誘導起電力

$$e = Blv \sin\theta \text{〔V〕} \tag{29}$$

LESSON 8
電磁力

LESSON 9
磁性体の磁化現象

LESSON 10
電磁誘導現象

! 重要公式 誘導起電力と自己インダクタンス

$$e = -N\frac{\Delta\phi}{\Delta t}\,〔\mathrm{V}〕 = -L\frac{\Delta I}{\Delta t}\,〔\mathrm{V}〕 \qquad (30)$$

! 重要公式 磁束と電流の関係

$$N\Delta\phi = L\Delta I \rightarrow N\phi = LI \qquad (31)$$

! 重要公式 環状ソレノイドの自己インダクタンス

$$L = \frac{\mu N^2 S}{l} = \frac{\mu_0 \mu_r N^2 S}{l}\,〔\mathrm{H}〕 \qquad (33)$$

! 重要公式 誘導起電力と相互インダクタンス

$$e_2 = -N_2\frac{\Delta\phi_1}{\Delta t}\,〔\mathrm{V}〕 = -M\frac{\Delta I_1}{\Delta t}\,〔\mathrm{V}〕 \qquad (34)$$

! 重要公式 相互インダクタンスと結合係数

$$M = k\sqrt{L_1 L_2}\,〔\mathrm{H}〕 \qquad (35)$$

! 重要公式 合成インダクタンス

和動接続　$L = L_1 + L_2 + 2M\,〔\mathrm{H}〕$ (36)

差動接続　$L = L_1 + L_2 - 2M\,〔\mathrm{H}〕$ (37)

! 重要公式 電磁エネルギー

$$W = \frac{1}{2}LI^2\,〔\mathrm{J}〕 \qquad (38)$$

第3章 直流回路

重要公式 オームの法則

②分子のVが大きくなると

$$I=\frac{V}{R}\,〔\mathrm{A}〕\qquad(1)$$

③Iが大きくなる（Vに比例）

①通常Rは固定値で一定

重要公式 抵抗の直列接続

$$R=R_1+R_2+\cdots\cdots+R_n\,〔\Omega〕\qquad(3)$$

重要公式 分圧の式

分子はV_1の抵抗　分子はV_2の抵抗

$$V_1=V\times\frac{R_1}{R_1+R_2}\,〔\mathrm{V}〕\qquad V_2=V\times\frac{R_2}{R_1+R_2}\,〔\mathrm{V}〕\qquad(4)$$

V_1を求めるとき　V_2を求めるとき

重要公式 抵抗の並列接続

$$R=\frac{1}{\frac{1}{R_1}+\frac{1}{R_2}+\cdots+\frac{1}{R_n}}\,〔\Omega〕\qquad(5)$$

逆数の総和

逆数の総和の逆数

重要公式 並列接続の合成コンダクタンス

$$G=\frac{1}{R}=\frac{1}{R_1}+\frac{1}{R_2}+\cdots+\frac{1}{R_n}\,〔\mathrm{S}〕\qquad(6)$$

重要公式 抵抗2個の並列接続

$$R=\frac{1}{\frac{1}{R_1}+\frac{1}{R_2}}=\frac{R_1R_2}{R_1+R_2}=\left(\frac{積}{和}\right)〔\Omega〕\qquad(7)$$

LESSON 12

オームの法則と抵抗の接続

重要公式 分流の式

$$I_1 = I \times \frac{R_2}{R_1 + R_2}\,〔\mathrm{A}〕 \qquad I_2 = I \times \frac{R_1}{R_1 + R_2}\,〔\mathrm{A}〕 \tag{8}$$

分子はI_2の抵抗　　分子はI_1の抵抗

I_1を求めるとき　　I_2を求めるとき

LESSON 14
キルヒホッフの法則

重要公式 キルヒホッフの第1法則

$$I_1 + I_2 = I_3 + I_4\,〔\mathrm{A}〕 \tag{9}$$

重要公式 キルヒホッフの第2法則

$$E_1 - E_2 = I_1 R_1 + I_2 R_2 + I_3 R_3 + I_4 R_4\,〔\mathrm{V}〕 \tag{10}$$

LESSON 16
テブナンの定理

重要公式 テブナンの定理

$$I = \frac{E_0}{R_0 + R} \tag{14}$$

LESSON 17
ミルマンの定理

重要公式 ミルマンの定理

$$Eab = \frac{\dfrac{E_1}{R_1} + \dfrac{E_2}{R_2} + \dfrac{E_3}{R_3}}{\dfrac{1}{R_1} + \dfrac{1}{R_2} + \dfrac{1}{R_3}}\,〔\mathrm{V}〕 \tag{15}$$

ab間を短絡したときの各枝路の電流の和 / 各抵抗の逆数の和

LESSON 18
抵抗のΔ－Y変換

重要公式 抵抗のΔ-Y変換

$$R_Y = \frac{R_\triangle}{3}\,〔\Omega〕 \tag{22}$$

$$R_\triangle = 3 \cdot R_Y\,〔\Omega〕 \tag{23}$$

LESSON 19
ブリッジ回路

重要公式 ブリッジの平衡条件

$$R_1 R_4 = R_2 R_3 \tag{24}$$

重要公式 物質の抵抗

$$R=\rho\frac{l}{S}\ [\Omega] \tag{27}$$

重要公式 導電率と抵抗率の関係

$$\sigma=\frac{1}{\rho}\ [\mathrm{S/m}] \tag{28}$$

重要公式 抵抗の温度係数

$$R_T=R_t\{1+\alpha_t(T-t)\}\ [\Omega] \tag{30}$$

重要公式 ジュールの法則

$$W=I^2Rt\ [\mathrm{J}] \tag{31}$$

重要公式 電力

$$P=I^2R=VI\ [\mathrm{W}] \tag{32}$$

重要公式 電力量

$$W=Pt=VIt=I^2Rt\ [\mathrm{W\cdot s}] \tag{33}$$

重要公式 RC 直列回路の過渡現象

$$i=\frac{E}{R}e^{-\frac{1}{RC}t}\ [\mathrm{A}] \tag{34}$$

重要公式 RL 直列回路の過渡現象

$$i=\frac{E}{R}(1-e^{-\frac{R}{L}t})\ [\mathrm{A}] \tag{35}$$

重要公式 時定数

RC 直列回路　$T=RC$ [s]　(36)

RL 直列回路　$T=\frac{L}{R}$ [s]　(37)

LESSON 21
電気抵抗と電力

LESSON 22
過渡現象

第4章 交流回路

LESSON 24

正弦波交流とは

重要公式 正弦波交流

$$e = E_m \sin \omega t \text{〔V〕} \tag{3}$$

重要公式 周期、周波数

$$\text{周期：} T = \frac{1}{f} \text{〔s〕、周波数：} f = \frac{1}{T} \text{〔Hz〕} \tag{4}$$

重要公式 電気角速度と周波数

$$\omega_e = 2\pi f \text{〔rad/s〕} \tag{6}$$

LESSON 25

平均値・実効値

重要公式 正弦波交流の平均値

$$E_a = \frac{2}{\pi} E_m \text{〔V〕} \tag{10}$$

重要公式 正弦波交流の実効値、最大値

$$E = \frac{1}{\sqrt{2}} E_m \text{〔V〕、} E_m = \sqrt{2} E \text{〔V〕} \tag{11}$$

重要公式 波高率・波形率

$$\text{波高率} = \frac{\text{最大値}}{\text{実効値}} \tag{12}$$

$$\text{波形率} = \frac{\text{実効値}}{\text{平均値}} \tag{13}$$

LESSON 27

交流の基本回路と性質

重要公式 誘導性リアクタンス

$$X_L = \omega L = 2\pi f L \text{〔Ω〕} \tag{14}$$

重要公式 コイルを流れる電流

$$\dot{I} = \frac{\dot{V}}{jX_L} = \frac{\dot{V}}{j\omega L} = -j\frac{\dot{V}}{\omega L} \text{〔A〕} \tag{15}$$

重要公式 容量性リアクタンス

$$X_C=\frac{1}{\omega C}=\frac{1}{2\pi fC}〔\Omega〕 \qquad (16)$$

重要公式 コンデンサに流れる電流

$$\dot{I}=\frac{\dot{V}}{-jX_C}=\frac{\dot{V}}{-j\left(\frac{1}{\omega C}\right)}=j\omega C\dot{V}〔A〕 \qquad (17)$$

LESSON 28

RL 直列回路・
RC 直列回路

重要公式 交流回路のオームの法則

$$\dot{Z}=\frac{\dot{V}}{\dot{I}}〔\Omega〕 \qquad (18)$$

重要公式 *RL* 直列回路のインピーダンス

$$\dot{Z}=\frac{\dot{V}}{\dot{I}}=R+jX_L〔\Omega〕 \qquad (21)$$

重要公式 *RL* 直列回路のインピーダンスの大きさ

$$Z=\sqrt{R^2+X_L{}^2}〔\Omega〕 \qquad (22)$$

重要公式 *RC* 直列回路のインピーダンス

$$\dot{Z}=\frac{\dot{V}}{\dot{I}}=R-jX_C〔\Omega〕 \qquad (25)$$

重要公式 *RC* 直列回路のインピーダンスの大きさ

$$Z=\sqrt{R^2+X_C{}^2}〔\Omega〕 \qquad (26)$$

LESSON 29

RLC 直列回路・
RLC 並列回路

重要公式 *RLC* 直列回路の合成インピーダンス

$$\dot{Z}=R+j(X_L-X_C)〔\Omega〕 \qquad (32)$$

重要公式 *RLC* 直列回路の合成インピーダンスの大きさ

$$Z=\sqrt{R^2+(X_L-X_C)^2}〔\Omega〕 \qquad (33)$$

重要公式 *RLC* 並列回路の合成インピーダンス

$$\dot{Z}=\frac{1}{\dfrac{1}{R}+j\left(\dfrac{1}{X_C}-\dfrac{1}{X_L}\right)}$$

$$=\frac{\dfrac{1}{R}-j\left(\dfrac{1}{X_C}-\dfrac{1}{X_L}\right)}{\left(\dfrac{1}{R}\right)^2+\left(\dfrac{1}{X_C}-\dfrac{1}{X_L}\right)^2}\ [\Omega] \qquad (39)$$

分母を実数化した式

重要公式 *RLC* 並列回路のアドミタンス

$$\dot{Y}=\frac{1}{\dot{Z}}=\frac{1}{R}+j\left(\frac{1}{X_C}-\frac{1}{X_L}\right)\ [\mathrm{S}] \qquad (40)$$

LESSON 30

共振回路

重要公式 直列共振周波数

$$fr=\frac{1}{2\pi\sqrt{LC}}\ [\mathrm{Hz}] \qquad (46)$$

重要公式 並列共振周波数

$$fr=\frac{1}{2\pi\sqrt{LC}}\ [\mathrm{Hz}] \qquad (48)$$

LESSON 31

交流回路の計算①

重要公式 交流回路の電力

皮相電力 $S=VI\ [\mathrm{V\cdot A}]$ (49)

有効電力 $P=VI\cos\theta\ [\mathrm{W}]$ (50)

無効電力 $Q=VI\sin\theta\ [\mathrm{var}]$ (51)

重要公式 電力と力率の関係

$$\dot{S}=P+jQ\ [\mathrm{V\cdot A}] \qquad (52)$$

$\dot{S}$の大きさ $S=\sqrt{P^2+Q^2}\ [\mathrm{V\cdot A}]$ (53)

$$力率\cos\theta=\frac{有効電力}{皮相電力}=\frac{P}{S} \qquad (54)$$

力率は、有効電力と皮相電力の比で表すことができる

重要公式 ひずみ波交流の実効値

$$\left.\begin{aligned} V &= \sqrt{V_1^2 + V_2^2 + \cdots + V_n^2} \\ I &= \sqrt{I_1^2 + I_2^2 + \cdots + I_n^2} \end{aligned}\right\} \quad (79)$$

重要公式 ひずみ波交流の実効値（直流成分を含む）

$$\left.\begin{aligned} V &= \sqrt{V_0^2 + V_1^2 + V_2^2 + \cdots + V_n^2} \\ I &= \sqrt{I_0^2 + I_1^2 + I_2^2 + \cdots + I_n^2} \end{aligned}\right\} \quad (80)$$

重要公式 平均電力（有効電力）

$$P = \underbrace{V_0 I_0}_{\text{直流成分の有効電力}} + \underbrace{V_1 I_1 \cos\theta_1}_{\text{基本波成分の有効電力}}$$

$$+ \underbrace{V_2 I_2 \cos\theta_2 + \cdots + V_n I_n \cos\theta_n}_{\text{高調波成分の有効電力}} \quad (81)$$

重要公式 平均電力（有効電力）の別の式

$$P = \underbrace{I_0^2 R}_{\text{直流成分の有効電力}} + \underbrace{I_1^2 R}_{\text{基本波成分の有効電力}}$$

$$+ \underbrace{I_2^2 R + \cdots + I_n^2 R}_{\text{高調波成分の有効電力}} \quad (82)$$

重要公式 ひずみ率

電圧のひずみ率

$$= \frac{\sqrt{V_2^2 + V_3^2 + \cdots + V_n^2}}{V_1} = \left(\frac{\text{高調波実効値}}{\text{基本波実効値}}\right)$$

電流のひずみ率

$$= \frac{\sqrt{I_2^2 + I_3^2 + \cdots + I_n^2}}{I_1} = (\text{同上}) \quad (83)$$

LESSON 33

ひずみ波交流

第5章 三相交流回路

LESSON 34

三相交流とは

① 重要公式 電源のΔ-Y変換

$$E_Y = \frac{1}{\sqrt{3}} E_\Delta \text{〔V〕} \quad (7)$$

① 重要公式 負荷のΔ-Y変換

$$\dot{Z}_Y = \frac{1}{3} \dot{Z}_\Delta \text{〔}\Omega\text{〕} \quad (8)$$

LESSON 35

三相交流電源と負荷

① 重要公式 Y結線の線間電圧と相電圧の関係

$$V_l = \sqrt{3}\, E_p \text{〔V〕} \quad (9)$$

① 重要公式 Δ結線の線電流と相電流の関係

$$I_l = \sqrt{3}\, I_p \text{〔A〕} \quad (10)$$

① 重要公式 三相回路の電力

皮相電力 $S = \sqrt{3}\, V_l I_l$〔V·A〕 (11)

有効電力 $P = \sqrt{3}\, V_l I_l \cos\theta$〔W〕 (12)

無効電力 $Q = \sqrt{3}\, V_l I_l \sin\theta$〔var〕 (13)

第6章 電気計測

重要公式 誤差率

$$\varepsilon_0 = \frac{M - T}{T} \times 100〔\%〕 \quad (2)$$

重要公式 補正率

$$\alpha_0 = \frac{T - M}{M} \times 100〔\%〕 \quad (4)$$

重要公式 倍率器の倍率

$$m_v = \frac{R_m + r_v}{r_v} = \frac{V}{V_v} \quad (6)$$

重要公式 分流器の倍率

$$m_a = \frac{r_a + R_s}{R_s} = \frac{I}{I_a} \quad (8)$$

重要公式 二電力計法

$$P = P_1 + P_2〔W〕 \quad (10)$$

$$Q = \sqrt{3}(P_2 - P_1)〔var〕 \quad (11)$$

重要公式 三電流計法

$$P = \frac{R}{2}(I_1^2 - I_2^2 - I_3^2)〔W〕 \quad (12)$$

重要公式 三電圧計法

$$P = \frac{1}{2R}(V_1^2 - V_2^2 - V_3^2)〔W〕 \quad (13)$$

LESSON 38
誤差と補正・
測定範囲の拡大

LESSON 40
各種の測定・その他

第7章 電子理論

LESSON 41

電子の運動

重要公式 電界中の電子の運動

$$eV = \frac{1}{2}mv^2 \text{〔J〕} \tag{3}$$

重要公式 磁界中の電子の運動(1)

$$Bev = \frac{mv^2}{r} \text{〔N〕} \tag{4}$$

重要公式 磁界中の電子の運動(2)

$$r = \frac{mv}{Be} \text{〔m〕} \tag{5}$$

LESSON 44

電子回路

重要公式 増幅回路の増幅度

電圧増幅度 $A_v = \left|\frac{v_o}{v_i}\right|$

電流増幅度 $A_i = \left|\frac{i_o}{i_i}\right|$ (6)

電力増幅度 $A_p = \left|\frac{P_o}{P_i}\right|$

重要公式 増幅回路の利得

電圧利得 $G_v = 20\log_{10} A_v$〔dB〕

電流利得 $G_i = 20\log_{10} A_i$〔dB〕 (7)

電力利得 $G_p = 10\log_{10} A_p$〔dB〕

重要公式 非反転増幅回路の電圧増幅度

$$A_v = \frac{v_o}{v_i} = \frac{(R_1+R_2)I}{R_1 I} = \frac{R_1+R_2}{R_1} = 1 + \frac{R_2}{R_1} \tag{8}$$

重要公式 反転増幅回路の電圧増幅度

$$A_v = \frac{v_o}{v_i} = \frac{-R_2 I}{R_1 I} = -\frac{R_2}{R_1} \tag{9}$$

ユーキャンの電験三種
独学の理論
合格テキスト＆問題集

問題集編

頻出過去問 100 題

理論科目の出題傾向を徹底分析し、
頻出の過去問 100 題を厳選収録しました。
どれも必ず完答しておきたい過去問です。
正答できるまで、くり返し取り組んでください。
各問には、テキスト編の参照ページ
（内容が複数レッスンに及ぶ場合は、主なレッスン）
を記載しています。理解が不足している項目については、
テキストを復習しましょう。

001 静電気とクーロンの法則

テキスト LESSON 1

難易度 高 中 低

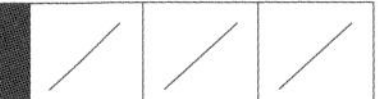
H25 A問題 問2

図のように、真空中の直線上に間隔 r〔m〕を隔てて、点A、B、Cがあり、各点に電気量 $Q_A = 4 \times 10^{-6}$〔C〕、Q_B〔C〕、Q_C〔C〕の点電荷を置いた。これら三つの点電荷に働く力がそれぞれ零になった。このとき、Q_B〔C〕及び Q_C〔C〕の値の組合せとして、正しいものを次の(1)～(5)のうちから一つ選べ。

ただし、真空の誘電率を ε_0〔F/m〕とする。

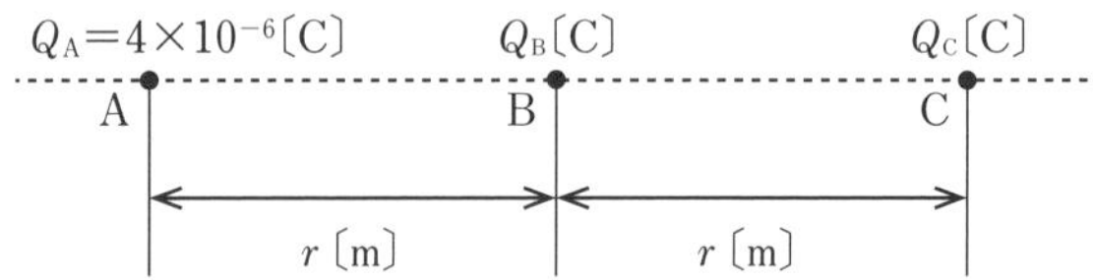

	Q_B	Q_C
(1)	1×10^{-6}	-4×10^{-6}
(2)	-2×10^{-6}	8×10^{-6}
(3)	-1×10^{-6}	4×10^{-6}
(4)	0	-1×10^{-6}
(5)	-4×10^{-6}	1×10^{-6}

002 静電気とクーロンの法則

テキスト LESSON 1 など

難易度 高 (中) 低

H21 A問題 問2

静電界に関する記述として、正しいのは次のうちどれか。

(1) 二つの小さな帯電体の間に働く力の大きさは、それぞれの帯電体の電気量の和に比例し、その距離の2乗に反比例する。

(2) 点電荷が作る電界は点電荷の電気量に比例し、距離に反比例する。

(3) 電気力線上の任意の点での接線の方向は、その点の電界の方向に一致する。

(4) 等電位面上の正電荷には、その面に沿った方向に正のクーロン力が働く。

(5) コンデンサの電極板間にすき間なく誘電体を入れると、静電容量と電極板間の電界は、誘電体の誘電率に比例して増大する。

003 静電力の計算

テキスト LESSON 2など

難易度 高 中 低　H22 B問題 問17

真空中において、図に示すように、一辺の長さが6〔m〕の正三角形の頂点Aに4×10^{-9}〔C〕の正の点電荷が置かれ、頂点Bに-4×10^{-9}〔C〕の負の点電荷が置かれている。正三角形の残る頂点を点Cとし、点Cより下した垂線と正三角形の辺ABとの交点を点Dとして、次の(a)及び(b)に答えよ。

ただし、クーロンの法則の比例定数を9×10^{9}〔N・m²/C²〕とする。

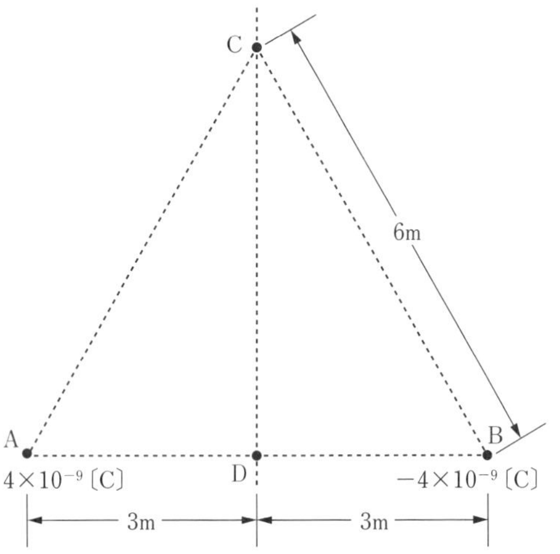

(a) まず、q_0〔C〕の正の点電荷を点Cに置いたときに、この正の点電荷に働く力の大きさはF_C〔N〕であった。次に、この正の点電荷を点Dに移動したときに、この正の点電荷に働く力の大きさはF_D〔N〕であった。力の大きさの比$\dfrac{F_C}{F_D}$の値として、正しいのは次のうちどれか。

(1) $\dfrac{1}{8}$　(2) $\dfrac{1}{4}$　(3) 2　(4) 4　(5) 8

(b) 次に、q_0〔C〕の正の点電荷を点Dから点Cの位置に戻し、強さが0.5〔V/m〕の一様な電界を辺ABに平行に点Bから点Aの向きに加えた。このとき、q_0〔C〕の正の点電荷に電界の向きと逆の向きに2×10^{-9}〔N〕の大きさの力が働いた。正の点電荷q_0〔C〕の値として、正しいのは次のうちどれか。

(1) $\dfrac{4}{3}\times10^{-9}$　(2) 2×10^{-9}　(3) 4×10^{-9}

(4) $\dfrac{4}{3}\times10^{-8}$　(5) 2×10^{-8}

004 電界と電位

テキスト LESSON 3

難易度 高 (中) 低 R1 A問題 問1

図のように、真空中に点P、点A、点Bが直線上に配置されている。点PはQ〔C〕の点電荷を置いた点とし、A–B間に生じる電位差の絶対値を$|V_{AB}|$〔V〕とする。次の(a)～(d)の四つの実験を個別に行ったとき、$|V_{AB}|$〔V〕の値が最小となるものと最大となるものの実験の組合せとして、正しいものを次の(1)～(5)のうちから一つ選べ。

〔実験内容〕

(a) P–A間の距離を2m、A–B間の距離を1mとした。

(b) P–A間の距離を1m、A–B間の距離を2mとした。

(c) P–A間の距離を0.5m、A–B間の距離を1mとした。

(d) P–A間の距離を1m、A–B間の距離を0.5mとした。

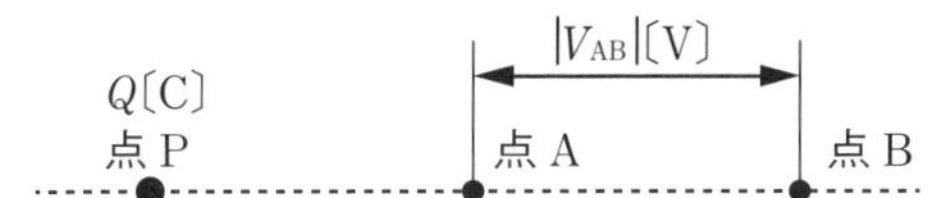

(1) (a)と(b)　(2) (a)と(c)　(3) (a)と(d)

(4) (b)と(c)　(5) (c)と(d)

005 電界と電位

テキスト LESSON 3

難易度 高 (中) 低 | H26 A問題 問2

次の文章は、静電気に関する記述である。

図のように真空中において、負に帯電した帯電体Aを、帯電していない絶縁された導体Bに近づけると、導体Bの帯電体Aに近い側の表面c付近に［(ア)］の電荷が現れ、それと反対側の表面d付近に［(イ)］の電荷が現れる。

この現象を［(ウ)］という。

上記の記述中の空白箇所(ア)、(イ)及び(ウ)に当てはまる組合せとして、正しいものを次の(1)～(5)のうちから一つ選べ。

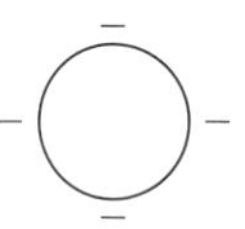

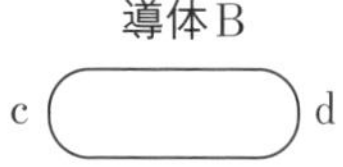

	(ア)	(イ)	(ウ)
(1)	正	負	静電遮へい
(2)	負	正	静電誘導
(3)	負	正	分極
(4)	負	正	静電遮へい
(5)	正	負	静電誘導

006 電界と電位

 LESSON 3など

難易度 高 中 低　H23 A問題 問1

静電界に関する記述として、誤っているものを次の(1)～(5)のうちから一つ選べ。

(1)　電気力線は、導体表面に垂直に出入りする。

(2)　帯電していない中空の球導体Bが接地されていないとき、帯電した導体Aを導体Bで包んだとしても、導体Bの外部に電界ができる。

(3)　Q〔C〕の電荷から出る電束の数や電気力線の数は、電荷を取り巻く物質の誘電率 ε〔F/m〕によって異なる。

(4)　導体が帯電するとき、電荷は導体の表面にだけ分布する。

(5)　導体内部は等電位であり、電界は零である。

007 電界と電位

難易度 高 (中) 低 H17 A問題 問2

真空中において、図に示すように点Oを通る直線上の、点Oからそれぞれr〔m〕離れた2点A、BにQ〔C〕の正の点電荷が置かれている。この直線に垂直で、点Oからx〔m〕離れた点Pの電位V〔V〕を表す式として、正しいのは次のうちどれか。

ただし、真空の誘電率をε_0〔F/m〕とする。

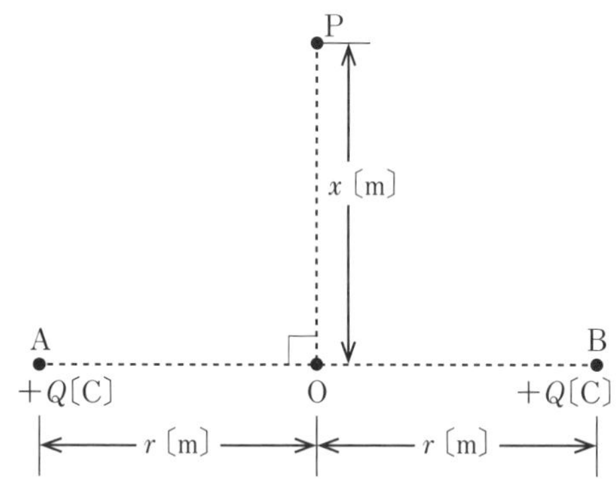

(1) $\dfrac{Q}{2\pi\varepsilon_0\sqrt{r^2+x^2}}$　(2) $\dfrac{Q}{2\pi\varepsilon_0(r^2+x^2)}$　(3) $\dfrac{Q}{4\pi\varepsilon_0\sqrt{r^2+x^2}}$

(4) $\dfrac{Q}{2\pi\varepsilon_0 x^2}$　(5) $\dfrac{Q}{4\pi\varepsilon_0(r^2+x^2)}$

008 静電容量とコンデンサ

テキスト LESSON 4など　　難易度 高 中 低　　H30 B問題 問17

空気（比誘電率1）で満たされた極板間距離$5d$〔m〕の平行板コンデンサがある。図のように、一方の極板と大地との間に電圧V_0〔V〕の直流電源を接続し、極板と同形同面積で厚さ$4d$〔m〕の固体誘電体（比誘電率4）を極板と接するように挿入し、他方の極板を接地した。次の(a)及び(b)の問に答えよ。

ただし、コンデンサの端効果は無視できるものとする。

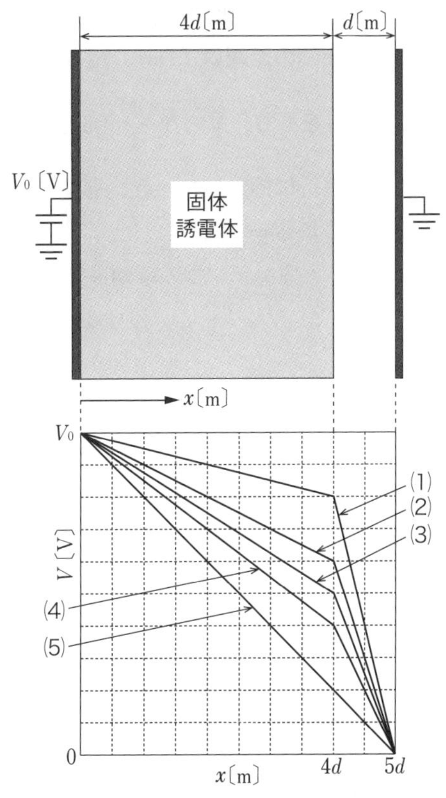

(a) 極板間の電位分布を表すグラフ（縦軸：電位V〔V〕、横軸：電源が接続された極板からの距離x〔m〕）として、最も近いものを図中の(1)～(5)のうちから一つ選べ。

(b) $V_0 = 10$kV、$d = 1$mmとし、比誘電率4の固体誘電体を比誘電率ε_rの固体誘電体に差し替え、空気ギャップの電界の強さが2.5kV/mmとなったとき、ε_rの値として最も近いものを次の(1)～(5)のうちから一つ選べ。

(1) 0.75　　(2) 1.00　　(3) 1.33　　(4) 1.67　　(5) 2.00

009 静電容量とコンデンサ

テキスト LESSON 4　　難易度 高 中 低　　H26 A問題 問1

極板A–B間が比誘電率$\varepsilon_r = 2$の誘電体で満たされた平行平板コンデンサがある。極板間の距離はd〔m〕、極板間の直流電圧はV_0〔V〕である。極板と同じ形状と大きさをもち、厚さが$\dfrac{d}{4}$〔m〕の帯電していない導体を図に示す位置P–Q間に極板と平行に挿入したとき、導体の電位の値〔V〕として、正しいものを次の(1)～(5)のうちから一つ選べ。

ただし、コンデンサの端効果は無視できるものとする。

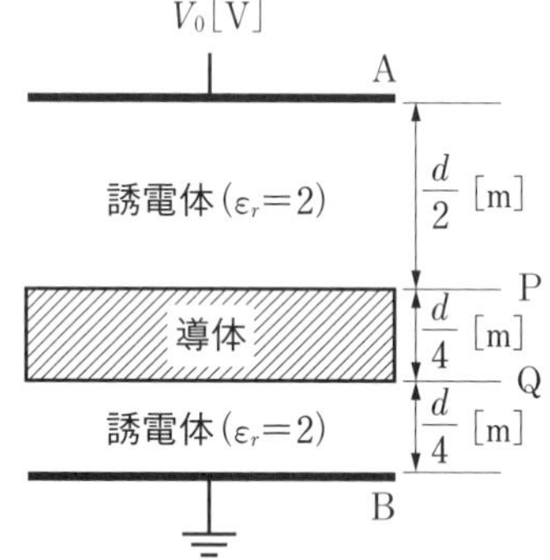

(1) $\dfrac{V_0}{8}$　(2) $\dfrac{V_0}{6}$　(3) $\dfrac{V_0}{4}$　(4) $\dfrac{V_0}{3}$　(5) $\dfrac{V_0}{2}$

010 静電容量とコンデンサ

 LESSON 4など

難易度 高 中 低　H25 A問題 問1

極板間が比誘電率ε_rの誘電体で満たされている平行平板コンデンサに一定の直流電圧が加えられている。このコンデンサに関する記述a～eとして、誤っているものの組合せを次の(1)～(5)のうちから一つ選べ。

ただし、コンデンサの端効果は無視できるものとする。

a. 極板間の電界分布はε_rに依存する。

b. 極板間の電位分布はε_rに依存する。

c. 極板間の静電容量はε_rに依存する。

d. 極板間に蓄えられる静電エネルギーはε_rに依存する。

e. 極板上の電荷(電気量)はε_rに依存する。

(1) a、b　(2) a、e　(3) b、c　(4) a、b、d　(5) c、d、e

011 静電容量とコンデンサ

テキスト LESSON 4 など

難易度 高 中 低　H24 A問題 問2

極板A–B間が誘電率ε_0〔F/m〕の空気で満たされている平行平板コンデンサの空気ギャップ長をd〔m〕、静電容量をC_0〔F〕とし、極板間の直流電圧をV_0〔V〕とする。極板と同じ形状と面積を持ち、厚さが$\frac{d}{4}$〔m〕、誘電率ε_1〔F/m〕の固体誘電体（$\varepsilon_1 > \varepsilon_0$）を図に示す位置P–Q間に極板と平行に挿入すると、コンデンサ内の電位分布は変化し、静電容量はC_1〔F〕に変化した。このとき、誤っているものを次の(1)〜(5)のうちから一つ選べ。

ただし、空気の誘電率をε_0、コンデンサの端効果は無視できるものとし、直流電圧V_0〔V〕は一定とする。

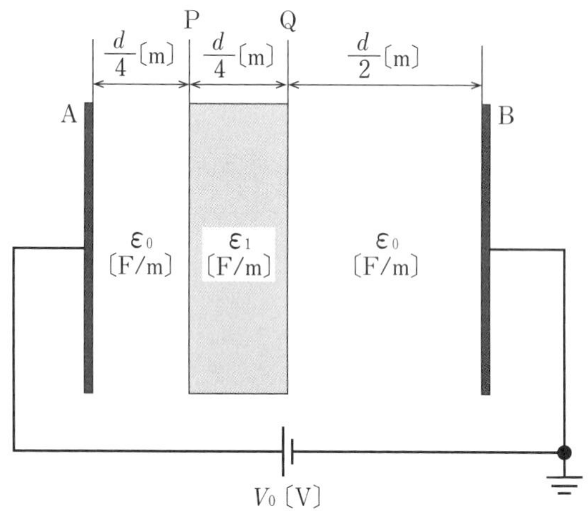

(1) 位置Pの電位は、固体誘電体を挿入する前の値よりも低下する。

(2) 位置Qの電位は、固体誘電体を挿入する前の値よりも上昇する。

(3) 静電容量C_1〔F〕は、C_0〔F〕よりも大きくなる。

(4) 固体誘電体を導体に変えた場合、位置Pの電位は固体誘電体又は導体を挿入する前の値よりも上昇する。

(5) 固体誘電体を導体に変えた場合の静電容量C_2〔F〕は、C_0〔F〕よりも大きくなる。

012 コンデンサの直列接続と並列接続

テキスト LESSON 5

難易度 (高) 中 低 H24 A問題 問1

図1及び図2のように、静電容量がそれぞれ4〔μF〕と2〔μF〕のコンデンサC_1及びC_2、スイッチS_1及びS_2からなる回路がある。コンデンサC_1とC_2には、それぞれ2〔μC〕と4〔μC〕の電荷が図のような極性で蓄えられている。この状態から両図ともスイッチS_1及びS_2を閉じたとき、図1のコンデンサC_1の端子電圧をV_1〔V〕、図2のコンデンサC_1の端子電圧をV_2〔V〕とすると、電圧比$\left|\frac{V_1}{V_2}\right|$の値として、正しいものを次の(1)～(5)のうちから一つ選べ。

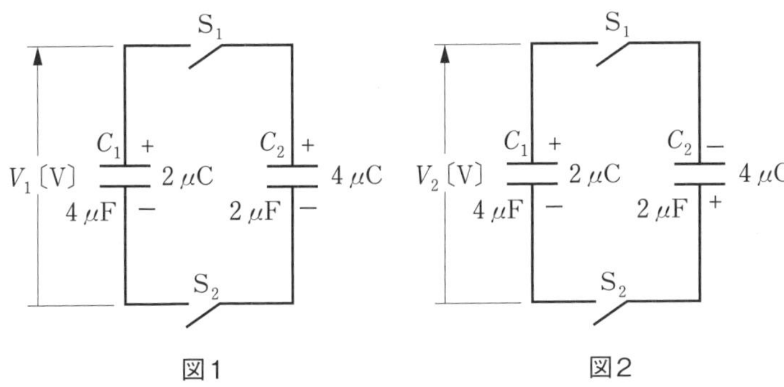

図1　図2

(1) $\frac{1}{3}$　(2) 1　(3) 3　(4) 6　(5) 9

013 コンデンサの直列接続と並列接続

テキスト LESSON 5

難易度 高 中 低

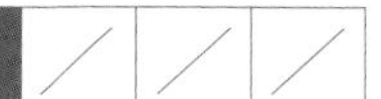
H20 A問題 問5

図1に示すように、二つのコンデンサ$C_1 = 4$〔μF〕と$C_2 = 2$〔μF〕が直列に接続され、直流電圧6〔V〕で充電されている。次に電荷が蓄積されたこの二つのコンデンサを直流電源から切り離し、電荷を保持したまま同じ極性の端子同士を図2に示すように並列に接続する。並列に接続後のコンデンサの端子間電圧の大きさV〔V〕の値として、正しいのは次のうちどれか。

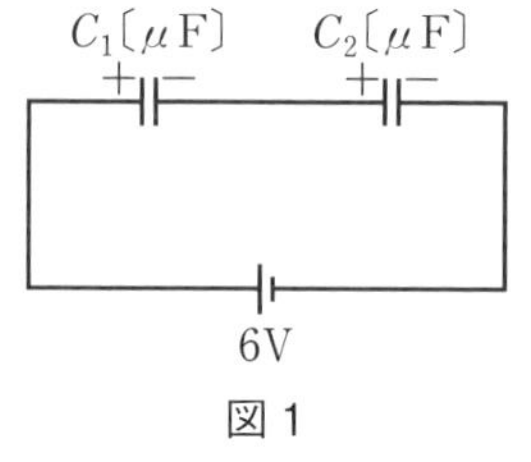

図1

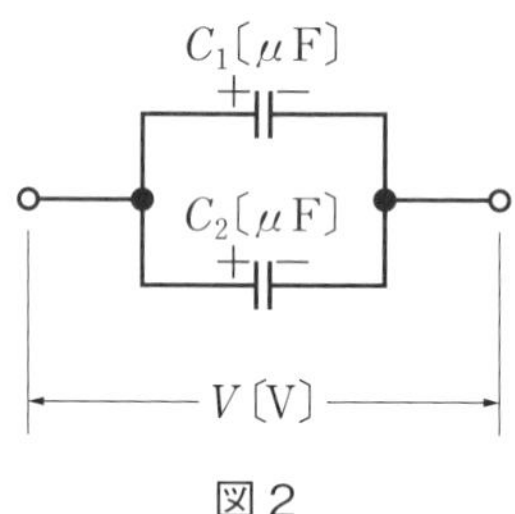

図2

(1) $\frac{2}{3}$　(2) $\frac{4}{3}$　(3) $\frac{8}{3}$　(4) $\frac{16}{3}$　(5) $\frac{32}{3}$

014 コンデンサの直列接続と並列接続

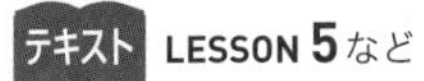

図のように、静電容量C_1、C_2及びC_3のコンデンサが接続されている回路がある。スイッチSが開いているとき、各コンデンサの電荷は、すべて零であった。スイッチSを閉じると、$C_1 = 5$〔μF〕のコンデンサには3.5×10^{-4}〔C〕の電荷が、$C_2 = 2.5$〔μF〕のコンデンサには0.5×10^{-4}〔C〕の電荷が充電された。静電容量C_3〔μF〕の値として、正しいのは次のうちどれか。

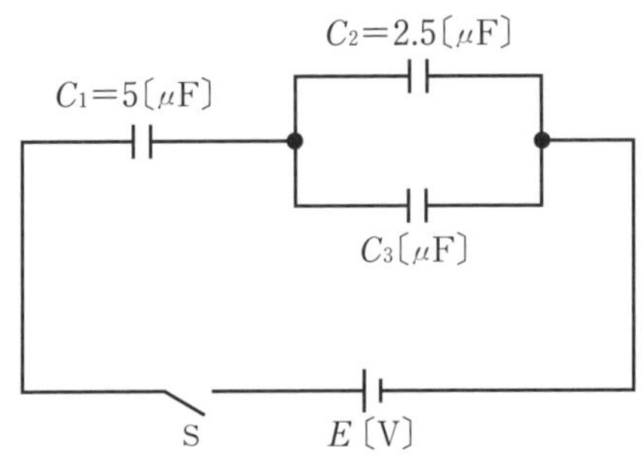

(1) 0.2　(2) 2.5　(3) 5　(4) 7.5　(5) 15

015 磁石の性質と働き

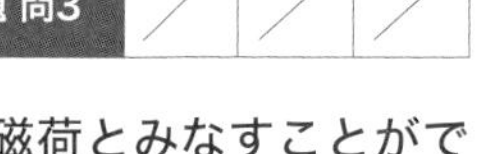

長さ2mの直線状の棒磁石があり、その両端の磁極は点磁荷とみなすことができ、その強さは、N極が1×10^{-4}Wb、S極が-1×10^{-4}Wbである。図のように、この棒磁石を点BC間に置いた。このとき、点Aの磁界の大きさの値〔A/m〕として、最も近いものを次の(1)～(5)のうちから一つ選べ。

ただし、点A、B、Cは、一辺を2mとする正三角形の各頂点に位置し、真空中にあるものとする。真空の透磁率は$\mu_0=4\pi\times10^{-7}$H/mとする。また、N極、S極の各点磁荷以外の部分から点Aへの影響はないものとする。

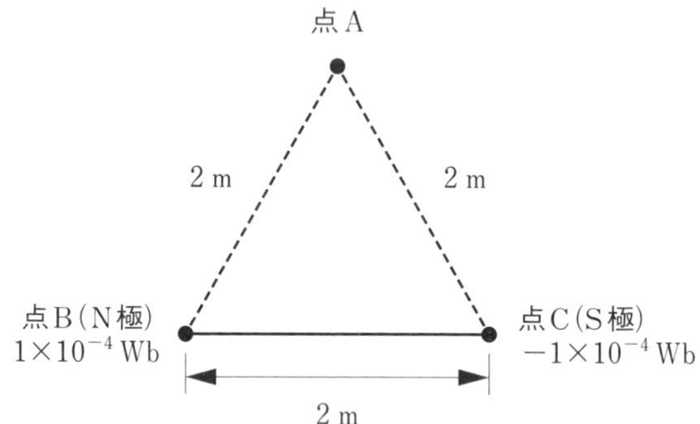

(1)　0　　(2)　0.79　　(3)　1.05　　(4)　1.58　　(5)　3.16

016 電流による磁気作用

テキスト LESSON 7など

難易度 高 中 低

磁界及び磁束に関する記述として、誤っているものを次の(1)〜(5)のうちから一つ選べ。

(1) 1〔m〕当たりの巻数がNの無限に長いソレノイドに電流I〔A〕を流すと、ソレノイドの内部には磁界$H=NI$〔A/m〕が生じる。磁界の大きさは、ソレノイドの寸法や内部に存在する物質の種類に影響されない。

(2) 均一磁界中において、磁界の方向と直角に置かれた直線状導体に直流電流を流すと、導体には電流の大きさに比例した力が働く。

(3) 2本の平行な直線状導体に反対向きの電流を流すと、導体には導体間距離の2乗に反比例した反発力が働く。

(4) フレミングの左手の法則では、親指の向きが導体に働く力の向きを示す。

(5) 磁気回路において、透磁率は電気回路の導電率に、磁束は電気回路の電流にそれぞれ対応する。

017 電流による磁気作用

テキスト LESSON 7

難易度 高 (中) 低

H21 A問題 問4

図のように、点Oを中心とするそれぞれ半径1〔m〕と半径2〔m〕の円形導線の$\frac{1}{4}$と、それらを連結する直線状の導線からなる扇形導線がある。この導線に、図に示す向きに直流電流$I=8$〔A〕を流した場合、点Oにおける磁界〔A/m〕の大きさとして、正しいのは次のうちどれか。

ただし、扇形導線は同一平面上にあり、その巻数は一巻きである。

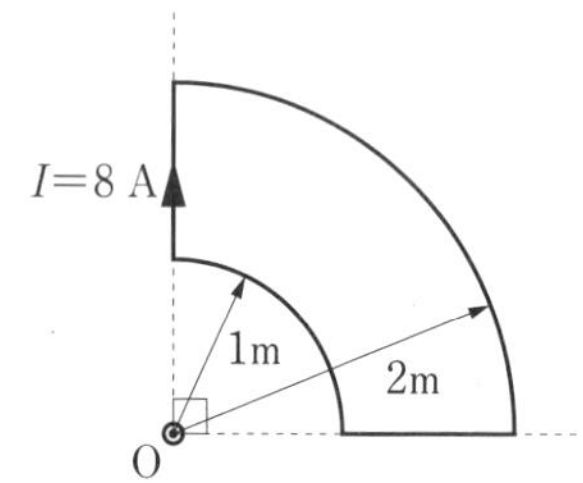

(1) 0.25　(2) 0.5　(3) 0.75　(4) 1.0　(5) 2.0

018 電流による磁気作用

難易度 高 (中) 低　H19 A問題 問1

図1のように、無限に長い直線状導体Aに直流電流I_1〔A〕が流れているとき、この導体からa〔m〕離れた点Pでの磁界の大きさはH_1〔A/m〕であった。一方、図2のように半径a〔m〕の一巻きの円形コイルBに直流電流I_2〔A〕が流れているとき、この円の中心点Oでの磁界の大きさはH_2〔A/m〕であった。

$H_1 = H_2$であるときのI_1とI_2の関係を表す式として、正しいのは次のうちどれか。

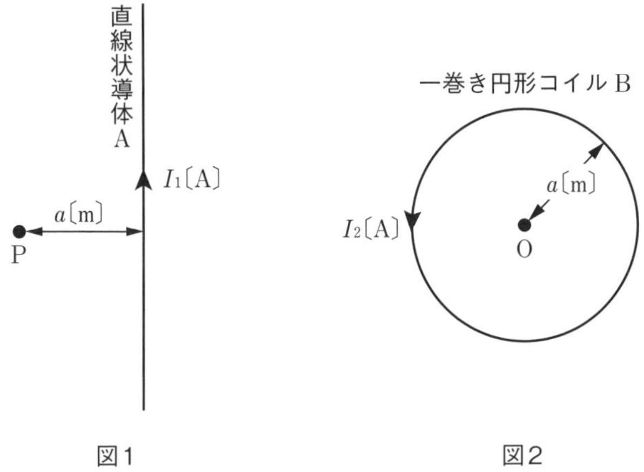

図1　　図2

(1) $I_1 = \pi^2 I_2$　(2) $I_1 = \pi I_2$　(3) $I_1 = \dfrac{I_2}{\pi}$　(4) $I_1 = \dfrac{I_2}{\pi^2}$　(5) $I_1 = \dfrac{2}{\pi} I_2$

019 電磁力

難易度 高 (中) 低　H24 A問題 問4

真空中に、2本の無限長直線状導体が20〔cm〕の間隔で平行に置かれている。一方の導体に10〔A〕の直流電流を流しているとき、その導体には1〔m〕当たり1 $\times 10^{-6}$〔N〕の力が働いた。他方の導体に流れている直流電流 I〔A〕の大きさとして、最も近いものを次の(1)～(5)のうちから一つ選べ。

ただし、真空の透磁率は $\mu_0 = 4\pi \times 10^{-7}$〔H/m〕である。

(1) 0.1　(2) 1　(3) 2　(4) 5　(5) 10

020 電磁力

テキスト LESSON 8

難易度 高 中 (低) H23 A問題 問3

次の文章は、磁界中に置かれた導体に働く電磁力に関する記述である。

電流が流れている長さL〔m〕の直線導体を磁束密度が一様な磁界中に置くと、フレミングの［ (ア) ］の法則に従い、導体には電流の向きにも磁界の向きにも直角な電磁力が働く。直線導体の方向を変化させて、電流の方向が磁界の方向と同じになれば、導体に働く力の大きさは［ (イ) ］となり、直角になれば、［ (ウ) ］となる。力の大きさは、電流の［ (エ) ］に比例する。

上記の記述中の空白箇所(ア)、(イ)、(ウ)及び(エ)に当てはまる組合せとして、正しいものを次の(1)～(5)のうちから一つ選べ。

	(ア)	(イ)	(ウ)	(エ)
(1)	左手	最大	零	2乗
(2)	左手	零	最大	2乗
(3)	右手	零	最大	1乗
(4)	右手	最大	零	2乗
(5)	左手	零	最大	1乗

021 電磁力

難易度 高 中 低

図に示すように、直線導体A及びBがy方向に平行に配置され、両導体に同じ大きさの電流Iが共に$+y$方向に流れているとする。このとき、各導体に加わる力の方向について、正しいものを組み合わせたのは次のうちどれか。

なお、xyz座標の定義は、破線の枠内の図で示したとおりとする。

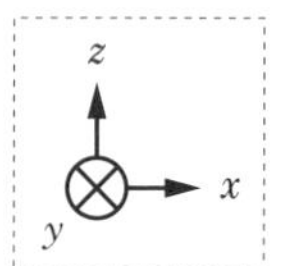

	導体A	導体B
(1)	$+x$方向	$+x$方向
(2)	$+x$方向	$-x$方向
(3)	$-x$方向	$+x$方向
(4)	$-x$方向	$-x$方向
(5)	どちらの導体にも力は働かない。	

022 磁性体の磁化現象

テキスト LESSON 9

難易度 高 (中) 低 | H29 A問題 問4

図は、磁性体の磁化曲線（*BH*曲線）を示す。次の文章は、これに関する記述である。

1　直交座標の横軸は、［（ア）］である。
2　*a*は、［（イ）］の大きさを表す。
3　鉄心入りコイルに交流電流を流すと、ヒステリシス曲線内の面積に［（ウ）］した電気エネルギーが鉄心の中で熱として失われる。
4　永久磁石材料としては、ヒステリシス曲線の*a*と*b*がともに［（エ）］磁性体が適している。

上記の記述中の空白箇所(ア)、(イ)、(ウ)及び(エ)に当てはまる組合せとして、正しいものを次の(1)～(5)のうちから一つ選べ。

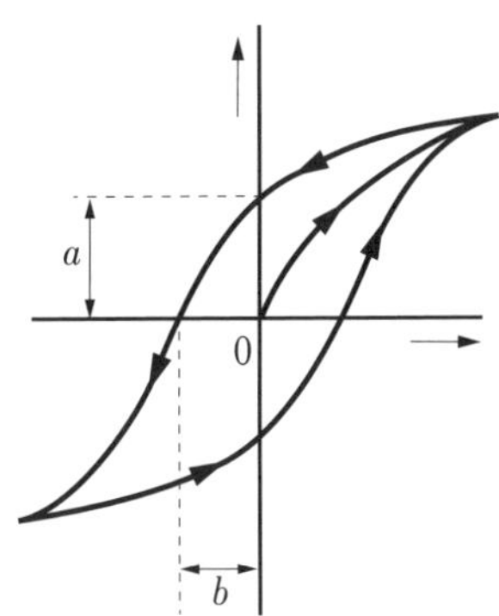

	(ア)	(イ)	(ウ)	(エ)
(1)	磁界の強さ〔A/m〕	保磁力	反比例	大きい
(2)	磁束密度〔T〕	保磁力	反比例	小さい
(3)	磁界の強さ〔A/m〕	残留磁気	反比例	小さい
(4)	磁束密度〔T〕	保磁力	比例	大きい
(5)	磁界の強さ〔A/m〕	残留磁気	比例	大きい

023 磁性体の磁化現象

テキスト LESSON 9

難易度 高 中 低

H26 A問題 問3

環状鉄心に絶縁電線を巻いて作った磁気回路に関する記述として、誤っているものを次の(1)〜(5)のうちから一つ選べ。

(1) 磁気抵抗は、磁束の通りにくさを表している。毎ヘンリー〔H^{-1}〕は、磁気抵抗の単位である。

(2) 電気抵抗が導体断面積に反比例するように、磁気抵抗は、鉄心断面積に反比例する。

(3) 鉄心の透磁率が大きいほど、磁気抵抗は小さくなる。

(4) 起磁力が同じ場合、鉄心の磁気抵抗が大きいほど、鉄心を通る磁束は小さくなる。

(5) 磁気回路における起磁力と磁気抵抗は、電気回路におけるオームの法則の電流と電気抵抗にそれぞれ対応する。

024 磁性体の磁化現象

テキスト LESSON 9

難易度 高 中 (低) H20 A問題 問3 

図のように、磁路の平均の長さl〔m〕、断面積S〔m²〕で透磁率μ〔H/m〕の環状鉄心に巻数Nのコイルが巻かれている。この場合、環状鉄心の磁気抵抗は$\dfrac{l}{\mu S}$〔A/Wb〕である。いま、コイルに流れている電流をI〔A〕としたとき、起磁力は　(ア)　〔A〕であり、したがって、磁束は　(イ)　〔Wb〕となる。

ただし、鉄心及びコイルの漏れ磁束はないものとする。

上記の記述中の空白箇所(ア)及び(イ)に当てはまる式として、正しいものを組み合わせたのは次のうちどれか。

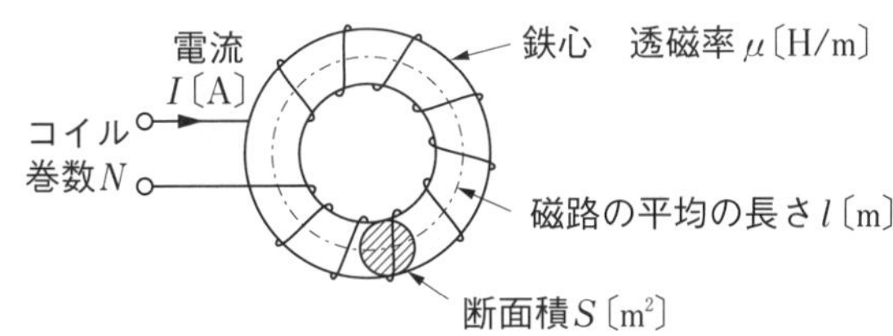

	(ア)	(イ)
(1)	I	$\dfrac{l}{\mu S}I$
(2)	I	$\dfrac{\mu S}{l}I$
(3)	NI	$\dfrac{lN}{\mu S}I$
(4)	NI	$\dfrac{\mu SN}{l}I$
(5)	N^2I	$\dfrac{\mu SN^2}{l}I$

025 電磁誘導現象

テキスト LESSON 10など　　難易度 高 (中) 低　　H28 A問題 問8

電気に関する法則の記述として、正しいものを次の(1)〜(5)のうちから一つ選べ。

(1) オームの法則は、「均一の物質から成る導線の両端の電位差をVとするとき、これに流れる定常電流IはVに反比例する」という法則である。

(2) クーロンの法則は、「二つの点電荷の間に働く静電力の大きさは、両電荷の積に反比例し、電荷間の距離の2乗に比例する」という法則である。

(3) ジュールの法則は、「導体内に流れる定常電流によって単位時間中に発生する熱量は、電流の値の2乗と導体の抵抗に反比例する」という法則である。

(4) フレミングの右手の法則は、「右手の親指・人差し指・中指をそれぞれ直交するように開き、親指を磁界の向き、人差し指を導体が移動する向きに向けると、中指の向きは誘導起電力の向きと一致する」という法則である。

(5) レンツの法則は、「電磁誘導によってコイルに生じる起電力は、誘導起電力によって生じる電流がコイル内の磁束の変化を妨げる向きとなるように発生する」という法則である。

026 電磁誘導現象

テキスト LESSON 10

難易度 高 (中) 低

紙面に平行な水平面内において、0.6〔m〕の間隔で張られた2本の直線状の平行導線に10〔Ω〕の抵抗が接続されている。この平行導線に垂直に、図に示すように、直線状の導体棒PQを渡し、紙面の裏側から表側に向かって磁束密度$B=6\times10^{-2}$〔T〕の一様な磁界をかける。ここで、導体棒PQを磁界と導体棒に共に垂直な矢印の方向に一定の速さ$v=4$〔m/s〕で平行導線上を移動させているときに、10〔Ω〕の抵抗に流れる電流I〔A〕の値として、正しいのは次のうちどれか。

ただし、電流の向きは図に示す矢印の向きを正とする。また、導線及び導体棒PQの抵抗、並びに導線と導体棒との接触抵抗は無視できるものとする。

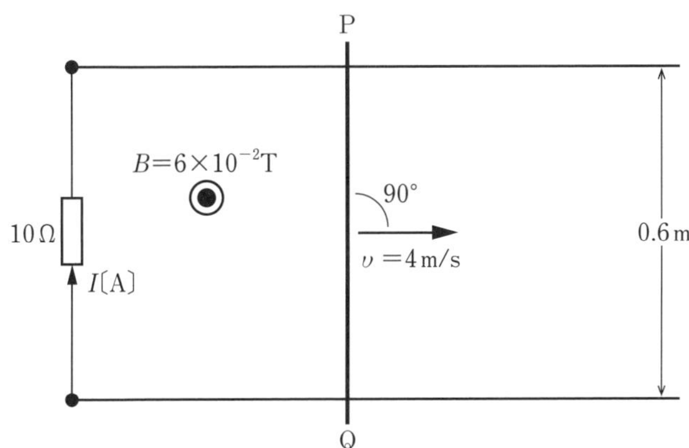

(1)　−0.0278　　(2)　−0.0134　　(3)　−0.0072

(4)　0.0144　　(5)　0.0288

027 インダクタンス

テキスト LESSON 11

難易度 高 (中) 低

環状鉄心に、コイル1及びコイル2が巻かれている。二つのコイルを図1のように接続したとき、端子A–B間の合成インダクタンスの値は1.2Hであった。次に、図2のように接続したとき、端子C–D間の合成インダクタンスの値は2.0Hであった。このことから、コイル1の自己インダクタンスLの値〔H〕、コイル1及びコイル2の相互インダクタンスMの値〔H〕の組合せとして、正しいものを次の(1)〜(5)のうちから一つ選べ。

ただし、コイル1及びコイル2の自己インダクタンスはともにL〔H〕、その巻数をNとし、また、鉄心は等断面、等質であるとする。

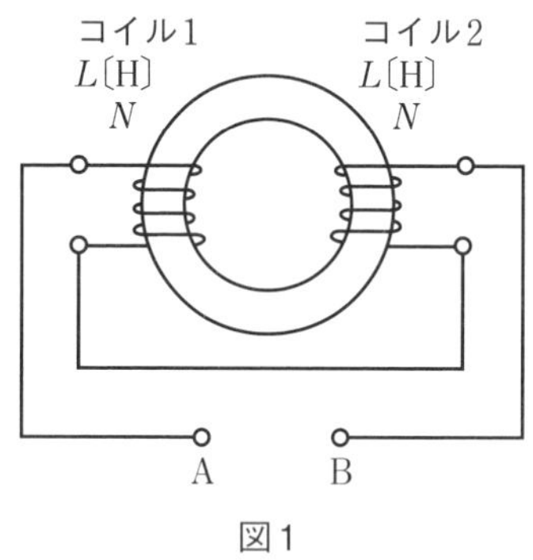

図1

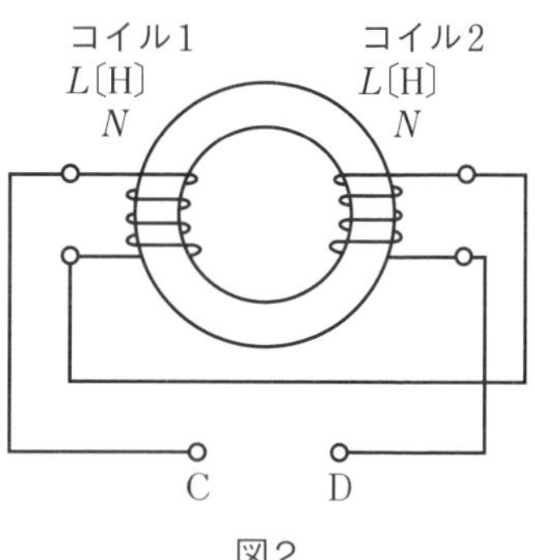

図2

	自己インダクタンスL	相互インダクタンスM
(1)	0.4	0.2
(2)	0.8	0.2
(3)	0.8	0.4
(4)	1.6	0.2
(5)	1.6	0.4

028 インダクタンス

テキスト LESSON 11

難易度 高 (中) 低　H18 A問題 問4

巻数$N=10$のコイルを流れる電流が0.1秒間に0.6〔A〕の割合で変化しているとき、コイルを貫く磁束が0.4秒間に1.2〔mWb〕の割合で変化した。このコイルの自己インダクタンスL〔mH〕の値として、正しいのは次のうちどれか。

ただし、コイルの漏れ磁束は無視できるものとする。

(1) 0.5　(2) 2.5　(3) 5　(4) 10　(5) 20

029 オームの法則と抵抗の接続

図のような直流回路において、直流電源の電圧が90Vであるとき、抵抗R_1〔Ω〕、R_2〔Ω〕、R_3〔Ω〕の両端電圧はそれぞれ30V、15V、10Vであった。抵抗R_1、R_2、R_3のそれぞれの値〔Ω〕の組合せとして、正しいものを次の(1)〜(5)のうちから一つ選べ。

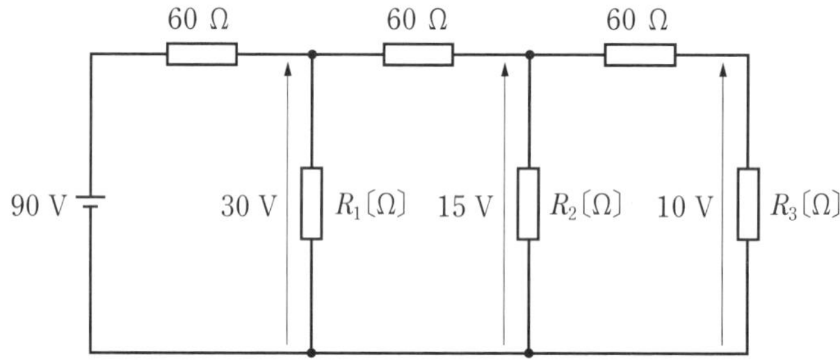

	R_1	R_2	R_3
(1)	30	90	120
(2)	80	60	120
(3)	30	90	30
(4)	60	60	30
(5)	40	90	120

030 オームの法則と抵抗の接続

テキスト LESSON 12

難易度 高 中 低

図のように、可変抵抗R_1〔Ω〕、R_2〔Ω〕、抵抗R_x〔Ω〕、電源E〔V〕からなる直流回路がある。次に示す条件1のときのR_x〔Ω〕に流れる電流I〔A〕の値と条件2のときの電流I〔A〕の値は等しくなった。このとき、R_x〔Ω〕の値として、正しいものを次の(1)～(5)のうちから一つ選べ。

条件1：$R_1 = 90$〔Ω〕、$R_2 = 6$〔Ω〕

条件2：$R_1 = 70$〔Ω〕、$R_2 = 4$〔Ω〕

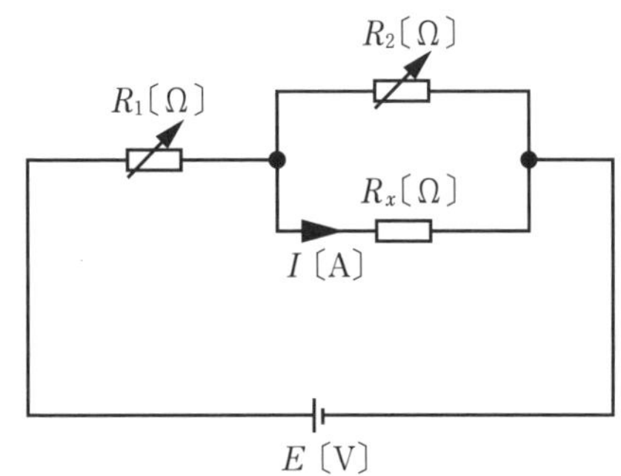

(1) 1　(2) 2　(3) 4　(4) 8　(5) 12

031 オームの法則と抵抗の接続

テキスト LESSON 12

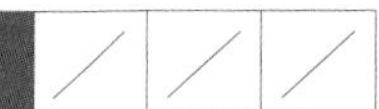
難易度 高 中 低 H22 A問題 問6

図1の直流回路において、端子a–c間に直流電圧100〔V〕を加えたところ、端子b–c間の電圧は20〔V〕であった。また、図2のように端子b–c間に150〔Ω〕の抵抗を並列に追加したとき、端子b–c間の端子電圧は15〔V〕であった。いま、図3のように端子b–c間を短絡したとき、電流I〔A〕の値として、正しいのは次のうちどれか。

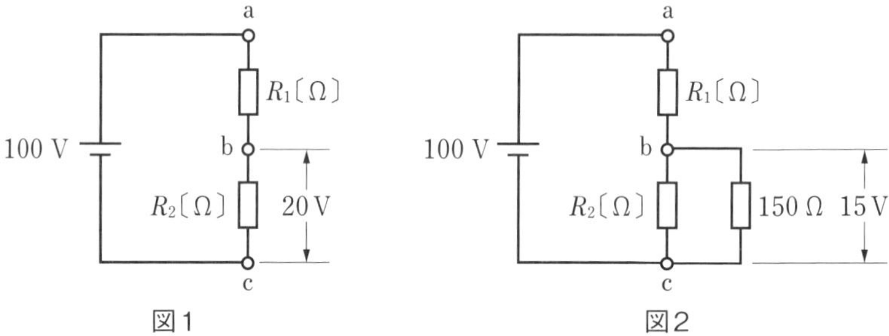

図1　　図2

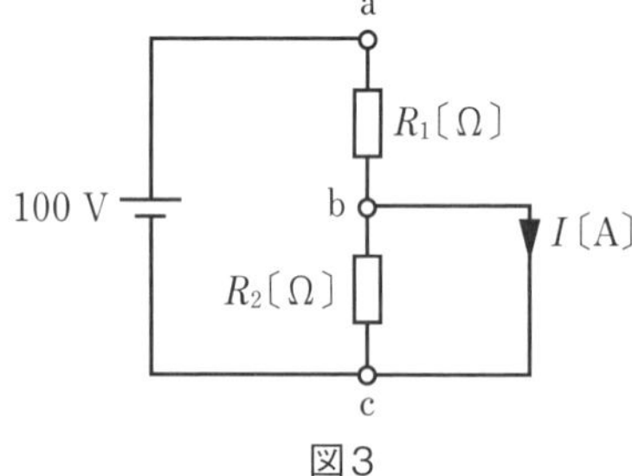

図3

(1) 0　(2) 0.10　(3) 0.32　(4) 0.40　(5) 0.67

032 オームの法則と抵抗の接続

LESSON 12

難易度 高 中 低

H21 A問題 問6

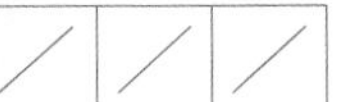

抵抗値が異なる抵抗R_1〔Ω〕とR_2〔Ω〕を図1のように直列に接続し、30〔V〕の直流電圧を加えたところ、回路に流れる電流は6〔A〕であった。次に、この抵抗R_1〔Ω〕とR_2〔Ω〕を図2のように並列に接続し、30〔V〕の直流電圧を加えたところ、回路に流れる電流は25〔A〕であった。このとき、抵抗R_1〔Ω〕、R_2〔Ω〕のうち小さい方の抵抗〔Ω〕の値として、正しいのは次のうちどれか。

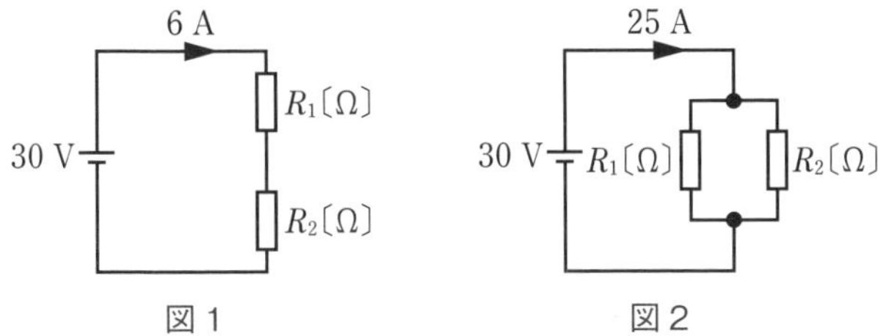

図1　　図2

(1) 1　(2) 1.2　(3) 1.5　(4) 2　(5) 3

033 オームの法則と抵抗の接続

図のように、抵抗、切換スイッチS及び電流計を接続した回路がある。この回路に直流電圧100〔V〕を加えた状態で、図のようにスイッチSを開いたとき電流計の指示値は2.0〔A〕であった。また、スイッチSを①側に閉じたとき電流計の指示値は2.5〔A〕、スイッチSを②側に閉じたとき電流計の指示値は5.0〔A〕であった。このとき、抵抗r〔Ω〕の値として、正しいのは次のうちどれか。

ただし、電流計の内部抵抗は無視できるものとし、測定誤差はないものとする。

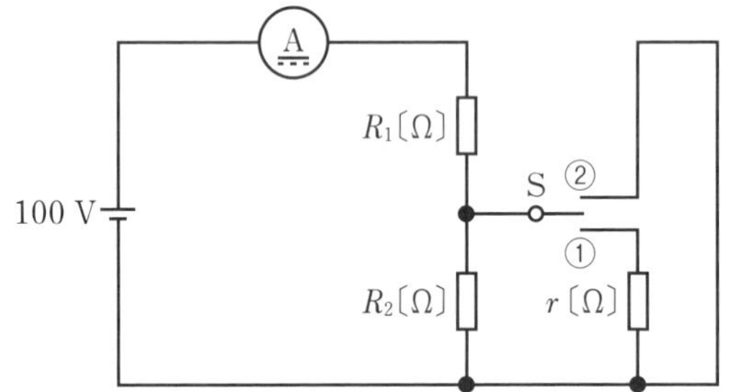

(1) 20　(2) 30　(3) 40　(4) 50　(5) 60

034 オームの法則と抵抗の接続

テキスト LESSON 12

難易度 高 (中) 低 H18 A問題 問5

図のように、内部抵抗 r〔Ω〕、起電力 E〔V〕の電池に抵抗 R〔Ω〕の可変抵抗器を接続した回路がある。$R = 2.25$〔Ω〕にしたとき、回路を流れる電流は $I = 3$〔A〕であった。次に、$R = 3.45$〔Ω〕にしたとき、回路を流れる電流は $I = 2$〔A〕となった。この電池の起電力 E〔V〕の値として、正しいのは次のうちどれか。

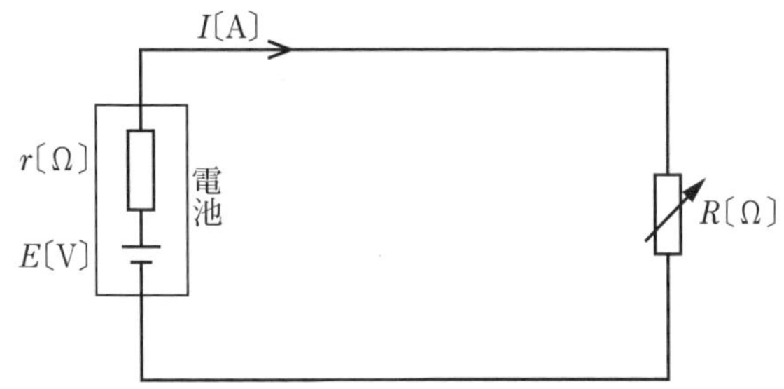

(1) 6.75　(2) 6.90　(3) 7.05　(4) 7.20　(5) 9.30

035 電気回路上の電位と電位差

LESSON 13

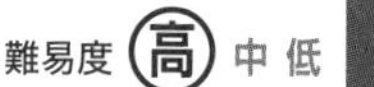
難易度 高 中 低

R1 A問題 問5

図のように、七つの抵抗及び電圧$E=100$Vの直流電源からなる回路がある。この回路において、A–D間、B–C間の各電位差を測定した。このとき、A–D間の電位差の大きさ〔V〕及びB–C間の電位差の大きさ〔V〕の組合せとして、正しいものを次の(1)~(5)のうちから一つ選べ。

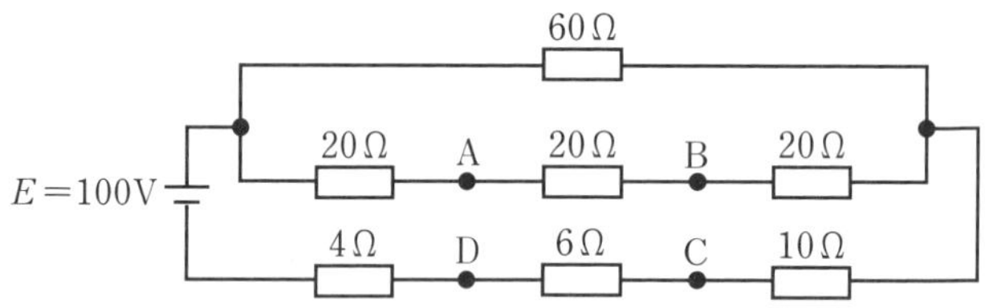

	A－D間の電位差の大きさ	B－C間の電位差の大きさ
(1)	28	60
(2)	40	72
(3)	60	28
(4)	68	80
(5)	72	40

036 電気回路上の電位と電位差

テキスト LESSON 13

難易度 高 (中) 低

図のように直流電源と4個の抵抗からなる回路がある。この回路において20 Ωの抵抗に流れる電流Iの値〔A〕として、最も近いものを次の(1)~(5)のうちから一つ選べ。

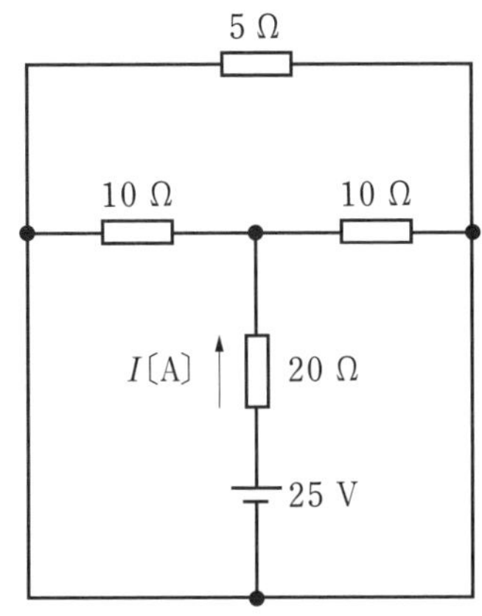

(1) 0.5 (2) 0.8 (3) 1.0 (4) 1.2 (5) 1.5

037 電気回路上の電位と電位差

H25 A問題 問8

図に示すような抵抗の直並列回路がある。この回路に直流電圧5Vを加えたとき、電源から流れ出る電流 I〔A〕の値として、最も近いものを次の(1)～(5)のうちから一つ選べ。

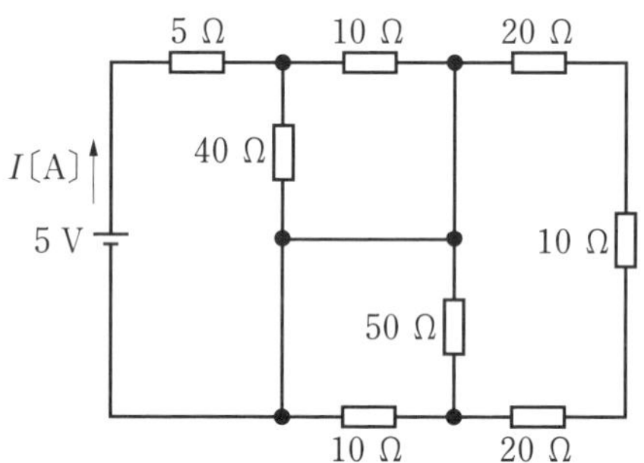

(1) 0.2　(2) 0.4　(3) 0.6　(4) 0.8　(5) 1.0

038 キルヒホッフの法則

難易度 高 (中) 低 H20 A問題 問7

図のように、2種類の直流電源と3種類の抵抗からなる回路がある。各抵抗に流れる電流を図に示す向きに定義するとき、電流 I_1〔A〕、I_2〔A〕、I_3〔A〕の値として、正しいものを組み合わせたのは次のうちどれか。

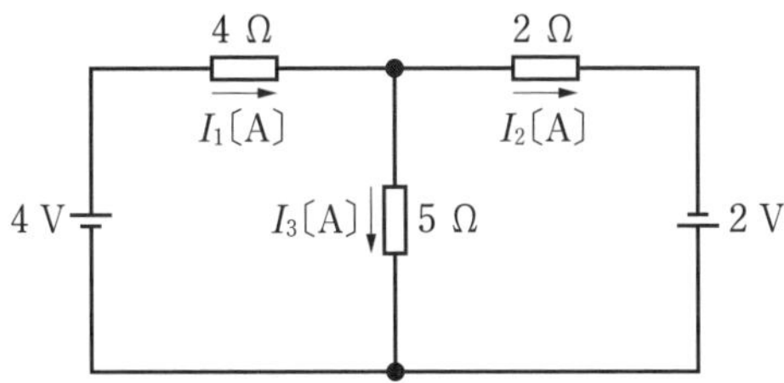

	I_1	I_2	I_3
(1)	−1	−1	0
(2)	−1	1	−2
(3)	1	1	0
(4)	2	1	1
(5)	1	−1	2

039 重ね合わせの理

テキスト LESSON 15

難易度 高 (中) 低　H15 A問題 問5

図のような直流回路において、抵抗6〔Ω〕の端子間電圧の大きさV〔V〕の値として、正しいのは次のうちどれか。

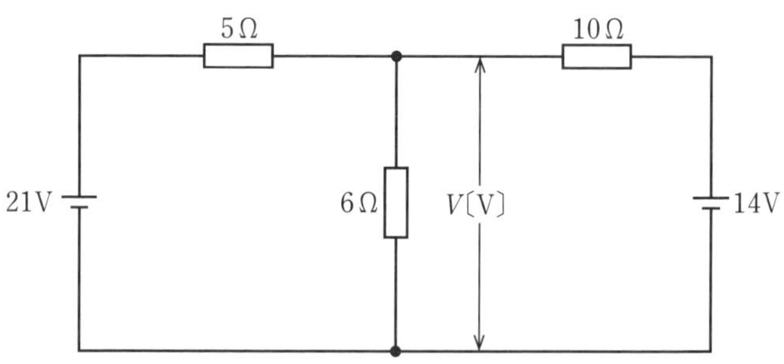

(1)　2　　(2)　5　　(3)　7　　(4)　12　　(5)　15

040 テブナンの定理

テキスト LESSON 16 など

難易度 高 中 低  H28 A問題 問5

図のように、内部抵抗$r = 0.1\ \Omega$、起電力$E = 9\mathrm{V}$の電池4個を並列に接続した電源に抵抗$R = 0.5\ \Omega$の負荷を接続した回路がある。この回路において、抵抗$R = 0.5\ \Omega$で消費される電力の値〔W〕として、最も近いものを次の(1)〜(5)のうちから一つ選べ。

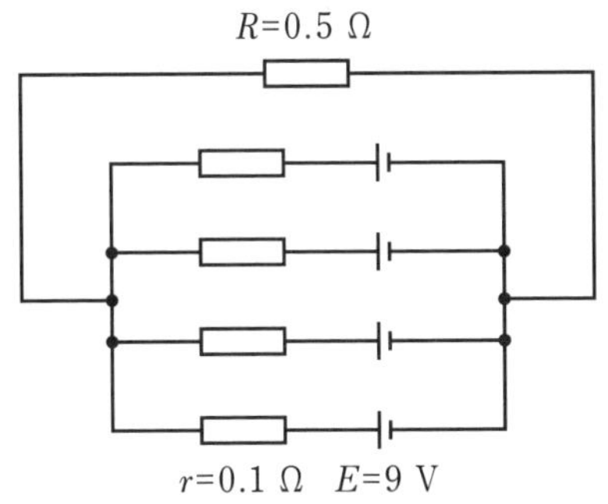

(1) 50　(2) 147　(3) 253　(4) 820　(5) 4050

041 テブナンの定理

図の直流回路において、抵抗$R = 10$〔Ω〕で消費される電力〔W〕の値として、最も近いものを次の(1)～(5)のうちから一つ選べ。

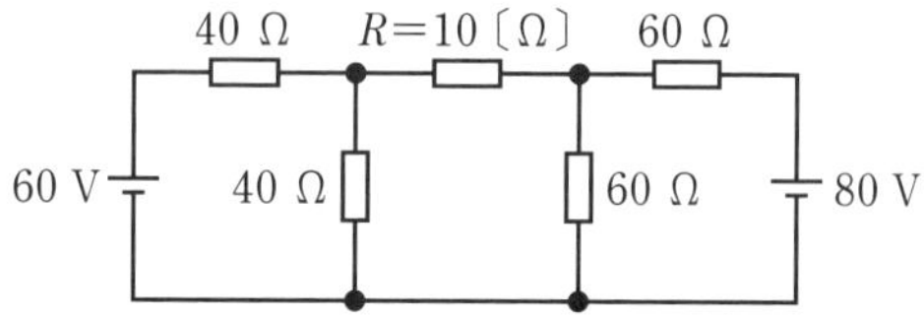

(1) 0.28　(2) 1.89　(3) 3.79　(4) 5.36　(5) 7.62

042 ミルマンの定理

図のように、コンデンサ3個を充電する回路がある。スイッチS_1及びS_2を同時に閉じてから十分に時間が経過し、定常状態となったとき、a点からみたb点の電圧の値〔V〕として、正しいものを次の(1)～(5)のうちから一つ選べ。

ただし、各コンデンサの初期電荷は零とする。

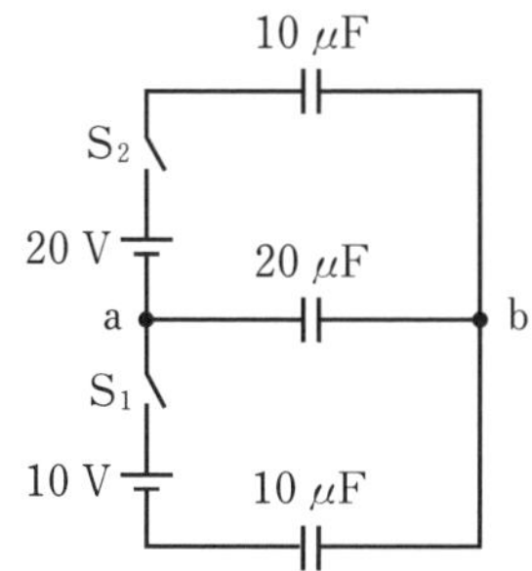

(1) $-\dfrac{10}{3}$　(2) -2.5　(3) 2.5　(4) $\dfrac{10}{3}$　(5) $\dfrac{20}{3}$

043 抵抗のΔ-Y変換

テキスト LESSON 18など

難易度 高 (中) 低　H27 B問題 問16

図1の端子a–d間の合成静電容量について、次の(a)及び(b)の問に答えよ。

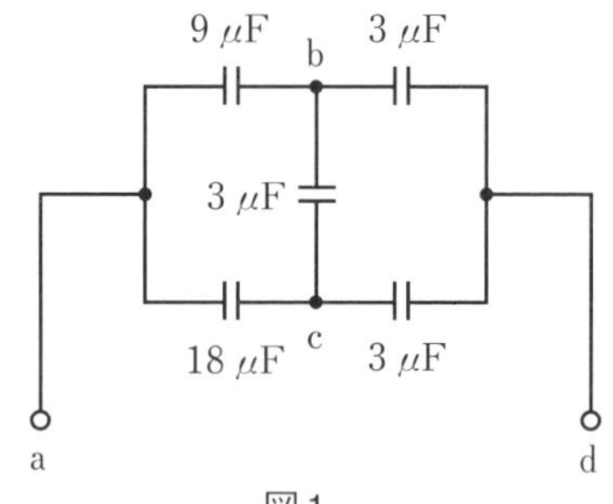

図1

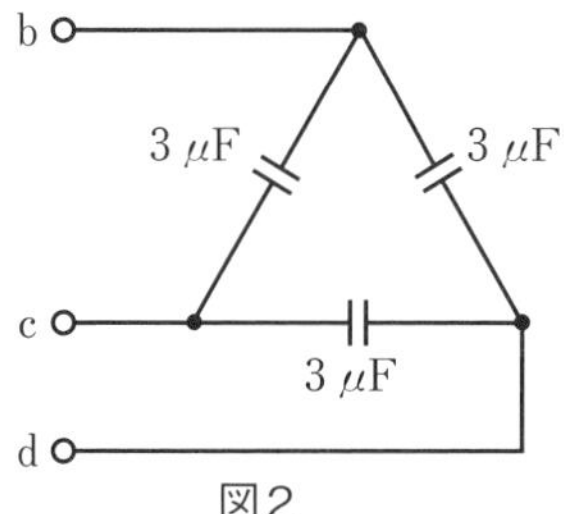

図2

図3

(a) 端子b–c–d間は図2のようにΔ結線で接続されている。これを図3のようにY結線に変換したとき、電気的に等価となるコンデンサCの値〔μF〕として、最も近いものを次の(1)～(5)のうちから一つ選べ。

(1) 1.0　(2) 2.0　(3) 4.5　(4) 6.0　(5) 9.0

(b) 図3を用いて、図1の端子b–c–d間をY結線回路に変換したとき、図1の端子a–d間の合成静電容量C_0の値〔μF〕として、最も近いものを次の(1)～(5)のうちから一つ選べ。

(1) 3.0　(2) 4.5　(3) 4.8　(4) 6.0　(5) 9.0

044 抵抗のΔ-Y変換

難易度 高 中 低

図の直流回路において、次の(a)及び(b)に答えよ。
ただし、電源電圧E〔V〕の値は一定で変化しないものとする。

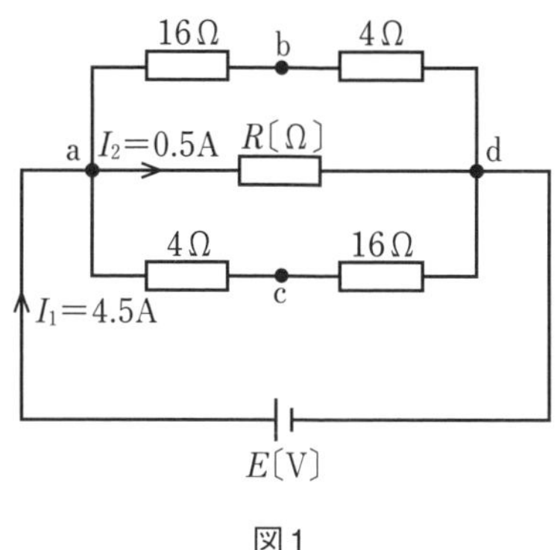

図1

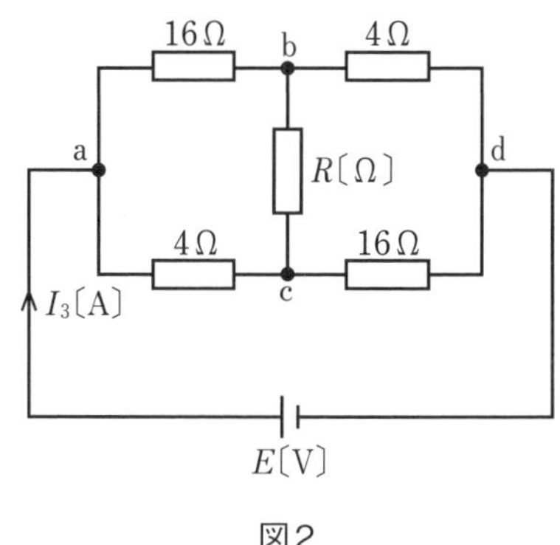

図2

(a) 図1のように抵抗R〔Ω〕を端子a、d間に接続したとき、$I_1=4.5$〔A〕、$I_2=0.5$〔A〕の電流が流れた。抵抗R〔Ω〕の値として、正しいのは次のうちどれか。

(1) 20　(2) 40　(3) 80　(4) 160　(5) 180

(b) 図1の抵抗R〔Ω〕を図2のように端子b、c間に接続し直したとき、回路に流れる電流I_3〔A〕の値として、最も近いのは次のうちどれか。

(1) 4.0　(2) 4.2　(3) 4.5　(4) 4.8　(5) 5.5

045 ブリッジ回路

図のように、抵抗とスイッチSを接続した直流回路がある。いま、スイッチSを開閉しても回路を流れる電流 I〔A〕は、$I = 30$A で一定であった。このとき、抵抗 R_4 の値〔Ω〕として、最も近いものを次の(1)〜(5)のうちから一つ選べ。

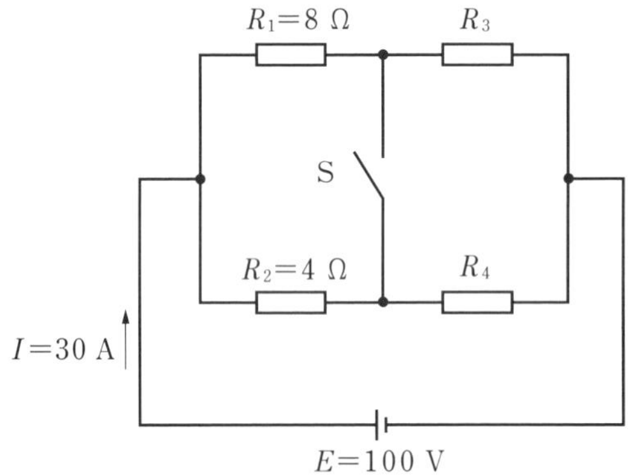

(1) 0.5　(2) 1.0　(3) 1.5　(4) 2.0　(5) 2.5

046 ブリッジ回路

難易度 高 (中) 低

図のような直流回路において、抵抗3〔Ω〕の端子間の電圧が1.8〔V〕であった。このとき、電源電圧E〔V〕の値として、正しいのは次のうちどれか。

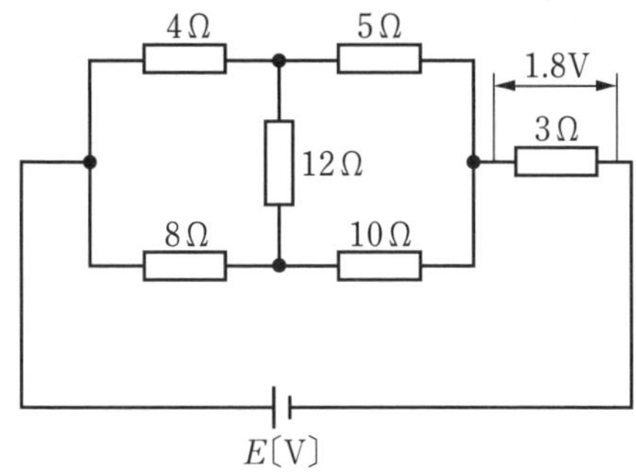

(1) 1.8　(2) 3.6　(3) 5.4　(4) 7.2　(5) 10.4

047 定電圧源と定電流源

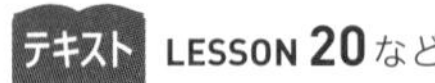

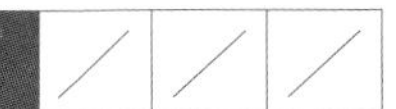

テキスト LESSON 20など　難易度 高 中 低　H30 A問題 問7

図のように、直流電圧$E=10$Vの定電圧源、直流電流$I=2$Aの定電流源、スイッチS、$r=1\,\Omega$とR〔Ω〕の抵抗からなる直流回路がある。この回路において、スイッチSを閉じたとき、R〔Ω〕の抵抗に流れる電流I_Rの値〔A〕がSを閉じる前に比べて2倍に増加した。Rの値〔Ω〕として、最も近いものを次の(1)～(5)のうちから一つ選べ。

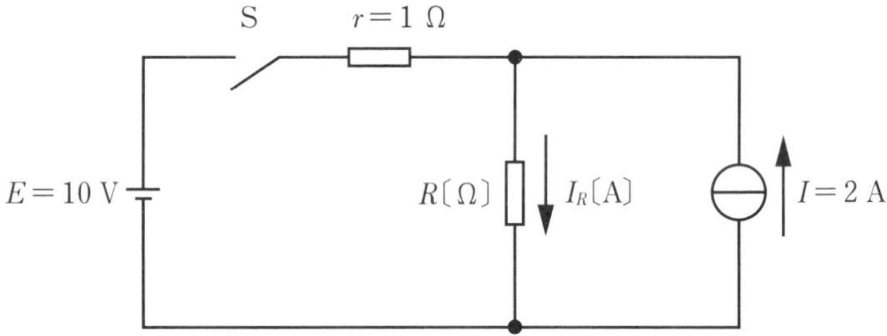

(1) 2　　(2) 3　　(3) 8　　(4) 10　　(5) 11

048 定電圧源と定電流源

テキスト LESSON 20など

難易度 高 (中) 低　H24 A問題 問5

図1のように電圧がE〔V〕の直流電圧源で構成される回路を、図2のように電流がI〔A〕の直流電流源（内部抵抗が無限大で、負荷変動があっても定電流を流出する電源）で構成される等価回路に置き替えることを考える。この場合、電流I〔A〕の大きさは図1の端子a–bを短絡したとき、そこを流れる電流の大きさに等しい。また、図2のコンダクタンスG〔S〕の大きさは図1の直流電圧源を短絡し、端子a–bからみたコンダクタンスの大きさに等しい。I〔A〕とG〔S〕の値を表す式の組合せとして、正しいものを次の(1)～(5)のうちから一つ選べ。

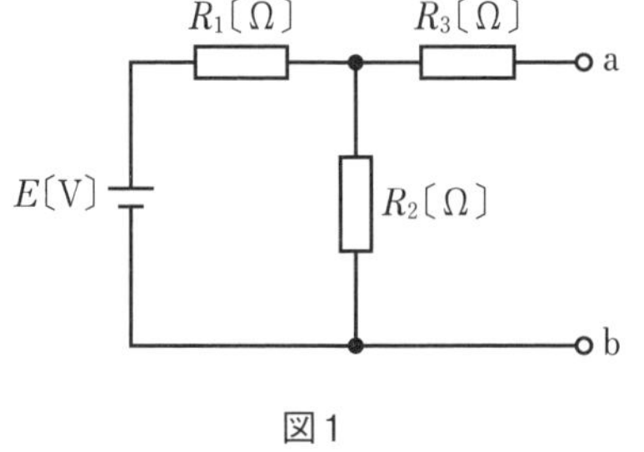

図1

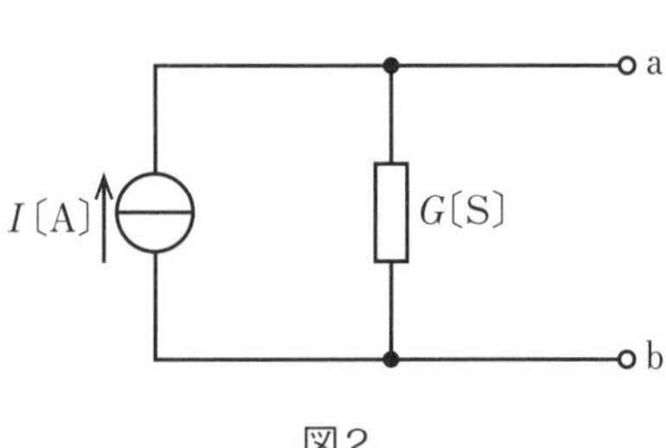

図2

	I〔A〕	G〔S〕
(1)	$\dfrac{R_1}{R_1R_2+R_2R_3+R_3R_1}E$	$\dfrac{R_2+R_3}{R_1R_2+R_2R_3+R_3R_1}$
(2)	$\dfrac{R_2}{R_1R_2+R_2R_3+R_3R_1}E$	$\dfrac{R_1+R_2}{R_1R_2+R_2R_3+R_3R_1}$
(3)	$\dfrac{R_2}{R_1R_2+R_2R_3+R_3R_1}E$	$\dfrac{R_2+R_3}{R_1R_2+R_2R_3+R_3R_1}$
(4)	$\dfrac{R_1}{R_1R_2+R_2R_3+R_3R_1}E$	$\dfrac{R_1+R_2}{R_1R_2+R_2R_3+R_3R_1}$
(5)	$\dfrac{R_3}{R_1R_2+R_2R_3+R_3R_1}E$	$\dfrac{R_1+R_2}{R_1R_2+R_2R_3+R_3R_1}$

049 電気抵抗と電力

難易度 高 (中) 低　H23 A問題 問5

20〔℃〕における抵抗値がR_1〔Ω〕、抵抗温度係数がα_1〔℃$^{-1}$〕の抵抗器Aと20〔℃〕における抵抗値がR_2〔Ω〕、抵抗温度係数が$\alpha_2 = 0$〔℃$^{-1}$〕の抵抗器Bが並列に接続されている。その20〔℃〕と21〔℃〕における並列抵抗値をそれぞれr_{20}〔Ω〕、r_{21}〔Ω〕とし、$\dfrac{r_{21}-r_{20}}{r_{20}}$を変化率とする。変化率として、正しいものを次の(1)～(5)のうちから一つ選べ。

(1) $\dfrac{\alpha_1 R_1 R_2}{R_1+R_2+\alpha_1^2 R_1}$　(2) $\dfrac{\alpha_1 R_2}{R_1+R_2+\alpha_1 R_1}$　(3) $\dfrac{\alpha_1 R_1}{R_1+R_2+\alpha_1 R_1}$

(4) $\dfrac{\alpha_1 R_2}{R_1+R_2+\alpha_1 R_2}$　(5) $\dfrac{\alpha_1 R_1}{R_1+R_2+\alpha_1 R_2}$

050 電気抵抗と電力

 LESSON 21

難易度 高 中 低 H22 A問題 問5 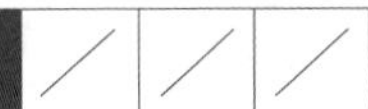

図の直流回路において、12〔Ω〕の抵抗の消費電力が27〔W〕である。このとき、抵抗R〔Ω〕の値として、正しいのは次のうちどれか。

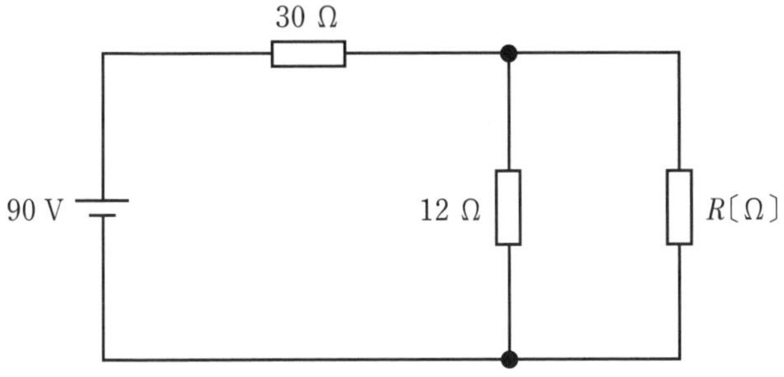

(1) 4.5　(2) 7.5　(3) 8.6　(4) 12　(5) 20

051 電気抵抗と電力

LESSON 21

難易度 高 (中) 低　H19 A問題 問5

起電力がE〔V〕で内部抵抗がr〔Ω〕の電池がある。この電池に抵抗R_1〔Ω〕と可変抵抗R_2〔Ω〕を並列につないだとき、抵抗R_2〔Ω〕から発生するジュール熱が最大となるときの抵抗R_2〔Ω〕の値を表す式として、正しいのは次のうちどれか。

(1)　$R_2 = r$　(2)　$R_2 = R_1$　(3)　$R_2 = \dfrac{rR_1}{r - R_1}$

(4)　$R_2 = \dfrac{rR_1}{R_1 - r}$　(5)　$R_2 = \dfrac{rR_1}{r + R_1}$

052 過渡現象

テキスト LESSON 22 など

難易度 高 中 低　R1 A問題 問10

図のように、電圧1kVに充電された静電容量100μFのコンデンサ、抵抗1kΩ、スイッチからなる回路がある。スイッチを閉じた直後に過渡的に流れる電流の時定数τの値〔s〕と、スイッチを閉じてから十分に時間が経過するまでに抵抗で消費されるエネルギーWの値〔J〕の組合せとして、正しいものを次の(1)~(5)のうちから一つ選べ。

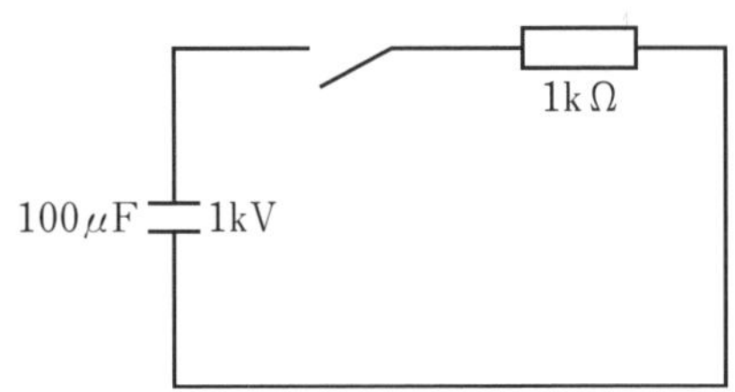

	τ	W
(1)	0.1	0.1
(2)	0.1	50
(3)	0.1	1000
(4)	10	0.1
(5)	10	50

053 過渡現象

テキスト LESSON 22

難易度 高 (中) 低　H29 A問題 問10

図のように、電圧E〔V〕の直流電源に、開いた状態のスイッチS、R_1〔Ω〕の抵抗、R_2〔Ω〕の抵抗及び電流が0Aのコイル（インダクタンスL〔H〕）を接続した回路がある。次の文章は、この回路に関する記述である。

1　スイッチSを閉じた瞬間（時刻$t = 0$s）にR_1〔Ω〕の抵抗に流れる電流は、（ア）〔A〕となる。

2　スイッチSを閉じて回路が定常状態とみなせるとき、R_1〔Ω〕の抵抗に流れる電流は、（イ）〔A〕となる。

上記の記述中の空白箇所(ア)及び(イ)に当てはまる式の組合せとして、正しいものを次の(1)～(5)のうちから一つ選べ。

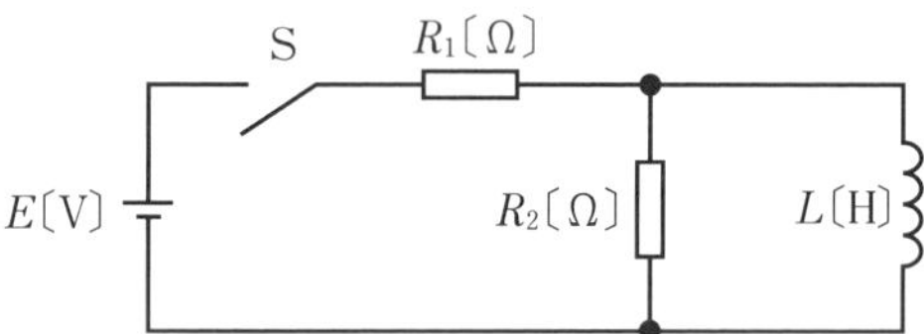

	（ア）	（イ）
(1)	$\dfrac{E}{R_1+R_2}$	$\dfrac{E}{R_1}$
(2)	$\dfrac{R_2E}{(R_1+R_2)R_1}$	$\dfrac{E}{R_1}$
(3)	$\dfrac{E}{R_1}$	$\dfrac{E}{R_1+R_2}$
(4)	$\dfrac{E}{R_1}$	$\dfrac{E}{R_1}$
(5)	$\dfrac{E}{R_1+R_2}$	$\dfrac{E}{R_1+R_2}$

054 過渡現象

 LESSON 22

難易度 高 (中) 低 

図のように、開いた状態のスイッチS、R〔Ω〕の抵抗、インダクタンスL〔H〕のコイル、直流電源E〔V〕からなる直列回路がある。この直列回路において、スイッチSを閉じた直後に過渡現象が起こる。この場合に、「回路に流れる電流」、「抵抗の端子電圧」及び「コイルの端子電圧」に関し、時間の経過にしたがって起こる過渡現象として、正しいものを組み合わせたのは次のうちどれか。

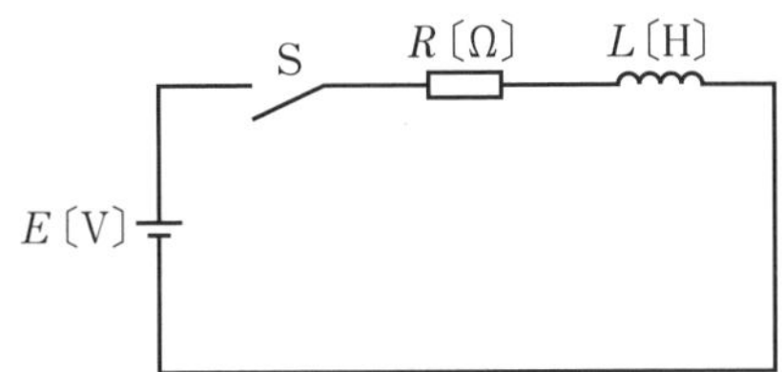

	回路に流れる電流	抵抗の端子電圧	コイルの端子電圧
(1)	大きくなる	低下する	上昇する
(2)	小さくなる	上昇する	低下する
(3)	大きくなる	上昇する	上昇する
(4)	小さくなる	低下する	上昇する
(5)	大きくなる	上昇する	低下する

055 過渡現象

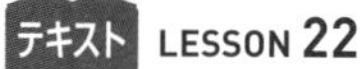

図1から図5に示す5種類の回路は、R〔Ω〕の抵抗と静電容量C〔F〕のコンデンサの個数と組み合わせを異にしたものである。コンデンサの初期電荷を零として、スイッチSを閉じたときの回路の過渡的な現象を考える。そのとき、これら回路のうちで時定数が最も大きい回路を示す図として、正しいのは次のうちどれか。

(1)

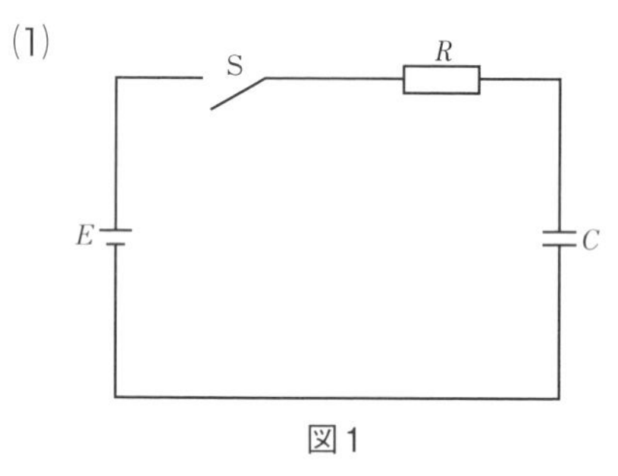

図1

(2)

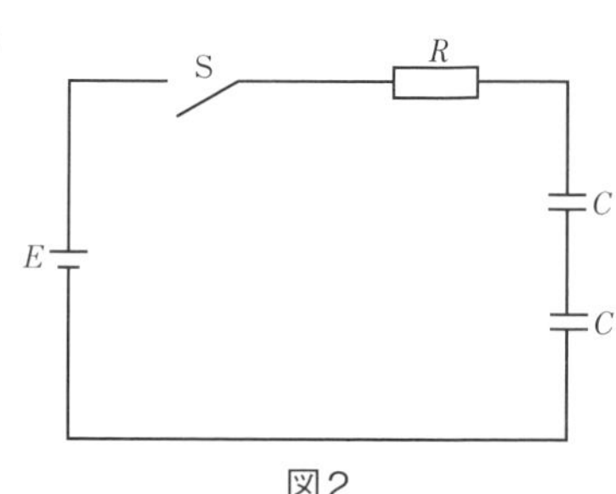

図2

(3)

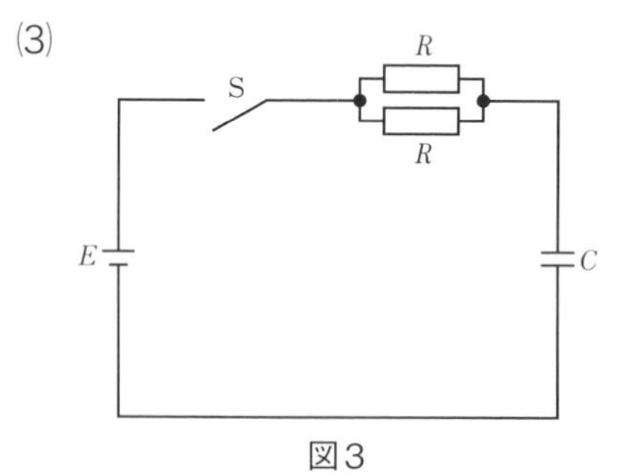

図3

(4)

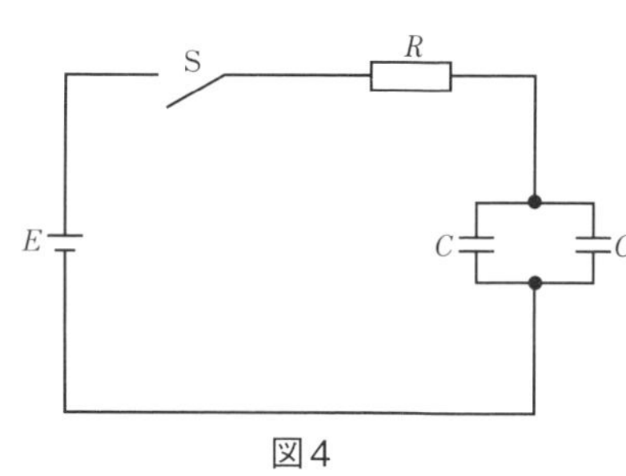

図4

(5)

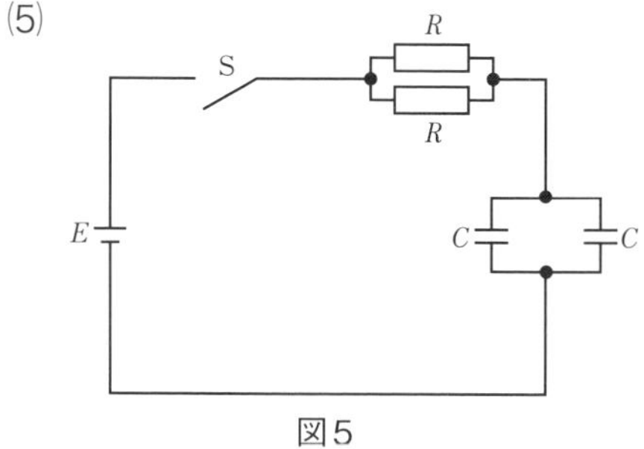

図5

056 過渡現象

 LESSON 22

難易度 高 中 低　H17 A問題 問9

図のように、抵抗RとインダクタンスLのコイルを直列に接続した回路がある。この回路において、スイッチSを時刻$t=0$で閉じた場合に流れる電流及び各素子の端子間電圧に関する記述として、誤っているのは次のうちどれか。

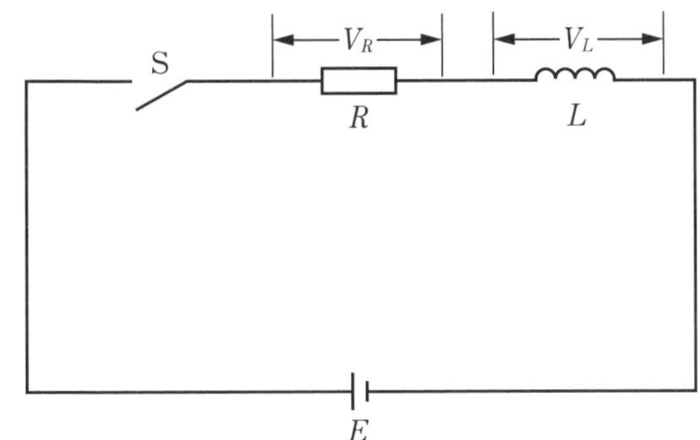

(1)　この回路の時定数は、Lの値に比例している。

(2)　Rの値を大きくするとこの回路の時定数は、小さくなる。

(3)　スイッチSを閉じた瞬間（時刻$t=0$）のコイルの端子間電圧V_Lの大きさは、零である。

(4)　定常状態の電流は、Lの値に関係しない。

(5)　抵抗Rの端子間電圧V_Rの大きさは、定常状態では電源電圧Eの大きさに等しくなる。

057 記号法

テキスト LESSON 23 など

難易度 高 (中) 低 　H23 A問題 問8

図の交流回路において、電源電圧を$\dot{E}=140\angle 0°$〔V〕とする。いま、この電源に力率0.6の誘導性負荷を接続したところ、電源から流れ出る電流の大きさは37.5〔A〕であった。次に、スイッチSを閉じ、この誘導性負荷と並列に抵抗R〔Ω〕を接続したところ、電源から流れ出る電流の大きさが50〔A〕となった。このとき、抵抗R〔Ω〕の大きさとして、正しいものを次の(1)〜(5)のうちから一つ選べ。

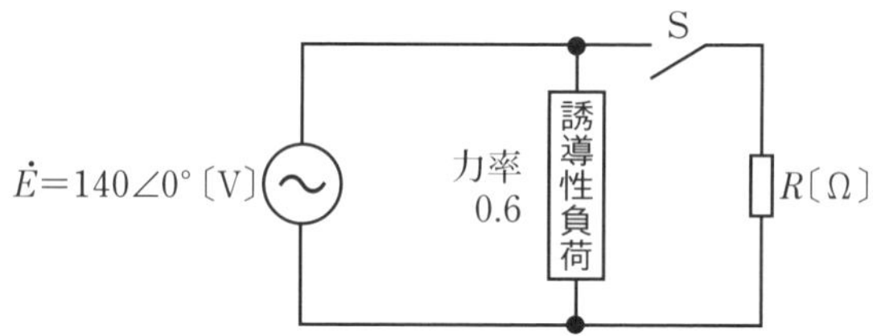

(1) 3.9　(2) 5.6　(3) 8.0　(4) 9.6　(5) 11.2

058 正弦波交流とは

 LESSON 24

難易度 高 中 低

H21 A問題 問9

ある回路に、$i = 4\sqrt{2}\sin 120\pi t$〔A〕の電流が流れている。この電流の瞬時値が、時刻 $t = 0$〔s〕以降に初めて4〔A〕となるのは、時刻 $t = t_1$〔s〕である。t_1〔s〕の値として、正しいのは次のうちどれか。

(1) $\dfrac{1}{480}$　(2) $\dfrac{1}{360}$　(3) $\dfrac{1}{240}$　(4) $\dfrac{1}{160}$　(5) $\dfrac{1}{120}$

059 正弦波交流とは

テキスト LESSON 24

難易度 高 (中) 低

H17 A問題 問6

ある回路に電圧 $v = 100\sin\left(100\pi t + \frac{\pi}{3}\right)$〔V〕を加えたところ、回路に $i = 2\sin\left(100\pi t + \frac{\pi}{4}\right)$〔A〕の電流が流れた。この電圧と電流の位相差 θ〔rad〕を時間〔s〕の単位に変換して表した値として、正しいのは次のうちどれか。

(1) $\frac{1}{400}$　(2) $\frac{1}{600}$　(3) $\frac{1}{1200}$　(4) $\frac{1}{1440}$　(5) $\frac{1}{2400}$

060 平均値・実効値

テキスト LESSON 25 など

難易度 高 中 低

交流回路に関する記述として、誤っているものを次の(1)～(5)のうちから一つ選べ。

ただし、抵抗R〔Ω〕、インダクタンスL〔H〕、静電容量C〔F〕とする。

(1) 正弦波交流起電力の最大値をE_m〔V〕、平均値をE_a〔V〕とすると、平均値と最大値の関係は、理論的に次のように表される。

$$E_a = \frac{2E_m}{\pi} \fallingdotseq 0.637E_m \text{〔V〕}$$

(2) ある交流起電力の時刻t〔s〕における瞬時値が、$e = 100 \sin 100\pi t$〔V〕であるとすると、この起電力の周期は20msである。

(3) RLC直列回路に角周波数ω〔rad/s〕の交流電圧を加えたとき、$\omega L > \dfrac{1}{\omega C}$の場合、回路を流れる電流の位相は回路に加えた電圧より遅れ、$\omega L < \dfrac{1}{\omega C}$の場合、回路を流れる電流の位相は回路に加えた電圧より進む。

(4) RLC直列回路に角周波数ω〔rad/s〕の交流電圧を加えたとき、$\omega L = \dfrac{1}{\omega C}$の場合、回路のインピーダンス$Z$〔Ω〕は、$Z = R$〔Ω〕となり、回路に加えた電圧と電流は同相になる。この状態を回路が共振状態であるという。

(5) RLC直列回路のインピーダンスZ〔Ω〕、電力P〔W〕及び皮相電力S〔V·A〕を使って回路の力率$\cos\theta$を表すと、$\cos\theta = \dfrac{R}{Z}$、$\cos\theta = \dfrac{S}{P}$の関係がある。

061 正弦波交流のベクトル表示

テキスト LESSON 26

難易度 高 (中) 低　H15 A問題 問8

図1のように、R〔Ω〕の抵抗、インダクタンスL〔H〕のコイル及び静電容量C〔F〕のコンデンサを並列に接続した回路がある。この回路に正弦波交流電圧e〔V〕を加えたとき、この回路の各素子に流れる電流i_R〔A〕、i_L〔A〕、i_C〔A〕とe〔V〕の時間変化はそれぞれ図2のようで、それぞれの電流の波高値は10〔A〕、15〔A〕、5〔A〕であった。回路に流れる電流i〔A〕の電圧e〔V〕に対する位相として、正しいのは次のうちどれか。

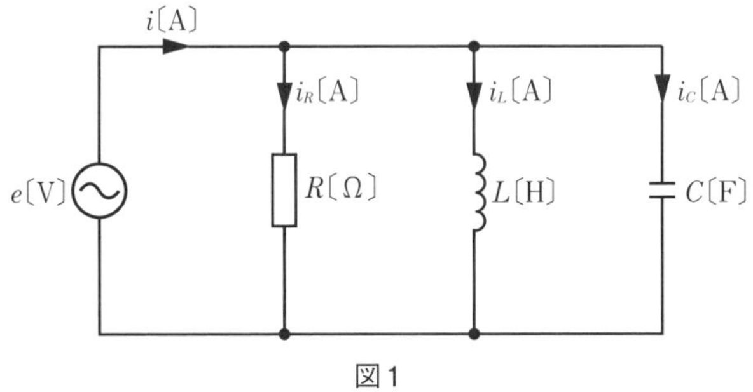

図1

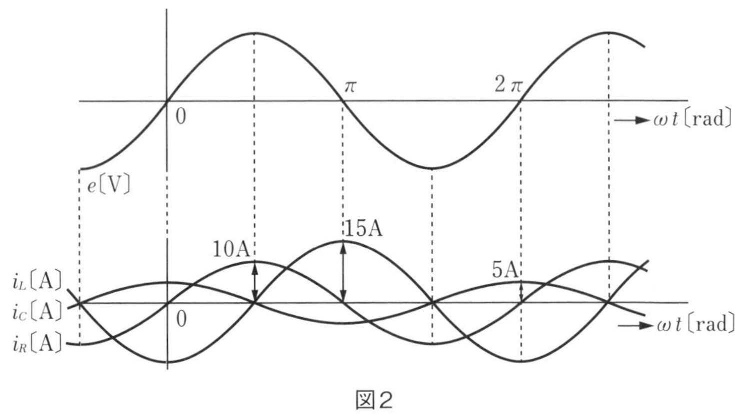

図2

(1)　30°遅れる　(2)　30°進む　(3)　45°遅れる
(4)　45°進む　(5)　90°遅れる

062 交流の基本回路と性質

難易度 高 (中) 低

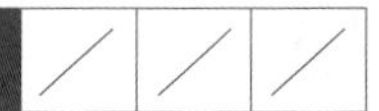

図のように、静電容量$C_1 = 10\ \mu\mathrm{F}$、$C_2 = 900\ \mu\mathrm{F}$、$C_3 = 100\ \mu\mathrm{F}$、$C_4 = 900\ \mu\mathrm{F}$のコンデンサからなる直並列回路がある。この回路に周波数$f = 50\mathrm{Hz}$の交流電圧V_{in}〔V〕を加えたところ、C_4の両端の交流電圧はV_{out}〔V〕であった。このとき、$\dfrac{V_{out}}{V_{in}}$の値として、最も近いものを次の(1)〜(5)のうちから一つ選べ。

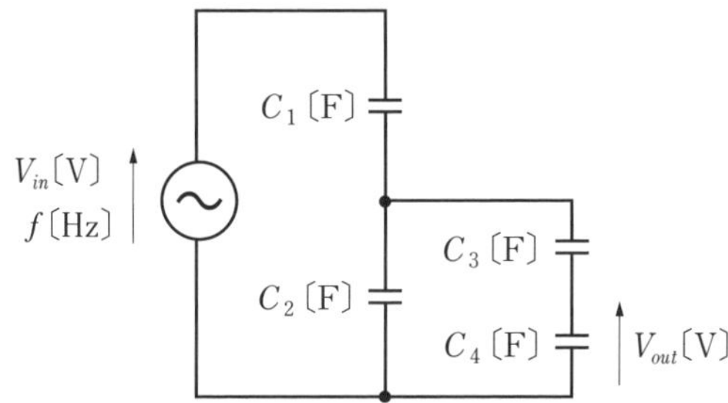

(1) $\dfrac{1}{1000}$　(2) $\dfrac{9}{1000}$　(3) $\dfrac{1}{100}$　(4) $\dfrac{99}{1000}$　(5) $\dfrac{891}{1000}$

063 RL直列回路・RC直列回路

テキスト LESSON 28

難易度 高 中 低 H25 A問題 問7

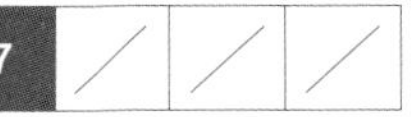

4〔Ω〕の抵抗と静電容量がC〔F〕のコンデンサを直列に接続したRC回路がある。このRC回路に、周波数50〔Hz〕の交流電圧100〔V〕の電源を接続したところ、20〔A〕の電流が流れた。では、このRC回路に、周波数60〔Hz〕の交流電圧100〔V〕の電源を接続したとき、RC回路に流れる電流〔A〕の値として、最も近いものを次の(1)～(5)のうちから一つ選べ。

(1) 16.7　(2) 18.6　(3) 21.2　(4) 24.0　(5) 25.6

064 RL直列回路・RC直列回路

テキスト LESSON 28

難易度 高 (中) 低 | H23 A問題 問9

図のように、1000〔Ω〕の抵抗と静電容量C〔μF〕のコンデンサを直列に接続した交流回路がある。いま、電源の周波数が1000〔Hz〕のとき、電源電圧$\dot{E}$〔V〕と電流$\dot{I}$〔A〕の位相差は$\frac{\pi}{3}$〔rad〕であった。このとき、コンデンサの静電容量C〔μF〕の値として、最も近いものを次の(1)～(5)のうちから一つ選べ。

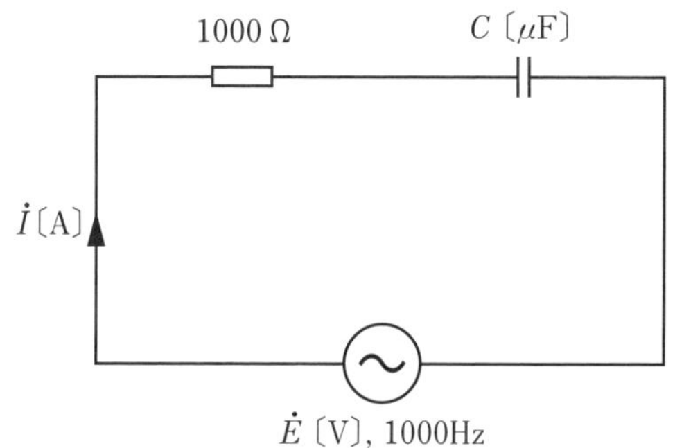

(1) 0.053　(2) 0.092　(3) 0.107　(4) 0.159　(5) 0.258

065 *RL* 直列回路・*RC* 直列回路

テキスト LESSON 28 など

難易度 高 (中) 低 H18 A問題 問9

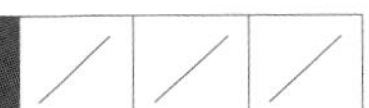

図のように、R〔Ω〕の抵抗とインダクタンスL〔H〕のコイルを直列に接続した回路がある。この回路に角周波数ω〔rad/s〕の正弦波交流電圧$\dot{E}$〔V〕を加えたとき、この電圧の位相〔rad〕に対して回路を流れる電流$\dot{I}$〔A〕の位相〔rad〕として、正しいのは次のうちどれか。

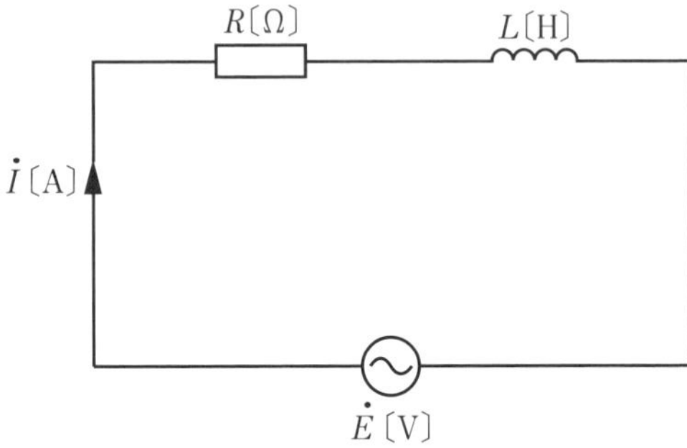

(1) $\sin^{-1}\dfrac{R}{\omega L}$〔rad〕進む

(2) $\cos^{-1}\dfrac{R}{\omega L}$〔rad〕遅れる

(3) $\cos^{-1}\dfrac{\omega L}{R}$〔rad〕進む

(4) $\tan^{-1}\dfrac{R}{\omega L}$〔rad〕遅れる

(5) $\tan^{-1}\dfrac{\omega L}{R}$〔rad〕遅れる

066 RLC直列回路・RLC並列回路

テキスト LESSON 29など

難易度 高 中 低　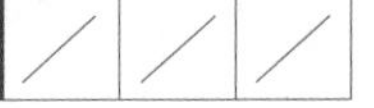

図は、インダクタンスL〔H〕のコイルと静電容量C〔F〕のコンデンサ、並びにR〔Ω〕の抵抗の直列回路に、周波数がf〔Hz〕で実効値が$V(\neq 0)$〔V〕である電源電圧を与えた回路を示している。この回路において、抵抗の端子間電圧の実効値V_R〔V〕が零となる周波数f〔Hz〕の条件を全て列挙したものとして、正しいものを次の(1)～(5)のうちから一つ選べ。

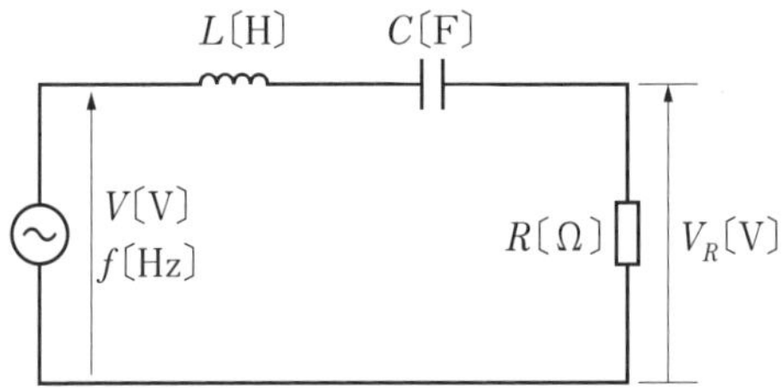

(1)　題意を満たす周波数はない

(2)　$f=0$

(3)　$f=\dfrac{1}{2\pi\sqrt{LC}}$

(4)　$f=0$、$f\to\infty$

(5)　$f=\dfrac{1}{2\pi\sqrt{LC}}$、$f\to\infty$

067 *RLC*直列回路・*RLC*並列回路

LESSON 29

難易度 高 (中) 低　H21 A問題 問7

図のように抵抗、コイル、コンデンサからなる負荷がある。この負荷に線間電圧$\dot{V}_{ab}=100\angle 0°$〔V〕、$\dot{V}_{bc}=100\angle 0°$〔V〕、$\dot{V}_{ac}=200\angle 0°$〔V〕の単相3線式交流電源を接続したところ、端子a、端子b、端子cを流れる線電流はそれぞれ$\dot{I}_a$〔A〕、$\dot{I}_b$〔A〕及び$\dot{I}_c$〔A〕であった。$\dot{I}_a$〔A〕、$\dot{I}_b$〔A〕、$\dot{I}_c$〔A〕の大きさをそれぞれI_a〔A〕、I_b〔A〕、I_c〔A〕としたとき、これらの大小関係を表す式として、正しいのは次のうちどれか。

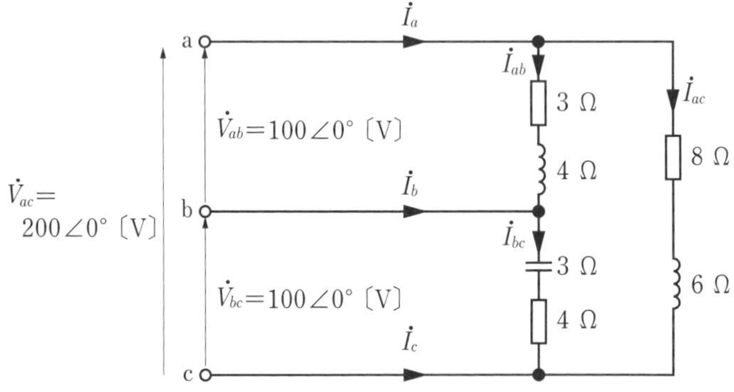

(1)　$I_a=I_c>I_b$　　(2)　$I_a>I_c>I_b$　　(3)　$I_b>I_c>I_a$

(4)　$I_b>I_a>I_c$　　(5)　$I_c>I_a>I_b$

068 RLC直列回路・RLC並列回路

難易度 高 (中) 低

図1に示す、R〔Ω〕の抵抗、インダクタンスL〔H〕のコイル、静電容量C〔F〕のコンデンサからなる並列回路がある。この回路に角周波数ω〔rad/s〕の交流電圧$\dot{E}$〔V〕を加えたところ、この回路に流れる電流$\dot{I}$〔A〕、$\dot{I}_R$〔A〕、$\dot{I}_L$〔A〕、$\dot{I}_C$〔A〕のベクトル図が図2に示すようになった。このときのLとCの関係を表す式として、正しいのは次のうちどれか。

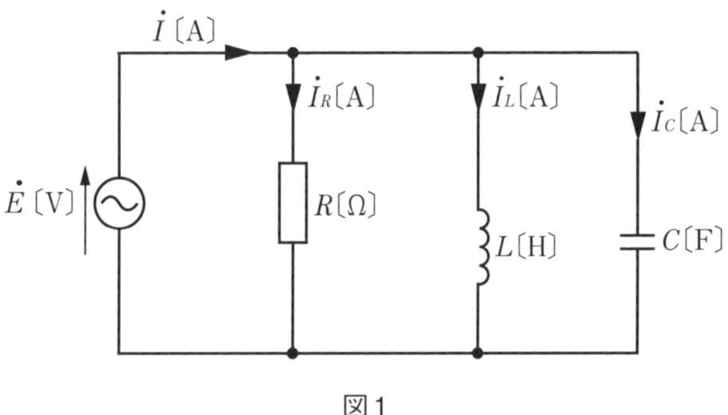

図1

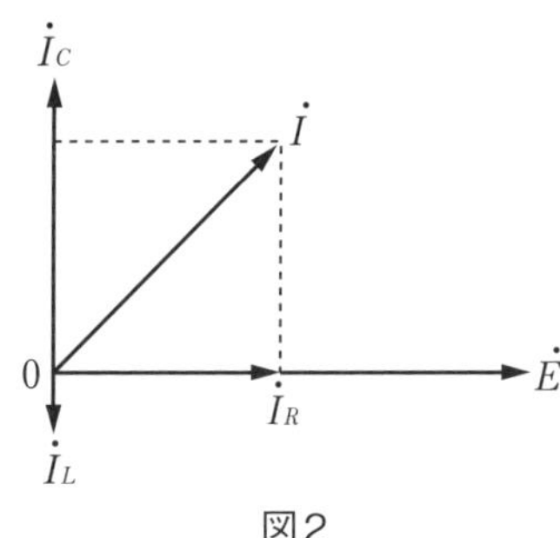

図2

(1) $\omega L < \dfrac{1}{\omega C}$　(2) $\omega L > \dfrac{1}{\omega C}$　(3) $\omega^2 = \dfrac{1}{\sqrt{LC}}$

(4) $\omega L = \dfrac{1}{\omega C}$　(5) $R = \sqrt{\dfrac{L}{C}}$

069 共振回路

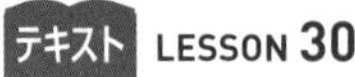

LESSON 30

難易度 高 (中) 低 | H26 A問題 問9

図のように、二つのLC直列共振回路A、Bがあり、それぞれの共振周波数がf_A〔Hz〕、f_B〔Hz〕である。これらA、Bをさらに直列に接続した場合、全体としての共振周波数がf_{AB}〔Hz〕になった。f_A、f_B、f_{AB}の大小関係として、正しいものを次の(1)〜(5)のうちから一つ選べ。

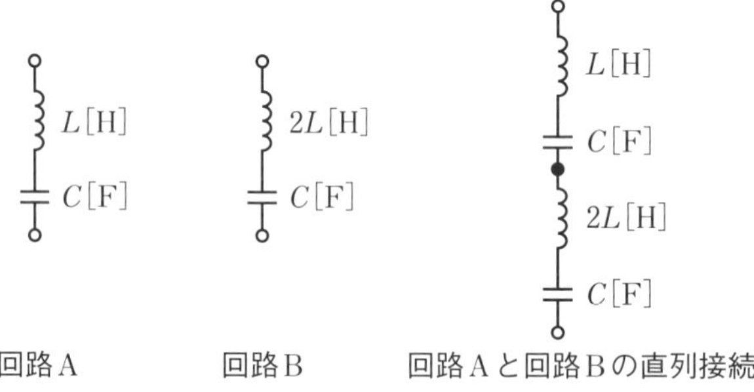

(1) $f_A < f_B < f_{AB}$　(2) $f_A < f_{AB} < f_B$　(3) $f_{AB} < f_A < f_B$

(4) $f_{AB} < f_B < f_A$　(5) $f_B < f_{AB} < f_A$

070 共振回路

難易度 高 中 低

図のように、正弦波交流電圧 $e = E_m \sin \omega t$〔V〕の電源、静電容量 C〔F〕のコンデンサ及びインダクタンス L〔H〕のコイルからなる交流回路がある。この回路に流れる電流 i〔A〕が常に零となるための角周波数 ω〔rad/s〕の値を表す式として、正しいのは次のうちどれか。

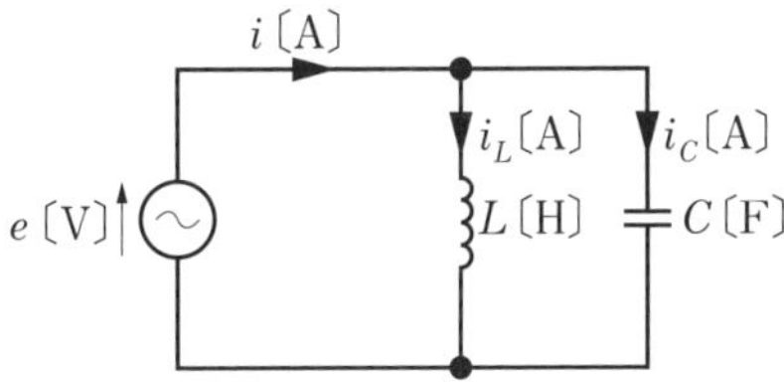

(1) $\dfrac{1}{\sqrt{LC}}$　(2) $\sqrt{LC}$　(3) $\dfrac{1}{LC}$　(4) $\sqrt{\dfrac{L}{C}}$　(5) $\sqrt{\dfrac{C}{L}}$

071 交流回路の計算①

テキスト LESSON 31

難易度 高 中 (低)

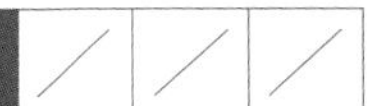

H27 A問題 問8

$R=10\Omega$の抵抗と誘導性リアクタンスX〔Ω〕のコイルとを直列に接続し、100Vの交流電源に接続した交流回路がある。いま、回路に流れる電流の値は$I=5$Aであった。このとき、回路の有効電力Pの値〔W〕として、最も近いものを次の(1)～(5)のうちから一つ選べ。

(1)　250　　(2)　289　　(3)　425　　(4)　500　　(5)　577

072 交流回路の計算①

テキスト LESSON 31

難易度 高 (中) 低 H22 A問題 問7

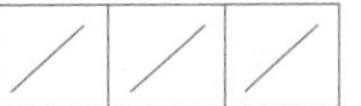

抵抗$R = 4$〔Ω〕と誘導性リアクタンス$X = 3$〔Ω〕が直列に接続された負荷を、図のように線間電圧$\dot{V}_{ab} = 100\angle 0°$〔V〕、$\dot{V}_{bc} = 100\angle 0°$〔V〕の単相3線式電源に接続した。このとき、これらの負荷で消費される総電力P〔W〕の値として、正しいのは次のうちどれか。

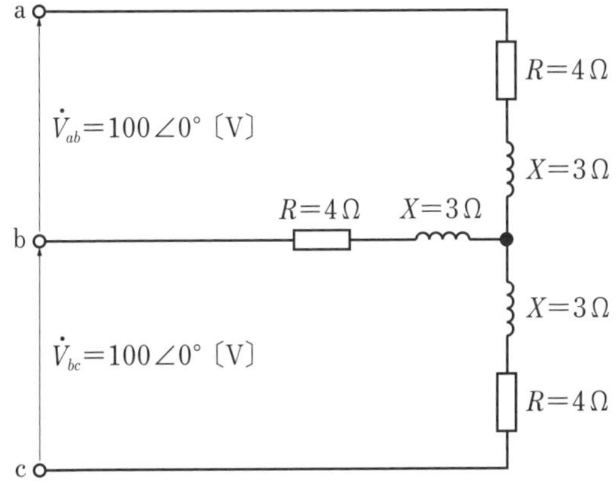

(1) 800　(2) 1200　(3) 3200　(4) 3600　(5) 4800

073 交流回路の計算①

テキスト LESSON 31

難易度 高 中 低　H19 A問題 問8

図のように、8〔Ω〕の抵抗と静電容量C〔F〕のコンデンサを直列に接続した交流回路がある。この回路において、電源E〔V〕の周波数を50〔Hz〕にしたときの回路の力率は、80〔%〕になる。電源E〔V〕の周波数を25〔Hz〕にしたときの回路の力率〔%〕の値として、最も近いのは次のうちどれか。

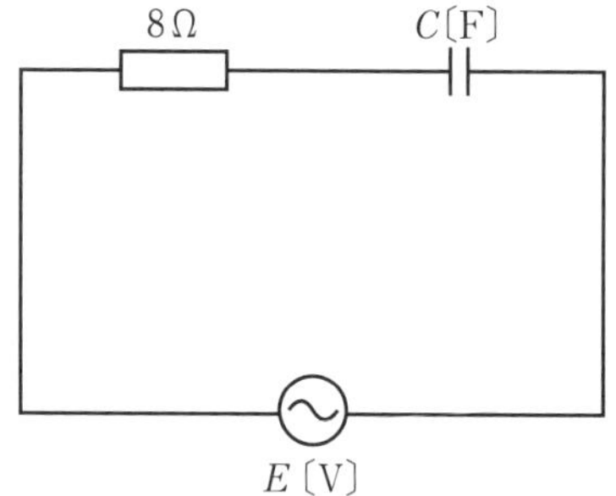

(1) 40　(2) 42　(3) 56　(4) 60　(5) 83

074 交流回路の計算②

テキスト LESSON 32

難易度 高 (中) 低 H26 B問題 問15

図のように、正弦波交流電圧E〔V〕の電源が誘導性リアクタンスX〔Ω〕のコイルと抵抗R〔Ω〕との並列回路に電力を供給している。この回路において、電流計の指示値は12.5A、電圧計の指示値は300V、電力計の指示値は2250Wであった。

ただし、電圧計、電流計及び電力計の損失はいずれも無視できるものとする。次の(a)及び(b)の問に答えよ。

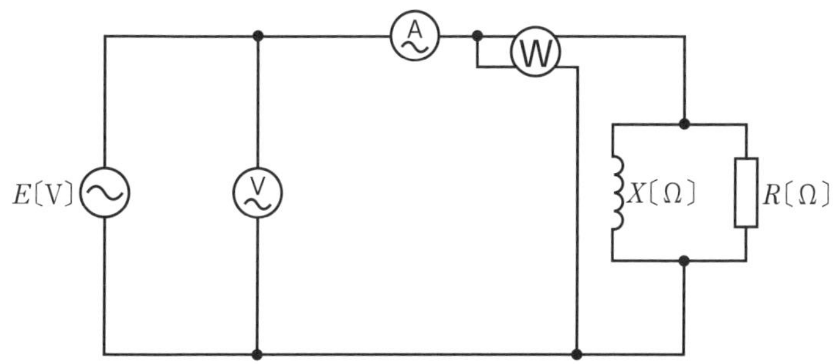

(a) この回路における無効電力Q〔var〕として、最も近いQの値を次の(1)～(5)のうちから一つ選べ。

(1) 1800　(2) 2250　(3) 2750　(4) 3000　(5) 3750

(b) 誘導性リアクタンスX〔Ω〕として、最も近いXの値を次の(1)～(5)のうちから一つ選べ。

(1) 16　(2) 24　(3) 30　(4) 40　(5) 48

075 交流回路の計算②

難易度 高 (中) 低 H16 A問題 問7

図のようなRC交流回路がある。この回路に正弦波交流電圧E〔V〕を加えたとき、容量性リアクタンス6〔Ω〕のコンデンサの端子間電圧の大きさは12〔V〕であった。このとき、E〔V〕と図の破線で囲んだ回路で消費される電力P〔W〕の値として、正しいものを組み合わせたのは次のうちどれか。

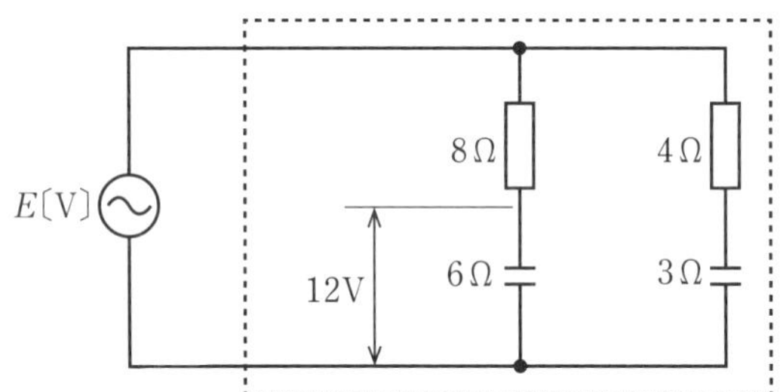

	E〔V〕	P〔W〕
(1)	20	32
(2)	20	96
(3)	28	120
(4)	28	168
(5)	40	309

076 ひずみ波交流

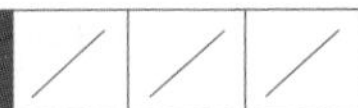

テキスト LESSON 33

難易度 高 中 低　R1 A問題 問8

図の回路において、正弦波交流電源と直流電源を流れる電流Iの実効値〔A〕として、最も近いものを次の(1)～(5)のうちから一つ選べ。ただし、E_aは交流電圧の実効値〔V〕、E_dは直流電圧の大きさ〔V〕、X_cは正弦波交流電源に対するコンデンサの容量性リアクタンスの値〔Ω〕、Rは抵抗値〔Ω〕とする。

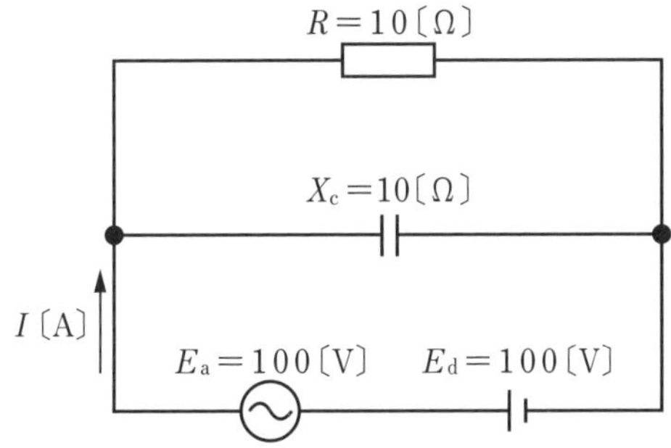

(1)　10.0　　(2)　14.1　　(3)　17.3　　(4)　20.0　　(5)　40.0

077 ひずみ波交流

テキスト LESSON 33

難易度 高 (中) 低　H29 A問題 問9

$R = 5\Omega$の抵抗に、ひずみ波交流電流

$$i = 6\sin\omega t + 2\sin 3\omega t \text{〔A〕}$$

が流れた。

このとき、抵抗$R = 5\Omega$で消費される平均電力Pの値〔W〕として、最も近いものを次の(1)～(5)のうちから一つ選べ。ただし、ωは角周波数〔rad/s〕、tは時刻〔s〕とする。

(1) 40　(2) 90　(3) 100　(4) 180　(5) 200

078 三相交流とは

テキスト LESSON 34

難易度 高 中 低 H30 B問題 問15

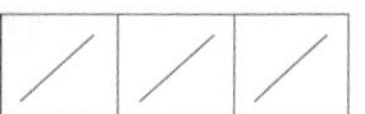

図のように、起電力$\dot{E}_a$〔V〕、$\dot{E}_b$〔V〕、$\dot{E}_c$〔V〕をもつ三つの定電圧源に、スイッチS_1、S_2、$R_1=10\Omega$及び$R_2=20\Omega$の抵抗を接続した交流回路がある。次の(a)及び(b)の問に答えよ。

ただし、$\dot{E}_a$〔V〕、$\dot{E}_b$〔V〕、$\dot{E}_c$〔V〕の正の向きはそれぞれ図の矢印のようにとり、これらの実効値は100V、位相は$\dot{E}_a$〔V〕、$\dot{E}_b$〔V〕、$\dot{E}_c$〔V〕の順に$\dfrac{2}{3}\pi$〔rad〕ずつ遅れているものとする。

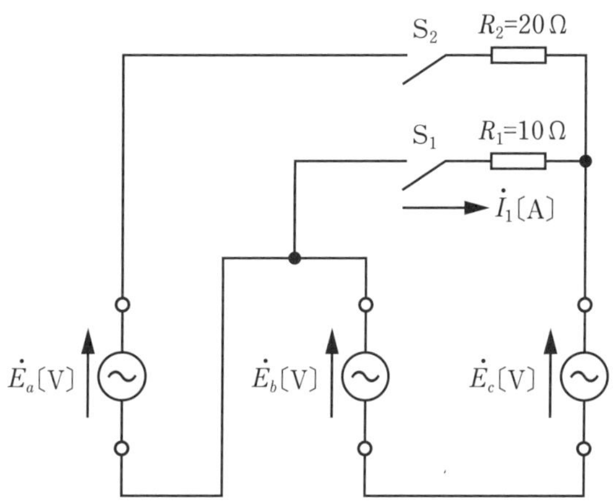

(a) スイッチS_2を開いた状態でスイッチS_1を閉じたとき、R_1〔Ω〕の抵抗に流れる電流$\dot{I}_1$の実効値〔A〕として、最も近いものを次の(1)～(5)のうちから一つ選べ。

(1) 0　(2) 5.77　(3) 10.0　(4) 17.3　(5) 20.0

(b) スイッチS_1を開いた状態でスイッチS_2を閉じたとき、R_2〔Ω〕の抵抗で消費される電力の値〔W〕として、最も近いものを次の(1)～(5)のうちから一つ選べ。

(1) 0　(2) 500　(3) 1500　(4) 2000　(5) 4500

079 三相交流とは

テキスト LESSON 34

難易度 高 中 低 H14 A問題 問7

図のように、三つの交流電圧源から構成される回路において、各相の電圧 $\dot{E}_a$〔V〕、$\dot{E}_b$〔V〕及び $\dot{E}_c$〔V〕は、それぞれ次のように与えられる。

ただし、式中の∠φは、$(\cos\phi + j\sin\phi)$を表す。

$$\dot{E}_a = 200\angle 0\text{〔V〕}$$

$$\dot{E}_b = 200\angle -\frac{2\pi}{3}\text{〔V〕}$$

$$\dot{E}_c = 200\angle \frac{\pi}{3}\text{〔V〕}$$

このとき、図中の線間電圧 $\dot{V}_{ca}$〔V〕と $\dot{V}_{bc}$〔V〕の大きさ（スカラ量）の値として、正しいものを組み合わせたのは次のうちどれか。

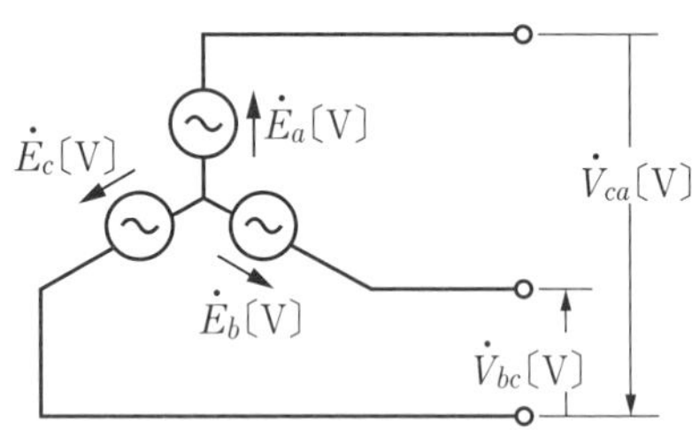

	線間電圧 $\dot{V}_{ca}$〔V〕の大きさ	線間電圧 $\dot{V}_{bc}$〔V〕の大きさ
(1)	200	0
(2)	$200\sqrt{3}$	$200\sqrt{3}$
(3)	$200\sqrt{2}$	$400\sqrt{2}$
(4)	$200\sqrt{3}$	400
(5)	200	400

080 三相交流電源と負荷

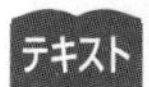 LESSON 35

難易度 高 中 低　H24 B問題 問16

図のように、相電圧200〔V〕の対称三相交流電源に、複素インピーダンス$\dot{Z}=5\sqrt{3}+j5$〔Ω〕の負荷がY結線された平衡三相負荷を接続した回路がある。次の(a)及び(b)の問に答えよ。

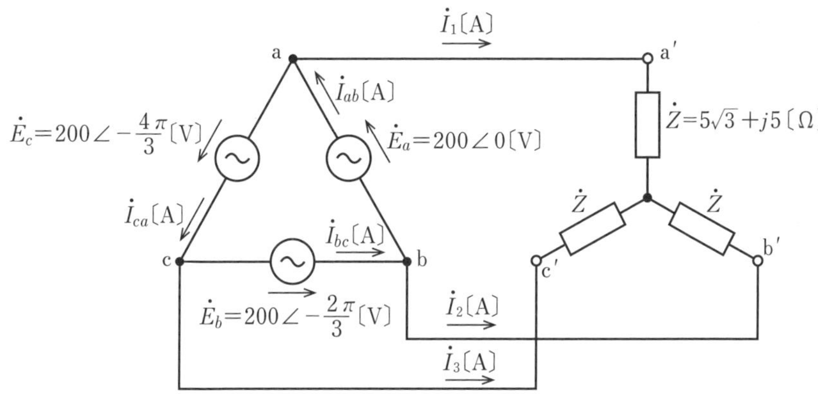

(a) 電流$\dot{I}_1$〔A〕の値として、最も近いものを次の(1)～(5)のうちから一つ選べ。

(1) $20.00\angle-\frac{\pi}{3}$　(2) $20.00\angle-\frac{\pi}{6}$　(3) $16.51\angle-\frac{\pi}{6}$

(4) $11.55\angle-\frac{\pi}{3}$　(5) $11.55\angle-\frac{\pi}{6}$

(b) 電流$\dot{I}_{ab}$〔A〕の値として、最も近いものを次の(1)～(5)のうちから一つ選べ。

(1) $20.00\angle-\frac{\pi}{6}$　(2) $11.55\angle-\frac{\pi}{3}$　(3) $11.55\angle-\frac{\pi}{6}$

(4) $6.67\angle-\frac{\pi}{3}$　(5) $6.67\angle-\frac{\pi}{6}$

081 三相交流電源と負荷

テキスト LESSON 35

難易度 高 (中) 低 H22 A問題 問9

Y結線の対称三相交流電源にY結線の平衡三相抵抗負荷を接続した場合を考える。負荷側における線間電圧をV_ℓ〔V〕、線電流をI_ℓ〔A〕、相電圧をV_P〔V〕、相電流をI_P〔A〕、各相の抵抗をR〔Ω〕、三相負荷の消費電力をP〔W〕とする。このとき、誤っているのは次のうちどれか。

⑴ $V_\ell=\sqrt{3}\,V_P$が成り立つ。

⑵ $I_\ell=I_P$が成り立つ。

⑶ $I_\ell=\dfrac{V_P}{R}$が成り立つ。

⑷ $P=\sqrt{3}\,V_P I_P$が成り立つ。

⑸ 電源と負荷の中性点を中性線で接続しても、中性線に電流は流れない。

082 三相交流回路の計算①

抵抗R〔Ω〕、誘導性リアクタンスX〔Ω〕からなる平衡三相負荷（力率80〔%〕）に対称三相交流電源を接続した交流回路がある。次の(a)及び(b)に答えよ。

(a) 図1のように、Y結線した平衡三相負荷に線間電圧210〔V〕の三相電圧を加えたとき、回路を流れる線電流Iは$\frac{14}{\sqrt{3}}$〔A〕であった。負荷の誘導性リアクタンスX〔Ω〕の値として、正しいのは次のうちどれか。

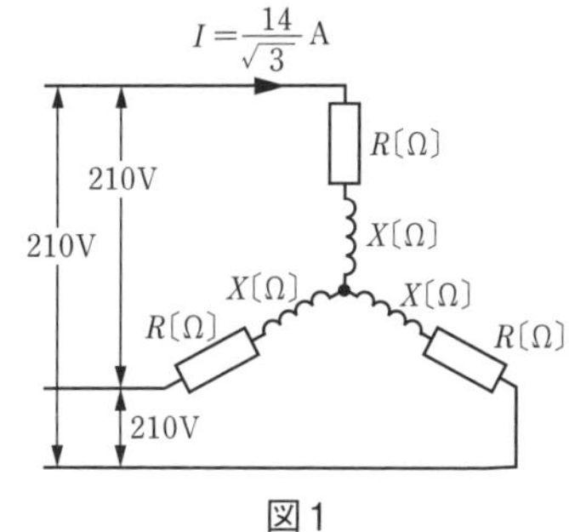

図1

(1) 4　(2) 5　(3) 9　(4) 12　(5) 15

(b) 図1の各相の負荷を使って△結線し、図2のように相電圧200〔V〕の対称三相電源に接続した。この平衡三相負荷の全消費電力〔kW〕の値として、正しいのは次のうちどれか。

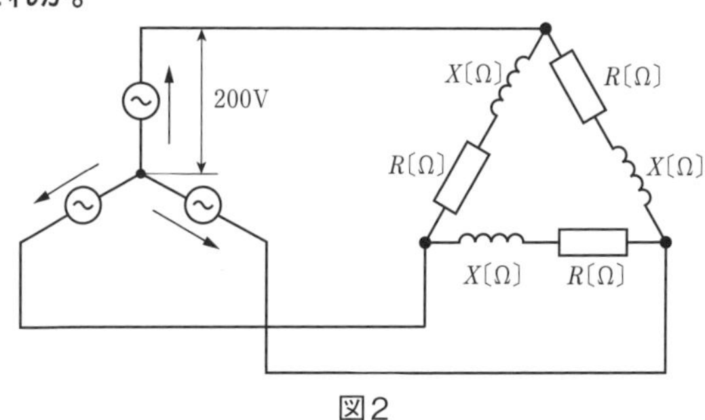

図2

(1) 8　(2) 11.1　(3) 13.9　(4) 19.2　(5) 33.3

083 三相交流回路の計算①

テキスト LESSON 36

難易度 高 中 低

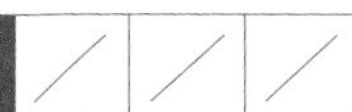
H17 A問題 問7

図のように、相電圧10〔kV〕の対称三相交流電源に、抵抗R〔Ω〕と誘導性リアクタンスX〔Ω〕からなる平衡三相負荷を接続した交流回路がある。平衡三相負荷の全消費電力が200〔kW〕、線電流$\dot{I}$〔A〕の大きさ（スカラ量）が20〔A〕のとき、R〔Ω〕とX〔Ω〕の値として、正しいものを組み合わせたのは次のうちどれか。

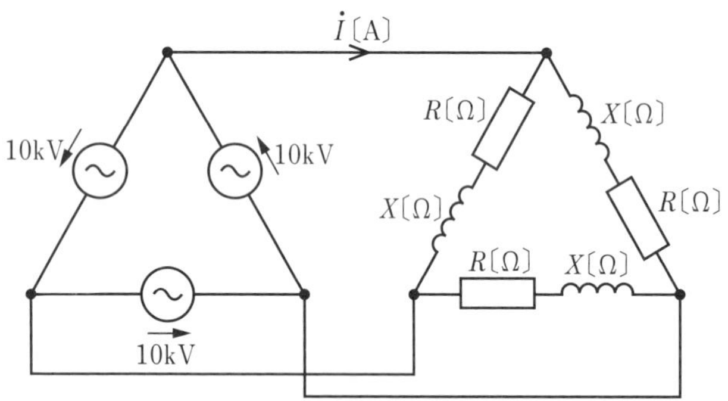

	R〔Ω〕	X〔Ω〕
(1)	50	$500\sqrt{2}$
(2)	100	$100\sqrt{3}$
(3)	150	$500\sqrt{2}$
(4)	500	$500\sqrt{2}$
(5)	750	$100\sqrt{3}$

084 三相交流回路の計算②

テキスト LESSON 37

難易度 高 中 低 H26 B問題 問16

図1のように、線間電圧200V、周波数50Hzの対称三相交流電源に1Ωの抵抗と誘導性リアクタンス$\dfrac{4}{3}$Ωのコイルとの並列回路からなる平衡三相負荷（Y結線）が接続されている。また、スイッチSを介して、コンデンサC（Δ結線）を接続することができるものとする。次の(a)及び(b)の問に答えよ。

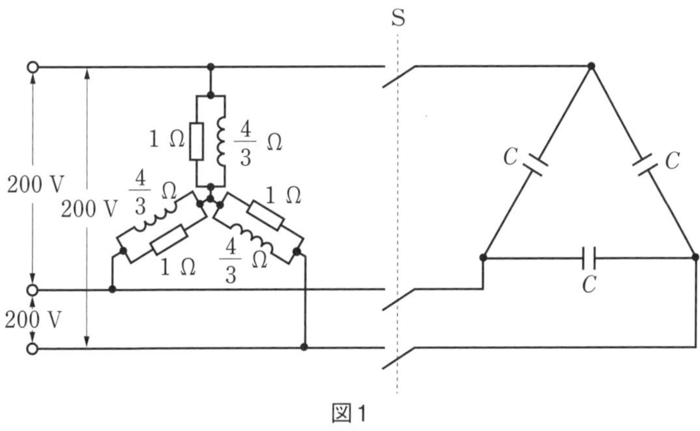

図1

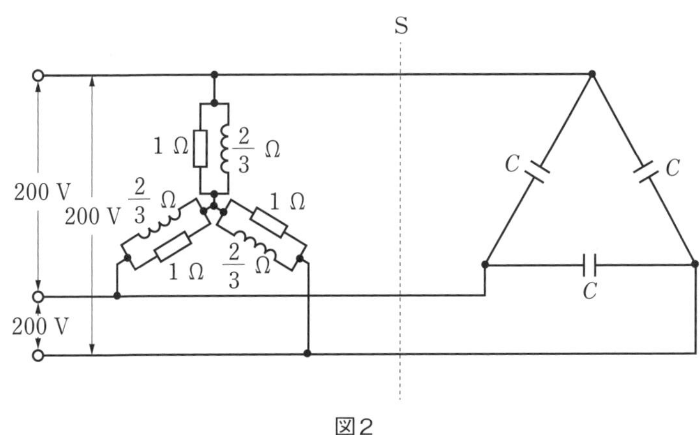

図2

(a) スイッチSが開いた状態において、三相負荷の有効電力Pの値〔kW〕と無効電力Qの値〔kvar〕の組合せとして、正しいものを次の(1)～(5)のうちから一つ選べ。

	P	Q
(1)	40	30
(2)	40	53
(3)	80	60
(4)	120	90
(5)	120	160

(b) 図2のように三相負荷のコイルの誘導性リアクタンスを$\dfrac{2}{3}\,\Omega$に置き換え、スイッチSを閉じてコンデンサCを接続する。このとき、電源からみた有効電力と無効電力が図1の場合と同じ値となったとする。コンデンサCの静電容量の値〔μF〕として、最も近いものを次の(1)～(5)のうちから一つ選べ。

(1) 800　(2) 1200　(3) 2400　(4) 4800　(5) 7200

085 三相交流回路の計算②

H22 B問題 問15

図の平衡三相回路について、次の(a)及び(b)に答えよ。

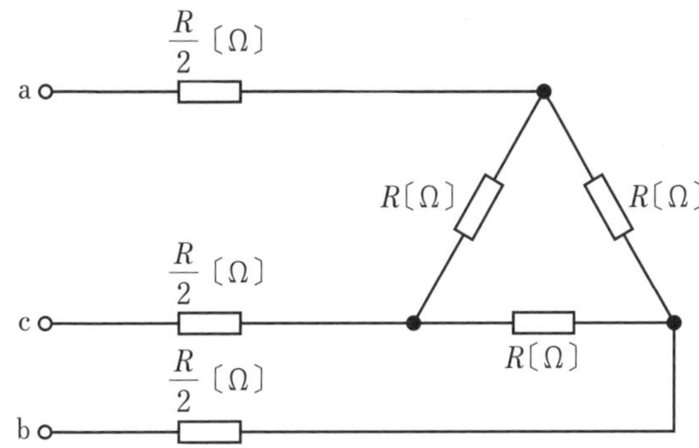

(a) 端子a、cに100〔V〕の単相交流電源を接続したところ、回路の消費電力は200〔W〕であった。抵抗R〔Ω〕の値として、正しいのは次のうちどれか。

(1) 0.30　(2) 30　(3) 33　(4) 50　(5) 83

(b) 端子a、b、cに線間電圧200〔V〕の対称三相交流電源を接続したときの全消費電力〔kW〕の値として、正しいのは次のうちどれか。

(1) 0.48　(2) 0.80　(3) 1.2　(4) 1.6　(5) 4.0

086 三相交流回路の計算②

テキスト LESSON 37

難易度 高 中 低　H19 B問題 問15

平衡三相回路について、次の(a)及び(b)に答えよ。

(a) 図1のように、抵抗RとコイルLからなる平衡三相負荷に、線間電圧200〔V〕、周波数50〔Hz〕の対称三相交流電源を接続したところ、三相負荷全体の有効電力は$P = 2.4$〔kW〕で、無効電力は$Q = 3.2$〔kvar〕であった。負荷電流のI〔A〕の値として、最も近いのは次のうちどれか。

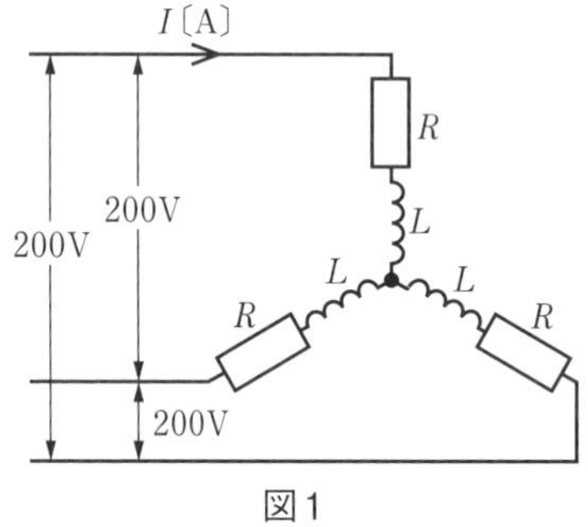

図1

(1) 2.3　(2) 4.0　(3) 6.9　(4) 9.2　(5) 11.5

(b) 図1に示す回路の各線間に同じ静電容量のコンデンサCを図2に示すように接続した。このとき、三相電源からみた力率が1となった。このコンデンサCの静電容量〔μF〕の値として、最も近いのは次のうちどれか。

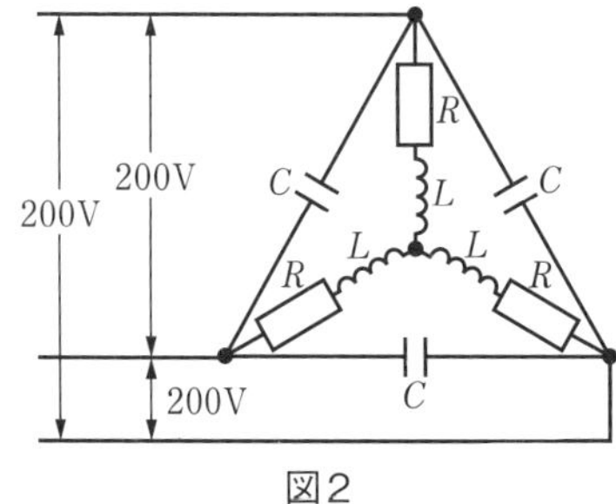

図2

(1) 48.8　(2) 63.4　(3) 84.6　(4) 105.7　(5) 146.5

087 誤差と補正・測定範囲の拡大

テキスト LESSON 38　　難易度 高 中 低　　H28 B問題 問16

図のような回路において、抵抗Rの値〔Ω〕を電圧降下法によって測定した。この測定で得られた値は、電流計I＝1.600A、電圧計V＝50.00Vであった。次の(a)及び(b)の問に答えよ。

ただし、抵抗Rの真の値は31.21Ωとし、直流電源、電圧計及び電流計の内部抵抗の影響は無視できるものである。また、抵抗Rの測定値は有効数字4桁で計算せよ。

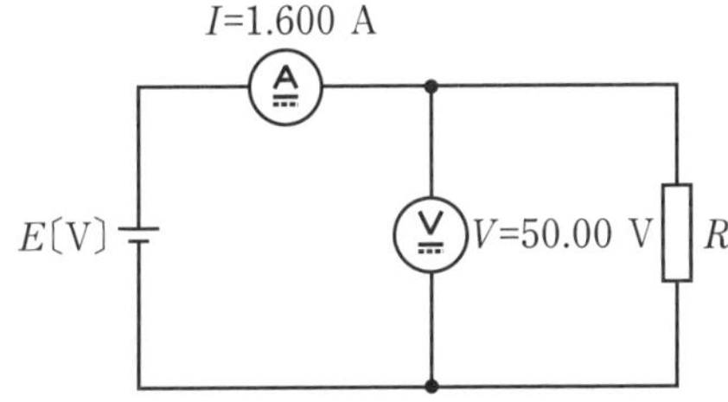

(a) 抵抗Rの絶対誤差〔Ω〕として、最も近いものを次の(1)～(5)のうちから一つ選べ。

(1)　0.004　　(2)　0.04　　(3)　0.14　　(4)　0.4　　(5)　1.4

(b) 絶対誤差の真の値に対する比率を相対誤差という。これを百分率で示した、抵抗Rの百分率誤差（誤差率）〔%〕として、最も近いものを次の(1)～(5)のうちから一つ選べ。

(1)　0.0013　　(2)　0.03　　(3)　0.13　　(4)　0.3　　(5)　1.3

088 誤差と補正・測定範囲の拡大

難易度 高 (中) 低　H24 B問題 問17

直流電圧計について、次の(a)及び(b)の問に答えよ。

(a) 最大目盛1〔V〕、内部抵抗r_v＝1000〔Ω〕の電圧計がある。この電圧計を用いて最大目盛15〔V〕の電圧計とするための、倍率器の抵抗R_m〔kΩ〕の値として、正しいものを次の(1)～(5)のうちから一つ選べ。

(1) 12　(2) 13　(3) 14　(4) 15　(5) 16

(b) 図のような回路で上記の最大目盛15〔V〕の電圧計を接続して電圧を測ったときに、電圧計の指示〔V〕はいくらになるか。最も近いものを次の(1)～(5)のうちから一つ選べ。

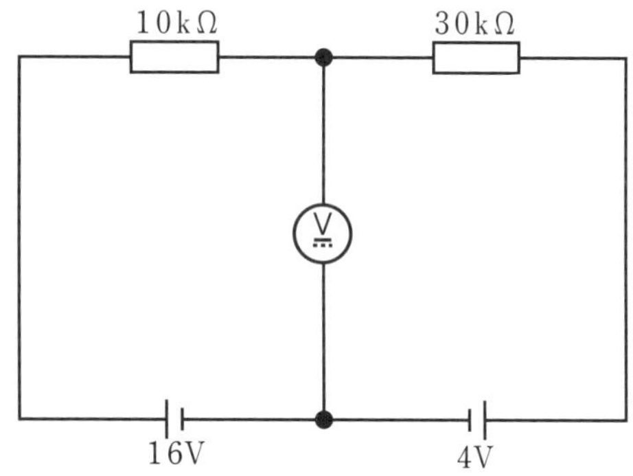

(1) 7.2　(2) 8.7　(3) 9.4　(4) 11.3　(5) 13.1

089 各種電気計器

LESSON 39

難易度 高 (中) 低

R1 A問題 問14

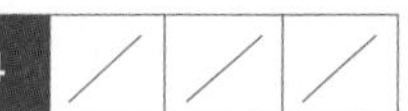

直動式指示電気計器の種類、JISで示される記号及び使用回路の組合せとして、正しいものを次の(1)～(5)のうちから一つ選べ。

	種類	記号	使用回路
(1)	永久磁石可動コイル形		直流専用
(2)	空心電流力計形		交流・直流両用
(3)	整流形		交流・直流両用
(4)	誘導形		交流専用
(5)	熱電対形（非絶縁）		直流専用

090 各種電気計器

テキスト LESSON 39 など

難易度 高 (中) 低　H24 A問題 問14

電気計測に関する記述として、誤っているものを次の(1)～(5)のうちから一つ選べ。

(1) ディジタル指示計器(ディジタル計器)は、測定値が数字のディジタルで表示される装置である。

(2) 可動コイル形計器は、コイルに流れる電流の実効値に比例するトルクを利用している。

(3) 可動鉄片形計器は、磁界中で磁化された鉄片に働く力を応用しており、商用周波数の交流電流計及び交流電圧計として広く普及している。

(4) 整流形計器は感度がよく、交流用として使用されている。

(5) 二電力計法で三相負荷の消費電力を測定するとき、負荷の力率によっては、電力計の指針が逆に振れることがある。

091 各種の測定・その他

テキスト LESSON 40

難易度 高 (中) 低
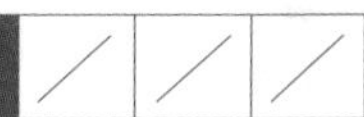
H30 A問題 問14

固有の名称をもつSI組立単位の記号と、これと同じ内容を表す他の表し方の組合せとして、誤っているものを次の(1)～(5)のうちから一つ選べ。

	SI組立単位の記号	SI基本単位及びSI組立単位による他の表し方
(1)	F	C/V
(2)	W	J/s
(3)	S	A/V
(4)	T	Wb/m^2
(5)	Wb	V/s

092 各種の測定・その他

テキスト LESSON 40

難易度 高 (中) 低　H15 A問題 問13

図のように、線間電圧200〔V〕の対称三相交流電源から三相平衡負荷に供給する電力を二電力計法で測定する。2台の電力計W_1及びW_2を正しく接続したところ、電力計W_2の指針が逆振れを起こした。電力計W_2の電圧端子の極性を反転して接続した後、2台の電力計の指示値は、電力計W_1が490〔W〕、電力計W_2が25〔W〕であった。このときの対称三相交流電源が三相平衡負荷に供給する電力〔W〕の値として、正しいのは次のうちどれか。

ただし、三相交流電源の相回転はa、b、cの順とし、電力計の電力損失は無視できるものとする。

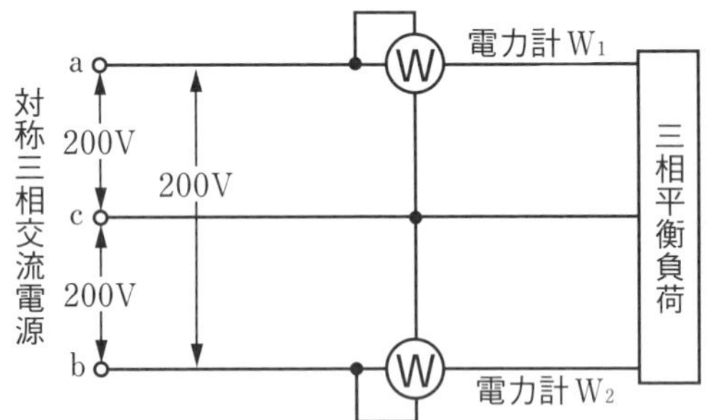

(1)　25　　(2)　258　　(3)　465　　(4)　490　　(5)　515

093 電子の運動

テキスト LESSON 41

難易度 高 (中) 低　H24 A問題 問12

次の文章は、図に示す「磁界中における電子の運動」に関する記述である。

真空中において、磁束密度B〔T〕の一様な磁界が紙面と平行な平面の［（ア）］へ垂直に加わっている。ここで、平面上の点aに電荷$-e$〔C〕、質量m_0〔kg〕の電子をおき、図に示す向きに速さv〔m/s〕の初速度を与えると、電子は初速度の向き及び磁界の向きのいずれに対しても垂直で図に示す向きの電磁力F_A〔N〕を受ける。この力のために電子は加速度を受けるが速度の大きさは変わらないので、その方向のみが変化する。したがって、電子はこの平面上で時計回りに速さv〔m/s〕の円運動をする。この円の半径をr〔m〕とすると、電子の運動は、磁界が電子に作用する電磁力の大きさ$F_A = Bev$〔N〕と遠心力$F_B = \dfrac{m_0}{r}v^2$〔N〕とが釣り合った円運動であるので、その半径は$r=$［（イ）］〔m〕と計算される。したがって、この円運動の周期は$T=$［（ウ）］〔s〕、角周波数は$\omega=$［（エ）］〔rad/s〕となる。

ただし、電子の速さv〔m/s〕は、光速より十分小さいものとする。また、重力の影響は無視できるものとする。

上記の記述中の空白箇所(ア)、(イ)、(ウ)及び(エ)に当てはまる組合せとして、正しいものを次の(1)～(5)のうちから一つ選べ。

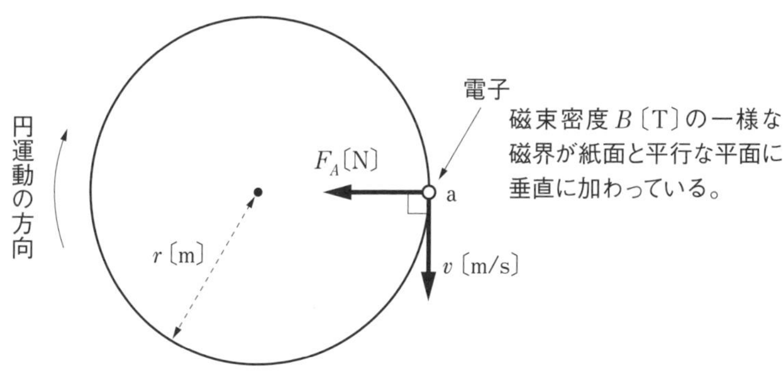
円運動の方向
電子
磁束密度B〔T〕の一様な
磁界が紙面と平行な平面に
垂直に加わっている。
F_A〔N〕
a
r〔m〕
v〔m/s〕

第7章 電子理論

	(ア)	(イ)	(ウ)	(エ)
(1)	裏からおもて	$\frac{m_0v}{eB^2}$	$\frac{2\pi m_0}{eB}$	$\frac{eB}{m_0}$
(2)	おもてから裏	$\frac{m_0v}{eB}$	$\frac{2\pi m_0}{eB}$	$\frac{eB}{m_0}$
(3)	おもてから裏	$\frac{m_0v}{eB}$	$\frac{2\pi m_0}{e^2B}$	$\frac{2e^2B}{m_0}$
(4)	おもてから裏	$\frac{2m_0v}{eB}$	$\frac{2\pi m_0}{eB^2}$	$\frac{eB^2}{m_0}$
(5)	裏からおもて	$\frac{m_0v}{2eB}$	$\frac{\pi m_0}{eB}$	$\frac{eB}{m_0}$

094 電子の運動

テキスト LESSON 41 など

難易度 高 (中) 低　H21 A問題 問12

図1のように、真空中において強さが一定で一様な磁界中に、速さ v〔m/s〕の電子が磁界の向きに対して θ〔°〕の角度（0〔°〕＜ θ〔°〕＜ 90〔°〕）で突入した。この場合、電子は進行方向にも磁界の向きにも［（ア）］方向の電磁力を常に受けて、その軌跡は、［（イ）］を描く。

次に、電界中に電子を置くと、電子は電界の向きと［（ウ）］方向の静電力を受ける。また、図2のように、強さが一定で一様な電界中に、速さ v〔m/s〕の電子が電界の向きに対して θ〔°〕の角度（0〔°〕＜ θ〔°〕＜ 90〔°〕）で突入したとき、その軌跡は、［（エ）］を描く。

上記の記述中の空白箇所（ア）、（イ）、（ウ）及び（エ）に当てはまる語句として、正しいものを組み合わせたのは次のうちどれか。

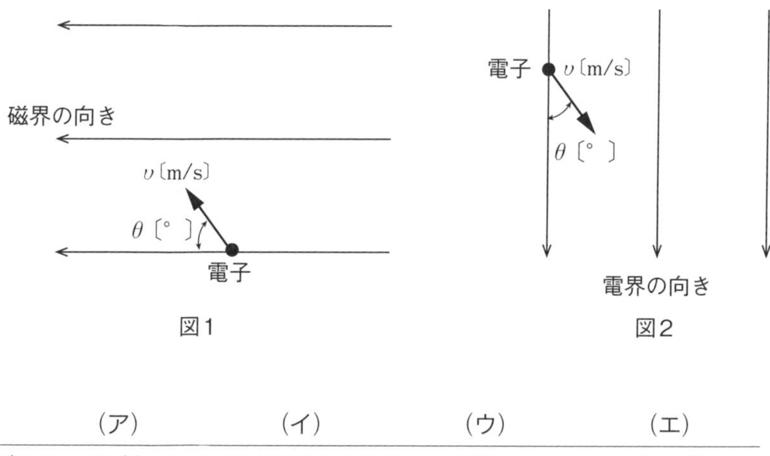

図1　図2

	（ア）	（イ）	（ウ）	（エ）
(1)	反対	らせん	反対	放物線
(2)	直角	円	同じ	円
(3)	同じ	円	直角	放物線
(4)	反対	らせん	同じ	円
(5)	直角	らせん	反対	放物線

第7章 電子理論

095 半導体とは

テキスト LESSON 42

難易度 高 (中) 低 H25 A問題 問11

次の文章は、不純物半導体に関する記述である。

極めて高い純度に精製されたケイ素(Si)の真性半導体に、微量のリン(P)、ヒ素(As)などの (ア) 価の元素を不純物として加えたものを (イ) 形半導体といい、このとき加えた不純物を (ウ) という。

ただし、Si、P、Asの原子番号は、それぞれ14、15、33である。

上記の記述中の空白箇所(ア)、(イ)及び(ウ)に当てはまる組合せとして、正しいものを次の(1)～(5)のうちから一つ選べ。

	(ア)	(イ)	(ウ)
(1)	5	p	アクセプタ
(2)	3	n	ドナー
(3)	3	p	アクセプタ
(4)	5	n	アクセプタ
(5)	5	n	ドナー

096 半導体素子

テキスト LESSON 43

難易度 高 (中) 低

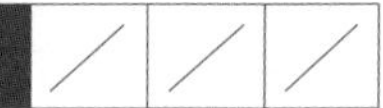
H30 A問題 問11

半導体素子に関する記述として、正しいものを次の(1)～(5)のうちから一つ選べ。

(1) pn 接合ダイオードは、それに順電圧を加えると電子が素子中をアノードからカソードへ移動する2端子素子である。

(2) LED は、pn 接合領域に逆電圧を加えたときに発光する素子である。

(3) MOSFET は、ゲートに加える電圧によってドレーン電流を制御できる電圧制御形の素子である。

(4) 可変容量ダイオード(バリキャップ)は、加えた逆電圧の値が大きくなるとその静電容量も大きくなる2端子素子である。

(5) サイリスタは、p 形半導体と n 形半導体の4層構造からなる4端子素子である。

097 半導体素子

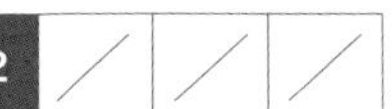

難易度 高 中 低 H26 A問題 問12

半導体のpn接合を利用した素子に関する記述として、誤っているものを次の⑴〜⑸のうちから一つ選べ。

⑴ ダイオードにp形が負、n形が正となる電圧を加えたとき、p形、n形それぞれの領域の少数キャリヤに対しては、順電圧と考えられるので、この少数キャリヤが移動することによって、極めてわずかな電流が流れる。

⑵ pn接合をもつ半導体を用いた太陽電池では、そのpn接合部に光を照射すると、電子と正孔が発生し、それらがpn接合部で分けられ電子がn形、正孔がp形のそれぞれの電極に集まる。その結果、起電力が生じる。

⑶ 発光ダイオードのpn接合領域に順電圧を加えると、pn接合領域でキャリヤの再結合が起こる。再結合によって、そのエネルギーに相当する波長の光が接合部付近から放出される。

⑷ 定電圧ダイオード(ツェナーダイオード)はダイオードにみられる順電圧・電流特性の急激な降伏現象を利用したものである。

⑸ 空乏層の静電容量が、逆電圧によって変化する性質を利用したダイオードを可変容量ダイオード又はバラクタダイオードという。逆電圧の大きさを小さくしていくと、静電容量は大きくなる。

098 電子回路

テキスト LESSON 44 など

難易度 高 中 低　H27 B問題 問18

演算増幅器(オペアンプ)について、次の(a)及び(b)の問に答えよ。

(a) 演算増幅器は、その二つの入力端子に加えられた信号の［（ア）］を高い利得で増幅する回路である。演算増幅器の入力インピーダンスは極めて［（イ）］ため、入力端子電流は［（ウ）］とみなしてよい。一方、演算増幅器の出力インピーダンスは非常に［（エ）］ため、その出力端子電圧は負荷による影響を［（オ）］。さらに、演算増幅器は利得が非常に大きいため、抵抗などの部品を用いて負帰還をかけたときに安定した有限の電圧利得が得られる。

上記の記述中の空白箇所(ア)、(イ)、(ウ)、(エ)及び(オ)に当てはまる組合せとして、正しいものを次の(1)〜(5)のうちから一つ選べ。

	(ア)	(イ)	(ウ)	(エ)	(オ)
(1)	差動成分	大きい	ほぼ零	小さい	受けにくい
(2)	差動成分	小さい	ほぼ零	大きい	受けやすい
(3)	差動成分	大きい	極めて大きな値	大きい	受けやすい
(4)	同相成分	大きい	ほぼ零	小さい	受けやすい
(5)	同相成分	小さい	極めて大きな値	大きい	受けにくい

(b) 図のような直流増幅回路がある。この回路に入力電圧**0.5V**を加えたとき、出力電圧V_0の値〔V〕と電圧利得A_vの値〔dB〕の組合せとして、最も近いものを次の(1)〜(5)のうちから一つ選べ。

ただし、演算増幅器は理想的なものとし、$\log_{10}2 = 0.301$、$\log_{10}3 = 0.477$とする。

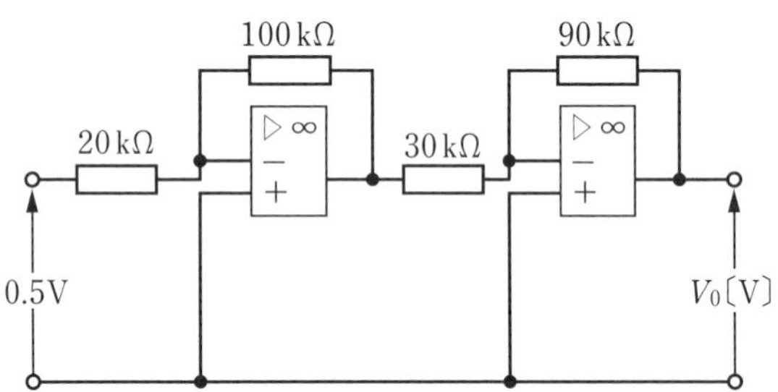

	V_0	A_v
(1)	7.5	12
(2)	−15	12
(3)	−7.5	24
(4)	15	24
(5)	7.5	24

099 各種効果と応用例

テキスト LESSON 45

難易度 高 (中) 低 R1 A問題 問11

次の文章は、太陽電池に関する記述である。

太陽光のエネルギーを電気エネルギーに直接変換するものとして、半導体を用いた太陽電池がある。p形半導体とn形半導体によるpn接合を用いているため、構造としては (ア) と同じである。太陽電池に太陽光を照射すると、半導体の中で負の電気をもつ電子と正の電気をもつ (イ) が対になって生成され、電子はn形半導体の側に、 (イ) はp形半導体の側に、それぞれ引き寄せられる。その結果、p形半導体に付けられた電極がプラス極、n形半導体に付けられた電極がマイナス極となるように起電力が生じる。両電極間に負荷抵抗を接続すると太陽電池から取り出された電力が負荷抵抗で消費される。その結果、負荷抵抗を接続する前に比べて太陽電池の温度は (ウ) 。

上記の記述中の空白箇所(ア)、(イ)及び(ウ)に当てはまる組合せとして、正しいものを次の(1)～(5)のうちから一つ選べ。

	(ア)	(イ)	(ウ)
(1)	ダイオード	正孔	低くなる
(2)	ダイオード	正孔	高くなる
(3)	トランジスタ	陽イオン	低くなる
(4)	トランジスタ	正孔	高くなる
(5)	トランジスタ	陽イオン	高くなる

100 各種効果と応用例

難易度 高 (中) 低

半導体のpn接合の性質によって生じる現象若しくは効果、又はそれを利用したものとして、全て正しいものを次の(1)～(5)のうちから一つ選べ。

(1) 表皮効果、ホール効果、整流作用
(2) 整流作用、太陽電池、発光ダイオード
(3) ホール効果、太陽電池、超伝導現象
(4) 整流作用、発光ダイオード、圧電効果
(5) 超伝導現象、圧電効果、表皮効果

索　引

す

せ

と

へ

ほ

み

む

め

も

ゆ

法改正・正誤等の情報につきましては『生涯学習のユーキャン』ホームページ内、
「法改正・追録情報」コーナーでご覧いただけます。
https://www.u-can.co.jp/book

出版案内に関するお問い合わせは・・・
ユーキャンお客様サービスセンター
Tel 03-3378-1400（受付時間 9:00〜17:00 日祝日は休み）

本の内容についてお気づきの点は・・・
書名・発行年月日、お客様のお名前、ご住所、電話番号・FAX番号を明記の上、
下記の宛先まで郵送もしくはFAXでお問い合わせください。
【郵送】〒169-8682　東京都新宿北郵便局 郵便私書箱第2005号
「ユーキャン学び出版　電験三種資格書籍編集部」係
【FAX】 03-3350-7883
◎お電話でのお問い合わせは受け付けておりません。
◎質問指導は行っておりません。

ユーキャンの電験三種 独学の理論 合格テキスト＆問題集

2020年10月16日　初　版　第1刷発行

編　者　ユーキャン電験三種試験研究会
発行者　品川泰一
発行所　株式会社 ユーキャン 学び出版
〒151-0053
東京都渋谷区代々木1-11-1
Tel 03-3378-1400

編　集　株式会社 東京コア

発売元　株式会社 自由国民社
〒171-0033
東京都豊島区高田3-10-11
Tel 03-6233-0781（営業部）

印刷・製本　カワセ印刷株式会社

※落丁・乱丁その他不良の品がありましたらお取り替えいたします。お買い求めの書店か自由国民社営業部（Tel 03-6233-0781）へお申し出ください。

ユーキャンの
電験三種
独学の理論
合格テキスト＆問題集
問題集編 頻出過去問100題
解答と解説

取り外せます

ユーキャンの電験三種
独学の理論
合格テキスト＆問題集

問題集編

頻出過去問100題

別冊 解答と解説

001 静電気とクーロンの法則

H25 A問題 問2　テキスト LESSON 1

3つの点電荷のうち2つの点電荷に働く力が零になる条件を求めれば、作用・反作用の法則から、残りの1つの点電荷に働く力も零になる。

・点電荷Q_A、Q_B、Q_Cは正を前提とする。
　また、左向きの力を正とする。

・点電荷Q_Aに働く力F_Aは、

$$F_A = F_{AB} + F_{AC}$$

$$= \frac{Q_A Q_B}{4\pi\varepsilon_0 r^2} + \frac{Q_A Q_C}{4\pi\varepsilon_0 (2r)^2}$$

$$= \frac{Q_A\left(Q_B + \frac{Q_C}{4}\right)}{4\pi\varepsilon_0 r^2} = 0 \cdots\cdots ①$$

・点電荷Q_Bに働く力F_Bは、

$$F_B = -F_{AB} + F_{BC}$$

$$= -\frac{Q_B Q_A}{4\pi\varepsilon_0 r^2} + \frac{Q_B Q_C}{4\pi\varepsilon_0 r^2}$$

$$= \frac{Q_B (Q_C - Q_A)}{4\pi\varepsilon_0 r^2} = 0 \cdots\cdots ②$$

式②より、F_Bが零となる条件は、

$Q_C = Q_A = \mathbf{4 \times 10^{-6}}$〔C〕(答)

式①より、F_Aが零となる条件は、

$$Q_B = -\frac{Q_C}{4} = -\frac{4 \times 10^{-6}}{4}$$

$$= \mathbf{-1 \times 10^{-6}}〔C〕(答)$$

図a　Q_A、Q_B、Q_Cは正を前提として計算

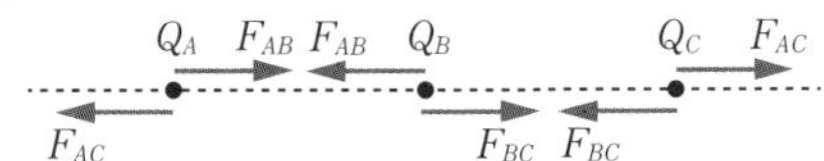

図b　計算結果Q_Bは負値だった

解答：(3)

【参考】

F_A、F_Bが零となったため残りの点電荷Q_Cに働く力F_Cも零となるが、確認のため、この条件を計算する。

$$F_C = -F_{AC} - F_{BC}$$

$$= -\frac{Q_A Q_C}{4\pi\varepsilon_0 (2r)^2} - \frac{Q_B Q_C}{4\pi\varepsilon_0 r^2}$$

$$= -\frac{Q_C\left(\frac{Q_A}{4} + Q_B\right)}{4\pi\varepsilon_0 r^2} = 0 \cdots\cdots ③$$

式③より、F_Cが零となる条件は、

$$Q_B = -\frac{Q_A}{4} = -\frac{4 \times 10^{-6}}{4}$$

$$= \mathbf{-1 \times 10^{-6}}〔C〕(答)$$

! 重要ポイント

●2つの電荷間に働く静電力

$$F = \frac{Q_1 Q_2}{4\pi\varepsilon_0 r^2}〔N〕$$

●作用・反作用の法則

AがBに力(作用)を及ぼすとき、逆にBは必ずAに力(反作用)を及ぼし、作用と反作用の大きさは等しく、逆向きであるという法則。

002 静電気とクーロンの法則

H21 A問題 問2　テキスト LESSON 1など

(1) **誤り**。距離r〔m〕離れた2つの小さな帯電体Q_1〔C〕とQ_2〔C〕の間に働く力の大きさFは、帯電体間の誘電率をεとすれば、

$$F=\frac{Q_1 Q_2}{4\pi\varepsilon r^2}\text{〔N〕}$$

上式より、力の大きさは、**電気量(電荷)の積に比例し、距離の2乗に反比例する。**

(2) **誤り**。点電荷Q〔C〕から距離r〔m〕離れた点の電界の強さEは、誘電率をεとすれば、

$$E=\frac{Q}{4\pi\varepsilon r^2}\text{〔V/m〕}$$

上式より、**電界は電気量(電荷)に比例し、距離の2乗に反比例する。**

(3) **正しい**。電気力線は、電界の様子を表す仮想線であり、**電気力線の接線の方向が電界の方向と一致する。**

(4) **誤り**。等電位面は電位が等しい面なので、面に沿った方向の電界は存在せず、**法線方向(面に垂直な方向)のみの電界が存在する。電界中に置かれた電荷には、**電界に沿った方向の力が働くので、**等電位面上の電荷には法線方向のクーロン力が働く。**

(5) **誤り**。電極板間隔d〔m〕、電極板面積S〔m^2〕の平行板コンデンサの電極間に、すき間なく誘電率εの誘電体を挿入したときの静電容量Cは、

$$C=\frac{\varepsilon S}{d}\text{〔F〕}$$

上式より、**静電容量は誘電体の誘電率に比例する。しかしながら、電極板間の電界Eは、電極間の電位差V〔V〕と電極板間隔で決まり、誘電体の誘電率とは無関係である。**

$$E=\frac{V}{d}\text{〔V/m〕}$$

解答：(3)

! 重要ポイント

●電界の方向とは

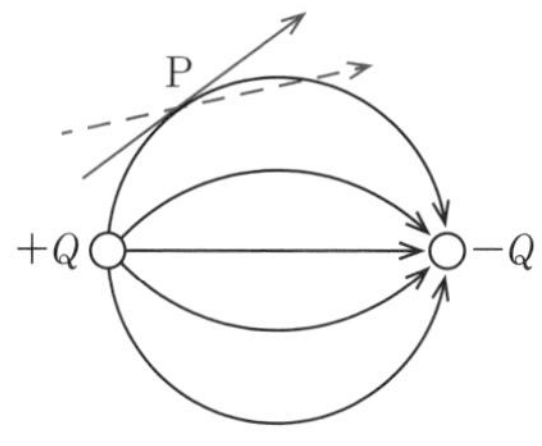

電気力線の任意の点Pの接線↗が、P点の電界の方向である。

> 点Pを通る線は無数にあるが、接線は↗の1本だけである。⇢はP点以外とも交わり、接線ではない。

(a) 点Cに置かれたq_0〔C〕の正電荷は、点Aの正電荷Q_A〔C〕から反発力F_{CA}を受ける一方で、点Bの負電荷Q_B〔C〕から引力F_{CB}も受ける。したがって、点電荷q_0〔C〕が受ける力F_Cは、ベクトルで表すと図aのようになる。

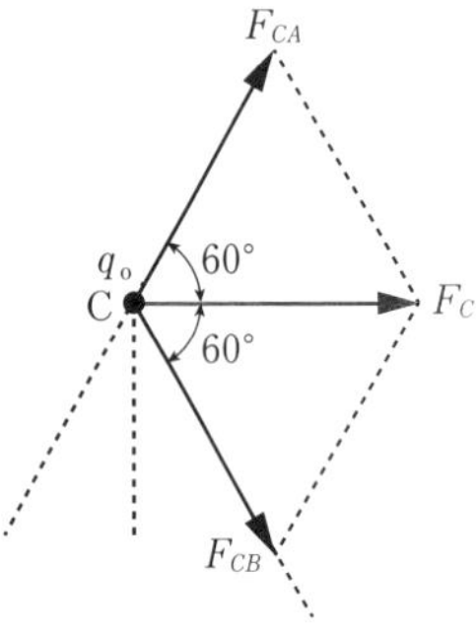

図a　点Cに置かれた点電荷q_0〔C〕に働く力

題意より、

三角形ABCは正三角形であることから、図aに示す角度は60°であり、また、点Aおよび点Bに置かれた電荷Q_A〔C〕、Q_B〔C〕の絶対値が等しく、さらに点Cまでの距離rが6〔m〕と等しいことから、F_Cの大きさは、F_{CA}およびF_{CB}と等しくなる。このことから、F_Cの大きさは、

$$F_C = F_{CA} = 9 \times 10^9 \times \frac{Q_A \times q_0}{r^2}$$

$$= 9 \times 10^9 \times \frac{4 \times 10^{-9} \times q_0}{6^2} \text{〔N〕}$$

次に、点Dに置かれた電荷q_0〔C〕に働く力F_Dについて考える。点Aおよび点Bからの距離r'が3〔m〕と等しい点Dに置かれたq_0〔C〕の正電荷は、点Aの正電荷Q_A〔C〕から反発力F_{DA}を受ける一方で、点Bの負電荷Q_B〔C〕から引力F_{DB}も受ける。この2つの力の向きと大きさが等しいので、図bのように、F_{DA}とF_{DB}の力の和が点電荷q_0〔C〕が受ける力F_Dになり、その大きさは、

$$F_D = F_{DA} + F_{DB} = 2 \times F_{DA}$$

$$= 2 \times 9 \times 10^9 \times \frac{Q_A \times q_0}{r'^2}$$

$$= 2 \times 9 \times 10^9 \times \frac{4 \times 10^{-9} \times q_0}{3^2} \text{〔N〕}$$

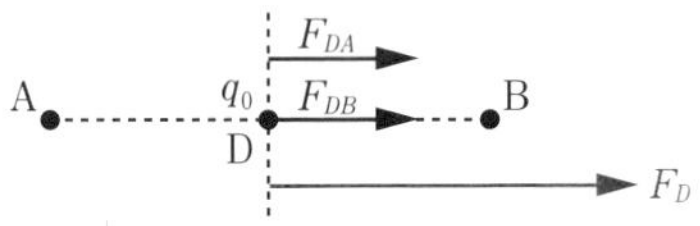

図b　点Dに置かれた点電荷q_0〔C〕に働く力

したがって、求める力の大きさの比$\dfrac{F_C}{F_D}$の値は、

$$\frac{F_C}{F_D} = \frac{9 \times 10^9 \times \dfrac{4 \times 10^{-9} \times q_0}{6^2}}{2 \times 9 \times 10^9 \times \dfrac{4 \times 10^{-9} \times q_0}{3^2}}$$

$$= \frac{\dfrac{1}{6^2}}{2 \times \dfrac{1}{3^2}} = \frac{\dfrac{1}{6^2}}{\dfrac{2}{3^2}} = \frac{\dfrac{1}{36}}{\dfrac{2}{9}}$$

$$= \frac{9 \times 1}{2 \times 36} = \frac{1}{8} \text{（答）}$$

外側の積／内側の積

解答：(a)−(1)

(b) 設問(a)で求めたように、点Cに置かれた正の点電荷q_0〔C〕には右向きの力F_Cが働く。さらに、点Bから点Aの向きに強さが0.5〔V/m〕の一様な電界Eを加えると、点電荷q_0〔C〕は、電界Eから図cに示すような力F_Eを受け、その大きさは、

$F_E = q_0 E = 0.5 q_0$〔N〕

題意より、q_0〔C〕には電界Eと逆向きの力$F_C' = 2 \times 10^{-9}$〔N〕が働いたので、次式が成立する。

$F_C' = F_C - F_E$

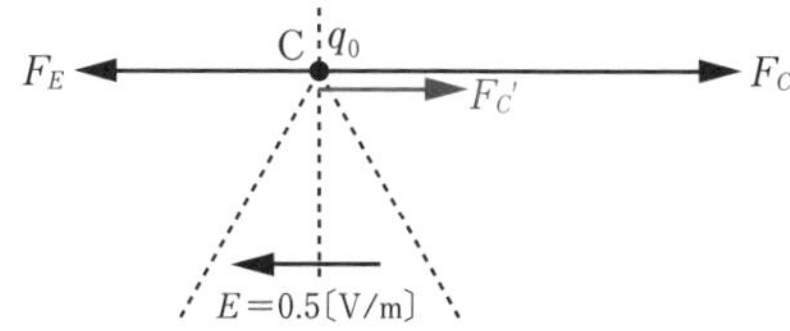

図c　点Cに置かれた点電荷q_0〔C〕が電荷Q_AおよびQ_Bから受ける力F_C〔N〕と電界から受ける力F_E〔N〕

上式に数値を代入し、q_0の値を求める。

$$2\times10^{-9} = 9\times10^9\times\frac{4\times10^{-9}\times q_0}{6^2} - 0.5q_0$$

$$2\times10^{-9} = q_0 - 0.5q_0$$

（$1q_0 - 0.5q_0$と考える）

$$2\times10^{-9} = 0.5q_0$$

$$q_0 = \frac{2\times10^{-9}}{0.5} = \mathbf{4\times10^{-9}}$$〔C〕(答)

解答：(b)-(3)

! 重要ポイント

●クーロンの法則

$$F = \frac{Q_1 Q_2}{4\pi\varepsilon_0 r^2} = 9\times10^9\frac{Q_1 Q_2}{r^2}\text{〔N〕}$$

●電界E〔V/m〕の中に置かれた電荷q〔C〕に働く静電力F

$F = qE$〔N〕

別解

(a) 本解のF_Cを計算すると、

$$F_C = 9\times10^9\times\frac{4\times10^{-9}\times q_0}{6^2}$$

$$= \frac{36\times10^9\times10^{-9}\times q_0}{36}$$

$$= q_0\text{〔N〕}$$

本解のF_Dを計算すると、

$$F_D = 2\times9\times10^9\times\frac{4\times10^{-9}\times q_0}{3^2}$$

$$= \frac{2\times9\times4\times10^9\times10^{-9}\times q_0}{9}$$

$$= 8q_0\text{〔N〕}$$

よって、$\frac{F_C}{F_D} = \frac{q_0}{8q_0} = \mathbf{\frac{1}{8}}$ (答)

004 電界と電位

真空中において点Pに置かれたQ〔C〕の電荷からr〔m〕離れた点の電位Vは、真空の誘電率をε_0〔F/m〕とすると、

$$V=\frac{Q}{4\pi\varepsilon_0 r}〔\mathrm{V}〕$$

ここで、$\frac{Q}{4\pi\varepsilon_0}$を$M$と置くと、

Vの計算式を簡略化するため

$$V=\frac{M}{r}〔\mathrm{V}〕$$

(a) $|V_{AB}|=|V_A-V_B|=\left|\frac{M}{2}-\frac{M}{2+1}\right|$

$$=\left|\frac{3M-2M}{6}\right|=\left|\frac{M}{6}\right|$$

大小比較を容易にするため分母を6で統一

(b) $|V_{AB}|=|V_A-V_B|=\left|\frac{M}{1}-\frac{M}{1+2}\right|$

$$=\left|\frac{3M-M}{3}\right|=\left|\frac{2M}{3}\right|=\left|\frac{4M}{6}\right|$$

(c) $|V_{AB}|=|V_A-V_B|=\left|\frac{M}{0.5}-\frac{M}{0.5+1}\right|$

$$=\left|\frac{3M-M}{1.5}\right|=\left|\frac{2M}{1.5}\right|=\left|\frac{8M}{6}\right|$$

(d) $|V_{AB}|=|V_A-V_B|=\left|\frac{M}{1}-\frac{M}{1+0.5}\right|$

$$=\left|\frac{1.5M-M}{1.5}\right|=\left|\frac{0.5M}{1.5}\right|=\left|\frac{2M}{6}\right|$$

よって、$|V_{AB}|$が最小となるものは**(a)**、最大となるものは**(c)**（答）

解答：(2)

重要ポイント

●点Pに置かれたQ〔C〕の電荷からr_A〔m〕離れた点Aの電位V_A

$$V_A=\frac{Q}{4\pi\varepsilon_0 r_A}〔\mathrm{V}〕$$

●点Pに置かれたQ〔C〕の電荷からr_B〔m〕離れた点Bの電位V_B

$$V_B=\frac{Q}{4\pi\varepsilon_0 r_B}〔\mathrm{V}〕$$

●A–B間の電位差V_{AB}

$$V_{AB}=V_A-V_B=\frac{Q}{4\pi\varepsilon_0}\left(\frac{1}{r_A}-\frac{1}{r_B}\right)〔\mathrm{V}〕$$

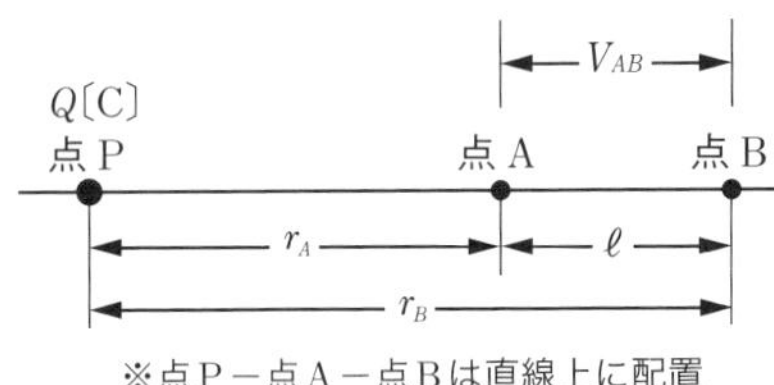

※点P－点A－点Bは直線上に配置
※$r_B=r_A+\ell$

005 電界と電位

H26 A問題 問2　テキスト LESSON 3

下の図aに示すように、負に帯電した帯電体Aが存在すると、帯電体Aの周りには帯電体に近づく方向に電界が発生する。帯電体Aを導体Bに近づけると、導体Bの周りには帯電体Aの電荷による左向きの電界が存在するため、導体Bの中の自由電子は電界の向きとは逆の方向(右向き)に移動する。この結果、導体Bの帯電体Aに近い側の表面c付近に(ア)**正**の電荷が現れ、反対側の表面d付近に(イ)**負**の電荷が現れる。この現象を(ウ)**静電誘導**という。

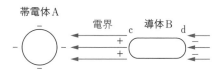

帯電体A　電界　導体B　c　d

図a　静電誘導の例

解答：(5)

! 重要ポイント

図bのように、導体に帯電体を近づけると、帯電体の近くには帯電体と異種の電荷が集まり、反対側には帯電体と同種の電荷が現れる。この現象を導体の**静電誘導**という。導体内部には静電誘導により、外部の電界Eとは逆向きの電界E'が発生する。導体内部の電界はEとE'が打ち消し合い、見かけ上0となるので、導体の内部に電界は存在しない。

この静電誘導現象は、導体だけでなく不導体にも起こる。ただし、電子は原子核に束縛されて動けないので、個々の原子が向きを変えることで対応する。このような現象を**誘電分極**または**分極**という。なお、不導体は、絶縁体、誘電体とも呼ばれる。

ただし、不導体に起こる誘電分極を静電誘導と呼ばない文献もあるので注意。

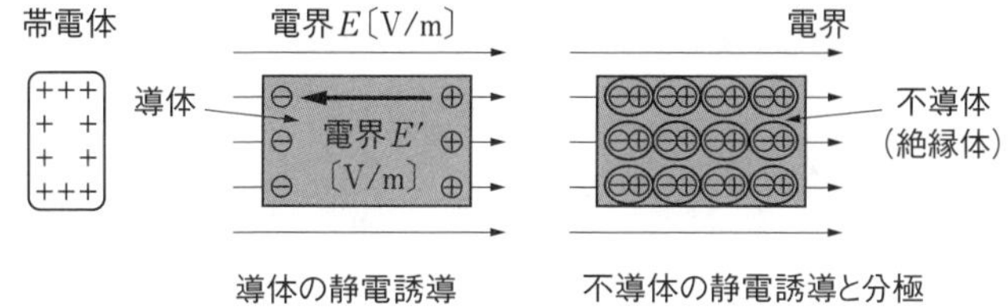

図b　静電誘導

006 電界と電位

(1) **正しい**。電気力線は図a (a)、(b)に示すように、**電荷を帯びた導体表面に垂直に出入りする**。

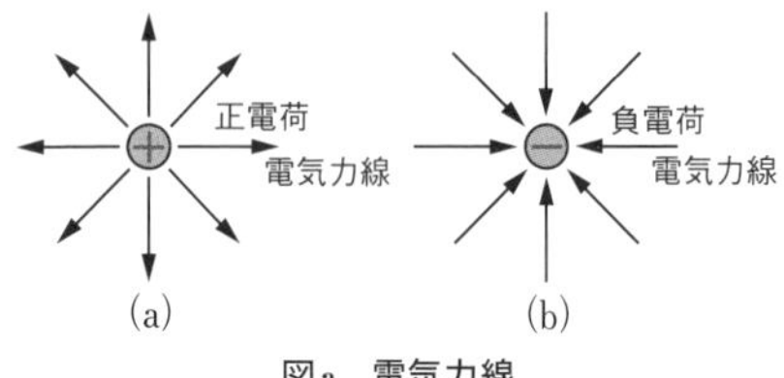

図a　電気力線

(2) **正しい**。中空の球導体Bの内部には帯電した導体Aが包まれており、例えば導体Aに正の電荷＋Q〔C〕を与えた場合、その様子は図bのようになる。

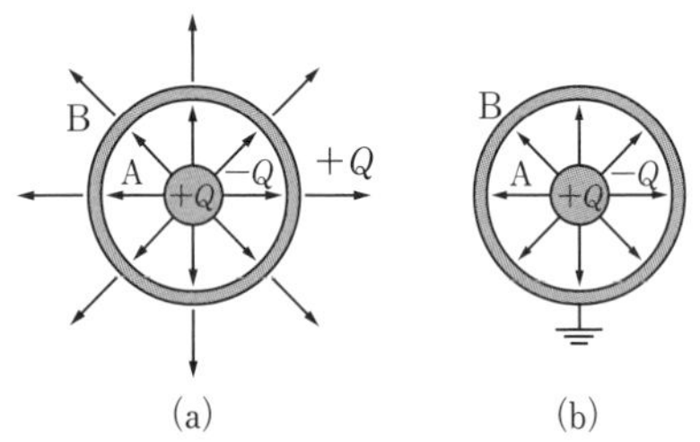

図b　中空球導体の電気力線

●球導体Bが接地されていないとき（設問の記述）

図b (a)のように、導体Aの電荷＋Q〔C〕によって、球導体Bの内面に－Q〔C〕の電荷が誘導され、外面に＋Q〔C〕の電荷が発生する。この外面の＋Q〔C〕の電荷により、球導体Bの外側に向かって垂直に電気力線が出る。したがって、**球導体Bの外部に電界が生じる**。

●球導体Bが接地されているとき（参考）

図b (b)のように、球導体B外部の表面の正電荷は無限遠方（地球の裏側）に分布することになり、導体外部に電気力線はなく、電界はない。このように、接地した導体で包み込むことを**静電遮へい**という。

(3) **誤り**。電荷を取り巻く物質の誘電率 ε〔F/m〕が変わると、電荷から出る電束の数は変わらないが、電気力線の数は変わる。**Q〔C〕の電荷から出る電束の数は、誘電率 ε〔F/m〕に関係なくQ〔C〕で、Q〔C〕の電荷から出る電気力線の数は$\frac{Q}{\varepsilon}$〔本〕である**。したがって、電束と電気力線の数がともに変わるとした記述は誤りである。

(4) **正しい**。導体が帯電するとき、同種電荷は互いに反発し遠ざかろうとし、最も**遠い位置である導体表面に分布する**。

(5) **正しい**。導体には抵抗がない。このため、**導体の内部に電位差はなく、等電位である**。電位差がないので、電界もない。逆説的に言うなら、もし導体内部に電界があるとすれば電位差が生じ、導体に抵抗があることになり、導体の定義である抵抗＝0に反する。

解答：(3)

電束や電気力線は仮想線であり、誰も見ることや数えることはできない。そこで、「Q〔C〕の電荷からは、誘電率 ε にかかわらずQ〔C〕の電束が出ている。また、Q〔C〕の電荷からは$\frac{Q}{\varepsilon}$〔本〕の電気力線が出ている」と定めた。このように定めると、各種物理現象の解明に都合がよい。
（注：電束の単位は、電荷と同じクーロン〔C〕であることに注意）

007 電界と電位

H17 A問題 問2　テキスト LESSON 3

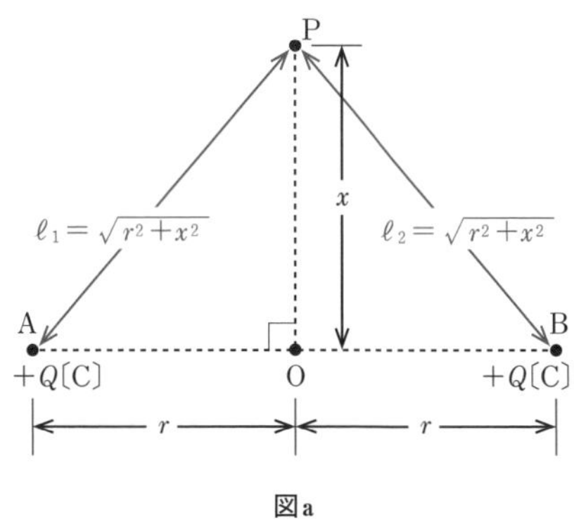

図a

図aにおいて、AP間の距離ℓ_1は、三平方の定理(ピタゴラスの定理)により、

$\ell_1=\sqrt{r^2+x^2}$〔m〕

したがって、点Aに置かれた$+Q$〔C〕の電荷による点Pの電位V_{PA}は、

$$V_{PA}=\frac{Q}{4\pi\varepsilon_0\ell_1}=\frac{Q}{4\pi\varepsilon_0\sqrt{r^2+x^2}}$$

同様に、BP間の距離ℓ_2は、

$\ell_2=\sqrt{r^2+x^2}$〔m〕

したがって、点Bに置かれた$+Q$〔C〕の電荷による点Pの電位V_{PB}は、

$$V_{PB}=\frac{Q}{4\pi\varepsilon_0\ell_2}=\frac{Q}{4\pi\varepsilon_0\sqrt{r^2+x^2}}$$

電位はエネルギーであり、方向性を持たないスカラー量であるから、求める点Pの電位Vは、次式のように、V_{PA}とV_{PB}の代数和となる。

$$V=V_{PA}+V_{PB}$$
$$=\frac{Q}{4\pi\varepsilon_0\sqrt{r^2+x^2}}+\frac{Q}{4\pi\varepsilon_0\sqrt{r^2+x^2}}$$
$$=\frac{Q}{2\pi\varepsilon_0\sqrt{r^2+x^2}}\text{〔V〕(答)}$$

解答：(1)

重要ポイント

●電位の定義

点Pの電位とは、電界が0と見られる無限遠方から電界に逆らって、単位の正電荷+1〔C〕を点Pまで運ぶ仕事〔J/C＝V〕と定義される。

Q　電界　P　+1〔C〕　無限遠方（電界が及ばない＝電気力線密度0）　r〔m〕

Q〔C〕の電荷が作る電界に逆らって、ここまで+1〔C〕を運んできた仕事＝P点の電位V〔V〕

$$\text{電位}V=\frac{Q}{4\pi\varepsilon_0 r}\text{〔V〕}$$

●電位はスカラー量

電位は、電気的な位置エネルギー〔J〕であり、方向がなく大きさだけがあるスカラー量である。したがって、電荷Qが複数個ある場合の電位の合成は、代数和となる。

●電位Vと電界Eの比較

$$V=\frac{Q}{4\pi\varepsilon_0 r}\text{〔V〕}\cdots\cdots\cdots$$

スカラー量であり、その合成は代数和

$$E=\frac{Q}{4\pi\varepsilon_0 r^2}\text{〔V/m〕}\cdots\cdots\cdots$$

ベクトル量であり、その合成はベクトル和

(a) 固体誘電体(比誘電率$\varepsilon_{r1}=4$)部分の電界の強さをE_1、空気(比誘電率$\varepsilon_{r2}=1$)ギャップの電界の強さをE_2とすると、電束は同じなので次式が成り立つ。ただし、Dは電束密度、ε_0は真空の誘電率である。

$D=\varepsilon_0\varepsilon_{r1}E_1=\varepsilon_0\varepsilon_{r2}E_2$

$4E_1=E_2$……①

式①から電界の強さE_2はE_1の4倍である。**電界の強さ＝電位の傾き**であり、式①を満たす電位分布を表すグラフは(3)(答)である。

(3)のグラフの電位の傾きE_1およびE_2は、

$$E_1=\frac{\frac{V_0}{2}}{4d}=\frac{V_0}{8d}$$

$$E_2=\frac{\frac{V_0}{2}}{5d-4d}=\frac{V_0}{2d}$$

$\therefore E_2=4E_1$

> Q〔C〕の電荷からは、誘電率にかかわらずQ〔C〕の電束が出る。また、Q〔C〕の電荷からは、$\dfrac{Q}{\varepsilon_0\varepsilon_r}$〔本〕の電気力線が出る。
> 電気力線密度＝電界の強さである。

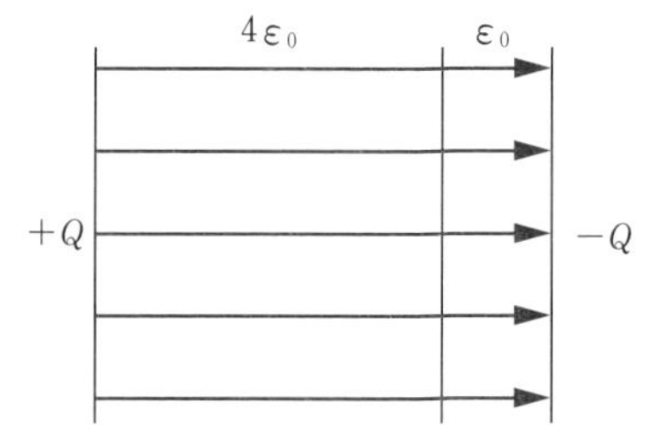

電束のイメージ

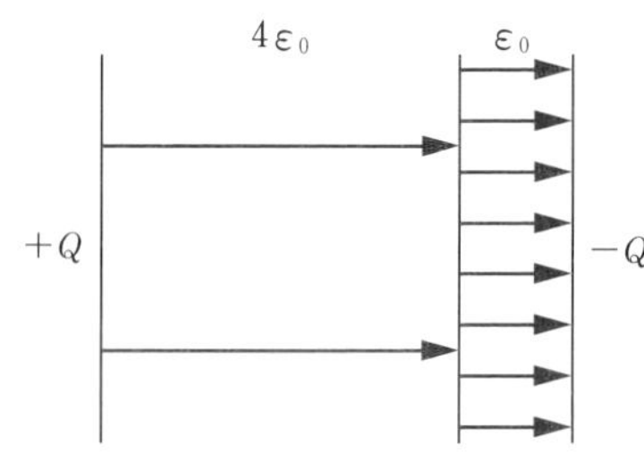

電気力線のイメージ

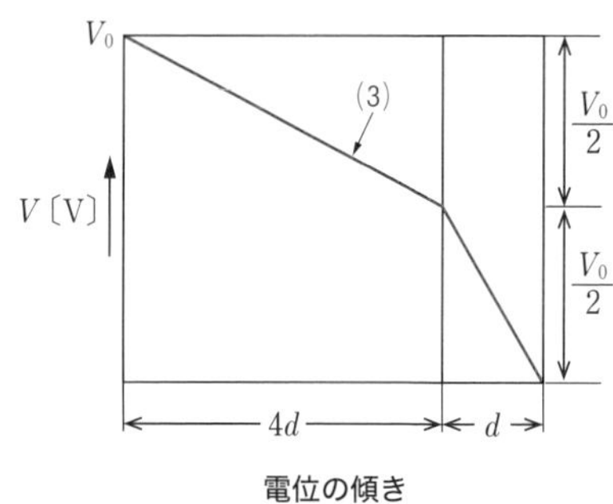

電位の傾き

解答：(a)−(3)

(b) 極板間に加える直流電圧$V_0=10$〔kV〕、$d=1$〔mm〕としたとき、空気ギャップの電界の強さが$E_2=2.5$〔kV/mm〕であることから、比誘電率ε_rの誘電体部分に加わる電圧は、$10-2.5=7.5$〔kV〕となる。よって、誘電体中の電界の強さE_1〔kV/m〕は、

$E_1 = \dfrac{7.5}{4}$〔kV/mm〕

また、誘電体部分と空気ギャップの電束は同じなので、次式が成り立つ。

$D = \varepsilon_0 \varepsilon_r E_1 = \varepsilon_0 E_2$

$\varepsilon_r E_1 = E_2$

$\varepsilon_r \times \dfrac{7.5}{4} = 2.5$

両辺に$\dfrac{4}{7.5}$を乗じて、

$\varepsilon_r = 2.5 \times \dfrac{4}{7.5} \fallingdotseq$ **1.33**(答)

解答：(b)−(3)

別解

(a) 下図に示すように、2つのコンデンサの直列接続と考える。

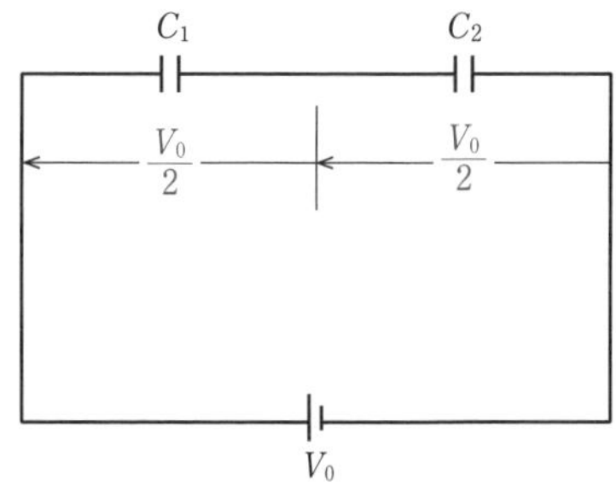

誘電体部分の静電容量C_1は、平行板コンデンサの極板面積をS〔m^2〕とすると、

$C_1 = \dfrac{\varepsilon_0 \varepsilon_{r1} S}{4d} = \dfrac{4\varepsilon_0 S}{4d} = \dfrac{\varepsilon_0 S}{d}$

空気ギャップの静電容量C_2は、

$C_2 = \dfrac{\varepsilon_0 S}{d}$

したがって、$C_1 = C_2$であるから、V_0はC_1とC_2に均等に$\dfrac{1}{2}$ずつ分配され、

$V_1 = V_2 = \dfrac{V_0}{2}$となる。

これを満たすグラフは(3)(答)である。

(b) 誘電体部分の静電容量C_1'および空気ギャップの静電容量C_2は、

$C_1' = \dfrac{\varepsilon_0 \varepsilon_r S}{4d}$、$C_2 = \dfrac{\varepsilon_0 S}{d}$

C_1'　C_2
Q　Q
$V_1 = 7.5$〔V〕　$V_2 = 2.5$〔V〕
V_0

コンデンサの直列回路であるから、C_1'とC_2の電荷Qは等しく、次式が成り立つ。

$Q = C_1' V_1 = C_2 V_2$

$\dfrac{\varepsilon_0 \varepsilon_r S}{4d} \times 7.5 = \dfrac{\varepsilon_0 S}{d} \times 2.5$

$\dfrac{\varepsilon_r}{4} \times 7.5 = 2.5$

$\dfrac{\varepsilon_r}{4} = \dfrac{2.5}{7.5}$

両辺を4倍して、

$\varepsilon_r = \dfrac{2.5}{7.5} \times 4 \fallingdotseq$ **1.33**(答)

上側誘電体の電界（電位の傾き）Eと下側誘電体の電界（電位の傾き）Eは、比誘電率ε_rが同じなのでともに等しくなる。

また、導体内部に電界はなく、等電位である（電位の傾きは0である）。

各点の電位をグラフ化すると、次図のようになる。

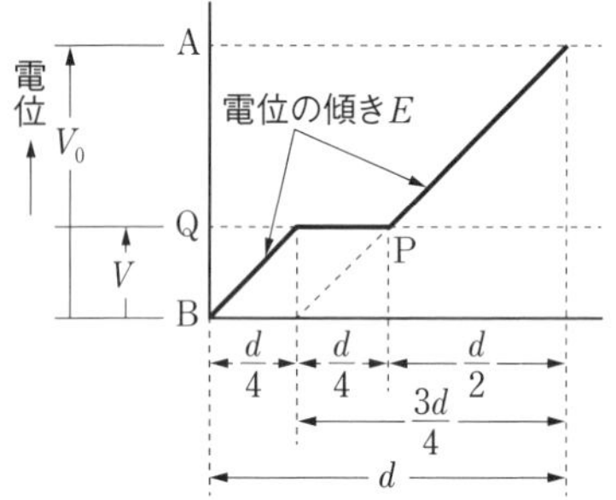

グラフから、導体の電位（Q点の電位）Vを次のように求める。

$$E=\frac{V}{\frac{d}{4}}=\frac{V_0}{\frac{3d}{4}}$$

分子、分母を（たすき）に掛けて等しいと置く。

$$V\times\frac{3d}{4}=V_0\times\frac{d}{4}$$

$$V\times 3=V_0、V=\frac{V_0}{3}\text{（答）}$$

なお、電位のグラフを描くことによりVの高さはV_0の約$\frac{1}{3}$と読み取ることができ、計算しなくとも正解選択肢を選ぶことができる。

解答：(4)

別解

次図のように、コンデンサC_1とC_2の直列回路と考える。

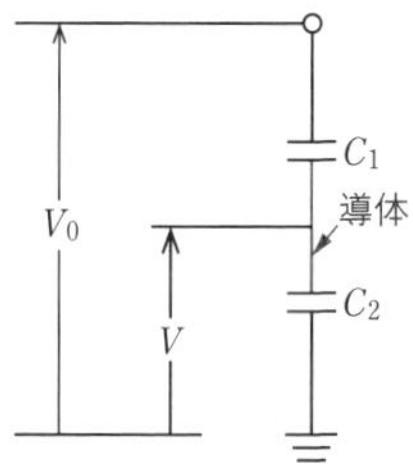

C_1：上側誘電体の静電容量
C_2：下側誘電体の静電容量

C_2は極板間距離がC_1の半分なので、静電容量は2倍となる。

$C_2=2C_1$……①

【確認】

$$C_1=\frac{\varepsilon_0\varepsilon_r S}{\frac{d}{2}}=\frac{2\varepsilon_0\varepsilon_r S}{d}$$

$$C_2=\frac{\varepsilon_0\varepsilon_r S}{\frac{d}{4}}=\frac{4\varepsilon_0\varepsilon_r S}{d}=2C_1$$

ただし、Sは極板面積

導体の電位Vは、V_0をC_1とC_2に反比例して配分させればよいので、

$$V=\frac{C_1}{C_1+C_2}V_0=\frac{C_1}{C_1+2C_1}V_0=\frac{V_0}{3}\text{（答）}$$

010 静電容量とコンデンサ

H25 A問題 問1　テキスト LESSON 4 など

a．**誤り**。極板間の電界$E=\dfrac{V_x}{x}=\dfrac{V}{d}$で一定、$\varepsilon_r$に無関係。

b．**誤り**。電位分布$V_x=E\cdot x$、V_xは下部極板からの距離xに比例する。ε_rに無関係。

c．**正しい**。$C=\varepsilon_0\varepsilon_r\dfrac{S}{d}$で$\varepsilon_r$に比例する。ただし、$\varepsilon_0$：真空の誘電率。

d．**正しい**。$W=\dfrac{1}{2}CV^2$でCに比例、Cはε_rに比例する。

e．**正しい**。$Q=CV$でCに比例、Cはε_rに比例する。

解答：(1)

重要ポイント

●平行板コンデンサの公式

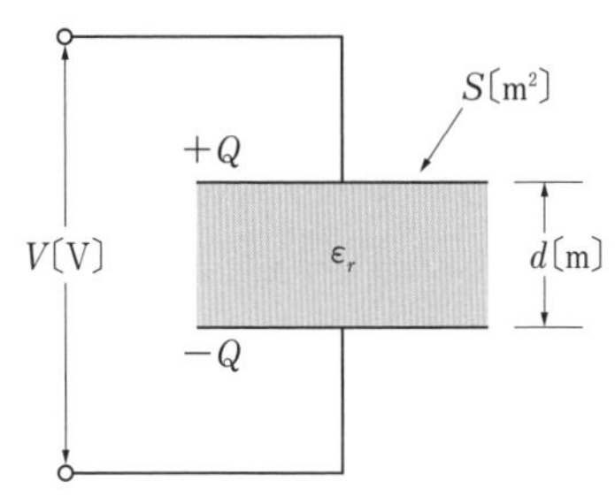

静電容量$C=\varepsilon_0\varepsilon_r\dfrac{S}{d}$〔F〕

電荷$Q=CV$〔C〕　「柿はシブイ」と覚える

静電エネルギー$W=\dfrac{1}{2}CV^2$〔J〕

電界の強さ$E=\dfrac{V}{d}$〔V/m〕

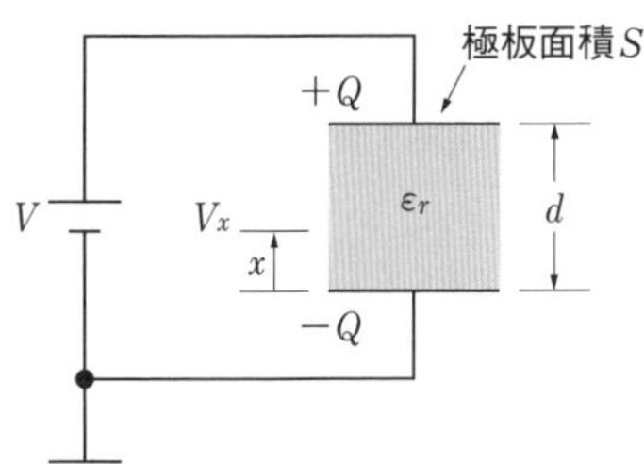

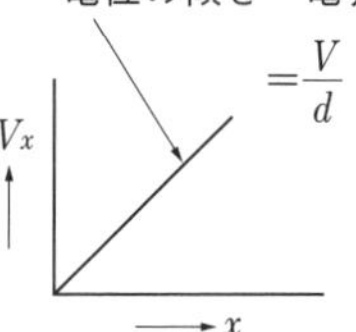

記述a、bの参考図

(1)(2) **正しい**。固体誘電体$\varepsilon_1 > \varepsilon_0$を挿入した場合、誘電体内の電界の強さは、空気ギャップの電界の強さに対して$\dfrac{1}{\varepsilon_1}$倍となる。極板A－B間の電位差はV_0〔V〕と変わらないため、空気ギャップの電界の強さ(電位の傾き)は挿入前に比べて大きくなる。図aのように、位置Pの電位は挿入前よりも低下し、位置Qの電位は挿入前よりも上昇する。

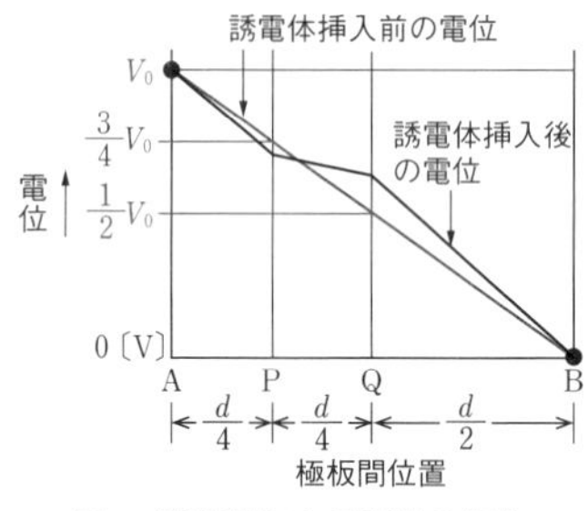

図a 誘電体による電位の変化

(3) **正しい**。固体誘電体$\varepsilon_1 > \varepsilon_0$を挿入した場合、コンデンサの静電容量は、挿入前より大きくなる。

(4) **誤り**。導体を挿入した場合、導体内部の電界はゼロとなる(図aにおいてP－Q間の電位の傾きが水平となる)。極板A－B間の電位差は変わらないため、空気ギャップの電界の強さ(電位の傾き)は挿入前に比べて大きくなるので、位置Pの電位は「**挿入する前の値よりも低下する**」。したがって、「**挿入する前の値よりも上昇する**」という記述は誤り。

(5) **正しい**。導体を挿入した場合、見かけ上の極板A－B間の距離が小さくなる。平行平板コンデンサの静電容量は、極板間の距離に反比例するので、静電容量は大きくなる。

解答：(4)

別解

題意$\varepsilon_1 > \varepsilon_0$を満足するように$\varepsilon_1 = 2\varepsilon_0$として計算する。

●固体誘電体挿入前

極板面積をS〔m^2〕とすると、コンデンサ静電容量C_0は、$C_0 = \dfrac{\varepsilon_0 S}{d}$〔V〕……①

極板Bの電位は0〔V〕、Aの電位はV_0〔V〕、極板A－B間は平等電界であるから、位置Pの電位V_pおよび位置Qの電位V_qは本解図aのグラフからわかるように、

$$V_p = \frac{3}{4}V_0\text{〔V〕}……②$$

$$V_q = \frac{1}{2}V_0\text{〔V〕}……③$$

●固体誘電体$\varepsilon_1 = 2\varepsilon_0$を挿入した場合

空気ギャップC_a、固体誘電体C_b、空気ギャップC_cの3つのコンデンサの直列回路となる。

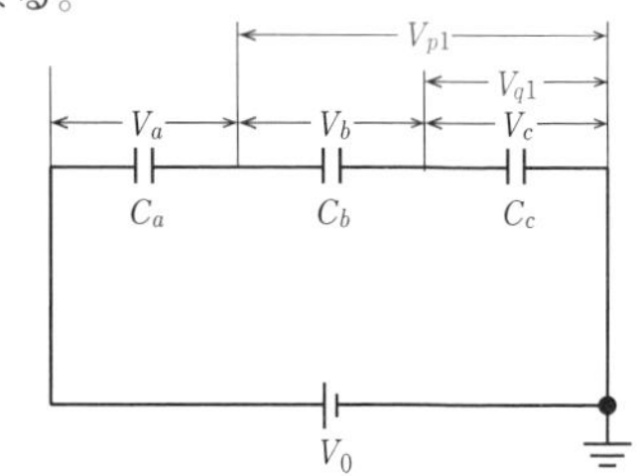

$$C_a = \varepsilon_0 \frac{S}{\frac{d}{4}} = \frac{4\varepsilon_0 S}{d}\text{〔F〕}$$

$$C_b = \varepsilon_1 \frac{S}{\frac{d}{4}} = \frac{4\varepsilon_1 S}{d} = \frac{8\varepsilon_0 S}{d}\text{〔F〕}(\because \varepsilon_1 = 2\varepsilon_0)$$

$$C_c = \varepsilon_0 \frac{S}{\frac{d}{2}} = \frac{2\varepsilon_0 S}{d}\text{〔F〕}$$

合成静電容量C_1は、

$$\frac{1}{C_1}=\frac{1}{C_a}+\frac{1}{C_b}+\frac{1}{C_c}$$

$$=\frac{d}{4\varepsilon_0 S}+\frac{d}{8\varepsilon_0 S}+\frac{d}{2\varepsilon_0 S}=\frac{7d}{8\varepsilon_0 S}$$

よって、$C_1=\frac{8}{7}\times\frac{\varepsilon_0 S}{d}$〔F〕……④

各コンデンサに加わる電圧V_a、V_b、V_cは静電容量に反比例して配分されるので、

$$V_a=\frac{\frac{1}{C_a}}{\frac{1}{C_1}}\times V_0=\frac{C_1}{C_a}\times V_0=\frac{\frac{8\varepsilon_0 S}{7d}}{\frac{4\varepsilon_0 S}{d}}\times V_0$$

$$=\frac{2}{7}\times V_0〔V〕$$

同様に、

$$V_b=\frac{C_1}{C_b}\times V_0=\frac{1}{7}\times V_0〔V〕$$

$$V_c=\frac{C_1}{C_c}\times V_0=\frac{4}{7}\times V_0〔V〕$$

位置Pの電位V_{p1}は、

$V_{p1}=V_c+V_b=\frac{5}{7}\times V_0$〔V〕……⑤

位置Qの電位V_{q1}は、

$V_{q1}=V_c=\frac{4}{7}\times V_0$〔V〕……⑥

●固体誘電体を導体に変えた場合

合成静電容量C_2は、

$$\frac{1}{C_2}=\frac{1}{C_a}+\frac{1}{C_c}=\frac{d}{4\varepsilon_0 S}+\frac{d}{2\varepsilon_0 S}=\frac{3d}{4\varepsilon_0 S}$$

よって、$C_2=\frac{4}{3}\times\frac{\varepsilon_0 S}{d}$〔F〕……⑦

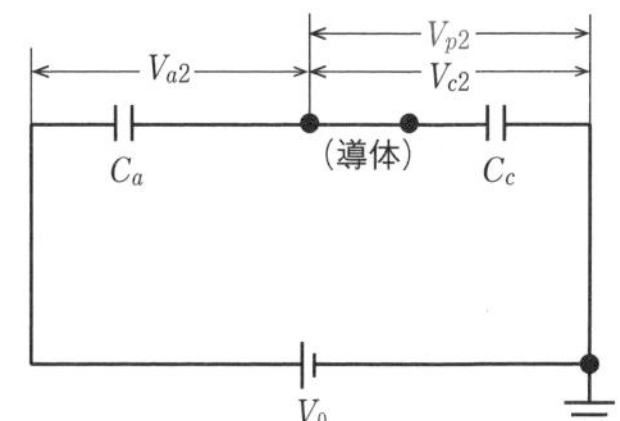

各コンデンサに加わる電圧V_{a2}、V_{c2}は、静電容量に反比例して配分されるので、

$$V_{a2}=\frac{\frac{1}{C_a}}{\frac{1}{C_2}}\times V_0=\frac{C_2}{C_a}\times V_0=\frac{\frac{4\varepsilon_0 S}{3d}}{\frac{4\varepsilon_0 S}{d}}\times V_0$$

$$=\frac{1}{3}\times V_0$$

同様に、$V_{c2}=\frac{C_2}{C_c}\times V_0=\frac{2}{3}\times V_0$〔V〕

位置Pの電位V_{p2}は、

$V_{p2}=V_{c2}=\frac{2}{3}\times V_0$〔V〕……⑧

以上より、各設問を検討する。

(1) 式②と式⑤の比較より、
$V_{p1}\left(\frac{5}{7}V_0\right)<V_p\left(\frac{3}{4}V_0\right)$、よって、**正しい**。

(2) 式③と式⑤の比較より、
$V_{q1}\left(\frac{4}{7}V_0\right)>V_q\left(\frac{1}{2}V_0\right)$、よって、**正しい**。

(3) 式①と式④の比較より、
$C_1\left(\frac{8}{7}\cdot\frac{\varepsilon_0 S}{d}\right)>C_0\left(\frac{\varepsilon_0 S}{d}\right)$、よって、**正しい**。

(4) 式②、式⑤と式⑧の比較より、
$V_{p2}\left(\frac{2}{3}V_0\right)<V_{p1}\left(\frac{5}{7}V_0\right)$
$V_{p2}\left(\frac{2}{3}V_0\right)<V_p\left(\frac{3}{4}V_0\right)$、よって、**誤り**。

(5) 式①と式⑦の比較より、
$C_2\left(\frac{4}{3}\cdot\frac{\varepsilon_0 S}{d}\right)>C_0\left(\frac{\varepsilon_0 S}{d}\right)$、よって、**正しい**。

解答：(4)

❗重要ポイント

与えられた式、数値で計算すると多くの時間を費やすことになる。別解のように題意を満足する数値に変換するか、本解のように理論的に考えて解答時間を短縮しよう。

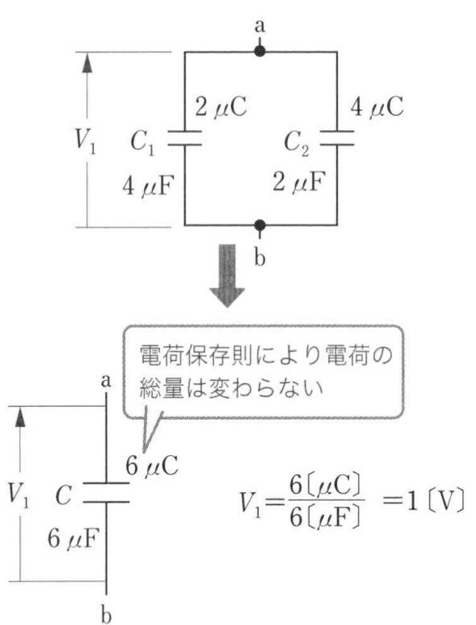

合成静電容量　問題図1

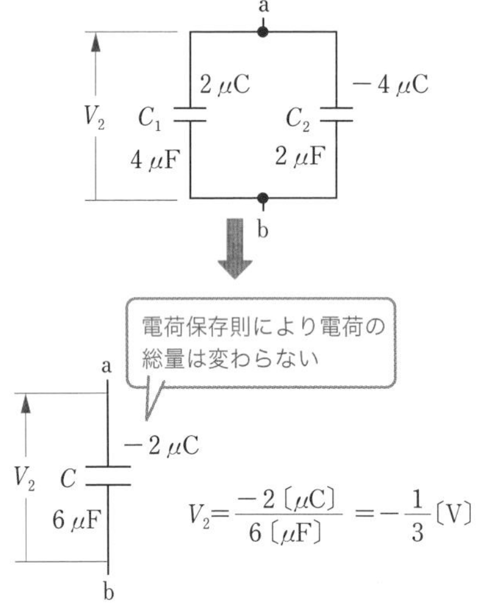

合成静電容量　問題図2

問題図1の回路では、コンデンサC_1に蓄えられている電荷をQ_1、コンデンサC_2に蓄えられている電荷をQ_2とすると、接続後の電荷量はQ_1+Q_2となるので、

$Q_1+Q_2=(C_1+C_2)V_1$

$2+4=(4+2)V_1$

$V_1=1$〔V〕

問題図2の回路では、極性に注意すると、接続後の電荷量はQ_1-Q_2となるので、

$Q_1-Q_2=(C_1+C_2)V_2$

$2-4=(4+2)V_2$

$V_2=-\frac{1}{3}$〔V〕

したがって、V_1とV_2の比は、

$$\left|\frac{V_1}{V_2}\right|=\left|\frac{1}{-\frac{1}{3}}\right|=\mathbf{3}$$（答）

解答：(3)

! 重要ポイント

●電荷保存則

電荷の総量は、いかなる物理的変化の過程においても一定不変である。したがって、閉じた回路の正・負の電荷の代数和は常に一定である。この法則を電荷保存則という。例えば問題図1においては、スイッチS_1およびS_2を閉じると、C_2の$4\mu C$の電荷のうち$2\mu C$がC_1へ移動し、両コンデンサの端子電圧V_1が$1V$と等しくなる。

013 コンデンサの直列接続と並列接続

H20 A問題 問5　テキスト LESSON 5

下の図aの直列回路では、両コンデンサに蓄えられる電荷Q〔μC〕は等しく、電源電圧をV_Sとすれば、次式が成立する。

$$V_S = V_1 + V_2 = \frac{Q}{C_1} + \frac{Q}{C_2}$$

図a

題意より、$V_S = 6$〔V〕、$C_1 = 4$〔μF〕、$C_2 = 2$〔μF〕を代入すると、

$$6 = \frac{Q}{4} + \frac{Q}{2} = \frac{Q}{4} + \frac{2Q}{4} = \frac{3Q}{4}$$

両辺を4倍すると、

$24 = 3Q$

$Q = 8$〔μC〕

充電されたコンデンサを図bのように並列接続すると、**蓄えられた電荷が移動して両コンデンサの端子電圧Vが等しくなる。**コンデンサC_1の電荷をQ_1、コンデンサC_2の電荷をQ_2とする。

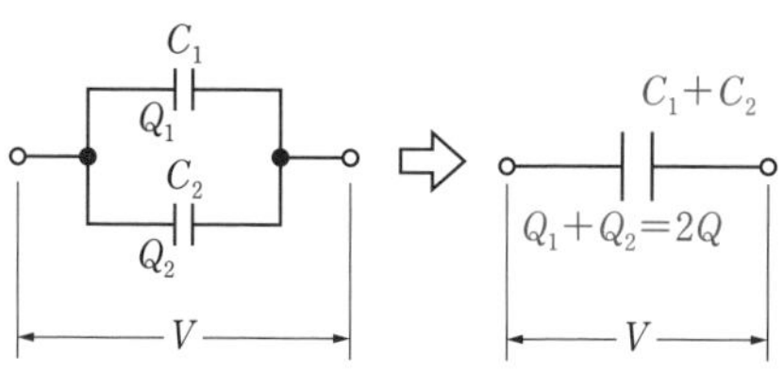

図b

並列接続の合成静電容量は、図bの右図に示すように、

$C_1 + C_2 = 4 + 2 = 6$〔μF〕

また、この合成静電容量に蓄えられる電荷$Q_1 + Q_2$は、**電荷保存則**により、図aの直列接続で蓄えられた電荷の総量$Q + Q = 2Q$と等しく、

$Q_1 + Q_2 = Q + Q = 2Q = 2 \times 8$
$= 16$〔μC〕

したがって、求める端子間電圧Vは、

$$V = \frac{2Q}{C_1 + C_2} = \frac{16}{6} = \frac{\mathbf{8}}{\mathbf{3}}\text{〔V〕(答)}$$

解答：(3)

別解

図aの直列回路において、

$$V_1 = \frac{C_2}{C_1 + C_2} \times V_S = \frac{2}{4+2} \times 6 = 2\text{〔V〕}$$

$$V_2 = \frac{C_1}{C_1 + C_2} \times V_S = \frac{4}{4+2} \times 6 = 4\text{〔V〕}$$

C_1、C_2に蓄えられる電荷は等しく、これをQとすると、

$Q = C_1 V_1 = 4 \times 2 = 8$〔μC〕

$Q = C_2 V_2 = 2 \times 4 = 8$〔μC〕

図bの並列回路において、**電荷保存則**により、

$Q_1 + Q_2 = 2Q$

また、**電荷移動後の$Q_1 = C_1 V$、$Q_2 = C_2 V$**であるから、

$C_1 V + C_2 V = 2Q$

$(C_1 + C_2) V = 2Q$

よって、

$$V = \frac{2Q}{C_1 + C_2} = \frac{16}{6} = \frac{\mathbf{8}}{\mathbf{3}}\text{〔V〕(答)}$$

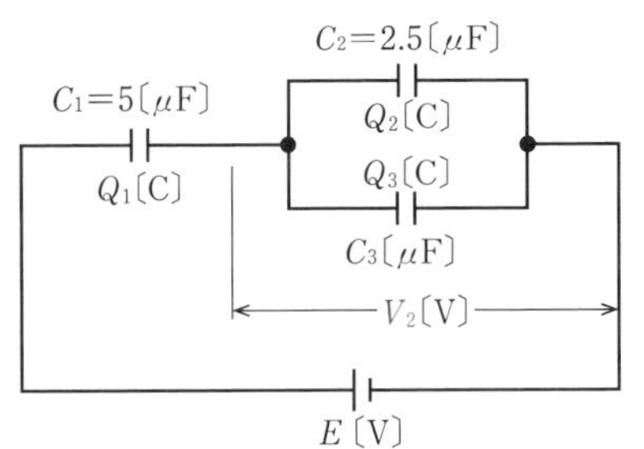

コンデンサC_1、C_2、C_3に蓄えられる電荷をそれぞれQ_1、Q_2、Q_3とする。

コンデンサC_2〔F〕に加わる電圧V_2〔V〕は、

$$V_2=\frac{Q_2}{C_2}=\frac{0.5\times10^{-4}}{2.5\times10^{-6}}=20\ 〔\mathrm{V}〕$$

設問の回路は、コンデンサC_2〔F〕とコンデンサC_3〔F〕が並列接続された回路に、コンデンサC_1〔F〕が直列接続された回路なので、蓄えられる電荷には、次の関係が成り立つ。

$Q_1=Q_2+Q_3$〔C〕

よって、コンデンサC_3〔F〕に蓄えられる電荷Q_3〔C〕は、

$Q_3=Q_1-Q_2=3.5\times10^{-4}-0.5\times10^{-4}$

$=3\times10^{-4}$〔C〕

コンデンサC_3〔F〕に加わる電圧は、並列接続されたコンデンサC_2〔F〕に加わる電圧と等しいので、求めるコンデンサC_3〔F〕の静電容量は、

$$C_3=\frac{Q_3}{V_2}=\frac{3\times10^{-4}}{20}=15\times10^{-6}\ 〔\mathrm{F}〕$$

→**15**〔μF〕(答)

解答：(5)

重要ポイント

●コンデンサの直列接続

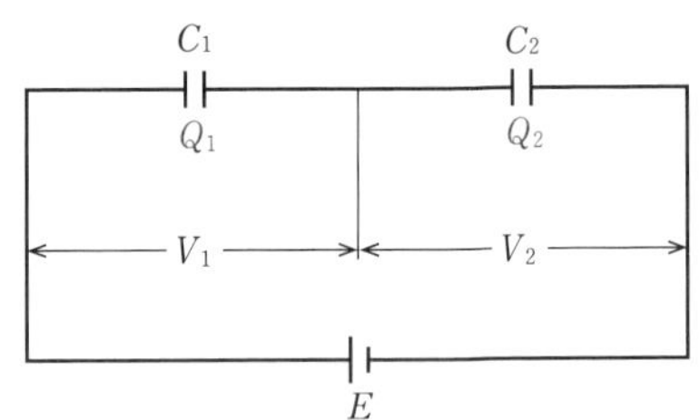

C_1とC_2には、同量の電荷$Q=Q_1=Q_2$が蓄えられる。

$Q_1=C_1V_1$

$Q_2=C_2V_2$

●コンデンサの直並列接続

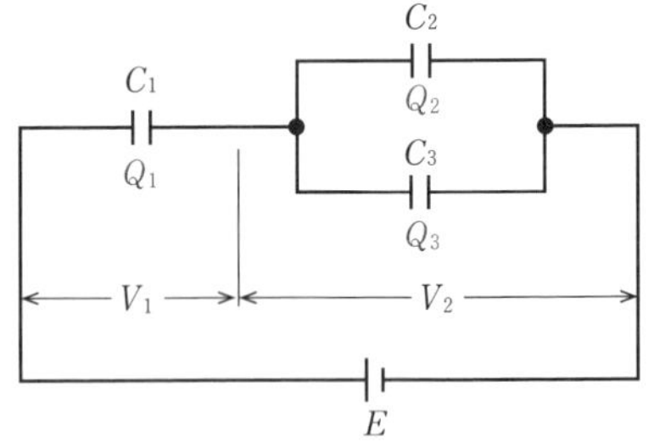

C_1に蓄えられる電荷Q_1と、C_2とC_3に蓄えられる電荷の合計Q_2+Q_3は、等しい。

$Q_1=Q_2+Q_3$

$Q_1=C_1V_1$

$Q_2=C_2V_2$

$Q_3=C_3V_2$

点Aの磁界の強さHは、点Aに単位の正磁荷(＋1Wb)を置いたとき、この磁荷に働く磁気力の大きさで表す。真空中に置かれた磁荷m〔Wb〕の磁極から距離r〔m〕離れた点Aに＋1〔Wb〕の磁荷を置いたとき、この磁荷に働く磁気力Fはクーロンの法則より、

$$F=\frac{m\times 1}{4\pi\mu_0 r^2}〔\mathrm{N}〕$$

上式は、定義により磁界の強さHを表すので、

$$H=\frac{m}{4\pi\mu_0 r^2}〔\mathrm{A/m}〕$$

磁界の強さはベクトル量であるから、複数の磁荷による磁界の強さはベクトル和で求められる。

同種磁荷(正磁荷どうしまたは負磁荷どうし)間には反発力、異種磁荷(正磁荷と負磁荷)間には吸引力が働く。図aにおいて、点A－点B間に働く磁気力F_{AB}は反発力で、その大きさは、

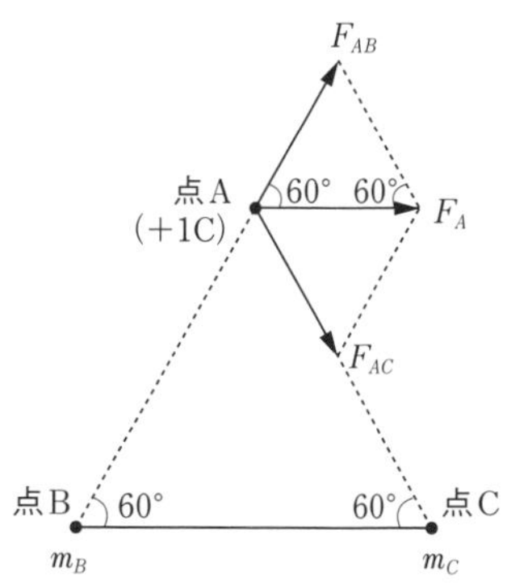

図a　磁気力の合成

$$F_{AB}=\frac{m_B\times 1}{4\pi\mu_0 r^2}$$
$$=\frac{1\times 10^{-4}\times 1}{4\pi\times 4\pi\times 10^{-7}\times 2^2}$$
$$\fallingdotseq 1.58〔\mathrm{N}〕$$

点A－点C間に働く磁気力F_{AC}は吸引力で、その大きさは、

$$F_{AC}=\frac{m_C\times 1}{4\pi\mu_0 r^2}$$
$$=\frac{-1\times 10^{-4}\times 1}{4\pi\times 4\pi\times 10^{-7}\times 2^2}$$
$$\fallingdotseq -1.58〔\mathrm{N}〕$$

マイナスの符号は吸引力を表す

F_{AB}とF_{AC}のベクトル和F_Aは、図aよりF_{AB}と等しいので、

F_A、F_{AB}はともに正三角形の一辺である

$F_A=1.58$〔N〕

よって、点Aの磁界の大きさH_Aは、

$H_A=$ **1.58**〔A/m〕(答)

解答：(4)

重要ポイント

●**真空中においてm〔Wb〕の磁極からr〔m〕離れた点Pの磁界の強さHは、**

$$H=\frac{m}{4\pi\mu_0 r^2}〔\mathrm{A/m}〕$$

ただし、$\mu_0=4\pi\times 10^{-7}$〔H/m〕は真空の透磁率。

※**磁界の強さ**とは、磁界の大きさと方向を表し、**磁界の大きさ**とは、大きさだけを表す。

016 電流による磁気作用

(1) **正しい**。単位長(1 m)当たりの巻数Nの無限長ソレノイドに電流I〔A〕を流すと、ソレノイド内部には磁界$H=NI$〔A/m〕が生じ、磁界の大きさはソレノイドの寸法や内部に存在する物質の種類に影響されない。ただし、磁束密度$B=\mu H$〔T〕は、物質の種類により透磁率μ〔H/m〕が異なるので影響を受ける。

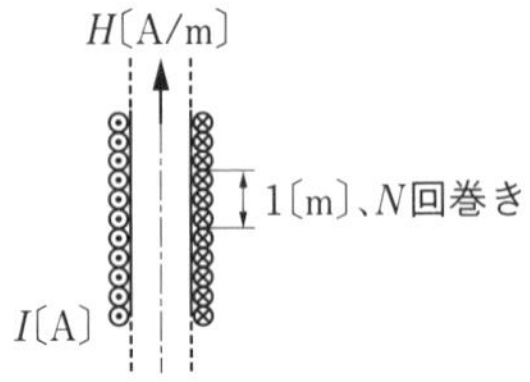

図a　無限長ソレノイドの内部磁界

(2) **正しい**。磁束密度B〔T〕の均一磁界中に、磁界と直角に置かれた長さl〔m〕の直線状導体に直流電流I〔A〕を流すと、直線導体には$F=IBl$〔N〕の電磁力が働く。FはIに比例する。

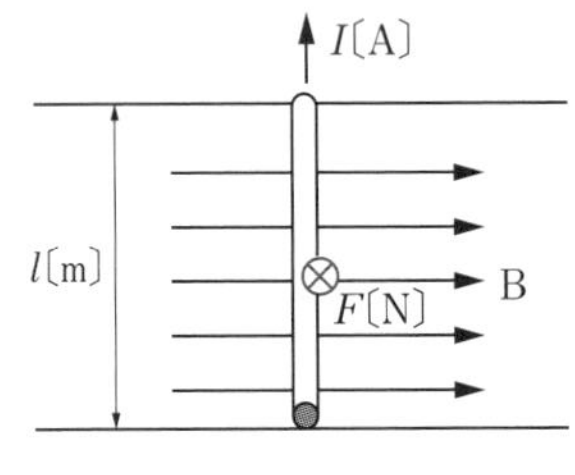

図b　電磁力

(3) **誤り**。真空中に距離r〔m〕離れた無限長の平行導線にそれぞれ電流I_1、I_2が流れているとき、平行導線間に単位長さ1〔m〕当たり働く電磁力Fは、

$$F=\frac{\mu_0 I_1 I_2}{2\pi r}\text{〔N/m〕}$$

ただし、μ_0：真空の透磁率〔H/m〕

I_1、I_2が反対向きならFは反発力、同じ向きなら吸引力となる。上記より、導体には**導体間距離r(の1乗)に反比例した反発力が働く。「導体間距離rの2乗に反比例した反発力が働く」**という記述は誤りである。

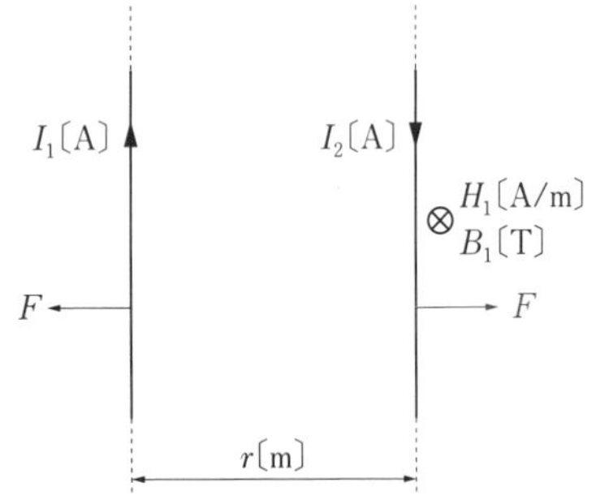

図c　平行導線間に働く電磁力

(4) **正しい**。フレミングの左手の法則は、磁界中に置かれた電流が流れる導体に働く電磁力の向きを表す。図dのように左手の親指、人差指、中指を直角に開き、人差指を磁界の方向、中指を電流の方向にとれば、親指が電磁力(導体に働く力)の方向になる。

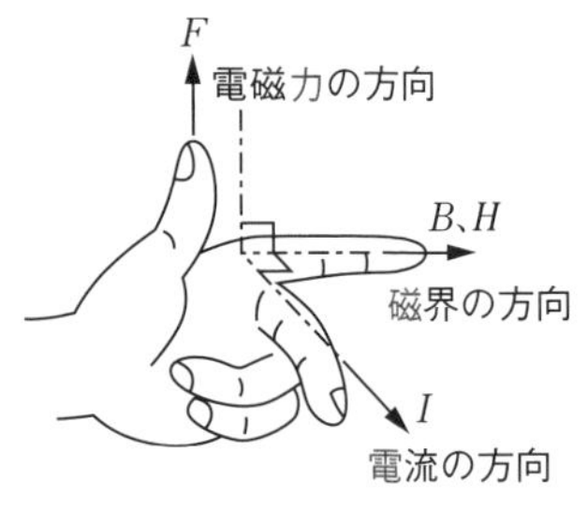

図d　フレミングの左手の法則

(5) **正しい。**物質の長さをl〔m〕、断面積をS〔m^2〕、透磁率をμ〔H/m〕とすれば、物質の磁気抵抗R_mは、

$$R_m=\frac{l}{\mu S}〔\mathrm{H}^{-1}〕$$

また、物質の長さをl〔m〕、断面積をS〔m^2〕、導電率をσ〔S/m〕とすれば、物質の電気抵抗Rは、

$$R=\frac{l}{\sigma S}〔\Omega〕$$

上式より、磁気回路の透磁率は、電気回路の導電率に対応する。

磁束をϕ〔Wb〕、起磁力をF_m〔A〕とすれば、磁気回路のオームの法則は、

$$\phi=\frac{F_m}{R_m}〔\mathrm{Wb}〕$$

また、電流をI〔A〕、電圧をV〔V〕とすれば、電気回路のオームの法則は、

$$I=\frac{V}{R}〔\mathrm{V}〕$$

上式より、磁気回路の磁束は電気回路の電流に対応する。

解答：(3)

! 重要ポイント

●無限長ソレノイドの内部磁界

$H=NI$〔A/m〕

ただし、N：単位長(1 m)当たりの巻数

●磁界と直角に置かれた直線導体に働く電磁力

$F=IBl$〔N〕

(方向はフレミングの左手の法則に従う)

●電流が流れている平行導線間に働く電磁力

$$F=\frac{\mu_0 I_1 I_2}{2\pi r}〔\mathrm{N/m}〕$$

I_1、I_2が同方向→**吸引力**

I_1、I_2が反対方向→**反発力**(斥力(せきりょく))

●フレミングの法則

左手の法則→**電動機の原理**

右手の法則→**発電機の原理**

いずれも下の指から電・磁・力(電流・磁界・力)

●電気回路と磁気回路の対応

解説文(5)参照

017 電流による磁気作用

次図のような扇形導線において、点Oは辺ABおよび辺CDの延長線上にあるので、辺ABおよび辺CDを流れる電流は点Oに磁界を生じない。一方、弧DAおよび弧BCの電流は、右ねじの法則に従って点Oに磁界を生じる。

弧DAの電流が作る磁界をH_{DA}、弧BCの電流が作る磁界をH_{BC}とすると、次図の向きになる。

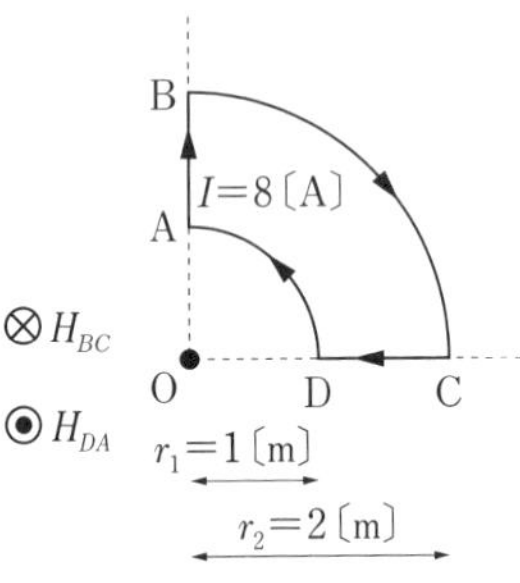

半径r〔m〕の円形電流が、円の中心に作る磁界の大きさHは、

$$H=\frac{I}{2r}\text{〔A/m〕}$$

で与えられる。弧DAおよび弧BCは、円周の4分の1なので、紙面の裏から表へ向かう方向⊙を正とすると、

$$H_{DA}=\frac{1}{4}\times\frac{I}{2r_1}=\frac{1}{4}\times\frac{8}{2\times1}$$

$$=1.0\text{〔A/m〕}$$

$$H_{BC}=-\frac{1}{4}\times\frac{I}{2r_2}=-\frac{1}{4}\times\frac{8}{2\times2}$$

$$=-0.5\text{〔A/m〕}$$

となり、点Oにおける磁界の大きさH_Oは、

$$H_O=H_{DA}+H_{BC}=1.0-0.5$$

$$=\mathbf{0.5}\text{〔A/m〕（答）}$$

解答：(2)

！重要ポイント

●**円形電流が円の中心に作る磁界Hの大きさと向き**

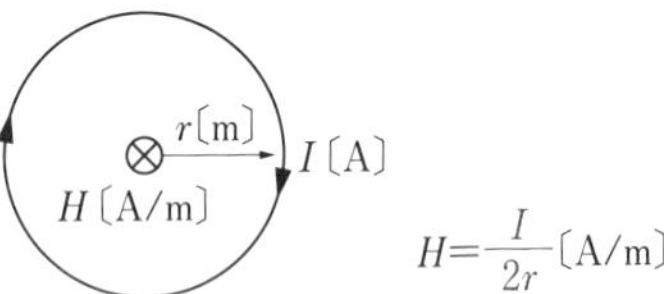

磁界の向き：紙面表から裏へ向かう方向⊗

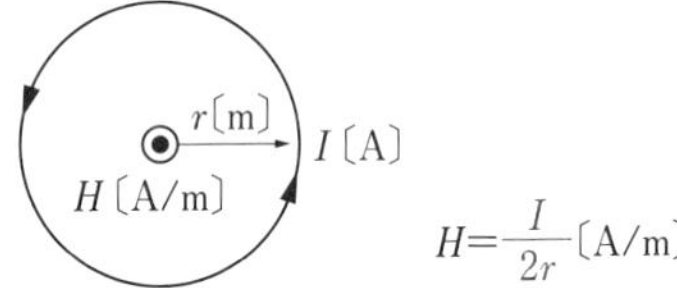

磁界の向き：紙面裏から表へ向かう方向⊙

点Pにおける磁界の強さH_1は、ビオ・サバールの法則または、アンペアの周回積分の法則より、

$$H_1=\frac{I_1}{2\pi a}\,〔\mathrm{A/m}〕\cdots\cdots①$$

また、点Oにおける磁界の強さH_2は、ビオ・サバールの法則より、

$$H_2=\frac{I_2}{2a}\,〔\mathrm{A/m}〕\cdots\cdots②$$

ここで題意により$H_1=H_2$なので、

$$\frac{I_1}{2\pi a}\times\frac{I_2}{2a}$$

(たすき)に掛けて等しいと置く

$$2aI_1=2\pi aI_2$$

$$I_1=\frac{2\pi aI_2}{2a}$$

$$=\boldsymbol{\pi I_2}\text{(答)}$$

解答：(2)

重要ポイント

●直線状導体に流れる電流I_1が周囲に作る磁界H_1

$$H_1=\frac{I_1}{2\pi a}\,〔\mathrm{A/m}〕\cdots\cdots①$$

●一巻き円形コイルに流れる電流I_2が円の中心に作る磁界H_2

$$H_2=\frac{I_2}{2a}\,〔\mathrm{A/m}〕\cdots\cdots②$$

※式①、②は似ている公式なので、混同しないように暗記しよう。

真空中に距離r〔m〕離れた無限長の平行導線にそれぞれ電流I_1、I_2が流れているとき、平行導線間に単位長さ1〔m〕当たりに働く電磁力Fは、

$$F=\frac{\mu_0 I_1 I_2}{2\pi r}\text{〔N/m〕}$$

ただし、μ_0：真空の透磁率〔H/m〕

与えられた数値を代入すると、

$$1\times10^{-6}=\frac{4\pi\times10^{-7}\times10\times I_2}{2\pi\times0.2}$$

$$10^{-6}=10\times10\times10^{-7}\times I_2$$

$$10^{-6}=10^{-5}\times I_2$$

$$I_2=\frac{10^{-6}}{10^{-5}}=10^{-1}=\mathbf{0.1}\text{〔A〕（答）}$$

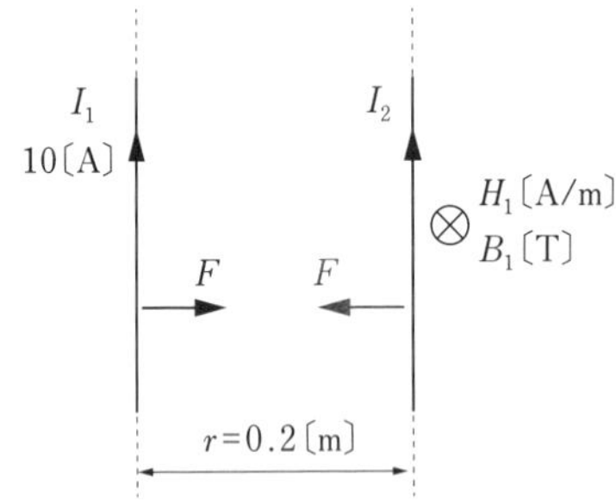

平行導線間に働く電磁力

解答：(1)

！重要ポイント

●**無限長平行導線にそれぞれI_1〔A〕、I_2〔A〕が流れているとき、単位長さ1〔m〕当たりに働く電磁力Fは、**

$$F=\frac{\mu_0 I_1 I_2}{2\pi r}\text{〔N/m〕}$$

ただし、μ_0：真空の透磁率、r：導線間距離

I_1、I_2が同方向→吸引力

I_1、I_2が逆方向→反発力（斥力（せきりょく））

020 電磁力

H23 A問題 問3　テキスト LESSON 8

次図に示すように、電流I〔A〕が流れている長さL〔m〕の直線導体を磁束密度B〔T〕の磁界中に置くと、フレミングの(ア)**左手**の法則に従い、導体には電流の向きにも磁界の向きにも直角な電磁力Fが働く。この電磁力Fは、次式で表される。

$F = BIL\sin\theta$〔N〕

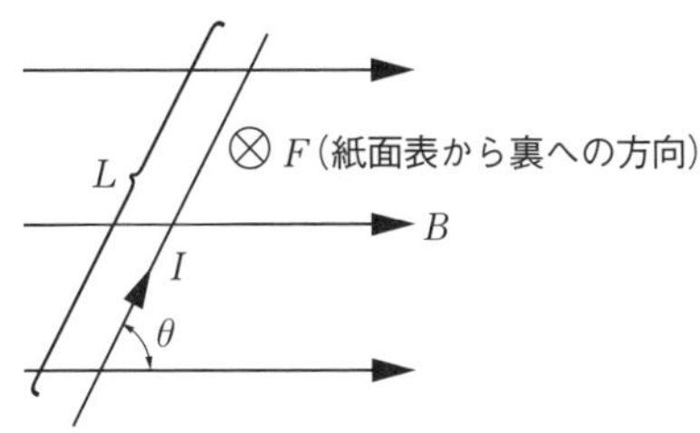

磁界中のB、I、L、θの関係

直線導体の方向を変化させて、電流の方向が磁界の方向と同じ（θ =0〔°〕）になれば、導体に働く力の大きさは$F = BIL\sin 0$〔°〕$= 0$、つまり(イ)**零**となる。また、直角（$\theta = 90$〔°〕）になれば$F = BIL\sin 90$〔°〕$= BIL$となって(ウ)**最大**となる。

上記の説明(式)からわかるように、力の大きさFは電流Iに比例する。問題文に合わせれば、「力の大きさFは、電流Iの(エ)**1乗に比例**」となる。

解答：(5)

❗重要ポイント

●磁界中に置かれた導体に働く電磁力

$F = BIL\sin\theta$〔N〕

電磁力の方向は、フレミングの左手の法則に従う。

導体Aの電流Iによる磁束ϕ_Aと導体Bの電流Iによる磁束ϕ_Bは、アンペアの右ねじの法則により、図aのようになる。

ϕ_Aとϕ_Bの合成磁束ϕは、導体間の中央では弱められ、導体の外側(導体Aの左側および導体Bの右側)では強まり、図bのようになる。

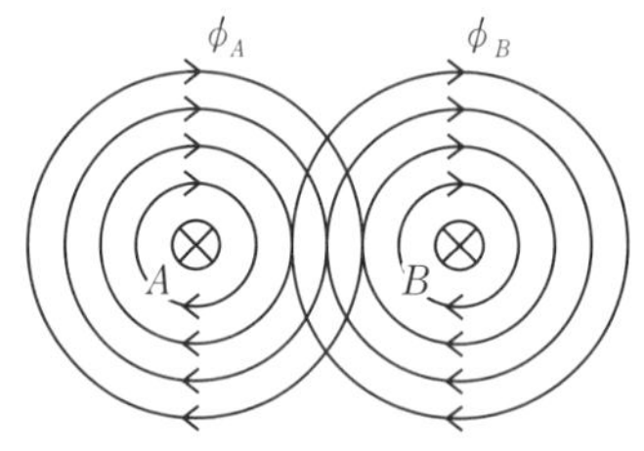

図a　ϕ_Aとϕ_B

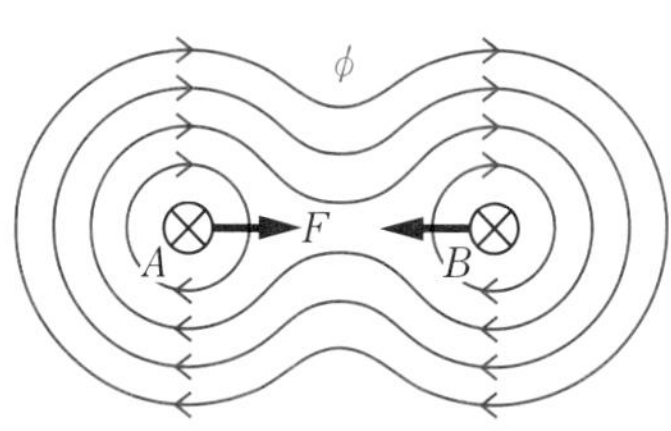

図b　合成磁束ϕ

磁束ϕは引っ張られたゴムひもの性質を持つので、平行直線導体間には**吸引力**が働く。すなわち、**導体A**には**$+x$方向**、**導体B**には**$-x$方向の力**が働く。(答)

解答：(2)

別解

フレミングの左手の法則により、**導体Aには$+x$方向、導体Bには$-x$方向の力が**働く。(答)

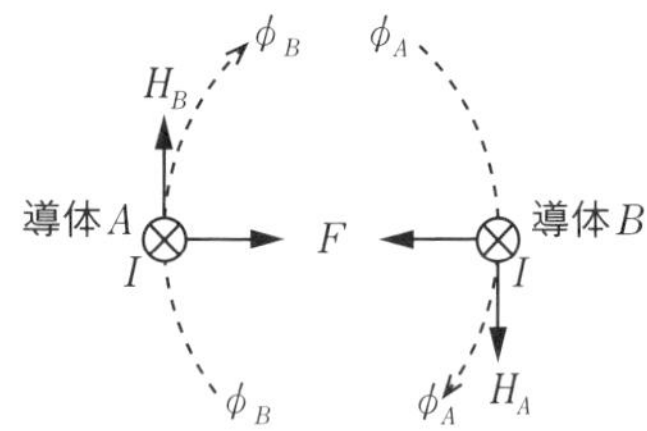

ϕ_B、H_B：導体Bの電流Iによる磁束、磁界
ϕ_A、H_A：導体Aの電流Iによる磁束、磁界

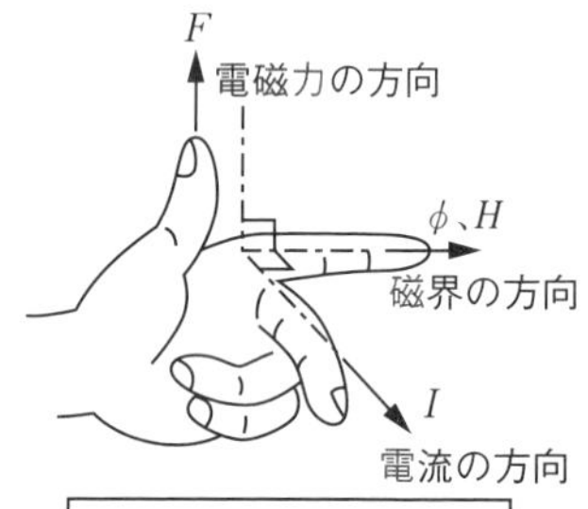

下の指から順に「電・磁・力(電流・磁界・力)」と覚えよう

フレミングの左手の法則

重要ポイント

●平行直線導体間に働く力

電流が同方向：吸引力

電流が反対方向：反発力(斥力(せきりょく))

022 磁性体の磁化現象

H29 A問題 問4　テキスト LESSON 9

1. 直交座標の横軸は(ア)**磁界の強さ**〔A/m〕、縦軸は磁束密度〔T〕である。
2. aは(イ)**残留磁気**、bは保磁力の大きさを表す。
3. 鉄心入りコイルに交流電流を流すと、鉄心内部の磁化の方向を変化させるために電気エネルギーが消費され、これが熱に変換される。このエネルギー損失をヒステリシス損といい、ヒステリシス曲線内の面積に(ウ)**比例**する。
4. 永久磁石材料としては、aの残留磁気とbの保磁力がともに(エ)**大きい**磁性体が適している。

環状ソレノイドの中に強磁性体である鉄などを鉄心として入れ、電流をしだいに増加させ磁界を加えると、鉄心は磁化される。このとき、加える磁界の強さH〔A/m〕と鉄心内部の磁束密度B〔T〕の関係は、図aのような曲線になる。この曲線を**磁化曲線**または***BH*曲線**という。磁化曲線の形は、曲線$0-P$までHの増加とともにBが増加し、Hがさらに大きくなるとBの変化は小さくなり、ついにはBが変化しなくなり飽和する。この状態を**磁気飽和**という。

次に、磁界の強さHを減少させると、磁束密度BはHを増加させた場合の経路を通らず、図aの曲線$P-Q$のように変化し、Hを0にしても磁束密度B_rが残る。このB_rを**残留磁気**という。磁束密度Bを0にするためには、逆向きにH_cを加える必要があり、このH_cを**保磁力**という。さらに反対向きにHを増加させると、磁性体は逆向きに飽和する。この特徴的なループを描く磁化曲線を**ヒステリシスループ**という。

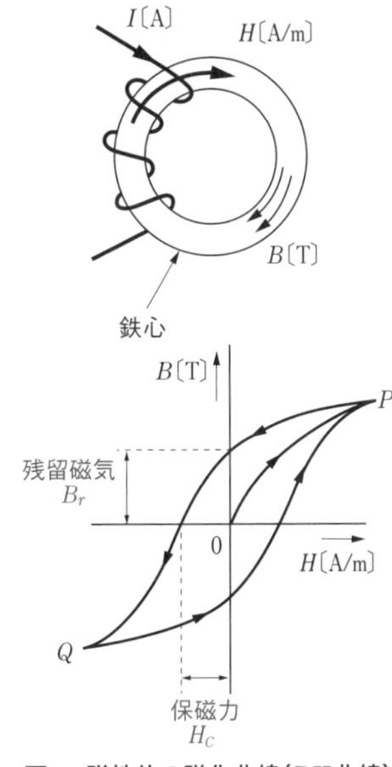

図a　磁性体の磁化曲線(*BH*曲線)

解答：(5)

! 重要ポイント

●鉄心材料と永久磁石材料に要求される性質

a. **鉄心材料**：ヒステリシス損が小さい(ヒステリシスループの面積が小さい)ほうがよいので、**残留磁気**と**保磁力**が小さいほうがよい。

b. **永久磁石材料**：強い磁性が必要なので、**残留磁気**と**保磁力**が**大きい**ほうがよい。

※上記のように、残留磁気と保磁力の大小が逆であることに注意！

(1)　**正しい**。電気抵抗は電流の流れにくさを表すのに対し、磁気抵抗は磁束の通りにくさを表す。その磁気抵抗の単位は、毎ヘンリー〔H^{-1}〕となる。

(2)　**正しい**。電気抵抗R〔Ω〕は、導体の断面積をS〔m^2〕、導体の長さをl〔m〕、導体の導電率をσ〔S/m〕とすると、次式で表され、導体の断面積に反比例する。

$$R=\frac{l}{\sigma S}〔\Omega〕$$

同様に、磁気抵抗R_m〔H^{-1}〕は、鉄心の断面積をS〔m^2〕、磁路の平均長さをl〔m〕、鉄心の透磁率をμ〔H/m〕とすると、次式で表され、鉄心の断面積に反比例する。

$$R_m=\frac{l}{\mu S}〔H^{-1}〕$$

(3)　**正しい**。(2)の式より、鉄心の透磁率μ〔H/m〕が大きいほど、磁気抵抗R_m〔H^{-1}〕は小さくなる。

(4)　**正しい**。起磁力をF_m〔A〕、磁気抵抗をR_m〔H^{-1}〕、磁束をϕ〔Wb〕とすると、磁気回路のオームの法則より、それぞれの関係は次式で表される。

$$\phi=\frac{F_m}{R_m}〔Wb〕$$

上式より、起磁力F_m〔A〕が同じ場合、磁気抵抗R_m〔H^{-1}〕が大きいほど、磁束ϕ〔Wb〕は小さくなる。なお、起磁力F_mは、コイルの巻数Nと電流Iの積NIである。

(5)　**誤り**。磁気回路と電気回路の対応関係をまとめると、表1のようになる。表1より、磁気回路における起磁力F_m〔A〕は、電気回路における電圧V〔V〕に対応する。したがって、「**起磁力は電流に対応する**」という記述は誤りである。

表1　磁気回路と電気回路の対応

磁気回路	電気回路
磁束　ϕ〔Wb〕	電流　I〔A〕
起磁力　$F_m=NI$〔A〕	電圧　V〔V〕
磁気抵抗　R_m〔H^{-1}〕	抵抗　R〔Ω〕
オームの法則　$\phi=\frac{F_m}{R_m}$〔Wb〕	オームの法則　$I=\frac{V}{R}$〔A〕

解答：(5)

! 重要ポイント

●**磁気回路と電気回路の対応**(解説表1参照)

024 磁性体の磁化現象

H20 A問題 問3 テキスト LESSON 9

環状鉄心に巻かれたコイル(巻数N)に電流I〔A〕を流したときの起磁力Fは、

$F = \boldsymbol{NI}$〔A〕(答)

磁気抵抗R_mは、題意より、

$$R_m = \frac{l}{\mu S}\text{〔A/Wb〕}$$

したがって、環状鉄心内の磁束ϕは、磁気回路のオームの法則から、

$$\phi = \frac{NI}{R_m} = \frac{NI}{\dfrac{l}{\mu S}}$$

分子、分母にμSを乗じて、

$$\phi = \frac{\mu SNI}{\dfrac{\mu Sl}{\mu S}}$$

$$= \frac{\boldsymbol{\mu SN}}{\boldsymbol{l}}\boldsymbol{I}\text{〔Wb〕(答)}$$

解答：(4)

(1) **誤り**。$I=\frac{V}{R}$。したがって、IはVに比例する。

(2) **誤り**。$F=\frac{Q_1Q_2}{4\pi\varepsilon r^2}$。したがって、静電力$F$は、$Q_1$、$Q_2$の積に比例し、$r$の2乗に反比例する。ただし、$Q_1$、$Q_2$は電荷、$\varepsilon$は媒質の誘電率、$r$は電荷間の距離。

(3) **誤り**。$P=I^2R$。したがって、単位時間中に発生する熱量Pは、Iの2乗とRに比例する。ただし、Iは電流、Rは抵抗。

(4) **誤り**。フレミングの右手の法則は、「人差し指を磁界の向き、親指を導体が移動する向きに向けると、中指の向きは誘導起電力の向きと一致する」という法則である。

(5) **正しい**。

解答：(5)

重要ポイント

●オームの法則

$$I=\frac{V}{R}\,〔\mathrm{A}〕$$

求めたいものを指で隠すと式が表れる

●クーロンの法則

$$F=\frac{Q_1Q_2}{4\pi\varepsilon r^2}\,〔\mathrm{N}〕$$

●ジュールの法則

$P=I^2R$〔W〕　〔W＝J/s〕

$W=I^2Rt$〔J〕　〔J＝W·s〕

●フレミングの右手の法則

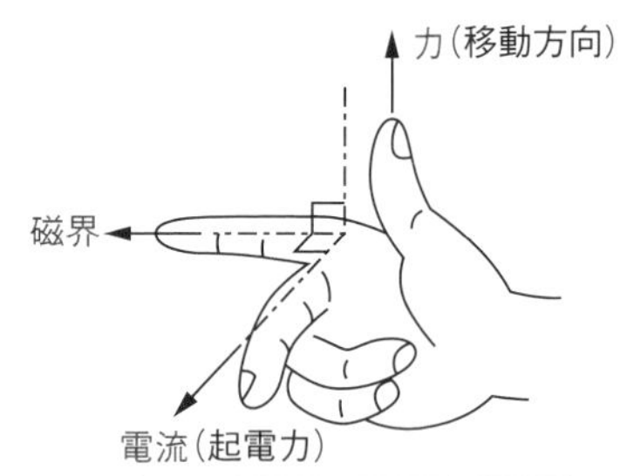

下の指から順に「電・磁・力」（電流（起電力）・磁界・力（移動方向））と覚えよう。この順は左手の法則にも当てはまる。

●レンツの法則

コイル内の磁束ϕが増えてくれば、この磁束ϕの変化を妨げるように、すなわちこの磁束ϕを減らすようにコイルに起電力eが発生する。この誘導起電力eにより、閉回路となっていればコイルには電流Iが流れ、ϕを打ち消すϕ'が発生する。

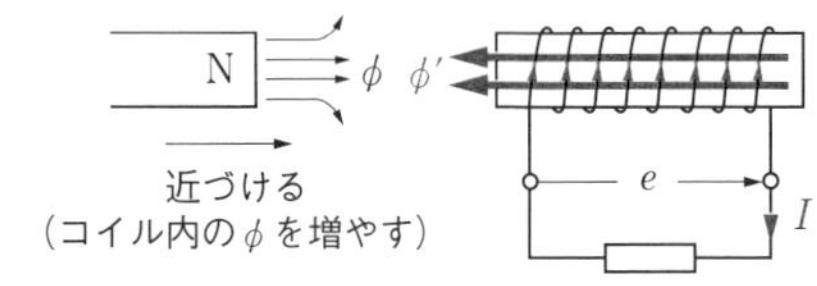

026 電磁誘導現象

H22 A問題 問3　テキスト LESSON 10

磁束密度B〔T〕の磁界中を、長さl〔m〕の棒状導体を速度v〔m/s〕で移動させると、導体棒には、次式で得られる誘導起電力e〔V〕が発生する。

$e = Blv$〔V〕

このとき、右手の親指、人差指、中指をそれぞれ直角に開き、親指を導体の移動方向、人差指を磁界の方向にとると、中指が誘導起電力の方向になる。これを**フレミングの右手の法則**という。

ここで問題の図のように、導体棒を移動させると、フレミングの右手の法則により、誘導起電力は点Pから点Qに向かう方向となる。誘導起電力eの大きさは、

$e = Blv = 6 \times 10^{-2} \times 0.6 \times 4 = 0.144$〔V〕

この誘導起電力は、平行導線を通して10〔Ω〕の抵抗に加わるので、抵抗を流れる電流Iは、オームの法則から、

$$I = \frac{e}{R} = \frac{0.144}{10} = \mathbf{0.0144}\text{〔A〕（答）}$$

電流I〔A〕は、問題図の矢印の向きと一致しているので、正の値となる。

解答：(4)

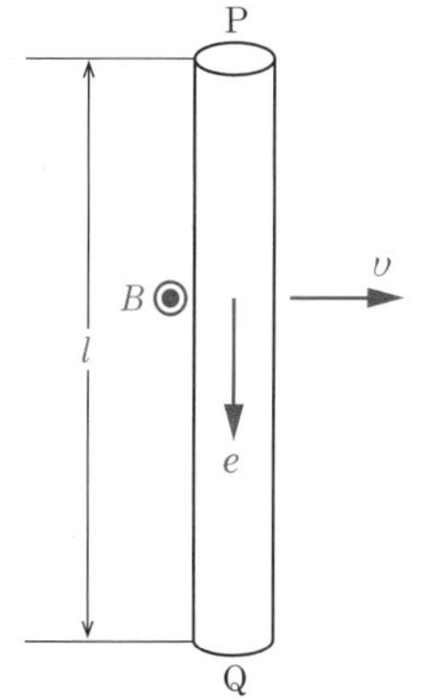

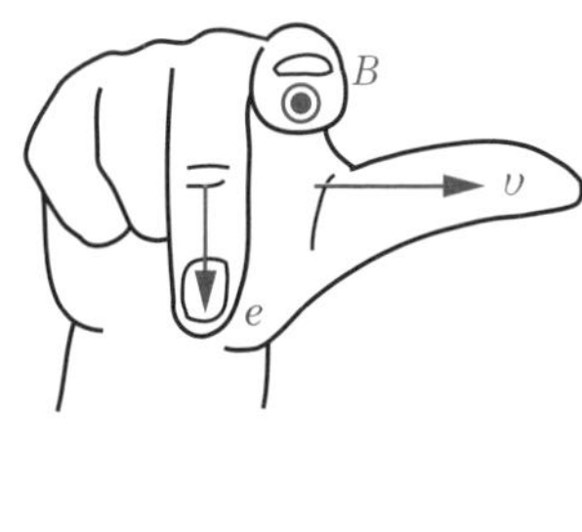

図a　フレミングの右手の法則

027 インダクタンス

問題図1、2の回路に電流Iを流し、コイル内を貫通する磁束ϕを考える(「右手親指の法則」を使う)。

問題図1(図a)は磁束ϕ_1、ϕ_2が打ち消し合う差動接続なので、A－B間の合成インダクタンスL_{AB}は、

$L_{AB}=L+L-2M$

$1.2=2L-2M$

$2(L-M)=1.2$

$L-M=0.6$〔H〕………①

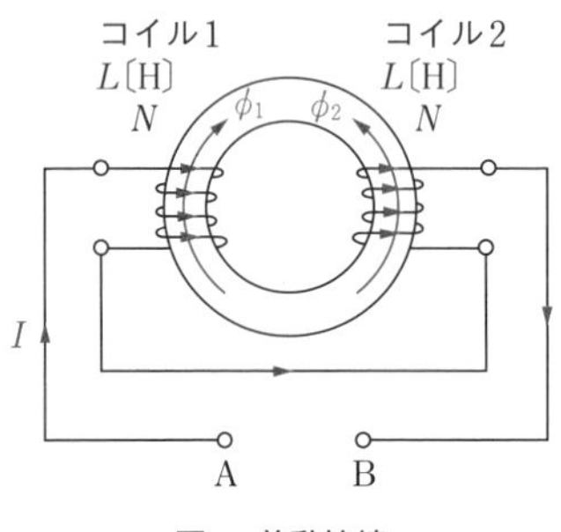

図a　差動接続

問題図2(図b)は磁束ϕ_1、ϕ_2が加わり合う和動接続なので、C－D間の合成インダクタンスL_{CD}は、

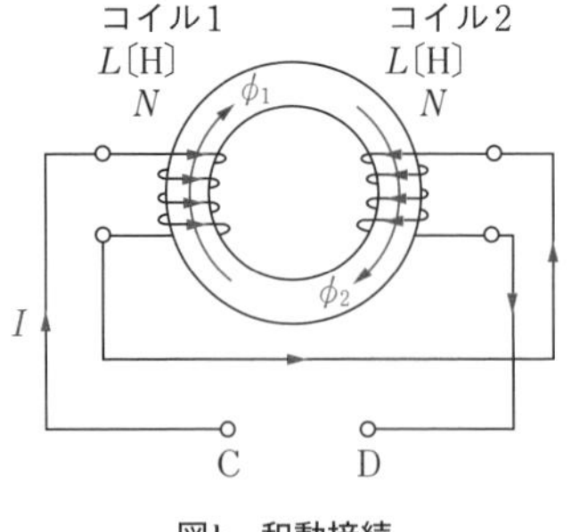

図b　和動接続

$L_{CD}=L+L+2M$

$2=2L+2M$

$2(L+M)=2$

$L+M=1$〔H〕………②

式①、②よりL、Mを求める。式①＋式②は、

$L-M=0.6$ ………①

$+)\ L+M=1$ ………②

$2L=1.6$

$L=$ **0.8**〔H〕(答)

$L=0.8$を式②に代入

$0.8+M=1$

$M=$ **0.2**〔H〕(答)

解答：(2)

重要ポイント

●右手親指の法則(俗称)

右手の親指以外の4本の指をコイルに流れる電流の向きにとると、親指の向きがコイル内を貫通する磁束の向きとなる。本質は、右ネジの法則である。

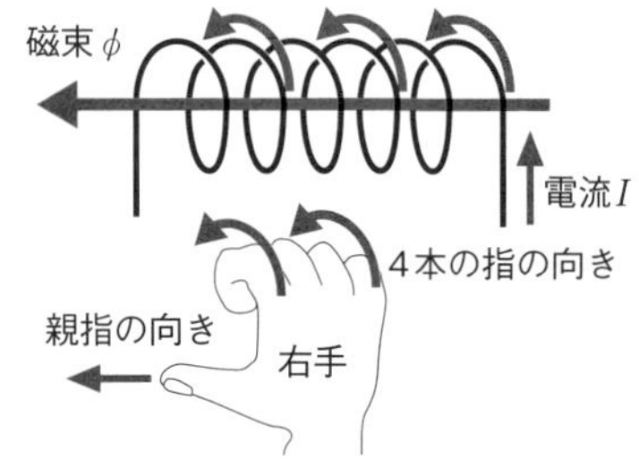

図c　右手親指の法則

このコイルに発生する誘導起電力eは、次式で示される。

$$e=-N\frac{\Delta\phi}{\Delta t}=-L\frac{\Delta I}{\Delta t}\text{〔V〕}$$

上式に与えられた数値を代入すると、

1.2〔mWb〕→1.2×10^{-3}〔Wb〕

$$-10\times\frac{1.2\times10^{-3}}{0.4}=-L\times\frac{0.6}{0.1}$$

$$-30\times10^{-3}=-6L$$

$$\therefore L=\frac{30\times10^{-3}}{6}=5\times10^{-3}\text{〔H〕}$$

→**5**〔mH〕(答)

解答：(3)

！重要ポイント

●自己インダクタンス

下図のような回路で、スイッチSWを閉じたまま可変抵抗Rを増減して回路に流れる電流の大きさを変化させると、コイルに流れる電流の方向は同じでも、コイル内に発生する起電力の向きが違ってくる。この現象を極端な状態にしたのが、スイッチを入れたり切ったりする状態である。つまり、スイッチを入れたときは、電流が急に大きくなった状態、スイッチを切ったときは、電流が急に小さくなった状態と考えてよい。そこで、電流を増加させていく瞬間(磁束を増加させていく瞬間)では、図の実線の矢印のように、レンツの法則から、コイルに流れる電流を増やさない方向(磁束を増やさない方向)に起電力が発生する。

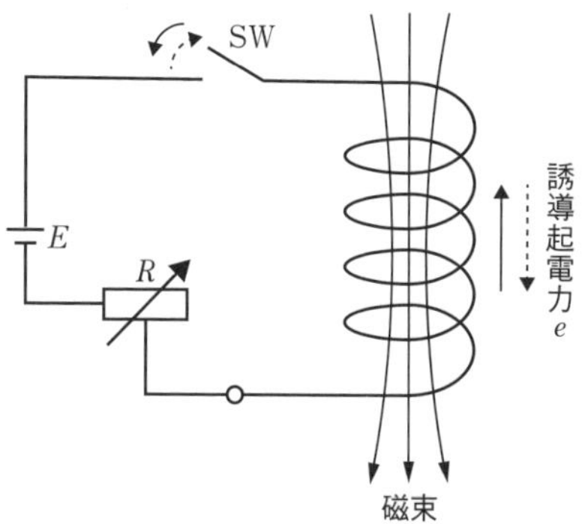

コイルに流れる電流がΔt秒間にΔI〔A〕変化したとすると、コイルに鎖交している磁束ϕ〔Wb〕も$\Delta\phi$〔Wb〕変化する。いま、コイルの巻数をN回とすると、この誘導起電力e〔V〕は、次のようになる。

$$e=-N\frac{\Delta\phi}{\Delta t}\text{〔V〕}\cdots\cdots①$$

この起電力の向きは、コイルに加えた電圧の向きとは、逆向きの起電力となるので、逆起電力ともいう。

ここで、磁束の変化$\Delta\phi$は電流の変化ΔIに比例するので、比例定数をLとすると、逆起電力eは、

$$e=-N\frac{\Delta\phi}{\Delta t}=-L\frac{\Delta I}{\Delta t}\text{〔V〕}\cdots\cdots②$$

と示すことができる。このLを、**自己インダクタンス**といい、単位にはヘンリー〔H〕が使われている。

なお、図の点線の矢印は、スイッチを切ったときを表し、このときの誘導起電力e〔V〕の向きは、スイッチを入れたときと逆向きになる。

次図のように、各区間の電圧、電流の記号を定める。

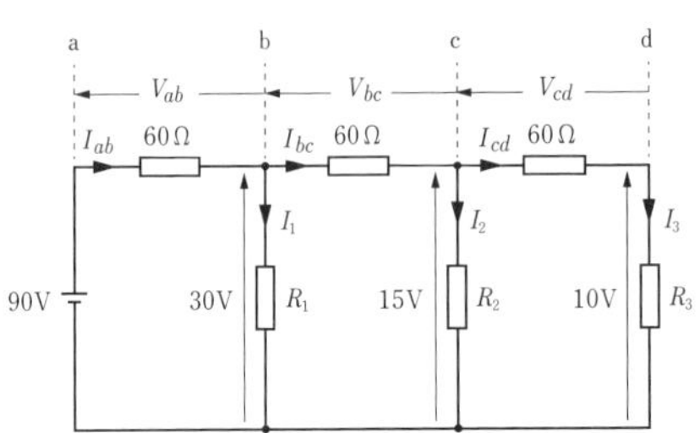

図から、

$V_{ab}=90-30=60$〔V〕

$V_{bc}=30-15=15$〔V〕

$V_{cd}=15-10=5$〔V〕

$$I_{ab}=\frac{V_{ab}}{60}=\frac{60}{60}=1\text{〔A〕}$$

$$I_{bc}=\frac{V_{bc}}{60}=\frac{15}{60}=\frac{1}{4}\text{〔A〕}$$

$$I_{cd}=\frac{V_{cd}}{60}=\frac{5}{60}=\frac{1}{12}\text{〔A〕}$$

$I_3=I_{cd}$なのでR_3は、

$$R_3=\frac{10}{I_3}=\frac{10}{\frac{1}{12}}=\mathbf{120}\text{〔Ω〕(答)}$$

$$I_2=I_{bc}-I_{cd}=\frac{1}{4}-\frac{1}{12}=\frac{3}{12}-\frac{1}{12}$$

$$=\frac{2}{12}=\frac{1}{6}\text{〔A〕}$$

したがってR_2は、

$$R_2=\frac{15}{I_2}=\frac{15}{\frac{1}{6}}=\mathbf{90}\text{〔Ω〕(答)}$$

$$I_1=I_{ab}-I_{bc}=1-\frac{1}{4}=\frac{4}{4}-\frac{1}{4}$$

$$=\frac{3}{4}\text{〔A〕}$$

したがってR_1は、

$$R_1=\frac{30}{I_1}=\frac{30}{\frac{3}{4}}=\mathbf{40}\text{〔Ω〕(答)}$$

解答：(5)

重要ポイント

●分圧の考え方

下図に示す問題図を変形した回路図において、電源電圧90〔V〕がV_{ab}と30〔V〕に分圧することがわかる。したがって、

$V_{ab}=90-30=60$〔V〕となる。

同様に30〔V〕がV_{bc}と15〔V〕に分圧するので、$V_{bc}=30-15=15$〔V〕

同様に15〔V〕がV_{cd}と10〔V〕に分圧するので、$V_{cd}=15-10=5$〔V〕となる。

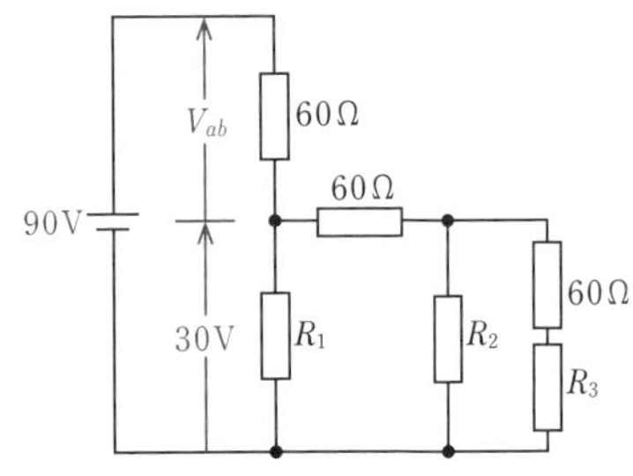

030 オームの法則と抵抗の接続

H23 A問題 問7　テキスト LESSON 12

解答：(4)

問題の回路図において、R_xを流れる電流Iは、

$$I=\frac{E}{R_1+\dfrac{R_2R_x}{R_2+R_x}}\times\frac{R_2}{R_2+R_x}$$

電源を流れ出る電流

分流計算（R_xを流れる電流を求めるので、分子はR_2となる）

$$=\frac{R_2E}{R_1(R_2+R_x)+R_2R_x}\text{〔A〕}\cdots\cdots①$$

式①に、条件1の$R_1=90$〔Ω〕、$R_2=6$〔Ω〕を代入、

$$I=\frac{6E}{90(6+R_x)+6R_x}$$

$$=\frac{6E}{96R_x+540}\text{〔A〕}\cdots\cdots②$$

式①に、条件2の$R_1=70$〔Ω〕、$R_2=4$〔Ω〕を代入、

$$I=\frac{4E}{70(4+R_x)+4R_x}$$

$$=\frac{4E}{74R_x+280}\text{〔A〕}\cdots\cdots③$$

式②＝式③なので、

$$\frac{6E}{96R_x+540}=\frac{4E}{74R_x+280}$$

（たすき）に掛けて等しいと置く

$$\frac{1}{16R_x+90}\times\frac{2}{37R_x+140}$$

$37R_x+140=32R_x+180$

$5R_x=40$

$R_x=8$〔Ω〕（答）

第3章 直流回路

問題図1において、R_1に加わる端子電圧は、100－20＝80〔V〕である。

抵抗の比は電圧の比と等しいので、

$$\frac{R_2}{R_1} \times \frac{20}{80}$$

（たすき）に掛けて等しいと置く

$$80R_2 = 20R_1$$

$$R_2 = \frac{1}{4}R_1 \cdots\cdots\cdots ①$$

問題図2において、R_1に加わる端子電圧は、100－15＝85〔V〕である。抵抗の比は電圧の比と等しいので、

$$\frac{\frac{150R_2}{R_2+150}}{R_1} \times \frac{15}{85}$$

抵抗2個の並列回路の合成抵抗＝積/和

$$\overset{3}{\cancel{15}}R_1 = \frac{\overset{17}{\cancel{85}} \times 150R_2}{R_2+150}$$

両辺を5で割る

$3R_1 \to \frac{3R_1}{1}$と考える

$$\frac{3R_1}{1} \times \frac{17 \times 150R_2}{R_2+150}$$

$$\overset{1}{\cancel{3}}R_1(R_2+150) = 17 \times \overset{50}{\cancel{150}}R_2$$

両辺を3で割る

$$R_1(R_2+150) = 17 \times 50R_2 \cdots\cdots\cdots ②$$

式②に式①の$R_2 = \frac{1}{4}R_1$を代入、

$$\cancel{R_1}\left(\frac{1}{4}R_1 + 150\right) = 17 \times 50 \times \frac{1}{4}\cancel{R_1}$$

両辺をR_1で割る

$$\frac{1}{4}R_1 + 150 = 212.5$$

$$\frac{1}{4}R_1 = 212.5 - 150$$

$$\frac{1}{4}R_1 = 62.5$$

両辺を4倍する

$$R_1 = 250〔\Omega〕$$

R_2は導線で短絡されているのでR_2に電流は流れず、電源から流れ出る電流Iはすべて導線を流れる

したがって、求める電流Iは、

$$I = \frac{100}{R_1} = \frac{100}{250} = \mathbf{0.40}〔A〕（答）$$

解答：(4)

重要ポイント

●抵抗を短絡した回路の等価回路

問題図3の等価回路は、下図のようになる。

〈理由〉

R_2には電流が流れないので、取り外してもかまわない。

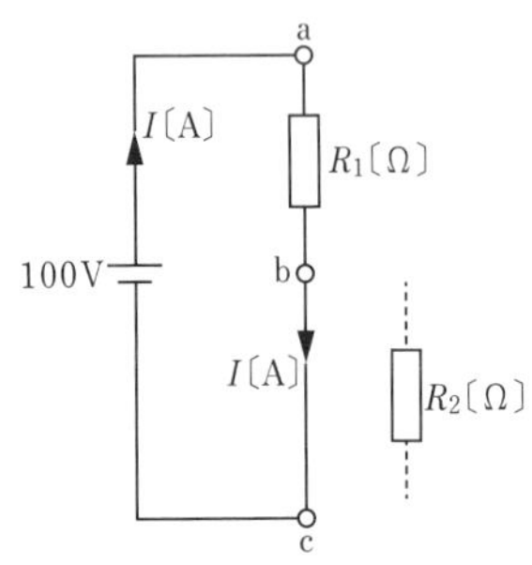

032 オームの法則と抵抗の接続

H21 A問題 問6　テキスト LESSON 12

問題図1において、回路の合成抵抗Rは、$R=R_1+R_2$なので、オームの法則$(E=IR)$から、

$$\overset{5}{\cancel{30}}=\overset{1}{\cancel{6}}(R_1+R_2)$$

$$5=R_1+R_2$$

$$R_1=5-R_2\cdots\cdots①$$

同様に、問題図2において、回路の合成抵抗R'は、

$$R'=\frac{R_1R_2}{R_1+R_2}$$

なので、オームの法則から、

$$\overset{6}{\cancel{30}}=\overset{5}{\cancel{25}}\left(\frac{R_1R_2}{R_1+R_2}\right)$$

$$6=5\left(\frac{R_1R_2}{R_1+R_2}\right)\cdots\cdots②$$

式①を式②に代入、

$$6=5\left\{\frac{(5-R_2)R_2}{(5-R_2)+R_2}\right\}$$

$$6=\cancel{5}\left(\frac{5R_2-R_2{}^2}{\cancel{5}}\right)$$

$$6=5R_2-R_2{}^2$$

$$5R_2-R_2{}^2-6=0$$

$$R_2{}^2-5R_2+6=0\cdots\cdots③$$

式③を因数分解すると、

$$(R_2-2)(R_2-3)=0$$

$R_2=2$〔Ω〕または3〔Ω〕

式①に代入すると、

$R_2=2$〔Ω〕のとき、$R_1=3$〔Ω〕

$R_2=3$〔Ω〕のとき、$R_1=2$〔Ω〕

よって、小さいほうの抵抗は**2〔Ω〕**(答)

解答：(4)

別 解

式③の二次方程式を解の公式により解く。

$$R_2{}^2-5R_2+6=0$$

$$R_2=\frac{5\pm\sqrt{25-24}}{2}=\frac{5\pm\sqrt{1}}{2}$$

$$=\frac{5\pm1}{2}$$

$$R_2=\frac{6}{2}=3\text{ または }R_2=\frac{4}{2}=2$$

解の公式

$$ax^2+bx+c=0$$

$$x=\frac{-b\pm\sqrt{b^2-4ac}}{2a}$$

033 オームの法則と抵抗の接続

H20 A問題 問6　テキスト LESSON 12

スイッチSを開いたとき、回路の合成抵抗はR_1+R_2となるので、

$V=I(R_1+R_2)$、

$100=2(R_1+R_2)$……(1)

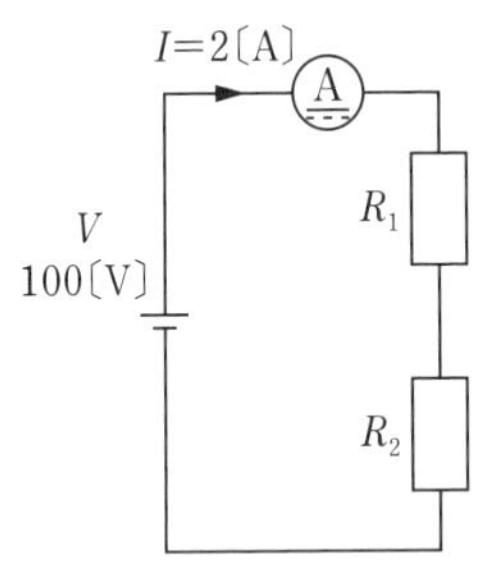

図a　スイッチSを開いた回路

また、スイッチSを②側に閉じたとき、抵抗R_2に電流は流れないので、

$V=I_2R_1$、$100=5R_1$……(2)

$R_1=20$〔Ω〕

$R_1=20$〔Ω〕を式(1)に代入、

$\overset{50}{\cancel{100}}=\cancel{2}(20+R_2)$、$50=20+R_2$

$R_2=30$〔Ω〕

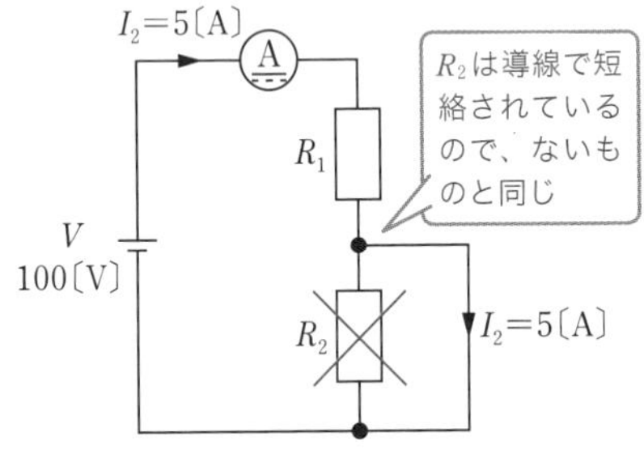

図b　スイッチSを②側に閉じた回路

スイッチSを①側に閉じたとき、回路の合成抵抗Rは、

$$R=R_1+\frac{rR_2}{R_2+r}$$

となるので、

$$V=I_1R、100=2.5\left(R_1+\frac{rR_2}{R_2+r}\right)$$

上式に、$R_1=20$〔Ω〕、$R_2=30$〔Ω〕を代入、

$$\overset{40}{\cancel{100}}=\overset{1}{\cancel{2.5}}\left(20+\frac{30r}{30+r}\right)$$

$$40=20+\frac{30r}{30+r}$$

$$\frac{30r}{30+r}=20$$

両辺に$(30+r)$を乗ずる。

$\overset{3}{\cancel{30}}r=\overset{2}{\cancel{20}}(30+r)$

$3r=2(30+r)$

$3r=60+2r$

$r=$**60**〔Ω〕(答)

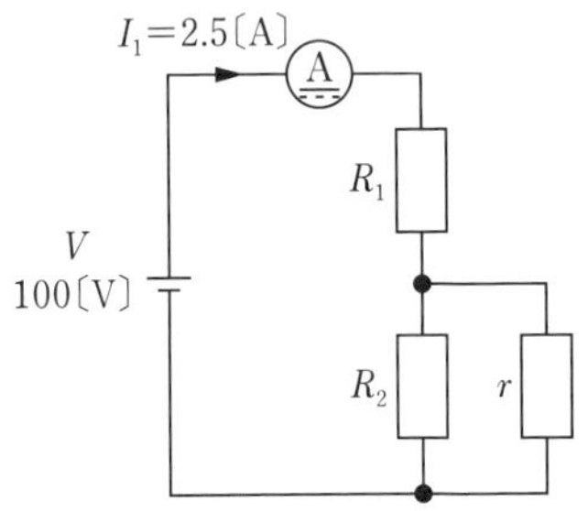

図c　スイッチSを①側に閉じた回路

解答：(5)

$R=2.25$〔Ω〕のとき、次式が成り立つ。

$E=3(r+2.25)$ …………①

$R=3.45$〔Ω〕のとき、次式が成り立つ。

$E=2(r+3.45)$ …………②

式①と式②のEは等しいので、①=②

$3(r+2.25)=2(r+3.45)$

$3r+6.75=2r+6.9$

$3r-2r=6.9-6.75$

$r=0.15$

$r=0.15$を式①に代入、

$E=3\times(0.15+2.25)$

$=3\times2.4$

$=$**7.2**〔V〕

解答：(4)

別解

$E=3(r+2.25)$

$E=3r+6.75$ …………①

$E=2(r+3.45)$

$E=2r+6.9$ …………②

rを消去するため、rの係数を同じにする。

①×2

$2E=6r+13.5$ ………③

②×3

$3E=6r+20.7$ ………④

④−③

$$\begin{array}{rl} & 3E=6r+20.7 \\ -) & 2E=6r+13.5 \\ \hline & E=0+7.2 \end{array}$$

$E=$**7.2**〔V〕(答)

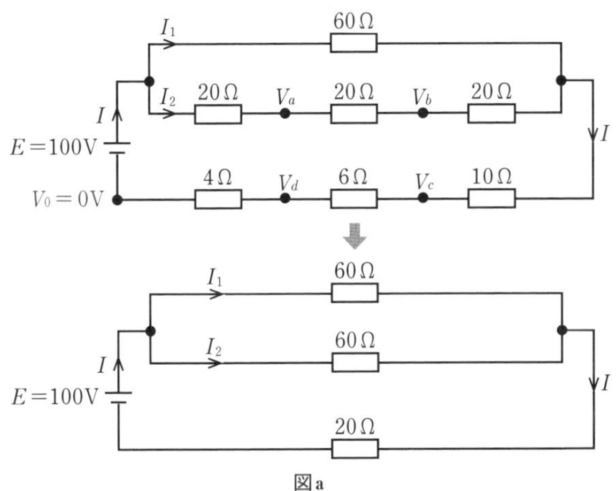

図a

問題の回路図を変形した図a下段の回路において、合成抵抗Rは、

$$R=\frac{60\times 60}{60+60}+20=\frac{3600}{120}+20=50〔\Omega〕$$

60Ωの並列だから、半分の30Ωと暗算してもよい

電源Eから流れ出る電流Iは、

$$I=\frac{E}{R}=\frac{100}{50}=2〔A〕$$

I_1、I_2は、Iの半分となるので、

$I_1=1$〔A〕

$I_2=1$〔A〕

電源Eの負側を基準電位として$V_0=0$Vとすると、各点の電位V_a、V_b、V_c、V_dは、

$V_a=E-20I_2=100-20\times 1=80$〔V〕

$V_b=V_a-20I_2=80-20\times 1=60$〔V〕

$V_c=V_b-20I_2-10I$

$\quad=60-20\times 1-10\times 2=20$〔V〕

$V_d=V_c-6I=20-6\times 2=8$〔V〕

確認のためV_0を計算すると、

$V_0=V_d-4I=8-4\times 2=0$V（正しい）

求めるA－D間およびB－C間の電位差の大きさ（絶対値）$|V_{ad}|$、$|V_{bc}|$は、

$V_{ad}=V_a-V_d=80-8=72$〔V〕

$|V_{ad}|=$ **72**〔V〕（答）

$V_{bc}=V_b-V_c=60-20=40$〔V〕

$|V_{bc}|=$ **40**〔V〕（答）

解答：(5)

！重要ポイント

●基準電位0Vの決め方

回路のどこかが接地されている回路においては、接地点を基準電位の0Vとする（大地の電位は0Vである）。問題図の回路のように接地されていない回路においては、最も電位が低いと考えられる電源の負側を基準電位の0Vとするのが一般的である。

別解

問題の回路図を変形すると図bのようになる。

電源電圧$E=100$〔V〕は各抵抗に比例して配分されることから、

$$V_a=\frac{10+10+10+6+4}{10+10+10+10+6+4}\times 100$$

$$=\frac{40}{50}\times 100=80\text{〔V〕}$$

電位とは、基準電位0〔V〕との電位差のこと。$V_a=80$〔V〕とは、基準電位$V_0=0$〔V〕より80〔V〕高いという意味

同様に、

$$V_b=\frac{10+10+6+4}{50}\times 100$$

$$=\frac{30}{50}\times 100=60\text{〔V〕}$$

$$V_c=\frac{6+4}{50}\times 100=20\text{〔V〕}$$

$$V_d=\frac{4}{50}\times 100=8\text{〔V〕}$$

$$|V_{ad}|=|V_a-V_d|=|80-8|$$
$$=\mathbf{72}\text{〔V〕(答)}$$

$$|V_{bc}|=|V_b-V_c|=|60-20|$$
$$=\mathbf{40}\text{〔V〕(答)}$$

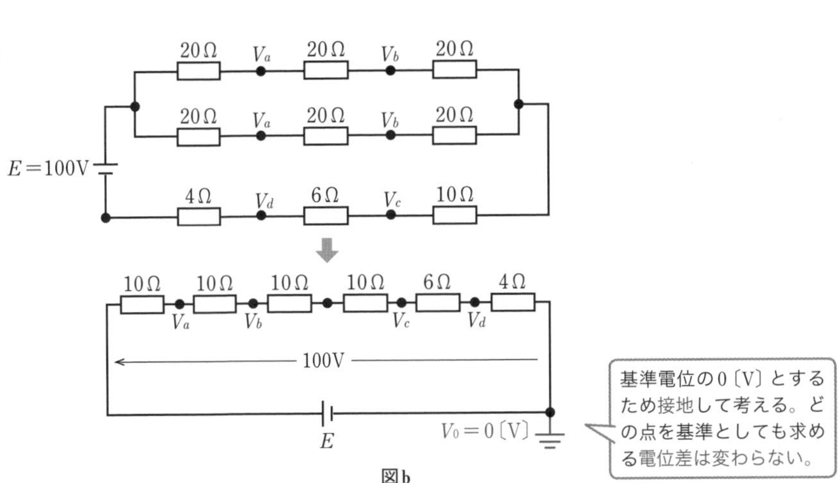

図b

回路の対称性から5Ωの抵抗両端の電位は等しく、5Ωの抵抗に電流は流れない。

したがって、5Ωの抵抗を開放した等価回路は、図a(a)のようになる。さらに(b)、(c)と変形した等価回路より、

$$I=\frac{25}{20+\frac{10\times10}{10+10}}=\frac{25}{20+5}$$

$=\mathbf{1.0}$〔A〕(答)

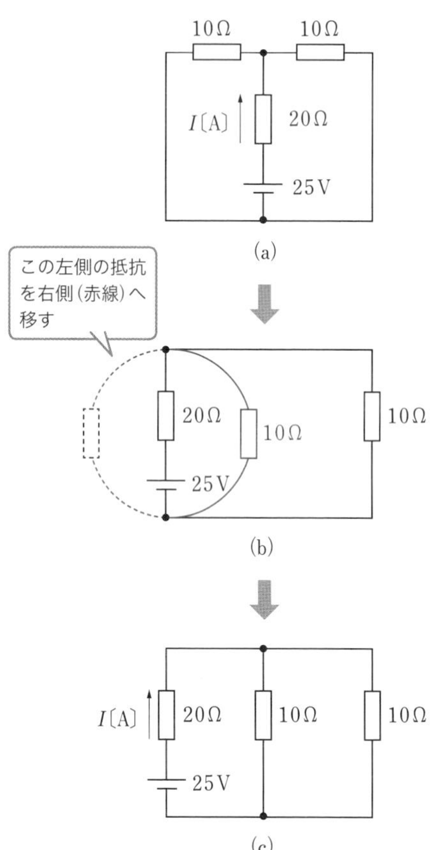

図a　等価回路

解答：(3)

重要ポイント

●回路の対称性を見抜く

問題図において、20Ωの抵抗を流れる電流Iは、左右の10Ωの抵抗に同じ大きさで分流する。したがって、左右の10Ωの電圧降下は等しく、左側10Ωの左端と右側10Ωの右端の電位は等しくなる。つまり、5Ω両端の電位は等しい。

電位の等しい2点間には電流が流れないので、開放しても短絡しても構わない。本問は開放して考えると簡単である。

037 電気回路上の電位と電位差

H25 A問題 問8　テキスト LESSON 13 など

問題図の左上部の5Ω、40Ω、10Ω以外の抵抗は導線で短絡されているため、電流は流れない。したがって、等価回路は次図のようになる。

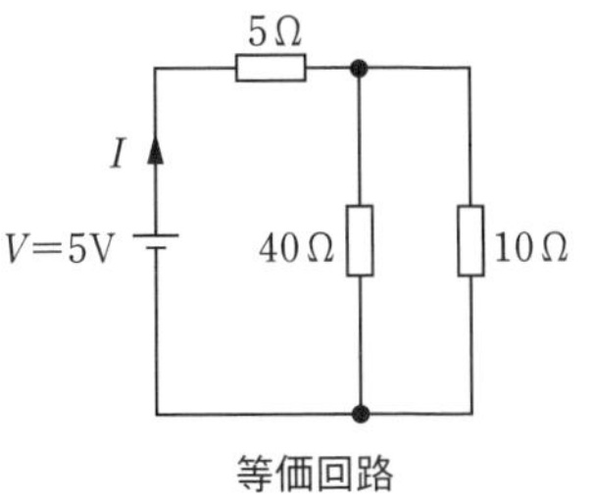

等価回路

等価回路の合成抵抗Rは、

$$R=5+\frac{40\times10}{40+10}=13〔\Omega〕$$

電源から流れ出る電流Iは、

$$I=\frac{V}{R}=\frac{5}{13}\fallingdotseq0.38〔A〕\to\mathbf{0.4}〔A〕（答）$$

解答：(2)

! 重要ポイント

● **抵抗0〔Ω〕の導線で短絡された抵抗に電流は流れないので無視してよい。合成抵抗は「0〔Ω〕＝導線」である。**

問題の回路図を変形していくと、次のようになる。

導線（太線）より右側の合成抵抗は、

$$10+\frac{50\times50}{50+50}=35〔\Omega〕$$

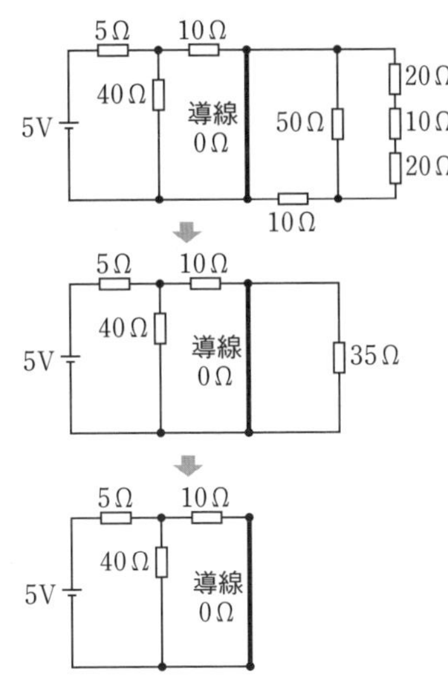

導線（太線）0Ωと35Ωの並列部分の合成抵抗は、

$$\frac{0\times35}{0+35}=\frac{0}{35}$$

$=0\Omega$ → 導線

したがって、35Ωの抵抗は無視してよい。別の見方をすれば、抵抗の並列回路を流れる電流は抵抗に反比例して分流するので、小さい抵抗には大きな電流が、大きい抵抗には小さな電流が流れる。

0Ωと35Ωの抵抗の並列回路では、すべての電流が0Ωの導線を流れ、35Ωの抵抗には全く流れない。

キルヒホッフの法則により解く。閉回路Iおよび閉回路IIを、それぞれ次図のように考える。

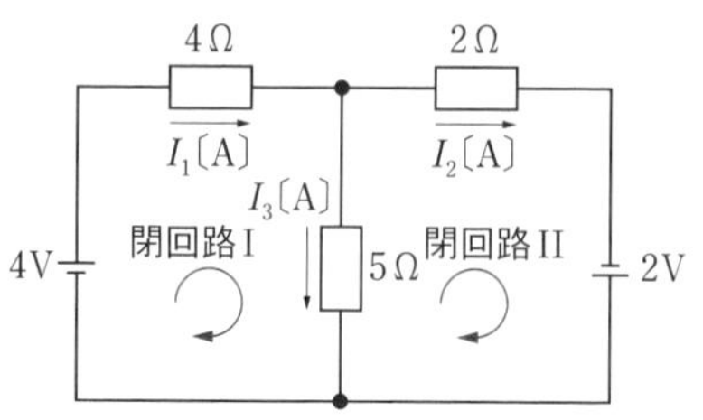

$I_3=I_1-I_2$なので、I_1とI_2を使用した閉回路の回路方程式は、

$$\begin{cases} 4I_1+5(I_1-I_2)=4 \\ -5(I_1-I_2)+2I_2=2 \end{cases}$$

問題文で定義したI_3の向きと閉回路IIをたどる方向が逆向きなので、負となる。

上式を整理すると、

$$\begin{cases} 9I_1-5I_2=4 \cdots\cdots ① \\ -5I_1+7I_2=2 \cdots\cdots ② \end{cases}$$

I_2の係数をそろえるため、式①を7倍、式②を5倍する。

$$\begin{cases} 63I_1-35I_2=28 \cdots\cdots ③ \\ -25I_1+35I_2=10 \cdots\cdots ④ \end{cases}$$

上記の式③と式④の和を求める。

次のようにI_2が消去される。

$$\begin{array}{rr} & 63I_1-35I_2=28 \\ +) & -25I_1+35I_2=10 \\ \hline & 38I_1+0 \quad =38 \end{array}$$

$38I_1=38$

$I_1=\mathbf{1}$〔A〕(答)

$I_1=1$〔A〕を式①に代入する。

$9-5I_2=4$

$-5I_2=4-9$

$I_2=\mathbf{1}$〔A〕(答)

また、I_3はI_1-I_2なので、

$I_3=1-1=\mathbf{0}$〔A〕(答)

解答：(3)

重要ポイント

●キルヒホッフの法則

テキスト編LESSON14のキルヒホッフの第1法則・第2法則を復習しておこう。

なお、本問は「重ね合わせの理」「テブナンの定理」などでも解ける。

問題は起電力が2つある回路なので、重ね合わせの理により解く。回路各部の記号を図aのように定める。

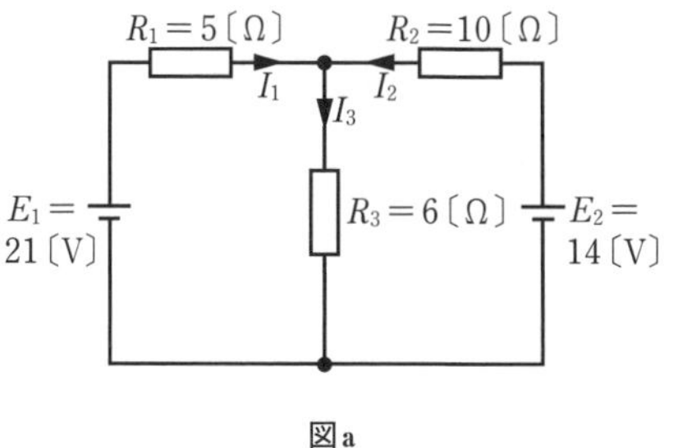

図a

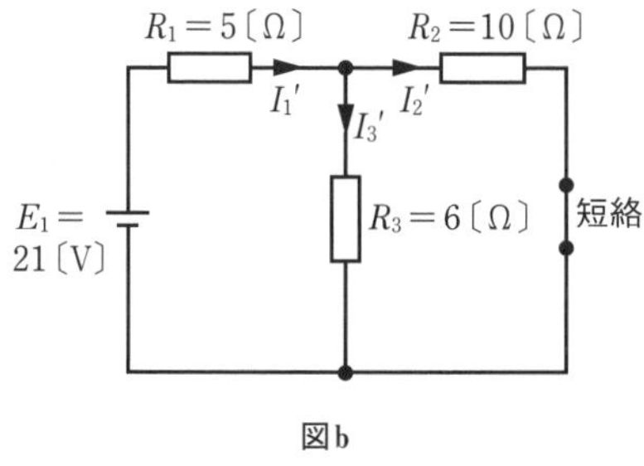

図b

E_2を取り除き短絡した図bの回路において、電源E_1から見た回路の合成抵抗R'は、

$$R'=R_1+\frac{R_2R_3}{R_2+R_3}$$

$$=5+\frac{10\times6}{10+6}=5+\frac{60}{16}$$

$$=\frac{80+60}{16}=\frac{140}{16}=\frac{35}{4}〔\Omega〕$$

電流I_1'は、

$$I_1'=\frac{E_1}{R'}=\frac{21}{\frac{35}{4}}=\frac{84}{35}〔A〕$$

電流I_3'は、I_1'をR_2とR_3に分流させ、

$$I_3'=I_1'\times\frac{R_2}{R_2+R_3}$$

分子は相手側
I_2'の抵抗

$$=\frac{84}{35}\times\frac{10}{10+6}=\frac{84}{35}\times\frac{10}{16}=1.5〔A〕$$

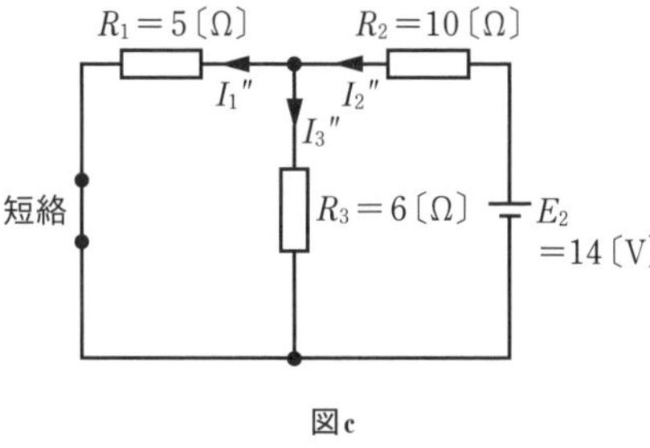

図c

E_1を取り除き短絡した図cの回路において、電源E_2から見た回路の合成抵抗R''は、

$$R''=R_2+\frac{R_1R_3}{R_1+R_3}$$

$$=10+\frac{5\times6}{5+6}$$

$$=10+\frac{30}{11}$$

$$=\frac{110+30}{11}=\frac{140}{11}〔\Omega〕$$

電流I_2''は、

$$I_2''=\frac{E_2}{R''}=\frac{14}{\frac{140}{11}}=\frac{154}{140}=\frac{77}{70}〔A〕$$

電流I_3''は、I_2''をR_1とR_3に分流させ、

$$I_3''=I_2''\times\frac{R_1}{R_1+R_3}$$

分子は相手側I_1''の抵抗

$$=\frac{77}{70}\times\frac{5}{5+6}$$

$$=\frac{77}{70}\times\frac{5}{11}=0.5〔\mathrm{A}〕$$

重ね合わせの理により、I_3は、

$$I_3=I_3'+I_3''$$

$$=1.5+0.5=2〔\mathrm{A}〕$$

よって、求めるR_3の両端電圧Vは、

$V=I_3\times R_3=2\times 6=$ **12**〔V〕(答)

解答：(4)

別解

ミルマンの定理(LESSON17)により解く。

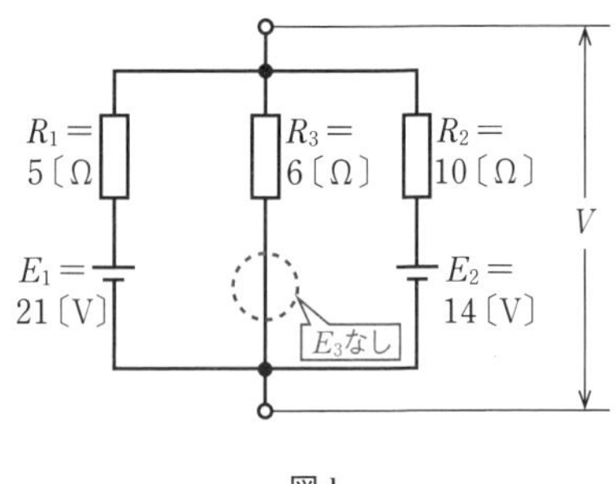

図d

ミルマンの定理を適用しやすく書き換えた図dにおいて、求める電圧Vは、

$$V=\frac{\frac{E_1}{R_1}+\frac{E_3}{R_3}+\frac{E_2}{R_2}}{\frac{1}{R_1}+\frac{1}{R_3}+\frac{1}{R_2}}$$

E_3はないので0〔V〕とする

$$V=\frac{\frac{21}{5}+\frac{0}{6}+\frac{14}{10}}{\frac{1}{5}+\frac{1}{6}+\frac{1}{10}}$$

$$V=\frac{\frac{126+0+42}{\cancel{30}\,1}}{\frac{6+5+3}{\cancel{30}\,1}}=\frac{168}{14}=\mathbf{12}〔\mathrm{V}〕(答)$$

! 重要ポイント

● **キルヒホッフの法則、デブナンの定理などを使っても解ける。**

自分で自信がある方法、短時間で解ける方法で解いてみよう。

040 テブナンの定理

テブナンの定理により解く。

1.　$R=0.5$〔Ω〕の抵抗を外し、両端をa、bとする。

2.　開放端のab間に現れる電圧E_0を求める。

$E=9$〔V〕と$r=0.1$〔Ω〕の直列回路が4回路並列接続されており、この回路には循環電流が流れない。したがって、$r=0.1$〔Ω〕による電圧降下はないので、端子ab間には$E=9$〔V〕がそのまま現れる。$E_0=E=9$〔V〕である。

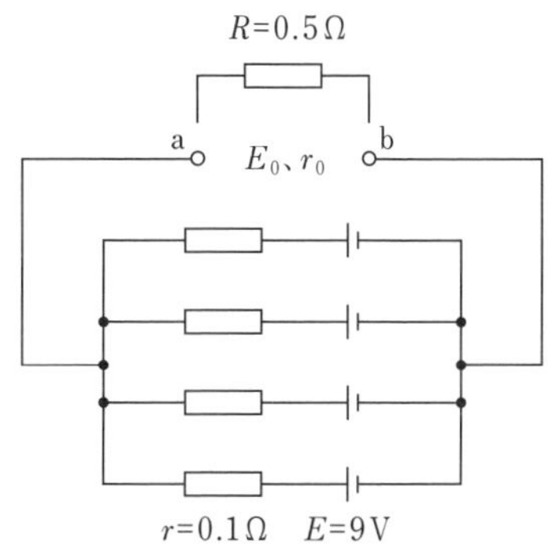

図a　R=0.5 Ωを外した図

3.　開放端abから電源側を見た合成抵抗r_0を求める。

電圧源$E=9$〔V〕は短絡し除去するので、合成抵抗$r_0=\dfrac{r}{4}=0.025$〔Ω〕となる。

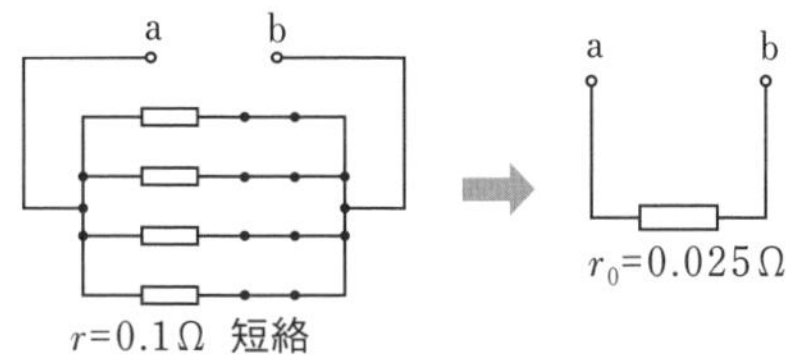

図b　ab間から見た合成抵抗

$$\frac{1}{r_0}=\frac{1}{r}+\frac{1}{r}+\frac{1}{r}+\frac{1}{r}=\frac{4}{r}$$

$$\therefore r_0=\frac{r}{4}=0.025\text{〔Ω〕}$$

4.　テブナン等価回路は、図cとなる。

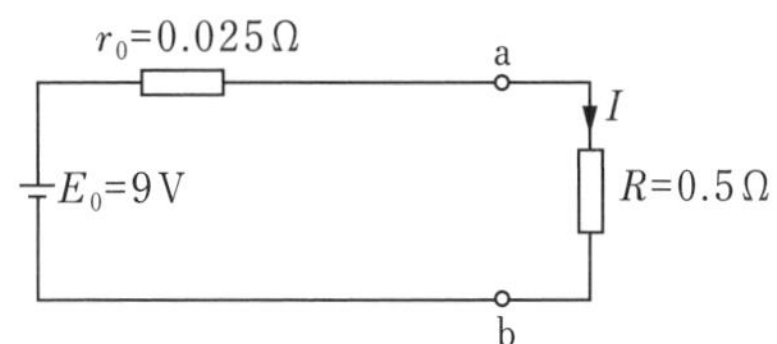

図c　テブナン等価回路

$R=0.5$〔Ω〕に流れる電流Iは、

$$I=\frac{E_0}{r_0+R}=\frac{9}{0.025+0.5}$$

$$\fallingdotseq 17.14\text{〔A〕}$$

$R=0.5$〔Ω〕で消費される電力Pは、

$$P=I^2R=17.14^2\times 0.5$$

$$\fallingdotseq \mathbf{147}\text{〔W〕}$$ (答)

解答：(2)

重要ポイント

●テブナンの定理

任意の回路網の2つの端子ab間に抵抗Rを接続したとき、その接続したRに流れる電流Iは、図dのように、Rを取り除いたとき端子ab間に現れる電圧をE_0、端子abから見た回路網の合成抵抗をr_0とすれば、

$$I=\frac{E_0}{r_0+R}$$

で表される。

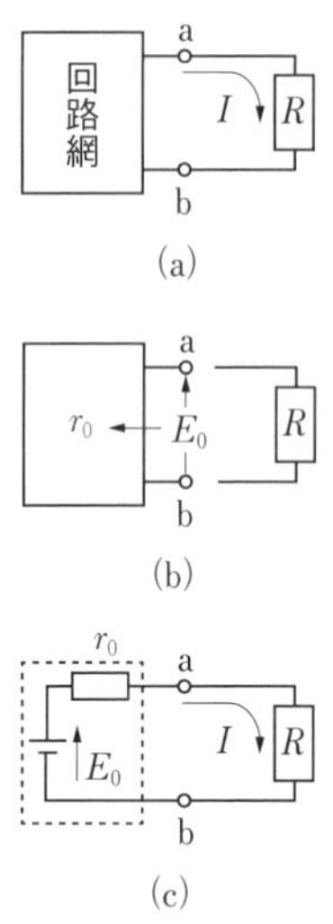

E_0：開放電圧　r_0：端子ab間の抵抗

図d　テブナンの定理

●多数の電源の等価回路

$E=9$〔V〕と$r=0.1$〔Ω〕の4つの直並列回路は、$E=9$〔V〕と$\frac{r}{4}=0.025$〔Ω〕の直列回路と等価であることを知っていれば、テブナンの定理を持ち出すまでもなく、簡単に解くことができる。

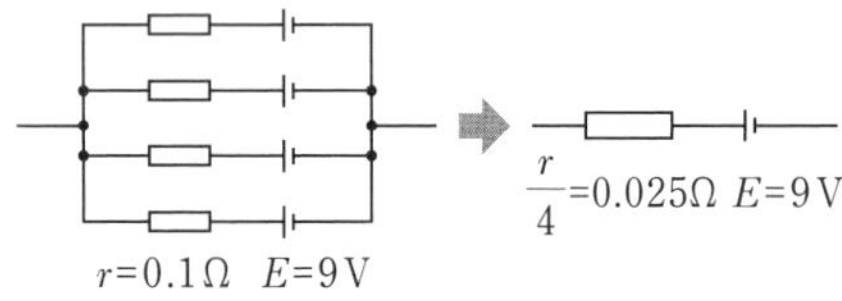

図e　多数の電源の等価回路

041 テブナンの定理

テブナンの定理により、$R=10$〔Ω〕を流れる電流I〔A〕を求め、消費電力$P=I^2R$〔W〕を求める。

テブナンの定理を適用するため、10〔Ω〕の抵抗を取り去った図aの回路において、まず最初に、端子ab間の開放電圧E_0を求める。

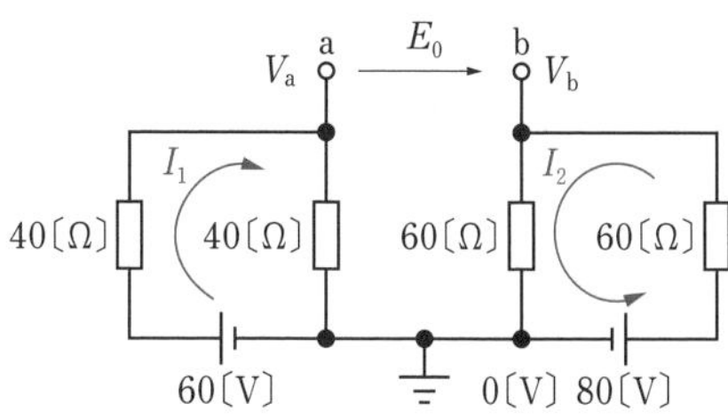

図a　10〔Ω〕の抵抗を取り去った回路

電源の負側を基準電位の0〔V〕とすると、端子aの電位V_a〔V〕は、60〔V〕の電源電圧が40〔Ω〕の抵抗と40〔Ω〕の抵抗で分圧された電圧なので、$V_a=30$〔V〕となる。同様に、端子bの電位V_b〔V〕は、80〔V〕の電源電圧が60〔Ω〕の抵抗と60〔Ω〕の抵抗で分圧された電圧なので、$V_b=40$〔V〕となる。したがって、開放電圧E_0は、

$$E_0=V_b-V_a=40-30=10\text{〔V〕}$$

> V_a、V_bは次のように求めてもよい。
> $$V_a=60-40\times I_1=60-40\times\frac{60}{40+40}=30\text{〔V〕}$$
> $$V_b=80-60\times I_2=80-60\times\frac{80}{60+60}=40\text{〔V〕}$$

次に、端子abから見た回路の合成抵抗R_0を求める。図aから電圧源を取り去り、短絡した回路は図bに書き換えられるので、

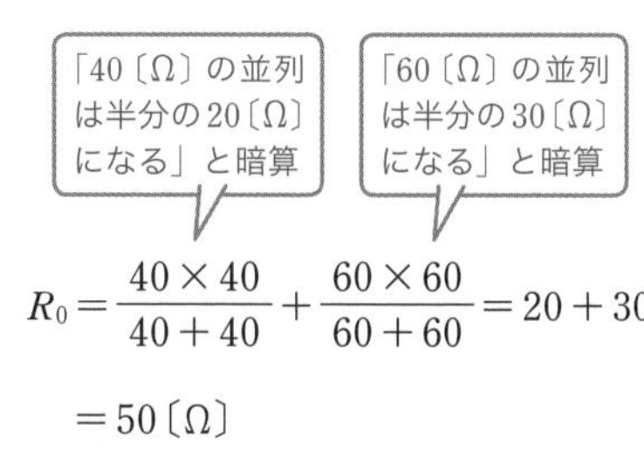

$$R_0=\frac{40\times40}{40+40}+\frac{60\times60}{60+60}=20+30$$

$$=50\text{〔Ω〕}$$

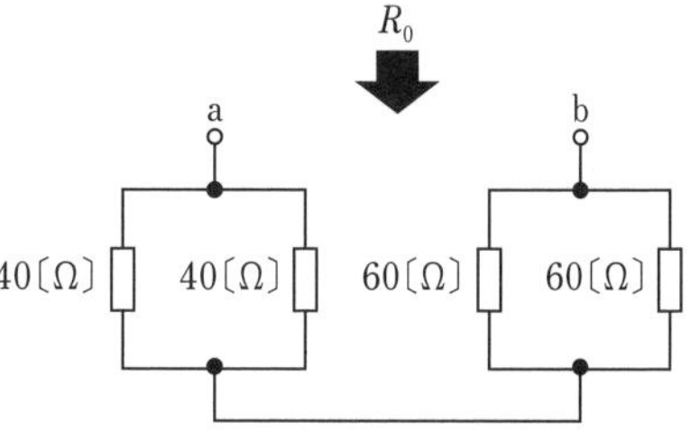

図b　10〔Ω〕の抵抗と電圧源を取り去った回路

したがって、テブナン等価回路は図cのように表され、端子ab間に$R=10$〔Ω〕の抵抗を接続したときに流れる電流Iは、

$$I=\frac{E_0}{R_0+R}=\frac{10}{50+10}$$

$$=\frac{1}{6}\fallingdotseq0.167\text{〔A〕}$$

b
$R_0=50$〔Ω〕
I
$E_0=10$〔V〕
$R=10$〔Ω〕
a

図c　テブナン等価回路

したがって、$R=10$〔Ω〕で消費される電力Pは、

$$P=I^2R=0.167^2\times10\fallingdotseq\mathbf{0.28}\text{〔W〕（答）}$$

解答：(1)

●ミルマンの定理により解く

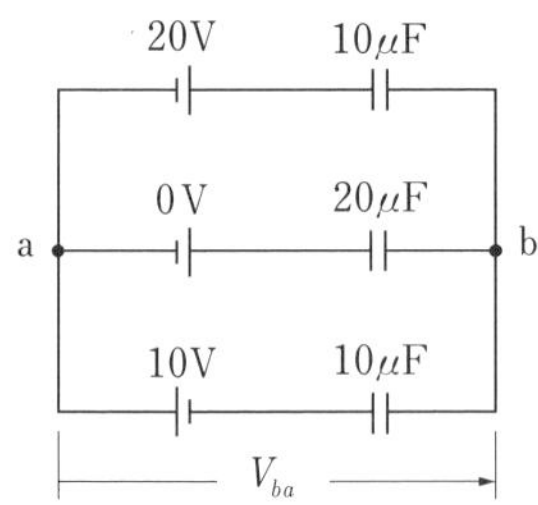

図a　ミルマンの定理 回路図

b点の電位がa点より高いと定め、これを$V_{ba}=V$と置き、ミルマンの定理を適用すると次式が成立する。

$$10〔\mu F〕\times 20〔V〕+20〔\mu F〕\times 0〔V〕$$
$$+10〔\mu F〕\times(-10)〔V〕$$
$$=(10〔\mu F〕+20〔\mu F〕+10〔\mu F〕)\times V〔V〕$$

$$V=\frac{200+0-100}{10+20+10}=\frac{100}{40}$$

$$=\mathbf{2.5}〔V〕(答)$$

解答：(3)

注1：中央の線には0〔V〕の電源があるものと考える。

注2：下部の電源は極性が逆なので－10〔V〕とする。

別解

●重ね合わせの理により解く

1.　10Vの電源を取り除き短絡する

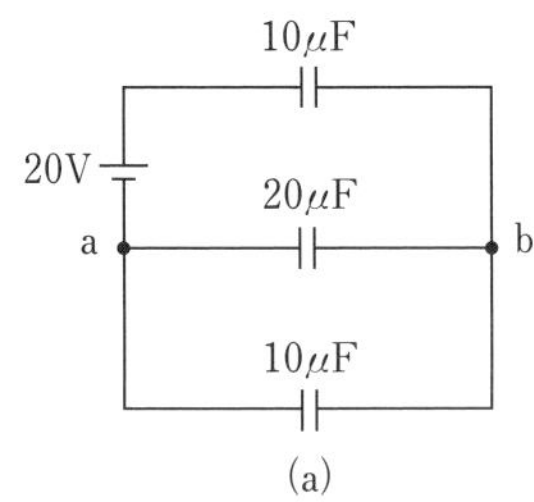

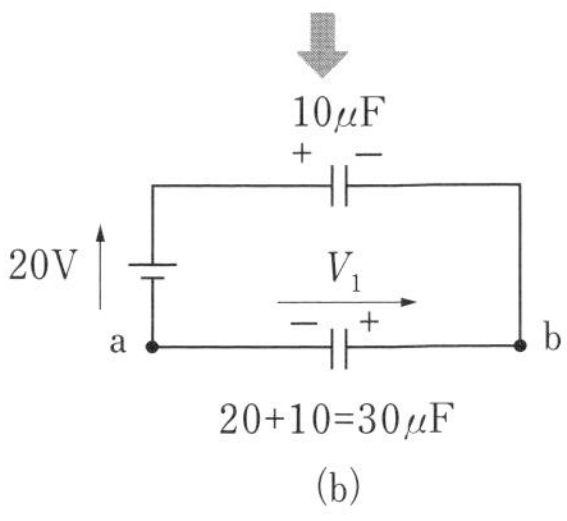

図b　10Vの電源を取り除いた回路

中央の20μFと下部の10μFの合成静電容量は30μFであり、この30μFにかかるab間の電圧V_1は、

$$V_1=\frac{10〔\mu F〕}{10〔\mu F〕+30〔\mu F〕}\times 20〔V〕$$

$$=5〔V〕\cdots\cdots①$$

b点のほうがa点より5V電位が高い。

2.　20Vの電源を取り除き短絡する

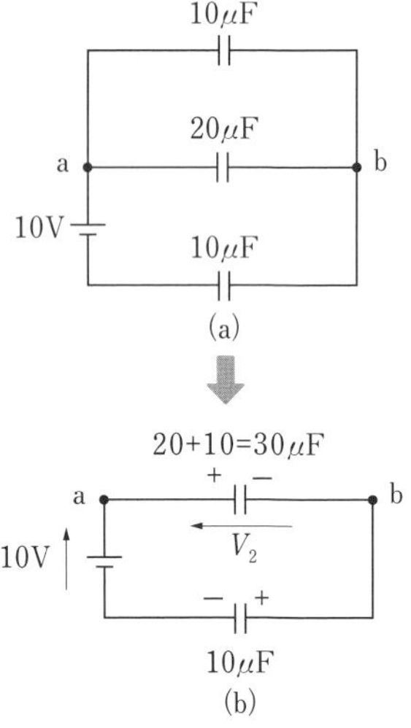

図c　20Vの電源を取り除いた回路

上部の10μFと中央の20μFの合成静電容量は30μFであり、この30μFにかかるab間の電圧V_2は、

$$V_2 = \frac{10〔\mu F〕}{30〔\mu F〕+10〔\mu F〕} \times 10〔V〕$$

$$= 2.5〔V〕 \cdots\cdots ②$$

b点のほうがa点より2.5V電位が低い。

3. 求めるa点からみたb点の電圧Vは、電位の高低に注意し、V_1とV_2を重ねると、

$V = V_1 - V_2 = 5 - 2.5 = \mathbf{2.5}$〔V〕(答)

> 【電位の考え方がポイント】
> 電位とは、電気的な位置エネルギーのことで、問題文のa点からみたb点の電圧とは、a点を基準電位の0〔V〕としたb点の電位のことである。回路図上では、電位の高いほうに矢印の先端を書く。また、a、b 2点間の電位の差を電位差または電圧といい、a点の電位がb点より高い場合V_{ab}、逆ならV_{ba}のように書くのが一般的である。

! 重要ポイント

●ミルマンの定理

電源と抵抗の回路がいくつか並列になっている回路でのV_{ab}は、

$$V_{ab} = \frac{\dfrac{E_1}{R_1} + \dfrac{E_2}{R_2} + \dfrac{E_3}{R_3}}{\dfrac{1}{R_1} + \dfrac{1}{R_2} + \dfrac{1}{R_3}}$$

となる。

電源とコンデンサの回路についても成り立ち、この場合は、

$\dfrac{1}{R_1} \to C_1$、$\dfrac{1}{R_2} \to C_2$、$\dfrac{1}{R_3} \to C_3$に置き換え、

$$V_{ab} = \frac{C_1E_1 + C_2E_2 + C_3E_3}{C_1 + C_2 + C_3}$$

となる。

●重ね合わせの理

起電力が複数ある回路の電流は、起電力が1個だけの回路の電流の和に等しい。電流だけでなく、コンデンサの電荷、電圧についても成り立つ。

起電力が複数ある回路から起電力が1個だけの回路を作るとき、電圧源は取り除き短絡、電流源は取り除き開放する。

●コンデンサC_1、C_2の直列回路の分担電圧

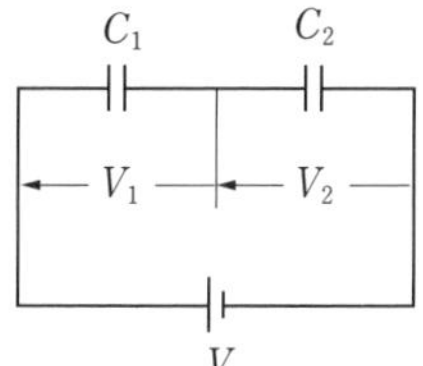

静電容量に反比例して配分される。

$$V_1 = \frac{C_2}{C_1 + C_2} \times V$$

$$V_2 = \frac{C_1}{C_1 + C_2} \times V$$

このとき、C_1、C_2の単位は〔μF〕のままでよい。

10^{-6}を乗じて〔F〕に変換してもよいが、時間短縮のためには〔F〕に変換しないほうがよい。

どちらを使用しても単位は消去される。

(a) 容量性リアクタンス$X_C=\dfrac{1}{\omega C}$は、ΔからYに変換すると$-\dfrac{1}{3}$になる。ただしωは角周波数で一定。このとき静電容量Cは分母にあるので、ΔからYに変換すると3倍になる。

したがって、$C=3\times3=$**9.0**μF(答)

解答：(a)−(5)

(b) 設問の回路は図aとなる。

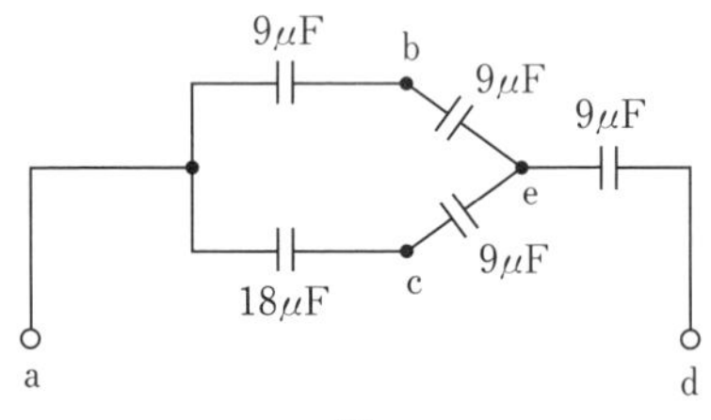

図a

図aを次のように変形し、a−d間の合成静電容量C_0を求める。

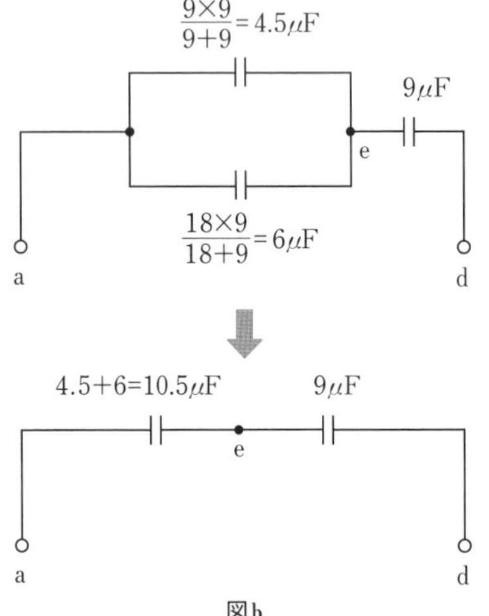

図b

$$C_0=\frac{10.5\times9}{10.5+9}$$

$\fallingdotseq 4.846 \rightarrow$ **4.8**μF(答)

解答：(b)−(3)

! 重要ポイント

● **Δ−Y変換すると、インピーダンスZ(抵抗R、リアクタンスX)は$\dfrac{1}{3}$となる。**

※やせるから$\dfrac{1}{3}$になると覚えよう。

容量性リアクタンス$X_C=\dfrac{1}{\omega C}$も$\dfrac{1}{3}$になるが、X_Cが$\dfrac{1}{3}$になるためには、静電容量Cは分母にあるので3倍にならなければならない。

(a) a－b－dを流れる電流I_{abd}は、

$$I_{abd}=\frac{E}{16+4}=\frac{E}{20}\text{〔A〕}$$

a－c－dを流れる電流I_{acd}は、

$$I_{acd}=\frac{E}{4+16}=\frac{E}{20}\text{〔A〕}$$

問題図1より、I_1はI_{abd}、I_2、I_{acd}に分流するので、

$$I_1=I_{abd}+I_2+I_{acd}$$

$$4.5=\frac{E}{20}+0.5+\frac{E}{20}$$

$$\frac{2E}{20}=4.5-0.5$$

$$\frac{E}{10}=4$$

$$E=40\text{〔V〕}$$

よって、求める抵抗Rは、

$$R=\frac{E}{I_2}=\frac{40}{0.5}=\mathbf{80}\text{〔Ω〕(答)}$$

解答：(a)－(3)

(b) ブリッジ回路の対辺どうしの積をとると、16×16≠4×4で平衡していない。問題図の右半分のΔ回路をY回路に等価交換する。

分子：はさむ抵抗の積

$$R_b=\frac{R_{bc}R_{bd}}{R_{bc}+R_{cd}+R_{bd}}$$

分母：3個の抵抗の和

$$=\frac{80\times4}{80+16+4}=3.2\text{〔Ω〕}$$

$$R_c=\frac{R_{bc}R_{cd}}{R_{bc}+R_{cd}+R_{bd}}$$

$$=\frac{80\times16}{80+16+4}=12.8\text{〔Ω〕}$$

$$R_d=\frac{R_{cd}R_{bd}}{R_{bc}+R_{cd}+R_{bd}}$$

$$=\frac{16\times4}{80+16+4}=0.64\text{〔Ω〕}$$

合成抵抗R_0は、

$$R_0=\frac{(16+3.2)\times(4+12.8)}{(16+3.2)+(4+12.8)}+0.64$$

$$=9.6\text{〔Ω〕}$$

よって、求める電流I_3は、

$$I_3=\frac{E}{R_0}=\frac{40}{9.6}\doteqdot4.17\text{〔A〕}\rightarrow\mathbf{4.2}\text{〔A〕(答)}$$

解答：(b)－(2)

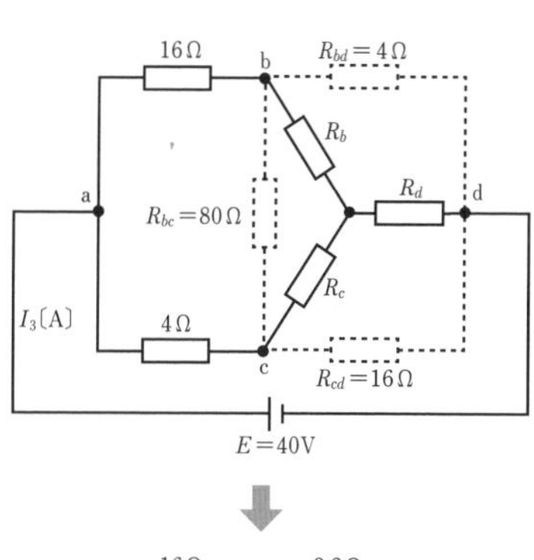

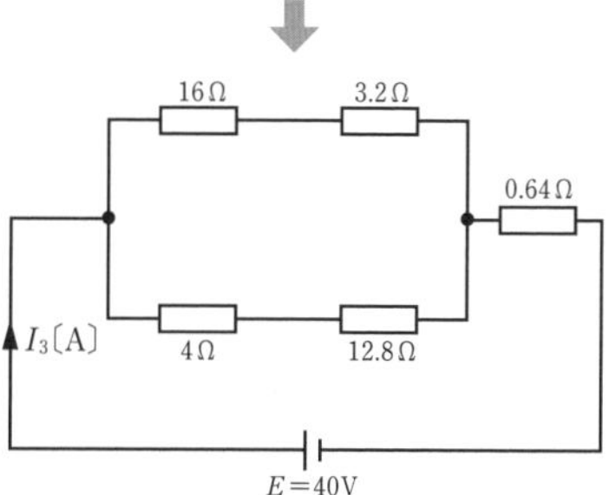

第3章 直流回路

Sを開閉しても$I=30$〔A〕は一定であることから、ブリッジは平衡している。したがって、次式が成り立つ。

$R_1R_4=R_2R_3$

$8R_4=4R_3$

$R_3=2R_4$……①

題意から「ブリッジ回路が平衡している」ことを見抜けるかがポイント。
平衡していない場合は、Sの開と閉では、回路を流れる電流Iの値が異なる。

次に、回路の合成抵抗をR_0とすると、オームの法則より次式が成り立つ。

$$I=\frac{E}{R_0}、\ 30=\frac{100}{R_0}$$

$$R_0=\frac{10}{3}〔\Omega〕……②$$

ブリッジは平衡しているので、Sは開でも閉でも、合成抵抗R_0を求めることができる。

Sを閉として、R_0を求める。

$$R_0=\frac{R_1R_2}{R_1+R_2}+\frac{R_3R_4}{R_3+R_4}$$

$$=\frac{8\times4}{8+4}+\frac{R_3R_4}{R_3+R_4}$$

$$=\frac{32}{12}+\frac{R_3R_4}{R_3+R_4}$$

$$=\frac{8}{3}+\frac{R_3R_4}{R_3+R_4}……③$$

式②と式③は等しいので、

$$R_0=\frac{10}{3}=\frac{8}{3}+\frac{R_3R_4}{R_3+R_4}$$

$$\frac{2}{3}=\frac{R_3R_4}{R_3+R_4}$$

式①で求めたように、$R_3=2R_4$なので、

$$\frac{2}{3}=\frac{2R_4\times R_4}{2R_4+R_4}$$

$$\frac{2}{3}=\frac{2R_4^2}{3R_4}$$

$$\frac{2}{3}=\frac{2R_4}{3}$$

$R_4=\mathbf{1}$〔Ω〕(答)

解答：(2)

重要ポイント

●ブリッジ回路の平衡条件

ブリッジの対辺どうしの抵抗の積が等しい。

$R_1R_4=R_2R_3$

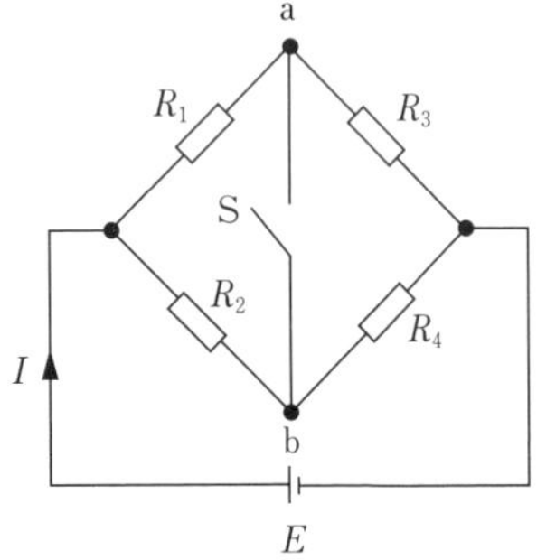

●ブリッジが平衡している場合、a、b点は同電位であり、a–b間は開放しても短絡してもかまわない。

046 ブリッジ回路

問題図の回路において、対辺どうしの抵抗の積は、4×10＝8×5＝40と等しい。したがって、このブリッジ回路は平衡しており、中央の12〔Ω〕の抵抗は電流が流れないため、取り除き開放しても短絡してもかまわない。

開放した回路は、図aのようになる。

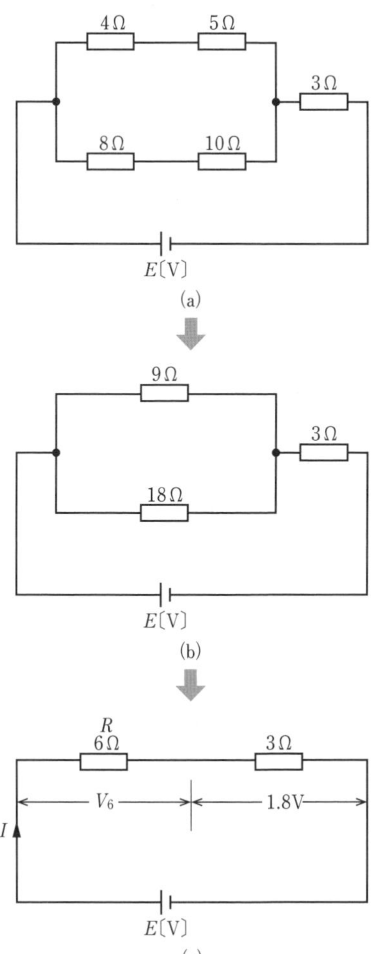

図a　12Ωの抵抗を取り除き開放した回路

図a(a)の4〔Ω〕、5〔Ω〕、8〔Ω〕、10〔Ω〕の直並列回路の合成抵抗Rは、

$$R=\frac{(4+5)\times(8+10)}{(4+5)+(8+10)}=\frac{9\times18}{9+18}=6〔\Omega〕$$

等価回路は図a(c)のようになる。

電源電圧E〔V〕は$R=6$〔Ω〕と3〔Ω〕に比例配分されるので、

$3〔\Omega〕:1.8〔V〕=6〔\Omega〕:V_6〔V〕$

$3V_6=1.8\times6$

$$V_6=\frac{1.8\times6}{3}=3.6〔V〕$$

$E=V_6+1.8=3.6+1.8=\mathbf{5.4}〔V〕$(答)

解答：(3)

別解

図a(c)の等価回路を作るまでは本解と同じ。

3〔Ω〕の抵抗に流れる電流Iは、

$$I=\frac{1.8}{3}=0.6〔A〕$$

この電流Iは6〔Ω〕の抵抗にも流れるので、

$V_6=IR=0.6\times6=3.6〔V〕$

電源電圧E〔V〕は、

$E=V_6+1.8=3.6+1.8=\mathbf{5.4}〔V〕$(答)

047 定電圧源と定電流源

スイッチSが開いているとき、定電流源の電流$I=2$〔A〕は、すべてR〔Ω〕の抵抗を流れる。

題意より、Sを閉じたときのR〔Ω〕の抵抗を流れる電流I_Rは、Sが開いているときの2倍なので、

$I_R=2\times2=4$〔A〕

この4〔A〕は、$E=10$〔V〕の定電圧源と$I=2$〔A〕の定電流源から供給される。

重ね合わせの理により、I_Rについて立式し、Rの値を求める。

● 定電流源を開放した回路

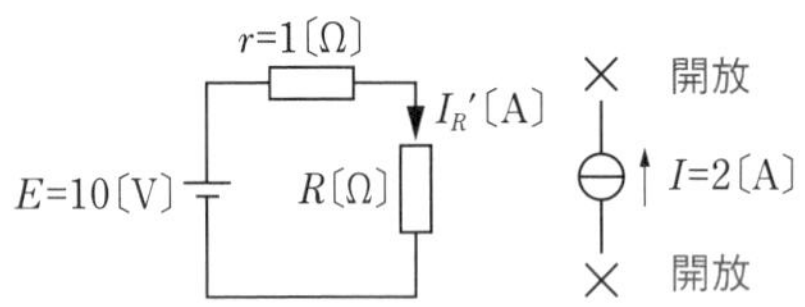

$$I_R'=\frac{E}{r+R}=\frac{10}{1+R}\text{〔A〕}$$

● 定電圧源を短絡した回路

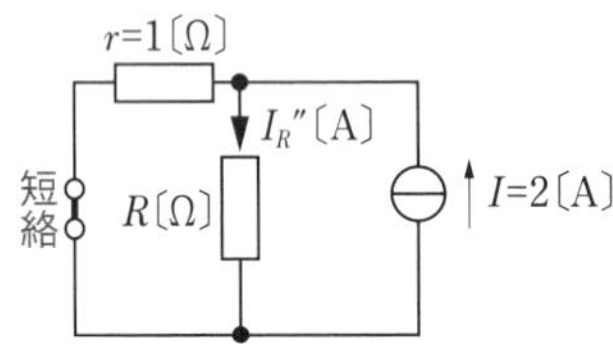

$$I_R''=I\times\frac{r}{r+R}=2\times\frac{1}{1+R}$$

$$=\frac{2}{1+R}\text{〔A〕}$$

重ね合わせの理より、

$$I_R=I_R'+I_R''=\frac{10}{1+R}+\frac{2}{1+R}$$

$$=\frac{12}{1+R}\text{〔A〕}$$

先に求めたように、$I_R=4$〔A〕なので、

$$\frac{12}{1+R}=4$$

両辺に$(1+R)$を乗じて、

$12=4(1+R)$

$12=4+4R$

$8=4R$

$R=\mathbf{2}$〔Ω〕（答）

解答：(1)

重要ポイント

●重ね合わせの理

電源が複数ある回路の電流は、電源が1個だけの回路の電流の和に等しい。電源が1個だけの回路を作る場合には、**電圧源**（**定電圧源**）を取り除いた所は**短絡**、**電流源**（**定電流源**）を取り除いた所は**開放**する。

> 短絡・開放の理由
> 定電圧源（理想的な電圧源）：内部抵抗は0。
> 　したがって、定電圧源を取り除いた所は短絡する。
> 定電流源（理想的な電流源）：内部抵抗は∞。
> 　したがって、定電流源を取り除いた所は開放する。

テブナンの定理により求める。

問題図1において、端子a－b間の開放電圧E_{ab}は、

R_3には電流が流れないのでR_3による電圧降下はない

$$E_{ab}=\frac{R_2}{R_1+R_2}E〔\mathrm{V}〕$$

また、端子a－bから見た回路の合成抵抗R_{ab}は、

$$R_{ab}=\frac{R_1R_2}{R_1+R_2}+R_3$$

$$=\frac{R_1R_2+R_2R_3+R_3R_1}{R_1+R_2}〔\Omega〕$$

したがって、テブナンの定理により、端子a－b間を短絡したときにそこを流れる電流Iは、

$$I=\frac{E_{ab}}{R_{ab}+0}=\frac{\frac{R_2}{\cancel{R_1+R_2}}E}{\frac{R_1R_2+R_2R_3+R_3R_1}{\cancel{R_1+R_2}}}$$

a－b間の抵抗は0

$$=\frac{\boldsymbol{R_2}}{\boldsymbol{R_1R_2+R_2R_3+R_3R_1}}E〔\mathrm{A}〕(答)$$

次に、求めるコンダクタンスGは、問題図1において、端子a－bから見た回路の合成抵抗R_{ab}の逆数であるから、

$$G=\frac{1}{R_{ab}}=\frac{\boldsymbol{R_1+R_2}}{\boldsymbol{R_1R_2+R_2R_3+R_3R_1}}〔\mathrm{S}〕(答)$$

解答：(2)

別解

電流Iを分流による方法で求める。問題図1の端子a－b間を短絡した次図の回路において、直流電圧源Eから見た合成抵抗R_0は、

$$R_0=R_1+\frac{R_2R_3}{R_2+R_3}〔\Omega〕$$

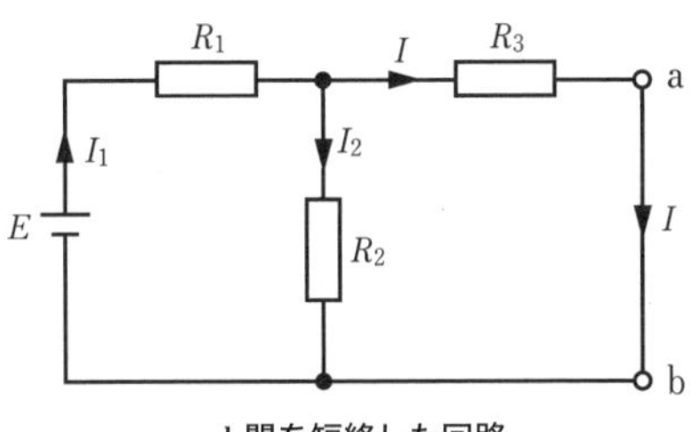

a–b間を短絡した回路

直流電圧源Eから流れ出る電流I_1は、

$$I_1=\frac{E}{R_0}$$

$$=\frac{E}{R_1+\frac{R_2R_3}{R_2+R_3}}$$

$$=\frac{E}{\frac{R_1R_2+R_1R_3+R_2R_3}{R_2+R_3}}〔\mathrm{A}〕$$

R_3に流れる電流Iは、I_1をR_2とR_3に分流(抵抗に反比例して配分)させればよいので、

$$I=I_1\times\frac{R_2}{R_2+R_3}$$

分子は、相手側の抵抗R_2となる

$$=\frac{E}{\frac{R_1R_2+R_1R_3+R_2R_3}{\cancel{R_2+R_3}}}\times\frac{R_2}{\cancel{R_2+R_3}}$$

$$=\frac{E\times R_2}{R_1R_2+R_1R_3+R_2R_3}$$

$$=\frac{\boldsymbol{R_2}}{\boldsymbol{R_1R_2+R_2R_3+R_3R_1}}E〔\mathrm{A}〕(答)$$

●20〔℃〕の並列抵抗値r_{20}

20〔℃〕における抵抗器A、Bの並列抵抗値r_{20}は、次のように表される。

$$r_{20}=\frac{R_1 R_2}{R_1+R_2}〔\Omega〕$$

●21〔℃〕の並列抵抗値r_{21}

21〔℃〕における抵抗器A、Bの抵抗値R_1'、R_2'は、次のように表される。

$$R_1'=R_1\{1+\alpha_1(21-20)\}$$
$$=R_1(1+\alpha_1)〔\Omega〕$$
$$R_2'=R_2\{1+\alpha_2(21-20)\}$$
$$=R_2(1+\alpha_2)$$
$$=R_2〔\Omega〕(\because \alpha_2=0)$$

$\alpha_2=0$とは温度上昇による抵抗の変化がないことを意味する

21〔℃〕における抵抗器A、Bの並列抵抗値r_{21}は、次のように表される。

$$r_{21}=\frac{R_1' R_2'}{R_1'+R_2'}=\frac{R_1(1+\alpha_1)\cdot R_2}{R_1(1+\alpha_1)+R_2}$$
$$=\frac{R_1 R_2(1+\alpha_1)}{R_1+R_2+\alpha_1 R_1}〔\Omega〕$$

●求める変化率

上記で求めた並列抵抗値r_{20}とr_{21}を問題に示されている変化率の式に代入すると、

$$\frac{r_{21}-r_{20}}{r_{20}}=\frac{r_{21}}{r_{20}}-1$$
$$=\frac{\dfrac{\cancel{R_1 R_2}(1+\alpha_1)}{R_1+R_2+\alpha_1 R_1}}{\dfrac{\cancel{R_1 R_2}}{R_1+R_2}}-1$$
$$=\frac{(R_1+R_2)(1+\alpha_1)}{R_1+R_2+\alpha_1 R_1}-1$$
$$=\frac{R_1+R_2+\alpha_1 R_1+\alpha_1 R_2}{R_1+R_2+\alpha_1 R_1}-1$$
$$=\frac{R_1+R_2+\alpha_1 R_1+\alpha_1 R_2-R_1-R_2-\alpha_1 R_1}{R_1+R_2+\alpha_1 R_1}$$
$$=\frac{\boldsymbol{\alpha_1 R_2}}{\boldsymbol{R_1+R_2+\alpha_1 R_1}}\ (答)$$

解答：(2)

重要ポイント

●抵抗温度係数α

温度T〔℃〕における抵抗値R_T〔Ω〕は、温度t〔℃〕における抵抗値をR_t〔Ω〕、温度t〔℃〕における抵抗温度係数をα_t〔℃$^{-1}$〕とすると、次式で表される。

$$R_T=R_t\{1+\alpha_t(T-t)\}〔\Omega〕$$

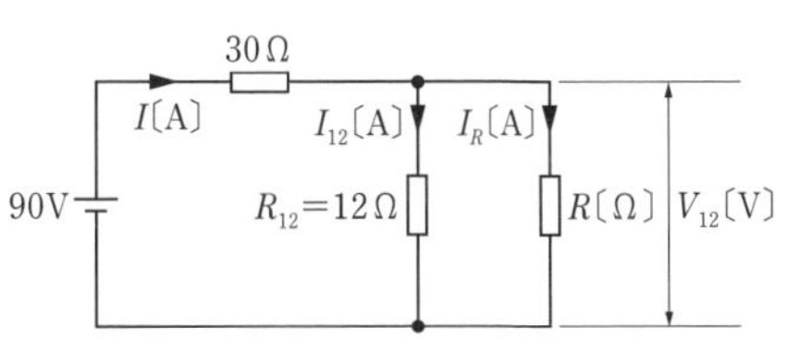

12〔Ω〕の抵抗を流れる電流I_{12}は、$P=I_{12}{}^2R_{12}$を変形し、

$$I_{12}=\sqrt{\frac{P}{R_{12}}}=\sqrt{\frac{27}{12}}=\frac{3\sqrt{3}}{2\sqrt{3}}=1.5〔\mathrm{A}〕$$

また、12〔Ω〕の抵抗の電圧降下V_{12}は、

$$V_{12}=I_{12}\times R_{12}=1.5\times 12=18〔\mathrm{V}〕$$

回路の全電流Iは、

$$I=\frac{90-V_{12}}{30}=\frac{90-18}{30}=2.4〔\mathrm{A}〕$$

抵抗Rに流れる電流I_Rは、

$$I_R=I-I_{12}=2.4-1.5=0.9〔\mathrm{A}〕$$

したがって、求める抵抗Rは、

$$R=\frac{V_{12}}{I_R}=\frac{18}{0.9}=\mathbf{20}〔\Omega〕(答)$$

解答：(5)

別 解

$I_{12}=1.5$〔A〕までは本解と同じ。

電源から流れ出る全電流Iは、

$$I=\frac{90}{30+\dfrac{12R}{12+R}}〔\mathrm{A}〕$$

12〔Ω〕の抵抗を流れる電流I_{12}は、

$$I_{12}=\frac{R}{12+R}\times I$$ （Iの分流計算）

$$=\frac{R}{12+R}\times\frac{90}{30+\dfrac{12R}{12+R}}$$

$$=\frac{90R}{360+30R+12R}=\frac{90R}{360+42R}$$

$$=\frac{15R}{60+7R}〔\mathrm{A}〕$$

本解で求めたように、$I_{12}=1.5$〔A〕であるから、

$$I_{12}=\frac{15R}{60+7R}=1.5〔\mathrm{A}〕$$

$$15R=90+10.5R$$

$$4.5R=90$$

$$R=\frac{90}{4.5}=\mathbf{20}〔\Omega〕(答)$$

! 重要ポイント

●抵抗の消費電力

抵抗R〔Ω〕に電流I〔A〕が流れているとき、抵抗R〔Ω〕の消費電力Pは、

$$P=I^2R〔\mathrm{W}〕$$

●Iの分流計算（I_{12}を求める）

$$I_{12}=\frac{R}{R_{12}+R}\times I〔\mathrm{A}〕$$

題意を図示すると、図aのようになる。

可変抵抗R_2から発生するジュール熱が最大になる場合とは、R_2の消費電力が最大となる条件を求めればよい。

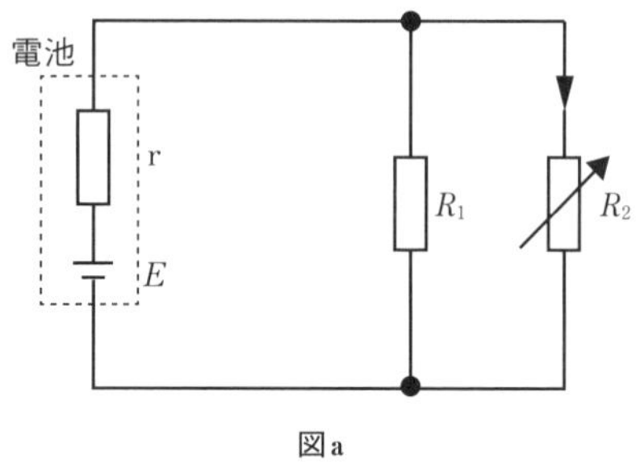

図a

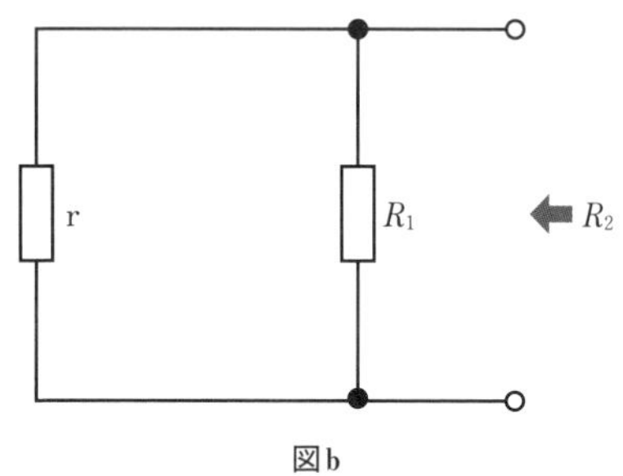

図b

R_2の消費電力が最大になる条件は、図bに示すように、抵抗R_2から電源側を見たときの抵抗R_0がR_2に等しくなる場合である。この条件は、**最大供給電力の定理**と呼ばれている。

抵抗R_2から見た電源側の抵抗R_0は、電池の内部抵抗rと抵抗R_1が並列接続された合成抵抗になるので、その抵抗値R_0は、

$$R_0 = \frac{rR_1}{r+R_1}$$

R_0がR_2に等しいとき、消費電力が最大になるので、求めるR_2は、

$$R_2 = \frac{\boldsymbol{rR_1}}{\boldsymbol{r+R_1}} \text{（答）}$$

解答：(5)

別 解

図aの回路から、抵抗R_2に流れる電流I_2は、

$$I_2 = \frac{E}{r+\dfrac{R_1R_2}{R_1+R_2}} \times \frac{R_1}{R_1+R_2}$$

$$= \frac{R_1}{(r+R_1)R_2+rR_1}E \text{〔A〕}$$

可変抵抗R_2の消費電力P_2は、

$$P_2 = R_2{I_2}^2 = \frac{R_2{R_1}^2E^2}{\{(r+R_1)R_2+rR_1\}^2}$$

ここで、P_2の式を次のように変形する。

$$P_2 = \frac{R_2{R_1}^2E^2}{(r+R_1)^2{R_2}^2+2rR_1(r+R_1)R_2+r^2{R_1}^2}$$

$$= \frac{{R_1}^2E^2}{(r+R_1)^2R_2+\dfrac{r_2{R_1}^2}{R_2}+2rR_1(r+R_1)}$$

上式において、消費電力P_2が最大になるのは、P_2の分子は一定であるからP_2の分母が最小になるときである。また、分母の第3項も一定である。

ここで、上式の分母の第1項と第2項を掛けると、

$$(r+R_1)^2\cdot \cancel{R_2} \times \frac{r^2{R_1}^2}{\cancel{R_2}} = (r+R_1)^2 \times r^2{R_1}^2$$

$=$一定

したがって、**最小の定理**(2つの数A、Bの積が一定なら、A＝Bのとき、A＋Bは最小になる、という定理。

ここでは、A＝$(r+R_1)^2 \cdot R_2$、

B＝$\dfrac{r^2 R_1^2}{R_2}$と考える)より、

$$(r+R_1)^2 \cdot R_2 = \frac{r^2 R_1^2}{R_2}$$

$$R_2^2 = \frac{r^2 R_1^2}{(r+R_1)^2}$$

$$\therefore R_2 = \frac{\boldsymbol{rR_1}}{\boldsymbol{r+R_1}} \text{(答)}$$

! 重要ポイント

●最大供給電力の定理

内部抵抗rの電圧源Eに、可変負荷Rが接続されている。このとき、負荷Rの消費電力Pが最大となるのは、$R=r$のときである。これを**最大供給電力の定理**という。

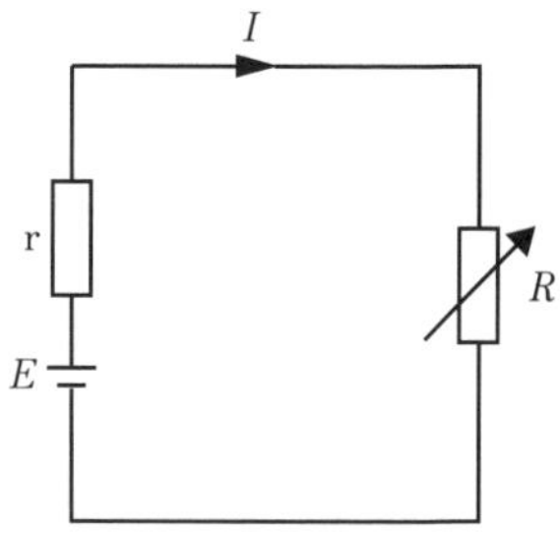

〈参考〉

最大供給電力の定理の証明

$$I = \frac{E}{r+R}$$

$$P = I^2R$$

$$= \left(\frac{E}{r+R}\right)^2 R$$

$$= \frac{E^2R}{r^2+R^2+2rR}$$

$$= \frac{E^2}{\dfrac{r^2}{R}+R+2r}$$

上の式の分母が最小となれば、Pは最大となる。なお、分子のE^2と分母の第3項の$2r$は一定。

$$\frac{r^2}{R} \times R = r^2 \text{(一定)}$$

最小の定理(2数A、Bの積が一定なら、A＝Bのとき、A＋Bは最小)により、

$$\frac{r^2}{R} = R$$

$$r^2 = R^2$$

$$\therefore R = r$$

第3章 直流回路

$C=100\times10^{-6}$〔F〕、$R=1\times10^{3}$〔Ω〕の CR 直列回路の時定数 τ（タウと読む）は、

$\tau=CR=100\times10^{-6}\times1\times10^{3}$

$=\mathbf{0.1}$〔s〕（答）

電圧 $V=1000$〔V〕に充電された静電容量 $C=100\times10^{-6}$〔F〕のコンデンサが持つ静電エネルギー E は、

$$E=\frac{1}{2}CV^2=\frac{1}{2}\times100\times10^{-6}\times1000^2$$

$=50$〔J〕

スイッチを閉じてから十分に時間を経過するまでにこの静電エネルギーはすべて抵抗で熱エネルギー W として消費される。

よって、$W=E=\mathbf{50}$〔J〕（答）

解答：(2)

❗重要ポイント

●コンデンサの充電

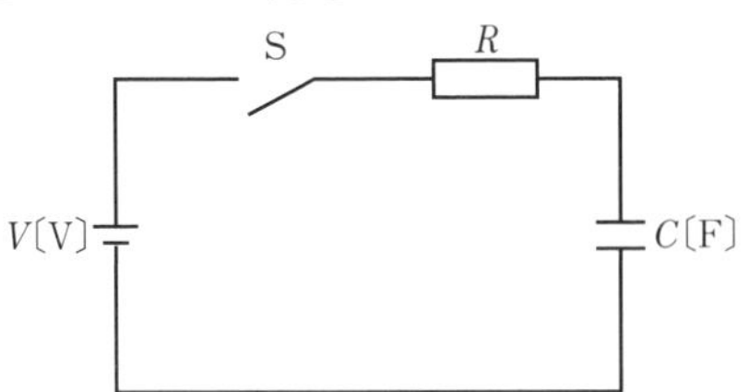

スイッチSを閉じて、充電完了までに電源から供給されるエネルギー W_0 は、

$W_0=CV^2$〔J〕

充電完了までに抵抗 R で消費される熱エネルギー W は、この半分で、

$$W=\frac{1}{2}CV^2\text{〔J〕}$$

残りの半分がコンデンサに静電エネルギーとして蓄えられる。

$$E=\frac{1}{2}CV^2\text{〔J〕}$$

●コンデンサの放電

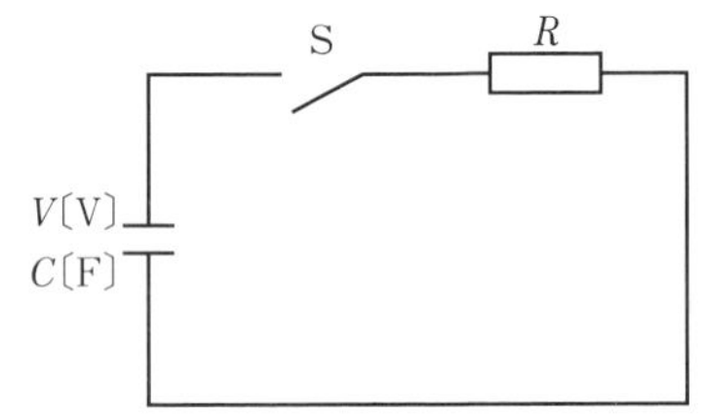

コンデンサに蓄えられた静電エネルギー

$$E=\frac{1}{2}CV^2\text{〔J〕}$$

は、スイッチSを閉じると抵抗 R で熱エネルギー

$$W=\frac{1}{2}CV^2\text{〔J〕}$$

としてすべて消費される。

●CR 直列回路の時定数

$\tau=CR$〔s〕

1. スイッチSを閉じた瞬間は、コイルに流れる電流変化が最大となるため、大きな逆起電力$e=L\frac{d_i}{d_t}$〔V〕が発生し、コイルのインピーダンスは無限大(∞)と見なせる。したがって、問題の回路は図aのようにインダクタンスLを開放した回路となるので、R_1に流れる電流Iは、

$$I=\frac{\boldsymbol{E}}{\boldsymbol{R_1+R_2}}$$〔A〕(答)

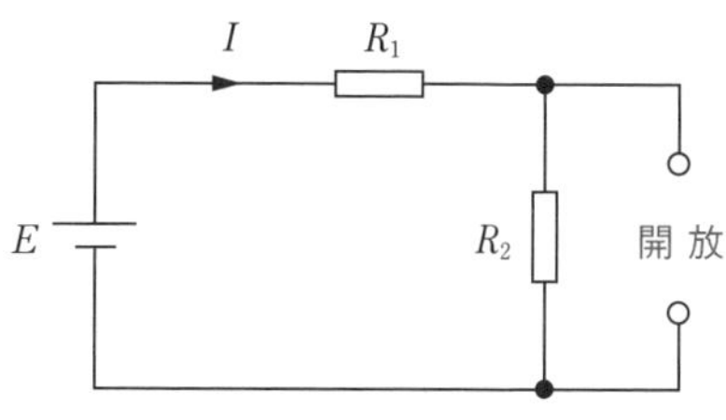

図a スイッチSを閉じた瞬間の等価回路

2. スイッチSを閉じてから十分時間が経過した定常状態では、コイルに流れる電流は直流電流なので、電流変化がなく一定であるから、コイルに逆起電力は発生せず、インピーダンスは0と見なせる。したがって、問題の回路は図bのようにインダクタンスLを短絡した回路となるので、R_1を流れる電流Iは、

$$I=\frac{\boldsymbol{E}}{\boldsymbol{R_1}}$$〔A〕(答)

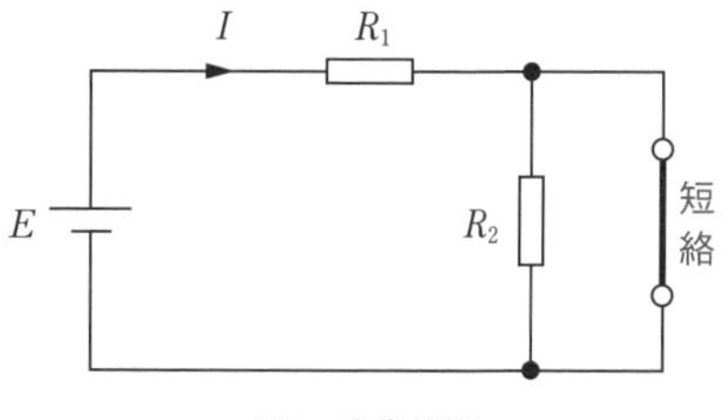

図b 定常状態

解答：(1)

なお、この回路において、R_2に電流は流れず、電流Iはすべて短絡した導線を流れる。

その理由は次のとおり。

電流IがR_2〔Ω〕と0〔Ω〕の短絡線に分流するとすれば、

$$I_{R2}=I\times\frac{0}{R_2+0}=0$$〔A〕

…………R_2を流れる電流

$$I_0=I\times\frac{R_2}{R_2+0}=I$$〔A〕

…………短絡線を流れる電流

したがって、図bの定常状態の等価回路は、R_2を開放した図cとなる。

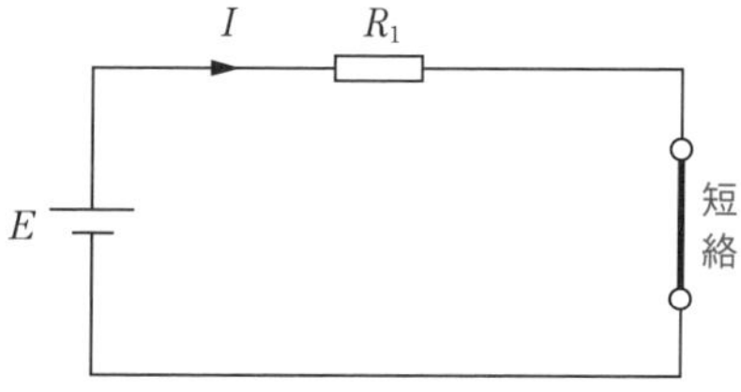

図c 定常状態の等価回路

スイッチを入れた瞬間は、電流の時間変化率が最大となり、インダクタンスLに、$e_L = L\dfrac{di}{dt} = E$〔V〕の逆起電力が発生する。

時間の経過とともに、この逆起電力=「**コイルの端子電圧e_L**」は**低下する**。

定常状態では、$e_L = 0$〔V〕となる。このため、「**回路に流れる電流i**」は最初は微少であるが(ただし変化率は最大)、少しずつ**大きくなる**。時間が十分経過した後の定常状態では、$i = \dfrac{E}{R}$〔A〕に落ちつく。

また、「**抵抗の端子電圧e_R**」は電流に比例するので、少しずつ**上昇する**。定常状態では、$e_R = E$〔V〕となる。これらをグラフに表すと、次のようになる。

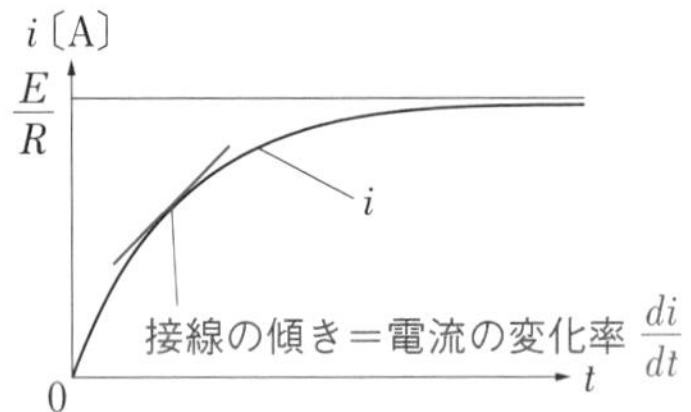

図a　回路電流

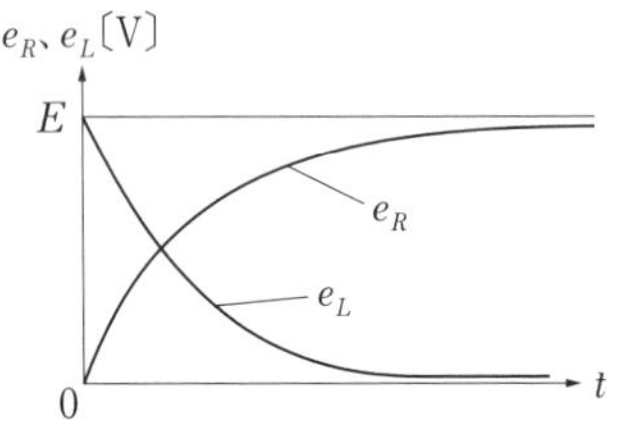

図b　抵抗・コイルの端子電圧

解答：(5)

! 重要ポイント

● ***RL*直列回路に直流電源*E*を接続したときの過渡現象**

インダクタンスLの働き

・電源E投入の瞬間($t = 0$)

→逆起電力最大=Lは開放と同じ

・定常状態(時間が十分経過した後)($t = \infty$)

→逆起電力0=Lは短絡と同じ

　抵抗RおよびコンデンサCからなるRC直列回路の時定数Tは、

$T=RC$〔s〕

で表せる。

　問題の図1から図5までの回路の時定数T_1～T_5を求めると、次のようになる。

(1)$T_1=RC$〔s〕

(2)$T_2=R\cdot\dfrac{C}{2}=\dfrac{1}{2}RC$〔s〕

(3)$T_3=\dfrac{R}{2}\cdot C=\dfrac{1}{2}RC$〔s〕

(4)$T_4=R\cdot 2C=2RC$〔s〕

(5)$T_5=\dfrac{R}{2}\cdot 2C=RC$〔s〕

　時定数は、$T_4=2RC$〔s〕が最も大きいことがわかる。

解答：(4)

! 重要ポイント

●過渡現象

　RL直列回路、RC直列回路などに電圧を加えると、電流はある時間を経て定常値になる。この定常の状態に落ちつくまでを過渡現象と呼んでいる。

　また、$T=\dfrac{L}{R}$、$T=RC$を時定数といい、定常状態に落ちつくまでの時間の目安としている。

　なお、これらの回路の値は微分方程式を利用して求められるが、これは電験二種の範囲であるから、三種では公式として結果を覚えておく程度でよい。

①RL直列回路

$$E=Ri+L\frac{di}{dt}\text{〔V〕}$$

$$i=\frac{E}{R}\left(1-e^{-\frac{R}{L}t}\right)=\frac{E}{R}\left(1-e^{-\frac{t}{T}}\right)\text{〔A〕}$$

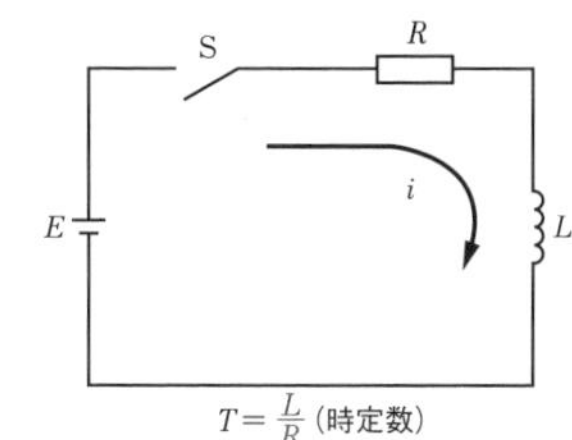

$T=\frac{L}{R}$（時定数）

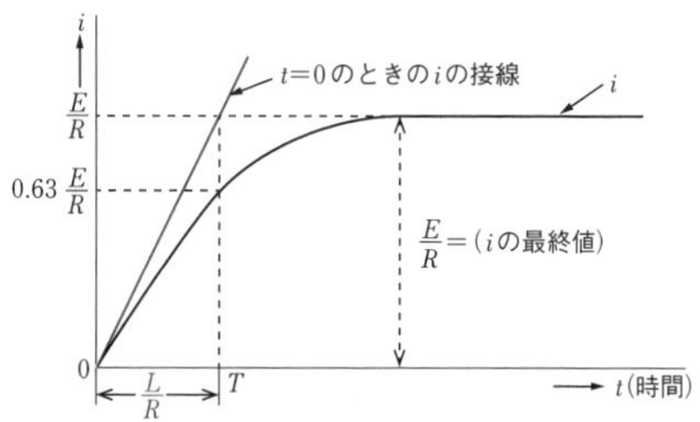

②RC直列回路

$$E=Ri+\frac{1}{C}\int idt\text{〔V〕}$$

$$i=\frac{E}{R}e^{-\frac{1}{RC}t}=\frac{E}{R}e^{-\frac{t}{T}}\text{〔A〕}$$

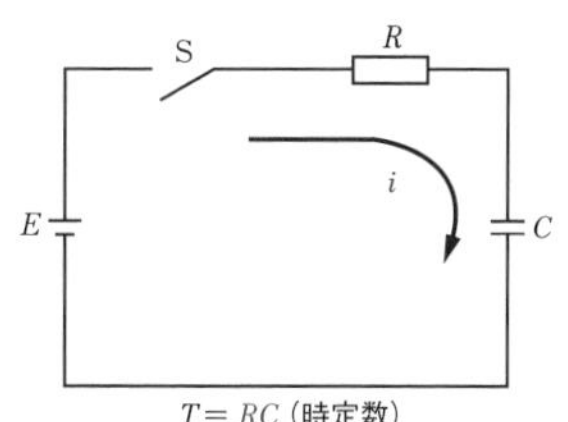

$T=RC$（時定数）

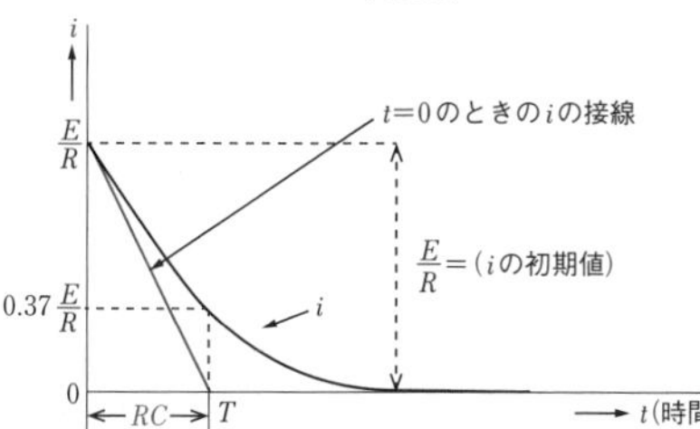

(1) **正しい**。この回路の時定数Tは、$T=\dfrac{L}{R}$でLの値に比例している。

(2) **正しい**。$T=\dfrac{L}{R}$で、Rの値を大きくするとTは小さくなる。

(3) **誤り**。Sを閉じた瞬間はLの逆起電力により電流は流れず、Lは開放状態と見なせる。したがって、V_Lの大きさは電源電圧Eの大きさに等しい。V_Lの大きさは零である、という記述は誤りである。

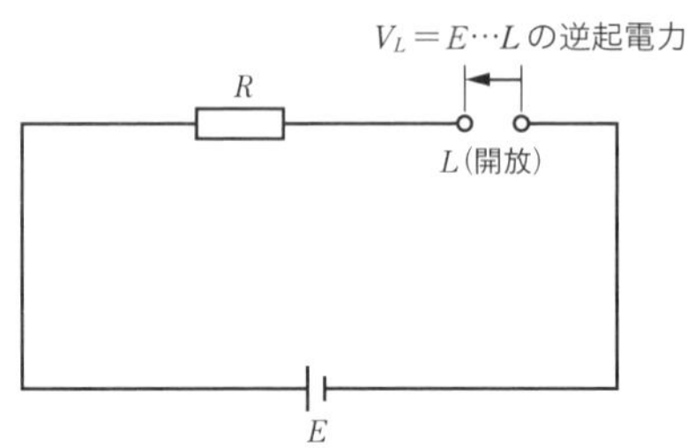

(4) **正しい**。定常状態では、Lは単なる導線(抵抗＝0)と見なせる。したがって電流$I=\dfrac{E}{R}$と一定で、Lの値に関係しない。

(5) **正しい**。定常状態では、Lは単なる導線(抵抗＝0)と見なせる。したがって、V_Rの大きさは電源電圧Eの大きさに等しい。

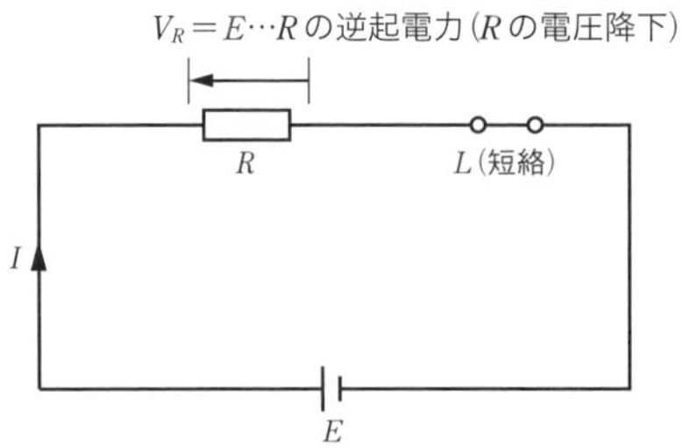

解答：(3)

！重要ポイント

●RL直列回路の過渡現象

時定数$T=\dfrac{L}{R}$〔s〕

初期値(Sを閉じた瞬間の値)

$I=0$〔A〕

$V_R=0$〔V〕

$V_L=E$〔V〕

定常値(Sを閉じてから十分時間経過後の値)

$I=\dfrac{E}{R}$〔A〕

$V_R=E$〔V〕

$V_L=0$〔V〕

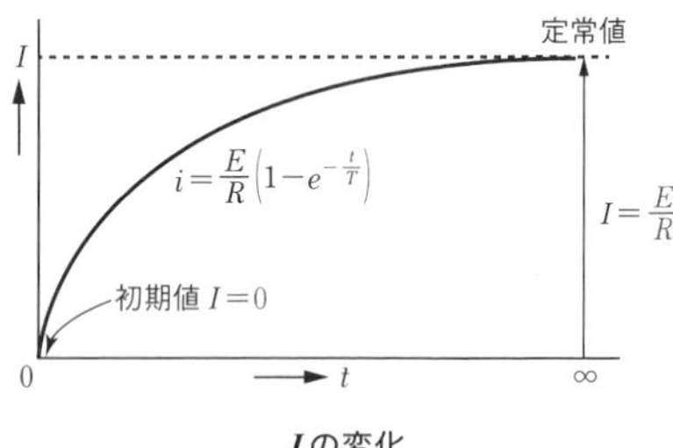

Iの変化

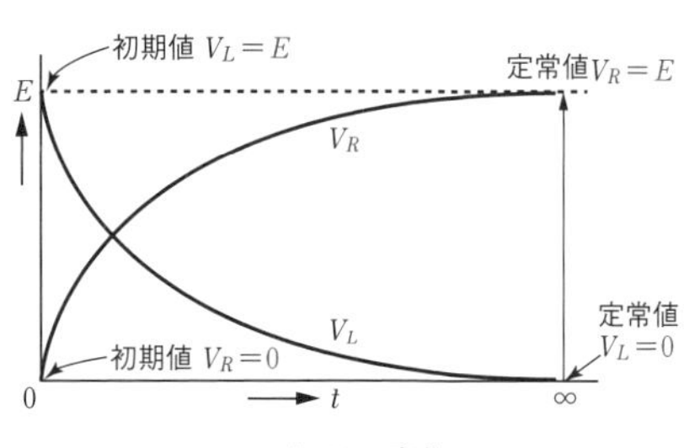

V_RとV_Lの変化

057 記号法

H23 A問題 問8　テキスト LESSON 23 など

力率0.6の誘導性負荷のみを接続したときの回路とベクトル図を図aに示す。

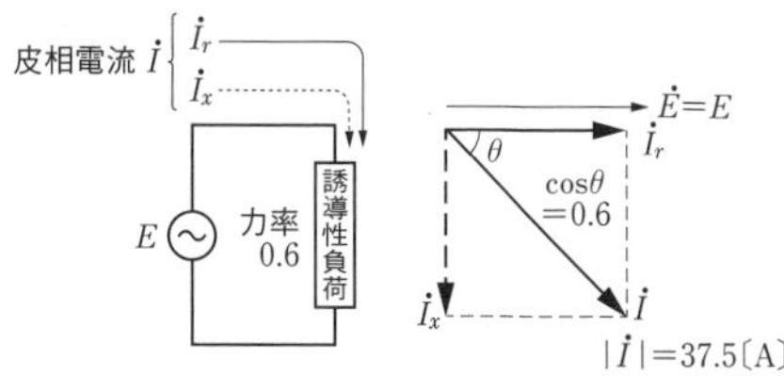

図a　誘導性負荷のみの回路とベクトル図

電源から流れ出る電流 $\dot{I}$（皮相電流）には、有効電流 $\dot{I}_r$ と無効電流 $\dot{I}_x$ が含まれる。

有効電流 $\dot{I}_r$ と無効電流 $\dot{I}_x$ の大きさは、

$|\dot{I}_r|=I_r=37.5\times\cos\theta=37.5\times0.6$

$=22.5$〔A〕

$|\dot{I}_x|=I_x=37.5\times\sin\theta$

$=37.5\times\sqrt{(1-\cos^2\theta)}$

$=37.5\times\sqrt{(1-0.6^2)}=30$〔A〕

> $\cos\theta=0.6$ のとき $\sin\theta=0.8$ となる。暗記しておこう

次に、スイッチSを閉じて、誘導性負荷と抵抗負荷が並列になったときの回路とベクトル図を図bに示す。

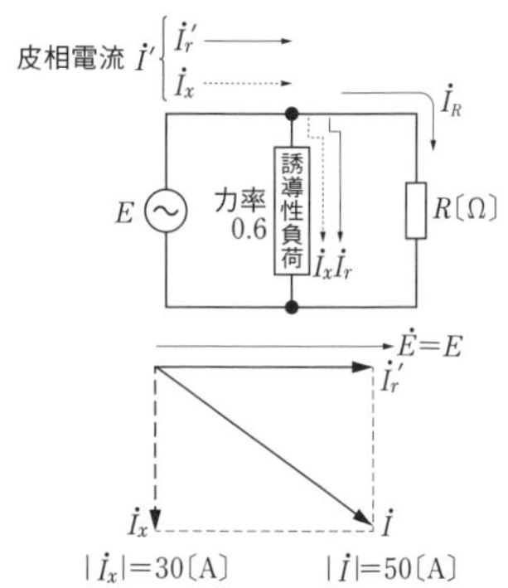

図b　誘導性負荷と抵抗負荷の並列回路とベクトル図

電源から流れ出る有効電流 $\dot{I}_r'$ には、力率0.6の誘導性負荷による有効電流 $\dot{I}_r$ だけでなく、抵抗負荷による有効電流 $\dot{I}_R$ も含まれる。しかし、抵抗負荷には無効電流は流れないため、電源から流れ出る無効電流は、スイッチSを閉じる前と同じく $\dot{I}_x$ が流れる。

電源から流れ出る有効電流 $\dot{I}_r'$ の大きさは、

$|\dot{I}_r'|=I_r'=\sqrt{(50^2-I_x^2)}=\sqrt{(50^2-30^2)}$

$=40$〔A〕

したがって、抵抗負荷を流れる電流 $\dot{I}_R$ の大きさは、

$|\dot{I}_R|=I_R=I_r'-I_r=40-22.5$

$=17.5$〔A〕

となり、求める抵抗 R の大きさは、

$$R=\frac{E}{I_R}=\frac{140}{17.5}=8\text{〔Ω〕（答）}$$

解答：(3)

！重要ポイント

●誘導性負荷回路

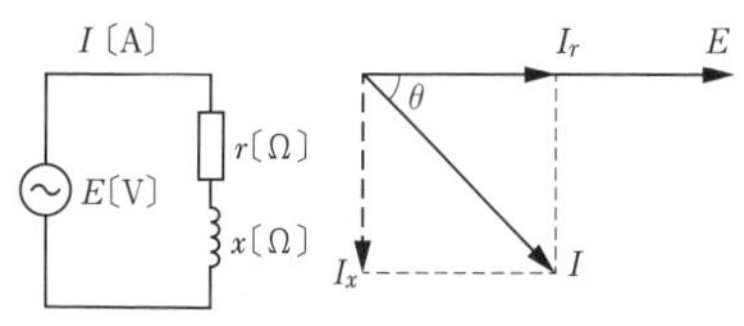

インピーダンス $Z=\sqrt{r^2+x^2}$〔Ω〕

皮相電流 $I=\dfrac{E}{Z}$〔A〕

有効電流 $I_r=I\cos\theta$〔A〕

無効電流 $I_x=I\sin\theta$〔A〕

> 1本の電線に有効電流と無効電流が流れていると考える

電流iが4〔A〕のときの時刻をt_1とすれば、次式が成立する。

$4\sqrt{2}\sin 120\pi t_1=4$

上式を変形すると、

$$\sin 120\pi t_1=\frac{1}{\sqrt{2}}$$

sinの値が、0〜π〔rad〕間において初めて$\frac{1}{\sqrt{2}}$になるのは$\frac{\pi}{4}$〔rad〕なので、

$$120\pi t_1=\frac{\pi}{4}$$

$$t_1=\frac{\overset{1}{\cancel{\pi}}}{120\underset{1}{\cancel{\pi}}\times 4}=\mathbf{\frac{1}{480}}\text{〔s〕(答)}$$

解答：(1)

! 重要ポイント

● $\sin\omega t$(正弦曲線)と$\frac{\pi}{4}$〔rad〕(45°)の三角定規

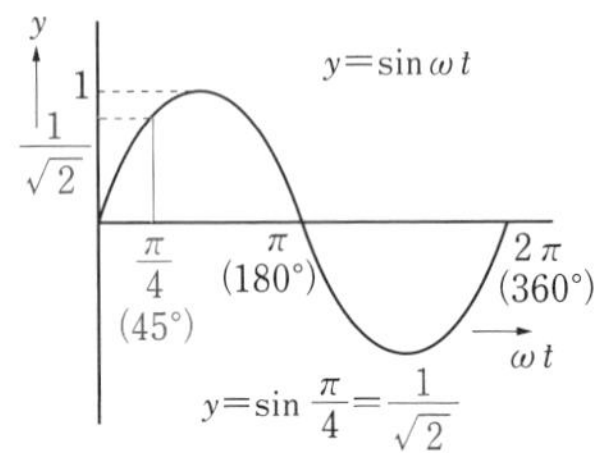

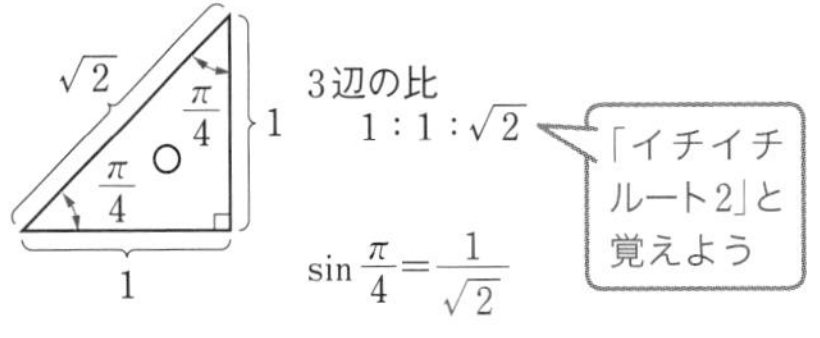

●角の大きさと三角関数

度数法	0°	30°	45°	60°	90°
弧度法	0	$\frac{\pi}{6}$	$\frac{\pi}{4}$	$\frac{\pi}{3}$	$\frac{\pi}{2}$
$\sin\theta$	0	$\frac{1}{2}$	$\frac{1}{\sqrt{2}}$	$\frac{\sqrt{3}}{2}$	1
$\cos\theta$	1	$\frac{\sqrt{3}}{2}$	$\frac{1}{\sqrt{2}}$	$\frac{1}{2}$	0
$\tan\theta$	0	$\frac{1}{\sqrt{3}}$	1	$\sqrt{3}$	／

※この表は暗記しなくても、2つの三角定規(45°および30°、60°)の3辺の比を覚えておけば導くことができる。

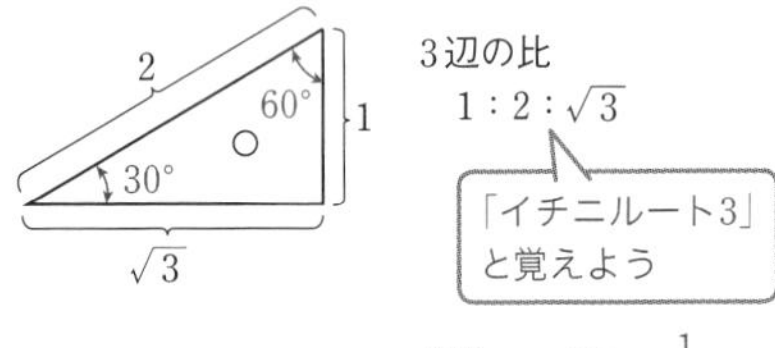

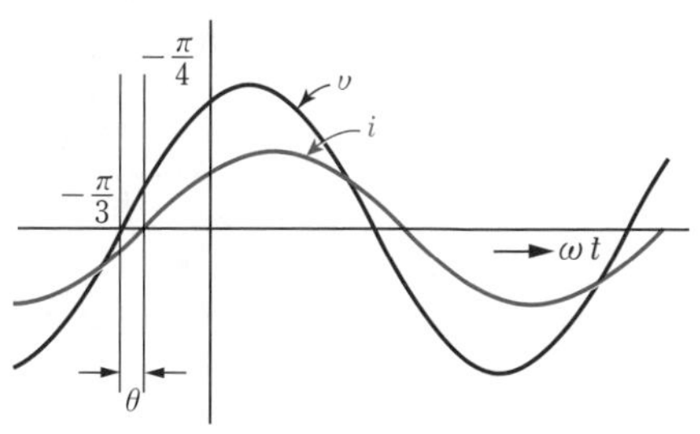

υとiの波形

υとiの位相差θ〔rad〕は、

$$\theta=\frac{\pi}{3}-\frac{\pi}{4}$$

$$=\frac{4\pi}{12}-\frac{3\pi}{12}$$

$$=\frac{\pi}{12}\text{〔rad〕}$$

υとiの$100\pi t$〔rad〕とは、

$\omega t=2\pi ft=100\pi t$〔rad〕を表しているので、

角周波数$\omega=2\pi f=100\pi$〔rad/s〕

周波数$f=\frac{100\pi}{2\pi}=50$〔Hz〕

周期$T=\frac{1}{f}=\frac{1}{50}=0.02$〔s〕

$T=0.02$〔s〕を角度の単位〔rad〕に変換すると、

$T=0.02$〔s〕$=2\pi$〔rad〕となるので、

$\theta=\frac{\pi}{12}$〔rad〕を時間〔s〕の単位に変換すると、

外項の積と内項の積は等しい

$$2\pi:0.02=\frac{\pi}{12}:x$$

$$2\pi x=\frac{0.02\pi}{12}$$

$$x=\frac{0.02\pi}{2\pi\times 12}=\frac{0.02}{24}=\frac{2}{2400}$$

$$=\frac{1}{1200}\text{〔s〕(答)}$$

解答：(3)

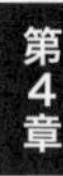

交流回路

重要ポイント

●正弦波交流（$f=50$Hz）の横軸、角度ωt〔rad〕と時間t〔s〕の変換

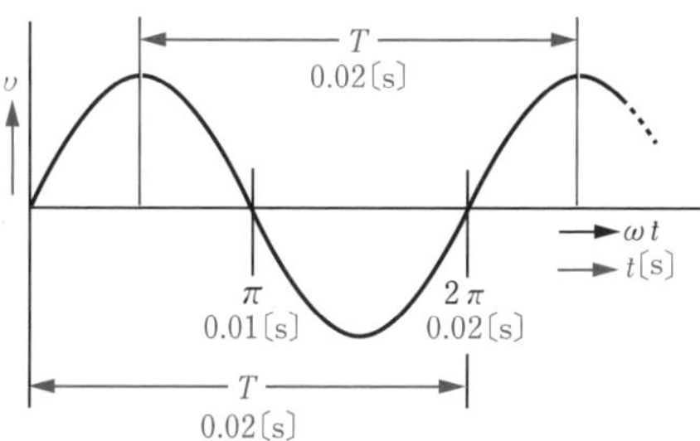

周波数$f=50$〔Hz〕　周期$T=\frac{1}{f}=0.02$〔s〕

$$\upsilon=V_m\sin\omega t$$

$$=V_m\sin 2\pi ft$$

$$=V_m\sin 100\pi t\text{〔V〕}$$

060 平均値・実効値

(1) **正しい**。正弦波交流起電力の最大値をE_m〔V〕とし、瞬時値を$e=E_m\cdot\sin\theta$〔V〕とすると、平均値E_aは、

$$E_a=\frac{1}{\pi}\int_0^{\pi}e\cdot d\theta$$
$$=\frac{1}{\pi}\int_0^{\pi}E_m\cdot\sin\theta\cdot d\theta$$
$$=\frac{E_m}{\pi}\cdot[-\cos\theta]_0^{\pi}$$
$$=\frac{E_m}{\pi}\cdot(-\cos\pi+\cos 0)$$
$$=\frac{2E_m}{\pi}\fallingdotseq 0.637E_m\text{〔V〕}$$

(2) **正しい**。交流起電力の瞬時値が$e=100\sin 100\pi t$〔V〕の場合、角周波数ωは、

$\omega=2\pi f=100\pi$〔rad/s〕

上式より周波数fは、

$$f=\frac{100\pi}{2\pi}=50\text{〔Hz〕}$$

周期は、周波数の逆数となるので、周期Tは、

$$T=\frac{1}{f}=\frac{1}{50}=0.02\text{〔s〕}\rightarrow 20\text{〔ms〕}$$

(3) **正しい**。RLC直列回路の合成インピーダンス$\dot{Z}$は、

$$\dot{Z}=R+j\left(\omega L-\frac{1}{\omega C}\right)$$

このとき、図bのベクトル図に示すように、

$\omega L>\frac{1}{\omega C}$：誘導性負荷となり、回路に流れる電流$\dot{I}$の位相は、電圧$E$より遅れる。

$\omega L<\frac{1}{\omega C}$：容量性負荷となり、回路に流れる電流$\dot{I}$の位相は、電圧$E$より進む。

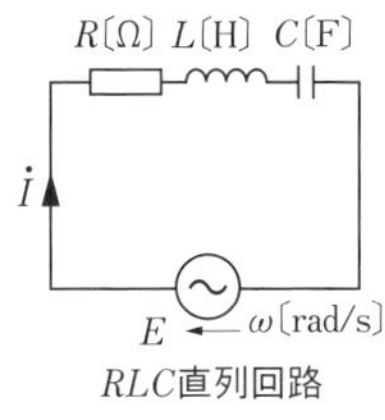

図a　回路図

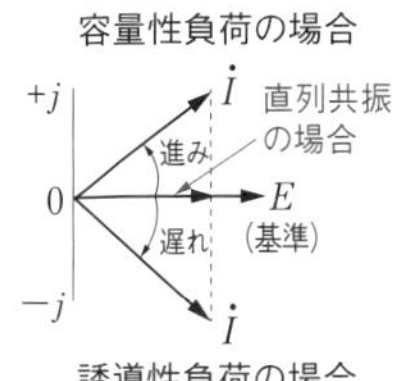

図b　ベクトル図

(4) **正しい**。$\omega L=\frac{1}{\omega C}$：合成インピーダンス$\dot{Z}=R+j\left(\omega L-\frac{1}{\omega C}\right)$の虚数部(リアクタンス)が0となり、$\dot{Z}=R$となる。

この状態を直列共振状態といい、回路上に加えた電圧Eと電流$\dot{I}$は同相となる((3)図bベクトル図参照)。

(5) **誤り**。RLC直列回路の合成インピーダンスをZ〔Ω〕、抵抗をR〔Ω〕、電力をP〔W〕、皮相電力をS〔V·A〕とすると、回路の力率$\cos\theta$は次式で表される。

$$\cos\theta=\frac{R}{Z}、\cos\theta=\frac{P}{S}$$

したがって、「**$\cos\theta=\frac{S}{P}$の関係がある**」という記述は誤りである。

解答：(5)

! 重要ポイント

●正弦波交流の平均値E_a

$E_a=\frac{2E_m}{\pi}$〔V〕、ただしE_m：最大値

※この式の導出は解説のように積分を利用して求めるが、導出式を覚える必要はない。結果だけが重要。

061 正弦波交流のベクトル表示

H15 A問題 問8　テキスト LESSON 26

RLC並列回路の電流位相を求める問題である。各素子に流れる電流が与えられているので、電流波形の合成だけで解を求めることができる。波形を合成する方法はいくつかあるが、ここではベクトル図を使用する方法を解説する。

また、問題文では電流の大きさが波高値で与えられており、一般的にベクトル図を扱う場合には実効値(実効値は波高値の$\dfrac{1}{\sqrt{2}}$倍)で考えるが、求める解は位相であるため、波高値で考えても結果は同じなので、以下の解説では波高値でベクトル図を表す。

抵抗を流れる電流の瞬時値i_R〔A〕は電源電圧の瞬時値e〔V〕と同相で、**電源電圧の波高値$\dot{E}$〔V〕を基準ベクトル(正の実軸で右向き)にとると**抵抗を流れる電流の波高値$\dot{I}_R$〔A〕のベクトルは右向き($\dot{E}$と同相)で10〔A〕である。インダクタンスを流れる電流の瞬時値i_L〔A〕は、電源電圧e〔V〕より$\dfrac{\pi}{2}$〔rad〕遅れているので、インダクタンスを流れる電流の波高値$\dot{I}_L$〔A〕のベクトルは、下向きで大きさが15〔A〕である。静電容量を流れる電流の瞬時値i_C〔A〕は、電源電圧e〔V〕より$\dfrac{\pi}{2}$〔rad〕進んでいるので、静電容量を流れる電流の波高値$\dot{I}_C$〔A〕のベクトルは、上向きで大きさが5〔A〕である。

回路を流れる全電流の波高値$\dot{I}$〔A〕は3つの電流のベクトル和で得られ、図からわかるように電源電圧$\dot{E}$〔V〕に対して45〔°〕遅れる。(答)

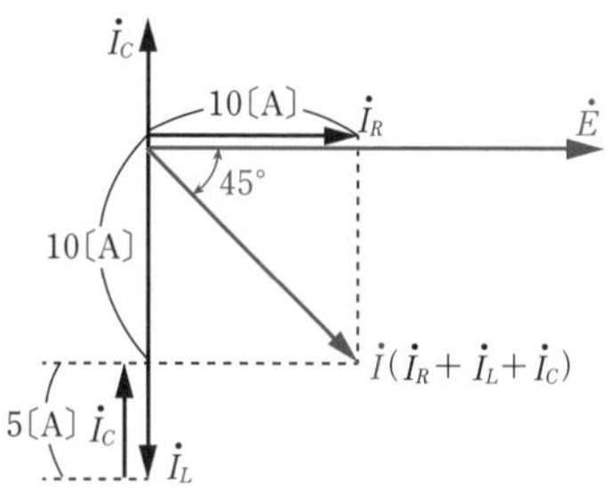

解答：(3)

❗重要ポイント

- **次の瞬時値の式または波形からベクトル図を書けるようにしておくこと**

$e = E\sin\omega t$〔V〕

$i_R = 10\sin\omega t$〔A〕

$i_L = 15\sin\left(\omega t - \dfrac{\pi}{2}\right)$〔A〕

$i_C = 5\sin\left(\omega t + \dfrac{\pi}{2}\right)$〔A〕

第4章 交流回路

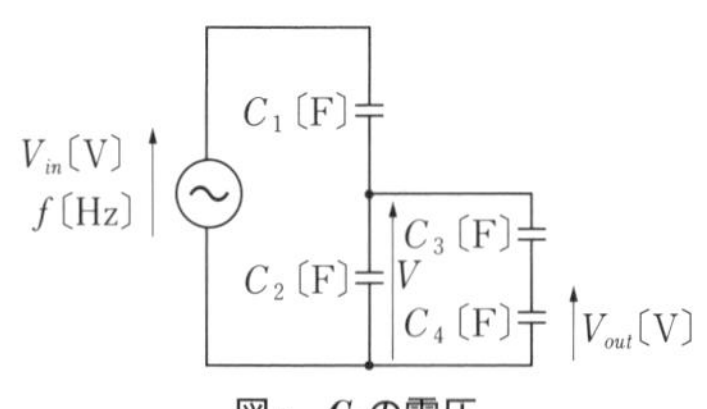

図a　C_2の電圧

図aに示すように、C_2の部分の電圧をVと仮定し、この電圧でV_{in}、V_{out}を示すことにより、V_{out}とV_{in}の比を求める。

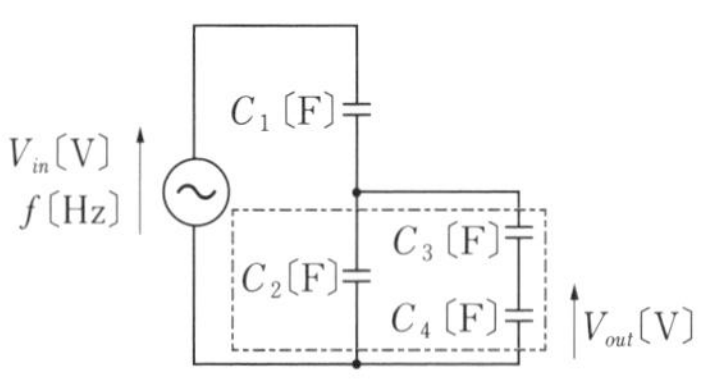

図b　合成静電容量C

図bの点線内の合成静電容量をCとすると、Cは、

$$C = C_2 + \frac{C_3 C_4}{C_3 + C_4}$$

$$= 900 + \frac{100 \times 900}{100 + 900}$$

$$= 900 + \frac{90000}{1000} = 990〔\mu F〕$$

合成静電容量Cを用いて回路を示すと、図cのとおり、C_1とCのコンデンサの直列接続の回路となる。

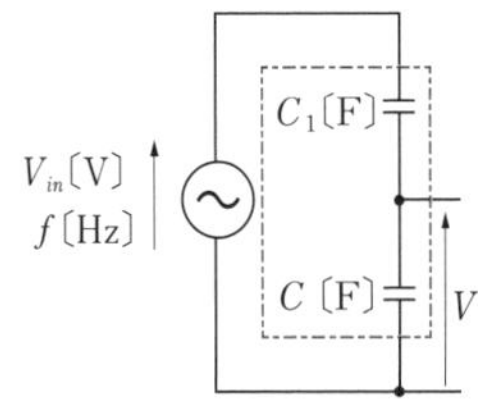

図c　合成静電容量Cを用いた回路

直列接続されたコンデンサの電圧は静電容量に反比例するので、V_{in}とVには次式が成り立つ。

$$V = \frac{C_1}{C_1 + C} V_{in}$$

$$= \frac{10}{10 + 990} V_{in}$$

$$= \frac{1}{100} V_{in}$$

したがって、

$$V_{in} = 100V$$

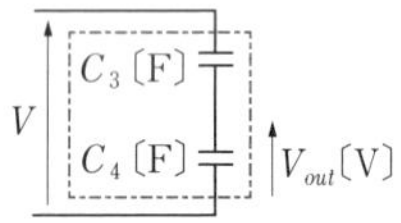

図d　C_4の電圧

次に、図dにおいて直列接続されたコンデンサの電圧は、静電容量に反比例するので、V_{out}とVには次式が成り立つ。

$$V_{out} = \frac{C_3}{C_3 + C_4} V$$

$$= \frac{100}{100 + 900} V$$

$$= \frac{1}{10} V$$

したがって、求める$\dfrac{V_{out}}{V_{in}}$は次のとおり算出できる。

$$\frac{V_{out}}{V_{in}} = \frac{\frac{1}{10}V}{100V} = \mathbf{\frac{1}{1000}} \text{(答)}$$

解答：(1)

図aに問題文の回路図を示す。

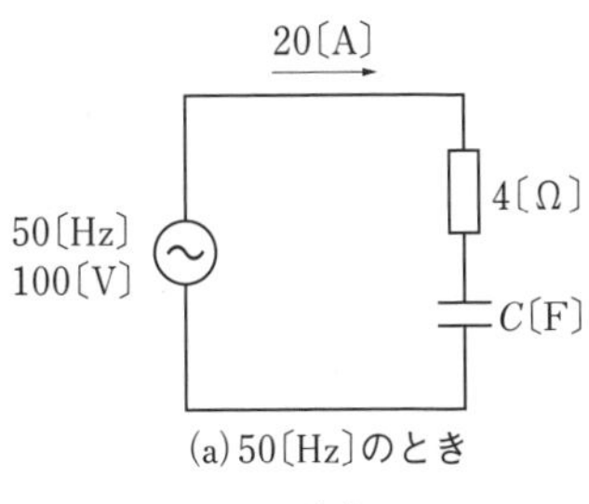

(a) 50〔Hz〕のとき

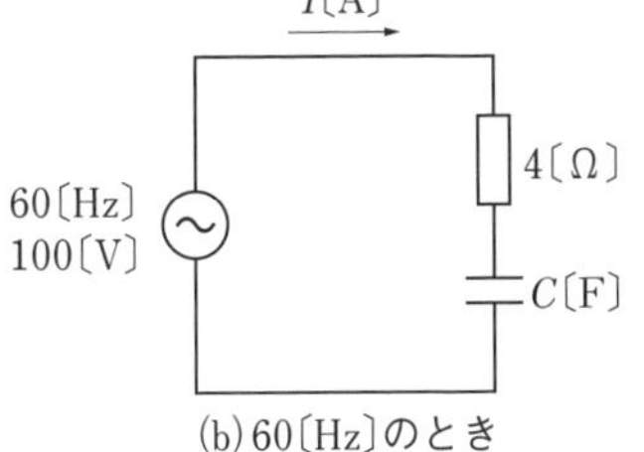

(b) 60〔Hz〕のとき

図a　回路図

周波数50〔Hz〕のときのインピーダンスZ_{50}は、

$$Z_{50}=\frac{V}{I}=\frac{100}{20}$$

$$=5〔\Omega〕\cdots\cdots\cdots ①$$

また、インピーダンスZ_{50}は次式となる。

$$Z_{50}=\sqrt{R^2+\left(\frac{1}{\omega C}\right)^2}$$

$$=\sqrt{R^2+\left(\frac{1}{2\pi fC}\right)^2}〔\Omega〕\cdots\cdots\cdots ②$$

式②に、式①の結果および題意の値を代入して、静電容量C〔F〕を求める。

$$5=\sqrt{4^2+\left(\frac{1}{2\pi\times 50\times C}\right)^2}〔\Omega〕$$

両辺を2乗すると、

$$5^2=4^2+\left(\frac{1}{100\pi C}\right)^2$$

$$25-16=\frac{1}{10^4\times\pi^2\times C^2}$$

$$9=\frac{1}{10^4\times\pi^2\times C^2}$$

$$C^2=\frac{1}{9\times\pi^2\times 10^4}$$

$$C=\pm\sqrt{\frac{1}{3^2\times\pi^2\times 10^4}}$$

$$=\pm\frac{1}{3\pi\times 10^2}\fallingdotseq\pm 1.06\times 10^{-3}〔F〕$$

Cは正値なので、$C=1.06\times 10^{-3}$〔F〕となる。したがって、周波数が60〔Hz〕のときのインピーダンスZ_{60}は、

$$Z_{60}=\sqrt{R^2+\left(\frac{1}{2\pi fC}\right)^2}$$

$$=\sqrt{4^2+\left(\frac{1}{2\pi\times 60\times 1.06\times 10^{-3}}\right)^2}$$

$$\fallingdotseq\sqrt{22.26}$$

$$\fallingdotseq 4.72〔\Omega〕$$

求める電流Iは、

$$I=\frac{V}{Z_{60}}=\frac{100}{4.72}\fallingdotseq \mathbf{21.2}〔A〕(答)$$

解答：(3)

電源電圧$\dot{E}$と電流$\dot{I}$の位相差が$\frac{\pi}{3}$〔rad〕なので、このRとX_c直列回路のインピーダンス三角形は、次図のようになる。

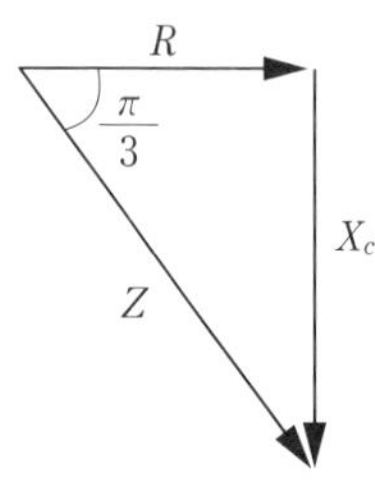

インピーダンス三角形

図より、

$$\tan\frac{\pi}{3}=\sqrt{3}=\frac{X_c}{R}$$

$R=1000$〔Ω〕なので、

$$\sqrt{3}=\frac{X_c}{1000}$$

$$X_c=1000\sqrt{3}\text{〔Ω〕}$$

ここで、$X_c=\frac{1}{2\pi fC}$なので、

これを上式に代入すると、

$$\frac{1}{2\pi fC}=1000\sqrt{3}\text{〔Ω〕}$$

したがって、静電容量Cは、

$$C=\frac{1}{2\pi f\times1000\sqrt{3}}$$

$$=\frac{1}{2\pi\times1000\times1000\sqrt{3}}$$

$\fallingdotseq 0.092\times10^{-6}$〔F〕→**0.092**〔μF〕(答)

解答：(2)

! 重要ポイント

●インピーダンス三角形

電圧や電流をベクトル図で表すことができるように、インピーダンスもベクトル図で表すことができる。このベクトル図でできる直角三角形を**インピーダンス三角形**という。本問解説の図は、*RC*直列回路のインピーダンス三角形の例である。

60°$\left(\frac{\pi}{3}\text{rad}\right)$、30°$\left(\frac{\pi}{6}\text{rad}\right)$の直角三角形(三角定規)の辺の比は1：2：$\sqrt{3}$(イチニルートサン)であるから、$\tan60°=\frac{\sqrt{3}}{1}=\sqrt{3}$となる。どの辺が1、2、$\sqrt{3}\fallingdotseq1.73$に対応するかは視覚で長さを判断する。

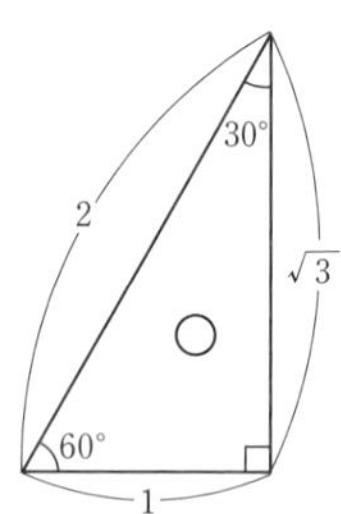

065 *RL* 直列回路・*RC* 直列回路

H18 A問題 問9　テキスト LESSON 28 など

問題図のような、*RL*直列回路のインピーダンス$\dot{Z}$〔Ω〕を極座標表示で表すと、

$$\dot{Z}=R+j\omega L=\sqrt{R^2+(\omega L)^2}\angle\tan^{-1}\frac{\omega L}{R}$$

となる。求める電流$\dot{I}$〔A〕は、電圧$\dot{E}$を基準ベクトルにとると、

$$\dot{I}=\frac{\dot{E}}{\dot{Z}}=\frac{E}{R+j\omega L}$$

$$=\frac{E}{\sqrt{R^2+(\omega L)^2}\angle\tan^{-1}\frac{\omega L}{R}}$$

$$=\frac{E}{\sqrt{R^2+(\omega L)^2}}\angle-\tan^{-1}\frac{\omega L}{R}\text{〔A〕}$$

となる。したがって、電圧$\dot{E}$に対する電流$\dot{I}$の位相θは、

$\tan^{-1}\dfrac{\omega L}{R}$**〔rad〕遅れる**。(答)

解答：(5)

なお、図aにインピーダンス三角形、図bに電圧、電流のベクトル図を示す。

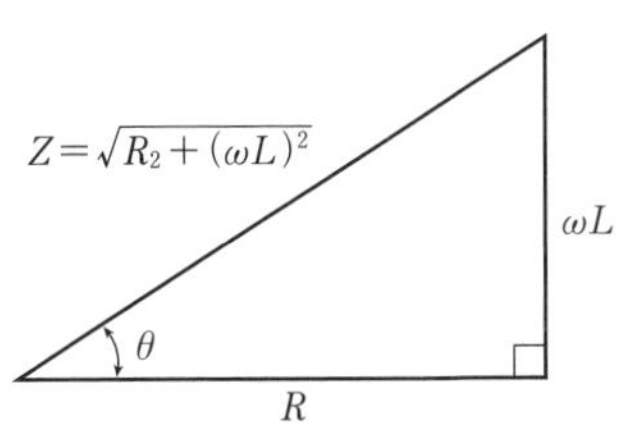

図a　インピーダンス三角形

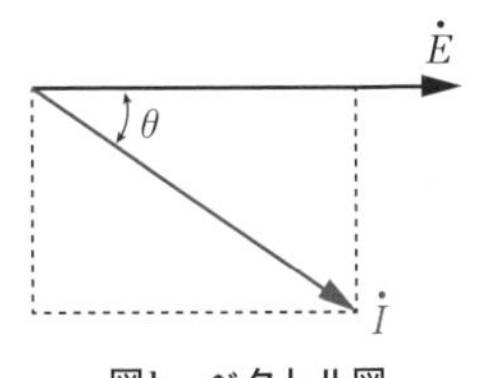

図b　ベクトル図

重要ポイント

●極座標表示の商(割り算)

ベクトル$\dot{A}$、$\dot{B}$が$\dot{A}=A\angle\theta_A$、$\dot{B}=B\angle\theta_B$のとき、

$$\text{商：}\frac{\dot{A}}{\dot{B}}=\frac{A\angle\theta_A}{B\angle\theta_B}=\frac{A}{B}\angle(\theta_A-\theta_B)$$

大きさは、それぞれの大きさの商$\dfrac{A}{B}$、偏角は、それぞれの偏角の差$\angle(\theta_A-\theta_B)$、したがって、

(この0が基準ベクトルであることを表す。通常は∠0を省略)

$$\dot{I}=\frac{\dot{E}}{\dot{Z}}=\frac{E\angle 0}{\sqrt{R^2+(\omega L)^2}\angle\tan^{-1}\frac{\omega L}{R}}$$

$$=\frac{E}{\sqrt{R^2+(\omega L)^2}}\angle\left(0-\tan^{-1}\frac{\omega L}{R}\right)$$

(このマイナス(−)の符号が「電圧Eに対し電流Iが遅れていることを表す)

$$=\frac{E}{\sqrt{R^2+(\omega L)^2}}\angle-\tan^{-1}\frac{\omega L}{R}$$

066 RLC直列回路・RLC並列回路

H25 A問題 問10　テキスト LESSON 29 など

1.　$f=0$のとき、L〔H〕の誘導性リアクタンスX_LとC〔F〕の容量性リアクタンスX_Cは、

$X_L=2\pi fL=0$〔Ω〕→短絡

$X_C=\dfrac{1}{2\pi fC}=\dfrac{1}{0}\to\infty$〔Ω〕→開放

したがって、等価回路は図aとなり、R〔Ω〕に電流が流れないため$V_R=0$〔V〕となる。また、$X_C\to\infty$〔Ω〕＝開放端に電源電圧V〔V〕が現れる。

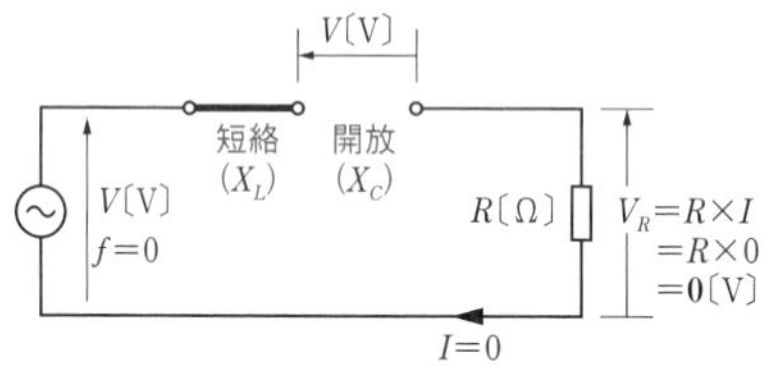

図a　$f=0$のとき

2.　$f\to\infty$のとき、X_LとX_Cは、

$X_L=2\pi fL\to\infty$〔Ω〕→開放

$X_C=\dfrac{1}{2\pi fC}\to\dfrac{1}{\infty}=0$〔Ω〕→短絡

したがって、等価回路は図bとなり、$V_R=0$〔V〕となる。また、$X_L\to\infty$〔Ω〕＝開放端に電源電圧V〔V〕が現れる。

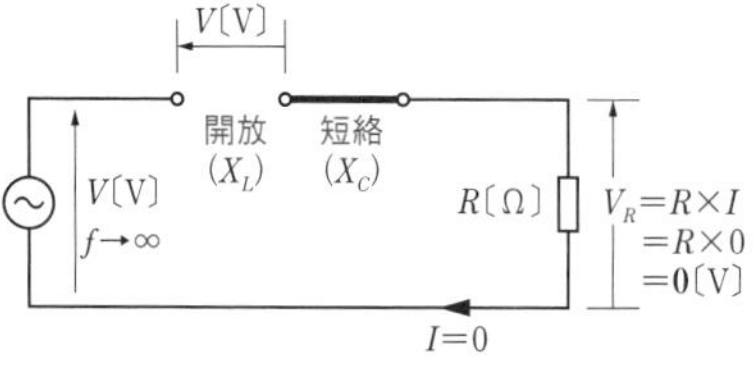

図b　$f\to\infty$のとき

3.　$f=\dfrac{1}{2\pi\sqrt{LC}}$のとき、$LC$は直列共振状態となり、$X_L$と$X_C$は大きさが等しくなる。

合成リアクタンスXは、

$X=X_L-X_C=0$〔Ω〕→短絡

したがって、等価回路は図cとなり、$V_R=V$〔V〕となる。

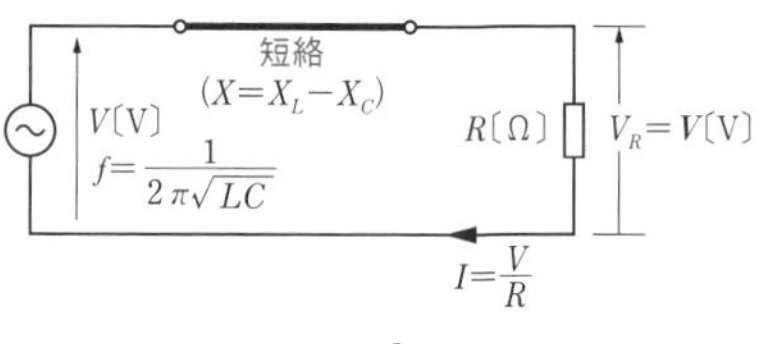

図c　$f=\dfrac{1}{2\pi\sqrt{LC}}$のとき

解答：(4)

重要ポイント

- **$f=0$の交流回路とは、直流回路のことである。直流回路の定常状態において、Lは短絡、Cは開放となる。**
- **図d、図eとも開放端には電源電圧V〔V〕が現れる。電流が流れないため、抵抗Rによる電圧降下は起こらない。**

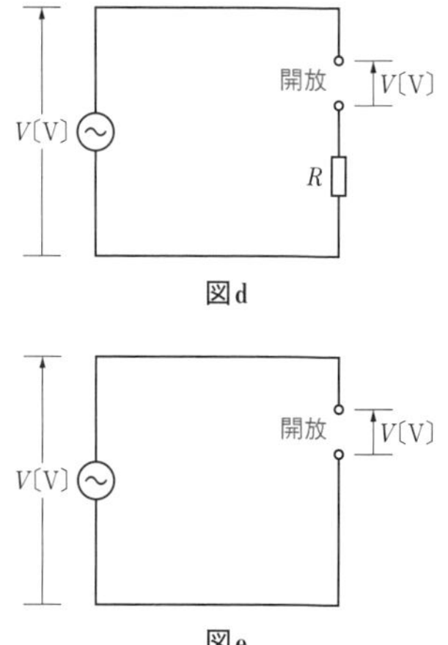

図d

図e

問題図より、

$$\dot{I}_{ab}=\frac{\dot{V}_{ab}}{3+j4}=\frac{100}{3+j4}$$

$$=\frac{100(3-j4)}{(3+j4)(3-j4)}=\frac{100(3-j4)}{9+16}$$

$$=\frac{\overset{4}{\cancel{100}}}{\underset{1}{\cancel{25}}}(3-j4)=12-j16\,〔\mathrm{A}〕$$

$$\dot{I}_{bc}=\frac{\dot{V}_{bc}}{4-j3}=\frac{100}{4-j3}$$

$$=\frac{100(4+j3)}{(4-j3)(4+j3)}=\frac{100(4+j3)}{16+9}$$

$$=\frac{\overset{4}{\cancel{100}}}{\underset{1}{\cancel{25}}}(4+j3)=16+j12\,〔\mathrm{A}〕$$

$$\dot{I}_{ac}=\frac{\dot{V}_{ac}}{8+j6}=\frac{200}{8+j6}$$

$$=\frac{200(8-j6)}{(8+j6)(8-j6)}=\frac{200(8-j6)}{64+36}$$

$$=\frac{\overset{2}{\cancel{200}}}{\underset{1}{\cancel{100}}}(8-j6)=16-j12\,〔\mathrm{A}〕$$

キルヒホッフの第1法則より、$\dot{I}_a$、$\dot{I}_b$、$\dot{I}_c$とその大きさI_a、I_b、I_cは、

$$\dot{I}_a=\dot{I}_{ab}+\dot{I}_{ac}=(12-j16)+(16-j12)$$

$$=28-j28\,〔\mathrm{A}〕$$

$$I_a=|\dot{I}_a|=\sqrt{28^2+28^2}=\sqrt{1568}$$

$$\fallingdotseq 39.6\,〔\mathrm{A}〕$$

$$\dot{I}_b+\dot{I}_{ab}=\dot{I}_{bc}$$

$$\therefore \dot{I}_b=\dot{I}_{bc}-\dot{I}_{ab}$$

$$=(16+j12)-(12-j16)$$

$$=4+j28\,〔\mathrm{A}〕$$

$$I_b=|\dot{I}_b|=\sqrt{4^2+28^2}=\sqrt{800}$$

$$\fallingdotseq 28.3\,〔\mathrm{A}〕$$

$$\dot{I}_c+\dot{I}_{bc}+\dot{I}_{ac}=0$$

$$\therefore I_c=-(\dot{I}_{bc}+\dot{I}_{ac})$$

$$=-\{(16+j12)+(16-j12)\}$$

$$=-32-j0\,〔\mathrm{A}〕$$

$$I_c=|\dot{I}_c|=32\,〔\mathrm{A}〕$$

したがって、大小関係は$\boldsymbol{I_a>I_c>I_b}$(答)

解答：(2)

重要ポイント

●複素数分母の実数化

計算を容易にするため、分母から虚数をなくすことを実数化といい、共役(きょうやく)複素数を分子、分母に掛けることにより行う。

(例) $\frac{100}{3+j4}$の分母を実数化する。

$a+jb$の共役複素数は$a-jb$
$a-jb$の共役複素数は$a+jb$

$3+j4$の共役複素数$3-j4$を分子、分母に掛ける。

$$\frac{100}{3+j4}=\frac{100(3-j4)}{(3+j4)(3-j4)}$$

$$=\frac{100(3-j4)}{9-j12+j12+16}$$

$$j4\times(-j4)=16$$

$$=\frac{\overset{4}{\cancel{100}}(3-j4)}{\underset{1}{\cancel{25}}}$$

$$=4(3-j4)=12-j16$$

●キルヒホッフの第1法則(電流則)

接続点に流入する電流の総和と流出する電流の総和は等しい。

$$\dot{I}_a=\dot{I}_{ab}+\dot{I}_{ac}$$

$\dot{I}_a$ $\dot{I}_{ac}$ $\dot{I}_{ab}$

並列回路なので、抵抗R、インダクタンスLおよび静電容量Cを流れる電流$\dot{I}_R$〔A〕、$\dot{I}_L$〔A〕および$\dot{I}_C$〔A〕はそれぞれ次式で表せる。

$$\dot{I}_R=\frac{\dot{E}}{R}\text{〔A〕}$$

$$\dot{I}_L=\frac{\dot{E}}{j\omega L}\text{〔A〕}$$

$$\dot{I}_C=\frac{\dot{E}}{\frac{1}{j\omega C}}=j\omega C\dot{E}\text{〔A〕}$$

ここで、$\dot{I}_L$および$\dot{I}_C$の大きさ、I_LおよびI_Cはそれぞれ、

$$I_L=|\dot{I}_L|=\frac{E}{\omega L}\text{〔A〕}$$

$$I_C=|\dot{I}_C|=\omega CE\text{〔A〕}$$

で表せる。

問題の図2のベクトル図より、$I_C>I_L$であるので、求めるLとCの関係を表す式は、

$$\omega CE>\frac{E}{\omega L}$$

$$\omega C>\frac{1}{\omega L}$$

逆数をとると大小関係が入れ替わる

$$\frac{1}{\omega C}<\omega L$$

$$\therefore \omega L>\frac{1}{\omega C}\text{（答）}$$

解答：(2)

重要ポイント

● $\dot{I}_L$とI_Lの違い

$\dot{I}_L$（I_Lドットと読む）$=\dfrac{\dot{E}}{j\omega L}$〔A〕は、大きさと方向を持つベクトル量であることを表している。その大きさだけを表すときは、$\dot{I}_L$に絶対値の記号を付け、

$$I_L=|\dot{I}_L|=\frac{E}{\omega L}\text{〔A〕}$$

と表す。

別解

インピーダンスの並列回路において、電源から流れ出る電流はインピーダンスの大きさに反比例して分流する（インピーダンスの小さいほうに大きな電流が流れる）。

問題の図2のベクトル図より、$I_C>I_L$であるから、容量性リアクタンス$\dfrac{1}{\omega C}$のほうが誘導性リアクタンスωLより小さい。

$\dfrac{1}{\omega C}<\omega L$である。

$$\therefore \omega L>\frac{1}{\omega C}\text{（答）}$$

①回路Aの共振周波数f_A

回路のインダクタンスがL〔H〕、静電容量がC〔F〕であるので、回路Aの共振周波数f_Aは、

$$f_A = \frac{1}{2\pi\sqrt{LC}}\text{〔Hz〕}$$

②回路Bの共振周波数f_B

回路のインダクタンスが$2L$〔H〕、静電容量がC〔F〕であるので、回路Bの共振周波数f_Bは、

$$f_B = \frac{1}{2\pi\sqrt{2LC}} = \frac{1}{\sqrt{2}\times 2\pi\sqrt{LC}}$$

$$= \frac{f_A}{\sqrt{2}} \fallingdotseq 0.707\times f_A\text{〔Hz〕}$$

③回路Aと回路Bの直列接続回路の共振周波数f_{AB}

L〔H〕と$2L$〔H〕のインダクタンスが直列接続されているので、回路のインダクタンスは$L+2L=3L$〔H〕となる。また、2つのC〔F〕の静電容量が直列接続されているので、回路の静電容量は$\frac{C\cdot C}{C+C}=\frac{C}{2}$〔F〕となる。したがって、回路Aと回路Bの直列接続回路の共振周波数f_{AB}は、

$$f_{AB} = \frac{1}{2\pi\sqrt{3L\times\frac{C}{2}}} = \frac{1}{2\pi\sqrt{1.5LC}}$$

$$= \frac{1}{\sqrt{1.5}\times 2\pi\sqrt{LC}}$$

$$= \frac{f_A}{\sqrt{1.5}} \fallingdotseq 0.816\times f_A\text{〔Hz〕}$$

以上のことから、f_A、f_B、f_{AB}の大小関係は、$\boldsymbol{f_B < f_{AB} < f_A}$(答)となる。

解答：(5)

重要ポイント

●*RLC*直列回路の共振周波数*f*

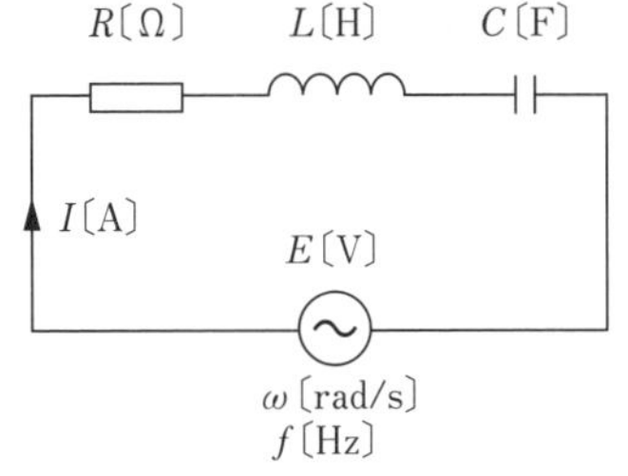

$$f = \frac{1}{2\pi\sqrt{LC}}\text{〔Hz〕}$$

$\omega L = 2\pi fL$〔Ω〕：誘導性リアクタンス

$\frac{1}{\omega C} = \frac{1}{2\pi fC}$〔Ω〕：容量性リアクタンス

ただし、ω：電源の角周波数

f：電源の周波数

$\omega L = \frac{1}{\omega C}$のとき、合成インピーダンス$\dot{Z}$は、抵抗$R$のみとなる。この状態を直列共振という。

$$\dot{Z} = R + j\left(\omega L - \frac{1}{\omega C}\right) = R$$

回路を複素数で表現すると、

電源電圧 $\dot{E}=\dfrac{E_m}{\sqrt{2}}$〔V〕

静電容量 C のリアクタンス

$$\dot{Z}_C=\frac{1}{j\omega C}〔\Omega〕$$

インダクタンス L のリアクタンス

$$\dot{Z}_L=j\omega L〔\Omega〕$$

よって、回路電流 $\dot{I}$ は、

$$\dot{I}=\frac{\dot{E}}{\dot{Z}_C}+\frac{\dot{E}}{\dot{Z}_L}=\dot{E}\left(\frac{1}{\dot{Z}_C}+\frac{1}{\dot{Z}_L}\right)$$

$$=\frac{E_m}{\sqrt{2}}\left(\frac{1}{\dfrac{1}{j\omega C}}+\frac{1}{j\omega L}\right)$$

電流 $\dot{I}$ が零になるには、上式の(　　)内が零になればよいので、

$$\frac{1}{\dfrac{1}{j\omega C}}+\frac{1}{j\omega L}=0$$

$$j\omega C+\frac{1}{j\omega L}=0$$

両辺に $-j$ を乗ずると、

$$-j\left(j\omega C+\frac{1}{j\omega L}\right)=-j\times 0$$

$$\omega C-\frac{1}{\omega L}=0$$

$$\omega C=\frac{1}{\omega L}$$

$$\omega^2 LC=1$$

$$\therefore \omega=\frac{1}{\sqrt{LC}}〔\text{rad/s}〕(答)$$

解答：(1)

別解

L を流れる電流 i_L(実効値 I_L)と C を流れる電流 i_C(実効値 I_C)には、180°の位相差がある。

よって、誘導性リアクタンスの大きさ ωL と容量性リアクタンスの大きさ $\dfrac{1}{\omega C}$ が等しければ、合成電流 i(実効値 I)$=0$ となる。

なお、この状態を並列共振状態という。

$$\omega L=\frac{1}{\omega C}$$

$$\omega^2 LC=1$$

$$\omega=\frac{1}{\sqrt{LC}}〔\text{rad/s}〕(答)$$

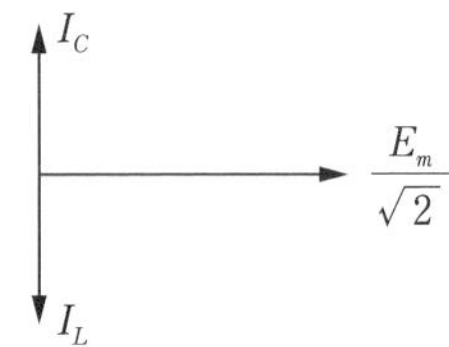

並列共振ベクトル図

重要ポイント

●並列共振時の角周波数

$$\omega=\frac{1}{\sqrt{LC}}〔\text{rad/s}〕$$

●並列共振時の周波数

$$2\pi fL=\frac{1}{2\pi fC}$$

$$f=\frac{1}{2\pi\sqrt{LC}}〔\text{Hz}〕$$

問題の回路およびベクトル図を下に示す。

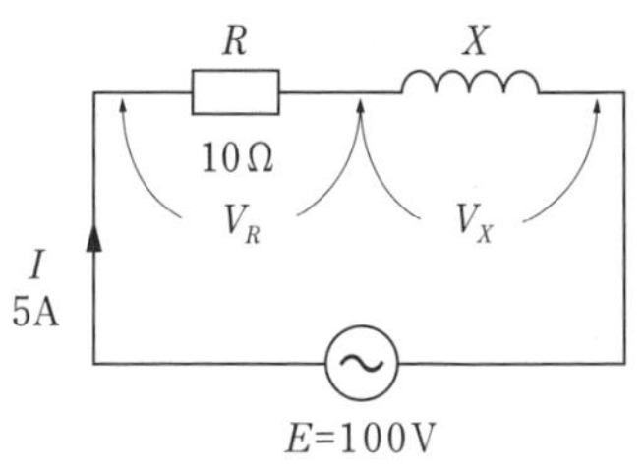

図a　回路図

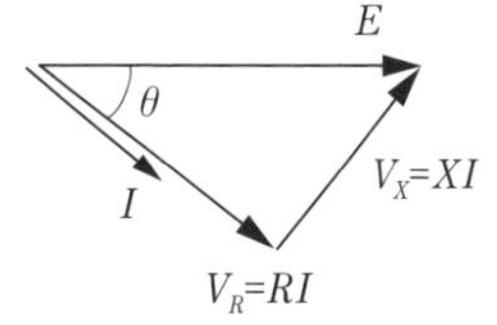

図b　ベクトル図

回路の有効電力Pは、抵抗Rで消費され、次式で表される。

$P=RI^2=10\times5^2=10\times25$

$=\mathbf{250}$〔W〕(答)

解答：(1)

別解

回路のインピーダンスZは、

$$Z=\frac{E}{I}=\frac{100}{5}=20〔\Omega〕$$

回路の力率$\cos\theta$は、

$$\cos\theta=\frac{R}{Z}=\frac{10}{20}=0.5$$

回路の有効電力Pは、

$P=EI\cos\theta=100\times5\times0.5$

$=\mathbf{250}$〔W〕(答)

! 重要ポイント

● RL直列回路の電力と力率

抵抗R〔Ω〕、誘導性リアクタンスX〔Ω〕の直列回路において、電流I〔A〕は電源電圧E〔V〕よりも位相がθ〔rad〕遅れる。このときの力率を**遅れ力率**、無効電力を**遅れ無効電力**という。

有効電力は抵抗R〔Ω〕で消費され、また、遅れ無効電力は誘導性リアクタンスX〔Ω〕で消費される。

皮相電力　$\dot{S}=P+jQ$〔V·A〕

$S=EI=ZI^2$〔V·A〕

有効電力　$P=EI\cos\theta=RI^2$〔W〕

遅れ無効電力　$Q=EI\sin\theta=XI^2$〔var〕

力率　$\cos\theta=\dfrac{R}{Z}$

ただし、Zは直列インピーダンスで、

$Z=\sqrt{R^2+X^2}$

$=\dfrac{E}{I}$〔Ω〕

無効率　$\sin\theta=\dfrac{X}{Z}$

単相3線式電源の端子ab間の電圧と位相および端子bc間の電圧と位相がそれぞれ等しく、また、端子ab間と端子bc間の負荷が等しいので、中性線には電流が流れない。このことから、問題図の回路は次図の回路と等しくなる。

端子ac間のインピーダンスZは、

$\dot{Z}=4+j3+j3+4=8+j6$〔Ω〕

$Z=\sqrt{8^2+6^2}=\sqrt{64+36}$

$=\sqrt{100}=10$〔Ω〕

したがって、回路の電流Iは、

$I=\dfrac{V_{ac}}{Z}=\dfrac{200}{10}=20$〔A〕

求める負荷の総電力Pは、抵抗でのみ消費されるので、

$P=I^2R=20^2\times 8=$**3200**〔W〕(答)

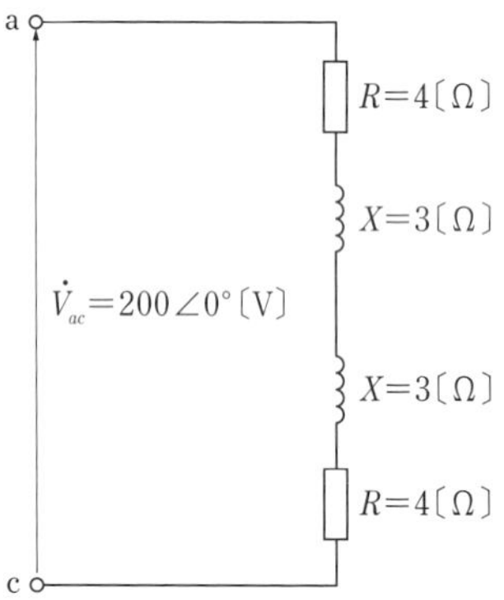

解答：(3)

! 重要ポイント

● **単相3線式配電線路の負荷がバランスしていれば、中性線に電流は流れない。**

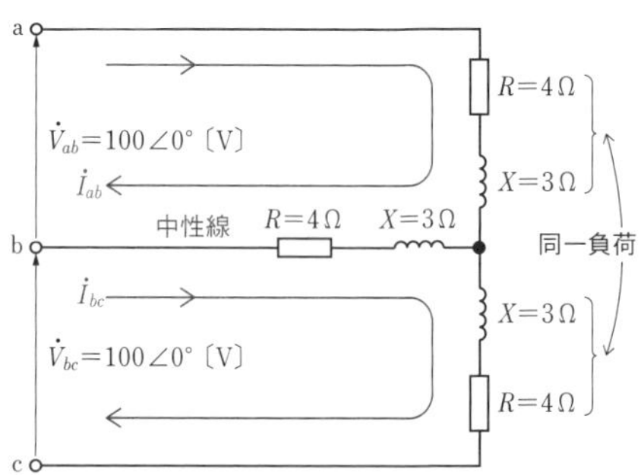

※ $\dot{I}_{ab}$と$\dot{I}_{bc}$は大きさが同じで向きが反対のため打ち消し合い、中性線に電流は流れない。

周波数が50〔Hz〕のときのコンデンサのリアクタンスをX_{50}〔Ω〕とすると、

$$X_{50}=\frac{1}{\omega C}=\frac{1}{2\pi fC}=\frac{1}{2\pi\times 50\times C}$$

$$=\frac{1}{100\pi C}〔\Omega〕$$

同様に、周波数が25〔Hz〕のときのコンデンサのリアクタンスをX_{25}〔Ω〕とすると、

$$X_{25}=\frac{1}{2\pi\times 25\times C}=\frac{1}{50\pi C}〔\Omega〕$$

したがって、次の関係がある。

$X_{25}=2X_{50}$ …①

題意より、電源周波数が50〔Hz〕のときの回路力率$\cos\theta_{50}$が80〔%〕なので、次式が成立する。

$$\cos\theta_{50}=\frac{R}{\sqrt{R^2+X_{50}{}^2}}=0.8$$

$$\frac{8}{\sqrt{8^2+X_{50}{}^2}}=0.8$$

$\sqrt{8^2+X_{50}{}^2}=10$

$8^2+X_{50}{}^2=10^2$

$X_{50}=\sqrt{10^2-8^2}=\sqrt{36}=6$〔Ω〕

式①より、

$X_{25}=2X_{50}=2\times 6=12$〔Ω〕

したがって、電源周波数が25〔Hz〕における回路力率$\cos\theta_{25}$は、

$$\cos\theta_{25}=\frac{R}{\sqrt{R^2+X_{25}{}^2}}=\frac{8}{\sqrt{8^2+12^2}}$$

$$=\frac{8}{\sqrt{208}}\fallingdotseq 0.555\rightarrow$$ **56**〔%〕(答)

解答：(3)

! 重要ポイント

●誘導性リアクタンスと容量性リアクタンス

(1) L〔H〕のコイルの誘導性リアクタンスX_L〔Ω〕は、

$X_L=\omega L=2\pi fL$〔Ω〕

(2) C〔F〕のコンデンサの容量性リアクタンスX_C〔Ω〕は、

$$X_C=\frac{1}{\omega C}=\frac{1}{2\pi fC}〔\Omega〕$$

●R、X直列回路の力率

抵抗R〔Ω〕、リアクタンスX〔Ω〕の直列回路の力率$\cos\theta$は、

$$\cos\theta=\frac{R}{Z}=\frac{R}{\sqrt{R^2+X^2}}$$

ただし、Z〔Ω〕はインピーダンスで、

$Z=\sqrt{R^2+X^2}$〔Ω〕

(a) 電圧をV〔V〕、電流をI〔A〕とすると、皮相電力Sは、

$S=VI=300\times12.5=3750$〔V·A〕

有効電力をP〔W〕、力率を$\cos\theta$とすると、$P=S\cos\theta$であるから、

$$\cos\theta=\frac{P}{S}=\frac{2250}{3750}=0.6$$

無効率$\sin\theta$は、

$$\sin\theta=\sqrt{1-\cos^2\theta}$$
$$=\sqrt{1-0.6^2}$$
$$=0.8$$

cosθ＝0.6なら sinθ＝0.8である。暗記しておこう

よって、求める無効電力Qは、

$Q=S\sin\theta=3750\times0.8$

$=$ **3000**〔var〕(答)

解答：(a)-(4)

(b) 無効電力Qは、

$Q=\dfrac{V^2}{X}$〔var〕であるから、

誘導性リアクタンスXは、

$X=\dfrac{V^2}{Q}=\dfrac{300^2}{3000}=$ **30**〔Ω〕(答)

解答：(b)-(3)

別解

(a) $S=VI$〔V·A〕

$S^2=P^2+Q^2$より、

$$Q=\sqrt{S^2-P^2}$$
$$=\sqrt{(VI)^2-P^2}$$
$$=\sqrt{(300\times12.5)^2-2250^2}$$

$=$ **3000**〔var〕(答)

重要ポイント

皮相電力 $S=VI=\dfrac{V^2}{Z}$〔V·A〕

有効電力 $P=VI\cos\theta=\dfrac{V^2}{R}$〔W〕

無効電力 $Q=VI\sin\theta=\dfrac{V^2}{X}$〔var〕

有効電力Pは、抵抗Rで消費する。

電力計の指示値2250Wは、有効電力である。

迷ったら、単位のWから判断しよう

電力ベクトルより、

$S^2=P^2+Q^2$

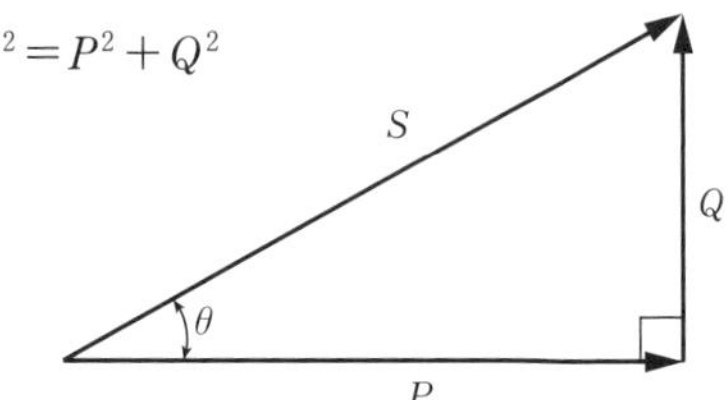

題意より、$X_{C1}=6$〔Ω〕のリアクタンスの端子電圧は$V_{C1}=12$〔V〕なので、このコンデンサに流れる電流I_1〔A〕は、

$$I_1=\frac{V_{C1}}{X_{C1}}=\frac{12}{6}=2\text{〔A〕}$$

したがって、$R_1=8$〔Ω〕の抵抗の端子電圧V_{R1}〔V〕は、

$$V_{R1}=R_1I_1=8\times2=16\text{〔V〕}$$

交流電圧E〔V〕は、

$$E=\sqrt{V_{R1}^2+V_{C1}^2}=\sqrt{16^2+12^2}$$
$$=\mathbf{20}\text{〔V〕(答)}$$

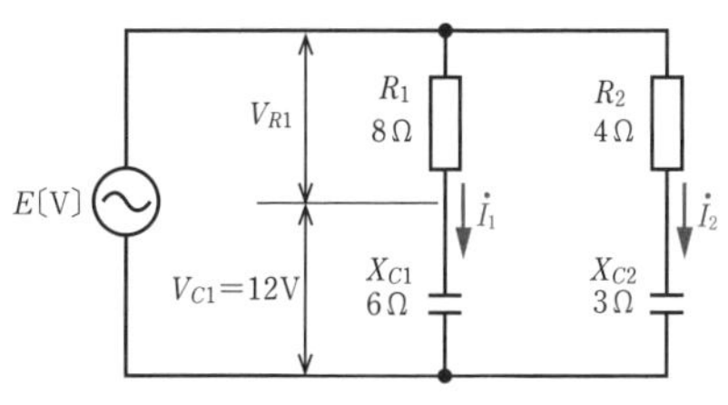

図a　回路図

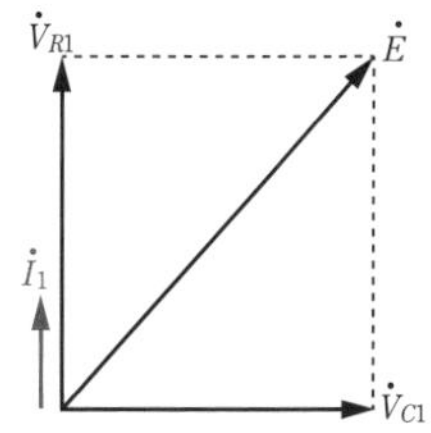

図b　$\dot{E}$と$\dot{I}_1$の関係を表すベクトル図

次に、電力P〔W〕を求める。

抵抗$R_2=4$〔Ω〕と容量性リアクタンス$X_{C2}=3$〔Ω〕を流れる電流の大きさI_2〔A〕は、

$$I_2=\frac{E}{\sqrt{R_2^2+X_{C2}^2}}=\frac{20}{\sqrt{4^2+3^2}}=4\text{〔A〕}$$

破線内の回路で消費される電力P〔W〕は、2つの抵抗で消費される電力なので、次のようになる。

$$P=R_1I_1^2+R_2I_2^2=8\times2^2+4\times4^2$$
$$=32+64=\mathbf{96}\text{〔W〕(答)}$$

解答：(2)

重要ポイント

●有効電力Pは抵抗Rでのみ消費される

R〔Ω〕の抵抗にI〔A〕の電流が流れると、

$P=RI^2$〔W〕

重ね合わせの理により解く。

①図aの交流電源だけの回路

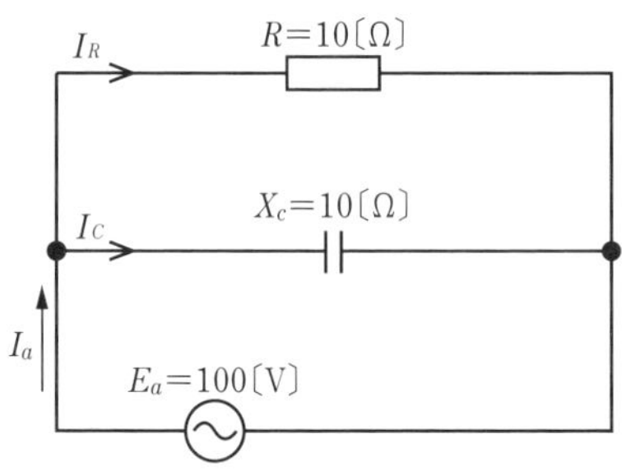

図a　交流電源

$$\dot{I}_R=\frac{E_a}{R}=\frac{100}{10}=10〔A〕$$

$$\dot{I}_C=\frac{E_a}{-jX_c}=\frac{100}{-j10}=j10〔A〕$$

$$\dot{I}_a=\dot{I}_R+\dot{I}_C=10+j10〔A〕$$

$$I_a=|\dot{I}_a|=\sqrt{10^2+10^2}=\sqrt{200}$$
$$=\sqrt{2}\times\sqrt{100}=10\sqrt{2}〔A〕$$

②図bの直流電源だけの回路

直流電源に対しX_cは開放されるので、

$$I_d=\frac{E_d}{R}=\frac{100}{10}=10〔A〕$$

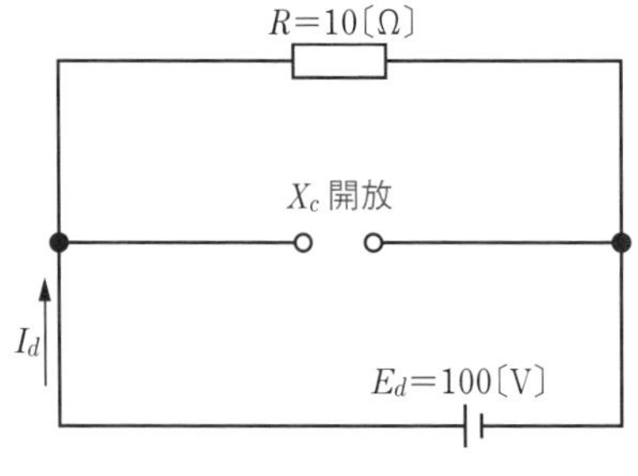

図b　直流電源

①と②の回路を重ね合わせると、

$$I=\sqrt{I_a{}^2+I_d{}^2}=\sqrt{(10\sqrt{2})^2+10^2}$$
$$=\sqrt{200+100}=\sqrt{300}$$
$$=\sqrt{3}\times\sqrt{100}=10\sqrt{3}$$
$$\fallingdotseq \mathbf{17.3}〔A〕（答）$$

解答：(3)

！重要ポイント

●ひずみ波交流回路（交流電源と直流電源がある回路）

交流電圧実効値E_a

交流電流実効値I_a

直流電圧実効値E_d

直流電流実効値I_d

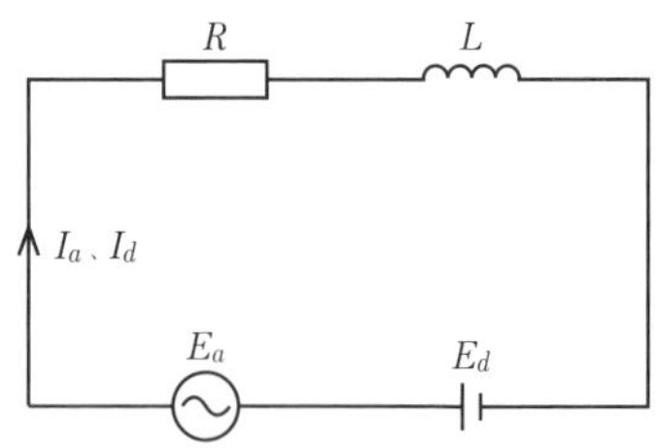

合成波形の電圧実効値$E=\sqrt{E_a{}^2+E_d{}^2}$

合成波形の電流実効値$I=\sqrt{I_a{}^2+I_d{}^2}$

平均電力（有効電力）$P=E_aI_a\cos\theta+E_dI_d$

$$=I_a{}^2R+I_d{}^2R$$

●直流は波高値（最大値）、平均値、実効値が等しい

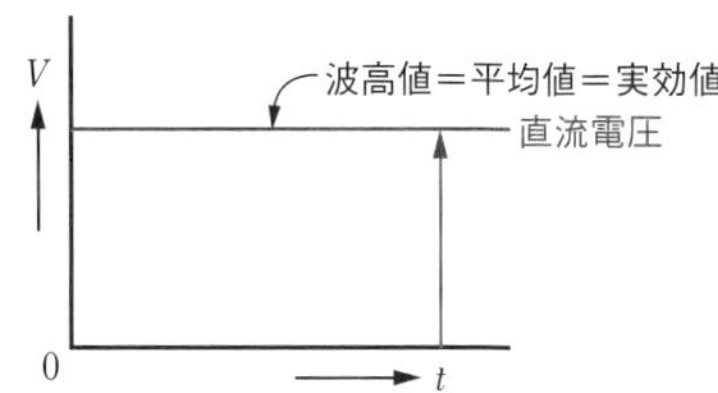

ひずみ波交流電流 i の第1項、基本波 $6\sin\omega t$〔A〕の

実効値 $I_1=\dfrac{6}{\sqrt{2}}$〔A〕

したがって、$R=5\Omega$ で消費される平均電力(有効電力)P_1 は、

$$P_1=I_1^2\cdot R=\left(\frac{6}{\sqrt{2}}\right)^2\times 5=\frac{36}{2}\times 5$$

$=90$〔W〕

i の第2項、第3高調波 $2\sin 3\omega t$〔A〕の

実効値 $I_3=\dfrac{2}{\sqrt{2}}$〔A〕

したがって、$R=5\Omega$ で消費される平均電力(有効電力)P_3 は、

$$P_3=I_3^2\cdot R=\left(\frac{2}{\sqrt{2}}\right)^2\times 5=\frac{4}{2}\times 5$$

$=10$〔W〕

求める平均電力(有効電力)P は、

$P=P_1+P_3=90+10=\mathbf{100}$〔W〕(答)

解答：(3)

別解

ひずみ波交流電流 i の実効値 I は、

$$I=\sqrt{I_1^2+I_3^2}=\sqrt{\left(\frac{6}{\sqrt{2}}\right)^2+\left(\frac{2}{\sqrt{2}}\right)^2}$$

$$=\sqrt{\frac{40}{2}}=\sqrt{20}\text{〔A〕}$$

求める平均電力(有効電力)P は、

$P=I^2\cdot R=(\sqrt{20})^2\times 5=20\times 5$

$=\mathbf{100}$〔W〕(答)

❗重要ポイント

●ひずみ波交流の平均電力(有効電力)

平均電力とは、有効電力のことである

ひずみ波交流の平均電力は、同一調波の電圧×電流(または電流の2乗×R)の総和となる。ただし、電圧と電流はいずれも実効値。

●ひずみ波交流の実効値

基本波の3倍の周波数

$i=6\sin\omega t+2\sin 3\omega t$〔A〕

基本波　第3高調波

$=\sqrt{2}I_1\sin\omega t+\sqrt{2}I_3 3\omega t$〔A〕

基本波の実効値　第3高調波の実効値

$\sqrt{2}I_1=6$、$I_1=\dfrac{6}{\sqrt{2}}$〔A〕

$\sqrt{2}I_3=2$、$I_3=\dfrac{2}{\sqrt{2}}$〔A〕

なお、6〔A〕は基本波の最大値

2〔A〕は第3高調波の最大値

第4章 交流回路

$\dot{E}_a$、$\dot{E}_b$、$\dot{E}_c$は三相交流電源であり、ベクトル図は次のようになる。

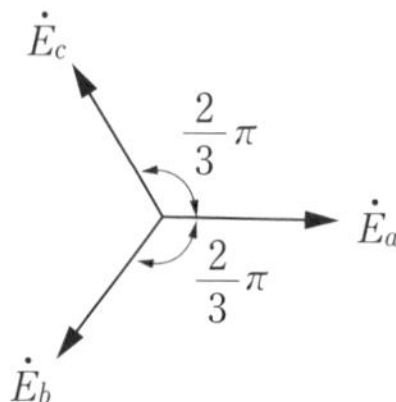

(a) スイッチS_2を開いた状態でスイッチS_1を閉じたときの回路図およびベクトル図は、次のようになる。

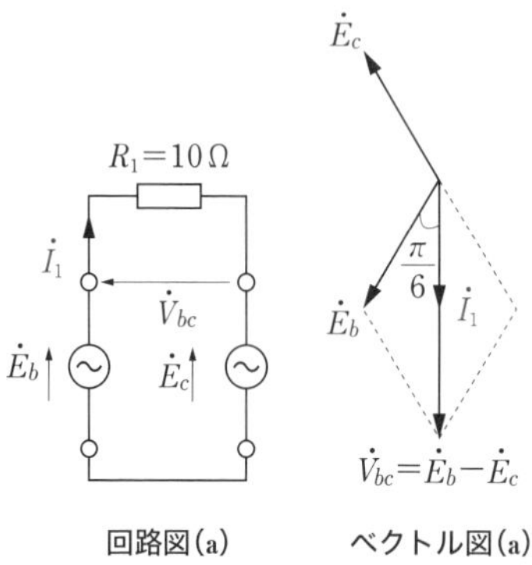

回路図(a)　ベクトル図(a)

R_1に加わる電圧$\dot{V}_{bc}$の大きさは、Y結線電源の線間電圧と同じ大きさとなり、$\dot{E}_b$の大きさの$\sqrt{3}$倍、すなわち$100\sqrt{3}$〔V〕となる。

したがって、

$$I_1=\frac{V_{bc}}{R_1}=\frac{100\sqrt{3}}{10}\fallingdotseq \mathbf{17.3}\text{〔A〕(答)}$$

解答：(a)－(4)

(b) スイッチS_1を開いた状態でスイッチS_2を閉じたときの回路図およびベクトル図は、次のようになる。

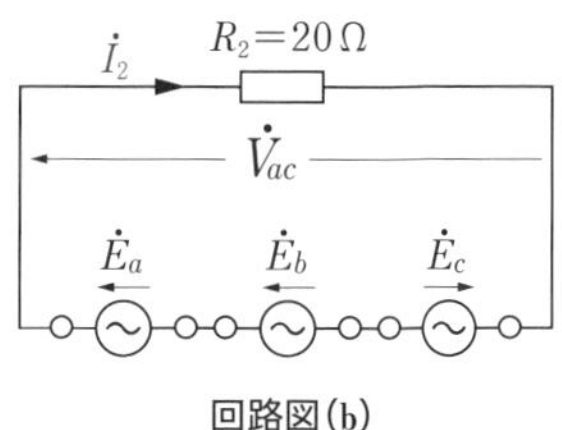

回路図(b)

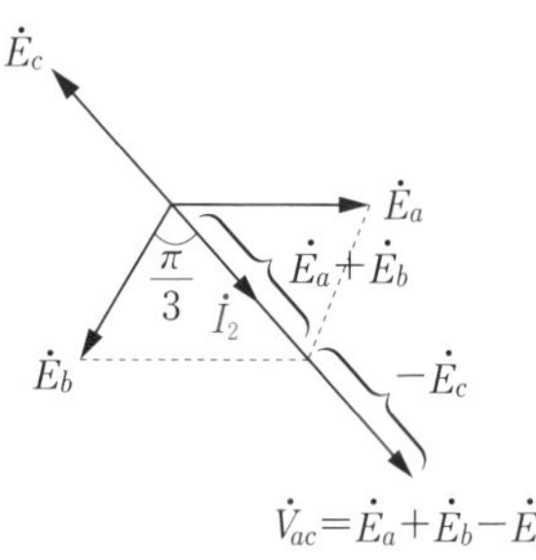

ベクトル図(b)

R_2に加わる電圧$\dot{V}_{ac}$の大きさは、$|\dot{E}_a|=|\dot{E}_b|=|\dot{E}_c|=100$〔V〕であるから、ベクトル図より、$V_{ac}=|\dot{V}_{ac}|=200$〔V〕であることがわかる。

したがって、

$$I_2=\frac{V_{ac}}{R_2}=\frac{200}{20}=10\text{〔A〕}$$

R_2で消費される電力P_2は、

$$P_2=R_2\times I_2^2=20\times 10^2$$
$$=\mathbf{2000}\text{〔W〕(答)}$$

解答：(b)－(4)

重要ポイント

- **位相の異なる電圧の合成は、複素数で計算するより、ベクトル図で行うと簡単である。**

一見、対称三相交流電源に見えるが、$\dot{E}_c$が基準ベクトル$\dot{E}_a$より$\frac{\pi}{3}$〔rad〕(60°)進んでいるので、そうではない。対称三相交流なら、$\dot{E}_c = 200\angle -\frac{4\pi}{3}$($\dot{E}_a$より$\frac{4\pi}{3}$〔rad〕(240°)遅れ)または$\dot{E}_c = 200\angle\frac{2\pi}{3}$($\dot{E}_a$より$\frac{2\pi}{3}$〔rad〕(120°)進み)でなければならない。

極座標表示された各相電圧を複素数表示に変換すると、

$\dot{E}_a = 200\angle 0 = 200(\cos 0 + j\sin 0) = 200$〔V〕

$$\dot{E}_b = 200\angle -\frac{2\pi}{3}$$
$$= 200\left\{\cos\left(-\frac{2\pi}{3}\right) + j\sin\left(-\frac{2\pi}{3}\right)\right\}$$
$$= 200\left(-\frac{1}{2} - j\frac{\sqrt{3}}{2}\right)$$
$$= -100 - j100\sqrt{3}\ \text{〔V〕}$$

$$\dot{E}_c = 200\angle\frac{\pi}{3} = 200\left(\cos\frac{\pi}{3} + j\sin\frac{\pi}{3}\right)$$
$$= 200\left(\frac{1}{2} + j\frac{\sqrt{3}}{2}\right)$$
$$= 100 + j100\sqrt{3}\ \text{〔V〕}$$

ここで問題の回路図$\dot{V}_{ca}$の矢印は、$\dot{E}_c$の方が$\dot{E}_a$より電位が高いことを意味しており、$\dot{V}_{ca} = \dot{E}_c - \dot{E}_a$である。同様に、$\dot{V}_{bc} = \dot{V}_b - \dot{V}_c$である。

よって、線間電圧$\dot{V}_{ca}$は、

$$\dot{V}_{ca} = \dot{E}_c - \dot{E}_a = (100 + j100\sqrt{3}) - 200$$
$$= -100 + j100\sqrt{3}$$

線間電圧$\dot{V}_{ca}$の大きさ$|\dot{V}_{ca}|$は、

$$|\dot{V}_{ca}| = \sqrt{(-100)^2 + (100\sqrt{3})^2}$$
$$= \mathbf{200}\ \text{〔V〕(答)}$$

線間電圧$\dot{V}_{bc}$は、

$$\dot{V}_{bc} = \dot{E}_b - \dot{E}_c$$
$$= (-100 - j100\sqrt{3}) - (100 + j100\sqrt{3})$$
$$= -200 - j200\sqrt{3}\ \text{〔V〕}$$

線間電圧$\dot{V}_{bc}$の大きさ$|\dot{V}_{bc}|$は、

$$|\dot{V}_{bc}| = \sqrt{(-200)^2 + (-200\sqrt{3})^2}$$
$$= \mathbf{400}\ \text{〔V〕(答)}$$

解答：(5)

別解

ベクトル図により解く。各相電圧および線間電圧$\dot{V}_{ca}$、$\dot{V}_{bc}$のベクトルは、図aまたは図bのようになる。

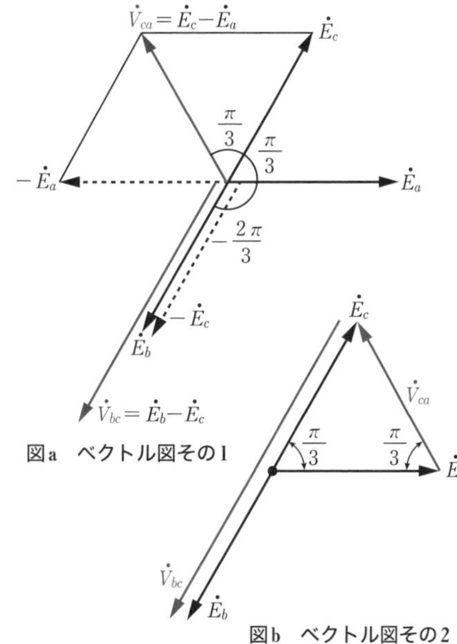

図a　ベクトル図その1

図b　ベクトル図その2

図aにおいて、$\dot{E}_c$の先端と$\dot{V}_{ca}$の先端と原点を結んだ三角形は、1角が$\frac{\pi}{3}$〔rad〕(60°)の正三角形であるから、$\dot{V}_{ca}$の大きさは$\dot{E}_c$の大きさと等しく**200**〔V〕(答)

また、$\dot{V}_{bc}$の大きさは$\dot{E}_b$の大きさの2倍であるから**400**〔V〕(答)

まず、設問(b)の相電流$\dot{I}_{ab}$から先に求める。

(b) 負荷インピーダンスをY－△変換すると3倍になるので、

$\dot{Z}_{\triangle}=15\sqrt{3}+j15〔\Omega〕\rightarrow 30\angle\frac{\pi}{6}〔\Omega〕$

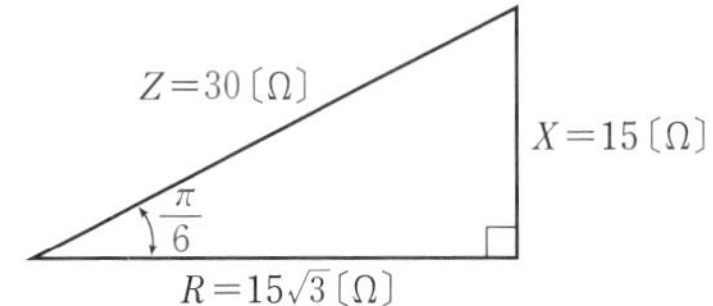

図a　インピーダンス三角形

※$15:30:15\sqrt{3}=1:2:\sqrt{3}$の直角三角形になっている。

相電流$\dot{I}_{ab}$〔A〕は、

$$\dot{I}_{ab}=\frac{\dot{E}_a}{\dot{Z}_{\triangle}}=\frac{200\angle 0}{30\angle\frac{\pi}{6}}$$

$$\fallingdotseq \mathbf{6.67\angle-\frac{\pi}{6}}〔A〕(答)$$

※ベクトルの割り算では、大きさは大きさどうしの割り算$\left(\frac{200}{30}\right)$、角度は引き算$\left(0-\frac{\pi}{6}\right)$となる。

(a) △結線の線電流$\dot{I}_1$は、大きさが相電流$\dot{I}_{ab}$の$\sqrt{3}$倍で、位相が$\frac{\pi}{6}$遅れるので、

$$\dot{I}_1=\sqrt{3}\,I_{ab}\angle-\frac{\pi}{6}$$

回路図の点aにキルヒホッフの第1法則を適用すると$\dot{I}_1=\dot{I}_{ab}-\dot{I}_{ca}$となる(図cベクトル図参照)

$$=\sqrt{3}\times 6.67\angle\left(-\frac{\pi}{6}-\frac{\pi}{6}\right)$$

$$\fallingdotseq \mathbf{11.55\angle-\frac{\pi}{3}}〔A〕(答)$$

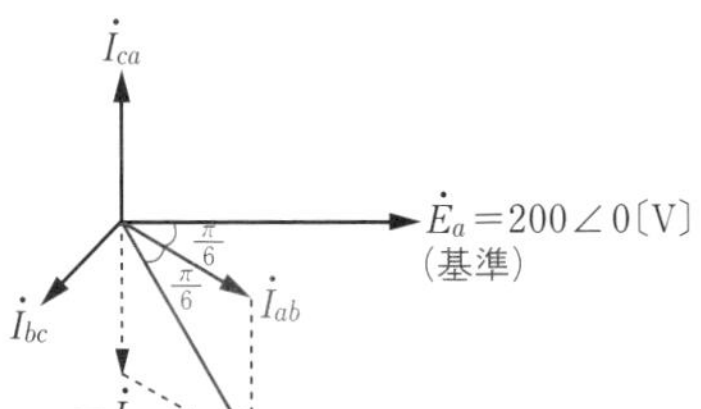

図c　ベクトル図

解答：(a)－(4)、(b)－(5)

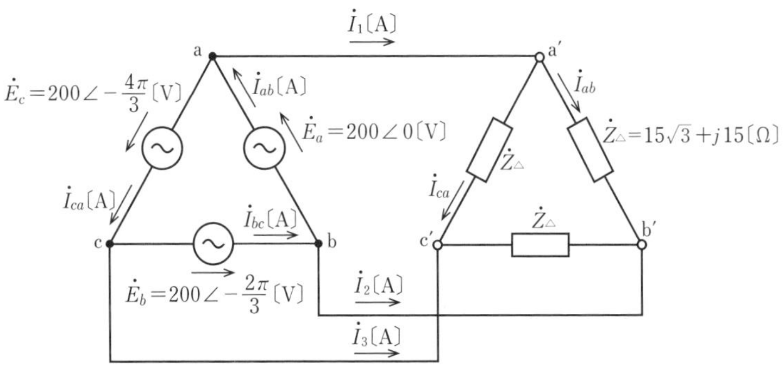

図b　負荷インピーダンスをY→△に変換した回路

081 三相交流電源と負荷

H22 A問題 問9

問題文の回路図とベクトル図を次図に示す。

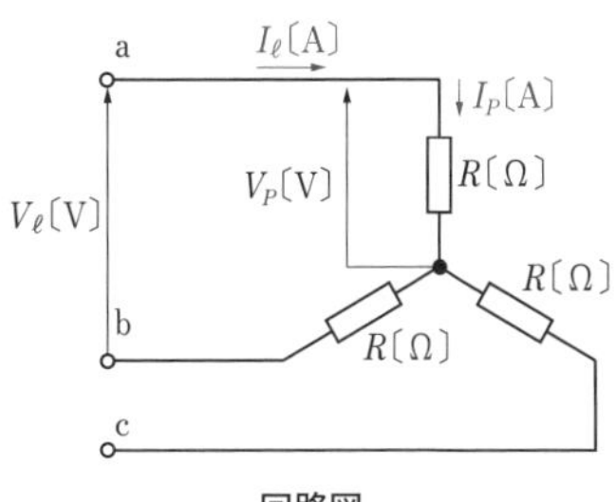

回路図

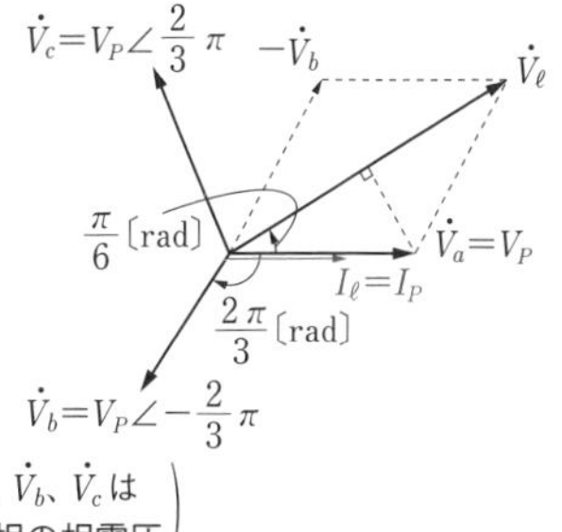

ベクトル図

(1) **正しい。**

ベクトル図より、

$$V_\ell = V_P \cos\frac{\pi}{6} \times 2 = V_P \times \frac{\sqrt{3}}{2} \times 2$$

$$= \sqrt{3}\, V_P$$

(2) **正しい。**

回路図より、$I_\ell = I_P$

(3) **正しい。**

回路図より、$I_\ell = I_P = \dfrac{V_P}{R}$

(4) **誤り。**

回路図より、三相負荷の消費電力Pは、1相分の消費電力$V_P I_P$の3倍となるので、

$V_P = \dfrac{V_\ell}{\sqrt{3}}$、$I_P = I_\ell$

$P = 3V_P I_P = \sqrt{3}\, V_\ell I_\ell$である。

$P = \sqrt{3}\, V_P I_P$という記述は誤りである。

(5) **正しい。**

このためY回路の1相分を抜き出し、単相回路として計算できる。

解答：(4)

(a) 与えられた電圧と電流からインピーダンスを求め、力率を利用して誘導性リアクタンスを求める。

線間電圧210〔V〕を相電圧E_P〔V〕に変換すると、

$$E_P=\frac{210}{\sqrt{3}}\text{〔V〕}$$

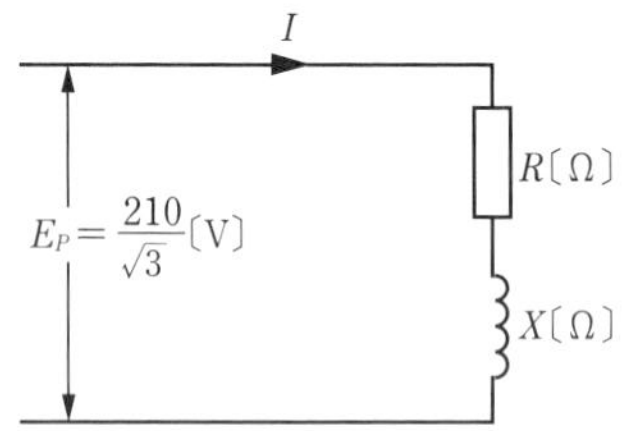

Y結線1相当たりの回路

三相負荷1相当たりのインピーダンスZ〔Ω〕は、

$$Z=\frac{E_P}{I}=\frac{\frac{210}{\sqrt{3}}}{\frac{14}{\sqrt{3}}}=15\text{〔Ω〕}$$

また、力率が0.8であることから、抵抗R〔Ω〕は次のようになる。

$\cos\theta=\frac{R}{Z}$より、

$R=Z\cos\theta=15\times0.8=12$〔Ω〕

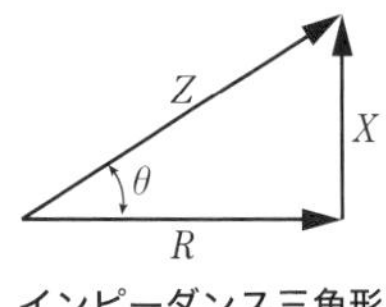

インピーダンス三角形

したがって、誘導性リアクタンスX〔Ω〕は、

$X=\sqrt{Z^2-R^2}=\sqrt{15^2-12^2}=\mathbf{9}$〔Ω〕(答)

または、次のように求めてもよい。

$\sin\theta=\frac{X}{Z}$より、

$X=Z\sin\theta=15\times0.6=\mathbf{9}$〔Ω〕(答)

$\cos\theta=0.8$のとき、$\sin\theta=0.6$である。暗記しておこう
$\sin\theta=\sqrt{1-\cos^2\theta}=\sqrt{1-0.8^2}=0.6$

(b) 下図のように、この場合の線間電圧(△結線負荷の相電圧)V_lは$200\sqrt{3}$〔V〕となる。負荷の相電流I_P〔A〕は、

$$I_P=\frac{V_l}{Z}=\frac{200\sqrt{3}}{15}=\frac{40\sqrt{3}}{3}\text{〔A〕}$$

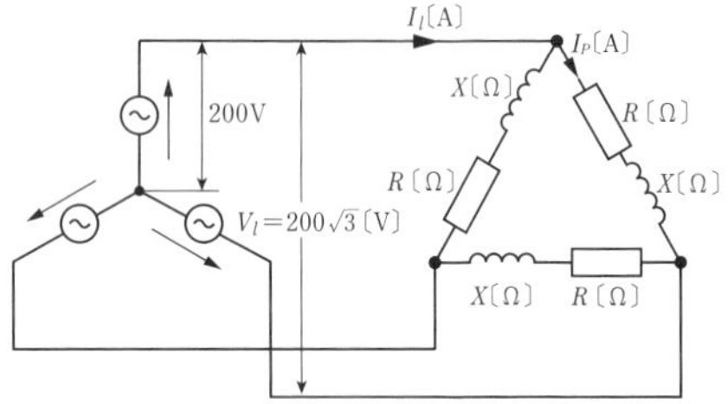

求める平衡三相負荷の全消費電力Pは、

$P=3I_P{}^2R$

$=3\times\left(\frac{40\sqrt{3}}{3}\right)^2\times12$

$=19200$〔W〕→**19.2**〔kW〕(答)

または、次のように求めてもよい。

線電流I_l〔A〕は、相電流I_P〔A〕の$\sqrt{3}$倍だから、

$$I_l=\sqrt{3}\,I_P=\sqrt{3}\times\frac{40\sqrt{3}}{3}=40\text{〔A〕}$$

求める平衡三相負荷の全消費電力Pは、

$P=\sqrt{3}\,V_l I_l\cos\theta$

$=\sqrt{3}\times200\sqrt{3}\times40\times0.8$

$=19200$〔W〕→**19.2**〔kW〕(答)

解答：(a)-(3)、(b)-(4)

083 三相交流回路の計算①

H17 A問題 問7　テキスト LESSON 36

△－△結線のまま計算する。

△－△結線の1相分を抜き出した下図の回路において、相電流I_Pは、

$$I_P=\frac{20}{\sqrt{3}}〔A〕$$

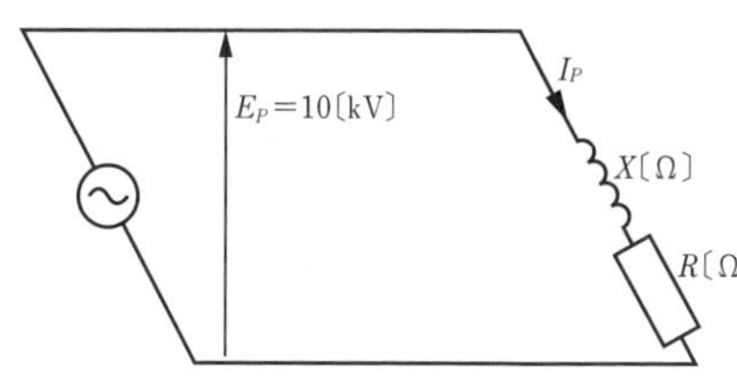

1相分を抜き出した回路

Rが消費する1相分の有効電力P_1は、全消費電力$P_3=200\times10^3$〔W〕の$\frac{1}{3}$となるので、

$$P_1=I_P{}^2\times R=\frac{P_3}{3}〔W〕$$

上式に数値を代入すると、

$$\left(\frac{20}{\sqrt{3}}\right)^2\times R=\frac{200\times10^3}{3}$$

$$\frac{400R}{3}=\frac{200\times10^3}{3}$$

$$400R=200\times10^3$$

$$R=\mathbf{500}〔Ω〕(答)$$

負荷1相分のインピーダンスZは、

$$Z=\sqrt{R^2+X^2}$$

$$I_P=\frac{E_P}{Z}=\frac{20}{\sqrt{3}}であるから、$$

$$\frac{10\times10^3}{Z}\ \times\ \frac{20}{\sqrt{3}}$$

（たすき）に掛けて等しいと置く

$$20Z=\sqrt{3}\times10\times10^3$$

$$Z=\frac{\sqrt{3}\times10\times10^3}{20}$$

$$=500\sqrt{3}〔Ω〕$$

$Z^2=R^2+X^2$であるから、

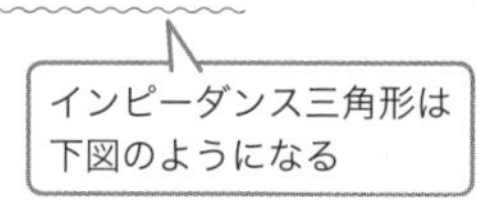

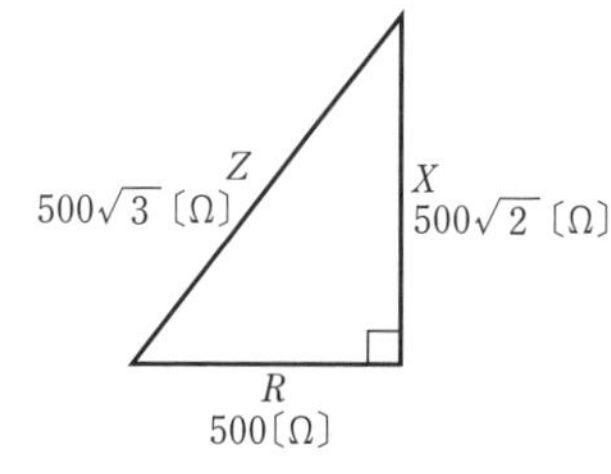

インピーダンス三角形

$$X^2=Z^2-R^2$$

$$X=\sqrt{Z^2-R^2}$$

$$=\sqrt{(500\sqrt{3})^2-500^2}$$

$$=\sqrt{500^2\times3-500^2}$$

$500^2\times3-500^2\times1$ と考える

$$=500\sqrt{3-1}$$

$$=\mathbf{500\sqrt{2}}〔Ω〕(答)$$

解答：(4)

第5章 三相交流回路

(a) Y結線1相当たりの等価回路は、図aのようになる。

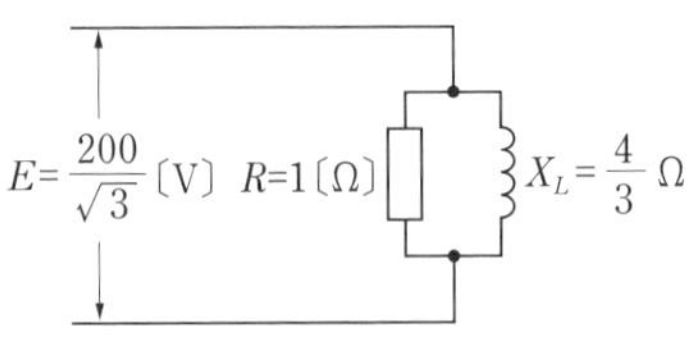

図a 1相当たりの等価回路

よって、三相負荷の有効電力Pと無効電力Qは、

1相当たりの3倍となる

$$P=3\times\frac{E^2}{R}=3\times\frac{\left(\frac{200}{\sqrt{3}}\right)^2}{1}$$

$$=3\times\frac{40000}{3}$$

$$=40\times10^3〔\mathrm{W}〕\to\mathbf{40}〔\mathrm{kW}〕(答)$$

$$Q=3\times\frac{E^2}{X_L}=3\times\frac{\left(\frac{200}{\sqrt{3}}\right)^2}{\frac{4}{3}}$$

$$=3\times\frac{\frac{40000}{3}}{\frac{4}{3}}$$

$$=30\times10^3〔\mathrm{var}〕\to\mathbf{30}〔\mathrm{kvar}〕(答)$$

解答：(a)−(1)

(b) 誘導性リアクタンスをX_L'とすると、スイッチSを閉じたときのY結線1相当たりの等価回路は、図bのようになる。

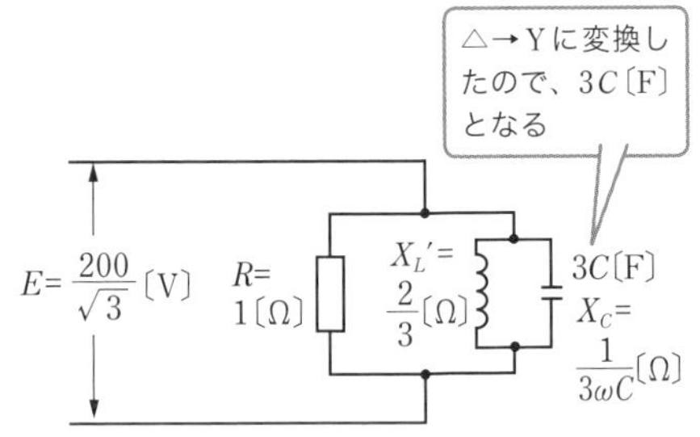

図b スイッチSを閉じたときの1相当たりの等価回路

図aと図bの無効電力が等しいことから、

$$3\times\frac{E^2}{X_L}=3\times\frac{E^2}{X_L'}-3\times\frac{E^2}{X_C}$$

$$\frac{1}{X_L}=\frac{1}{X_L'}-\frac{1}{X_C}$$

$$\frac{3}{4}=\frac{3}{2}-3\omega C$$

$$3\omega C=\frac{3}{2}-\frac{3}{4}=\frac{3}{4}$$

$$C=\frac{3}{3\omega\times4}=\frac{3}{3\times2\pi f\times4}$$

$$=\frac{1}{8\pi\times50}$$

$$\fallingdotseq796\times10^{-6}〔\mathrm{F}〕\to\mathbf{800}〔\mu\mathrm{F}〕(答)$$

解答：(b)−(1)

Δ−Y変換すると、インピーダンスZ(抵抗R、リアクタンスX)は$\frac{1}{3}$となる。

容量性リアクタンス$\frac{1}{\omega C}$も$\frac{1}{3}$になるが、静電容量Cは分母にあるので、3倍の$3C$となることに注意しよう

085 三相交流回路の計算②

H22 B問題 問15　テキスト LESSON 37

(a) 端子a－c間の等価回路は、図aのようになる。この回路の合成抵抗R_{ac}は、

$$R_{ac}=\frac{R}{2}+\frac{R\times 2R}{R+2R}+\frac{R}{2}$$

$$=R+\frac{2R}{3}=\frac{5R}{3}〔\Omega〕$$

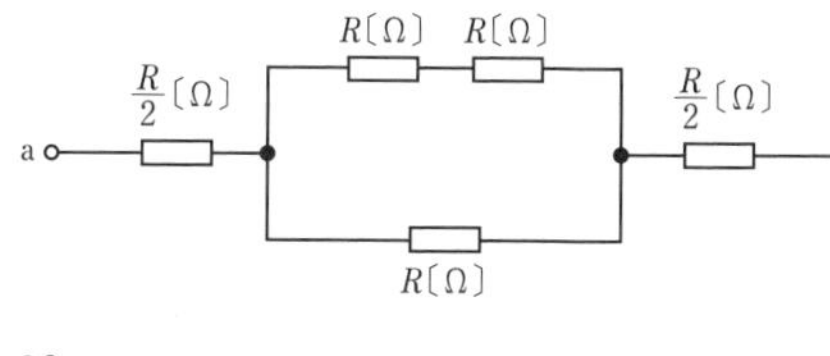

図a　端子a–c間の等価回路

図aの回路に単相100〔V〕の電源を接続したときの消費電力Pが200〔W〕であることから、次式が成り立つ。

$$P=\frac{V_{ac}{}^2}{R_{ac}}=\frac{100^2}{\dfrac{5R}{3}}=\frac{3\times 100^2}{5R}=200〔W〕$$

$\dfrac{3\times 100^2}{5R}$ ✕ $\dfrac{200}{1}$ と考え、
✕(たすき)に掛けて等しいと置く

上式からRを求めると、

$$R=\frac{3\times 100^2}{5\times 200}=\mathbf{30}〔\Omega〕(答)$$

解答：(a)–(2)

(b) 抵抗Rが△接続された負荷をY接続に変換すると$\dfrac{R}{3}$となるので、問題図の回路をY接続に変換すると、1相当たりの抵抗R_Yは、

$$R_Y=\frac{R}{2}+\frac{R}{3}=\frac{5R}{6}=\frac{5\times 30}{6}$$

$$=25〔\Omega〕$$

また、相電圧は線間電圧の$\dfrac{1}{\sqrt{3}}$倍なので、1相分の等価回路は図bのようになる。

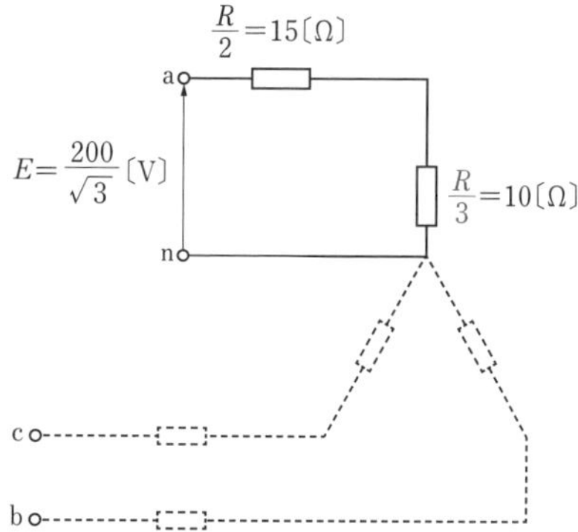

図b　1相分の等価回路

したがって、求める全消費電力Pは、1相分の3倍なので、

$$P=3\times\frac{E^2}{R_Y}=3\times\frac{\left(\dfrac{200}{\sqrt{3}}\right)^2}{25}$$

$$=1600〔W〕\rightarrow \mathbf{1.6}〔kW〕(答)$$

解答：(b)–(4)

(a) 三相負荷の力率$\cos\theta$は、皮相電力をS、有効電力をP、無効電力をQとすると、

$$\cos\theta=\frac{P}{S}=\frac{P}{\sqrt{P^2+Q^2}}=\frac{2.4}{\sqrt{2.4^2+3.2^2}}$$

$$=\frac{2.4}{4}=0.6$$

また、三相負荷の有効電力Pは、線間電圧をV_l〔V〕、線電流をI_l〔A〕、力率を$\cos\theta$とすると、

$$P=\sqrt{3}\,V_l I_l\cos\theta〔W〕$$

したがって、求める線電流I_l（負荷電流I）は、

$$I_l=\frac{P}{\sqrt{3}\,V_l\cos\theta}=\frac{2.4\times10^3}{\sqrt{3}\times200\times0.6}=\frac{20}{\sqrt{3}}$$

$\fallingdotseq$ **11.5**〔A〕（答）

解答：(a)−(5)

(b) 問題図2におけるコンデンサ1相分のリアクタンスをX_cとすると、

$$X_c=\frac{1}{\omega C}〔\Omega〕$$

また、このコンデンサをY結線に等価変換した場合、1相分のリアクタンスX_c'〔Ω〕は$\frac{1}{3}$倍になるので、

$$X_c'=\frac{1}{3}X_c=\frac{1}{3}\cdot\frac{1}{\omega C}=\frac{1}{3\omega C}〔\Omega〕$$

RL直列部分と合わせた1相分の等価回路は、右上図のようになる。

ここで、Y接続された3つのコンデンサの無効電力Q_c〔var〕は、

$$Q_c=3\times\frac{E_P{}^2}{X_c'}=3\times\frac{E_P{}^2}{\frac{1}{3\omega C}}$$

$$=9\omega CE_P{}^2〔var〕$$

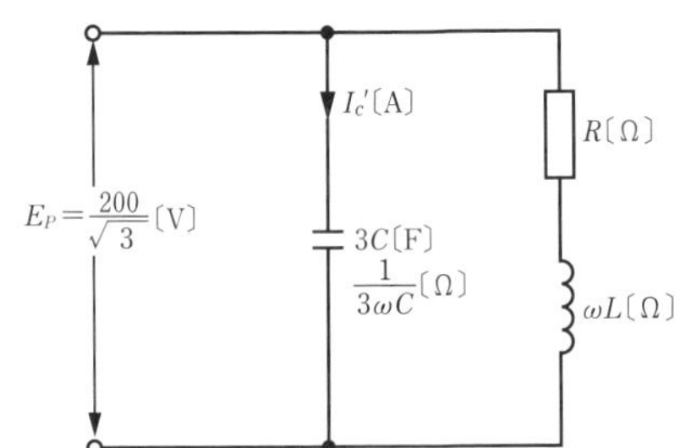

コンデンサを接続したとき、三相電源から見た力率が1となったことから、コンデンサを接続する前の遅れ無効電力とコンデンサの進み無効電力の大きさは等しく、次式が成立する。

$$9\omega CE_P{}^2=3.2\times10^3〔var〕$$

したがって、求めるコンデンサCの静電容量は、

$$C=\frac{3.2\times10^3}{9\omega E_P{}^2}$$

$$=\frac{3.2\times10^3}{9\times2\pi fE_P{}^2}$$

$$=\frac{3.2\times10^3}{9\times2\pi\times50\times\left(\frac{200}{\sqrt{3}}\right)^2}$$

$\fallingdotseq 84.9\times10^{-6}$〔F〕→ **84.6**〔$\mu$F〕（答）

解答：(b)−(3)

別解

(a) 三相負荷の皮相電力Sは、有効電力をP、無効電力をQとすると

$S=\sqrt{P^2+Q^2}=\sqrt{2.4^2+3.2^2}=4$〔KV·A〕

→4×10^3〔V·A〕

また、線間電圧をV_l〔V〕、線電流をI_l〔A〕とすると、

$S=\sqrt{3}\ V_l I_l$〔V·A〕

したがって、求める線電流I_l(負荷電流I)は、

$$I_l=\frac{S}{\sqrt{3}\ V_l}=\frac{4\times10^3}{\sqrt{3}\times200}=\frac{20}{\sqrt{3}}$$

≒**11.5**〔A〕(答)

(b) コンデンサを接続する前の無効電力は、題意より$Q_L=3.2$〔kvar〕、このQ_Lは、Yに接続された3つのコイルLが消費する遅れ無効電力である。

次に、3つのコンデンサCを△に接続して、力率が1になったのだから、コンデンサが消費する進み無効電力Q_cの大きさは$Q_L=3.2$〔kvar〕と等しい。

Q_cは△接続のまま計算してもよい(本解ではY接続に等価変換)。

$$Q_c=3\times\frac{V_l^2}{\frac{1}{\omega C}}=3\times\omega CV_l^2\text{〔var〕}$$

$3\times\omega CV_l^2=3.2\times10^3$

$$C=\frac{3.2\times10^3}{3\times\omega V_l^2}$$

$$=\frac{3.2\times10^3}{3\times2\pi fV_l^2}$$

$$=\frac{3.2\times10^3}{3\times2\pi\times50\times200^2}$$

≒84.9×10^{-6}〔F〕→**84.6**〔μF〕(答)

重要ポイント

●三相負荷力率1の条件

1 Lが消費する遅れ無効電力Q_LとCが消費する進み無効電力Q_cが等しい。

2 負荷インピーダンスまたは負荷アドミタンスの虚数部が0である。

(a) 測定値Mは、

$$M=\frac{V}{I}=\frac{50.00}{1.600}=31.25〔\Omega〕$$

真値をT〔Ω〕とすると、絶対誤差εは、

$$\varepsilon=M-T=31.25-31.21$$

$$=\mathbf{0.04}〔\Omega〕(答)$$

解答：(a)−(2)

(b) 百分率誤差(誤差率)ε_0は、

$$\varepsilon_0=\frac{M-T}{T}\times 100=\frac{0.04}{31.21}\times 100$$

$$\fallingdotseq 0.128〔\%〕\rightarrow \mathbf{0.13}〔\%〕(答)$$

解答：(b)−(3)

重要ポイント

●**誤差と補正**

測定値をM、真値をTとすると、誤差εは、

$$\varepsilon=M-T$$

誤差率ε_0は、

$$\varepsilon_0=\frac{M-T}{T}\times 100〔\%〕$$

補正αは、

$$\alpha=T-M$$

補正率α_0は、

$$\alpha_0=\frac{T-M}{M}\times 100〔\%〕$$

(a) 電圧計の測定範囲を拡大するためには、倍率器を電圧計と直列に接続する。電圧計に加わる電圧が1〔V〕、倍率器と電圧計に加わる電圧が15〔V〕のときの回路を図aに示す。倍率器の抵抗をR_m〔Ω〕とすると、電圧降下が抵抗値に比例することを利用し、次の比例式からR_mが求められる。

$1〔V〕:14〔V〕= r_v : R_m = 1000 : R_m$

$R_m = 14 \times 10^3〔Ω〕$→**14〔kΩ〕**(答)

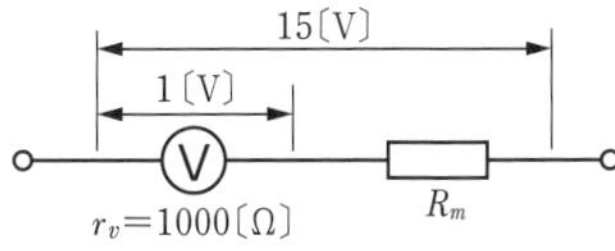

図a 倍率器を接続した電圧計

(b) テブナンの定理により解く。(a)で求めた最大目盛15〔V〕の電圧計の内部抵抗は15〔kΩ〕である。

電圧計を取り除いた回路を図bに示す。

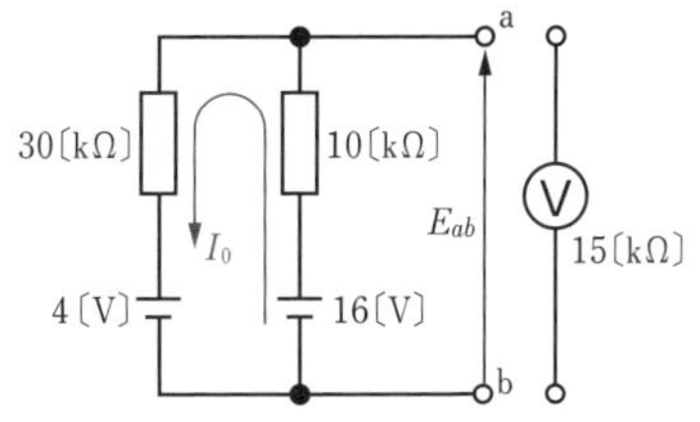

図b テブナンの定理を利用するための回路

まず、開放電圧E_{ab}を求める。端子a−b間を開放したとき、閉回路に流れる電流I_0は、

$$I_0 = \frac{16-4}{10\times10^3+30\times10^3} = 3\times10^{-4}〔A〕$$

抵抗10〔kΩ〕の電圧降下V_{10k}は、

$$V_{10k} = I_0 \times 10 \times 10^3$$

$$= 3\times10^{-4}\times10\times10^3 = 3〔V〕$$

したがって、端子a−b間の開放電圧E_{ab}は、

$$E_{ab} = 16 - V_{10k} = 16 - 3 = 13〔V〕$$

次に、端子a−bから電源側を見た回路の合成抵抗R_{ab}〔Ω〕を求める。抵抗10〔kΩ〕と抵抗30〔kΩ〕が並列接続されているので、

$$R_{ab} = \frac{10\times10^3\times30\times10^3}{10\times10^3+30\times10^3} = 7.5\times10^3〔Ω〕$$

なお、このとき、電圧源は取り除き短絡する。したがって、電圧計(内部抵抗15〔kΩ〕)を接続したとき、電圧計を流れる電流I_Vは図cのテブナン等価回路より、

$$I_V = \frac{E_{ab}}{R_{ab}+15\times10^3} = \frac{13}{7.5\times10^3+15\times10^3}$$

$$= \frac{13}{22.5\times10^3}〔A〕$$

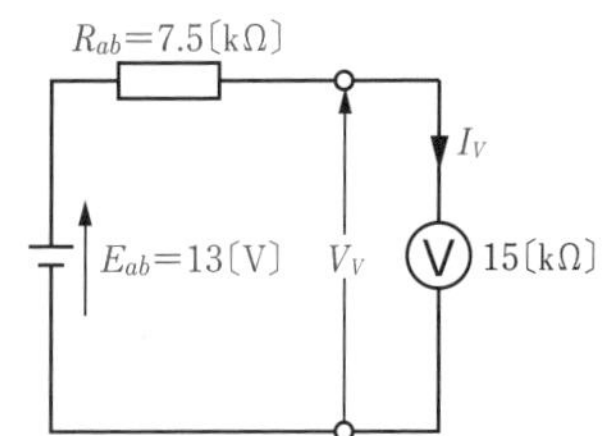

図c テブナン等価回路

電圧計の指示電圧V_V(電圧計の電圧降下)は、

$$V_V = I_V\times15\times10^3 = \frac{13}{22.5\times10^3}\times15\times10^3$$

≒**8.7**〔V〕(答)

解答:(a)−(3)、(b)−(2)

(1) **誤り**。(1)の記号は**誘導形**で**交流専用**である。

(2) **正しい**。

(3) **誤り**。(3)の記号は**整流形**で正しいが、**交流専用**である。

(4) **誤り**。(4)の記号は**熱電形**(熱電対形)で**交流・直流両用**である。

(5) **誤り**。(5)の記号は(**永久磁石**)**可動コイル形**で**直流専用**である。

解答：(2)

重要ポイント

●電流力計形計器の空心、鉄心の違い

コイルを巻いている部分が中空か鉄心かにより区別される。鉄心電流力計形の記号は次のようになる。

090 各種電気計器

(1) **正しい。**

(2) **誤り。**可動コイル形計器は、コイルに流れる電流の**平均値**に比例するトルクを利用している。したがって、「**実効値**に比例するトルク」という記述は誤りである。

(3) **正しい。**

(4) **正しい。**

(5) **正しい。**二電力計法において負荷の力率角が$\dfrac{\pi}{3}$〔rad〕(60〔°〕)を超える場合、すなわち負荷の力率が0.5未満の場合、一方の電力計は負の値となり、指針が逆振れする。このような場合には、その電力計の電圧コイルを逆につなぎ変え、読み値を負の値として、両指示値の和を求める。

解答：(2)

重要ポイント

●電気計器の使用回路と指示値

計器の種類	記号	使用回路	指示
可動コイル形		直流	平均値
可動鉄片形		交流(直流)	実効値
誘導形		交流	実効値
電流力計形(空心)		交直両用	実効値
整流形		交流	平均値×波形率
熱電(対)形		交直両用・高周波	実効値
静電形		交直両用・高電圧	実効値

●二電力計法

二電力計法は、2個の単相電力計を用いて、三相電力を測定する方法である。単相電力計W_1、W_2の指示値をP_1〔W〕、P_2〔W〕とすると、三相有効電力P、三相無効電力Qは、

$P=P_1+P_2$〔W〕

$Q=\sqrt{3}(P_2-P_1)$〔var〕

として求めることができる。

二電力計法は、負荷の平衡・不平衡に関係なく、三相電力の測定が可能である。

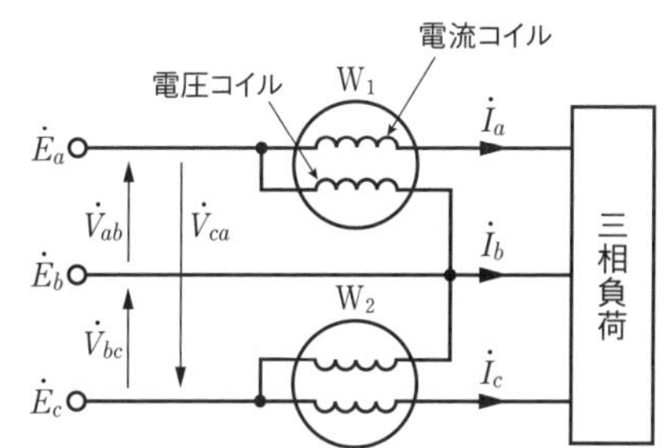

(1) **正しい**。〔F〕(ファラド)は、静電容量の単位である。コンデンサの極板にQ〔C〕の電荷を与えたとき、極板間の電位差をV〔V〕とすれば、静電容量C〔F〕は、次式で求められる。

$$C=\frac{Q}{V}〔\mathrm{C/V}〕$$

(2) **正しい**。〔W〕(ワット)は電力の単位である。電力量〔W·s〕とエネルギー〔J〕(ジュール)の間には、1〔W·s〕=1〔J〕の関係があるので、次の関係が成立する。

〔W〕=〔J/s〕

(3) **正しい**。〔S〕(ジーメンス)は、コンダクタンスの単位である。抵抗に、電圧V〔V〕を印加したとき、電流I〔A〕が流れたとすれば、コンダクタンスG〔S〕は、次式で求められる。

$$G=\frac{I}{V}〔\mathrm{A/V}〕$$

(4) **正しい**。〔T〕(テスラ)は、磁束密度の単位である。断面積S〔$\mathrm{m^2}$〕の中に磁束ϕ〔Wb〕が通過しているときの磁束密度B〔T〕は、次式で求められる。

$$B=\frac{\phi}{S}〔\mathrm{Wb/m^2}〕$$

(5) **誤り**。〔Wb〕(ウェーバ)は、磁束の単位である。巻数Nのコイルにおいて、磁束ϕの変化による誘導起電力eは、

$$e=N\frac{d\phi}{dt}〔\mathrm{V}〕$$となるので、

$$〔\mathrm{V}〕=\frac{〔\mathrm{Wb}〕}{〔\mathrm{s}〕}、〔\mathrm{Wb}〕=〔\mathrm{V\cdot s}〕$$

となる。また、磁気抵抗R_m〔$\mathrm{H^{-1}}$〕に起磁力F_m〔A〕を与えたとき、この磁気回路を通過する磁束ϕ〔Wb〕は、次式で求められる。

$$\phi=\frac{F_m}{R_m}〔\mathrm{A\cdot H}〕$$

したがって、〔V/s〕という単位は誤りである。

解答:(5)

問題図の単相電力計の和は、三相電力を表す。W_2が逆振れを起こしたので、極性反転後の指示値を負値として、次のように計算する。

$P=P_1+P_2=490+(-25)=\mathbf{465}$〔W〕(答)

解答：(3)

重要ポイント

● W_1とW_2の指示値の和P_1+P_2が負荷の有効電力$P=\sqrt{3}\,V_l I_l\cos\theta$となる理由

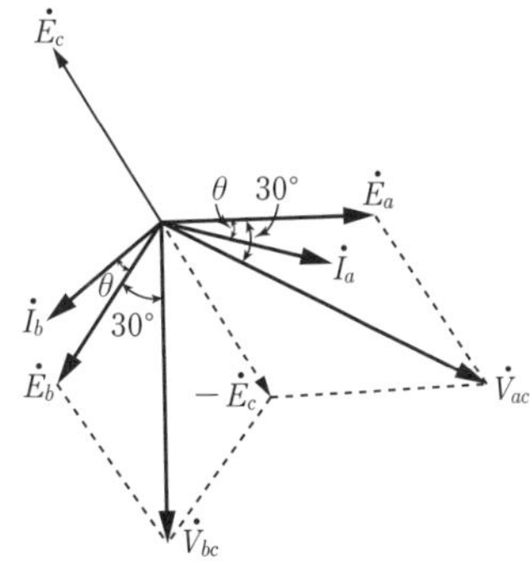

ベクトル図

※このベクトル図は、負荷力率$\cos\theta$を遅れ力率と仮定したベクトル図である。$\theta>60°$となると、$\cos(30°+\theta)$が負値となる。本問はθが60°を超えており、W_2が逆振れしている。

W_1の指示値P_1は、$V_{ac}=V_l$、$I_a=I_l$とすると、

$P_1=V_{ac}I_a\cos(30°-\theta)$

$=V_l I_l\cos(30°-\theta)$

加法定理を使用

$=V_l I_l(\cos30°\cos\theta+\sin30°\sin\theta)$

$$=V_l I_l\left(\frac{\sqrt{3}}{2}\cos\theta+\frac{1}{2}\sin\theta\right)$$

W_2の指示値P_2は、$V_{bc}=V_l$、$I_b=I_l$とすると、

$P_2=V_{bc}I_b\cos(30°+\theta)$

加法定理を使用

$=V_l I_l(\cos30°\cos\theta-\sin30°\sin\theta)$

$$=V_l I_l\left(\frac{\sqrt{3}}{2}\cos\theta-\frac{1}{2}\sin\theta\right)$$

$$P=P_1+P_2=V_l I_l\left(\frac{\sqrt{3}}{2}\cos\theta+\frac{1}{2}\sin\theta\right)+V_l I_l\left(\frac{\sqrt{3}}{2}\cos\theta-\frac{1}{2}\sin\theta\right)$$

$=\sqrt{3}\,V_l I_l\cos\theta$

※理由(導出式)は参考程度でよいが、その結果($P_1+P_2=\sqrt{3}\,V_l I_l\cos\theta$)は必ず覚えておこう。

●一方の電力計が逆振れした場合

逆振れした電力計の電圧コイルを逆につなぎ変え、その指示値を負の値として、両指示値の和を求める。

(ア)　磁界中を移動する電子には電磁力が働き、この力をローレンツ力という。電子の移動を電流と考え、電子の移動方向は電流と逆向きであることに着目すると、磁界の方向はフレミングの左手の法則により、紙面に対して(ア)**おもてから裏**へ向かう方向に加わっている。

電流としての向き
F_A〔N〕
B〔T〕
磁界の方向

フレミングの左手の法則

(イ)　この力のために電子は磁界中で円運動となる。このとき、電磁力F_Aと遠心力F_Bが釣り合うので、

$$F_A = F_B \text{〔N〕}$$

$$Bev = \frac{m_0}{r} v^2$$

上式より、円運動の半径rは、

$$r = m_0 v^2 \times \frac{1}{Bev} = \text{(イ)}\ \frac{\boldsymbol{m_0 v}}{\boldsymbol{eB}} \text{〔m〕}$$

(ウ)　円周が$2\pi r$であることから、円運動の周期Tは、

$$T = \frac{2\pi r}{v} = \frac{2\pi}{v} \times \frac{m_0 v}{eB}$$

$$= \text{(ウ)}\ \frac{\boldsymbol{2\pi m_0}}{\boldsymbol{eB}} \text{〔s〕}$$

(エ)　角周波数ωは、

$$\omega = 2\pi f = 2\pi \frac{1}{T} = 2\pi \times \frac{eB}{2\pi m_0}$$

$$= \text{(エ)}\ \frac{\boldsymbol{eB}}{\boldsymbol{m_0}} \text{〔rad/s〕}$$

ただし、f：周波数〔Hz〕

解答：(2)

! 重要ポイント

●磁界中の電子の運動

質量m〔kg〕、電荷e〔C〕の電子が磁束密度B〔T〕の平等磁界に一定速度v〔m/s〕で飛び込んで来ると、電子は磁界から電磁力Fを受ける。この力を**ローレンツ力**という。

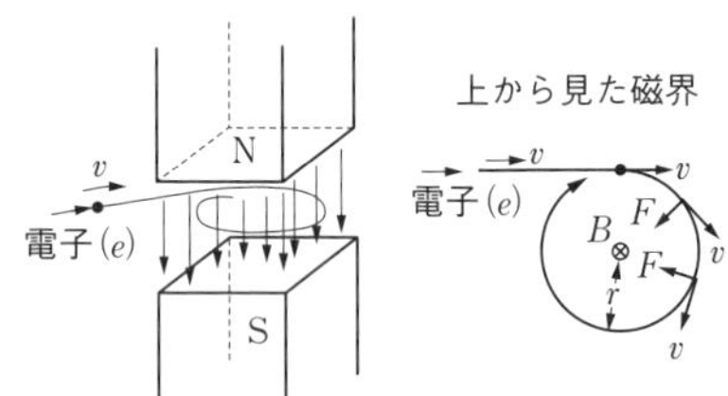

磁界中の電子の運動

この力の方向は**電子の移動を逆向きの電流**と考えれば、フレミングの左手の法則で説明される。この力は、常に電子の進む方向に対して直角に作用するので、遠心力と釣り合い、半径r〔m〕の円運動となる。このとき次式が成り立つ。

$$F = Bev = \frac{mv^2}{r} \text{〔N〕}$$

●角周波数ω、周波数f、周期T

$$\omega = 2\pi f \text{〔rad/s〕}$$

$$f = \frac{1}{T} \text{〔Hz〕}$$

$$T = \frac{1}{f} \text{〔s〕}$$

周期T〔s〕とは、等速円運動をする物体が1周に要する時間(秒)をいう

094 電子の運動

H21 A問題 問12　テキスト LESSON 41 など

平等磁界中に電子が進入すると、電子の進行方向と磁界の向きが作る平面に(ア)**直角**方向の電磁力(ローレンツ力という)を受ける。電磁力の向きは、電子の進行方向の逆方向を電流の向きとし、フレミングの左手の法則を適用すればよい。問題図1の位置に電子があるとき、電子には紙面の表から裏へ向かう向きに力が働く。この力を受け電子の進行方向が変わる。電子は磁界中にある間、この力を受け続けるので、円運動をしながら磁界の向きに進む。このため、電子の軌跡は(イ)**らせん**を描く。この運動をサイクロトロン運動という。特に、磁界と直角方向($\theta = 90°$)の方向に侵入した場合は、円運動になる。

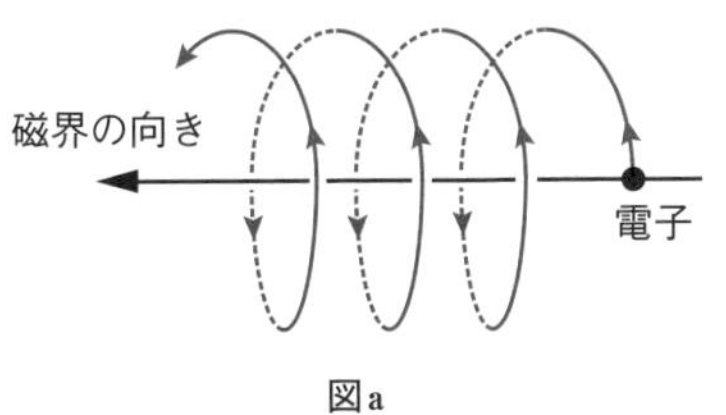
磁界の向き
電子

図a

また、電子が電界中に置かれると、電界と(ウ)**反対**方向に静電力を受ける。問題図2のような平等電界中に電子が突入した場合は、電界方向の速度は、静電力により加速度を受け、電界と反対方向に等加速度運動になるが、電界と直角方向の速度は定速度運動になるので、軌跡は(エ)**放物線**を描く。

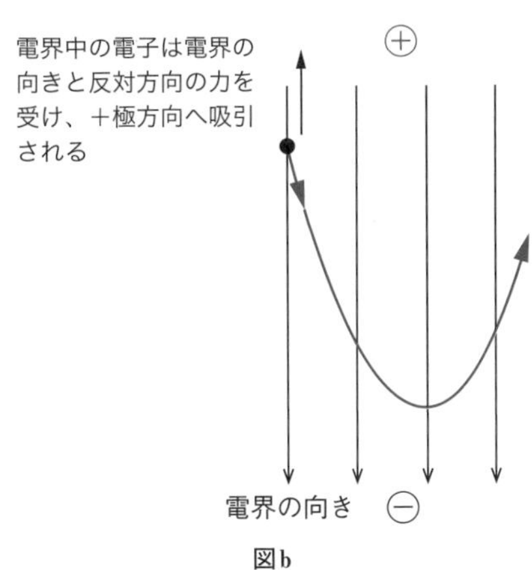
電界中の電子は電界の向きと反対方向の力を受け、＋極方向へ吸引される
⊕
電界の向き
⊖

図b

解答：(5)

095 半導体とは

4価のケイ素(シリコン)(Si)の中に、リン(P)、ヒ素(As)あるいはアンチモン(Sb)のような(ア)**5**価の原子価を持った微量の元素を不純物として添加すると、自由電子が生じる。このような半導体を(イ)**n**形半導体という。

> 4価のケイ素(Si)の原子番号が14なので、原子番号が15のリン(P)の原子価は5価であることがわかる

n形半導体では、主として自由電子が電流要素となり、これをキャリヤという。また、PやAsのように自由電子を生じる不純物を(ウ)**ドナー**という。

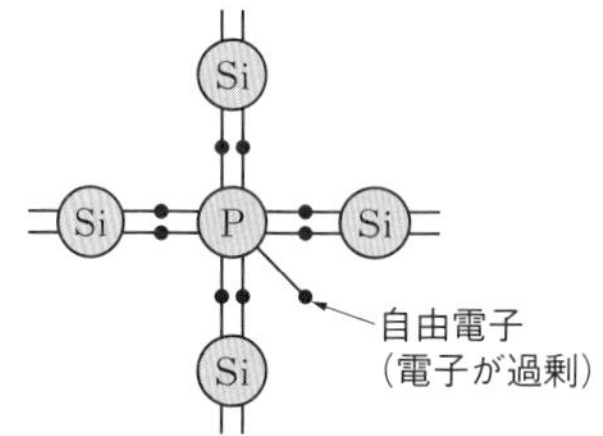

図a　n形半導体

解答：(5)

これに対し、4価のケイ素(シリコン)(Si)の中に、インジウム(In)、ホウ素(B)あるいはガリウム(Ga)などのような**3価**の原子価を持った微量の元素を不純物として添加すると、周囲のSiと結合するとき、**電子が1個不足**する。

この電子が不足した孔は、正の電荷を持つようにふるまうので**正孔**(ホール)といい、このような半導体を**p形半導体**という。

p形半導体では、主として正孔がキャリヤとなり電流要素となる。また、In、Bのように正孔を生じる不純物を**アクセプタ**という。

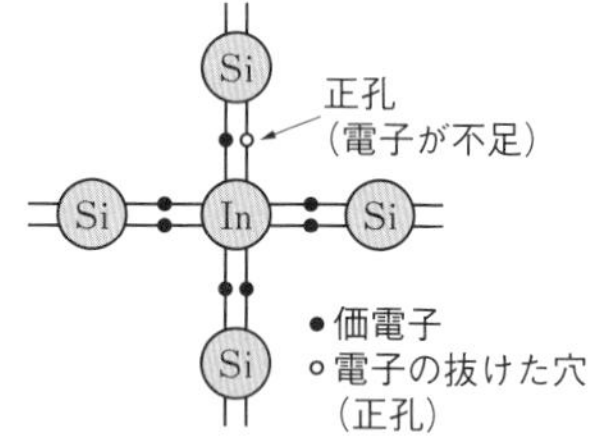

図b　p形半導体

(1)　**誤り**。pn接合ダイオードは、p形側端子をアノード、n形側端子をカソードといい、順電圧(アノードに+、カソードに−)を加えると、素子中をアノードからカソードへ電流が流れる。電流と電子の向きは逆であるから、**電子は素子中をカソードからアノードへ移動する**。したがって、「**電子が素子中をアノードからカソードへ移動する**」という記述は誤り。

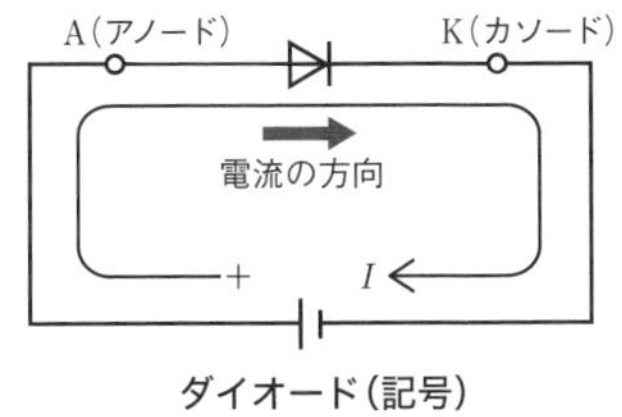

ダイオード(記号)

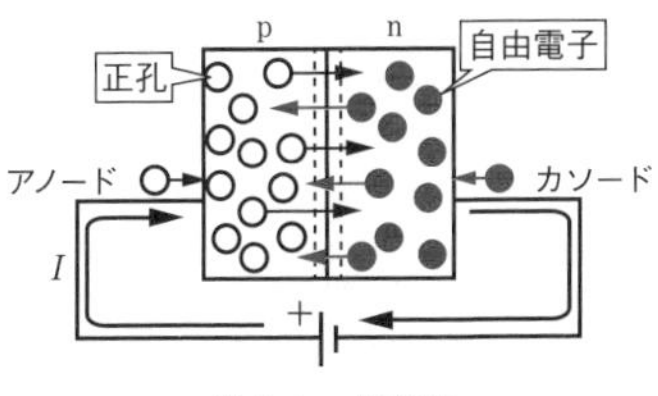

ダイオード構造

※電流は素子中ではアノードからカソードへ流れるが、素子の外部ではカソードから流出し、アノードへ流入する。

(2)　**誤り**。LED(発光ダイオード)は、pn接合領域に**順電圧**を加えたときに発光する素子であり、「**逆電圧**」という記述は誤り。

A(アノード)　K(カソード)

LED(発光ダイオード)記号

(3)　**正しい**。MOSFETは、ゲートに加える電圧によってドレーン電流を制御できる電圧制御形の素子である。

(4)　**誤り**。可変容量ダイオード(バリキャップ、バラクタ)は、**加えた逆電圧の値が大きくなるとその静電容量は小さくなる**2端子素子である。したがって、「**加えた逆電圧の値が大きくなるとその静電容量も大きくなる**」という記述は誤りである。

pn接合ダイオードに逆電圧を加えると、接合面に正孔および電子の存在しない空乏層が生じる。この空乏層がコンデンサの働きをする。逆電圧の値が大きいと空乏層の幅も大きくなり、静電容量は小さくなる。極板間隔dが大きいほど静電容量が小さい$\left(C=\dfrac{\varepsilon S}{d}\right)$平行板コンデンサと同じである。

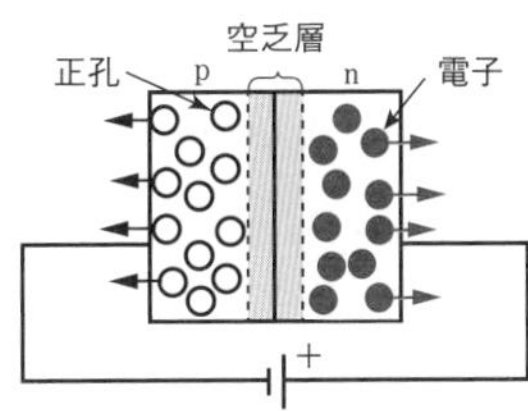

ダイオードに逆方向電圧印加

(5)　**誤り**。サイリスタは、p形半導体とn形半導体の4層構造からなる**3端子素子**で、逆阻止3端子サイリスタとも呼ばれる。したがって、「**4端子素子**」という記述は誤り。

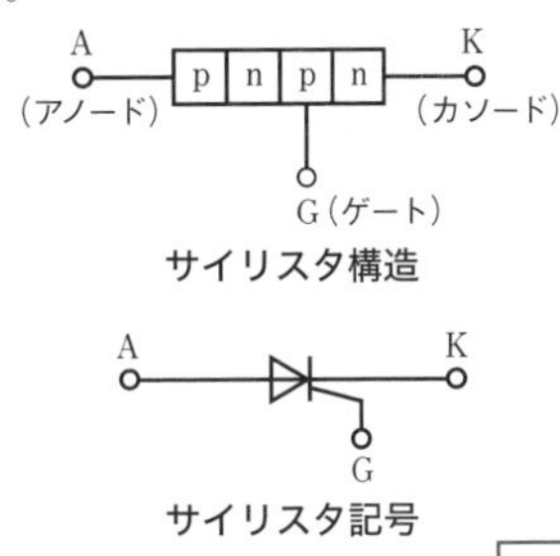

サイリスタ構造

A　K　G

サイリスタ記号

解答：(3)

第7章　電子理論

(1)、(2)、(3)、(5)の記述は**正しい**。

(4) **誤り**。

ダイオードは、逆電圧を加えてもほとんど電流は流れない。逆電圧をさらに上昇させると、逆方向に大きな電流が急激に流れる。この現象を降伏現象(ツェナー効果、なだれ現象)といい、降伏現象が始まる電圧を降伏電圧という。

降伏電圧はほとんど変化しないという性質を利用して、**比較的低い電圧で降伏現象を発生**するように製造したものを**定電圧ダイオード(ツェナーダイオード)**といい、定電圧源としてよく利用されている。したがって、「順電圧・電流特性の急激な降伏現象を利用した」という(4)の記述は誤りである。

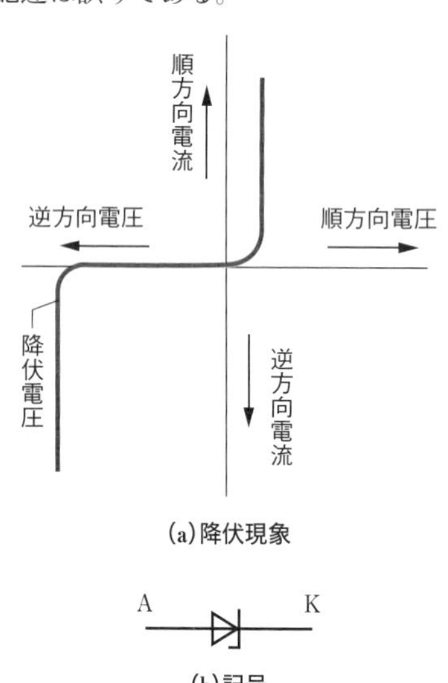

(a)降伏現象

(b)記号

定電圧ダイオード

解答：(4)

(a) 演算増幅器は、反転入力端子(−)と非反転入力端子(+)の2つの入力端子と1つの出力端子から構成される増幅素子で、次のような特徴を持つ。

・2つの入力端子に加えられた信号の(ア)**差動成分**を高い利得で増幅する。

・入力インピーダンスが極めて(イ)**大きい**ため、入力端子電流は(ウ)**ほぼ零**として扱える。

・出力インピーダンスが非常に(エ)**小さい**ため、出力端子電圧は負荷の影響を(オ)**受けにくい**。

解答：(a)−(1)

(b) 設問図は、反転増幅回路を二段直列接続したものである。

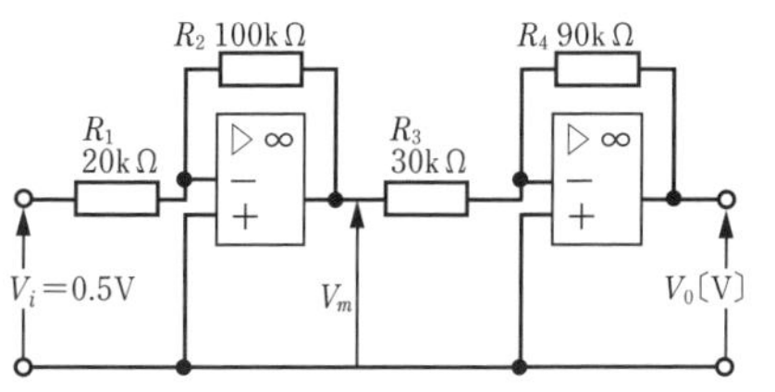

図a　設問図各部の記号

設問図の入力電圧をV_i=0.5V〔V〕、一段目の出力電圧をV_m〔V〕、回路の各抵抗を$R_1=20$〔kΩ〕、$R_2=100$〔kΩ〕、$R_3=30$〔kΩ〕、$R_4=90$〔kΩ〕とすれば、

一段目の電圧増幅度A_{v1}は、

$$A_{v1}=\frac{V_m}{V_i}=-\frac{R_2}{R_1}=-\frac{100}{20}=-5$$

よって、$V_m=A_{v1}\times V_i=-5\times V_i=-5\times 0.5=-2.5$〔V〕

二段目の電圧増幅度A_{v2}は、

$$A_{v2}=\frac{V_0}{V_m}=-\frac{R_4}{R_3}=-\frac{90}{30}=-3$$

よって、$V_0=A_{v2}\times V_m=-3\times(-2.5)$ $=\mathbf{7.5}$〔V〕(答)

二段直列接続した回路全体の電圧増幅度A_v'は、

$$A_v'=\frac{V_0}{V_i}=\frac{7.5}{0.5}=15$$

したがって、電圧利得A_vは、

$$A_v=20\log_{10}A_v'$$

$$=20\log_{10}15=20\log_{10}\frac{10\times 3}{2}$$

$$=20\,(\log_{10}10+\log_{10}3-\log_{10}2)$$

$$=20\,(1+0.477-0.301)$$

$$=23.52\fallingdotseq \mathbf{24}\,〔\mathrm{dB}〕(答)$$

解答：(b)−(5)

重要ポイント

●演算増幅器の特徴

解説文参照

●反転増幅回路の電圧増幅度A_vと電圧利得G_v

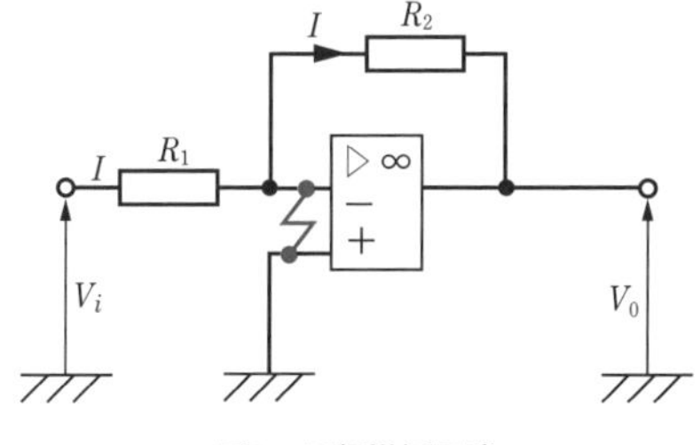

図b　反転増幅回路

図bのように反転入力端子(－)に入力電圧V_iを入力する回路を**反転増幅回路**という。抵抗R_1、R_2に流れる電流をI〔A〕とすると、イマジナリショート(**赤線で短絡**)を利用して入力電圧V_i〔V〕と出力電圧V_0〔V〕は、

$V_i = R_1 I$

$V_0 = -R_2 I$

となり、電圧増幅度A_vは、

$$A_v = \frac{V_0}{V_i} = \frac{-R_2 I}{R_1 I} = -\frac{R_2}{R_1}$$

※－の符号は出力電圧が反転したことを表す。設問図は二段増幅なので、さらに反転し、出力電圧は＋(プラス)となる。

電圧利得G_vは、

$G_v = 20\log_{10} A_v$〔dB〕

※ここでは、電圧増幅度の記号にA_v、電圧利得の記号にG_vを使用している。

●対数の計算

・$\log_{10}1 = 0$

・$\log_{10}10 = 1$

・$\log_{10}(\mathrm{MN}) = \log_{10}\mathrm{M} + \log_{10}\mathrm{N}$

・$\log_{10}\left(\frac{\mathrm{M}}{\mathrm{N}}\right) = \log_{10}\mathrm{M} - \log_{10}\mathrm{N}$

・$\log_{10}\mathrm{M}^n = n\log_{10}\mathrm{M}$

(ア)**ダイオード**、(イ)**正孔**、(ウ)**低くなる** となる。

解答：(1)

！重要ポイント

●太陽電池の原理

太陽電池は、n形半導体とp形半導体を下の図のように接合(pn接合)させた、ダイオードの一種である。

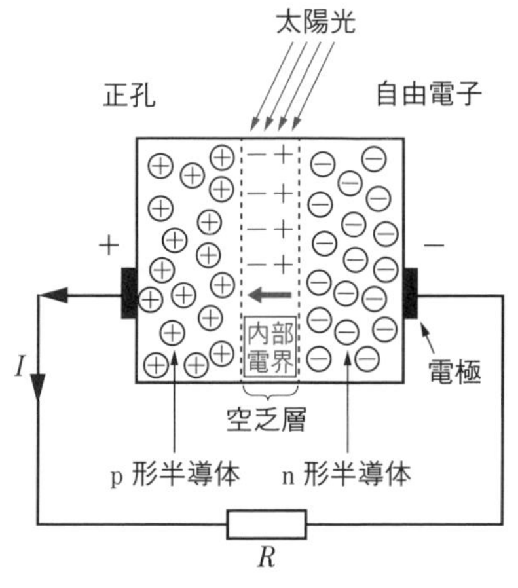

太陽電池の原理

①上の図のように、n形半導体とp形半導体の接合部分付近に太陽光を当てると、太陽光のエネルギーにより電子の一部が結合から離れ、負(−)の電荷を持った自由電子になる。
一方、電子を失った部分は、電子の孔(あな)(正孔(せいこう)・ホール)になり、正(+)の電荷を持つ。

②空乏層(くうぼう)にできる内部電界によって自由電子(−)はn形半導体に引き寄せられ、正孔(+)はp形半導体に引き寄せられる。

③n形半導体側は−に、p形半導体側は+に、それぞれ帯電し起電力が生じる。

④そのままn形半導体に−の電極を、p形半導体に+の電極を設け、この起電力を外部回路へ取り出す。

このとき、太陽光から得たエネルギーの一部を放出するため、太陽電池の温度は**低くなる**。以上が、太陽電池の原理である。

(1) 表皮効果は、導体を流れる交流電流の電流密度が導体の表面で高くなる現象である。半導体のpn接合の性質に関する記述ではないので、**誤ったものが含まれる**。

ホール効果は、磁界中に置かれた電流に対して、磁界と電流の両方に垂直な方向に起電力を生じる現象で、主に半導体を用いて電流・磁界・電力などの測定に利用される。

整流作用は、電流を一定方向にしか流さない作用で、半導体のpn接合の基本的な作用である。

(2) **整流作用**は、(1)の通りである。

太陽電池は、半導体のpn接合部に光を当てると起電力を生じる光起電力効果を利用したものである。

発光ダイオードは、半導体のpn接合部に電流を流すと発光する発光効果を利用したものである。

整流作用、太陽電池、発光ダイオードは、すべて半導体のpn接合の性質に関する記述である。

以上より**すべて正しい**。

(3) 超伝導(超電導)現象は、特定の金属や化合物の電気抵抗が極低温において零になる現象である。この現象は、半導体のpn接合の性質に関する記述ではないので、**誤ったものが含まれる**。

(4) 圧電効果は、水晶や特定のセラミックに圧力を加えると、圧力変化に応じて電圧が生じる現象である。この現象は、半導体のpn接合の性質に関する記述ではないので、**誤ったものが含まれる**。

(5) **超伝導(超電導)現象、圧電効果、表皮効果**は、いずれも半導体のpn接合の性質に関する記述ではない。**すべて誤っている**。

解答：(2)

U-CAN
生涯学習の
ユーキャン